书籍之为艺术

中国古代书籍中的艺术元素
学术研讨会论文集

中国美术学院美术史论研究中心 编

中国美术学院出版社

序

毕斐先生主编的《书籍之为艺术》将要出版，由于书名借用了我的话，命我写一篇小序。恰好我还有曩时的一些相关札记，于是聚合凑泊，没想到捋撦得太长，不像篇序言的样子。乱忙之中，忽然想起不久前致洪再新教授的一封短简，觉得与本书的主题还算合拍，便毅然拉来顶替，而把丛繁的长文抛在了书尾，不计敷陈浅拙、缀思参差，聊当芹献。现引述那通短简如下。

再新兄好！读了您的大作，文字在元代历史中纵横驰骋，益人极多，不专研元史数十年，写不出此等气象。文中引我的小文（指《艺术与文明》第17章），真是惭愧。我的文章有些草草、背后的假设，因行文关系并没有明确表达。这个假设简单地说就是：我从虞龢《论书表》得到证据，书籍制度与早期书法、绘画的制度是一致的，都是手卷的形制。这告诉我们，后人看作书法作品欣赏的，例如所谓王羲之的《黄庭经》，古人也是把它当作书来读的。同样，唐代佛经的扉画也提醒我们，画也可以当书来读。以此类推，像羲之观鹅手卷，后面的一串题跋，实际上与图一起构成了一本书。再发挥一下想象：由于书籍、绘画的制度起初是一样的，所以古人可能不把它们严格区分，左图右史已寓此意；书既可以是读物，也可以是我们后来称作的艺术，画同样既可以看，也可以当书来读。唐宋分工日细，书画分家，但旧制度依然保存下来，不妨想想《历代名画记》中的一些地图，想想徽宗的《睿览图》，那些图若没有文字的加盟，几乎就会失去意义；《清明上河图》之所以意义难解，显然是没有（极可能是失去）当时人的题跋；就此而言，所谓的图像证史，不是不能，但往往是郢书燕说，例如，潘诺夫斯基的《阿尔诺芬尼》，借助文献，考证得如此精密，还是被不断地质疑。中国文人画的一个重大贡献就是：它又恢复了书籍与绘画和书法的联系，由于有文人的参与，注意是文人，以读书为第一生命，所以他们不会让书籍和艺术日益分家。要恢复早先的联系，题跋自然成了书画的一部分，因为要把画当成书读，看画成为“读画”，作画成为“写”，而一轴牛腰粗的手卷，便是一部大书。我一直考虑书籍与绘画的联系，找到的切入点就是它们共同附丽的制度。以上供您批评。投老残年，思绪迟滞，真无可奈何。常聆雅奏，爰敢举愚陋见，恳为諟正，以便磨砻。

以上这些话，是我看待中国书籍艺术史的一个假设、一个出发点，由它勾勒的轮廓，隐含在本书的文章里。平时，我们一部书一部书地研究版本，时间长了，可能会觉得单调，觉得疲倦，自然会想看到一个更优美、更恢宏的书籍世界；而提出假设，就是努力让想象飞翔起来，凌空观看这个世界；情以物兴，物以情观，在书籍世界里觑见美的精神，领略 *liber dilectatio anime*［书是灵魂的欢悦］。我猜想，本书的作者都有这样的体验。

范景中，2021年11月29日

目 次

装潢篇

版画篇

书法篇

从艺术的观念看书籍史

BOOK HISTORY VIEWED THROUGH THE IDEA OF ART

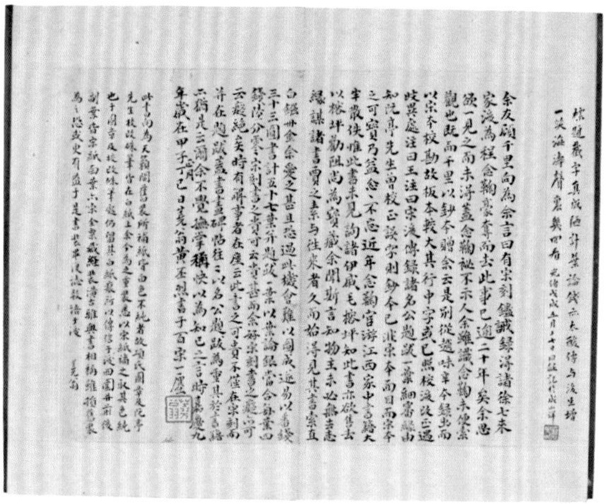

范景中
中国美术学院

FAN JINGZHONG
CHINA ACADEMY OF ART

ABSTRACT

Early book producers already demonstrated their veneration to the books they made. They carried out their profession with a religious piety, and put themselves to high demands of artistic requirements in each of their production procedures, whether it was character writing, carving, printing, illustration or decoration.

In the old times, book decoration required the combined efforts of carvers, illustrators, and publishers, who maintained close relationship with book publishers. Each of the procedures required exquisite techniques such as carving and font-setting, as well as the erudite knowledge and refined taste of book collectors. All these contributed to the development of a highly personal style of book decoration. The artistic changes brought about by the trend of returning to antiquity are important topics in the discussion of the history of books as art; and also affect the development of ancient book typology. The appreciation of the paper used for books also reflects the unity of technology and art in book decoration. Huang Pilie was a collator who turned his collation activities into an art. His passion for books conveys a sublime idea that regards books and humans as being mutually able to ennoble each other.

This is a short introduction to the "outline of book art", which is a discussion of the gradual improving process of the concept of books as art objects, and which will hopefully convey the spiritual significance in the history of books becoming art objects. This essay includes many historical details about the history of book art, many of them with illustrations, that will bring us into the history of books through the perspective lens of art history.

1998年，我在海德堡大学东亚艺术史研究所讲虞龢《论书表》，考证今人所谓十卷为一帙的说法与早期书籍制度不合，因而联想起我对书籍艺术史的兴趣。尔时出入大学图书馆，常常经过其镇库之宝*Codex Manesse*的复制品与讲解的陈列展柜，不禁引出更多的问题。2005年，重访大学，讲关于书籍艺术史的课，想法自然也多了起来。我一直有写书籍艺术史的愿望，但日月惊迈，弹指间垂垂老矣，悬置的各种计划太多，当年的那些讲稿一成不变还是杂记，现在怀疑自己，是否还有能力写出此书。这次欣逢《书籍之为艺术》出版，正好借机摘取其中一些观点，对古代书籍提些猜想和假设，权当我的“书籍艺术史论纲”，以期得到读者的批评和修正。关于版画的图像学，本文不作涉及，我的2005年讲稿中有一篇关于雷峰塔扉画象征意义的讨论，陈研探讨过科隆东亚艺术博物馆收藏的套印本《西厢记》的“幻”像，刘晶晶和梅娜芳都论述过墨谱的知识世界，只是还未完全发表。至于当代书籍艺术史的新观念，请参见《风景与书》（2019年）。

一　印刷书作为艺术书的出现

中国书法大约在汉魏成为高雅的艺术，请书法高手抄书必然是自然之事，例如《梁书》列传第二十六张率传，说他受敕“抄乙部书，又使撰妇人事二十余条，勒成百卷。使工书人琅邪王深、吴郡范怀约、褚洵等缮写，以给后宫”。印刷术出现之后，印刷书成为文字或者说是书法性的写本的复制，也自在情理之中。因此伴随着印刷术，把书籍看作艺术品的观念想必会一起出现，只是书籍的复制形态极易让人忽视这一要点。西方的书法没有像中国这样受到至高的推崇，尽管如此，早在中世纪西方书籍已然成为艺术，文艺复兴的收藏家显然已把书籍当作艺术品或古物藏弆。贡布里希发表于《纽约书评》（1982年12月2日）上的“The Art of Collecting Art”，评论艾尔索普[Joseph Alsop]的名著《稀有艺术的传统》[*The Rare Art Traditions*]，特别提醒人们，讨论艺术收藏时不要忘记书籍的收藏，他的原话是这样说的：

要是我们对“收藏”的定义不那么狭隘，那么它的含义会给我们提示，我们谈论诗歌的收集和作家作品的收集，任何有文字的文明都有其诗歌遗产的收集，不论是《圣经》中归于大卫名下的《诗篇》，还是中国古代的民歌集《诗经》。日语和梵语中也有类似的情况，当然还有希腊的花间集（anthologic, literally “a collection of blossoms”, from ánthos, flower）；有些集子归于单个编纂者，有些则是匿名的。很早的时候，还有古物研究的兴趣，希望将古代作品从佚失湮灭中拯救出来，晚些的例子是马克西米连一世[Aaximilian I]敕令编辑的《安布拉斯英雄书》[*Ambraser Heldenbuch*]（1504—1516），以及1765年珀西[Thomas Percy]的《古英诗今拾》[*Reliques of Ancient English Poerty*]，这些导致了赫尔德[Herder]和浪漫主义者的民歌收藏。

那时不但大艺术家参与书籍的手写本制作，而且也参与了印刷本的制作。到了19世纪后半叶，书籍艺术还登堂入室，成为美术史学科的讨论对象。1895年，维也纳学派的杰出美术史家弗朗茨·维克霍夫[Franz Wickhoff]（1853—1909），研究了一部大约为6世纪的手写本《维也纳创世纪》[*Vienna Genesis*]，通过它的插图对罗马艺术进行了再评价，他还锻造了一个新术语“错觉主义”[illusionism]去描绘手写本的彩绘风格。贡布里希这位维也纳学派的最后一位传人不但多次讨论手写本，而且令人惊叹的是，他竟从手写本的字体，讨论了文艺复兴的一个源头，撰写出著名的论文《从文字的复兴到艺术的革新》[From the Revival of Letters to the Reform of the Arts]（1976）。此前的1973年迈耶·夏皮罗[Meyer Schapiro]（1904—1996）出版《文字与图像》[*Words and Pictures*]（毕斐译，将收在《美术史的形状》第三卷）则运用了当时还是新颖的符号学，论述了中世纪手写本的文字和图像的关系。我所知的美术史大家中，最谙熟中世纪手写本的是扎克斯尔[Fritz Saxl]（1890—1948），可以说他凭借书籍的艺术为我们展现一个完全新颖的艺术世界。

受此启发，我注意到西方活字印刷的早期印刷品，大名鼎鼎的《四十二行圣经》[42-Line Bible]（1452—1455），也是尽量吸收彩绘手写本的方式，例如版面四周用木版刻印的花草图案、首字母装饰、手工敷色等等。时间相隔不远，在威尼斯印刷的《寻爱绮梦》[*Hypnerotomachia Poliphili*]（1499）（图1），被称为最美的书，但不是由于其艺术平平的版画，而是由于它的整体格局。尽管如此，它的木版插图还是为丢勒[Dürer]、提香[Titian]、贝尔尼尼[Bernini]等大师借鉴，它的奇异的文字和奇特的排版，影响了后来的书籍，它提出建筑师与作曲家的类比，建筑柱式与古代音乐的调式之间的相似，成为整个艺术史上的重要的观念。

也是在摇篮本时期，1493年出版的《纽伦堡编年史》[*Nuremberg Chronicle*]，用652块木刻板，印了1809幅插图，画家是丢勒的老师沃尔格穆特[Michael Wohlgemut]（1434—1519）及其继子威尔海姆·普

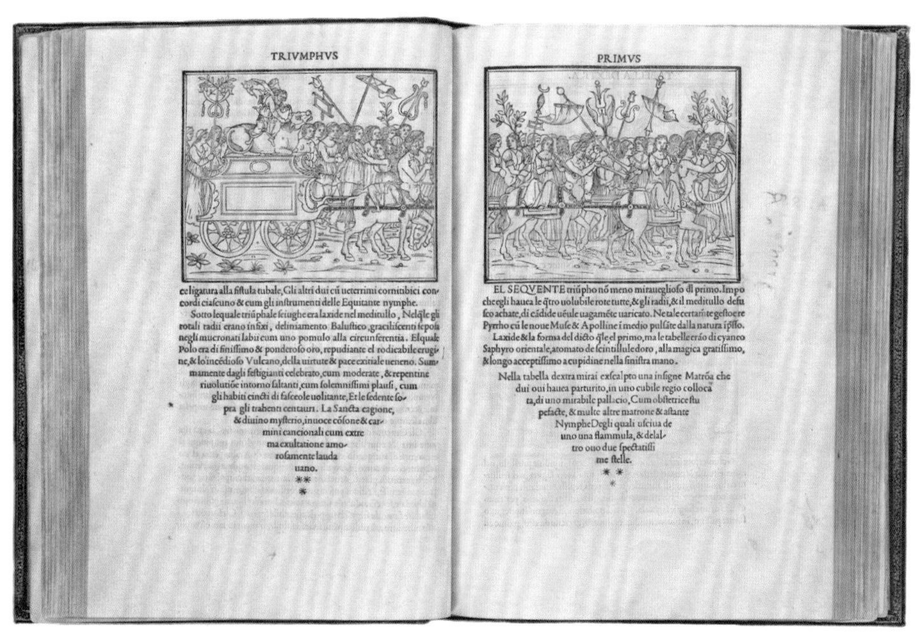

图1 《寻爱绮梦》书影，1499年出版于意大利威尼斯。美国纽约大都会艺术博物馆藏

莱登沃夫[Wilhelm Pleydenwurff]（1460—1494），在图像的使用上体现了超越手写本的势头，出版者和印刷者是丢勒的教父安东·科贝格[Anton Koberger]（c. 1440—1513），与丢勒住在同一条街上，关系如此密切，人们猜测，丢勒也一定参赞其事，但文献无征。1457年8月14日，约翰·福斯特[Johann Fust]（1400—1466）与彼得·舍弗尔[Peter Schöffer]（1425—1503）出品美因茨《圣咏集》[*Psalterium*]（图2），圣歌用黑色，重要诗句用红色，装饰字母用红蓝两色，纸尾用七行红字题跋[colophony]和双旗符号标示版权，并写道：每节诗篇都因首字母的精美设计而熠熠生辉。约翰·伊夫林[John Evelyn]（1620—1706）曾在1678年8月运送莱奥纳尔多·达·芬奇的《阿伦德尔写本》[*Codex Arundel*]，他谈到早期的印刷书，说它们价值一点不低，堪与中世纪手写本媲美。这种评价告诉我们，早期印刷书在艺术上的追求确然与手写本的旨趣相同。

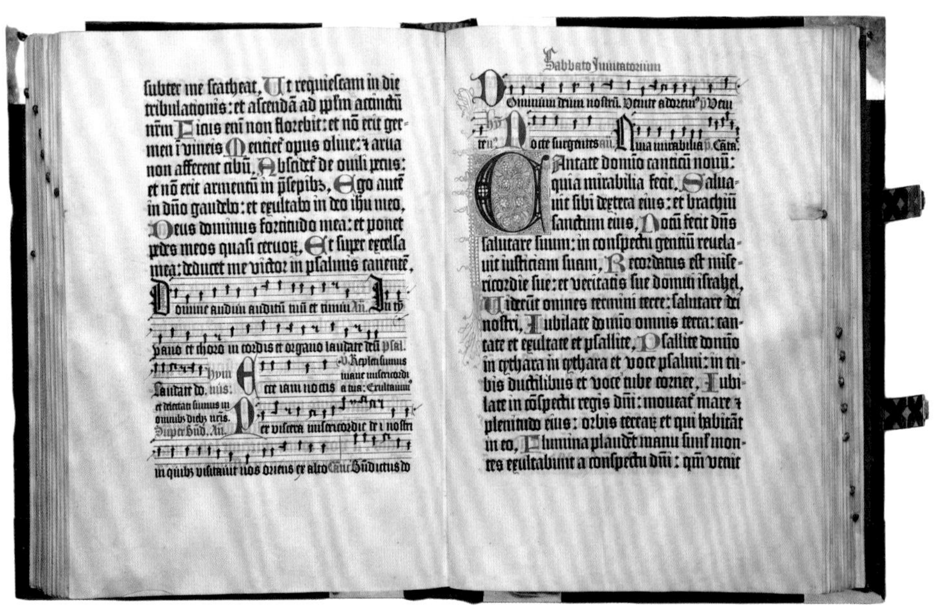

图2 《圣咏集》书影，1457年出版于德国美因茨。英国皇家收藏

我强调早期的印刷书和手写本一脉相承，不仅说它们的书页安排会与手写本极其相似，甚至有时相似得使那些没有经验的人几乎看不出其间的区别（一个相反的例子是苏州博物馆收藏的《金刚经》，见下文），而且想进一步说明：当时的印刷不论是技术、审美还是商业目的都是要复制手写本。他们是把印刷当作手写本的一种新的形式，因此他们几乎意识不到那是一项伟大的发明。这种情况启发我们提出假设：中国印刷术的起源也是换一种方式代替手写，以供应日益增长的读者的需求，根本想不到那是改变知识世界的一项惊天动地的发明。因为，它是静悄悄发生的，没有任何记载，没有任何宣传，没有掀起任何波澜，也没有人声称自己是这种创新的发明者。1966年发现于韩国庆州佛国寺释迦塔内舍利瓶中的《无垢净光大陀罗尼经》，文中有四个武周新字且先后出现九次，因此定为唐长安四年至天宝十一年（704—751）的印本，并有字体秀美之评。百年之后，唐咸通九年（868）印刷的《金刚经》，前装一幅《祇树给孤独园》的扉画（图3），标明了印刷书出现不久时所带的性质：尽管它是新形式的书籍，可所重视的仍然是书的装饰与审美，仍然是书的神圣性，尽管那是一位名不见经传的信徒王玠为父母敬造普施。翁连溪先生常常提醒我们，宋板《金刚经》宿州圣果寺刻本所用的佳墨，书后的识语写道："时太平兴国六年岁次辛巳七月二十三日寄濠州崇胜禅院造，设斋庆赞讫，此经用沉檀龙脑水研墨。"值此，我们也可以想象一下当时的皇家印制品，其精美程度或当赞以天上之姿、山中之影为评。可惜都泯然草木，丘原零落了。

此处似乎只能退一步从写本上看一看书籍神圣的观念对制作者的影响了，上文提到的苏州博物馆收藏的《金刚经》为北宋至和元年（1054）金银写本，哞诵之际，令人不得不惊叹那样典雅优美的经卷需要多么巨大的工力和耐心才能制作得如此完美！而所写的字体正是典型的浙江地区用于刻书的欧体。但它不是出自皇家内府，而是地位不很高

图3 《金刚经》扉画《祇树给孤独园》，唐咸通九年刻本。大英图书馆藏

的瑞昌县君孙氏四娘子舍财供养。这位四娘子还有四卷同样精美的《金光明经》刻本，每卷前的扉画都能在中国版画史上占一重要地位。在书籍的神圣上，中西的态度是相通的，那时的读者，肯定不像我们现在这样，仅仅把书当成读物，他们身为信徒一定怀有神圣的心意：那是一种庄严、一种敬畏、一种激动、一种神秘。你若告诉他们，书籍不论如何，只要能读就好，他肯定不把你看成一个真正的读者，因为粗陋文字印成的粗陋书页是对阅读的妨碍，它妨碍了人们对知识的敬畏、对经典的虔诚。

这种对书籍的敬畏之心、虔诚之心，一定深深地影响了后来一代代的真正读书者、爱书者。我们不妨举两个极端的例子，一个是英国考古学家鲁珀特·布鲁斯-米特福德[Rupert Bruce-Mitford]，他描述过《阿米提努写本》[*Codex Amiatinus*]在他面前出现时的景象：

怀着敬畏之心，经过久久的等待，我看到两位馆员捧着书，小心翼翼地走来，第三位馆员打开了门。厚厚的六卷大书不得不平摊在桌上，先解开搭扣，以便打开封面。为了仔细看清它们的装帧，我斗胆用自行车灯去凑近书卷，以补充米开朗琪罗设计的这间八角书房的光线，紧张得竟不免发抖。（Cf. Christopher de Hamel, *Meetings with Remarkable Manuscripts*. Penguin Books, 2016, p. 65）

书籍史学者克里斯托弗·德·哈梅尔[Christopher de Hamel]曾引用这段文字，他感慨：当今时代人们已很难相信会有这样的情景。另一个例子是傅增湘先生，他见到宋本《唐柳先生外集》时说："是书字体浑穆端庄，摹仿鲁公，精刊初印，墨气浓厚，纸用罗纹皮料，匀洁坚韧……虽寥寥数十叶，亦惊人秘籍。"民国戊午（1918）除夕，傅先生招邀耆宿，在京师太平湖寓斋赏奇析异，品第部居，专门为它举行了祭书之典。把书籍敬放在一个庄严的仪式中。

傅先生曾有一场奇遇，他心目中的"振古之伟业，传世之鸿篇"的皇皇百卷巨帙宋本《乐府诗集》竟然在千钧一发时逃过一场大火。待心神稳定之后，他撰写长跋，详述其本末，尾声中是这样的结局：

始信物之成毁，数归前定。藜光下照，长思有灵，使垂毁之物，竟得完璧而归。昔人谓：世间秘宝，在在处处有神物护持。归震川亦云：书之聚，当有如金宝之气、卿云轮囷，覆护其上。若此书者，世推为天壤之孤籍，余视为镇库之奇珍。顾火烈昆冈，宁论玉石？趋避之术，既非人力所预谋；晷刻之差，似有神灵之来招。其免于难也，微鬼神呵护之力，宁有是哉！从此馨香百拜，什袭珍藏，托庇神庥，永离灾厄。

生活在电子书大势所向的时代，我仍然祈求藏园先生的此心此志留布千秋。不论是英国的那位考古学家，还是中国的这位学者，显然都是把书籍看作至高无上的神物，而按照弗吉尼亚·伍尔夫[Virginia Woolf]

的说法，天堂就是由书籍组建的。换言之，书籍由其美的光彩构筑读书人心目中的天堂。中国印刷术出现时情况也理当如此，技术进步了，有了活字，艺术的要求也不会改。宋朝有活字，明朝又有铜活字，但都不如雕版制作的典雅，所以不可能取代雕版（朝鲜的情况或有所不同，那里以政府的力量铸字，加之书法也不像中国这样神圣，所以活字板能通行）。康熙年间内府制作的铜活字是中国活字史上最美的活字，最有可能与雕版并行运转在历史上，可惜使用时间不长就被熔铸，供作他用。乾隆年间由金简负责制作的木活字，虽有“聚珍”的美称，但与康熙铜活字相比，审美上高下悬殊。晚清时西方的印刷技术传入中土，活字受到一些人的抵制，原因没有别的，就是它不雅观而已，机器文字总不如手工文字有韵有味。

英国学者休斯敦[Keith Houston]讨论中国印刷，说到《农书》的作者王祯制作的活字，写了几句话，似乎过度解释了王祯的文字，但用来呼应我的论点，还是有意思的，原文如下：

> When Wang Zhen experimented with wooden movable type in the early fourteenth century, he proceeded exactly as though he were making a traditional wooden printing block, only to cut the engraved block into chunks before printing. But as Wang Zhen found out, movable type could not capture the human touch behind the letters of an expert calligrapher. Woodblock printing agreed with China's sense of aesthetics but movable type did not. (*The Book: A Cover-to-Cover Exploration of the Most Powerful Object of Our Time*. London, 2016, p. 186)

休斯敦敏锐地看出活字不能传达木刻的名人手书的书法韵味，到了20世纪，活字甚至不如影印更受欢迎，原因也没有别的，影印比活字更能传达原书的风雅而已。当然，就像绘画有高雅与低俗一样，影印本也是如此，我们只要想一想陶湘与周叔弢，他们都是严防那些对书籍毫无柔情而不能欣赏其美的人，把他们的影印本与其时的扫叶山房之类的影印本作一比较，就可知道其中的旨趣何啻天壤。当然，最重要的还是文字的艺术，机制的文字再好，再便捷，也代替不了手写的文字，尤其是名家手写的文字。这也许是文人最舍不得放弃，而且也是世界印刷史上最卓然无二的特色了。

刘乾先生1983年曾发表一篇精彩的文字《试谈周亮工遥连堂所刻书》，所介绍的几种书有张民表《塞庵诗二续》（案，此书或为孤本，中国科学院收藏，方便一见的是光绪七年中牟仓景愉刻本），为周亮工手书上板。令人动容的是，它不是刻于一般的太平年月，而是“刻于弘光南都沦陷前后的江南，在金刀铁马的缝隙中，完成了雕印精良的善本秘籍”，使锦绣琼瑶，不致鞠为茂草。这样的书，捧在手里，一展卷即萧萧凌云气，它让书籍在生死存亡的关头昂然起放艺术之光。

中国诗论有句名言：诗穷而后工。从某种意义上，书籍也是如此。弘光期间刊刻的《峤雅》放在任何时候都是一部艺术高卓的书，可惜我们只见到翻板而很难找到原刻了。就像越艰难越出好诗一样，印刷史也有佳例，难苦岁月也能出现珍品，有一缕缕文明的光致。威尼斯印书最兴盛的时期，犹太人正处在艰难之中。1516年威尼斯共和国无情地把境内的犹太人遣送到一个居住区[ghetto]，不许越界。犹太人在那里祷告，在那里读经。由于对经书的需要，令人意外的是，它暗中催生了希伯来语出版的事业。那时正是后摇篮本时代，正是在那样的种族歧视、种族割裂的苦难之地，犹太人为威尼斯的出版业抹上了一笔重彩：“书籍自那些艰难的岁月起，成为每一个犹太人生存的支柱。”

希伯来语书首次印刷一百多年之后，中国的弘光元年（1645），冯舒手抄了一部《汗简》，他的书后跋语写道：“今年乙酉，避兵入乡，居于莫城西之洋荡村，大海横流，人情鼎沸，此乡犹幸无恙。屋小炎蒸，无书可读，架上偶携此本，便发兴书之，二十日而毕。家人笑谓予曰：世乱如此，挥汗写书，近闻有焚书之令，未知此一编者，助得秦坑几许虐焰？……此时何时，啸歌不废，他年安知不留此洋荡老人本耶？”（《爱日精庐藏书志》卷七）这是书籍的另一种艺术，他日或将专文论述。（此《汗简》七卷现藏中国国家图书馆）

二　关于字体和图像

我们已谈到了手书上板的问题，据文献记载，早在宋朝之前，刻书就延请名家书写，这不但取法印刷术出现时的情况，而且也为宋人刻书所继承。洪迈告诉我们：

> 唐贞观中，魏徵、虞世南、颜师古继为秘书监，请募天下书，选五品以上子孙工书者，为书手缮写。予家有旧监本《周礼》，其末云：大周广顺三年（953）癸丑五月，雕造《九经》书毕，前乡贡三礼郭嵠书。列宰相李穀、范质、判监田敏等衔于后。《经典释文》末云：显德六年（959）己未三月，太庙室长朱延熙书……此书字画端严有楷法，更无舛误。

到了北宋，广文馆进士韦宿、乡贡进士陈元吉、承奉郎守大理评事张致用、承奉郎守光禄寺丞赵安仁都为刻书书写。更有名的是郭忠恕写的《古文尚书》，苏轼写的陶渊明诗。吴说《古今绝句》三卷，自跋谓：“手写一本，锓木流传。”岳珂《玉楮诗稿》八卷后也自述说：“遣人誊写，写法甚恶”，遂发兴自为手书，日写数纸，通计一百零七版。更有甚者，周必大校刻《文苑英华》多至一千卷，而专委王思恭一人书写，历时三年始成。民国年间出现的最令人艳羡的宋版书《草窗韵语》，万历年间就有人赞叹它的书法之美，公认为是周密手写上板。这些名家手书上板的例子为人屡屡称道，更多的例子，请见陈红彦的《名家写版考述》，此不赘录。

《藏书纪事诗》卷七附论宋人傅稺以欧书写淮东仓漕本施元之《注东坡先生诗》、明人周慈手写通津草堂本《论衡》手书上板事，咏云："难得临池笔一枝，东津可比宋漕司。从来精椠先精写，此体无如信本宜。"尊崇欧阳询（字信本）的楷书为书籍字体的标准，的确道出了中国书籍美的精粹。前人谓：唐楷无过欧书。王同愈跋《醴泉铭》云："余尝谓信本书《醴泉铭》，庄严尊贵如王者；《化度寺》含蓄深沉，如有道之士；《温碑》妍媚流利，如绝世佳人；《皇甫碑》飒爽权奇，如侠客。人谓张长史为草圣，余谓欧公书真不愧为楷圣。"这是承王澍、翁方纲而来的论点，书法与中国古籍之美的关系，这是一个值得细论的关捩。

刻书对字体有高度的要求，绘画当然不甘落后。尽管实物留传甚少，但是，例如通过哈佛大学收藏的《御制秘藏诠》（请见罗越[Max Loehr]的研究）中的四幅山水画（图4）和苏州博物馆收藏的几幅北宋雕版的佛经扉页版画，我们能够想象当时的版画插图，水平一定比我们现在所叹为观止的《梅花喜神谱》高出几筹。

图4 《御制秘藏诠》卷第十三，北宋大观二年刻本。美国哈佛大学福格美术馆藏

以上是宋版书的情况。版画艺术在明代晚期达到了高峰，郑西谛先生认为万历时期（1573—1620）的版画光芒万丈，我和董捷都往下推到了崇祯，黄裳先生评其镇库之宝、崇祯丁丑（1637）刊刻的《吴骚合编》初印本也说过类似的话："诸图细若游丝，锋棱毕现，晚明刻工之最上乘，亦中国雕版史上最光荣之叶也。"但我认为崇祯十三年庚辰（1640）闵齐伋刊印的六色套印本《西厢记》（图5）更能代表中国古代版画艺术的巅峰。并且，彩色套印的最早实例，或许也不像王重民先生论述的起源于徽州（《套版印刷法起源于徽州说》），而很可能起源于杭州。之所以如此假设，是由于现藏冯德保[Christer von der Burg]处的几部春宫书的提示，记得数年前，我曾有过论述。（请参见李晓愚对套印本《湖山胜概》的研究。）

图5 《西厢记》第十一幅，明崇祯十三年（1640）乌程闵齐伋刻六色套印本。德国科隆东亚艺术博物馆藏

我还猜想，这些追求感官刺激的套印本也越出了版画的范围，影响了纯粹文字书的刊刻，这就是跟杭州紧邻的湖州印刷的一百多种所谓的闵刻本。据朱墨本《春秋左传》的刻书牌记“万历丙辰夏吴兴闵齐华、闵齐伋、闵象泰分次经传”，知其套印始于1616年。一年以后，山阴大藏书家祁承㸁在杭州见到闵刻本四种，赞为：精工之极，实是书中清玩（《澹生堂文集》）。请注意，这是当时人对于当时一种新颖版本形式的评论。等到松筠阁主人闵于忱刊刻《枕函小史》五种，他已能在凡例中自豪地夸耀：

晟水朱评，绚烂宇内。经史子集，不下百种。艳妆倩饰，色色宜人。而残脂剩粉，偏自醉心。读此编者，开卷爽然，不鼓掌解颐者，谁耶？幸毋作唾余观。（编者按，“经”字原书误作“诗”，此径改）

这段话可以看作闵刻本美学的宣言。尽管在历史上，闵刻本由于学术价值不高而多遭非议，但是民国年间傅增湘先生还是为套印本说了一番公道的话：

明季吴兴闵齐伋刻书，字体方整，朱墨套板，或兼用黄、蓝、紫各色，白棉纸精印，行疏幅广，光采炫烂，书面签题，率用紬绢，朱书标名，颇为悦目。

以上引文出自傅先生的《涉园陶氏藏明季闵凌二家朱墨本书书后》，陶氏即陶湘，所藏闵刻套印本甲于天下。他不只收藏，还把闵刻本字体方整、行疏幅广的风神带进了他在民国十五年至民国二十年（1926—1931）用石印法刷印的《喜咏轩丛书》和《涉园墨萃》，那是迄今为止，最优美的石印本了。

闵刻本除了艺术，还有一个优势，我们也不应该忽略。由于它们基本上都为文本作了断句，就在阅读史上具有重大意义，有些类似于西方把所谓的*scriptura continua*[连写抄]断为句中的空白，让眼睛在阅读中发挥更大的潜能，帮助阅读时快速看懂文本中的艰涩文句，不像前人有时会经历痛苦的阅读过程。闵刻本之所以能刊刻一百五六十种，说明了它在阅读和美观上都受到了欢迎。

在另一方面，明代版画在社会上的影响，也启发一些刻书家去思考字体的问题，最典型的是万历三十六年（1608）刊印的《文字会宝》。此书晚于万历十七年（1589）的《方氏墨谱》，也晚于万历二十二年（1594）的《程氏墨苑》，很可能主事者朱简叔有感于那两部版画书用名人墨迹上板的做法，他选编这部古文辞赋名篇读本时，也费尽心神延请一些著名的书法家书写，然后再据墨迹刊刻刷印。他在凡例中说：

> 斯集求已数年，刻经三载。百余家笔墨萃于一编，千万世词章合诸一帙。是以书视书，与寻常等无有二；以作者、书者、辑者视书，则上下古今拔尤罗美，诚至宝矣。

显然他是把书当作艺术作品从事的。由于选编者是杭州人，更可能的是作者受了诸如春宫书或《湖山胜概》一类版画书的影响才有此创意。因为《湖山胜概》所附的题咏文字也都是善书者手写上板。

我们翻看《文字会宝》的第一部分，屈原的四篇作品，《卜居》为董其昌书，《渔父》由陶望龄书，《涉江》乃黄汝亨书，《橘颂》是张京元书。都是一代名选，赫赫大家。有趣的是江淹《诣建平王上书》，竟然用的是仿宋体，书写者为钱塘人朱顺治（字仲升），这使我想起一幅著名的手卷后面的题跋也有一通是用仿宋体写的，它提醒我们：要以新的眼光看待当时刻书业已通用的仿宋体。实际上，《文字会宝》的目录也是出自朱顺治之手的仿宋体。

谈到仿宋体，我们自然会想到明代正嘉以来的复古翻宋的风气，我在《书籍之为艺术》一文中曾写道：在那场复古的风气中，“宋版书不仅变成了古董，它的翻刻本还形成了一种新的字体——仿宋体”。袁褧嘉趣堂刻本《六家文选》刻书记云：家有宋本，甚称精善，“因命工翻雕，匡郭字体，未少改易。”正留下了仿宋字形成过程中的一丝痕迹。只是这种字体我们早已惯见熟闻，觉不出它的新鲜感。可在当初，它一定引起人们的批评，也引起了人们的惊叹。否则，不会在很短的时间内不胫而走。而令它们的创始者始料未及的是：它竟改变了后来书籍世界的形象。而这种巨大的成就，只有站在书籍之为艺术的立场上，才能看出它的精妙，给出公正的评价。

同样是在这场复古思潮中，许宗鲁（1490—1559）刊刻的《国语》（嘉靖四年[1525]）、《吕氏春秋》（嘉靖七年[1528]）还融合了古体字。显然，古体字更能显示庄严，令人想起北宋文人刘敞、吕大临、李公麟对于上古文物和文字的迷恋，以及娄机、洪适等人对汉隶的探研。可这也无形中为背离二王传统开辟了路径，就像米开朗琪罗在建筑梅迪奇·洛伦佐图书馆[Biblioteca Medicea Laurenziana]所展示的高大狭窄门厅[ricetto]的惊人拉力和巨石台阶的新奇恢宏，为手法主义开辟了路径一样，虽是一小一大，但其揆则一，都是反正统、反古典的取向。在中国，偏爱更原始的字体一变为晚明的“奇”“秘”，再变为南帖北碑之争。后来小宛堂的《说文长笺》（崇祯四年[1631]）、胡震亨的《靖康咨鉴录》（明清之间），以至嘉庆年间许梿刊刻的《笠泽丛书》和《金石存》、潘衍桐刊刻的《缉雅堂诗话》（光绪十七年[1891]）等等也都采用了写刻奇古的字体。当然，江声的《尚书入注音疏》（乾隆五十八年，1793近市居刊）、《释名疏证》（乾隆五十四年[1789]）和《恒星说》（约乾隆年间）都以篆字上板，可谓别体。陈启源《毛诗稽古编》（嘉庆十八年[1813]庞氏刊本）阅十四载而成，手自缮写，字体遵《说文》而斟酌雅俗，凡时体讹俗无以下笔者，一一是正。他们的作法无疑跟设定的读者有关，那是给很少的知识精英阅读的，就像彼得拉克[Francesco Petrarca]（1304—1374）的佛罗伦萨那一圈子致力于精致的拉丁文，并把它看成少数精英文人之间交流的语言一样。或者像马努提乌斯[Aldus Manutius]（1449—1515）的阿尔定学院[Accademia aldiua]那一批人所规定的用希腊语交流，要是有人说错，就被罚款出钱以供来日的饮宴。彼得拉克瞧不起但丁，因为他用意大利俗语写作，他的偶像是拉丁语大师西塞罗，他在维罗纳发现西塞罗书信集后，就给那位已逝的古人写信，以致款曲达导其情。马努提乌斯则致力希腊文，他印刷的希腊文书籍是文艺复兴出版业的重要事件之一，这可由*Aldus Manutius: The Greek Classics*（Edited and translated by N.G. Wilson）一书看出。这也许能从另一面告诉我们，江声为什么不仅刻书而且写信也用小篆书写的原因，他要恢复一种古老的文化和古老的艺术。

回看这些做法，可以说都是复古的产物，都是把书看作古董，都是欣赏其Age Value，不论仿宋字，还是古体字，还是追求“奇”“秘”（《范氏奇书》《秘册汇函》《宝颜堂秘籍》《秘书九种》诸本的名称所示），甚至连丰坊伪造的一系列古书也都需要放在复古的大背景中观察。关于那场复古风潮中的翻刻宋版问题，我们自然会想到汪谅嘉靖元年翻刻的《文选》所附的一页著名的广告。它共列出十四种书，七种注明为翻刻宋元版，另七种是重刻古版。这页广告至少有两点值得我们此处讨论。第一，汪谅翻刻的宋元版，数量之多引人注目，能否说他引领了翻刻宋元的潮流？第二，他已明确地提出了宋元版的概念有别于他版，我们应该如何看待他的宋元版概念？

对于第一个问题的回答是，尽管汪谅以一己之力翻刻宋元版，超过他同时代的人，但他似乎没有在周围发生多大影响，这也许由于他只是一位“金台书铺”的老板吧。而到了苏州文人手里则完全不同，就像常熟的藏书家孙楼（1515—1584）在自己的《博雅堂藏书目》序中所说：“苏州乃文人之渊薮，士大夫藏书虽少量亦颇多，且因爱好丰富文雅之事，使前所隐未能传世之珍本相继刊行。”换言之，只有到了苏州那些爱好风雅的文人手里，翻刻宋元才形成风气。这也从另一方面让我们思考，很可能是翻刻古本书让宋元版成为古董，而不是宋元版已成为古董，才促成了翻刻之风。不过，古董的观念虽出现在明代之前，却是到明代才流行起来，因此，它容易掩盖一个事实：书籍作为艺术品也就是说，它和书法绘画是同样为人收藏的珍物也许早已有之。只是我们需要上溯到写本时代，需要更大胆的猜测和想象来思考这一问题，因为文献太稀缺了。此处，古董的观念跟书史关系重大的是，在这种翻刻的风气中，仿宋体产生了。我们追溯这种字体的早期来源，可看到弘治十五年刊刻的《松陵集》，主事者刘泽虽未交代底本，但字体无疑是仿宋，它显然受到了南宋浙刻本的影响。

关于第二个问题，我们可以这样看：汪谅的提法已见雏形，而且是一个蕴藏着巨大能量的雏形。贾公彦云：器本无名，人与作号。但“宋元版”不仅仅是个予物以名的问题，不仅仅是把无形变成有形，把混沌固定为名称，它还将绽放出一个崭新的世界，这就是概念或者词语的力量，正像诗人所言：

如果找不到一个贴切的词，
那么任何理想都会成为妄想。
不论那理想多么辉煌，
那个词在眼前转瞬即逝。
而一旦找到，梦想的世界或成为现实。

只是那时宋元版是否已成为古董，或者说已成为艺术还有待讨论，因为杭州藏书家郎瑛（1485—1566）在《七修类稿》卷二十三中呼吁：“《格古要论》当再增考。”此书“洪武间创于云间曹明仲，天顺间增于吉水王功载，考收似亦博矣，偶尔检阅，不无沧海遗珠之叹……文房门岂可不论宋元书刻？”我们知道，《格古要论》从出版以来即成为明人收藏古董的指南，所以后人会根据情况进行增补。郎瑛在这种背景中提出吁请，大概时在嘉靖末年。到了万历十九年（1591），高濂出版

《雅尚斋遵生八笺》已在揭露古董贩子的伪宋版了。但书籍成为古董的观念一定在《七修类稿》之前已然形成。

明代著名的铜活字出版家华珵（1438—1514）是一位和沈周齐名的收藏家（参见王照宇《明代无锡古物藏家华珵及其家族藏家考》），同乡好友邵宝为他写墓志铭说："君平生好品论古图书器玩，以赏鉴自负，或持至君所，真赝立辨。所御几杖盘盂之美，皆仿诸古。居官时，公退辄自玩，及归而益遂焉，更自号曰尚古君。"这与后来文徵明《华尚古小传》中记载他的收藏，都把图书与古物并举。更重要的文献标志就是晚于华珵墓志铭的嘉靖二十八年（1549）丰坊为华夏作的《真赏斋赋》。书籍一旦成为古董，成为艺术，它的价值必然提高。同样，同时代刊刻的书籍一旦被人投以艺术的眼光，价值也必然提高。从万历年间开始大量出版的绣像书籍和各类画谱，其价格都比普通书高出一倍多。熙春楼刻印的《六经图》，封面用朱色篆书印出的价格是"每部纹银一两六钱"，全书共170多页，每百页将近一两。而普通的新刊本每百页不过七八分。有意思的是，《六经图》书名前还标榜着"摹刻宋板"四个大字。又，《宣和集古印史》八卷为来行学校摹，刊于万历丙申（1596），牌记页右上方钤一朱文汉佩玉印为防伪标记，下注说明文字。左边楷书四行云：

> 宝印斋监装《宣和印史》，夹连四棉纸墨刷，珊瑚朱砂印色覆印，衣缋绫套，藏经笺面。定价官印一套纹银一两五钱，私印二套纹银三两，绝无模糊敧邪破损。敢悬都门，自方《吕览》。恐有赝本，用汉佩双印印记，慧眼辨之。来行学颜叔识。

书后有"印则"十又二章，由其可知版权页中的"覆印"为何意："覆印：印欲高厚，用印矩覆印，可自一以至十，但于朱文似觉不宜。"也就是说书中的白文印是钤印了二次。"印则"的结尾还对珊瑚朱砂印色作了说明："宝印斋监制珊瑚琥珀真珠朱砂印色，每两实价伍钱，朱砂印色，每两实价二钱。”书尾的最后两行为：“西陵来行学颜叔识并书，宝印斋藏板，徐安刊。”表明是来行学手书，徐安刻字，又是杭州人精心制作的艺术书籍。

大木康曾经比较明代出版业中版画书高于普通书的情况，不知是否有人把清代版画书和普通书的价格做过比较。我见过几部《芥子园画传》初集的朱记广告，但都没有标明价格。关于版画书的价格，我了解甚少，只记得咸丰刻本《列仙酒牌》的朱记是“每册价银壹两”。时间相距不算太远的非版画书有嘉庆十六年镇海刘氏墨庄刻的《严氏诗缉补义》八卷，书名页木记“每部计工价银壹两陆钱”，道光元年苏州翠微花馆刻的《词林正韵》三卷，书名页木记“每部发价陆钱”。由于这方面资料不多，我把曩年从张廷济日记中摘录的一份嘉庆初年的书价用为附录，供作参考。

提起书名页，它在明代达到了形式最丰富的时期，不论装饰图案还是印刷水平都独步书林，它跟佛经、跟书画、跟民间艺术的关系都值得探讨，但这方面的资料并不易碰到。这里也顺便谈一谈钤印的问题。除了印谱和有时候序跋中出现者之外，刊刻者专为书钤印的情况不是没有，而是太少见了，只能算是别格。一般说来，大多是藏书家钤盖的。有人喜欢多钤，项元汴可谓典型；有人喜欢少钤，周叔弢堪称榜样。倘若好书无印，确实有点儿像康有为写的一幅书法所云：“可惜柳边沙外，不共美人游历。”如此引譬，当然是影指曲涉人们对好钤印者的讥讽，说他们是在美人脸上刺字，乃书画一厄。不过，印章也自有增美书籍的功用，毛晋的连珠文小方印就为旧籍平添了几许优雅的姿色。华延年室主人傅以礼是个用印多者，我见过的几种，每种都是精心位置，印色和印章大小皆细心经营，有时大方落落，有时柔情宛宛，藏书家的品味以留在书上的印色显出绝色。

有一次和陈先行先生聊天，他告诉我，有些宋版书上钤着王宠和文徵明的伪印，并由此提出了自己的一些猜想。最近又告诉我，这些伪印的发现和关涉版本学的一些问题已写进了《古籍善本》一书。尽管《天禄琳琅书目》已有考订伪印之举，但我认为陈先生的见解则是一项和书籍艺术有关的不可轻视的发现，殊能启迪开道。

与中国藏书家用图章装饰书籍不同，西人用的是藏书票[book-plate]。15世纪德国人印刷了最早的雕版藏书票，最著名的实例出自*Carthusian Monastery of Buxheim*，表现一个双手持徽章的天使，手工敷色，作者是Hildebrand Brandenbury of Biberach，约在1470年，*German Book-plates: An Illustrated Handbook of German & Austrian Exlibris*（1901）的卷端有极佳的仿真图。这种藏书票实际是小版画，很快就吸引了艺术家，关键是，它还吸引了大艺术家的参加，例如克拉纳赫[Lucas Cranach]、霍尔拜因[Hans Holbein]，尤其是丢勒，例如他为Willibald Pirckheimer（约1503）、Michael Behaim von Schwarzbach（约1509）、Lazarus Spengler（1515）制作的藏书票表明他的兴趣持久不衰。西方人研究藏书票的著作甚多，*The Dictionary of Art* 第四卷有专门的词条，参考书目中列出十种专著。相比之下，我们对藏书印的艺术以及与书籍的关系，研究得太少了，几乎无人问津。

三　关于刻工、出版者和画家

由于明代的那场复古的思潮还牵涉到工艺技术，它也在工匠制度瓦解的情境下出现了新的面貌。工匠有了新的自由，他们的名姓也在书籍上占据一席新的地位。万历之前书中出现的刻工，很少不是为了论字计酬，但大约嘉靖后期刻印的精美之书，尤其从万历起刻印的版画书，刻工的署名俨然成了独立的艺术家的标志。为《方氏墨谱》镌梓的黄德时、黄伯符等人，为《程氏墨苑》刻图的黄鏻，为《彩笔情辞》奏刀的黄君蒨皆是其例。《彩笔情辞》刻于天启四年（1624）的杭州，主事者张栩在序中写道：

> 图画俱系名笔仿古，细摩辞意，数日始成一幅。后觅良工精密雕镂，神情绵邈，景物灿彰。

1607年刻本《状元图考》的编者吴承恩也说："绘与书双美矣，不得良工，徒为灾木。属之剞劂，即歙黄氏诸伯仲，盖雕龙手也。"1616年出版的《吴歈萃雅》同一声调："图画止以饰观，尽去，难为俗眼。特延妙手，布出题情。良工独苦，共诸好事。"这一共诸好事的刻工是吴门的章镛，而章镛也是崇祯三年（1630）著名的丛帖《渤海藏真帖》的摹勒者。有这样一些名手参与，难怪要称他们为"雕龙"这样的美称，向来用于文人墨客，现在用在了工匠身上。促成这种转变的则是高水平的版画书的推动。因此，雕龙手不是吹嘘，实际情况确然如此。所谓的名笔良工，把我们带进了一个优秀的画家和精湛的刻工共同制作书籍艺术的时代。我们在一些清代刻本上还能见到例如李士芳（碧云草堂本《笠泽丛书》和《抱珠轩诗存》）、穆大展（《金刚经》和《两汉策要》）、陶子麟（《徐文公集》和《玉台新咏》）等刻工名姓，都应感谢明代的版画刻工给他们带来的恩惠。

名画家参与书籍制作，更是一件了不起的事。《方氏墨谱》是丁云鹏所绘，《程氏墨苑》出诸丁南羽之手。后来又有萧云从和陈老莲等人参与《离骚》和《九歌》等书的创作。这种盛况不禁让我想起欧洲后摇篮本初期帕乔里[Luca Pacioli]的《神圣比例》[*Divina Proportione*]，它的出版者是帕格尼诺·帕格尼尼[Paganino Paganini]（1450—1538），他还和儿子阿莱桑德罗[Alessandro]第一次印刷了《古兰经》即*Paganini Qurani Arabic*，那是举世闻名的大胆创举：因为即使他们的这版《古兰经》页面留有大片空白供作装饰，但按照此书的发现者安杰拉·诺沃[Angela Nuovo]的说法，"伊斯兰信徒直到18世纪仍然对印刷书怀有极大敌意，对阿拉伯人来说，写本是传播的媒介，也是艺术层面和精神层面的审美需求，而活字印刷抹杀了手写文字和谐美妙的流动感"，那种流动感正是宗教艺术的一种表现。这种观念从不同的意义上在中国得到过共鸣。

然而，站在新艺术的角度看，帕格尼尼父子却是眼光宏大、敢于创新的出版者，他们不仅发明了24开本图书，还拥有高超的制作活字的技艺，运用帕格尼尼优美的字体，文艺复兴最负盛名的图书之一《神圣比例》在威尼斯1509年出版，那一年是正德三年（1508）吴宽的长子吴奭刊刻《匏翁家藏集》的翌年，书中讨论了黄金比率，祖述了皮耶罗·德拉·弗朗切斯卡[Piero della Francesca]和梅洛佐·达·福尔利[Melozzo da Forli]等大画家的几何透视，还比较了人体和建筑的比例。书中大约60幅木刻插图是根据莱奥纳尔多·达·芬奇的素描制作。从世界书籍史上看，一位*divino artista*[神性艺术家]的艺术家参与书籍的制作，那就不仅仅惊人，而且令人想起古人形容文字的创造，天雨粟，鬼夜哭，也令人想起中国书籍史上所谓的顾恺之作图的《列女传》（传世有道光时阮福刊本）。

此处也正好谈谈与另一位大画家有关的《列女传》，它镌刻于万历年间，主要刷印却在乾隆时期，是一个很值得研究的本子，因为它的插图归在仇英名下（图6）。与此现象类似，版本众多的《西厢记》中的莺莺像，或归于陈居中或归于盛懋，虽都以名人为寄，但更多的是归于唐寅（参见隆庆三年[1569]顾氏众芳书斋本，万历二十六年[1598]继志斋本，万历三十八年[1610]起凤馆本）或仇英（万历四十四年[1616]何璧本）。矢量指向了吴门，尽管吴门在版画史上的贡献不像金陵和杭州那样大。（近年来的版画研究请见翁连溪和董捷等人的工作。）

正是吴门，不仅按照沈德符《万历野获编》的说法是引导时尚之地，也是复古的渊薮，收藏宋版书、翻刻宋版书都是由吴门地区的鉴藏家领头的。前面提到的弘治十五年（1502）刘泽刊刻的《松陵集》，底本似为宋本。正德年间陆涓刊刻的唐人诗集二十余种，多有翻刻宋版者。嘉靖四年至六年（1525—1527）王延喆仿宋本《史记》一百三十卷，书尾刊记云："延喆因取旧藏宋刊《史记》重加校雠，翻刻于家塾……工始嘉靖乙酉腊月，迄丁亥之三月。"还有前面援引过的嘉靖

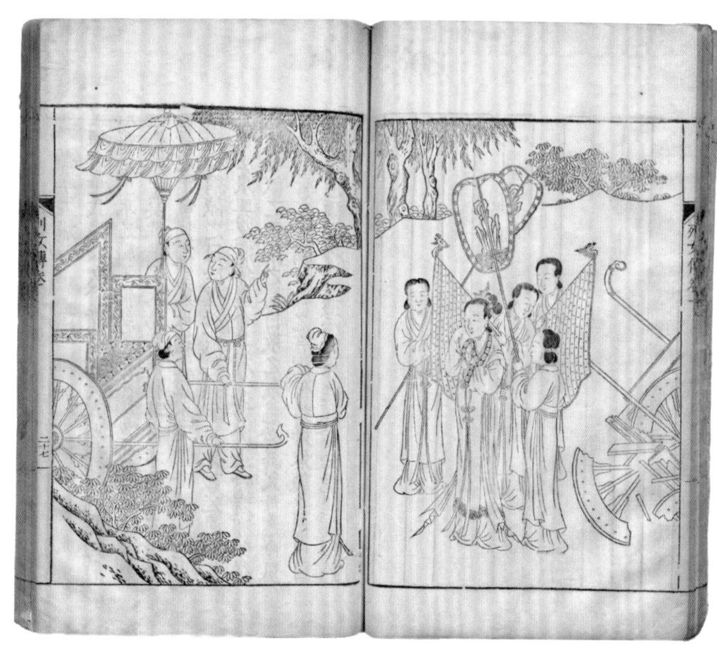

图6　汉刘向撰，《列女传》书影，明汪道昆增辑、仇英绘图，明万历间刻本，清乾隆间鲍氏知不足斋重印本

十三年至二十八年（1534—1549）袁褧嘉趣堂的仿宋本《六家文选》六十卷刻书记，现援引全文如下，以见其多么自豪地从事这项事业：“余家藏书百年，见购鬻宋刻本《昭明文选》，有五臣、六臣、李善本、巾箱、白文、小字、大字，殆若十种。家有此本，甚称精善。而注释本以六家为优，因命工翻雕，匡郭字体，未少改易。刻始于嘉靖甲午岁，成于己酉，计十六载而完，用费浩繁，梓人艰集，今模拓传播海内，览兹册者，毋徒曰开卷快然也。”这一袁本《六家文选》和王本《史记》都是苏州的名刻，所传之本，往往被人割去牌记，冒充宋版。

到了嘉靖三十四年（1555）无锡监生顾起经的奇字斋刻《类笺唐王右丞集》，目录后有我们经常提到的一页文字，它由一连串的人名组成：

写勘：吴应龙、沈恒（俱长洲人）、陆廷相（无锡人）。雕梓：应钟（金华人）、章亨、李焕、袁宸、顾廉（俱苏州人）、陈节（武进人）、陈汶（江阴人）、何瑞、何朝忠、王诰、何应元、何应亨、何钿、何錀、张邦本、何鉴、何镃、王惟寀、何钤、何应贞、何大节、陆信、何昇、余汝霆（俱无锡人）。装潢：刘观（苏州人）、赵经、杨金（俱无锡人）。程限：自嘉靖三十四年十二月望，授锓至三十五年六月朔完局。冠龙山外史谨记。

这段文字的重要性，人们常常放在奇字斋本开板里都有何人参与的问题进行讨论，却忘记了它在书籍艺术史上的意义。其实它是人们欣赏刚刚兴起不久的仿宋体的早期证据。它开首即道出了书写者的名姓，接着又不厌其繁地罗列刊刻者的名字，尤其瞩目的是还标出了他们的籍贯。这与以前只在书口记下名姓，以便论工计价完全不同。可惜我们现在已经很难领略它了。并且，由于仿宋字的横平竖直，必然会引起刻刀的变化，只是它们的实物没有留存，令我们不知究竟。同样，万历年间的版画水平也必定跟工具的改革有关。版画的进步，我们看得很清，但雕版字体的改变，时过境迁，就有迷障了，特别是仿宋字，到了后来每况愈下，以致被称为硬体以与软体的精刻进行对照，书价也在这种对照中拉开了距离。对这种硬体字或称肤廓字的厌恶和批评，典型的例子见于清代汪琬、薛熙刊刻的《明文在》，其“凡例”写道：“古本均系能书之士各随字体书之，无有所谓宋字也。明季始有书工专写肤廓字样，谓之宋体，庸劣不堪。”钱泳《履园丛话》也说：“刻书以宋刻为上，至元时翻宋尚有佳者。有明中叶，写书匠改为方笔，非颜非欧，已不成字；近时则愈恶劣，无笔画可寻矣。”如果只看明清的一些通行刻本，这些话是不错的。所以汪琬走而避之，他刻自己的文集《尧峰文钞》时请他的弟子著名的书法家林佶手书上板，刻杂著《说铃》也是名手写样。康熙六十年（1721）五月林佶又抄《说铃》，回忆手书《尧峰文钞》的往事仍自豪地说：“今春介夫先生始从宋检讨筠处借得抄本属佶缮录，遂欣然命笔，但不能如录《尧峰文钞》时笔画端楷，盖彼为镂版计，故不得不刻画，又年丁强盛，故尔。此则随笔书去，往往有天真烂熳之致，亦犹吾师为此编，正以无意而成文耳。然追思当日标赏，正自不同流俗，今士大夫犹能仿佛其风流余韵否？”钱泳在嘉庆二十四年（1819）刊印自己的《梅花溪诗草》，虽巾箱小本，也是手书上板的精刻本。

这种对于所谓“精刻”的看重，在晚清有一个典型的例子就是光绪己卯刊刻的《三品汇刊》，书坊是崇文阁，它的主人请张之洞作序，用行书墨迹上板。正文共二十一页，书口标写的写者竟达十三位，他们是王仁堪、洪钧、余联沅、崇绮、华金寿、陆润庠、朱以增、孙家鼎、黄晋洺、王祖光、梁耀枢、黄自元、王文在，都是当时的名流。可书法却像出自一人之手，这也许就是人人都写馆阁体的结果吧。若说贬之为盗名欺世，我想一个民间的书坊未必有如此胆量。书刻得的确不错，反映了式微时期对书籍艺术的追求。所谓的“三品”即诗品、画品和书品。顺带说一句，此书传世不多，《中国古籍总目》不载。

在钱泳的时代，只有那些重视明代翻宋版的人才会偶尔赞赏一下这种仿宋体。到了西方印刷技术传入中土后，人们才开始由渐渐重视仿宋版的嘉靖本而对嘉靖的仿宋字体也说几句好话，邓邦述跋嘉靖年间周慈缮写、陆奎刊板的通津草堂本《论衡》云：“明刻本以嘉靖间梓工为最有矩矱。此通津草堂本纸印极美，于宋为似。特宋刻楷法用颜柳体，方劲中有浑茂之气，非明人所能。宋版譬之汉隶，明刻止如唐碑。姿媚非不胜古，而气势厚薄则有时会之殊。”邓氏的“纸印极美，于宋为似”已是最高的称赏，他的书斋有一名曰“百靖斋”，即显示出其好尚。而这一好尚风气却是下文还将详论的黄丕烈所开创，黄丕烈为明刊《陈子昂集》作跋云：“往闻前辈论古书源流，谓明刻至嘉靖尚称善本，盖其时犹不敢作聪明以乱旧章也。余于宋元刻本，将之素矣。今日反留心明刻，非降而下之，宋元版尚有讲求之人，前人言之，后人知之，授受源流，昭然可睹。若明刻人不甚贵，及今不讲明而切究之，恐澌灭殆尽，反不如宋元之时代虽远，声名益著也。”王欣夫先生引用这通跋文后写道：“这真是甘苦有得之言，往年我与邓邦述、吴梅纵言及之，他们意见一致，吴遂名所居曰百嘉室，邓名所居曰百嘉斋，盖仿黄丕烈的百宋一廛和陆心源的皕宋楼。”书林群英由欣赏宋元而降尊纡贵，去欣赏明代，欣赏清代，又欣赏民国，其中都包括对所谓仿宋字的鉴赏，例如晚清玉情瑶怨馆刊《茶花女》，周叔弢先生民国间刊《十经斋遗集》都选用仿宋字，都极其精雅。当然，这种方体字能得到高雅人士欣赏，自有它的根基，我们不妨重温一下黄丕烈对浙刻宋本《文粹》的评语：“此本楮墨精妙，笔画斩方，犹有北宋风味……观其校之是，写之工，镂之善，勤亦至矣。”

复古不仅创造了崭新的仿宋体，而且也借助版画书在其中发挥作用，最显著的是万历三十九年（1604）刻印的《三才图会》，它以其浩瀚的插图百科全书形式，为各类制造新古董者提供了图像的借鉴，推动了一个崭新的古董世界的出现，已不是此处三言两语所能言。要想深入评价《三才图会》，也许要放在世界书籍史当中，才能给出更合理的判断，因为不论插图的数量还是知识的内容，都是惊人的。在这种复古中还有一种倾向值得注意，为了追求书籍的古意，开始对材料有了讲究。这种实例我们可以在正德版的《花间集》上看到，藏于上海图书馆的本子用红筋罗纹，是我见到的最早使用这种纸的实例，民国年间书画大家吴湖帆又对它精心装帧，显然是把它当成艺术品宝爱的。崇祯年间小宛堂刊印的仿宋本《玉台新咏》是更好的例子，主事者费心费神地让它不同凡响，我见到的本子就有宋纸、藏经纸、旧皮纸、旧罗纹纸等印本，大概是用古纸最多样化、最讲究古雅的本子，那也许是小宛堂主人向书中“丽以金箱，装之宝轴。三台妙迹，龙伸蠖屈之书；五色华笺，河北胶东之纸”那样的可想而不可见的句子致敬。回到现实，它也是把吴门翻刻宋版的风气推到了高峰的本子。有清一代，它常常被人视为宋版，连皇家内府的《天禄琳琅书目》也不例外。这种现象也牵连出一个问题：我们谈论书籍的艺术性，翻刻本在不在内？陈正宏的团队曾认真细致地讨论过翻刻本，郭立暄和李开升都撰有传世之作，不知道他们如何看待这个问题。我个人的答案是肯定的，书籍艺术不应排除翻刻本。小宛堂本《玉台新咏》艺术价值极高，无论底本是不是麻沙本，已很难让人相信是翻刻本，此本当排除在外，但徐乃昌翻刻的小宛堂本依然代表了其时的艺术水平，所以吸引了傅增湘等人用内府册子纸去刷印。比这更重要的我们还可以举出前面谈到的《峤雅》（此本颇复杂，至今仍在迷茫之中），雍正年间水云渔屋翻刻的《笠泽丛书》和光绪二十年嘉兴王宝莹翻刻而有变化的《古均阁宝刻录》。

明代中期以后的经折装佛经有用缂丝或刺绣做封面的，似乎也与复古的思潮有关。缂丝是昂贵的织物，宋代成为皇家用品，明代前期以其贵重奢华被禁。但复古之风兴起后，人们又想起了这种装饰材料，甚至也想起了唐代的书籍和佛经的装饰（集贤院御书：经库皆钿白牙轴，黄缥带，红牙签……）。那时，书籍采用的是卷轴的形式，可惜除了敦煌遗书，几乎没有内府和当时大收藏家的实物流传。唐代宗永泰二年（766）进士吕牧写过一篇歌颂书籍装帧的《书轴赋》与此处所述有关，似不见援引，故抄录于下：

> 方舆之静也，轴居其重。大辂之转也，轴当其用。夫履端抱圆，何所适而不中。则有饰以金玉，交以丹漆。乍骈首于青案，或周身于缥帙。虽偶提而偶携，亦无固而无必，故能退尺则不短，进寸则不长。得随时之舒卷，合君子之行藏。刘向校书之时，偏薰兰气。杨雄草元之所，独染芸香，其质则微，其用不浅。若轮毂之负载，同户枢之开转，能藏飞鹤之书，更掩迴鸾之篆。妙撝谦以处厚，每求伸而先卷。遭秦则玉质斯焚，入汉则石渠可践。别有韬黄公之秘略，怀王烈之素书，探禹穴而谁见，启金縢而有诸。仲宣之藏万卷，惠子之藏五车，非我轴之何宝，能怀文以自如，岂俟脂膏后运，柄凿方虚，彼所持而有待，假经籍为蘧庐。

也许这篇《书轴赋》就像古希腊人写的《蚊颂》，只是修辞练习，是游戏之作。即使如此，我们也应注意到，它毕竟流传下来，没有完全失去活力，并入住了《全唐文》，而且赋中不但写书轴的功能，还写出视觉感（“饰以金玉，交以丹漆”）和嗅觉感（“偏薰兰气”“独染芸香”）。这些感受我们在日本传世的精美的装饰经上能够领略。

明代印刷的佛经已几乎不用卷轴，要装饰它，只有在封面上下工夫了。受书轴的启发，把书画中用作赙池的材料移作折装的佛经上，的确给佛经带来新的面貌。二十世纪八十年代在北京与中国书店老先生聊天，谈起佛经，老先生说，黄苗子专收缂丝面，拆了不少佛经，而且只要封面。由此亦可见其精美诱人。

珍贵的书籍要有好的装潢，当然也要有好的地方收藏。古人所谓的琅环和石渠，或华美或庄严，都说明了藏书处的重要。奥地利有座图书馆，位于萨尔茨堡附近，名叫阿德蒙特本笃会修道院图书馆[Benedictine Abbey Library of Admont]，有世界最美的图书馆之称。它建成不久，豪尔[Constantin Hauer]于1779年特意拜访，一进大厅，就被它的“艺术、品味和壮丽”所震撼。它宽14米，高13米，长度令人咋舌，达到72米，是世界上最狭长的修道院图书馆。而7500块白色为主的大理石地板营造出引人入胜的光的美学。豪尔的激动还未平息，又被修道院院长奥夫纳[Abbot Matthäus Offner]（1716—1779）的爱书精神所感动。他写道：“在最初的惊叹之后，局外人仍然止不住去想，这人到底是读了多少书才能变得如此爱书。”这种爱书点出了主题，它不只是奥夫纳院长个人的感情，也反应了本笃会教规必须读书的规定，它促使院长去扩建图书馆，并极力让图书馆在落成之后成为由书主宰的“世界第八大奇迹”。

今天，我们流连在这座图书馆，会处身于白色和金色的光华之中。全馆的这种主色调由不惜花费重金用白色的猪皮重新装订的图书支配。书籍成了图书馆艺术的主要承担部分。书籍之所以会成为主角，是因为它们环壁连屋，无休无止地重复。甚至这座图书馆的审美之物，不在于它的几十尊雕像和天花板的豪华彩绘，而在于它的书籍的无处不在，这使它的艺术既不在此处，也不在彼处。这是真正的

Gesamtkunstwerks[整体艺术作品]。瓦格纳[Richard Wagner]（1813—1883）的整体艺术作品观念，一般认为是借自特拉恩多夫[Karl Trahndorff]（1782—1863），但我怀疑，他是否是在萨尔茨堡工作期间参观这座图书馆受的启发。

阿德蒙特图书馆在博赛[Jacques Bosser]《世界图书馆》[*Bibliothèques du Monde*]（有任疆中译本）、坎贝尔[Jamas Campbell]《图书馆建筑的历史》[*The Library: A World History*]（有万木春中译本）都占有重要地位，坎贝尔评价它说：虽说圣加尔修道院[Abbey of St Gall]图书馆是18世纪所有修道院图书馆藏书最丰富的（2100卷手写本，1650册摇篮本），可从建筑艺术说，它无法与阿德蒙特相比（阿德蒙特现藏1400卷手写本，最古老的为8世纪，530册摇篮本），“建于1764—1779年间的阿德蒙特图书馆是人类曾经建造过的给人印象最深刻的修道院图书馆”。它自然也引起了美术史家的关注，不过，这是另一个话题了。

再回到纸张、装潢、字体和刻工等问题，因为都关乎出版者的立意和决定，这就不能不涉及出版者的艺术。为了更方便说明这个问题，简单介绍一下前面提到的《寻爱绮梦》的出版者马努提乌斯。这位出版者不是一般的出版者，而是一个高雅的、追求精致的人文主义者。他不是根据商业利润，而是根据文本价值选择所印之书。由于他是希腊迷，所以他对自己的要求是：印制所有的希腊古典名著。他印制荷马史诗和伊索寓言，印制柏拉图和亚里士多德，印制品达的诗集和索福克勒斯的悲剧。在当时印制的49种版本希腊语图书中，他独自印制30种。不仅如此，他也印制同时代人文主义者的著作，例如波利齐亚诺[Angelo Poliziano]的著作集，皮科[Gianfrancesco Pico]的《论想象》[*De imaginatione*]，伊拉斯谟[Erasmus]的《格言集》[*Adagiorum Chiliades*]，桑纳扎罗[Jacopo Sannazaro]的《阿卡迪亚》[*Arcadia*]，本博[Pietro Bembo]的《阿索罗人》[*Gli Asolani*]，等等。他让书籍从祈祷和学习的工具变化为单纯的阅读遣兴的读物，特别是他发明的袖珍本[enchiridia]让人在政事和工作之外的空间随时阅读，使他成为西方第一个赋予了阅读是愉悦、是审美的人，在书籍的庄严之美之外另辟出一个审美的维度。

据说，他是一位痴迷于充满音乐律动和丰富细节的语音结构并对语音有着精细感受的人，是一位对优雅字体有着无尽追求的人。他把简森[Nicolas Jenson]发明的罗马字体[roman]，经格里福[Francesco Griffo]的修改，又借博洛尼亚金银匠之手，最终改造成斜体字[italic type]，成了至今还发挥作用的字体。用这种字体，他印刷了《寻爱绮梦》那样一部奇异的书。巴洛里尼[Helen Barolini]评论说："1455年的古登堡《圣经》、1499年的《寻爱绮梦》，两部截然不同，分别位于摇篮本两极的作品，在古籍界享有既相同又相反的重要意义：古登堡《圣经》，严肃质朴，是德意志、哥特式、天主教和中世纪风格；《寻爱绮梦》，奢华轻佻，是意大利、古典、淫逸、文艺复兴情调。两部印刷艺术上同样至高无上的杰作支撑着人类探索方向的两极。"（cf. *Aldus and His Dream Book*）

此处不能详加介绍这部奇书，只简单地说，马努提乌斯身为出版者，把他对书的品味，对语言音韵的敏感，对秀美字体的追求，对清丽插图的欣赏，以及对令人耳目一明的排版的创新，都用在了这样一部书上。这是他在1494年创建Aldine Press之后印制的最迷人的书，充分体现了出版者的艺术。我所谓"出版者的艺术"，要在中国找一位马努提乌斯式的人物，那就非周叔弢先生莫属。（关于出版者，请见董捷《版画及其创造者》；关于周叔弢，请见李国庆的著作。）

再往前追溯，我们自然会想到金冬心，关于他的出版艺术，似乎还没有人详细论述，我们大都是重复徐康《前尘梦影录》所云。同时期的查为仁所刻书，黄裳先生极为看重，可惜研究天津水西庄者不大重视，只读到过刘尚恒先生的简单篇章。生活在嘉、道、咸三朝的许梿刻书，向为人关注，所刻书多采用欧体小楷，参以古意，精写上板。黄裳说他"是一位极为严谨的刻书家，不但书写工丽、校对细密、对版式、用纸、装订无一不注意精益求精"。还说他"初印本序跋多钤自用名印，各各不同”，并举其所刻书数种，唯漏掉《金石存》，值得在此补述几句。晚清的大藏书家赵宗建在光绪十六年（1890）四月日记的末尾记书画碑帖，有这样三行话：

国朝著名刻书录

《金石存》，山阳李尚书宗昉出资，嘱许珊林董刻。宋椠体，扇料纸，香墨印。

《笠泽丛书》，许珊林刻。

赵宗建仅仅著录了如上两种，而不取《六朝文挈》，与我们现在的眼光不同。我见过一部《金石存》，专门使用上等开化纸刷印序言，为韩氏玉雨堂旧藏，极为精雅，的确胜过《六朝文絜》。像金农和黄丕烈一样，许梿是精心精意把书籍作为艺术品制作的出版家。

四　复古思潮与版本学及其对纸的赏鉴

复古思潮所带来的艺术变化，是美术史的大题目。由于人们把宋版书看作古董，看作艺术，按照陈先行先生的见解：真正的版本学诞生了，它应归于吴门书画家的功劳。这是一个非常深刻的看法。关于版本学的成立，也许我们可以上追到宋代，但就文献而言，它的早期源头却不是我们通常说的南宋尤袤（《遂初堂书目》）或姚名达先生认为更早的晁公武（《郡斋读书志》）。因为更可能要到帖学领域寻找，并且，我们也不要忘记，在宋人眼里，书籍其实是包括碑帖的。最能说明这一点的例子是薛尚功的《历代钟鼎彝器款识法帖》，它属于经部小学类，在宋代刻石刊行。《隶韵》也有宋拓本五卷收藏在上海图书馆，九卷收藏在中国国家图书馆。

宋代研究法帖主要有两种取向，一是研究《淳化阁帖》（简称《阁帖》），一是研究《兰亭》。由于《阁帖》常被翻刻，《兰亭》更是版本繁多，例如游似就藏有百种（当代对《兰亭》的精湛研究请见王连起先生的论著）。所以在南宋即出现了关于《阁帖》的版本学著作《法帖谱系》和《石刻铺叙》，研究《兰亭》版本的著作则有《兰亭考》和《兰亭续考》。这里简述一下《兰亭考》，它是陆游的外甥桑世昌所作，全书十二卷，卷十一“传刻”专记刊板人，刊板时间、地点、题跋、收藏等，如记陶氏云：“陶宪定，字安世，多藏秦汉以来古物，有定武本。”记王氏云：“凡十帙，殆百本，以定武旧刻为首，北本副之。尝从顺伯子友任借观。外有四轴，奇甚，见诸公跋。”顺伯即王厚之，与米芾都以善鉴书画闻名当时，出入尝以王羲之茧纸《建安帖》自随，是一个地地道道的古物收藏家，也是一位受人尊敬的学者。全祖望《答临川杂问帖》说：“宋人言金石之学者，欧、刘、赵、洪四家而外，首推顺伯。”他也是最早辑录印谱的人。他的《王复斋钟鼎款识》，嘉庆七年阮元刻本，有用琉球纸精印者。

《兰亭考》不只记录版本，而且也不时流露出艺术评论的眼光，卷五述“临摹”记三米本说：

泗州南山杜氏，父为尚书郎，家世杜陵人。收唐刻板本《兰亭》，与吾家所收不差，有锋势，笔活。余得之，以其本刻板面，视定武本及近世妄刻之本异也……世谓之三米《兰亭》。

寥寥几句，不但辨版本，而且有锋势笔法的鉴赏。我们不妨说，《兰亭考》是后世艺术观的版本学的先驱。或许还可以这样论断：宋代版本学主要体现在法帖研究上，尤其体现在艺术的眼光上，因为没有艺术的眼光，或者说没有古董的眼光，纵然有版本的概念，它却依然属于校勘学的范围，而艺术的眼光既催生了作伪，又催生了真正的书籍版本鉴定。

宋代研究《兰亭》和《阁帖》的不是几个人，大概是一批人，原因很简单，王羲之是书圣，代表着书法的正统。他们这些人互相交流，互相批评，说着一种共同的语言，有着他们的术语和学风。曾宏父的《兰亭审定诀》“书家一词称定本，审定由来有要领。续墨或因叠三纸，针爪天成八段锦。中古亭列九字剜，最后湍流五字损。界画八粗九更长，空一尾行言不尽”，很可能是他们共同讨论而编的顺口溜。这场讨论中的一位著名人物是活跃于北宋末年的黄伯思（1079—1118），他的《东观余论》远远早于《兰亭考》，为版本鉴定提供了典型的范例，堪称宋代版本学的滥觞。黄伯思也是研究《阁帖》的学者，《东观余论》的卷上即《法帖刊误》，卷下为二百零二则论说考证，其中《跋〈十七帖〉后》云：

右王逸少《十七帖》，乃先唐石刻本。今世间有二：其一于卷尾有“敕”字及褚遂良、解如意校定者，人家或得之；其一即此本也。洛阳李邯郸家所蓄旧本与此相近，其余世传别本盖南唐后主煜得唐贺知章临写本勒石置澄心堂者，而本朝侍书王著又将勒石，势殊疏拙。又有一版本，亦似南唐刻者，第叙次颠舛，文为《十七帖》，而误目为“十八帖”，摹刻亦瘦弱失真。独“敕”字本及此卷本乃先唐所刻，右军笔法俱存，世殊艰得，诚可喜也。

此跋落款为政和二年（1112）五月。在他眼中，“逸少《十七帖》，书中龙也”，是他常常临学的样板。他的鉴定水平从另一则“跋《秘阁》第三卷法帖后”，可以概见：

此卷伪帖过半，自庾翼后一帖等十七家皆一手书，而韵俗笔弱，滥厕诸名迹间。始予观之，但知其伪而未审其所从来，及备员秘馆，因汇次御府图籍，见一书函中，尽此一手帖。每卷题云：“仿书第若干。”此卷伪帖及他卷所有伪帖者皆在焉。

这段文字告诉我们，在当时碑帖与书籍没有涂分流别，界为两类。更重要的是告诉我们：版本鉴定既要辨真伪，又要有艺术的眼光闪耀其中，即文中所谓的察其“韵”与“俗”是也；它甚至让我们可以大胆断言，版本学的诞生离不开艺术的光照。以前的版本研究往往是版本的源流和版本的校勘，固然可算作版本学的内容，可它也是校勘学的内容，因此我们不妨大胆进说，纯粹的版本学需要把它的基本要求设置在这样两个方面：一，辨其真伪；二，论其好坏。否则依然是与校勘学纠缠不清的版本学，它打不开版本学研究的独立的广阔的天地。

常熟收藏家孙从添（1692—1767）正是从这两方面出发给后人留下了《上善堂书目》，它按照宋版、元版（包括元人抄本）、名人抄本、景宋抄本、旧抄本和校本等六项编录，本本都是惊人的秘籍，它也许是第一部按版本分次类别的目录。以上是就帖学而谈版本，至于从书籍方面论述版本学，请见陈先行先生的大作《古籍善本》（上海人民出版社，2020年8月），我是在复旦大学宣读此文草稿一个多月后拜读此书的。陈先生是版本学大家，慧眼卓识，此书看似通俗，实则心血之作，创见迭出，令人纫佩无既。

关于清代书籍领域的复古思潮，最突出的遥接吴门古典主义或复古主义的也许是前面述及的金农和黄丕烈。金农不仅从唐人写经、宋版书中找到自己书法的方向，不仅在随笔中大谈古董，尤其是大谈宋版书，而且他为自己刊刻的三种书《冬心先生集》（雍正十一年）、《冬心斋研铭》（雍正十一年序刊）和《冬心先生画竹题记》（乾隆十五年），都以一种新颖的仿宋字上版，写手分别是吴郡的邓弘文和金陵的汤凤，两位的大名都刊在书尾。这些书有的用名贵的开化纸刷印，竟还算不上什么，按照徐康和黄裳先生的记录，金冬心的《续集自序》用宋纸、方（于鲁）程（君房）古墨砑印，其他诸种用红筋罗纹或旧罗纹笺印，古香古色，不下宋版，堪称小宛堂《玉台新咏》的异代知音。这种异代知音传到民国，我们又在周叔弢先生的刻书事业中听到遥遥嗣响。

我们已几次提到了小宛堂本《玉台新咏》，它是明代最有名的刻本之一，狭行细字，优雅清贵，极引人瞩目。每半叶十五行，每行三十字，如此行格，很不平凡。陈石遗先生《谈艺录》曾提到："刻书有雅俗之分，不可不辨。字体外，凡行数与字数皆当知之。明人刻八股文，及清人刻硃卷，皆是每版九行，每行二十五字。凡佳本古椠，多十一行、十三行。十行者已少，九行则俗本耳。字数以二十一、二字为宜。"但实际上，宋版书以九行本、十行本居多。大名鼎鼎的咸淳廖氏世綵堂本《昌黎先生集》为九行十七字，临安府陈解元《唐女郎鱼玄机诗》等书棚本为十行十八字。十一行本多为蜀刻唐人集。十三行本似乎不如十一行本多，但大都为集部书。或陈石遗先生偏爱集部，故有上论，但似乎不足为训。金冬心是宋版书专家，所刻书未见有十一行或十三行者。

但这里有一个问题，为什么要重视行格？最简明的回答是：它可以帮助我们鉴定版本。不过，我却想到了在宋代书籍由卷轴向叶子转变时出现的一个审美问题，具体说就是，既然书籍要采用叶子的形式，那么什么尺寸的叶子更愉悦我们的视觉要求？行格问题一定是在这种情境中产生的。阿奎纳[Thomas Aquinas]说："感官对比例适当的东西感到愉悦，就像对类似于它们的东西感到的愉悦；因为感觉也是一种理性，拥有一切认知能力。"找到一种适合我们感官的书叶比例一定在那时发生了。或者我们可以这样表达，书籍由卷轴转为书叶改变了我们的感官的和谐感，近千年以来，由于我们对书叶见惯熟闻，很可能已经忘记它开始时引起我们的感官震动。在寻行数墨的时候，让我们在想象中重建书叶诞生的那一时刻，一定大有裨益，一定会有助于我们对行格的更深入理解：卷轴转变为书叶，必然产生视觉上的变化，粗略而言，卷轴的形态不易去追求长宽比例之美，书叶就不然了；卷轴的形态似乎更倾向让读者去朗读，偏向听觉，而书叶便利翻阅，更易于默读静念，偏向视觉。有人认为中国古籍的行格比例接近黄金分割，我不认为此论普遍适用，但它却能说明，书叶要比卷轴更诉诸阿奎纳所说的感官对比例感到的愉悦。

继承吴门古典主义的另一位大师黄丕烈与金冬心不同，他是一位藏书家，按照藏书家的通则，他们是于貌似绝无宝藏之处，一心想挖掘搜采异本，由此练就技巧，修得敏感，眼别真赝，心知古今，以便在乱纸从残中甄别潜在的价值之珍，变成日后的绝世孤品。就像瓦尔特·本雅明说的：访得异本旧书，就是一次新生。然而，黄丕烈却不仅如此，还刊印了不少仿宋本书籍，并且有极高的艺术价值，几乎都是后人眼中的名物，就在当时也非凡俗。他代人付梓的《三妇人集》和《梅花喜神谱》是藏书家宝爱的插架之书。为钱竹汀刊《元史艺文志》（嘉庆六年[1801]），请顾南雅写样。顾南雅名莼，嘉庆七年（1802）进士，书工欧体，下笔英挺。他自己出版的翻明道本《国语》（嘉庆五年[1800]）请李福影书。李福的小楷为时人所重，我见过他书写的白石道人歌曲，字字如珍珠，他自己还写诗讨论书法（《论书六首寄穹窿山道士周草庭》，《花屿读书堂诗文词钞》卷二）。《汪本隶释刊误》（嘉庆二十一年[1816]）由陆损之手书上板，损之有《东萝遗稿》三卷传世，《墨林今话》说他“工骈文，精楷法，尤善画兰”。许翰屏以书法擅名，黄丕烈影宋本秘籍，也有翰屏手书者，惜其不愿署名。黄氏自己也手写上板了《季沧苇书目》和《百宋一廛赋》，尽管顾千里说：“荛翁手写有别趣，但此君不晓楷法，美哉犹有憾。”有轻诋之意，但它还是成了藏书家追求的对象，受到后人喜爱。

这里说到了《百宋一廛赋》，它让人想起《真赏斋赋》，也让人想起《天禄琳琅书目》前的《鉴藏旧版书籍联句》，它们都以诗赋的文体颂扬收藏的珍品。《真赏斋赋》是把书籍和字画等物一齐颂扬，《天禄琳琅书目》（1775）虽专对书籍，但也与字画有关，因为它实际上受了《石渠宝笈》编纂的影响，或者说受了《江村销夏录》（1693）的影响。书籍的编目会参考书画的编目，这是一个重要的转向。《天禄琳琅书目》著录的项目有藏书印一类，在书目编写上的这一创举，乃取法于书画著录书《江村销夏录》，并晚出八十余年。由于模效书画体例，这就把艺术的鉴赏眼光也带进版本著录，它记录了书贾作伪、宋讳缺笔、刻书牌记、收藏印记、伪造印记、刊刻年月、版本源流、用职官衙署及地名鉴定版本等等。王福寿发表于2002年的《天禄琳琅书目与古籍善本的整理编目》正确地指出，《天禄琳琅书目》标志着“鉴赏书目得有成例，并主导着数百年来善本书目编撰的风尚。近代鉴赏书目的盛行，体例虽创始于清钱曾的《述古堂书目》，却集大成于此一《天禄琳琅书目》”。然而他没有认识到，《天禄琳琅书目》其实是以皇家的最高权威向世人宣称：珍贵的书籍与艺术品一视同仁。或者从某种意义上，它是以国家的名义向世人宣称：书籍也是一种艺术品。在世界书籍史上这堪称一件惊天动地的大事。只是要说清楚它，还需更多更具体的笔墨。此处，我只想从小处着眼，来看一个似乎微不足道的例子，这就是《天禄琳琅书目》记载的印纸，它见于初编卷二的《唐书》：

> 详阅此本，行密字整，结构精严……印纸坚致莹洁，每叶有“武侯之裔”篆文红印，在纸背者十之九，似是造纸家印记，其姓为诸葛氏。考宣城诸葛笔最著，而《唐书》载宣城纸笔并入土贡，唐张彦远《历代名画记》亦称好事家宜置宣纸百幅，用法蜡之，以备摹写，则宣城诸葛氏亦或精于造纸也。

《书目》对于纸张的考究，不要以为是兴致所到的偶然之笔，它让我想起乾隆敕令仿造的金粟笺，乾隆不仅用“仿金粟笺”印造自己书写的佛经，而且还挥笔写下《题金粟笺》七律一首。其时，张燕昌专门撰写了《金粟笺说》，沈茂德跋云：“乾隆中叶海宇宴安，上留意文翰，凡以名纸进呈者，得蒙睿藻嘉赏，由是金粟笺之名以著。”注意，名纸已成为进贡之物。如果我们再注意一下阮元《石渠随笔》是把纸张与内府收藏的书画连类相随，共撰一书，就不难体会当时的风气了。这种对纸的欣赏眼光，自然也让纸成为艺术品，成为人们收藏的对象。尤其要强调的是，纸的风华在书画艺术和其他艺术中往往被图像或别的因素所掩盖，也许只有在书籍艺术中，它才能充分展示出那难以描述的本色，得到真赏。一部古书能称为“古艳”，纸的作用几乎占了一半。乔迅[Jonathan Hay]注意到中国古物的“魅惑的表面”，撰写*Sensuous Surfaces: The Decorative Object in Early Modern China*（2010），写各种玩好，独独漏掉了纸张，不能不说是一大遗憾。1947年成都华西协合大学举办的“竹扉旧藏名纸展览”，共出品二百九十六番，可能是迄今为止最重要的一次历代名纸展示。这已经是半个多世纪之前的事了，我把它的名目附录于文后。

当今，金亮先生收藏的瞻近斋旧藏历代名纸，有所谓晋代的蚕茧纸。2017年台北故宫举办的“宋代花笺特展”，展品大部分为安岐旧藏，则是我们一窥宋人品味的好机会。上海图书馆的梁颖先生于2007年出版了专著《说笺》。Caroline Fowler所著*The Art of Paper*（2019）是更广阔的艺术和文化史研究的最新著作。

要说中国的名纸，南唐后主所制澄心堂纸，大概赫奕千秋，空前绝后，在北宋即受到高端精英的追捧。赵孟頫收藏的《汉书》据说是用澄心堂纸刷印，此纸在乾隆内府得到仿制。民国年间郭葆昌为了印刷《校注项氏历代名瓷图谱》，专门制作了觯斋水纹纸，也号称仿澄心堂法，世人誉为“民国第一书”，每册售价高达华币三百元。觯斋纸后来又印过数种书，其中既有《爰居阁诗》，又有《毛主席诗词》。曾燠《赏雨茅屋诗集》卷十二有一首诗咏纸，写他见到的管夫人朱格子纸（素纸，朱丝栏。版心有“管公楼”三字，右旁有“仲姬手集”四字）：

春膏冰玉新笺色（元时造“春膏”“冰玉”二笺），改却颜家天水碧（宋颜方淑创造笺纸，有“露桃红”“天水碧”）。几字如钤赤泥印，数行宛架珊瑚格。谁开笔阵茂漪图，有待迴文苏惠织。苕溪风渚围弁山，想见飞楼岚霭间。鸥波堂外藏书阁，松雪斋中写韵轩。西北浮云经远道，东南晓日尚乡关。内府尝留玉轴本，经函尽付珠林苑。此格硾笺应百番，何书秃笔拟千管。望之疑染胭脂痕，养之定费芙蓉粉。

正是把珍贵的书籍当成艺术品欣赏，人们才会去注意它的材质。乾隆内府编撰的《天禄琳琅书目》只有把它和《石渠宝笈》看成姊妹之篇，反应了乾隆艺术观念的双璧，我们才能领会《天禄琳琅书目》产生的那一重要时刻。简言之，《天禄琳琅书目》最重要的就是鉴赏的观念。也许，它收录的书根本不是供人阅读，而是供人欣赏，供人瞻仰的；它又一次恢复了书籍的庄严之美；它的内在的鉴赏的观念，压倒了目录学和校勘学的观念。

零零散散提出了这么多问题和猜想，但最大的问题我却始终未能涉及，实际上是不敢涉及，这就是风格的问题。而我们讨论书籍艺术史不可能回避或绕过这个问题。在这一节里，我想把版本的问题纳入风格的概念之中讨论，可我却找不到一个简洁而有解释力的假设，换言之，从更广阔的视野看，要用风格的观念看待书籍艺术史，我们可能就要用一些新的概念和术语，去讨论它的形式问题、分期问题和变化问题等等。可这绝不是一蹴而就之事，况且，现在我的思路还不清晰，因此，只好先把它悬置。我深深地知道，物理幽玄，人知浅眇，因此时常生出“安得一切智人出兴于世，作大归依，为我启蒙发覆”之感。趁机也再次强调：本文所提出的见解都是猜想与假设，是希腊人所谓的*doxa*；即使我发现了*episteme*，我也可能把它放过，或干脆就浑然不觉。

五　黄丕烈情结

黄丕烈的时代处在《天禄琳琅书目》初编和续编相继完成的时代，

他也像乾隆皇帝一样，“嗤耳食钤题，漫信摭名，则赝鼎都删；任手披摸索，非难审体，则善刀能品”。不过，他又是一位天生的校勘家，且与一般的校勘家不同，他是把校勘当成艺术来从事的校勘家。他终生的事业就是恢复古书的原貌，看似简单的“不校之校”，旁稽湮坠，搜猎深至时，粹然一轨于正，而古色精言，出神入化。他一生佞古仿古，却从不创造新的古董，他刊刻的书籍总是千方百计灌注进宋版书的生命，又引导着当代的趋向，影响着他那时代的刻书面貌。百宋一廛中收藏宋版书接近二百种，他徘徊其间，岁月沄沄中，写出寂寞而动人的诗句：

一书雠校几番来，岁晚无聊卷又开；风雨打窗人独坐，暗惊寒暑迭相催。

这是我常常引用的一首诗，我认为其中潜含着一种精神，那就是，视生命明日将逝，视学问永生无止。这当然不是说黄丕烈体会不到宋版书的美，他不但能体会到，而且品味之高或许超越钱谦益和钱曾。我曾把他的趣味和孙从添在《藏书纪要》中提倡的“古雅”联类而谈，例如他赞美宋本《列女传》“装潢精雅，楮墨俱带古香，心甚爱之”。跋元刻本《孔氏祖庭广记》十二卷：“兹于何梦华斋见之，纸墨古雅，字画精审，予所见金元椠本未有若是之完美者。”跋嘉靖年间杜思刻本《齐乘》六卷《释音》一卷：“见其纸墨古雅，疑为元刻。”跋嘉靖本《救民急务录》二卷：“见插架有此册，取视之，甚古雅。”跋宋刻元人补钞本《湘山野录》三卷云：“近从华阳桥顾听玉家得此宋刻元人补钞本，藏经纸面，装潢古雅，洵为未见之书。”并在题跋中记录了装潢匠钱瑞正和孙有年的名姓，叙其装潢绝妙。这启发了叶昌炽在《藏书纪事诗》也为装潢匠写上一诗。

钱氏述古堂装订，书面用自造五色笺或洋笺，装订华美。汲古阁则是另一种风格，书面用宋笺藏经纸，或宣德纸染雅色，或自制古色纸。汲古阁的书套也自有特色，“用伏天糊裱，厚衬料压平伏，裱面用洒金墨笺，或石青、石绿、棕色，紫笺俱妙”。（滂喜斋抄本《藏书家印记序跋》）书面的素雅与书套的华丽有着强烈的对比。黄丕烈与钱曾截然不同，他取法汲古阁，但只重宋笺。他欣赏的决非那种华美，而是时间磨洗之美，是前面说的Age Value；也许，正是时间的流逝赋予生命的价值，让生命获得烟云供养，成就了西方鉴定大师贝伦森[Bernard Berenson]（1865—1959）所想达到的Life Enhancement；百宋一廛的生活令后人艳羡，觉得那种生活是一种值得付出生命去度过的生活，原因大概就在于此。吴平斋曾谈论粤乱兵燹后的藏书，写信给滂喜斋主人，字句间透出对黄丕烈的尊敬：

此老平生心血所聚，都在百宋一廛之中。此次劫运甚酷，故家收藏书籍尽入红羊。独经复翁秘藏者当日护如头目，不惜工本装潢，务极精致，锦绫什袭。人人知其为贵重之品，争相藏匿。即如弟处收得数种，无纤毫损阙。天壤间绝无仅有之秘册，得能保全在世，使后人有所征考，皆复翁爱护之功也。

黄丕烈的爱护之功创造了一个时代的文化生活，陈登原《古今典籍聚散考》称道：“乾嘉间之藏书史，可谓百宋一廛之时代。”于是，黄丕烈成了藏书家的榜样，有无黄跋的书籍成为藏书优劣的一个标准。黄永年先生以其一生藏书未得黄跋书为遗憾，黄裳先生则以收得一页黄跋为欣慰。我常常把后人的这种尊敬和羡慕称为“黄丕烈情结”。这种情结，下面略述几点，供作旁参。

首先，我们读黄丕烈的题跋，看他校书的勤奋，搜访宋版书的恒心，一生都把时光投入对原真和古风的追索之中，就像14世纪托克罗的约翰[Johanness de Trokelowe]所说，如果发现书籍如此有益人们的努力，就应当与它一起高贵地生活[Nos in studio veritatis ac antiquitatis horas collocemus, nobiscumque præclare agi putemus]（我们把时光投入对真理和古代[书籍]的探索中，将发现这时光过得有益。[罗道然译]）黄丕烈以艺术家的精神校勘古籍，不以其冷淡，反以为高贵；这种高贵反应为心灵的回声，鼓动着他的手笔，写下了大量的校勘文字，缪荃孙说它们："于版本之后先，篇第之多寡，言训之异同，字画之增损，授受之源流，翻摹之本末，下至行幅之疏密广狭，装缀之精粗敝好，莫不心营目识，条分缕析。跋一书而其书之形状如在目前，非《敏求记》空发议论可比。"他用文字为一部部书作了画像。

道光五年（1825）八月二日他写《学斋佔毕》（宋刻旧抄合本）的跋语云："又将作《续百宋一廛赋》。"款云："病榻记。"十三日瞑目过世。《续百宋一廛赋》从此付诸碧落黄泉。晚清的郑文焯也把生命的高贵托付给了校勘事业，他尝说自己："每于经籍及碑版之剩义，辄不惜攻苦为之辨晰，必冷然而后适。徒自敝其精神才力，垂老而信好弥坚。矻矻穷年，至于衰疾而不悔。将史迁所云，抱咫尺之义，久孤于世。岂若卑论侪俗，与世湛浮而取荣名哉。"与黄丕烈不同的是，他能写能画，能文能诗，能把优美的文笔、漂亮的书法、典雅的印章，精铸为华妙的校勘文字，让校勘本身独立成为艺术。周叔弢先生曾为古籍的审美提出"五好标准"，第三是题识好，先生眼中的榜样一定包括郑文焯，因为先生曾过录过郑文焯批校的《片玉词》，而他自己的题识现在也被爱书者赏鉴为高雅的艺术。

郑文焯校勘的书籍大都为重要的词集，留下的校勘墨迹都成了艺术珍品，不仅仅其内容对现代影响深远。他校勘《清真词》是在贫病交迫间进行，总是夜深呼灯数起，泚毫不倦。当不得已又卖画为生时，他写出了艺术家的一生悬命："虽为无俚之画，聊以遣有涯之生，老伧恃此，庶免转徙沟壑，亦云幸矣。"投老残年中，他看到多年校勘的《清真集》经友人的资助终于印成，先是赞叹其"极精雅之致"，继又说道："若以皖造古色纸浓印，宛然宋本。"仍以书籍的艺术性为念。

郑文焯校评《乐章集》中论词云："故词者，声之文也，情之华也，非娴于声，深于情，其文必不足以达之。"他把"文"与"华"也用在了校勘的批点上，为中国的书籍增添了新的艺术形式。

郑文焯想让他的书刷印得"宛然宋本"，这种奢望也是黄丕烈奋斗的理想，正是宋版书的历史和艺术价值构成了他们高贵生活的支点。黄丕烈与书籍一起高贵地生活，还让他也专为书籍创造了一种特殊的生活，一种氤氲着艺术气氛的生活。他曾得到安岐旧藏的宋版《群玉集》和《碧云集》，激动得竟睡不稳，晨曦微明，未起床，即枕上吟诗数首，"大旨言得书之欢喜无量也"。这还不算完，又要请人为之作画，以达到诗书画"三美俱"的古典境界。书籍与人互为高贵，互为艺术，这就是黄丕烈情结的实质。他每得一奇书，往往绘图征诗，以他特有的方式让人遥想书籍和绘画的古老联系，这成为他藏书的一个重要特征。现代学者鲜有讨论此点，倒是叶昌炽《藏书纪事诗》首先关注到了黄氏的这种偏爱。他举出的例子，有《得书图》《续得书图》《再续得书图》，并说："今皆散逸，其名之可考者，曰《襄阳月夜图》，得宋刻《孟浩然诗》作也（图7）；曰《三径就荒图》，得蒋篁亭所藏《三谢诗》作也（引者案：即《再续得书图》，陈曼生绘，共十二幅，作于嘉庆七年）；曰《蜗庐松竹图》，得《北山小集》作也（引者案：即《续得书图》，汪瀞云绘，作于嘉庆七年）。《玄机诗思图》，为得《咸宜女郎诗》而作。"除此之外，就他的平生雅集和祭书等活动，我们还可以增添如下：

《梦诗图卷》（乾隆五十三年，1788）

《荛圃赏雨图》（陈曼生绘，嘉庆四年，1799）

《藏书四友图》（陈曼生绘，嘉庆四年，1799）

《读未见书斋雅集诗画册》（汪瀞云画老朴卧柏，万廉山画红椒秋菊，瞿木夫画芙蓉鸡冠，嘉庆六年，1801）

《移居担书图》（嘉庆七年，1802）

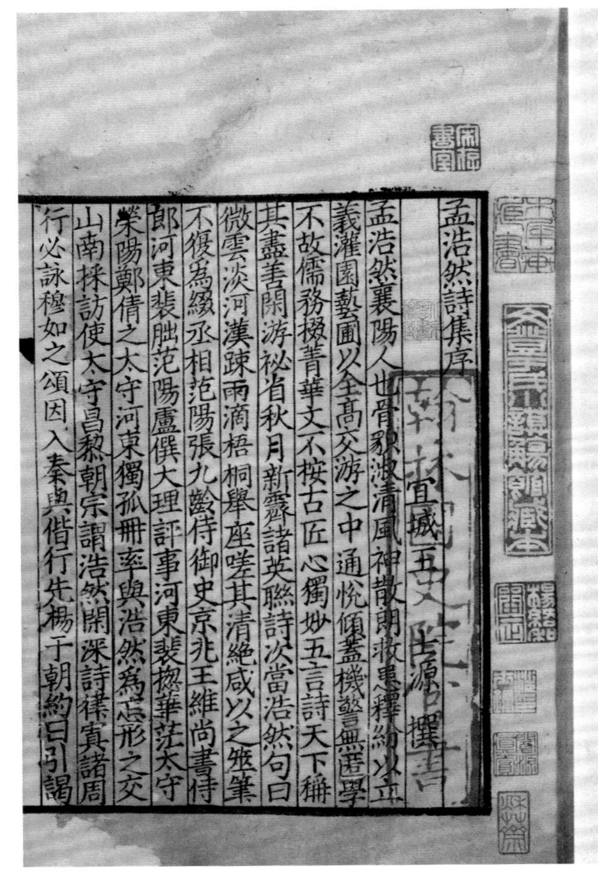

图7 《孟浩然诗集》，黄丕烈跋，宋蜀刻本。中国国家图书馆藏

《陶诗摘句图》（岁月不详）

《祭书第一图》（吴竹虚绘，嘉庆六年，1801）

《画梅册》（瞿木夫绘，嘉庆六年，1801）

《祭书第二册》（吴枚庵绘，嘉庆二十一年，1816）

《画梅卷》（嘉庆二十年，1815，是年刊印《梅花喜神谱》）

《松颠阁图》（王椒畦绘，嘉庆二十一年，1816）

《芳林秋思图》（改七芗绘，嘉庆二十一年，1816）

《月明秋思图》（嘉庆二十四年，1819）

《梦诗前后二图》（陆铁箫绘，道光元年，1821）

《西泠春泛图》（道光二年，1822）

《闻木犀香图画扇》（道光二年，1822）

《问梅诗社图册》（陆铁箫绘，道光三年，1823）

《征兰图》（陶筠椒绘，道光三年，1823）

《荛圃小像》（李慧生绘，道光四年，1824）

《西湖春泛图》（王椒畦绘，道光五年，1825）

《荛圃镜中影小照》（胡苞香绘，道光五年，1825）

以上所举，大都与书斋、祭书和雅集有关。一位藏书家把自己的收藏与阅读，如此频繁地转换成图像的艺术，不仅在中国藏书史，可能在世界藏书史也绝无仅有。下面的一段记述出自《读未见书斋雅集诗画册》册后石梅孙的跋语，勾勒了黄丕烈的这一形象："荛圃先生耽于诗，兴会所至，辄成图画。百宋一廛中累累数十册，此其一也。予向见《陶诗摘句图》，先生自纪一生，事迹工细，白描人物，数日画一幅，累月而成，惜不记作者之名。"黄丕烈一方面把藏书的活动绘为图像，使它视觉化；另一方面，他还把藏书的活动予以仪式，予以神圣的庄严之感。注意：这是一位文人藏书家赋予书籍的庄严之感，自与宗教和皇权赋予的天差地别。

前面我们已经提到了祭书，这种为书籍赋予仪式的做法，远可溯源《南齐书》记载的臧荣绪在孔子生日祭拜《五经》，近可一见翁方纲于东坡生日祭奠《顾注苏诗》。但黄丕烈不同，沈士元《祭书图说》写他："自嘉庆辛酉（1801）至辛未（1811），岁常祭书于读未见书斋。后颇止，丙子除夕，又祭于士礼居。前后皆为之图。夫祭之为典，巨且博矣。世传唐贾岛于岁终，举一年所得诗祭之，未闻有祭书者。祭之，自绍甫始（黄丕烈字绍甫）。"这十余年期间，他经常祭书，所陈列的珍本秘册，不是为了它的教谕内容，也不是为了它的宗教神圣，而是为了书籍本身，为了书籍的精神，用他的话说："凡有一物，必有一物之精神贯乎其中。此书之精神，昔年藏书家之精神，贯于此者，不知凡几矣，安能烟消灰灭乎？"于是，祭拜之以保祐其永存。每读这些话，我即深感：复翁此意，今已鲜为人知，不由得感慨无端，试仿黄氏的语言表达：余尝叹古籍日少，古芬日稀，幸留一二本于兵虫水火之余，真存佚介乎一最危之时；唯祈其不为风飘雨蚀，不与粉墙花叶同灭也。

但就个人的取向而言，我向不喜欢祭拜的仪式，有时，书籍的本身就是一种庄严，即古典产生的庄严。所以我也常常想把黄丕烈的祭拜书籍转化为一层更深的祈愿："此书虽纸也，当如虚空焉，天地鬼神不能违，云雾不能翳，风不能动，水不能湿，火不能燃，金不能割，土不能塞，木不能蔽，万万无能坏之者。"

以上的叙述，与洪北江先生的眼光截然不同。他所谓的考订家、校雠家、收藏家、鉴赏家和掠贩家，除了掠贩家之外，前四者黄丕烈皆备。而从美术史的眼光看，黄丕烈则是集刻书艺术、品书艺术、校书艺术、藏书艺术与装书艺术于一身的书籍艺术家。这种魅力，人们不论喜欢其中的哪一点，都会对他尊敬有加。黄丕烈这位吴门书籍艺术的缩影，到了民国年间，吴湖帆又宏丽了他的精华，尤其在书籍的装饰艺术上，开辟出了新的境界（参见梁颖先生对吴湖帆的研究）。

可以说，民国年间的大藏书家都是黄丕烈情结的患者，在雕版印刷被活字取代的关键时刻尤为强烈。他们都不甘心自己心爱的雕版艺术被日益轰隆作响的西方印刷机所碾碎，因而大都参与到刻书事业中。所谓的新善本就是他们创造的书籍艺术。董康以其精雅的狭行细字本《梅村家藏稿》（1911）又一次让人们见识了仿宋字体的美。傅增湘覆刻元至正本《道园遗稿》（《双鉴楼刊蜀贤遗书十二种》之一），“逸同年董授经大理为之督刊，刊成，以蓝印本邮示，其镌工精良，笔致疏秀，视原书纤微毕肖，阅之爽心悦目”。陶湘在仅存宋版残叶的条件下，力图恢复《营造法式》的原貌，创造出民国年间最优秀的雕版印本（民国十四年[1925]刊）。周叔弢则极意让雕版书卓拔于最大气最高贵的艺术之林，刊印的一系列典籍骎骎乎有超越前人的气魄。

有个颇有意思的小故事：李葆恂于宣统元年（1909）初次印刷《无益有益斋论画诗》，是用铅活字排印，后附题记云：“此编仅凭素所记忆者约略书之。即陶斋所藏，虽过眼不久，一日所见不下数十事，其题款印记亦恐不免有误记处。姑以活字板印出，祈大雅为我正之。”我见的本子有作者恳请人斧削的手迹跋语，且涂抹殊多，显然是把活字本当作誊清的草稿以便修订，所以他以二册呈政于陶斋（端方），又以一册求改于里堂（褚德彝）。实际上这一活字本的确是被李葆恂当成了草稿，除了他在上面做修改，还请了学生议论他的诗歌。待到书稿写定，正式付梓雕版，印刷出来的书，页页都是精雅的小字，牌记上八字标明“丙辰（1916）仲秋刻于京师”。观其刀法，似与后来成为文楷斋的刻工有关。

即使从商业的立场出发，不得不采用西式印刷的时候，那些黄丕烈情结者也极力变通着前行，八千卷楼的后人丁善之就立意改观呆板的铅字，他广征宋版书，精摩字体，创制出所谓的聚珍仿宋铅字，印刷了《小槐簃吟稿》（1920）和《丁子居剩草》（1921）。他的《考工八咏》记录了研磨新体铅字的感受：

北宋刊书重书法，率更字体竞临摹。
元人尚解崇松雪，变到朱明更不如。（一辨体）
敢将写韵比唐人，仿宋须求面目真。
莫笑葫芦依样画，尽多复古诩翻新。（二写样）
祸枣灾梨世所嗤，偏教雕琢不知疲。
黄杨丁厄非关闰，望重鸡林自有时。（三琢坯）
刀笔昔闻黄鲁直，而今弄笔不如刀。
及锋一试昆吾利，非复儿童篆刻劳。（四刻木）
指挥列缺作模范，天地洪炉万物铜。
消息阴阳穷变化，始知人巧夺天工。（五模铜）
一生二复二生三，生化源流此际探。
轧轧如闻弄机杼，不须食叶听春蚕。（六铸铅）
二王真迹集千文，故事萧梁耳熟闻。
今日聚珍传版本，个中甘苦判渊云。（七排字）
墨花楮叶作团飞，机事机心莫厚非。
比似法轮常转运，本来天地一璇玑。（八印书）

（善之创制聚珍仿宋活字板，此《八咏》乃作于试办时，后以黄杨刻字工费，改用铅刻，工作未半，善之遽归道山，追维始事之艰，不知呕出几多心血。张焘志）

陆费逵《六十年来中国之出版业与印刷业》评价这套聚珍仿宋字说：“杭县丁辅之兄弟费十余年心力，取宋版书字体仿写，制成铜模，名为聚珍仿宋版，有方体、长体、扁体三种，后归中华书局排印《四部备要》，古色古香，可与清代最精之仿宋刊比美。”

陆费氏的这些话，有过誉之病，但他强调古色古香，就不啻从审美的角度告诉我们活字印刷很难取代雕版印刷的一个重要原因。

早于丁善之约二十年，英国艺术家威廉·莫里斯[William Morris]（1834—1896）致力于复兴文艺复兴初期的字体。他受尼古拉·詹森

[Nicolas Jenson]（1420—1480）创制罗马体的启发，设计了三种字体“金体”[Golden type]、“特洛伊体”[Troy type]和“乔叟体”[Chaucer type]。1896年出版的*The Works of Geoffrey Chaucer*（图8），即《凯尔姆斯科特版乔叟》[*The Kelmscott Chaucer*]，是莫里斯费时四年完成的高雅的精印书，文字用乔叟体兼带特洛伊体，附有87幅爱德华·伯恩-琼斯[Edward Burne-Jones]（1833—1898）绘制的木刻插图，限量印刷425本，评论家誉为书籍史上最伟大的英文书之一，原话是这样写的：

The Kelmscott Chaucer is not only the most important of the Kelmscott Press productions; it is also one of the great books of the world. Its splendor ...can hardly be matched among the books of the time. (Gordon Ray, *The Illustrator and the Book in England from 1790 to 1914*. New York, 1976, p. 258)

对于字体的审美要求，至今仍是书籍艺术所致力的一个重要方面。

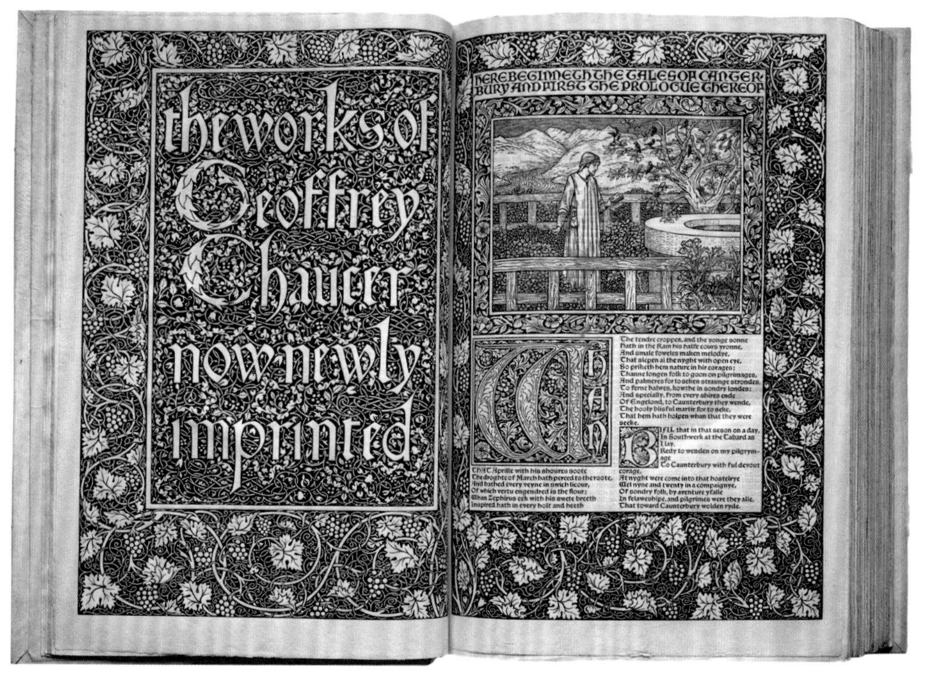

图8　《凯尔姆斯科特版乔叟》书影，1896年英国凯尔姆斯科特出版社出版。英国布莱德威尔图书馆藏本

六 余论

最后再简述两部书给我的印象，第一部是前面提到过的《文字会宝》。它的凡例写道："先秦两汉六朝唐宋以来辞赋，几于充栋，此集仅十之一，非敢遗珠，第兼重墨妙。"实际上，此书的重点就是"墨妙"，即书法之美。所以凡例的最后一条在我上面引用过的文字"上下古今拔尤罗美，诚至宝矣"之后强调说："古人有云：吾身可殁，至宝难得，良有以也。"这里用赵子固落水《兰亭》的典故告诉我们，作者印刷的不是一部寻常的书籍，而是一部艺术品，这是重点，然而紧接上文又添写了一句奇异的话："谨附录收藏家法戒要旨，以赠世之得吾书者。"此处所谓的"法戒要旨"呼应着元代汤垕《画鉴》对鉴赏绘画提出的一些戒令，它命令道："霾天秽地，灯下酒边，不可看画；拙工之印，凡手之题，坚为规避；不映摹、不改装，以失旧观；更不乱订真伪，令人气短。"《文字会宝》给出的规矩更详尽，既有正面的又有反面的：

> 一善趣庄严：精舍，净几明窗，风日晴美，山水间，与奇石鼎彝相傍，拂晒，同志考证，名人题跋，漫展缓收，随开随掩，奇彩裹囊，古锦面，金玉文犀宝轴，绣带，帝王玺，金镂珠母石青旃檀匣，香，宝签，织成缥缃。
>
> 一恶魔落劫，梅天，酒后，湿，研池汁，代枕，硬索，巧赚，轻借，屋漏水，灯下，胡乱题，鼠，收藏印多，无铨次装裹，油汗手，指甲痕，喷嚏，晒秽地，卷脑，折角，蠹鱼，以唾揭幅，折蹙，恶装缮，覆瓶瓮，夹刺，零散安置，质钱，换酒食，急翻，入俗子，珠墨污秽，恶童。

《文字会宝》的编者要求我们把他刊刻的这部书放在如此的环境中的确是前所未闻。这也许是书籍史上最令人惊异的了，但也是最风雅的了。

生活在18世纪的沈虹屏正是在这样风雅的环境中生活的。她著有《春雨楼集》，刻于乾隆四十七年（1782），是我要谈的第二部书，它的重要之处是：作者沈虹屏亲自手书上板。这是我所知的唯一一部女性为自己的诗文集手书付梓雕版刷印的书。陈师曾的女弟子江采也手写过书并刷印出版，但可惜是石印。《春雨楼集》还值得大书一笔的是，卷一末尾的题记："乾隆辛丑又五月一日书于荷香竹色亭。"这一行仅"荷香竹色"四字就优雅得可以颉颃《文字会宝》所列善趣庄严的二十个条目，令人神往不已。这还不算，卷四末又题：

> 七月巧日，薄病初起，菱芡既登，秋海棠盈盈索笑，香韵清绝。御砑绫单衣，写于奇晋斋之东轩。

这是一段用文字营造的名媛写韵图，不输给一幅仇英的闺秀像。郭则沄赞美为："自来题跋无是之抽妍写丽者。"她开创了一种"香韵清绝"的题跋文风。有时，她还把跋语谱为诗词的旋律，如《尚书义》跋语中的《望江南》："晨妆罢，端坐展瑶函，红日半帘风旖旎，紫藤一架燕呢喃，天色正蔚蓝。"这也提醒我们在关注书籍图像艺术的时候，不要忘记它的文字艺术。像沈虹屏这样在文稿后用三言两语的题跋，营造出如此动人的文字图像，在她之前极为少见。难怪在后世文人的眼中，把她看作艺术的化身，频频致意。民国年间，袁寒云妻刘梅真影抄《芦川词》，徐积余家马韵芬影抄《乐府新编阳春白雪》，都是女士专为雕版影写，甚至暖红室家傅春姗影摹《西厢记》图，也是受了沈虹屏样板的感染。缪荃孙撰写《云自在龛随笔》也不忘抄录她的两通跋文。然而沈虹屏不但能诗能文，还工书工画，我们也不要忘了，她的《春雨楼书画录》乃是中国第一部女性撰写的书画之书。而对于书籍艺术史而言，她也以手书上板的《春雨楼集》教我们如何用崭新的眼光看待书籍和题跋的艺术。

我们常说，书籍有三性：历史文物性、学术资料性和艺术代表性。展望将来，不待预言家占卜，艺术性必将越来越高华照眼，它引诱着我们回到1494年摇篮本《愚人船》[*Das Narrenschiff*]所讽喻的时代。《愚人船》是德意志诗人勃兰特[Sebastian Brant]（1458—1521）所作的幻想诗，其中一幅传为丢勒所作的插图，描绘一位“四眼”书痴坐在教堂的诵经台上，举着羽毛掸正拂去珍本上的尘土，露出溢于缥緗上的珠玑，至于珍本作者之旨意，“四眼”书痴从未尽窥，而书本之美却最所深悉。似乎，我也像那位“四眼”读者，看书不求甚解，而怀持着书籍的艳美，顽冥不化。不过，这也正常。王国维先生最能掬挹书中的光华，但他也告诫张尔田：“读古书当以美术眼光观之，方可一洗时人功利之弊。”（张尔田《与黄晦闻书》，刊《学衡》第六十期）这句名言也许道出了人类的共同感觉：爱美之心植根于人性中最古老、最原始的基因。

附录一　乾嘉之际通行书籍的价格

案：此书价清单，乃十年前阅张廷济先生嘉庆初年间日记所录，一直闲置，未曾论及。恐日久遭虫食，因附文末，书籍史学者、经济史学者或有所取焉。

周易注疏　一套五本，俱竹纸，纹银九钱零二毫四丝四忽。
　　以下皆注疏
书经　一套六本，一两三钱二分五厘七毛九丝九忽
诗经　二套十二本，二两八钱二分零二毛九丝九忽
公羊　一套八本，一两五钱七分一厘九毛九丝七忽
穀梁　一套六本，九钱八分零七毛四丝四忽
周礼　二套十四本，二两三钱八分五厘四毛六丝三忽
仪礼　二套十本，一两八钱六分二厘九毛二丝五忽
礼记　二套二十本，三两四钱七分七厘八毛二丝四忽
论语　一套四本，五钱六分五厘四毛零三忽
孟子　一套六本，九钱八分七厘四毛九丝九忽
左传　二套二十本，三两八钱三分八厘八毛八丝七忽
孝经　一套一本，一钱七分七厘五毛一丝五忽
尔雅　一套三本，七钱零四厘六毛四丝六忽
史记　四套二十六本，五两四分九厘五毛一丝八忽
前汉　四套三十二本，六两一钱三分五厘四毛三丝六忽
后汉　四套二十八本，四两七钱八分零一毛一丝八忽
三国志　二套十四本，二两七钱八分七厘六毛九丝三忽
晋书　三套三十本，五两九钱八分九厘零五丝七忽
魏书　三套二十四本，五两三钱五分六厘四毛七丝九忽
宋书　二套二十四本，四两三钱九分一厘二毛一丝七忽
南齐　一套八本，一两七钱二分八厘零六丝三忽
北齐　一套八本，一两一钱六分九厘九毛六丝
梁书　一套八本，一两五钱四分四厘一毛六丝二忽
陈书　一套六本，八钱八分二厘四毛七丝七忽
隋书　二套二十四本，三两五钱三分三厘一毛九丝四忽

唐书　五套五十本，十两八分二厘七毛二丝八忽
旧唐书　六套六十本，十两二分四厘三毛二丝五忽
五代史　一套十本，一两六钱三分九厘七毛九丝六忽
宋史　十套一百本，二十一两七钱六分六厘二毛零七忽
南史　二套二十本，三两四钱四分九厘九毛八丝八忽
北史　三套二十四本，五两五钱零七厘七毛三丝四忽
北周书　一套八本，一两三钱九分八厘二毛二丝一忽
辽史　一套八本，一两六钱八分七厘三毛
金史　三套二十四本，三两八钱四分四厘四毛
元史　五套五十本，六两五钱八分九厘三毛
明史　十二套百二十本，十四两一钱四分九厘七毛五丝五忽
增订清文鉴　台连纸，八套四十八本，三两八钱四分四毛
汉文大清会典并则例　台连纸，十八套百二十本，十六两二钱七分四厘
通考　十六套八十八本，十一两九钱五分二厘六毛
郑樵通志　二十套百十八本，十五两七分五厘一毛
杜佑通典　六套三十六本，五两四钱六分四厘四毛
清文八旗氏族通谱　六套二十六本，二两七钱五分九厘二毛
汉文八旗氏族通谱　六套二十六本，二两四钱五分八厘
子史精华　四套三十二本，四两六钱六分一厘
诗经传说汇纂　四套二十四本，四两八钱二分四厘四毛
书经传说汇纂　四套二十四本，三两五钱六分二厘五毛
三礼礼记　十套八十五本，七两七钱一分七厘七毛
二礼周官　七套四十九本，四两六钱一分九厘七毛
二礼仪礼　八套五十本，五两六钱八分五厘
皇朝礼器图　四套十八本（未记价格）
词林典故　一套八本，八钱七分七厘
大板古文渊鉴　六套三十本，六两八钱四分九毛五丝二忽
评鉴阐要　一套六本，四钱九分六厘六毛
大板四书　一套五本，八钱六分六厘一毛五丝二忽
协纪辨才　二套十五本，二两九钱一分三厘
孝经衍义　三套三十本，二两二钱三分六厘

清字平定朔漠方略　五套五十本，七两五钱六分七厘，榜
汉字平定朔漠方略　五套五十本，七两五钱六分七厘，榜
旧清文鉴　一套十本，一两二钱五分四厘，榜
清字古义渊鉴　五套三十七本，九两一钱九分九厘，台连
日讲春秋解义　二套十六本，一两六钱九分
清字内则衍义　一套八本，五钱四分四厘
佩文韵府　二十套九十五本，十三两八钱二分二厘
御选唐诗　二套十五本，四两七钱四分九厘
清字性理精义　一套八本，九钱四分八厘
清字避暑山庄诗　一套一本，一钱三分
汉字避暑山庄诗　一套一本，一钱六分九厘
旧千叟宴诗　一套三本，三钱三分二厘
清文五朝圣训　十二套百十二本，十三两三钱一分七厘
汉文五朝圣训　十二套百十二本，七两五钱七分一厘
汉文性理精义　一套五本，五钱七分四厘
医宗金鉴　十二套九十本，九两五钱八分九厘六毛八丝八忽
朱子全书　三套二十五本，五两四分一厘
周易本义　一套二本，二钱六分六厘
春秋传说汇纂　四套二十四本，五两三钱七分四厘
清字日讲春秋　三套二十本，九两八钱八分六厘
明清纪略　二套八本，一两二分九厘七毛
经典释文　二套十本，一两一钱八分七厘二毛八丝二忽
诗经　一套四本，四钱七分二厘八毛四丝七忽
书经　一套四本，四钱七厘三丝九忽
易经　一套二本，二钱三分二厘九毛八忽
经史讲义　四套三十二本，九钱一分三厘三丝一忽

以下皆太史连

合璧易经　一套四本，四钱三分七厘二毛八丝一忽
合璧诗经　一套四本，五钱五分三厘三毛七丝八忽
合璧四书　一套六本，五钱五分一厘五毛六丝七忽
合璧书经　一套六本，二钱五分三厘二毛九丝四忽

韵府拾遗　二套二十本，三两七钱三分七厘三毛八丝三忽
纲目三编　一套四本，三钱二分九厘七毛九忽
旧五代史　四套二十四本，二两三钱五分六厘一忽
唐宋诗醇　四套二十本，三两八厘四毛
唐宋文醇　四套二十四本，二两三钱五分六厘九毛六忽
佩文诗韵　一套二本，三钱八分六厘五丝五忽
广群芳谱　四套三十二本，三两二钱四分七毛三忽
小板通鉴　六套六十本，六两四钱
宋板五经　连四纸七套十二本，榜纸书银八两，价银七两二钱六分八厘六毛一丝八忽
盘山志　一套八本，七钱三分三厘一毛五忽
皇清职贡图　一套八本，八钱七厘三毛四丝八忽
日下旧闻考　六套四十本，四两五钱五分六厘八毛二忽
袖珍史记　六套三十六本，二两九钱七厘八毛八忽
袖珍初学记　二套十二本，一两二钱二分二厘三毛一丝八忽
袖珍苏诗　二套十六本，一两二钱九分六厘五毛四丝三忽
袖珍春明梦余录　四套二十四本，二两四钱四分六厘四丝
袖珍五经　一套十本，七钱四分四厘八毛七丝七忽
袖珍四书　一套五本，二钱二分九厘三毛四丝八忽
袖珍纲目三编　一套四本，三钱九分六厘四毛三丝五忽
袖珍古文渊鉴　六套三十本，五两二钱七分一厘四丝一忽
聚珍版摆印悦心集　一套二本，二钱一分二厘二毛一忽
清字圣谕广训　一本，六分七厘
汉字圣谕广训　一本，五分六厘
满洲蒙古文鉴　三套二十一本，一两八钱七分二厘
清督捕则例　二本，三钱九分三厘

以下榜纸

汉蒙文盛京赋　二套三十二本，六两二钱六分四厘
汉蒙文盛京赋　二套三十二本，四两四钱八分九厘
汉续例　二本，五分七厘八毛
蒙古字时宪书　三套三十本，四两八钱八分三厘

周易述义　一套四本，一两五钱八分六厘
清文中枢政考　四套十八本，四两三钱一分五厘
清字祭祀条例　一套六本，一两一钱九分五厘
陆宣公集　一套三本，二钱五分八厘五毛
以下竹纸
律书渊源　十二套七十四本，六两四钱八分七厘三毛三忽
大破四路明师　二本，七分
清字庭训格言　二本，二钱五分五厘
礼记　一套十本，七钱七分七厘
春秋　一套五本，五钱六分
清文大清会典併则例　二十四套一百六十八本，二十两九钱三分八厘
万寿盛典　四套，二两九钱四分三厘
□□□例　六本，四钱六分九厘零四丝
蒙古总论　八本，五钱
清文吏部则例　二十二本，六两九钱二分
清文人臣儆心录　一本，七分二厘
清文内则衍文　八本，一两六钱零八厘
袖珍易经　二本，一钱二分八厘
清文日讲易经　十八本，二两二钱五分八厘七毛八丝八忽
清文大清律例　四十本，二两四钱七分五厘一毛
清文校正条款　三本，一钱一分七厘
清文日讲书经　十三本，一两七钱五分五厘
蒙古律例　四本，一钱一分五厘八毛
开国方略　四套三十二本，四两三钱零五厘四毛一丝
绎史　四套二十四本，六两七钱五分八厘八毛一丝
职官表　六套三十六本，五两三钱六分二厘三毛一丝一忽
春秋直解　二套十二本，一两一钱二分二厘五毛九丝六忽
三合切音清文鉴　四两八钱五分六厘八毛五丝八忽
合璧礼记　一两七钱一分二厘七毛二丝
四库全书总目　十八套一百四十四本，十六两六分五厘三毛五丝七忽

附录二　竹扉旧藏名纸

编者案：《竹扉旧藏名纸目录》，华西协和大学，成都，1947年。为“华西大学博物馆手册丛刊之十”。前有“竹扉旧藏名纸展览公启”。依原文排印，并加标点符号，其他一仍其旧。

竹扉旧藏名纸展览公启

竹扉先生旧藏名纸都二百九十六番，以时代言自晋而六朝而唐而宋而元而明至清，无美不征，有品皆备，可作系统之研究，可充博物之标本。以地区言，蜀、剡、松、宣、赣所产，为最著名。以质类言，为苔、为檀、为藤、为桑、为麻、为楮、为竹、为绵纤维，各异造作自殊。若成方物，若列贡品，详加题识，了逾指掌。以花样言，分描金、洒金、填金、销金、绘银、傅彩、印花、研花等种，木刻技巧，套色精工，已开三色版、五色版之先河。今先生举以捐赠本馆，诚学术界一大贡献。谨订于五月十九日起，至廿四日止，在本馆陈列室中公开展览欢迎各界人士届期赏临为幸。

华西协和大学代理校长方叔轩、博物馆长郑德坤　谨启

竹扉旧藏名纸目录

本馆号数	品名	番数
46—p—1	晋桑根纸	1
46—p—2	晋蜜檬花纸	1
46—p—3	西晋符秦藤纸	1
	此经与罗振玉影印甘露年款同一手笔。	
46—p—4	六朝黄麻纸	1
46—p—5	六朝白麻云母粉纸	1
46—p—6	唐硬黄纸	1
	敦煌掘出，上有一行禅师钤印。	

46—p—7	唐黄麻纸	2
	敦煌石室掘出，唐人写《妙法莲华经》。	
46—p—8	唐萨马尔干桑皮纸	1
	回纥书。	
46—p—9	北宋红筋罗纹纸	1
46—p—10	宋衬书竹纸	1
46—p—11	宋六合笺	1
	粉地砑花。	
46—p—12	宋红筋罗纹纸	1
46—p—13	宋麦光纸	1
46—p—14	宋金粟山藏经纸	1
46—p—15	宋仿晋侧理纸	1
46—p—16	宋景德大藏纸	1
46—p—17	宋阔帘苔纸	1
46—p—18	宋仿硬黄纸	1
46—p—19	宋藏经纸	1
46—p—20	宋砑花粉笺	1
46—p—21	宋白麻纸	1
46—p—22	宋黄榜纸	1
46—p—23	宋赣竹纸	1
46—p—24	宋檀皮纸	2
46—p—25	南宋檀皮纸	1
46—p—26	元角花粉笺	6
46—p—27	元谷皮纸	1
46—p—28	元硬黄洒云母粉纸	1
46—p—29	元明仁殿纸	1
46—p—30	元楮皮纸	1
46—p—31	明楮皮纸	4
	朝鲜进呈郊祀表文，青黄蓝红四色。	
46—p—32	明木刻画笺	2
46—p—33	明印花粉笺	1

46—p—34	明羊脑笺	3
46—p—35	明五色连绵卷	1
	高丽进呈。	
46—p—36	明洒云母粉	1
	高丽进呈。	
46—p—37	明罗纹纸	1
46—p—38	明苔纸	1
	朝鲜进呈。	
46—p—39	明木刻书笺	4
	《西厢记》。	
46—p—40	明永乐描金龙边库蜡纸	1
46—p—41	明永乐绢纸	1
46—p—42	明宣德澄心堂纸	1
	仿五代南唐。	
46—p—43	明宣德销金纸	1
46—p—44	明宣德绢纸	1
46—p—45	明嘉靖藕色纸	1
	高丽进呈。	
46—p—46	明万历桃红冷金笺	1
46—p—47	明万历冷金绢纸	1
46—p—48	明楮皮纸	1
	高丽进呈。	
46—p—49	清初谷皮纸	1
	朝鲜进呈，疑为顺治。	
46—p—50	清康熙蓝地描金银团花纸	1
46—p—51	康熙开化纸	1
46—p—52	康熙五色笺	5
	朝鲜进呈。	
46—p—53	康熙描金银泥云龙笺	1
46—p—54	康熙葵地绿描金银云龙笺	1
46—p—55	康熙金花笺	1
	仿唐。	

46—p—56	康熙红筋罗纹纸	1
46—p—57	雍正硬黄纸	1
	仿唐。	
46—p—58	乾隆角花笺	4
46—p—59	乾隆木刻画笺	1
46—p—60	乾隆描金花绢纸	1
46—p—61	乾隆梅花玉版笺	1
46—p—62	乾隆冰梅笺	1
46—p—63	乾隆虚白斋制笺	3
46—p—64	乾隆冷金嫩黄笺	1
46—p—65	乾隆木刻画笺	1
46—p—66	乾隆万年红纸	1
46—p—67	乾隆罗纹纸	1
46—p—68	乾隆煮硾笺	1
46—p—69	乾隆木刻画牌	1
	青莲室制。	
46—p—70	乾隆书装面页纸	1
	高丽楮皮制。	
46—p—71	乾隆染蓝书装面页纸	1
46—p—72	乾隆木刻画笺	10
	虚白斋制。	
46—p—73	乾隆冷金笺	1
	虚白斋制。	
46—p—74	乾隆雨粟笺	1
	虚白斋制。	
46—p—75	乾隆罗纹笺	3
	文宝斋制版。	
46—p—76	乾隆藏经笺	1
	清晖阁制。	
46—p—77	乾隆木刻画笺	6
	古经阁制。	

46—p—78	乾隆木刻画笺 虚白斋仿古。	2
46—p—79	乾隆硬黄纸 虚白斋仿唐。	1
46—p—80	乾隆金银花笺 仿唐五色。	5
46—p—81	乾隆藏经纸 仿唐。	1
46—p—82	乾隆澄心堂纸 仿五代南唐。	1
46—p—83	乾隆澄心堂纸 仿五代南唐。	1
46—p—84	乾隆竹纸 虚白斋仿宋芦雁笺。	1
46—p—85	乾隆竹纸 虚白斋仿宋文鸳笺。	1
46—p—86	乾隆木刻画笺 虚白斋仿宋《梅花喜神谱》。	24
46—p—87	乾隆鸦青纸 虚白斋仿宋。	1
46—p—88	乾隆藏经纸 仿宋。	1
46—p—89	乾隆明仁殿纸 仿元。	1
46—p—90	乾隆谷皮纸	1
46—p—91	乾隆木刻画笺	1
46—p—92	乾隆仿宋版《考工记》 附图说，共九种。	1
46—p—93	乾隆砑花粉笺	16
46—p—94	乾隆薛涛笺	4
46—p—95	嘉庆木刻画笺	12

46—p—96	嘉庆描金花	1
46—p—97	嘉庆大升纸	1
	煮硾宣，内隐现“皖省大升纸庄”六字。	
46—p—98	嘉道角花笺	1
	嘉道时閟清轩皓制。	
46—p—99	嘉道木刻画笺	1
	嘉道时致和斋制。	
46—p—100	道光煮硾笺	1
	行有恒堂定制。	
46—p—101	道光廓尔喀纸	8
	藏文木刻印经本。	
46—p—102	道光木刻画笺	2
	香吟馆制。	
46—p—103	道光版画彩花笺	2
	荣录堂制。	
46—p—104	道光五色描银泥龙凤笺	2
	仿明。淡黄、银红二色。	
46—p—105	道光楮皮纸	1
	朝鲜进呈。	
46—p—106	同治木刻画笺	1
	吴大澂补绘赐绘《镫篓图》。	
46—p—107	同治木刻画笺	2
	清香冷馆制。	
46—p—108	同治木刻画笺	2
	北京厂制。	
46—p—109	光绪木刻画笺	5
	灵兰阁制。	
46—p—110	光绪木刻书笺	2
	缦云阁制。	
46—p—111	光绪奖状宣纸	1
	内阁制。	

46—p—112	光绪木刻画笺	7
	万宝斋制。	
46—p—113	光绪西洋金花纸	1
	香港制，信封，外系黄士陵书。	
46—p—114	光绪仿宋檀皮纸	1
46—p—115	光绪西藏纸	1
	官文书用。	
46—p—116	光绪木刻画笺	23
	清秘阁制（附封十九）。	
46—p—117	民国瑜版纸	1
	美国福开森博士与郭葆昌校注明项元汴瓷器图谱，定制瑜版纸为影印之用。	
46—p—118	民国谷皮纸	1
	广西造。	
46—p—119	日本江户矾水引薄美浓笺	1
46—p—120	明治雁皮纸	2
	日本制。	
46—p—121	明治奏本纸	1
	原名“奉书卷纸”，系越前特产。	
46—p—122	明治药袋纸	1
	仿唐。	
46—p—123	大正松皮纸	1
46—p—124	大正稻杆纸	1
	此系日本明信片。	
46—p—125	大正芦根纸	2
	日本制。	

附录三　西洋善本书三种

《纽伦堡编年史》

《纽伦堡编年史》[*Nuremberg Chronicle*]是一部插图本百科全书，内容为世界历史的记述和解释圣经而来的记述。主题包括与《圣经》相关的人类历史、有插图的神话生物，以及古典时期以来重要的基督教城市和世俗城市的历史。该书经数年制作后于1493年完工，最初由哈特曼·舍德尔[Hartmann Schedel]以拉丁文写成，由乔治·阿尔特[Georg Alt]译成德文本。它是著录完整的摇篮本之一，也是最早的图文并茂书籍之一。

拉丁语学者称此书为《编年之书》[*Liber Chronicarum*]，这个短语出现在拉丁语版的索引简介中。英语界长期以来一直以其出版地命名，称之为《纽伦堡编年史》[*Nuremberg Chronicle*]。德语界则称之为《舍德尔世界史》[*Die Schedelsche Weitchronik*]，以纪念其作者。

产　生

泽巴尔德·施赖尔[Sebald Schreyer]（1446—1503）和他的女婿塞巴斯蒂安·卡默迈斯特[Sebastian Kammermeister]（1446—1520）两位纽伦堡商人委托制作拉丁文版的编年史。他们还委托纽伦堡财宝库的抄写员乔治·阿尔特译成德文。拉丁文版和德文版均由纽伦堡的安东·科贝格[Anton Koberger]出版。合同由抄写员记录，并装订成册，存放在纽伦堡市档案馆。1491年12月签订的第一份合同确定了插图画家与赞助人之间的关系。画家沃尔格穆特[Wolgemut]和普莱登伍尔夫[Pleydenwurff]负责编年史的排版，监督木刻版画的制作，并防止设计被盗版。赞助人同意预付1000基尔德（荷兰货币单位），用于纸张、印刷费用以及该书的发行和销售。1492年3月，赞助人和印刷商签订了第二份合同。该合同规定了获取纸张和管理印刷的条件。印刷完成后，需将纸张和底版归还赞助人。

本书作者哈特曼·舍德尔[Hartmann Schedel]是一位医师、人文主义者和藏书家。他于1466年在帕多瓦获得医学博士学位，然后定居纽伦堡行医和收藏书

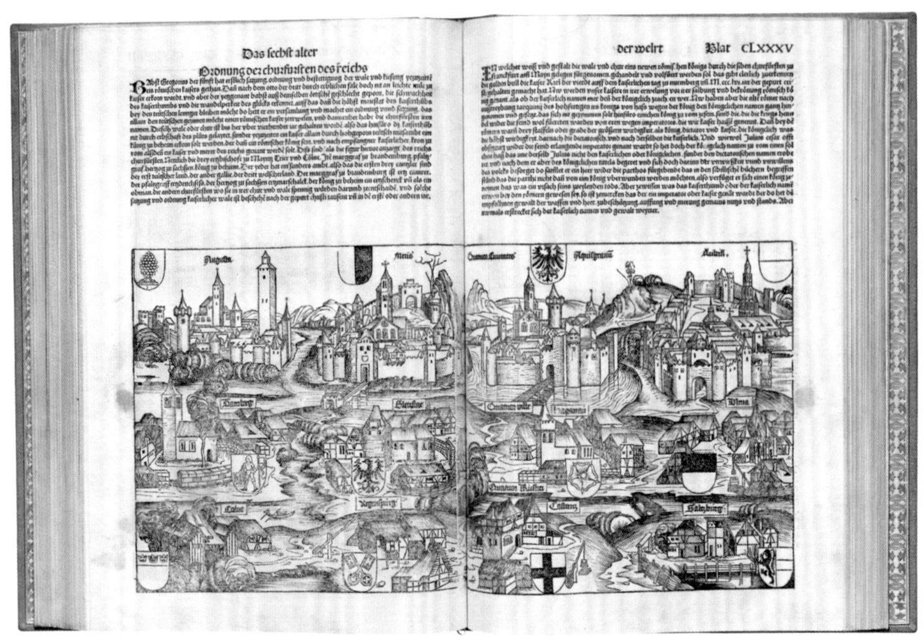

《纽伦堡编年史》书影，1493年出版于德国纽伦堡

籍。根据1498年的一次清点，舍德尔的私人图书馆有370部抄本和670部印本。作者根据这批藏书中的古典和中世纪著作来写作《编年史》。他频繁引用的是贝加莫[Bergamo]的贾科莫·菲利波·弗雷斯蒂[Giacomo Filippo Foresti]撰写的人文主义编年史《年鉴补遗》[*Supplementum Chronicarum*]。据估计，书中约90%的内容由人文学科、科学、哲学和神学著作拼凑而成，10%左右的编年史由舍得尔自撰。

纽伦堡在15世纪90年代是神圣罗马帝国最大的城市之一，人口在45000至50000之间。35个贵族家庭组成市议会，控制着印刷和手工业活动的方方面面，包括每个行业的规模以及所生产商品的质量、数量和类型。尽管纽伦堡由保守的贵族统治，却是北方人文主义的中心。1472年，《纽伦堡编年史》的印刷商安东·科贝格在纽伦堡印刷了第一本人文主义书籍。编年史的赞助人之一泽巴尔德·施赖尔为其宅邸的大客厅委托绘制了古典神话作品。编年史的作者哈特曼·舍德尔，是意大利文艺复兴时期与德国人文主义作品的热心收藏者。曾协助舍德尔撰写编年史中有关地理章节的希罗尼穆斯·闵采尔[Hieronymus Münzer]也属于这个圈子，还包括阿尔布雷希特·丢勒[Albrecht Dürer]、约翰·皮克海默和维尔巴尔德·皮克海默[Johann and Willbald Pirckheimer]。

出　版

《编年史》于1493年7月12日在纽伦堡市首次以拉丁文出版。随后很快在1493年12月23日出版了德文译本。据估计，当时出版了估算1400至1500部拉丁文版和700至1000部德文版。1509年的一份文件记录了有539部拉丁文版和60部德文版尚未售出。大约有400部拉丁文版和300部德文版幸存到21世纪，分藏于很许多复制本都是着色的，但技术水平不一；有专门的商店进行着色。有些着色是后来添加的，其中一部分拆开作为装饰版画出售。

出版商和印刷商是阿尔布雷希特·丢勒的教父安东·科贝格。1471年丢勒出生的那一年，他停止了金匠工作，而成为一名印刷商和出版商。科贝格很快成为德国最成功的出版商，拥有24家印刷厂，并在德国和国外，从里昂[Lyon]到布达[Buda]，设有众多办事处。

本书内容

这本编年史是一部插图本世界史，其中内容分为七个时期：

第一时期：从创世纪到大洪水时期；

第二时期：从大洪水时期到亚伯拉罕诞生；

第三时期：从亚伯拉罕诞生到大卫王；

第四时期：从大卫王到巴比伦之囚；

第五时期：从巴比伦之囚到耶稣基督诞生；

第六时期：从耶稣基督诞生至当时（主要部分）；

第七时期：展望世界末日及最后的审判。

插　图

采用不同材质的纽伦堡杰出艺术家迈克尔·沃尔格穆特的大型工作室，提供了超过以往的1809幅木刻插图（去除重复图像之前，见下文）。尽管准备工作已进行了数年，卡默迈斯特与施赖尔于1492年3月16日签署了一份印刷经费合同。沃尔格穆特及其继子普莱登伍尔夫在1487年至1488年首次受托供图，

1491年12月29日又签订了一份合同，委托他们完成文字和插图的排版。

丢勒在1486年至1489年间是沃尔格穆特的学徒，因此很有可能参与了为专门的工匠（称为“雕版师”）提供的插图工作。这些工匠负责雕版，并把设计图绘制或是粘贴在扉画，纪年为1490年。尽管一些艺术专家声称可以确定哪些《纽伦堡编年史》木刻版画可归于丢勒名下，但目前尚未达成共识。丢勒当时还没有使用他的字母符号，而沃尔格穆特作坊的艺术家们也没有在《编年史》的插图上署名。

插图描绘了许多以前从未画过的欧洲和近东的主要城市。645幅原创木刻版画用作插图。与该时期的其他书籍一样，许多表现城镇、战斗或国王的木刻版画在书中多次使用，只是变换文字标签。这部书规格很大，为18×12英寸。只有纽伦堡市插图为双页，没有文字，尺寸约为312×500mm。威尼斯市插图改编自艾哈德·鲁维希[Erhard Reuwich]1486年创作的第一本插图版印本旅游指南《圣地游记》[*Sanctae Perigrinationes*]中一幅的木刻版画。这本书是尽可能地使用其他来源；在没有可用信息的情况下，许多库存的图像被反复使用达11次之多。佛罗伦萨插图采弗朗西斯科·罗塞利[Francesco Rosselli]的一幅版画。

盗　版

由于《纽伦堡编年史》的成功和声望，该编年史成为这个摇篮本时期（也称作书籍出版的摇篮时代，约1455—1500年间）版本印数最多的书籍，该编年史第一次大规模盗版也随之出现在市场上。罪魁祸首乃约翰·舍恩斯佩格[Johann Schönsperger]（约1455—1521年），一位在奥格斯堡外工作的印刷商，他在1496年、1497年和1500年分别用德语和拉丁语制作了较小版本的《编年史》，还以德语再版一次。这是未经授权的图书版本的开端；未经同意利用另一位作者和印刷商/出版商的成功而进行的盗版。尽管盗版书取得了成功，但舍恩斯佩格还是在1507年破产了。（谭晓雨译，杨贤宗校）

《寻爱绮梦》

《寻爱绮梦》[*Hypnerotomachia Poliphili*]，英语作*Poliphilo's Strife of Love in a Dreram*或*The Dream of Poliphilus*，据说是弗朗切斯科·科隆纳[Francesco Colonna]创作的爱情故事。Hypnerotomachia源自希腊语ὕπνος的拉丁写法hýpnos[睡觉]、ἔρως的拉丁写法éros[爱]、μάχη的拉丁写法máchē[争斗]。该书于1499年在威尼斯首次出版，是摇篮本的范例。初版有着精美的页面布局和早期文艺复兴风格的精致木刻插画。《寻爱绮梦》描述了一个神秘晦涩的寓言，主人公波利菲罗[Poliphilo]通过梦幻般的风景追寻他的爱人波利亚[Polia]。最终，两人在“维纳斯之泉”[Fountain of Venus]边重归于好。

历　史

1499年12月，阿杜斯·曼尼修斯[Aldus Manutius]在威尼斯印制了《寻爱绮梦》。这本书的作者是匿名的。而意大利原文中每一章节精致装饰的首字母组成的离合文，读为“POLIAM FRATER FRANCISCVS COLVMNA PERAMAVIT”，意即“弗朗切斯科·科隆纳修士深爱着波利亚”。尽管有这样的线索，这本书也被归于莱昂·巴蒂斯塔·阿尔贝蒂[Leon Battista Alberti]及更早的洛伦佐·德·美迪奇[Lorenzo de Medici]名下。曼尼修斯本人声称作者是另一位弗朗切斯科·科隆纳，一位富有的罗马统治者。插画师的身份比作者的身份更不确定。

这本书的主题属于罗曼司的传统（或类型），它遵循宫廷爱情的惯例，在1499年继续为15世纪贵族们提供引人入胜的主题。《寻爱绮梦》还借鉴了文艺复兴时期的人文主义，其中晦涩难懂的文字也是古典思想的一种表现。

这本书文字是由一种奇异的仿拉丁文意大利文写成。不用说，文本充满了基于拉丁语和希腊语词根的单词。然而，这本书也包括源自意大利语的单词和插图，其中还包括阿拉伯语和希伯来语单词。此外，科隆纳在手边那些词语看来不够准确时，会创造新的语言形式。这本书还包含了一些埃及象形文字的使用，但它们并不可信。其中大部分出自来历不明的古典时代晚期文本《埃及象形文字》[*Hieroglyphica*]。

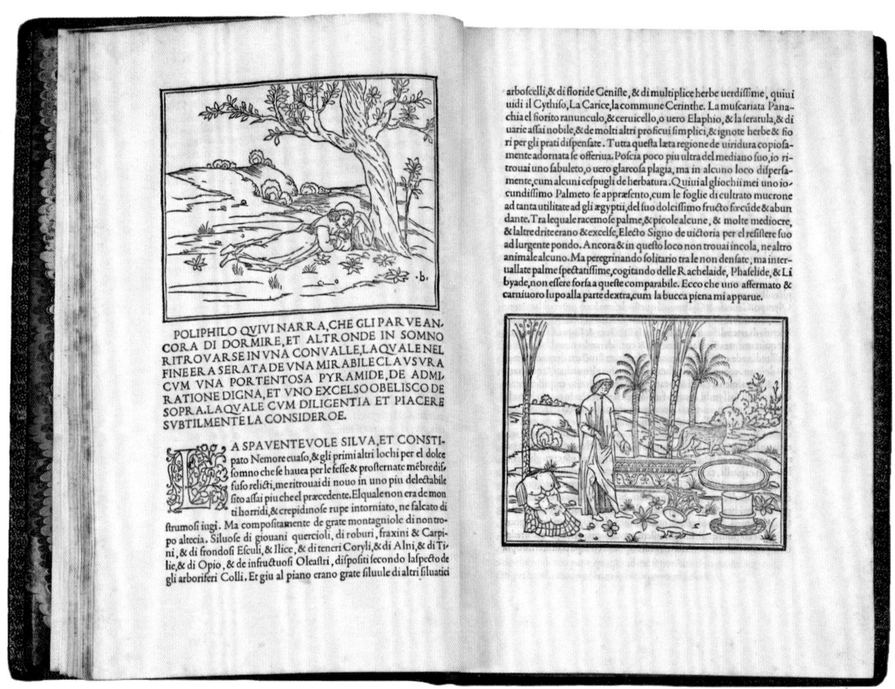

·b·

POLIPHILO QVIVI NARRA, CHE GLI PARVE ANCORA DI DORMIRE, ET ALTRONDE IN SOMNO RITROVARSE IN VNA CONVALLE, LAQVALE NEL FINE ERA SERATA DE VNA MIRABILE CLAVSVRA CVM VNA PORTENTOSA PYRAMIDE, DE ADMIRATIONE DIGNA, ET VNO EXCELSO OBELISCO DE SOPRA. LAQVALE CVM DILIGENTIA ET PIACERE SVBTILMENTE LA CONSIDEROE.

LA SPAVENTEVOLE SILVA, ET CONSTIPATO Nemore euaso, & gli primi altri lochi per el dolce somno che se hauea per le fesse & prosternate mébre diffuso relicti, me ritrouai di nouo in uno piu delectabile sito assai piu che el præcedente. El quale non era de monti horridi, & crepidinose rupe intorniato, ne falcato di strumosi iugi. Ma compositamente de grate montagniole di non tropo altecia. Siluose di giouani quercioli, di roburi, fraxini & Carpini, & di frondosi Esculi, & Ilice, & di teneri Coryli, & di Alni, & di Tilie, & di Opio, & de infructuosi Oleastri, dispositi secondo laspecto de gli arboriferi Colli. Et giu al piano erano grate siluule di altri siluatici arboscelli, & di floride Geniste, & di multiplice herbe uerdissime, quiui uidi il Cythiso, La Carice, la commune Cerinthe. La muscariata Panachia el fiorito ranunculo, & ceruicello, o uero Elaphio, & la seratula, & di uarie assai nobile, & de molti altri proficui simplici, & ignote herbe & fiori per gli prati dispensate. Tutta questa læta regione de uiridura copiosamente adornata se offeriua. Poscia poco piu ultra del mediano suo, io ritrouai uno sabuleto, o uero glareosa plagia, ma in alcuno loco dispersamente, cum alcuni cespugli de herbatura. Quiui al gliochii mei uno iocundissimo Palmeto se appræsento, cum le foglie di cultrato mucrone ad tanta utilitate ad gli ægyptii, del suo dolcissimo fructo fœcũde & abundante. Tra lequale racemose palme, & picole alcune, & molte mediocre, & laltre drite erano & excelse, Electo Signo de uictoria per el resistere suo ad lurgente pondo. Ancora & in questo loco non trouai incola, ne altro animale alcuno. Ma peregrinando solitario tra le non densate, ma interuallate palme spectatissime, cogitando delle Rachelaide, Phaselide, & Libyade, non essere forsa a queste comparabile. Ecco che uno affermato & carniuoro lupo alla parte dextra, cum la bucca piena mi apparue.

《寻爱绮梦》书影，1499年出版于意大利威尼斯

《寻爱绮梦》所记故事发生在1467年，由一系列繁复而周密的场景组成，包括主人公的名字波利菲罗（Poliphilo意为“很多事物的朋友”，源自希腊语polloi意为“很多”，philos意为“朋友”）。在这些场景中，波利菲罗在田园牧歌式古典梦境中漫游，寻找他的爱人波利亚（Polia意为“很多事物”）。作者的写作风格乃是精雕细琢、极尽铺陈渲染之能事。文本主要通过对比的方式，频繁地引用古典地理学和神话关注追寻。排印工艺以其质量和清晰度而闻名。它的罗马字体由弗朗切斯科·格里福[Francesco Griffo]雕刻，是阿尔杜斯1496年首次为彼得罗·本博[Pietro Bembo]的《埃特纳火山行纪》[*De Aetna*]所使用字体类型的修订版。这种字体类型被认为是罗马字体的最早实例之一，而在摇篮期古版书中，它是阿尔定出版社[Aldine Press]所独有的。这种类型字体在1923年被蒙纳公司[Monotype Corporation]重新命名为“波利菲罗体”。1929年，斯坦利·莫里森[Stanley Morison]指导了格里福字体早期版本的另一次复兴，它被称作“本博体”。

《寻爱绮梦》内含168幅精美的木刻插图，表现了波利菲罗在梦中遇到的风景、建筑环境与一些人物。这些木刻版画以一种质朴与华丽兼具的线条艺术风格，描绘了波利菲罗历险的场景以及作者热烈赞美的建筑特征。它与字体类型的完美结合，是排版艺术的一个范本。

这些插图都很有趣，因为它们揭示了文艺复兴人在希腊和罗马古物的审美品质方面的趣味。在美国，海伦·巴罗里尼[Helen Barolini]写过一本有关阿杜斯·曼尼修斯的生平和著作的书，其中页面复制了原作中的所有插图和许多整页，重现了原作的版式。

心理学家荣格[Carl Jung]很欣赏这本书，他认为梦境图像预示了他的原型理论。木刻插图的风格对19世纪后期英国的插图画家如奥布里·比尔兹利[Aubrey Beardsley]、沃尔特·克兰[Walter Crane]和罗伯特·安宁·贝尔[Robert Anning Bell]等有很大影响。

1592年，在一个伦敦版本中，“R.D.”据说是罗伯特·达林顿[Robert Dallington]，他节译了《寻爱绮梦》。该版本的英文名*The Strife of Love in a Dream*[梦中爱的冲突]广为人知。1999年，音乐学家约瑟林·戈德温[Joscelyn Godwin]出版了第一部完整的英译本。不过他的译本采用了标准的现代语言，而不是遵循原文的造词和借词模式。

此书自1999年的500周年纪念版以来，还出版了其他一些现代译本。其中包括马可·阿里亚尼[Marco Ariani]和米诺·加布里埃尔[Mino Gabriele]版（第1卷为影印本；第2卷是意大利文译本、介绍性论文和700多页的评论）、皮拉尔·佩德拉扎·马丁内斯[Pilar Pedraza Martínez]的西班牙语译本、艾克·夏洛纳[Ike Cialona]的荷兰语译本并附有一册评注、托马斯·赖瑟[Thomas Reiser]的德文译本并作笺注，以及安娜·克里姆基维奇[Anna Klimkiewicz]的波兰语节译本。

艺术史家鲍里斯·索科洛夫[Boris Sokolov]的俄文全译本目前尚未完成，其中“基西拉岛”[Cythera Island]部分曾于2005年发表，网上可查阅。该书采用谢尔盖·埃戈罗夫[Sergei Egorov]的西里尔字体[Cyrillic type]和排版，力求原样复制原书。

《寻爱绮梦》中描述的10座纪念物通过电脑绘图得以复原，并于2006年和2012年由埃斯特万·克鲁兹[Esteban A. Cruz]首次出版。2007年，克鲁兹建立了一个完整的设计研究项目：波利菲罗的形象构成[*Formas Imaginisque Poliphili*]，一个正在进行的独立研究项目，目的是通过多学科的方法，借助虚拟和传统的复原技术和方法，重现《寻爱绮梦》的内容。

剧情概述

这本书以波利菲罗开始，他度过了一个无尽梦境的夜晚，因为他的爱人波利亚有意避开了他。波利菲罗被送至一处野外森林里，在那里他迷路了，遇到了龙、狼、少女以及各种各样的建筑形式。他逃脱了这些，再次睡着了。

然后他在第二个梦中醒来，这是第一个梦中之梦。他被仙女带去见她们的王后，在那里他被要求向波利亚表达他的爱，他照着做了。然后他被两位仙女引导至三座门前。他选择了第三座，并在那里找到了他的爱人。然后他们被更多的仙女带到神殿订婚。一路上，他们遇到了五个庆祝他们结合的游行队伍。然后他们被驳船带到了基西拉岛，在船上丘比特是水手长。在基西拉岛上，他们看到另一支庆祝他们结合的游行队伍。故事在这里被打断，转为另一个声音，由波利亚从她自身的角度描述波力菲罗的情欲。

接着波利菲罗继续他的故事（从书中的五分之一处开始贯穿全书）。波利亚拒绝了波利菲罗，但丘比特出现在她的幻境中，迫使她回来亲吻在她脚边陷入了死亡般昏迷的波利菲罗。她的吻使他苏醒过来。维纳斯祝福他们的爱，波利菲罗与波利亚最终结合在一起了。当波利菲罗正要将波利亚抱入怀中时，波利亚消失在空气中，波利菲罗也醒了过来。（刘婧怡译，杨贤宗校）

《神圣比例》

《神圣比例》[*Divina proportione*](15世纪意大利语书名作*Divine proportion*),后来又称*De divina proportione*(意大利语标题的拉丁语译名)。这本书是由卢卡·帕乔利[Luca Pacioli]所撰的一本数学书籍,由莱奥纳尔多·达·芬奇[Leonardo da Vinci]绘制插图,1498年前后在米兰完成,1509年首次印刷。它的主题是数学比例(标题指的是黄金比率)及其在几何学、实用透视法的视觉艺术和建筑中的应用。文字内容的清晰性与莱奥纳尔多精彩的图示有助于这本书取得超出数学界的影响,普及了当时的几何学概念和图像。

书中有些内容抄袭自其前皮耶罗·德拉·弗朗切斯卡[Piero della Francesca]所写的《论五种正多面体》[*De quinque corporibus regularibus*]。

本书内容

本书由三部独立的手稿组成,是帕乔利于1496年至1498年间完成的。他声称斐波那契[Fibonacci]是其所示数学知识的主要来源。

神圣比例概要

第一部分为"神圣比例概要"[Compendio divina proportione],从数学角度研究了黄金比率(沿用欧几里得的相关著作),并探讨其在各种艺术中的应用,共七十一章。帕乔利指出,黄金矩形可以内接于正二十面体,并在第五章中给出了应将黄金比率称为"神圣比例"的五个理由:

1. 它的价值体现了神圣的简单性;
2. 它的定义引用了三个长度,象征着神圣的三位一体;
3. 它的非理性体现了上帝的不可理解性;
4. 它的自相似性让人想起上帝的无所不在和永恒不变;
5. 它与十二面体有关,而十二面体代表着精髓。

这部分还包含了规则多面体和半规则多面体的论述,以及诸如皮耶罗·德拉·弗朗切斯卡、梅洛佐·达·福尔利[Melozzo da Forlì]和马尔科·帕尔梅扎诺[Marco Palmezzano]这些画家运用几何透视的讨论。

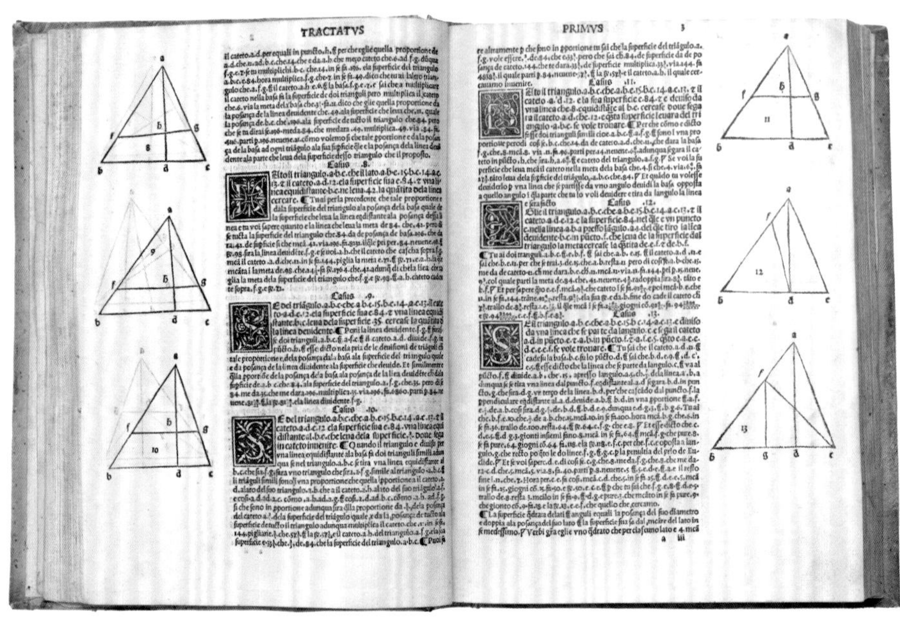

《神圣比例》书影，1509年出版于意大利威尼斯

论建筑

第二部分“论建筑”[Trattato dell’architettura]，用二十章的篇幅讨论了维特鲁威[Vitruvius]将数学应用于建筑中的思想来自他的《建筑十书》[*De architectura*]。书中以古希腊—罗马古典建筑为例，比较了人体与人造建筑物的比例。

三分之书

第三部分“三分之书”[Libellus in tres partials divisus]，是皮耶罗·德拉·弗朗切斯卡的拉丁文著作《论五种正多面体》的意大利文译本。书中并未注明这部分材料来自德拉·弗朗切斯卡，而在1550年，瓦萨里[Giorgio Vasari]为德拉·弗朗切斯卡立传，其中指责帕乔利的抄袭行为，声称他剽窃了德拉·弗朗切斯卡的透视、算术和几何学论著。而由于德拉·弗兰切斯卡的著作已佚失，这些指控一直未得到证实，直到19世纪在梵蒂冈图书馆发现了一部德拉·弗兰切斯卡所撰著作，经过比对确认帕乔利抄袭了这本书。

插　图

在这三部分之后，附有两部分插图，第一部分是帕乔利用尺子和圆规画的23个大写字母，第二部分是模仿莱奥纳尔多·达·芬奇的画作绘制的约60幅木刻插图。莱奥纳尔多在与帕乔利一起生活时从他那学习了数学，绘制这些规则立方体的插图。莱奥纳尔多的图画可能是第一幅有骨架的多面体插图，易于区分正面与背面。

帕乔利与莱奥纳尔多之间还有另一项合作。帕乔利计划出版一本有关数学和箴言的书，称作《数字的力量》[*De Viribus Quantitatis*]，莱奥纳尔多计划为其绘制插图，但帕乔利在该书出版前就去世了。

历　史

帕乔利雇用不同的抄写员誊写了三份。他将第一份抄本献给了米兰公爵卢多维科·伊莱·莫罗[Ludovico il Moro]，这份抄本现存瑞士日内瓦的日内瓦图书馆[Bibliothèque de Genève]。第二份抄本赠予了加里亚佐·达·圣塞韦里诺[Galeazzo da Sanseverino]，现存于米兰安布罗斯图书馆[Biblioteca Ambrosiana]。第三份抄本曾给予佛罗伦萨行政长官皮耶尔·索德里尼[Pier Soderini]，现已不知所终。1509年6月1日，该书最早的印本由帕加尼诺·帕加尼尼[Paganino Paganini]于威尼斯出版，此后数次重印。

2005年10月至2006年10月间，该书与莱奥纳尔多·达·芬奇的《大西洋写本》[*Codex Atlanticus*]一起在米兰展出。纽约大都会艺术博物馆[Metropolitan Museum of Art]的标志“M”，就是采用《神圣比例》中的字母“M”。（徐杨谷雨译，杨贤宗校）

装潢篇

中国藏书家与装帧文化
以芷兰斋藏书为例

CHINESE BIBLIOPHILES AND THE CULTURE OF BOOKBINDING
TAKING ZHILAN ZHAI COLLECTION AS AN EXAMPLE

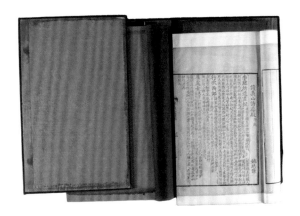

韦 力
藏书家

WEI LI
BIBILOPHILE

ABSTRACT

The ancient Chinese bibliophiles, have added or modified books with their own preferences and aesthetic tastes, though they show a greater extent of randomness in the book binding, in the process of book production, collection, and restoration, thus making the book collection with diversity. This lecture attempts to classify what the bibliophiles did to the blinding of ancient books by combing the private own-possessions of collections, so as to get a glimpse of the processing of the collections made by this group of people for aesthetic beauty and convenience.

感谢大家来听我聊聊这样的话题。今天是配合展览的一个讲座，我先从展览讲起，我看到这个展览之后有很多新的想法，因为很多珍宝我也第一次看到。就国内而言，真正的大馆、古籍富藏之馆，能够与国图媲美的只有上图，这是我私见，而上图能拿出这么多镇库来展览，也出乎我的意料，它们让我重新审视了古人在装帧方面的概念。

什么是装帧？我们讲这个话题，当然要先聊到这个词的定义。我看到现在的很多相关研究，大多数会从书的外装形式来谈起，比如我们会谈到卷轴装、蝴蝶装等一系列话题，那么这一系列话题中间，我原本以为这都是老生常谈，相应的专家都对此有深入探讨，所以我的讲座基本是撇开这个。为什么？因为最初这件事是由复旦大学陈正宏教授组织，他告诉我是个学术研讨会，所以我想有很多问题其他的专家会涉及，那么我在考虑自己的讲座内容时，就要想到一个其他的点。关于这个题目，这是个命题作文，这是陈正宏教授告诉我，他要做这样一个题，副题是我所起。为什么？想就是讲公藏与私藏的概念问题。如果单纯从善本而言，我们的现在公藏大多来自于私藏，这是历史演变的原因。当然古代也有公藏，按照陈教授的说法，这个应该叫官藏。我们且不管它，但从官藏留下来的善本，能留到今天公藏的少之又少，所以如今公藏里的善本，基本上是由私藏构成。我们今天能在这里看到的这么多流光溢彩的展品，但是展品最早大部分都是出自私人藏书家，有他个人兴趣和审美取向产生的结果。所以公藏的利和弊都在这里，它的“利”在于它能海纳百川，汇集了不同大藏书家的珍品，这种展览使得每一个爱古籍的人都能看到不同的形式；它的“弊”在于公藏是服务于大众，要融汇不同的私人藏书家的展品，所以说公藏很难以一个面目来看待藏书家的整体审美情趣，因为它是多个藏家的汇集。

我们从汇集中能不能探讨出相应规律来呢？如果按照哲学家的观点，这里面有点问题。比如说18世纪的哲学家休谟认为，有些事情不像人们认为的那样，因和果之间不一定必然产生关系，他曾经举例子来说，公鸡叫了，太阳出来了，这种事情时常出现，但你可以说，是因为公鸡叫了，所以太阳才会出来吗？虽然这种状态貌似有因必有其果，但在现实并不构成关联性，也不构成因果。如果以这个观点来推论，藏书家与装帧之间的关系，其间究竟有没有必然的关联性呢？或者说，我们眼前所见的某些善本装帧能不能融入藏书家的观念呢？当我接到陈教授这个任务之后，我经过思考，认为应当把一个人的想法融进去。当然自己虽然说不可能对自己更熟悉，但是对自己的藏品应当更熟悉于他人，这就是我为什么以个人的藏书作为一个例子来讲解。

如果就质和量来讲，我的所藏当然跟今天上图的展览不是一个层面，这是天上地下的区别。既然是这样，为什么还有总结的意义呢？这个意义就来源于这是基于一个人的思路，这个思路的对与否、大与小，暂且是另外一个概念，关键在于他以自己的想法汇集了一批典籍，尽管这个汇集并不是从版本角度、装帧角度，它是多方面的审美融合，就像每个人去购物，我们有个性、共性，我们可以效仿某个人的同款，也可以标新立异买个单品，我觉得藏书收集就是在于此，基于这样的理念，我来阐述我的观点。

我个人认为，我们以往的论述略有偏差，比如我们现在谈到装帧方面的书，这方面的研究成果也不少，但是大多数是从书装角度来下手，书装固然是装帧很重要的组成部分，但它更多的是典籍的事后加工，它不近似于事前的参与，但是古代藏书家对于书籍，从事前的设计、设想，到事中的成品加工，一直到最后的装池，我认为只有这样才是个完整的装帧链。我们以往叙述没有从这个角度来谈，这就是我们所谓的自得，我以我的心得跟大家阐述，从这个角度展开我今天的话题。

一　藏书家对书籍装帧的事先参与

我们现在讲第一章，也就是藏书家对书籍装帧的事先参与。我们先举这样两个例子，左边的例子是无行格抄，这个抄本PPT很难放大，大家只能将就看一下，这个抄本是阮元的抄本，阮元是清中期重要的藏书家，他有一系列藏本，但由于古代特殊的原因很多本子无法复制，不像现在可以拍照、复印，古人没有这些高科技。古人传抄一个孤本的方式是什么？只能去抄写。抄写又分影抄、录抄，这两者之间还有一种抄本，就是今天看的这个本子，它介于影抄和录抄之间，它虽然按照原书的行格，但并不画界栏，这也是古代大藏书家大多数采取的抄书方式。这就涉及成本问题。大家曾经看过一个喜剧，里面说地主家也有缺粮的时候，言外之意是说，再有钱的人，当他在某些方面有着大量积累的时候，他也会有算计成本的问题，这种抄书方式——无行格录抄既能够表达出原书的面貌，同时也较为省钱。这种抄本就叫事先的参与，为什么？因为它已经区别于原书，抄书者在抄录之前就已经对这部书有了事先的设想，这就是我们所说的藏书家的事先参与。

同样，有省钱的抄法，也有有钱人的抄法，我们再看右图，它是通过先刷栏格，再进行相应的抄写。但栏格抄写有什么弊端呢？古代的书是不同的行格，如果事先刻了一种栏，你就无法一一按照原书进行抄写。那么这种情况下，这种有格抄往往是录抄，是做不到影抄的。

还有一种情况是我们所说的写本。

我们在这里要澄清一个概念，古人所说“写本”跟我们今天略有差异，今天对于“写本”的概念，是将所有手写的本子通称为写本，只要是非刻本、非影印本，都称为写本，但古代不同。我们基本上以唐代为界，之前称之为写本时代，之后称之为刻本时代，两代之间互有穿插，这个暂不管它。但刻本时代抄录的抄本必有其特殊性，当大家形成一个通例的时候，却产生的特例，如何解释这个现象呢？我们看这个图，这是上一张图片的局部放大，我们看右栏，可以看到它的断板。断板意味着什么？因为古代雕刻的书版，无论是枣木、梨木，刷到一定程度必然会有涨缩，所以就会产生断板，往往产生断板时候就证明这部书是后刷，也就是说，有这样的行格出现，那么这部书绝不是只刷了这一部，只有多刷才能呈现这种情况。

图1-1是彩绘的《列国志传》，这部书是一部孤本。因为特殊的原因，我们古代的彩绘本留下来不多。留下来的彩绘本基本上是两个体系，一种就是套彩，一种称之为覆彩。关于彩绘本，我们国家图书馆藏有《千家诗》，《千家诗》应该是三卷本，国图只藏了一卷，另一卷在台湾图书馆，两个加起来还差一卷，但两边都影印了各自的残本，通过这个，我们可以知道这种本子的稀见。

紂王詔伐蘇護

府堂序賓而坐護曰大夫屏臨敝邑有何教諭宜生曰賢侯果失朝貢天子詔西伯加兵征代西伯體好生之德按甲未動先命宜生督公入朝公能從之入商待罪庶可保全首領否則二鎮之兵合至則公之妻孥亦成虀粉矣蘇護曰主上失道聞吾屏女頗有姿色前歲入朝挾吾進女于后宮此吾所以惡其失道故絕朝貢今詔西伯征吾吾寧死于西伯臺下豈可更入無道之朝宜生曰主上既慕令愛姿色明公即送入宮女受掖庭之寵公為椒房之貴豈不美哉何必抗拒王制而取大禍護曰夫婦乃人倫之首商王不選令德而強奪官民之女棄禮失道必有亡身喪國之咎吾豈貪富貴而陷愛女哉宜生曰明公之見差矣普天之下皆是王臣公當曲從王命親送令愛入朝反凶成吉不可偏執蘇護從思良久曰吾本誓不朝商令承西伯明教敢不奉從煩托大夫復命來日吾即親送小女入商待罪散宜生大喜相辭而別

图1-1　明余邵鱼撰《列国志传》，彩绘本。芷兰斋藏

我们现在看到的这是什么？这是一种彩绘插图，它不等于是另外一个书的描润，它是全新的书的创作，而且是明内府彩绘本，很是稀见。我们看右图，可以看到很多细节，从中可以看到那个时代彩绘插图的方式。而这部书中有些文字的内容在其他本子中间不存在，这种传抄，就使得它的价值不仅仅在于美丽的外观，更重要的是版本与内容的传播。关于这部《列国志传》还可以跟大家多说两句，大家都知道，我们有《东周列国志》这本书，但是我们从来没听说过《西周列国志》，也就是说西周这段历史比较模糊，而这本书中间恰好有一部分谈到了西周，那么它就具有了文献价值。而这个时候在这里来讲一讲这本书，也是很合适的，因为在1941年的时候，这部书就出现在上海，郑振铎专门写过一篇文章，说这个书在上海甫一露面就不知所踪，还加了一句话说“被大力者夺去”，他是有意隐去了得书者的名字。总之，这是一部有着很多故事的书，我在这儿给大家设一个扣，就不往下讲了，暂时只讲这个书是如何珍贵吧。

为什么我们装帧中要讲这部书呢？大家可以看看，它是右边一图，左边一文的结合，但是它的图和文的边框是一样的，也就是说，他在设计这套书时，是有意留出空白页而后再在上面做彩绘，这就说明了制作者在书籍形成之前，就已经参与了设计（图1–2）。

再下面是关于留空裱贴拓本。拓本我们今天不稀罕，因为不管是碑还是帖，拓本大量留下来，尤其上海藏碑帖是有名的，就我个人所知，仅上海朵云轩就藏有十万本碑帖，数量之大令人浩叹。但我们现在看到的拓本基本上用原碑、原帖拓下来，它的弊端是什么？我们看汉碑、唐碑，都称之为高广大碑。为什么叫硕碑，就是说它很大，普通的碑都有五六米高，比如唐碑也是三米以上，它的好处是壮观，坏处是难以保存。为了保存它们的拓本，后世采用了剪条本，今天见到的碑帖95%以上都是剪条本。剪条本的好处是剪成一条条便于翻阅，但坏处是它破坏了行格。

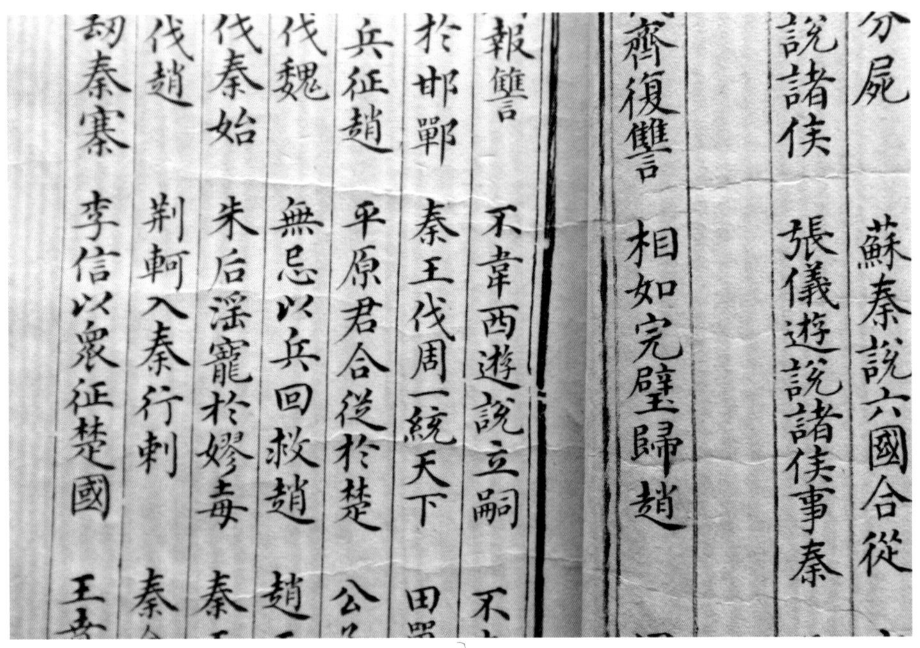
分屍 蘇秦說六國合從
說諸侯 張儀遊說諸侯事秦
齊復讐 相如完璧歸趙
報讐 不韋西遊說立嗣
於邯鄲 秦王伐周一統天下
兵征趙 平原君合從於楚
伐魏 無忌以兵回救趙
伐秦始 朱后淫寵於嫪毒
伐趙 荆軻入秦行刺
劫秦寨 李信以衆征楚國

图1-2 《列国志传》

西方人认为，中国人是世界上对文字最为迷恋的一个民族，我们对文字之美的重视有时候甚至高于绘画，当然它的利和弊不是我们今天谈的话题。我们说回拓本，当年剪碑的目的是学习书法，但中国书法之美必须要讲究行气，剪条本会破坏整个行气，所以它有这个弊端在。但是整个裱本，它很难，几米大。第一个不容易保存，卷轴装太大，只能靠折叠，而折叠会受损伤，依然无法保存，怎么办？这就是古人的才智，藏书家参与，他们想出什么办法呢？缩碑。把一个高广大碑缩写到16开这么大的一张纸上，或者比A4纸略小这样一个纸上，这种“缩碑”之法好处是使得读碑者在不用看到大碑的时候，就能知道碑的原貌，这是缩碑真正的价值所在，但流传后世的缩碑大多是裱本。

我们看这个《金石图》（图2），就是讲历代金石刻本的内容，作者认为，如果只用文字描绘，依然无法让读者知道碑的原貌。我前面讲过了古人没有办法照相，无法缩小，怎么办？就用这种方式原模原样刊

图2　清牛远震集说，清褚峻摹图《金石图》，清乾隆八年刻本。芷兰斋藏

刻，缩小比例，有意留空裱在书中，这就是缩碑之法。这样的本子流传下来的很少见。

我们再看《金石图》，这边是文字，另一边我刻意用书签支起来，让大家看，它是浮贴的裱法，当然它也可以悬起来看，不容易脱落。这恰恰证明了藏书家在文献传承过程的用心所在，既能看到图像，又有文字论证，这才符合中国人所强调的“图书”。“图书”，其实就是左图右文，就是图文结合。只是这种本子做起来太难，每本书要一页页的裱贴，所以它一定流传少。那流传少怎么办呢？我们再看下一个图。

我们先看另一本《金石图》（图3），它就是我们刚才看到的上一部《金石图》的传承。因为它难以一一裱贴出来，流传稀见，使得藏书家通过影抄方式传抄。左边大图中间右侧这个，这就是缩碑之法。左边是所谓的影抄之法。大家看到影抄的结果是什么？把白文变成黑文。这恰恰证明了缩碑之法的重要性。而最右边是晚清的金石大家张廷济抄的，连张廷济都很难得到这部书，只好用影抄的方式来抄写这部用缩碑之法制作出来的书，但抄录的时候因为很难在黑底上书写白字，所以他就直接抄成墨文，而改变了原来的局面。

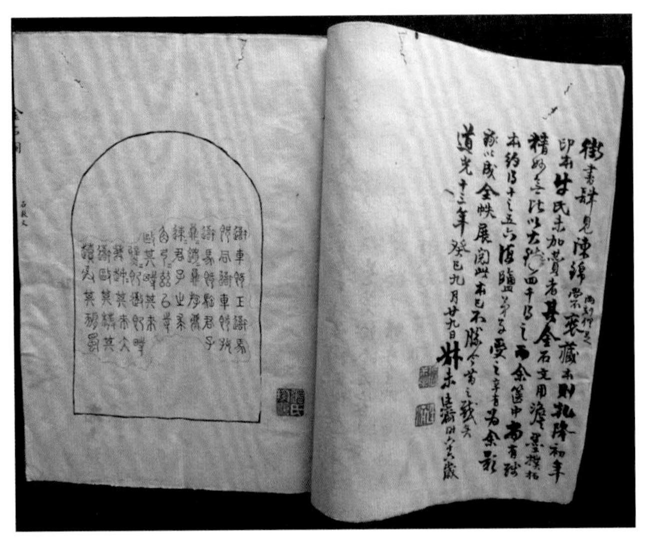

图3 清牛远震集说，清褚峻摹图《金石图》，清张廷济抄跋本。芷兰斋藏

右边两个小图，仍然是这两个书的对比。上面那个图是张廷济题跋，他讲到这个书的缩碑之本难得，夸赞这种传承方法对碑帖学研究的重要性，这同样反证了藏书家面对一个刻本传承的时候，会想出一系列办法，这就是藏书家在文献保存传承过程中所产生出的新的形态，或者说是一种新的表现形式。

现在我们要谈到接纸。这个图纸不好放大，如果能够放大，我们可以看到上面有两条线，这两条线就是接纸。究竟为什么要接纸呢？历史上有不同的说法，一种认为中国人敬惜字纸，爱惜物力，就是要节约。虽然这部《列国志传》是皇家抄本，但它依然用了两个接纸来表现一个完整的大图，这么大的彩抄本，我只见过这么一部。古人的抄书纸比今天要小，想要制作开本很大的书，就要采用接纸法。而据我个人的观察，这部书凡是接纸之处，都是在书写文字的这一面来接，而绘图的另一面则用整纸，这就涉及绘画难度的问题，因为如果绘在接纸的这一面，会不会在接纸的地方产生图案上的不完整，当然这只是我的猜测。

同样，从上面这个图也可以看到接痕，为什么这种纸接，其他的纸接的少呢？我们发现了通例，从宋元以来，接纸到清初就很少见了。什么原因呢？因为在做纸的技术也在不断地发展，后来抄出的纸幅逐渐扩大，抄纸不用再裁开。我们知道，故宫有一套很有名的巾箱本，书名叫《古香斋袖珍十种》。这个书的来源很奇特，是当年乾隆皇帝可能溜弯溜到武英殿，看到很多刻书时裁掉之后的多余木板，觉得很可惜，虽然那时候也有拼板书，但拼板不利于再次刷印，为什么？因为拼板的木板无法保证来自于同一棵树，也就是每块木板的涨缩系数是不同的。我们知道中国的古书刷印基本上用水墨，这跟西方不同，西方是油墨。而木头沾水后首先是潮，然后是断裂，所以拼板一直不流行。乾隆皇帝看到这些裁下来的木板之后，他说拼板既然不能用，为什么不用小板，于是产生了《古香斋袖珍十种》这种小本头，相当于64开这么大的书，这也是古人敬惜物力的表现。

再插一个我的所谓小发现，大家都知道《四库全书》，其中的文渊阁《四库全书》从抗战期间到运至台湾，这个过程中曾经辗转多地，但文渊阁里面的原书架一直保存着。所有的文献记载都会谈到文渊阁书架，说全部是高广大楠木做成，从外表看，也的确是楠木，因为我去的次数多了点，所以就注意到，它有一个很小的破口可以轻轻挑开，原来是贴的楠木皮子，因为成本低，漂亮，这也是当年物力紧缺的一种表现。但乾隆是十全老人，文治武功，号称天下第一，他也这样做大大出乎我的意料，外面是贴皮子，里面就是普通的柴木。这个事情大大出乎我的意料。但我为什么插叙这个故事呢，因为这件事让我理解了，古人在抄书时，对文化的尊崇不单表现在金钱上，所谓面子很小却很重要，贴皮子肯定是面子，里子就是柴木，古人也是这样的。再来看《列国志传》（图1–1），所以当他需要绘画时就用整纸，书写文字时就用拼纸，这也说明当年制作它的藏书家是有他的想法的。

我们看《中外大事年表》的折叠表格（图4）。我们认为折叠表格兴起得很晚，而我举个例子，也是我匆匆从自己的藏书中找出来的，其实可能还有更早的例子。古人如果把一个完整的图表跟其他的文字部分

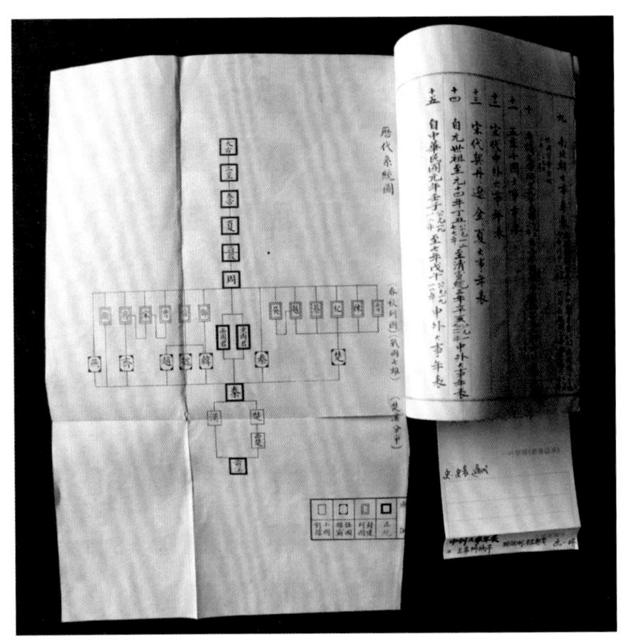

图4　《中外大事年表》，民国王家楠稿本。芷兰斋藏

做得同样大，就会使表格上的文字显得太小，令读者无法看得清楚，如果将表格做得跟文字部分一样的大，就太浪费纸张，如何解决这个矛盾呢？这不是古人想出的办法，也就是把文字部分缩小，插图部分放大，而后以折叠的方式插入书中，这就令使用者既能看到完整的大图，也能够买得起。

下面再讲一个公文册子纸。关于它的起源，我们现在已知的存本以宋代为限，我们现在见到公文册子纸本大多数是宋代的。专家的解读是认为这是古人敬惜字纸的表现，不是因为你有没有钱，即便有钱也要勤俭持家，所以当时的人们就把一些用过的、比较厚实的纸反过来继续使用，当然这种好传统到今天依然存在，比如复印的时候，在纸的背面打印一些不重要的文本。

但是，古人的这种再次使用恰恰给我们留下了很好的文献资料，甚至纸背有些资料重要过印成书的这一面，这是当代学者开始重视公文册子纸的一个重要原因。这是一个专题话题，我大概一个月后要参加另一

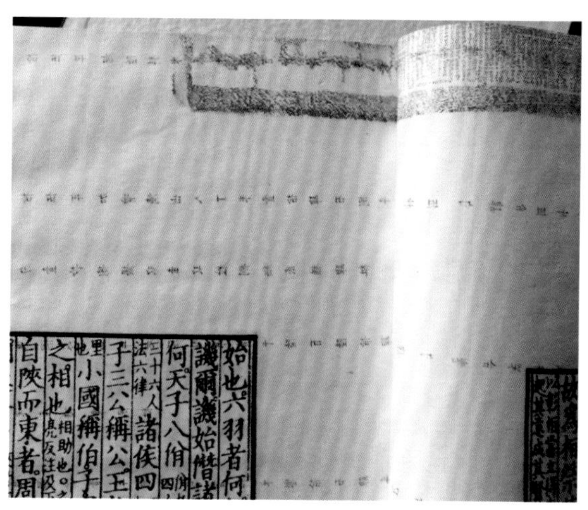

图5 《春秋穀梁传》，民国上海涵芬楼四部丛刊影印宋本。芷兰斋藏

个会，专门谈公文册子纸的价值，在这儿顺便聊几句。总之，这种印本的背面文献大多是失传的，因为它是实用品，没有相应的副本，比如从这本民国上海涵芬楼四部丛刊影印宋本《春秋穀梁传》（图5）,可以看到被裁掉的官印，官印下方可以看到纸背面一行行的字迹。总之，公文册子纸就变成我们今天的一种重要文献。我为什么要在这里讲公文册子纸呢？因为有的藏书家是有意用这个来印书。比如我藏的这个本子，它就是大藏书家傅增湘刻意制作的，当年傅增湘就是请上海商务印书馆的总经理张元济具体操作的。

大家知道张元济出版了《四部丛刊》和《百衲本二十四史》等书，他在校正二十四史的同时，也校正了我们很多观念。比如说，现在人人都喜欢高颜值，其实古人也是这样，就藏书家而言，他们也喜欢漂亮的书，这就是装帧最初的意义所在。可是古书在流传过程中，就像人会衰老一样，也会渐渐地变得不漂亮，尤其反复刷印又多次补版的本子，比如邋遢本。可是张元济经过校刊发现，邋遢本里面有很多的元版，它们更接近古书的原貌。这又涉及了我们的语言系统、表音文字，涉及以元音发音为主的语系，这一系列的叠加，使得中国校勘学极为发达，而校勘学有个关键就是，越接近于成熟稿本的书越接近于正确。邋遢本虽然不漂亮，但它有很多内容远远超过后面的所谓的精抄精刻。正因为张元济的校刊，使得这些邋遢本重新走进人们的视野，张元济也因此而写出了《校史随笔》这本书。

傅增湘为什么要用公文册子纸来印书呢？他是教育总长，鲁迅在拮据时曾经拿一些书想要卖给他，但是傅增湘眼光高，不要，鲁迅为此还写文章骂了他。傅增湘眼界高到这样的程度，仍然要用公文册子纸来印书，这说明他绝对不是为了省钱。

大概30年前曾经出过一本书，叫《张元济傅增湘论书尺牍》，有兴趣的朋友可以买来翻一翻，里头就谈到这几本用公文册子纸刷印的书。当时傅增湘写给张元济多封信，说买到了公文册子纸，这个纸很珍贵，我想让你帮着我印书，每一部书只印一部。因为纸很贵，每一页以三角大洋买来的，印一部书要好多纸，得很多钱。为了省纸怎么办呢？他又画了一个表格，告诉张元济你要这么裁，这样才能省纸。通过这件事，我们就知道他对这个书何其在意。这就是这本民国年间上海涵芬楼四部丛刊影印宋刊本《春秋穀梁传》的来源。

今天我们的出版界说到开本，有8开、12开、16开、32开等，一看都是递增、递减，为什么？就是为了合理利用而省纸，32开的意思就是以整纸折叠，一直折到可以折出32张。但是，古人用古纸刷印时，就没有办法解决这个问题，古纸多大就是多大，当年制造古纸不是让你印书的，所以不存在多少开。我们今天举的这个例子说明，到民国年间，藏书家仍然在用传统的方式制造典籍，而这个行为推翻了以往的一种定论，那就是公文册子纸就是为了省钱，完全是废物利用，其实不仅仅是这样。因为三角大洋一页纸，这么贵的成本，就是在刻意地制造稀罕物，这就是收藏界所强调的物以罕为贵。

这个图是清宣统三年双照楼影刻本《详注周美成词片玉集》（图6–1），我们可以看到上面有官印的钤章（图6–2），这就证明当年傅增湘和张元济的玩法不是一个孤例，别的藏书家也像他们那样，在复古、

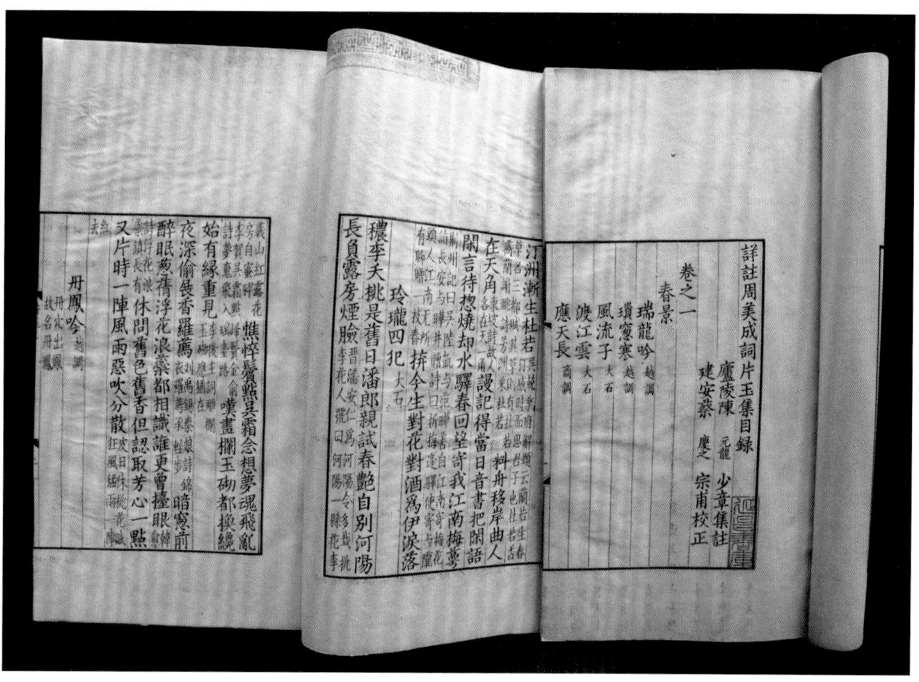

图6-1　宋周邦彦撰，宋陈元龙集注《详注周美成词片玉集》，清宣统三年双照楼影刻本。芷兰斋藏

效仿古人来制作一些珍罕之物。我们今天看到的晚清民国的公文册子纸本，甚至比我们见到的宋元本还要少。到今天，我收到的公文册子纸本最晚到民国二十四年，那么我们可以作出阶段性的定论，至少到这个时代仍然有人用这种方式来做书，是否再晚还有新的发现，我有幸得到了再向大家汇报。

这个是民国上海涵芬楼四部丛刊影印宋刊本《春秋公羊经传》的放大图（图5），大家可以看到纸张后面隐隐的公文。到今天为止，我收集到了11部以公文册子纸刷印的书。本来我一直不想讲这个话题，这样我就可以偷偷地一直在收，今天跟大家爆了料，就知道自己收到这11部书就已经走到头了，这里贡献给大家一个小秘诀，就是你们见到这种书之后千万不要放过，因为你看到的每一部都是唯一的，因为当初就做了一部。

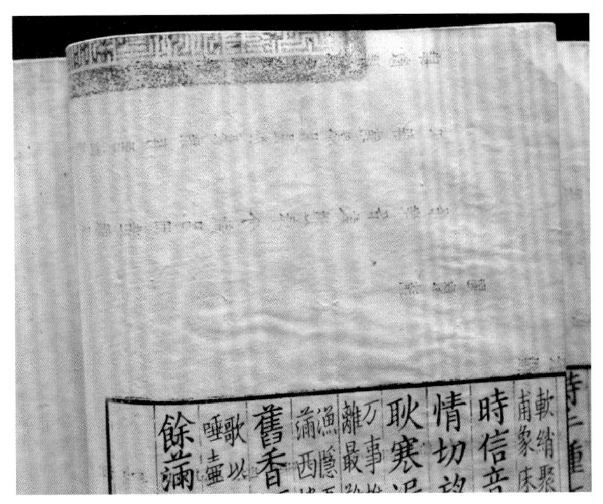

图6-2 《详注周美成词片玉集》上钤官印

下面再看纸捻钉。对于纸捻钉，前两天“书籍之为艺术”研讨会上有专家谈到这个问题，就是纸捻钉究竟是一种装帧，还是一种急就章。有人认为纸捻钉不是一个完整的装帧，只是暂时先钉一下。但是我藏过几十部不同的纸捻钉，就我的所得中，有几部纸捻钉的书是从明代以来一直就是这种装帧，后世的藏书家有意地不破坏它，在外面又加了一个函。我以此来推论，纸捻钉在某种情况下，就是古代的一种装帧形式。

我们再看右边小图，我们称之为金属别。前天开会时有的老师跟我讲这叫骑马钉，我不赞同他提的意见，因为我们一直认为骑马钉就是在一个折叠页的中间骑缝上，竖着钉两个钉子，然后合起来，这种形式在以往见到的大多数档案里都在使用，在古书上使用很少。我在这里举出的例子是郭则沄的稿本《知寒轩谈荟》（图7），郭则沄的一部分日记和手稿在我这里，所以我能看到他做这一切是有意的，不是临时这样钉一下，因为他对自己的手稿、日记很认真，一一做了仔细地装订，这个也同样。我的推论是，在民国年间，这是一种新的装帧形式，而并非是一种临时措施。

接下去的话题是关于函套的左右翻问题。我们现在所看到的这些函套，应该说99%都是从别子在左边，然后函套往右翻，基本上都是这种

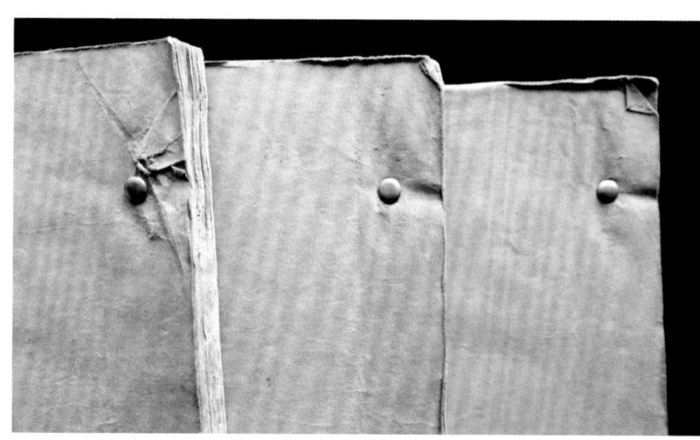
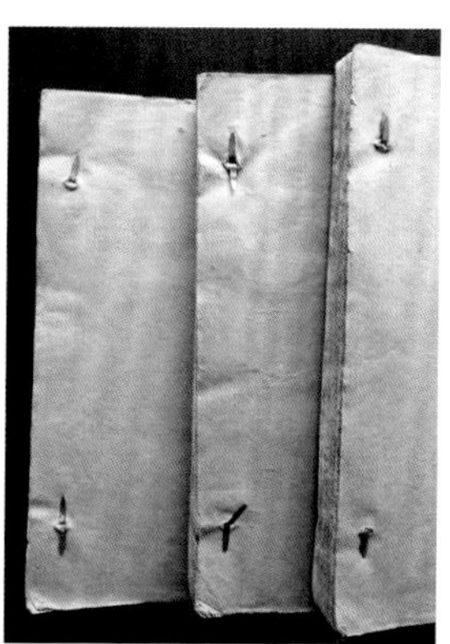

图7　郭则沄主编《知寒轩谈荟》，稿本。芷兰斋藏

形式。但是我们现在见到的这个书是清满汉合璧刻本《清文汇书》，别子在右面，函套是往左翻，为什么？这就是装帧上的特殊。这个特殊性在哪里？我们可以从封签上看，这个签上左边这一行是满文，右边这一行是汉文（图8）。满人以左为贵，满文是从左读起的，大家要知道清代所说的国文国书，指的是满语，而不是我们现在所说的汉文，我们不要本能的大汉族主义，本能的以汉人的使用定义方便与否。当年制作这种函套时，这样的装帧就体现了满人的尊崇，所以凡是满文本，或者满汉合璧本，基本上都是制作成左翻，同样的在设计时也有相应的处理。与之类似的还有诰封，诰封是对着写的，满文从这边写，汉文往那边写，对着往中间写。所以这里也可以提醒一下大家，当一个带有满文的书，它的装帧是这种左翻，那它必然是后改装，只有这种情况它才是原装，这就是藏书家或者说书籍制造者通过装帧来表现的所谓尊卑之分。

藏书家对于装帧还有什么贡献呢？这里要谈一下纸张，很多藏书家都会有自己的专用抄书纸，这里我们要例举一些有名的藏书家，当然要跟大家澄清这不是炫宝，因为这些古代大藏书家有代表性、有其意义所在。图9是澹生堂抄本《春秋诸传会通》，澹生堂有时也写作淡生堂，祁氏澹生堂在明末太有名了，因此它的抄本也变得极其珍罕，澹生堂的抄本在书口上刻有“澹生堂抄本”或者“淡生堂抄本”字样。我们今天见到的澹生堂抄本基本上都是蓝格抄，同时基本上属于录抄，说明当年祁家藏书在乎的是文献，而并不是在乎装帧。但这种事情也有特例，当年有人到祁家去参观，发现他家里最看重的是函套和悬签，说明有些观

图8　清李延基撰《清文汇书》，清代隆福寺三槐堂刻满汉合璧本。芷兰斋藏

图9　《春秋诸传会通》二十四卷存卷三至卷二十四，澹生堂抄本专用纸。芷兰斋藏

念是不可世传，一代人有一代人的观念，即使是同一个家族，到他的儿子这一代时，有些概念可能已经彻底转变了，完全由在乎内容转为在乎形式，这是一个重要的转变。

图10是清代袁昶的稿本《水明楼集》，袁昶是当年戊戌变法中的名人，他的抄本一向很稀见。他用了绿格稿纸来抄，中间没有行格。为什么呢？我的理解是，这就是一种刻意的留空，使用这种抄书纸，可以用来抄任何行格的书，不管原书是九行本，还是十行本，还是十二行本。大家知道，书纸的外面这层叫“栏”，中间的竖道是“界”，袁昶稿本的抄书纸里只有栏没有界，目的就是为了抄书过程中可以影抄任何书，而不用担心行格上的不相符。

图11是苏州大藏书家王謇抄本《归群词丛》，我们放大后看到有很多方扁格。以前对于这种方扁格有不同的解读，传统的说法认为一个书带有大量的方扁格，就像我们二三十年代写稿的稿纸一样，是印就的方格，中间留空是为了做批校。古人不是，古人的这种大多数是被视之为校样，是为了上板用，便于写齐。为什么要用方扁格？因为古人没有今天的标点符号，比如加一段小注，会注在底下。古人会用加行注，加行注的方式是什么？在绝大多数的情况下是采取小字双行，只有方扁格便于一个格内写下两个字，这就是方扁格最初的使用方式。

为什么我们在谈及纸张时，要谈到这个话题呢？因为这恰好就说明藏书家在抄书过程中已经事先有了出版意识，它不像有些清样是抄胥所为，另外写样之后是为了上板。这个不是，它作为稿本，就是使得当书胥誊抄的时候少一遍校对，它会直接按照这个行格来成书，这就是古人在写稿过程中，当他有出版意识的时候他会加入一些新的元素，同时在行格设计上，他在写稿的时候就已经考虑到了成书时怎么办。

接下来再举三个例子，还是近似于这样的几位藏书家。首先看清顾葆龢稿本《小石山房书目稿》（图12），大家看这张抄书纸的右上角出来一块，写上了“小石山房抄本”，这是宋版书有的特征，就是书耳。

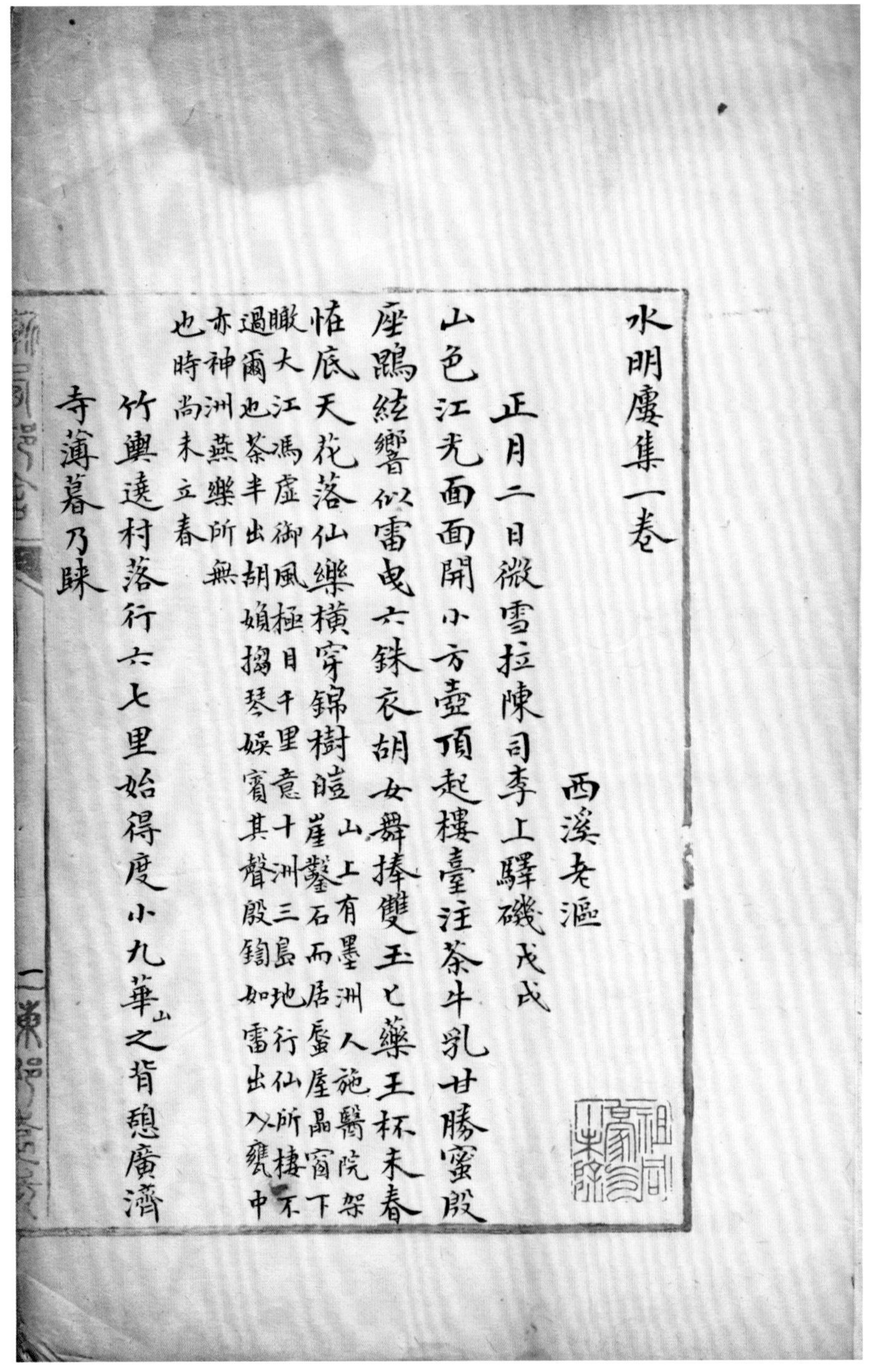

水明慶集一卷

西溪老漚

正月二日微雪拉陳司李上驛磯戊戌

山色江光面面開小方壺頂起樓臺注茶斗乳甘勝蜜殷座鷗絃響似雷屯六銖衣胡女舞捧雙玉匕藥玉杯未春恠底天花落仙樂橫穿錦樹皚山上有墨洲人施翳院架崖鑿石而居蚤屋晶窗下瞰大江馮虛御風極目千里意十洲三島地行仙所棲不過爾也茶半出胡娼搊琴娛賓其聲殷鍧如雷出入甕中亦神洲燕樂所無也時尚未立春

竹輿遶村落行六七里始得度小九華山之背憩廣濟寺薄暮乃昧

图10 清袁昶撰《水明楼集》，稿本。芷兰斋藏

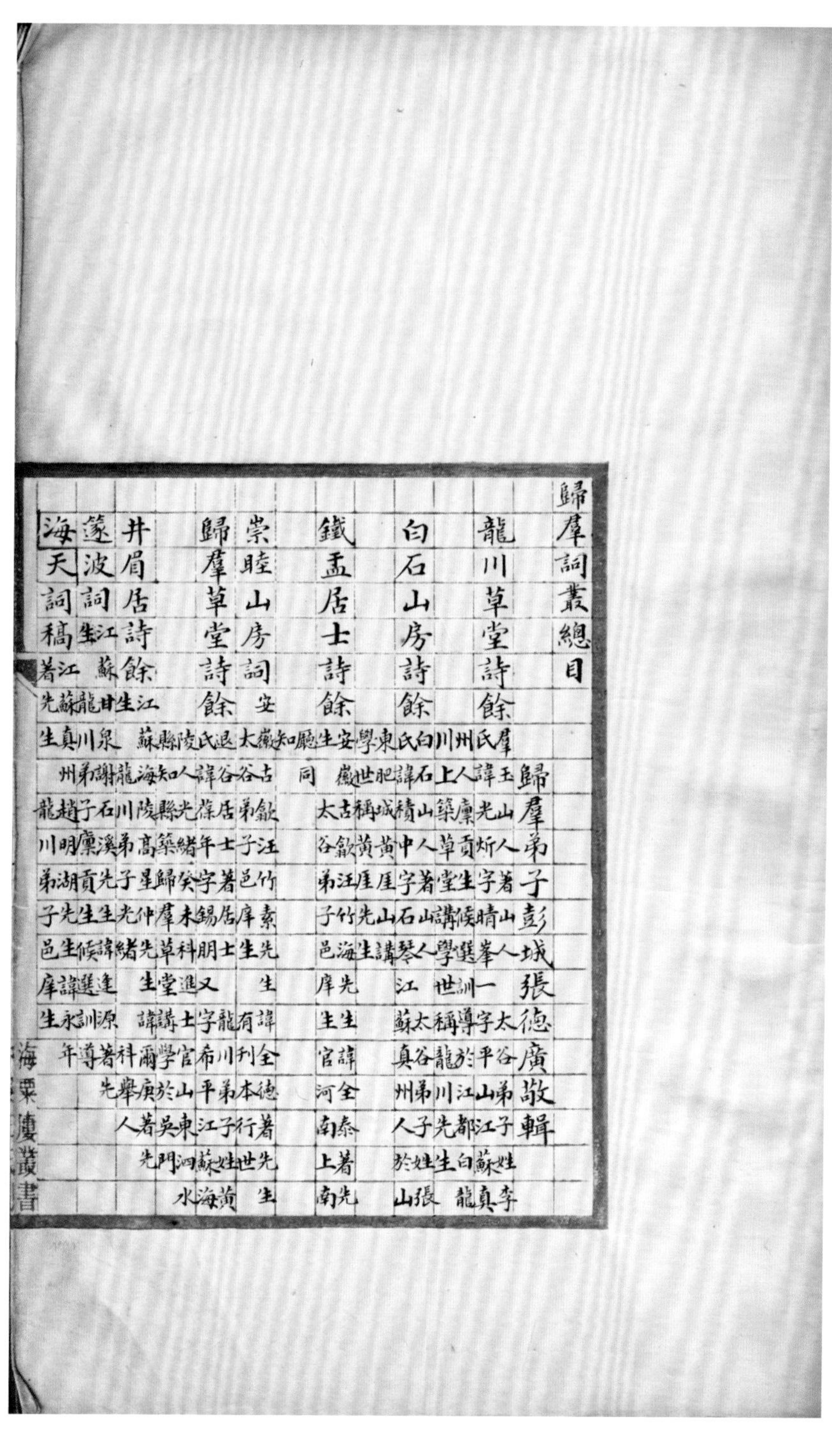

歸羣詞叢總目

龍川草堂詩餘

白石山房詩餘

鐵孟居士詩餘

崇睦山房詞

歸羣草堂詩餘

井眉居詩餘

遂波詞

海天詞稿

歸羣弟子彭城張德廣敬輯

图11　《归群词丛》，王謇抄本。芷兰斋藏

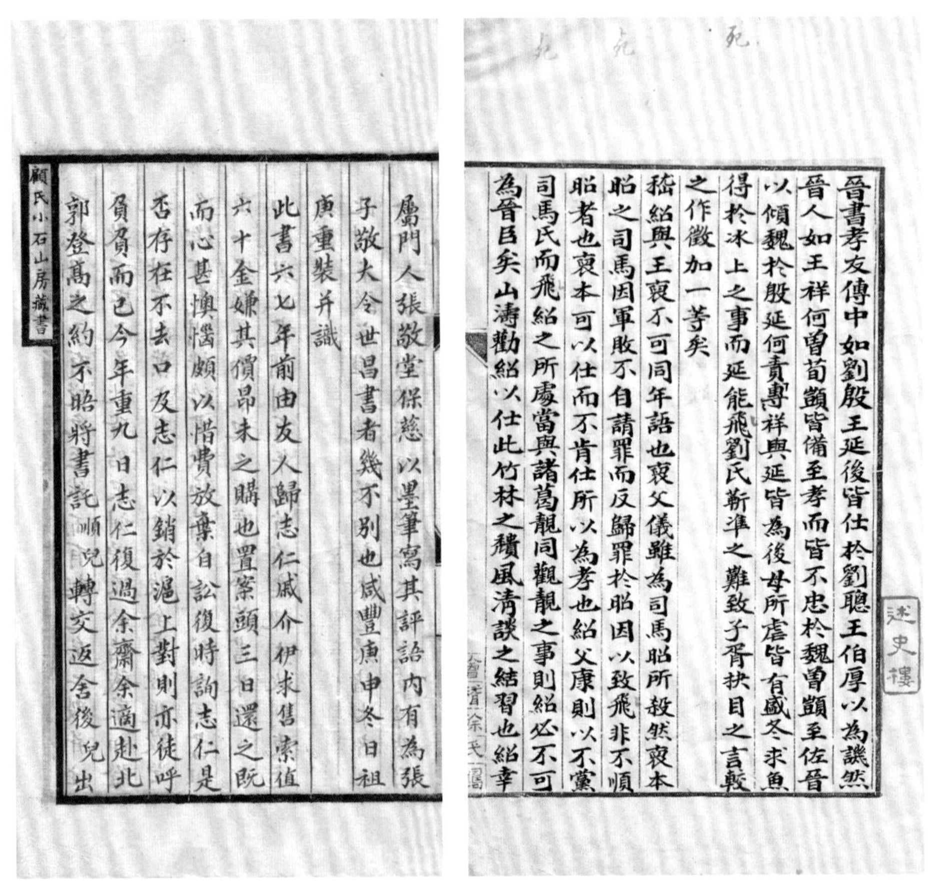

图12 《小石山房书目稿》，清顾葆龢稿本。芷兰斋藏

图13 《越缦笔记》，铸学斋抄本。芷兰斋藏

书耳是为了卷子装的时候，便于记数。前两天李际宁先生讲到关于版号的问题，但是他后面没有提到关于版号后面的延续跟书耳的关系，书耳就是当年为了编序列的解决方式。为什么举这个例子呢，古人也会有复古意识，顾葆龢已经是清中晚期的人物，他的抄书纸依然有书耳，但这里的书耳已经没有了实际意义，顾葆龢是为了仿古，这就比如今天的人穿唐装，用这种方式对某种东西进行心里寄托，这说明古人在设计纸样时有他的考量。

接下来大家看铸学斋抄本《越缦笔记》（图13），铸学斋是绍兴

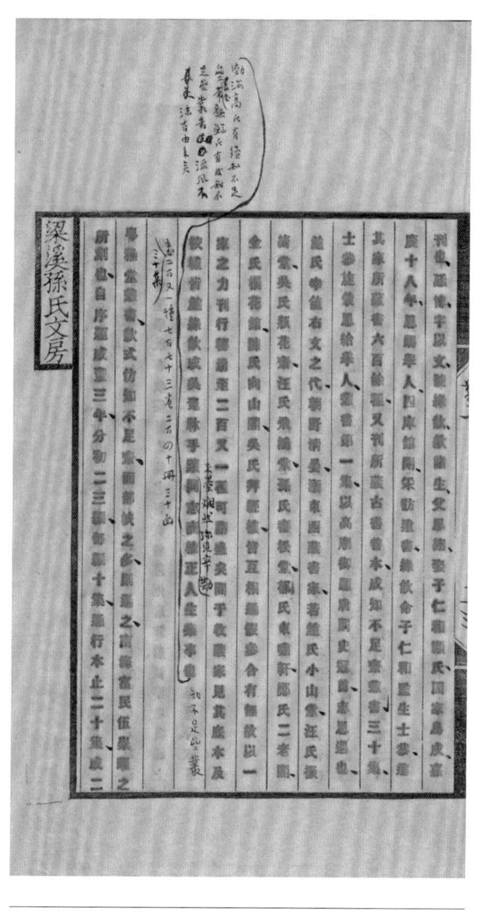

图14 《小绿天藏书笔》卷一，民国孙毓修，打字誊印与手批稿本。芷兰斋藏

徐友兰和他的儿子徐维则的堂号，他们的堂号还有述史楼，当年蔡元培曾经是徐维则的伴读，铸学斋的抄书纸版心下面就刻有“稽徐氏铸学斋藏本”这几个字。再看罗振玉唐风楼的抄本，抄书纸框外刻有“唐风楼校写”，他用这种方式来表明所属。我举这些例子都想说明，藏书家在传抄某些本子的过程中已经有了事先的设想，这些设想都融汇进了他们个人的审美情趣，因为没有一定之规，古人会按照自己的审美进行相应的搭配，所以出现了五花八门、带有各自个性的专用抄书纸，这些都成为了装帧的一部分。

我们还可以看一看，同一个人在不同时期使用的抄书纸，也会呈现出不同的形式，说明他的审美也是在变化之中的，比如民国时期的藏书家孙毓修，他在早、中、晚三个时期所用的抄书纸都有不同，尤其在传抄本《小绿天藏书笔卷一》更奇特（图14），他使用了一种什么纸呢？以前有人管这种叫油印本，严格来讲应该叫誊印本，他用誊写和打字的方式来套用他家固有的这种抄书纸。大家看这张抄书纸出了书耳，上面写着“梁溪孙氏文房”，这是他家固有的抄书纸，为了配合这种抄写纸，他运用了现代的技术，就是我们通俗讲的打字蜡纸，通过这种方式与行格相套，当然这样的打字肯定有难度，因为你得现成的格反对过来套，但即便这样子他也愿意，为什么？只能解释为美学意义上的价值，他认为这样很美。

那么我们是否可以得出一个小结论，古人虽然没有今人所谓的装帧意识，但在实际操作中，却展现出了各自的审美情趣与个性。我们这儿再举一个比较特别的个例子，大家看左边的大图，这是民国嘉业堂抄本，所抄内容是王舟瑶稿本《史记校勘记·列传》。嘉业堂当年刻了大量的书，总计有十几万板片。当年嘉业堂刻书时，刘承幹下了极大的功夫，请了很多名家来系统校勘，《史记》是正史中的第一部，他当然最为重视，最初他请了叶昌炽来负责校勘，但叶昌炽说自己老病，总之给了钱又拖了一段时间没有完成，但是叶昌炽很仗义，后来说你给我的这些银子我全退，我给你弄不了，还是换人吧。校刊工作最后转到王舟瑶这里，经过王舟瑶校刊，这部书最终成为了嘉业堂所刻书中的白眉，所谓的嘉业堂刻书四大珍品，其中第一个就是《史记》。现在大家看到的，就是《史记》当年的校稿，王舟瑶因为是在嘉业堂里校勘，所以他用的抄书纸版框外面刻了“吴兴刘氏嘉业堂钞本”这几个字。

刘承幹那么有钱，他的藏书楼嘉业堂是今天我们已知留存下来的最大的藏书楼。但是我们看它的藏书纸，王舟瑶用了两个颜色，左边是黑，右边是蓝（图15），并且装订过程中并不是每册使用同一种颜色的抄书纸，从右边小图的书口处可以看到，他是蓝纸和黑纸穿插在一起的。大家喜欢谈装帧，我个人的体会是，它的最难点是我们很容易发现问题，因为我们很容易看出来很多装帧的不同，就像我们看展览，但是大家想过没有如何解读这样的装帧？这些藏书家们为什么要给这个书配上这样的函套、这样的色泽以及这样形式等等，这个很难。按照今天的话来讲我不是他肚子里的蛔虫，我也不知道他咋想的，就像我们只看到这种现象，就是他用两种抄书纸完成同一部稿本，这是很奇怪的事情。

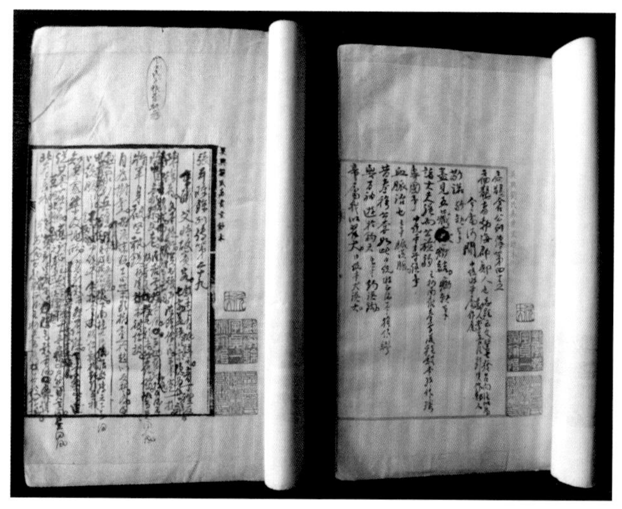

图15　王舟瑶撰《史记校勘记·列传》，民国嘉业堂抄本。芷兰斋藏

二　藏书家对书籍的成品加工

我们接着讲成品加工。刚才我们谈的是藏书家在书籍制作之前的参与，当一部书籍已经制作完成之后，藏书家们依然可以在成品之上对它们进行自己的审美加工，在这里我们分为内、外两个部分来讲。首先讲他们对书籍外观的加工，大概可以从八个角度来看待，接下来一一来聊。

（一）外有可观

1. 封面用材

大家发觉没有，我们古书流传至今者九成以上都是蓝封面、蓝布套，为什么中国古代的藏书家大多数都会使用这种蓝布套呢？我解读不了，也没有查到原始文献说为什么会是这样，我只看到叶德辉对这个有段解释，他认为这个最美，他认为蓝布套以外的套子都是土豪，只有这种蓝色才是中国最美的颜色。这样就很难解释了，对不对，环肥燕瘦，哪个最好看？审美主体认为它最好看就可以了。我们看看西方的装帧，很气馁地说比我们丰富得太多，这里我指的是古书，可是我们古书就这么做，那没辙，如果按照这个推论，今天上图搞的展览基本上都是土豪的产品，事实也的确如此，因为装订费用是很大一笔钱。

但是也正因为九成以上的古书都是蓝封面，大家就要注意了，当你发现一部古书不是蓝封面或者蓝布套的时候，你就要多看几眼，它很可能有个特殊点，或者有个妙处是你不知道的，这部书必然有它的特殊所在。当然其中也有特例，比如某一个企业家他就愿意这么装，我们这里暂且撇开这种，只谈通例。

这里举了一个例子，这部明刻本《芳茹园乐府》，只留下来这么一部，封面是用洒金笺（图16）。这种装帧鉴定基本到明中期，从明中期到现在，上面的金片依然闪闪发亮，什么原因？当年的洒金笺大多是金片砸得很薄，因为金的延伸性很强，它是用真金来做的，但是真金成本高，到了晚清民国之后，大多数的洒金笺是往里掺铜，或者直接用铜片来做，但是铜会氧化，所以凡是洒金笺发黑，所用的金子纯度就有问题，如果发绿，就是掺铜量太大。所以当你看到老的洒金笺，上面的黄金依然闪光的时候，基本上就是真金，他肯用真金来做封面，那么他的这部书肯定有绝妙之处，当然被骗是另外一回事，我们还是不论这个特例。

我们看这个，这部道光十八年刊本的《说文解字双声叠韵谱》（图17），有邓之诚题写的封面。郑之诚是名师，也是大藏书家，他的《骨

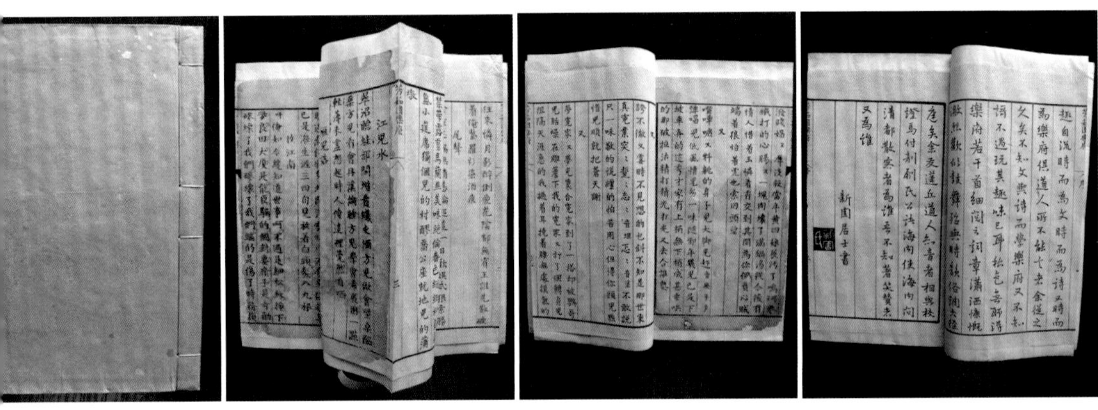

图16 《芳茹园乐府》，明刻本。芷兰斋藏

董琐记》几乎是搞文玩人的人手必备的资料，他还写过《中华两千年史》，虽然有人批判他，说两千年太短，得把它抻到五千年，那个不管他。咱们只说他为什么要用团花黄绫来装这部书，因为这部书对他而言自有其特殊的地方，为什么？我底下注明，这只是一个道光十八年的刊本，用了这么好的黄绫来制作封面，说明这个书特殊。为什么特殊？这里面当然有故事，有兴趣的朋友自己慢慢了解吧。

我们看这部清乾隆五十五年刻本《蠕范》（图18），封面装的是凤纹锦，右边是清麟庆家刻本《鸿雪因缘图记》，它的封面不但用了织锦，同时还镶了红木边（图19）。从版本上讲，这些乍看上去都不是宋元之类的珍罕之本，但大家一定要意识到，当一个普通的书有着特殊装帧的时候，尤其是大藏书家藏过的书，那么你要多看几眼，这里面一定有内情。

大家看这种五色织锦的封面，这就是天禄琳琅旧藏。天禄琳琅大家就很熟悉了，那是乾隆皇帝的藏书室，他的书算不算公藏，关于这点我

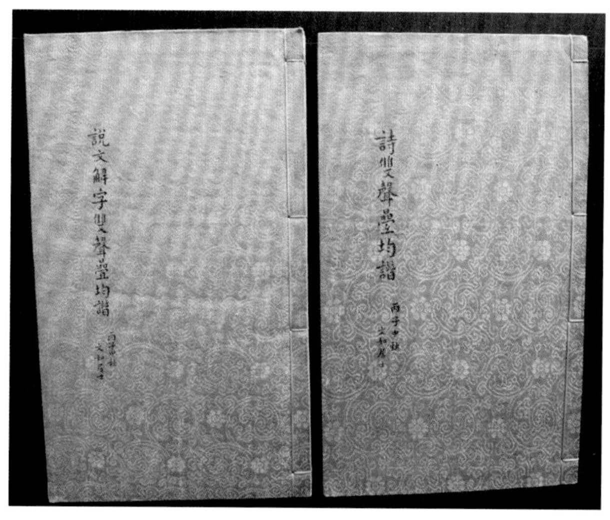

图17　《说文解字双声叠韵谱》，清道光十八年刻本。芷兰斋藏

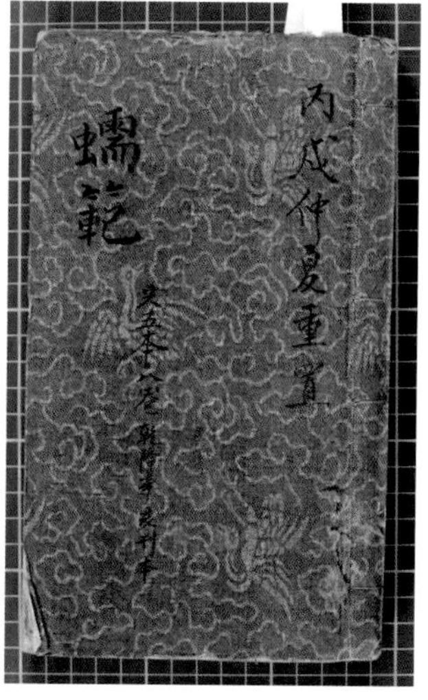

图18　清李元撰《蠕范》，清乾隆五十五年刻本。芷兰斋藏

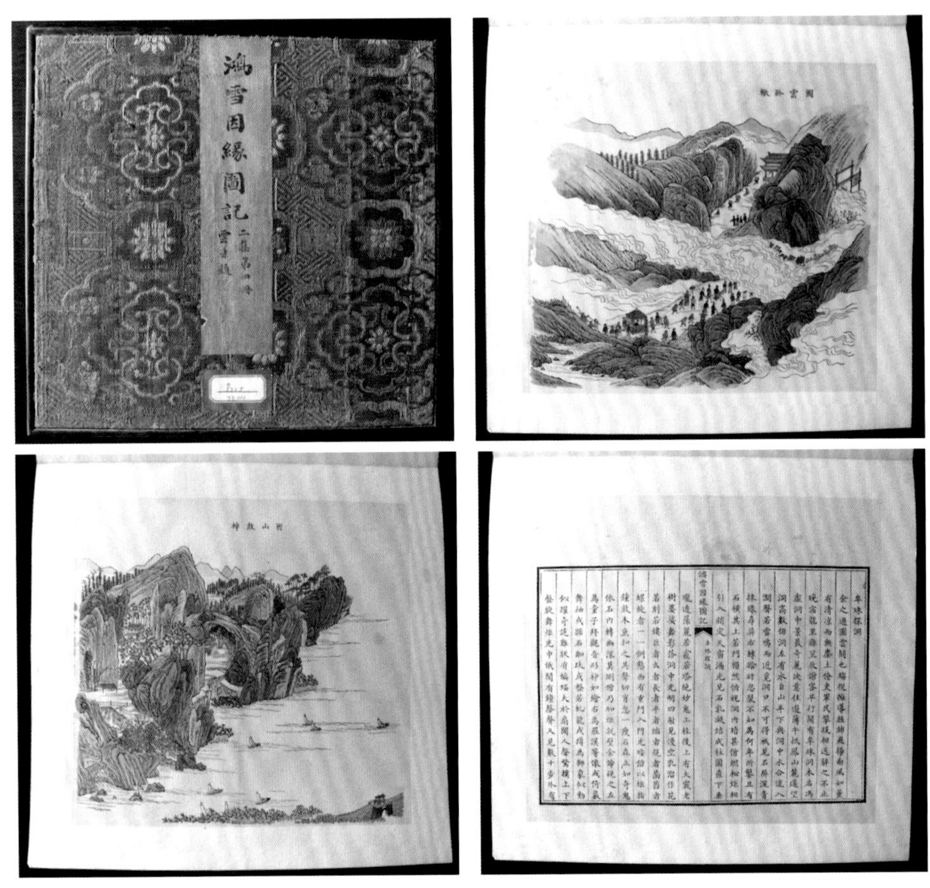

图19 清麟庆著文，清汪春泉等绘图《鸿雪因缘图记》，麟庆家刻本。芷兰斋藏

跟很多教授探讨过，因为皇帝是“普天之下，莫非王土”，如果站在这个角度就是家天下，天下都是他的，那就谈不上公与私，但是如果我们把条件放宽一点，仍然可以把弘历视为大藏书家。他建立了天禄琳琅，专门选一些他认为的好本子，藏在昭仁殿，这个殿现在还在，但里面已经书去楼空。他的书的封面都是用五色织锦。关于使用织锦的时间，业界有不同的看法，刘蔷老师对这个研究得最深，她认为这个东西最晚到光绪。这里我们不谈它的时间性，只是从装帧角度来谈，依然能够看到它的特殊性，它是用金丝线来缝制的，因为这样可以体现出皇家气派，我们再看上面的黄绫签，而黄色是帝王专用。

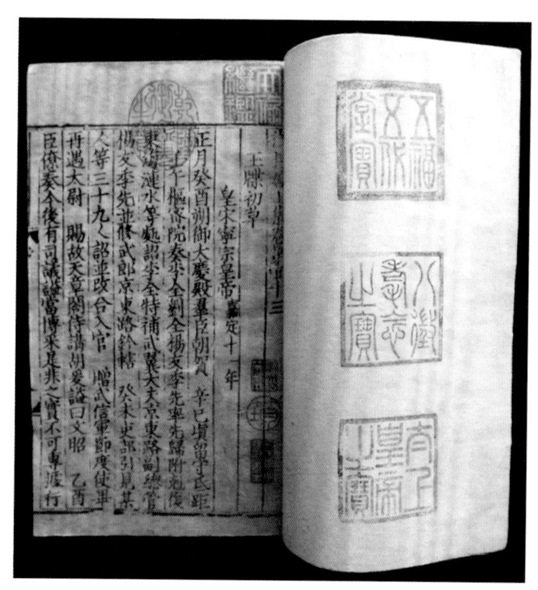

图20 《后村居士集》，宋版。芷兰斋藏

这两部天禄琳琅旧藏一部是宋版《后村居士集》（图20），另一部是《纂图互注尚书》（图21），这部是孤本，是中国宋本中的所谓的五经中重要的品种，我们今天已知最早的就是这个本子。大家看右边翻开的那一页，这一页显现了皇帝印玺的钤盖方式，为什么这么钤盖，我们业界也没达成定论。到今天为止我们还在争论。大家看扉页上钤盖了乾隆五玺中的三玺（图20，右图），他把所有的天禄琳琅所藏都这么盖，为什么这么盖？我们没有答案，因为没有文献记载，但是却成为了他的标志。也就是说，当皇帝作为一个私人藏书家时，他把自己的很多观念融入了自己所藏的书中，这就是他的审美情趣所在。如果他认为不好看，那谁敢这么干，对不对？既然是这样的一种呈现，那这就是他的审美，你可以说它是土里土气，就是叶德辉说的土豪，也可以说它是煌煌巨制，当然要看你怎么看了。

古书的封面上还有一个重要元素，那就是题写书名的签条，签条也是藏书家很喜欢花心思的地方。首先说明，古书带有原签条的很少，大部

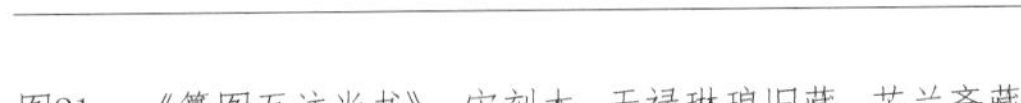

图21　《纂图互注尚书》，宋刻本，天禄琳琅旧藏。芷兰斋藏

图22　《重刻针灸针灸择日录》
清刻本。芷兰斋藏

分签条都是得到这部书的藏书家自己写上去，它在写法上可以有很多花样，比如字体的不同，内容的繁简，签条上是否钤章等，在签条材质的选择上，也同样能玩出很多花样。大家看第一例清刻本《重刻针灸择日录》（图22），签条用纸是虎皮宣，第二例清姚元之稿本《竹叶亭编年剩录》用金色的蟹网纹（图23–1），第三例清宣统董康影宋刊本《景宋残本五代平话》用了淡色的虎皮纸（图24），也就是说在签条的材质和图案有多种可能，藏书家会结合自己的审美与喜好程度选择不同的材质。

我们再看这几个签，图25是同一部书，是明万历三十四年唐锦池文林阁刻本《绣像古列女传》，一个是封面，一个是函套，这是黄丕烈的旧藏。黄丕烈的藏书名气就不用介绍了，他是天下最有名的藏书家，然而吊诡的是，他的藏书名气如此之大，但是很长一段时间里，学界对他的评价并不高，认为他的书跋缺乏学术价值，因为他把自己的日常生活、感受和得书的价钱等等一一写入了书跋中。当时学界的很多人认为，写书跋主要是为了校勘，你写这些纯粹为了凑字数，所以对他有很多的诟病。但是到了晚清，他逐渐开始受到追捧，追捧的原因大家慢慢

图23-1　姚元之撰《竹叶亭编年剩录》不分卷，清稿本。芷兰斋藏

图23-2　《竹叶亭编年剩录》

图23-3　《竹叶亭编年剩录》

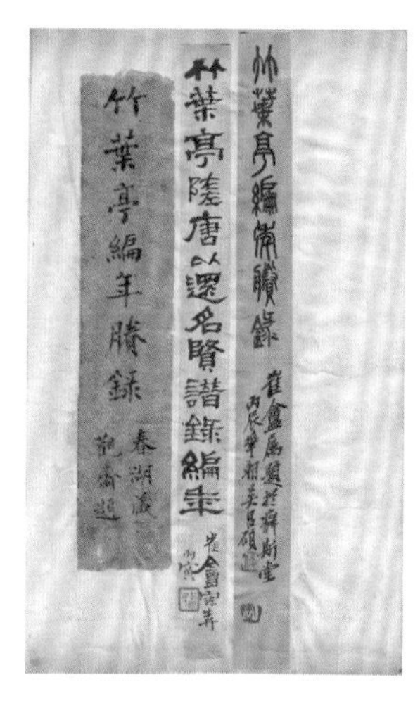

图23-4　《竹叶亭编年剩录》

图24　《景宋残本五代平话》，清宣统董康影宋刻本。芷兰斋藏

探讨，总之他用自己的方式成为了书界中最有名的人物，凡是带有他跋语的书，被称为“黄跋”。得到黄跋的人都极为珍视，到晚清时代，拥有多少部黄跋成为了藏书家水准的标志之一。这种现象又使得一些

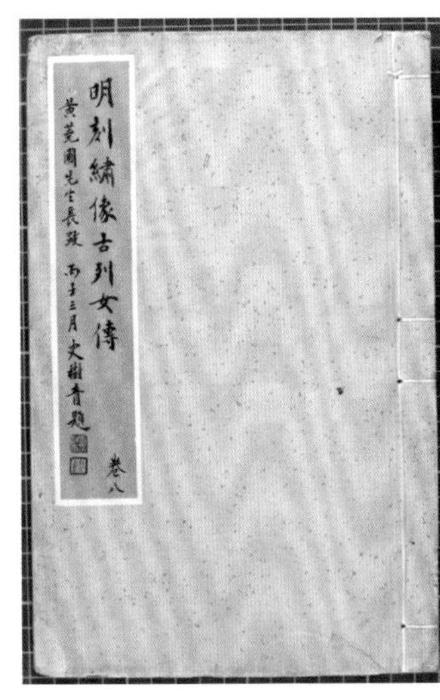

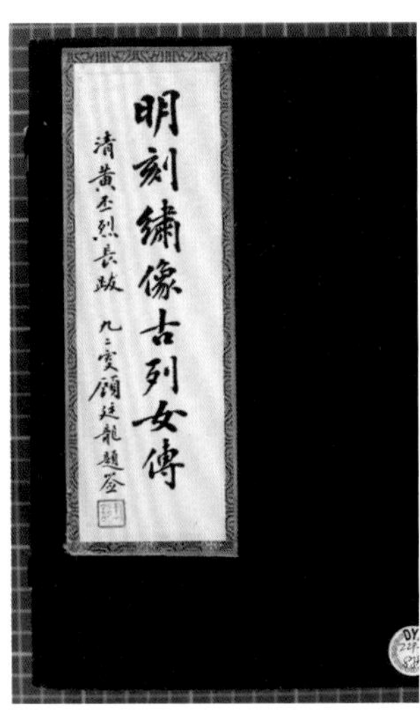

图25 刘向《绣像古列女传》七卷续一卷，签条，明万历三十四年唐锦池文林阁刻本。芷兰斋藏

人专门去收集这些跋文，比如潘祖荫、缪荃孙、王大隆等，系统整理后刊行于世，成为我们今天看到的《荛圃藏书题识》。到了当代，国家也在推波助澜，那就是现在的文物定级标准规定——黄跋本一律算作一级文物。

我得到的这部黄跋本是不见著录的一部，因为是孤本，它的重要性就更加不言而喻，所以我的前任藏主能够请到当年上海图书馆的馆长顾廷龙先生来郑重题签。这边还有一个签条是由史树青先生题签，他也是当年最有名的专家之一。这部书当年的藏家请到了六位当时的名家，请他们每人写一个签贴上去。大家再看这个签条的裱贴方式，他在签条下面加了托裱，左图的签条是两层托裱，右边是三层托裱，足见他对这部书喜爱到了什么程度，而题签的人本身就是书法名家，单就这些题签就可当作名家书法来看待。

同样我们再看右边这张图，这是清代姚元之的稿本《竹叶亭编年剩录》（图23–2，图23–3），这部书有祁隽藻、段晴川、袁克文题跋，又有吴昌硕等题签，这些全部都是当时的名人，这部书的旧藏家把这些前代名人的题签一一揭裱下来，专门裱在同一页纸上，因此这也成为了古书的装帧的一部分（图23–4）。

图26 《国朝六家诗钞》，清光绪十三年汗青簃刻本。芷兰斋藏

有时书的主人实在太喜爱一部书，除了给它增加题跋、签条之外，还是觉得不过瘾，那怎么办呢？有的藏书家就会在书的扉页、封面上请名人绘画，为之增彩，比如这部清光绪十三年汗青簃刻本的《国朝六家诗钞》（图26），书的旧藏主人为它画上了红色的竹子。宋嘉定六年淮东仓司刻本《注东坡先生诗》（图27，上二图），这部书的名气大得了不得，每一册封面上都有名家绘画（图27，下图右）。我举的这两个例子还是还那句，这部书越是搞得花里胡哨，其中越有名堂在。

图27下图右比较特殊。大家看封面上有几个小红字，这个红字其实是钤盖上去的，不是写的。这些红字是什么内容呢？第一个是注明了叫四库著录本。当年乾隆皇帝在修四库的时候，招了很多人参与这件事，最鼎盛的时期达到三千人参与。那时宫里规定，不允许将宫里的底本抄出宫去，但是爱书的人很多，还有人私底下抄了书后带出去，当然也会受到处罚。不过，有的人实在是有爱书癖，于是他们通过各种办法私抄，抄出来以后对这些书很是重视，因为一来是秘本，二来得之不易，为了表示慎重，于是专门刻了一方印记，凡是从宫内抄出来的书一律钤盖这种印记。

2. 书根

接下来谈一下书根。书根这问题最为复杂，在研讨会中我没看到有谁展开来探讨这个，所以在这里聊一聊。先看民国董康刻本《盛明杂

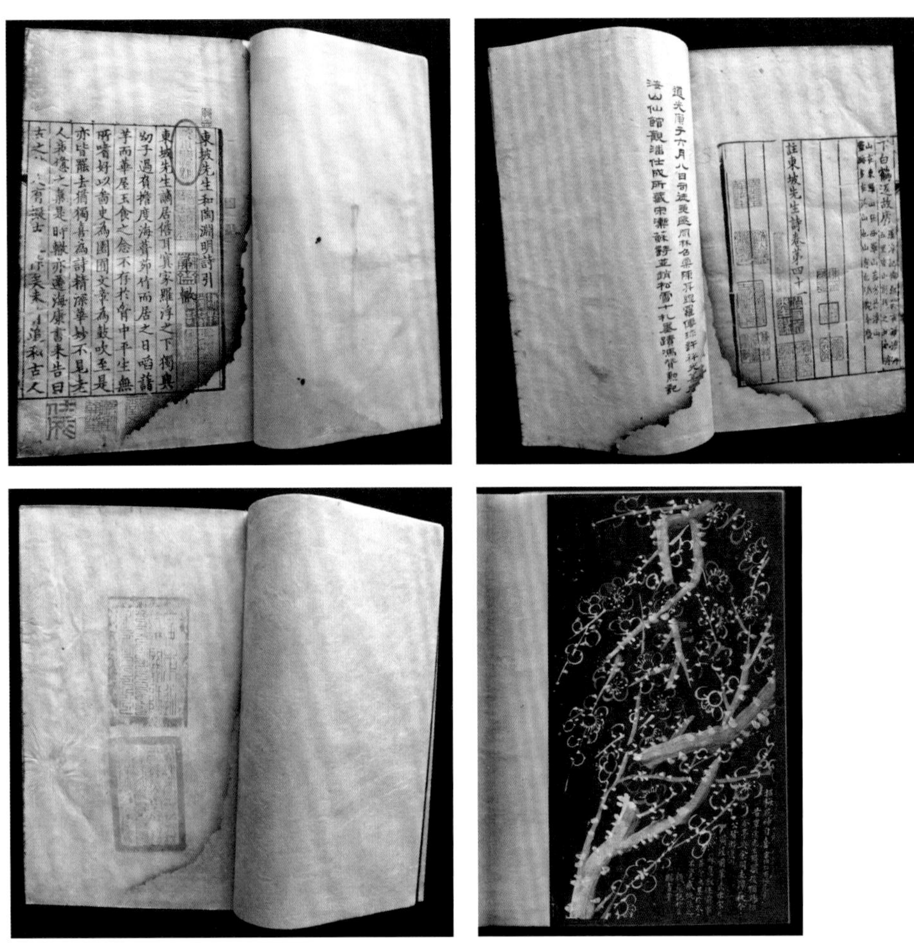

图27 《注东坡先生诗》，宋嘉定六年淮东仓司刻本。芷兰斋藏

剧》（图28），这是所谓的标准书根。什么叫标准书根？首先是要在包角上标明册数以及起止，这是古人的惯常做法。大家看这一行，在这一行中间来标册数，这也就是正规做法。正规做法有两个标志，第一个标志就是它的第一字最上方写了一个“一凡八”，也就是说，凡是带着“凡”字的就是第一册，这部书总共八部，防备把这部书拉散了。即便这样古人还是认为不够，最下方这里写了一个“八止”，告诉你这部书到这儿完了。这是标准书根写法，谁发明的？不知道，反正古书用这种方法来标记全书的册数，成为了一个惯例。

图28 《盛明杂剧》，民国间董康刻本。芷兰斋藏

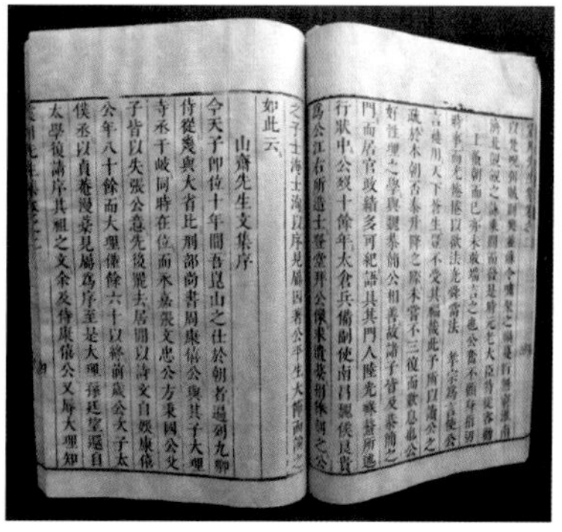

图29 清康熙刻本《震川先生集》

我们再谈不是惯例的。图29（左图）左上角这个只标名的册数，书根之间没有标书名，这个比较特殊。图30（左图）完全不标册数，但标明书的内容。图31重新做了金镶玉后，书根上什么也没有标明。图32标明了卷数、内容分类，却不标册数，这都算是一种别格。

书根的功能有很多，其中之一是标明册数，这个乍看上去很单调，无非是数字的罗列，但细细观察，也可以发现很多花样，显现了古人的情趣。这部明刻《增注类证活人书》（图33），应该标明册数的地方是空白的，但书名之后写了“天地人”三个字，这是以《三字经》作为序号来排序，既然标明了“天地人”，那么这套书必然就是这三册。那么

图30　清佚名辑《采兰尺牍》八卷，管庭芬抄本。芷兰斋藏

图31　《经略录》，明正德三年刻本。芷兰斋藏

图32　《史略》，清同治五年皖南朱氏刻本。芷兰斋藏

图33　《增注类证活人书》，明刻本。芷兰斋藏

这里要问一下大家，如果这套书只有两册，可以怎么标呢？这部清光绪四年吴兴丁氏刻月河精舍丛抄本《读书杂志》（图34），它只有两册，分别标明了“上”和“下”，当然也可以标成“天”和“地”，但是这也有弊端，这部清道光四年影元刻本《汉官仪》共同有三册（图35），分别标明了“上中下”，这样大家就知道了，当只标明“上下”时，你不知道这套书是否还有中册，当它标成“天地”时，你也不知道下面是否还有“人”册。那么，如果只有两册，又不想那么单调的情况下，古人自有古人的办法，那就是标成“乾”和“坤”。在这里我想说什么呢？我想说，这些都是藏书家在得到这部书之后，对它的外观所进行的再加工，他用自己的方式赋予这部书新的标记，用来表达自己的个性。

我们来看比较有代表性的两部书，这部明嘉靖刻本的《杜工部诗集》，它在书根上用“山高月小，水落石出”八个字来代表常见的数字（图36），既表明了册数，也表明了顺序。再看这一部清代隆福寺三槐堂刻的满汉合璧本《清文汇书》（图8），这套书有12册，所以它曾经的主人用地支来表明册数，刚好十二个序号。一函书摊乱了的时候，通过这些顺序就可以把它归位，这既是书根的基本作用，也是藏书家们表达个性的方式，对于书的外观来说，也是装帧的元素之一。

再来看这部明万历刻本的《诗话类编》（图37），这部书有完整的包角，惯常来说，包角上面会写序号，如果册数多的话，会加上首尾标记，但是这部书的序号写在包角的外面。我个人的理解，是他把角包装

图34　《读书杂志》，清光绪四年吴兴丁氏刻月河精舍丛抄本。芷兰斋藏

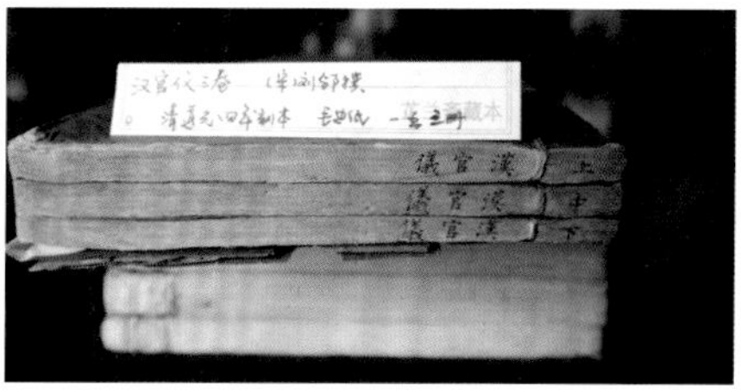

图35　《汉官仪》，清道光四年影元刻本。芷兰斋藏

图36　《杜工部诗集》，明嘉靖间刻本。芷兰斋藏

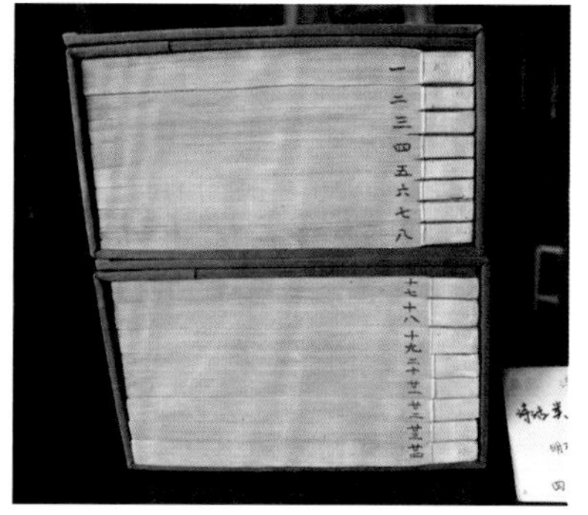

图37　《诗话类编》，明万历间刻本。芷兰斋藏

上去之后，不愿意在上面直接写字，因为以前包角大多是用宣绫，而宣绫是比较贵的东西，他可能觉得写在旁边也许更加表明这个书的珍贵，至少这是一种别格，很少有人用这种方式来书写书根。

一部书有很多册的话，用序号和起止就可以表明清楚，如果这套书单一册怎么表明呢？很简单，有的直接写一个“全”字，告诉你这一本不是哪套书中散出来的一本，它本来就是全本。比如高望曾的稿本《茶梦庵烬余词》（图38）。还有一个比较有个性的书根，就是这部明万历四十年王凤翔光启堂刻《王临川全集》（图39），它不仅是双线订，还把序号标在两栏之间，这应该算是极有个性的书根了。但是，还有一种极有个性的书根标法，那就是以苏州码来标明册数，这就更加少见了。

刚才讲的都是一部书仅为一函情况，有的书部头大，分为好几函，这种情况下标册就分有两种情况，有的一标到底，比如说四函二十册，就从一标到二十，有的就会分函而标，每一函都单独起序号。

总之，书根虽然很小，也不起眼，但是可以发挥的空间极大。写书根也是一门技艺，不是你书法好就可以写得漂亮，所以有的人也会随手标示一下书名，不写序号起止，根本不管规不规范，那我们就可以理解为，这位藏书家对审美的要求不高，只要能让自己明白就可以了。

图38　高望曾《茶梦庵烬余词》，稿本。芷兰斋藏

图39　《王临川全集》，明万历四十年王凤翔光启堂刻本。芷兰斋藏

3. 标册

虽然大多数古书的册数都是标在书根上，但也有一些例外，比如在封面的某个位置标上册数。这部清道光二十六年序刻本《春秋啖赵集传纂例》就在封面签条上标明了上中下（图40），这部嘉靖刻本的《春秋公羊传》就把序号标在了封面的书脑上方（图41）。这种作法其实比较少见，为什么呢？因为中国古书是以平放的形式上架，这样我们站在书架前，能够一眼看到的是书根，而不是封面，这种标在封面上的序号，只有摊在桌上或者拿在手里才能看得清楚。

尽管这种在封面上标册的作法不多，但仍然能玩出个性，比如这部清顺治十六年刻本《李义山诗集》，封面的右上角分别写了礼、乐、射、御、书、数（图42），这是古人的"六艺"，即便打乱了，人们也很容易将它们按顺序归回来。这部明崇祯曾懋爵刻本《南丰先生元丰类稿》，封面签条上标明了子、丑、寅、卯（图43），十二地支对于古人而言，基本上是人人皆知的序号。

下面这个更加少见，这是管庭芬抄本《采兰尺牍》。管庭芬是浙江有名的学者、藏书家，他把册数标在了书脊的中间（图30）。为什么这么标呢，我的猜测是这样的，管庭芬是浙江人，江南潮湿，书籍最怕虫蛀，而虫蛀的前提首先要受潮，虫卵孵化，为了防潮和防虫，所以南方

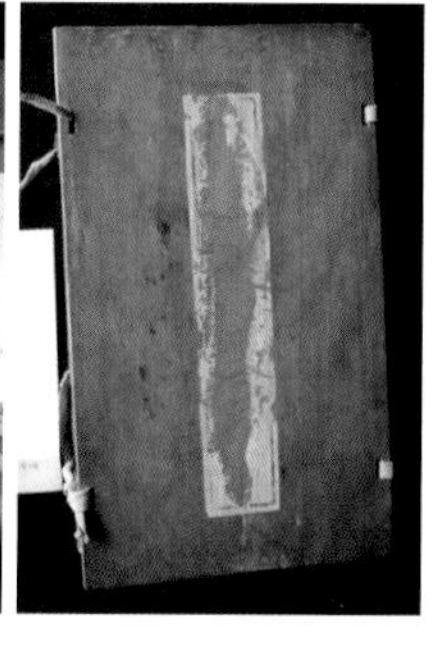

图40　《春秋啖赵集传纂例》，清道光二十六年序刻本。芷兰斋藏

图41　《春秋公羊传》，明嘉靖间刻本。芷兰斋藏

图42 《李义山诗集》，清顺治十六年刻本。芷兰斋藏

图43 《南丰先生元丰类稿》，明崇祯间曾懋爵刻本。芷兰斋藏

春秋两季有晒书的习惯。关于晒书，大家有个误区，我们经常看到一些《晒书图》，古书像蝴蝶一打打开，书页朝上晒着太阳，其实晒书晒的不是书的页面，而是书根，是书的背面，因为书脊那里钉了线，潮气出不来。那么，如果管庭芬也晒书的话，他的册数标在了书脊上，这样晒完归架时，就很容易分辨出来，也很容易整理。但是这种方式的确很奇特，与之类似的，我只见过天一阁的藏书。

4. 包角

谈到包角，我们可以先读一读吕留良的这首诗："宣绫包角藏经笺，不抵当时装订钱。岂是父书渠不惜，只缘参透达摩禅。"装订是很费钱的一件事，有时装帧的费用甚至比书本身还要贵，所以藏书家这么辛苦一场究竟是为什么呢，这也是记者不断问我的话，我每次只好瞎编，每次编的都不太相似。但是这个事情的确很难给出一个标准的回答，就像有人爱吃红烧肉，你不断追问他为什么，你会把他问急了，为啥，我就是想吃。我们来看这部清乾隆四十三年竹映山庄刻本《文房肆考图说》（图44），因为包角的材料是比较贵的，所以藏书家舍不得下笔，他把整个序号、书名全部写在了包角之外。

图44　清唐秉钧撰《文房肆考图说》，清乾隆四十三年竹映山庄刻本。芷兰斋藏

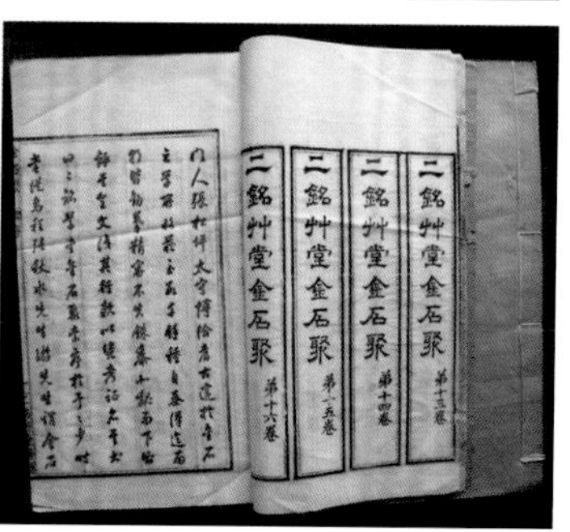

图45　清张德容撰《二铭草堂金石聚》，清同治十年二铭草堂刻本。芷兰斋藏

来看这部清同治十年二铭草堂刊本《二铭草堂金石聚》（图45），这部书的包角全部都掉了，为什么呢？可以肯定这部书曾经在南方待过，因为古人包角是用糨子来黏贴，南方潮湿，并且糨子又是蠹鱼的食物，所以包角很容易脱落。这等于告诉大家一个诀窍，当你看到一部书包角十分完整，我指的是旧包，那基本上可以猜测是北方来的书，因为北方干燥不容易招虫，很容易上架。像是这种包角很破烂的，基本上是

来自于南方，这也是提醒你，当你得到这部书的时候，首先要做杀虫处理，不可以直接上架，因为直接上架很容易把虫卵带到其他的书中间。

5. 函套

我们接着谈函套。最常见的函套是四合套，天头地脚都露着，把四个面围起来就是四合套。如果天头地脚也包起来了，那就是六合套。一般情况下，藏书家对待好书才会使用六合套，普通书大多用四合套。比如这部宋麻沙刘将仕宅刻元明递修本《皇朝文鉴》（图46），它以前的主人就为它配上了六合套，这部书好在哪里呢？就因为它是“皇明文鉴”，其他的书大多把“皇”字给抠了，改为了“宋朝文鉴”，凭这个就可以证明是递修的。这是宋刻元递修本《晦庵先生集》，虽然是个零本，但原来的书主还是很郑重地配上六合套，他用这种方式体现他对于这部宋元递修本的重视（图47）。

这部王世襄的抄本（图48），一直著录是王世襄抄，其实他的夫人袁荃猷写字更漂亮，她专门写瘦金体。这个函套比较特殊，为什么？这是竖式插套，也算是函套的一种。这个有意思在哪里呢？王世襄为什么用这种插套的方式来装池他的藏书呢，难道是为了容易上架？我还没有想清楚。因为这种方式大多是公藏使用的方式，在以往，我所见到的这种装池方式，大多是公藏，可是这部书是得自他家，我知道这是当年王

图46 《皇朝文鉴》，宋麻沙刘将仕宅刻元明递修本。芷兰斋藏

图47 宋朱熹撰《晦庵先生集》，宋刻元递修本。芷兰斋藏

世襄的原装而不是进入公藏之后和改装。那我唯有理解为，什么事情都有例外。

说到公藏的函套，大家可以再看看这部清刻本的《函海》（图49），我得到这部书后，就直接这样上架了。这部书来自美国波士顿美术馆，波士顿美术馆当年藏了一批中国典籍，后来换了馆长，认为这些书价值不大，于是全部处理出来，我买到了一批。我收到这批书以后，发现它们的函套全部都是这种做法。这种做法是什么意思呢？其实图书馆的朋友们对这个最熟悉，就是为了上架。通常来讲，中国古书是横着摞在架上的，如果想要取出一摞书最底下的一部，就得一一往下搬，而这样以竖式插套的方式上架，就可以逐一取放，不影响其他的书，所以很多公共图书馆将古书的插套做成了这种样子。据说有位日本人常年在波士顿美术馆工作，这就是他改的。我买到的这一批，据说是他六七十年代做的函套，直到现在还很好。

图48　清金瑗辑《十百斋书画录》，王世襄抄本。芷兰斋藏

图49　《函海》，清刻本。芷兰斋藏

我们再来看这部如意纹的六合套，展开以后是这样的，好像几朵祥云，显得很豪华。函套里面是宋拓本的《圣教序》（图50）。虽然《圣教序》早期拓本号称是宋拓的多，但大多都是拔高的说法，而我展示的这一部，却是真宋拓，所以前代藏家比较珍惜，为它做了精心的装池，做成现在的这个样子。这里顺便告诉大家一个窍门，关于函套的厚度，据我所知是这样的，函套纸越厚，说明时间越早，越往后慢慢就变薄，当然这里还是有那句话，特殊情况例外。古人所谓的厚薄不是一张张纸的厚薄，而是一层层裱贴，这个裱贴口已经裂开了，数了数是16层裱贴裱出来，就可以知道藏家对它的慎重程度，每裱贴一层，就多一层工，

图50　晋王羲之书，唐释怀仁集字《圣教序》，宋拓本。芷兰斋藏

图51 《风怀诗补注》，冯登府批校旧抄本。芷兰斋藏

物料人工都会增加，但是这东西在藏家心里的地位极重，自然就值得这么下工夫。

图51是冯登府批校旧抄本《风怀诗补注》，大家可以细看一下，能够看出来书的本身很薄，函套里面在书的上下各加了一块衬板，这是为什么呢？这是因为函套合起来后，侧边要插上书别子，而书别子要钉两个孔才能固定，如果这个函套太薄的话，侧脊也薄，一钉就会断开，为了不让它断开，只有加厚，让这块侧板变得宽一点，足够钉上书别子的位置，所以当本身很薄的时候，为它制作的函套里面就会加上衬板，以解决函套侧边书别子的问题。

函套可以说是古书装帧里面最容易玩出花样的部分，除了制式的不同，表面所使用的各种锦缎更是多姿多彩，这里选择芷兰斋所藏的几种大家欣赏一下。

比如这部元刻大字本《音点孟子》（图52），封面写着宋刻，其实是元刻本，但是元版的孤本也很稀罕。古人对于心爱之物喜欢拔高，让它显得更有价值，也可能卖家告诉他是宋刻，价加一等，所以他专门为这部书制作了函套，外面使用的是缠枝莲图案，旁边用象牙别子，很郑重，藏家可能也知道这是个孤本，所以他就会弄得很漂亮，

这是明嘉靖七年许宗鲁刻本《吕氏春秋》（图53），它的函套外面使用了宋锦，当年以宋锦装池是很珍贵的意思。给这部书制作函套的藏

图52　《音点孟子》，元刻大字本。芷兰斋藏

图53　《吕氏春秋》，明嘉靖七年许宗鲁刻本。芷兰斋藏

书家为什么会对一部明刻本采取如此慎重的装池呢？而且为这部书制作函套的人本身就是明朝人，因为它的签条上写着“皇明”，若是清人来写这个书签，绝不敢写成“皇明”或者“大明”，只能写成“明”或者“前明”，以此可证，这个签条乃是明朝人所写，而此函套也基本属于明装。顺便说一句，这位刻书人许宗鲁很奇怪，他刻书喜欢用很多的古字，这也可能是和那时的复古风气有关，这些风气也会影响到书籍的制作上来，有些人就会在字体上仿古，许宗鲁更是怪异，他所有使用的古字，古到有些读书人甚至都不认识，那么，很可能正因为不认识，就觉得它很深奥，但这也成为了许宗鲁刻本的特殊面目，因为这个特殊性，使得前人对许所刻之书颇为看重，而这位制做函套的人，才慎重地制作了这样一个函套。

这部旧抄本是沈彤通批《京氏易传》，函套应该是傅增湘装的，上面有他写的书签（图54），代表着他的审美情趣。傅增湘我们都知道，民国年间曾经当过教育总长，以及故宫博物院图书馆馆长等，其实他藏过的宋元版早就超过200部。他曾经组织过一个雅集叫作篷山话旧，雅

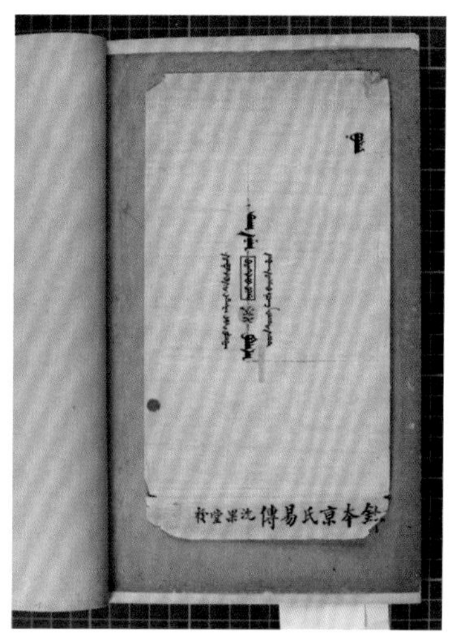

图54 《京氏易传》，旧抄本，沈彤通批。芷兰斋藏

集的地点就在他家的后花园，这个雅集门槛比较高，要求参与的人不仅是进士出身，还必须是点过翰林的。每次雅集时，他都会拿出一些书来给大家欣赏，然后大家唱和。傅增湘把沈彤的批校本装池成这样，代表着一种慎重，如果过度解读的话，这也表明了他的汉学家立场，因为这是汉学家的批校，他选用了这种纹饰来装池这部书，那么这就是他心目中的美。

这是明代靖江王府翻刻的宋版小字本《五经》（图55，左图），这也是一部孤本，总共有四函。大家看到那个悬签没有？签条上写着“宋板五经”，这条签用的是宋绫（图55，中图）。所谓的宋板小字本，通常指的是十三行二十六字版。宋板小字本一向流传稀见，很少有人真正见过，其实这部书是明代靖江王府翻刻的，并不是真正的宋板，然而即便是这种翻刻本，流传至今的也就这么一部，原来藏在天津图书馆，后来因为退赔流出来了，辗转之后到了我这里。我把它部书当年的原封以及封纸全部保留起来，没有改变它的原貌（图55，右图），大家从这里就可以看到之前的书主对它是如何的重视。

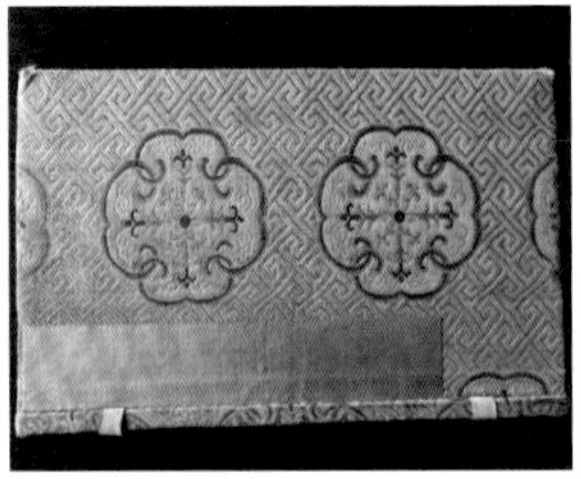

图55 《五经》，明代靖江王府翻刻宋版小字本。芷兰斋藏

图56 《粤雅堂丛书》，清光绪间绿肥红瘦之轩抄本。芷兰斋藏

关于书名的写法以及写在哪里，最常见的是在书的封面贴上签条，注明书名等信息，如果有函套，大部分的函套上面也会贴有签条。函套上的签条也有很多样式，大部分是写在函套上面靠右侧的上半部分，最基本的是注明书名、作者，偶尔也有注明分类内容或者收藏者等信息，右图的特例是清光绪绿肥红瘦之轩抄本《粤雅堂丛书》（图56），这个签条是从上至下通栏而贴，那么，这就是抄本主人的审美，他觉得漂亮。

再来看这部丁履恒稿本《丁若士先生形声类篇》（图57），封面和函套都有签条，但是函套上的签条是空白的，为什么呢？以我的理解，手稿当然很重要，为了以示慎重，原书的主人，或者书贾，有可能是想找个大名头的人来题写，以重身价。

图57　丁履恒稿本《丁若士先生形声类篇》。芷兰斋藏

图58　《广文选》，明嘉靖十六年陈蕙刻本。芷兰斋藏

这里还有一个现在比较少见的现象，我们俗称叫堵头，它不好归类，只好暂时放在这个小栏目里。当一个书放在四合套里，虽然里面的书页被护起来了，但是始终有一头长期冲着外面，随着阳光的照射，纸张会出现老化，古人为了解决这个问题，就用一种旧纸堵在外面，避免阳光直射。我们看这部明嘉靖十六年陈蕙刻本《广文选》（图58），我买来时就是这个样子，我没有改变它，它就是用公文册子纸来做这部书的堵头，又在上面直接写了书名，这也能看出当初古人对书籍的爱护，他得到了原装函套，并不轻易把它换掉，比如换成六合套，或者是加上包袱，这样他可能觉得有些臃肿，于是他就选择了用比较耐用的旧纸来做堵头，既保证书籍不受紫外线伤害，同时还能保持它原来的原函。

6. 夹板

保护古书，除了用函套，还有一种比较简单的方式，那就是用夹板。关于这个也有很多专家们聊过，大多谈的是材质，比如楠木夹板之类，这里就不再谈材质了，现在来聊聊它的穿带方式。左上角这张图片，大家可以看到，带子直接从夹板的孔中穿过来，这样方便是方便了，但对书其实是有伤害的，因为带子会直接压在书上，使书出现压痕，有强迫症的人肯定受不了，想把它展平了。于是有藏书家就对它进行了改进，大家再看下一个图，他把带子中间的夹板进行挖槽，让带子平嵌在里面，这样系起来之后，既可以将古书和夹板勒紧，又不会伤书。

就我所见，大多数夹板上没有书签，但偶尔也会有藏书家在夹板上贴签写上书名，比如这部清道光二十六年序刻本《春秋啖赵集传纂例》，它的书签贴在了木夹板的正中间（图40，右图）。这部清姚元之稿本《竹叶亭编年剩录》，书签就贴在了木夹板的左上部（图23–2）。

7. 木匣

有的藏书家认为，光有木夹板可能太简陋了，如果遇上特别珍爱的书怎么办呢？有人就会给它做上一个木匣子，进行全方位保护。大家看这部南宋常州宜兴县广福利益寺比丘本性刻本《慈悲三昧道场忏法》，这是宋代孤本，当年得到这部书的人很是重视，于是为它制作了木匣（图59，左图），大家可以细看一下它的装帧。书是比较柔软的东西，往一个小匣子里塞，很容易塞皱了，于是他们设计出两块樟木板，上下护着书，再往木匣里放，同时还可以防虫。但是问题又来了，樟木板塞进去容易，却不好抽出来，于是又设计出两条丝带，这样从底部一拉，就拉出来了，既不伤书，又能起到保护作用（图59，右图）。还是那句话，当那位藏书家越下工夫，越证明这个书的珍贵。

图59 《慈悲三昧道场忏法》，南宋常州宜兴县广福利益寺比丘本性刻本。芷兰斋藏

另外，大家不要以为稀见的东西就珍贵，稀见和珍贵有时候是两个概念，并不等同，比如某个小学生的作业，他的作业本肯定出是孤本，因为也是独一无二的，但是这个孤本有意义吗？那大家就明白了，什么样的孤本才有意义？比如名家写的一个不见著录的手稿，必须加上有意义这个前提，否则的话，孤和不孤没啥价值可言。

这部清乾隆十九年汪氏香雪亭刻钤印本《锦囊印林》也是一部名书，汪启淑是清代的一位极有名的篆刻家，也是藏书家，先后出版了27部印谱，但是很多都已经失传了，到今天我们连17部都找不到，所以他的东西我一直在收，可惜也收不到多少，只是收到他的几部手稿。这部《锦囊印林》就是汪启淑刻全的27部其中之一，它虽然只是清代乾隆年间的本子，但流传到现在，公藏、私藏加起来也只有四部，是我们已知最小的印谱。这部书来自于日本，所以中间使用了桐木，桐木装是日本本子一个很特别的装法，也是证明它曾经藏在日本的最重要标志（图60，左图）。大家可以看到，因为这部书是层层加函，函套里再套木函，一层层套出来（图60，右图），足以表现它的主人对它的重视程度。刚才说了，这是我们已知的最小的印谱，我在旁边放了一枚小硬币来做比较，大家就可以感受到它究竟有多么小，原来跟一个火柴盒差不多大小。

关于木匣盛书，还有一种比较特别的设计，大家来看这部吴汝纶批

图60　《锦囊印林》，清乾隆十九年汪氏香雪亭刻钤印本。芷兰斋藏

图61 《六臣注文选》，吴汝纶批校明嘉靖本。芷兰斋藏

校明嘉靖本《六臣注文选》，注意细看，它的面板是插上去的，左边有一个小小的机关（图61，左图、右图），可以使得这块面板不掉下来，打开之后，里面还有分格，每一格下面有垫板，垫板上还有个小拉手，可以将书整摞抽出来，方便取放（图61，右图）。

有了木匣再怎么上架，我拍摄了一张我自己的上架方式（图62），大家可以看一看。其实在古代，只要是好书大多数都会做一个木匣，但流传到今天的很少，为什么？重要原因是这个东西太容易坏，在搬运和挪动的过程中很容易损坏，纸张有韧度，木箱没有。我曾经去过一些古籍书店的大库，看到堆得像小山头一样的木箱碎板，我问怎么回事儿，他们说搬一次碎一次。我又问为什么放在这儿，他们说冬天很冷，这些可以留下来当劈柴烧。恰恰因为这一点，我在藏书过程中就有意留心那些带原箱的东西，提醒大家，新木箱不用说，如果看到古代的原箱一定要在意它，因为保留下来很不容易。公藏也是这样，在一些公共图书馆里，我也看到了扔在一边的烂木箱。总之，这些东西很难留下来。南方

图62　芷兰斋藏木匣上架方式

图63　明正德十五年熊字刻篆字本。芷兰斋藏

图64　《楚辞》。明正德十五年熊字刻篆字本。芷兰斋藏

也许略好，北方因为干燥，大多数都碎了，我收了这么多年也只收了不到一百个空箱子，当然单纯的空壳没有意义，原箱配原书最为难得。后来很多人会找一些旧箱插入别的书，当然也可以，但毕竟不如原箱能够表现出当年的状况，比如里头的结构、分层。

木匣也可以玩出花样，比如在木匣的面板上刻上书名，就有带图案和不带图案两种，又有直接在木面上刻，以及起底刻等。这个木匣里装的是明正德十五年熊字刻篆字本《楚辞》（图63），它是《楚辞》系统中唯一的一种篆书体，比较珍贵，所以原来的主人为它做了这么一个木匣。旁边的清乾隆二十一年刻四十七年勤宣堂修补本《杨园先生全集》，木匣面板就属于起底阴刻（图64）。

下面这部书是清代张照写进呈本《绘日濡豪》（图65），大家看它在夹板的外面又套了一层蓝布套（图65，右图），这个东西叫做包袱，现在仍然这么称呼，但是已经比较少见到了。这部书是属于名家绘本，是绘给皇帝的。当年终身制这东西也不那么容易，据说是上一代的藏家，他家里人用了两夜功夫才做了这么个东西。

8. 书签

古书上很多地方都可以贴上书签，比如封面上，函套上，有时也会在内页里出现，有的贴实在书上，还有的只黏一点儿，可以揭起来，我们通常叫浮签。这个小节里我想讲一下悬签。古书通常是平摆着放在书架上的，如果书签只贴在封面或者函套上面，那么你站在书架前，一眼扫过去，并不能知道这里面究竟是什么书，虽然有书根提示，但那些字实在是太小。因此出现了悬签这么个东西，一半插在书里面，另一半拖下来，正面朝外，上面写着书名、卷数、作者、版本等信息，这样你站在书架前，要找什么书，一眼就能看清楚。我个人觉得，它的功用有些类似今天书籍装帧上的腰封，对正文没什么大的影响，主要是提示站在书架前的人，这里有个什么书。

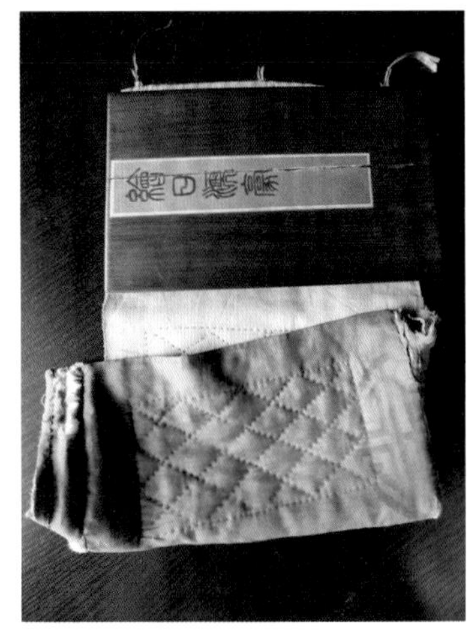

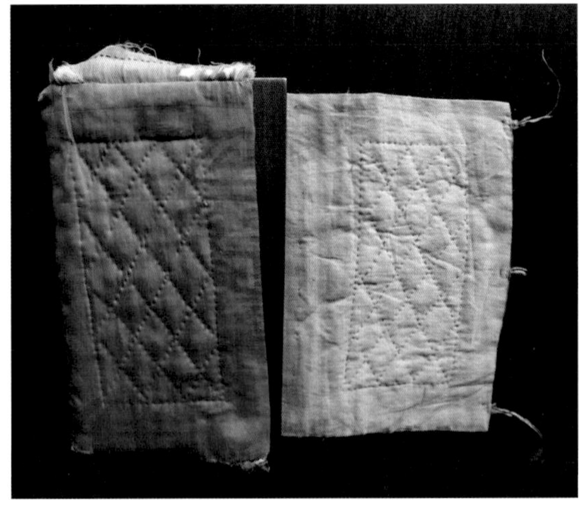

图65　《绘日濡豪》，清代张照写进呈本。芷兰斋藏

以前很多的悬签都是名家所写，也有收藏价值，所以有很多悬签会有很多人收藏。我们来看几个具体的悬签。这个是嘉业堂的悬签，拖尾很长。其实拖尾越长签，越说明这是位行家，因为短签容易掉，一旦掉下来归回去很费劲，长签夹在书里面不容易掉，这也是行家跟生手之间的区别。这是傅增湘双鉴楼藏的沈彤通批《京氏易传》（图54，右图），上面有满文签条，所以这也算是很奇特的一件文物。这部李文田抄本《浮物》里面，夹有李文田写的悬签，它的悬签几乎和书一样长（图66），这一看就是内行人。

这里还有一种比较特殊的书签，大家看这部清同治十年二铭草堂刻《二铭草堂金石聚》（图45，右图上、下），两页都是同一个书名，但是你细看下面的小字，卷数是不一样的。这是怎么回事儿呢？古书在刻书的时候，会想到封面以及函套上面也会贴上书签，因此会在刻书时一并刻些书签，让买书的人回家后自己一一剪成小条，裱在自己喜欢的封皮上，因为很多爱书人喜欢动手自己装池，给书装上自己喜欢的封面，比如蓝绫或者宋锦等。这一点有些类似国外的玩法，以前西方有些藏书家买书的时候告诉你不要装在封皮，比如我家都是装的统一的书皮，比如某个家族要印上自己的族徽，等等。

（二）内有可赏

1. 金镶玉

我们接着讲书的内部与装帧有关的问题。首先说修书，金镶玉是修书常用的手法。大家看这张图，可以看见书口的两端白色是均等的，这就说明这部书经过金镶玉的修整之后，天头和地脚是一样宽，但其实，如果是正常的金镶玉，应该是天头宽过地脚，这是中国人固有的概念，以天为大。大家再看右边这幅图，是黄丕烈跋明刻本《唐贯休诗集》（图67），这就是正常的金镶玉的状态了。这部《唐贯休诗集》，黄丕烈十分喜爱，在上面写了好几段跋语，其中有一篇跋语写在了书的封面

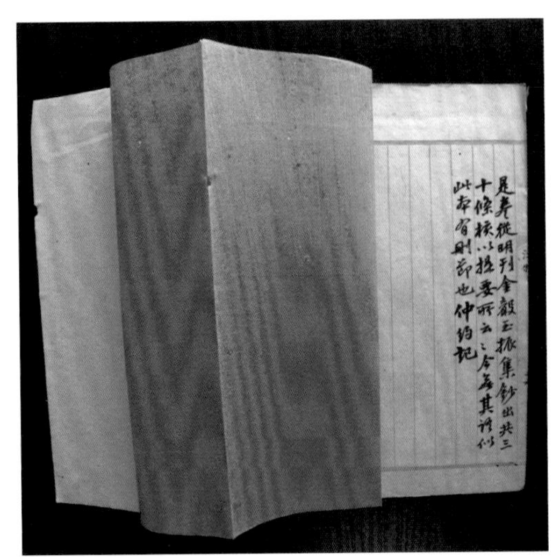

图66 《浮物》，李文田抄本。芷兰斋藏

上。而黄丕烈名气太大了，所以后来的得书人对这部书重新装池的时候，就连封面的黄跋都做成了金镶玉裱在里面。

这里我讲一个小故事，上海的藏书家黄裳先生在世时，我曾到他家去看书，他给我看了一部《拙政园诗》，这部书一函两册，上册是原书，下面一册全部是他自己的跋语，很少有人会将跋语写到这种程度，厚度跟原书一样。我就用这个问题跟老先生请教，我说看您的书，可不可以从跋语的多少来断定您对某本书的喜爱程度？他说有道理，我对比较爱的书会过几年重新写写我的感受。这个秘诀也奉献给大家，当你看到一部书上跋语很多的时候你要留心，这里一定有花头。

金镶玉想要做好也不容易。我们来看这部宋刻孤本《纂图互注尚书》，这是汲古阁特殊的裱贴接纸（图21，上右图）。我特意把它撑开，大家可以看到书的顶端有个小条（图21，下图），这是什么原故呢？懂得修书的人可能知道，做金镶玉会有接纸，两张纸接上去以后，重叠的地方会有厚度，这种厚度叠加起来，多了后会让整本书的某个地方鼓起来，但是这个书就没有，显得很平整，摸上去也没有重叠的感觉，为什么？经过仔细观察我才发觉，他把每个接纸的纸面打薄，成为一个斜坡，而后再接起来，大约搭了一毫米，这样即便叠在一起，厚度

图67 《唐贯休诗集》，黄丕烈跋明刻本。芷兰斋藏

也没有增加，大家就理解这里面的难度有多么大。这是很奇特也很难的一种做法，这种做法我只见过两个，除了毛晋，还有季振宜也这么干过，那么这里也可以提醒大家，以后见到这种接纸方式，那这部书一定出自名家。

2. 浮签

浮签就是古代的批语。古代的藏书家大多是读书人，在读书的过程中，他们会有各种感想，有的直接写在天头上，如果所思所想得太多，天头上不够写，就会写在别的纸上，然后轻轻贴在书中有感想的那一页，我们管这种叫做浮签。还有的浮签出现在一些稿本里，正因为是稿本，所以会改来改去，而原书上天头的地方已经写上了修改的意见，没有位置再写下去了，怎么办呢？那就用浮签来解决。就我的所见，它会有很多种贴法，有的贴在书的扉页，或者前后，或者中间，大小、长短，甚至书写的颜色等，有很多变化，这也是藏书者个人的审美体现之一。

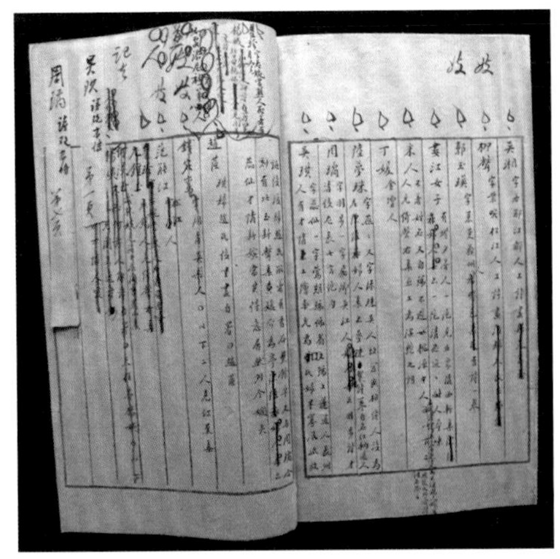

图68 清王士禄撰《宫闺诗集艺文考略》，稿本。芷兰斋藏

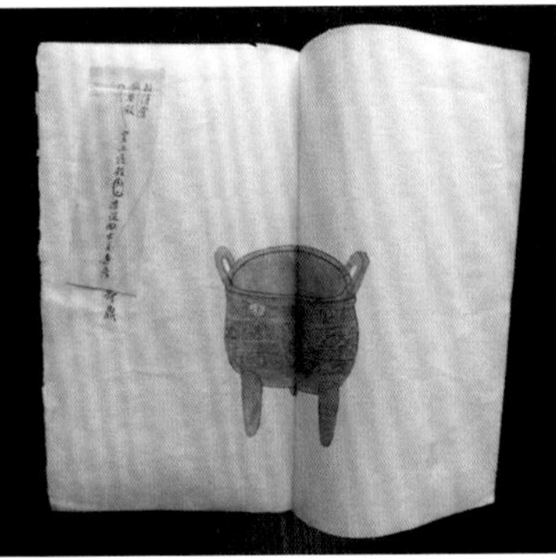

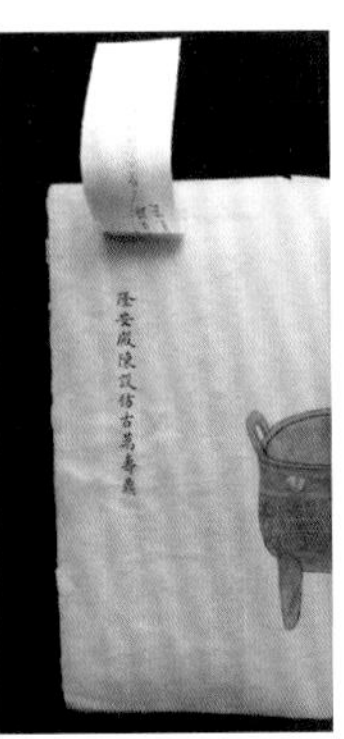

图69 《宣德鼎彝图谱》，清方功惠碧琳琅馆彩抄本。芷兰斋藏

大家看这部清王士禄稿本《宫闺诗集艺文考略》（图68），他应该是最早研究妇女著作的一个人，这是他这部书的稿本，上面有很多浮签，有人给它做了重裱，重裱的过程中把原签揭下来后，又贴回了原来的位置，这是大多数书都做不到的。

还有的浮签不是因为天头位置不够写才贴，而是担心自己的字写上去，会对书有所影响，是所谓的“污书”，当然这是一种谦虚的讲法，于是他们就把感想写在别的纸上，再轻轻黏上去，只黏那么一点点，比如这部清方功惠碧琳琅馆彩抄本《宣德鼎彝图谱》（图69，左图），方功惠就是怕自己的字写上去后会影响原书的品貌，才使用了浮签（图69，中图、右图）。

3. 补抄

古书在流传的过程中，破损是难免的，那么有的藏书家在得到它之后，就会对它进行修补，把缺失的页面补全。古人没有影印机，但是他们会补抄。

这是一部元刻本的《精选东莱先生左氏博议句解》（图70），因为年代太久远，所以书页已经破损，书的主人对它进行了修补，加了衬页，但是他找不到底本，无法补上失去的那些文字，所以只好补上界栏，这样我们就看到这一页上这部分有栏而无字，这也是古代修书中经常用到的手法。

比较幸运的是这部明刻本的《芳茹园乐府》（图16，图左二、图右一、图右二），因为明代相对宋、元来说还不算太久远，因此虽然这部书破损了，但还是可以找到别的本子作为底本来把它补全，大家看到它是整页的补抄。值得注意的是这枚印章，它并不是钤盖上去的，原来的刻本上有“新周氏”的印章，于是主人不仅补抄了这一页，还把这一枚印章也描绘上去了。

4. 句读

今人总有一个概念，似乎古代是没有标点符号的，现在使用的标点符号是民国时期胡适等人提倡的，其实不是这样。中国古代也有标点符号，只是现在被新的标点符号代替了，说得难听一点就是被淘汰了，但我们不能否认它们曾经存在过。古书中最常见的标点就是句读，是读书人一边读的时候，一边作的记号，它们的基本功能就和今天的逗号、句号差不多，有时是一个圈，有时是一个点，就是人们常说到的“圈点”。这些圈点大多时候是红色的，也会有蓝色，那么大家看这部清康熙刻本的《震川先生集》，上面就是蓝色的句读（图29，右图），这部清刻本《爱日堂诗》就是红色句读（图71）。在白底黑字的页面上，点

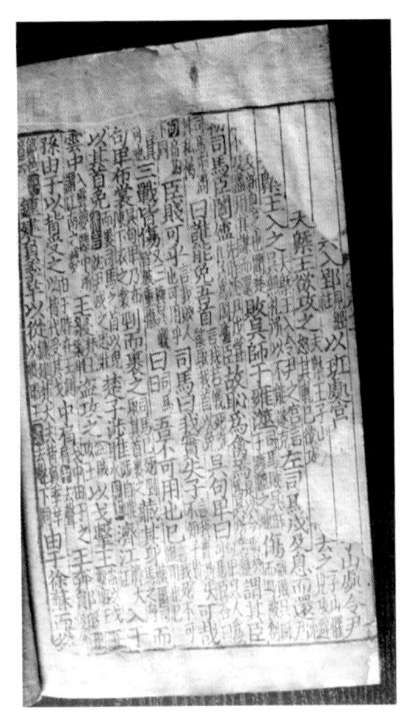

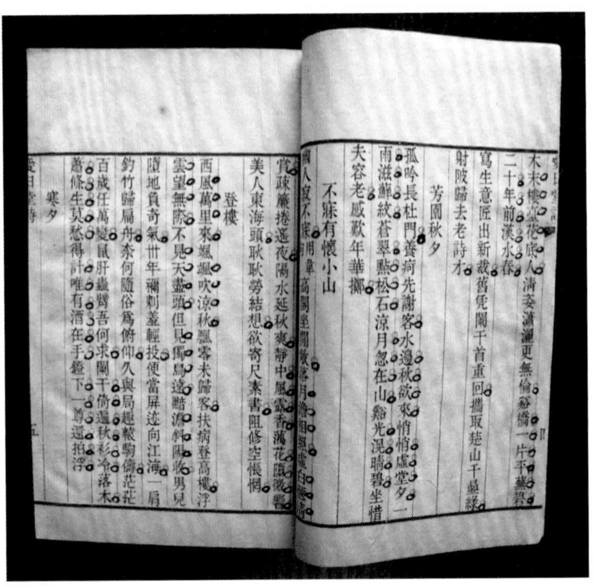

图70 《精选东莱先生左氏博议句解》元刻本。芷兰斋藏

图71 《爱日堂诗》，清刻本。芷兰斋藏

上一些红蓝标记，看上去自然也会赏心悦目。

大家可以留意一下这部《爱日堂诗》，上面红色的圆圈不是画上去的，而是事先做好了一个小圆筒，或者小圆押，需要的时候钤盖上去，这说明这部书的阅读者是经常进行圈点的，所以会专门制作一个用于圈点的小物件。这部《震川先生集》上的蓝色句读同样是这样，是事先做好的押记，需要时就拿出来钤上。其实我刚开始看见这部书的时候，以为这部书的原主人家里有丧事，才弃红而使用蓝色，后来注意到这些小蓝点从头到尾一模一样，才知道这不是用手点的，是专门刻成了这个模样，然后像钤章一样钤上去，这说明古人的句读除了常见的圆形，还有三角形、雨滴形、海棠形等多种形式，它们在方便读书的同时，也赋予这部书一种美感。

5. 覆彩

这里说的覆彩不是指彩绘。前面说过《列国志传》（图1–1），它是专门留出来一页来绘上图案，这里的覆彩不是，覆彩是这部书本身就已经有刻的图案，然后有人在上面为这些图案敷上颜色，说得通俗一些，就是把一部黑白画变成了彩色绘本。

这部书是清代清麟庆家刻本《鸿雪因缘图记》的覆彩本（图19，上图左）。这部书也是一部名书，是清代一个叫麟庆的贵族，他把自己的身世和一生的经历，用绘图的方式记录了下来（图19，上图右、下图左），每张图配一篇小文（图19，下图右）。这部书刊刻了之后，他的妹妹十分喜爱这部书，于是在闺阁中，把这部书中的240图逐一覆彩，变成了现在这个样子。那么，我们也可以这么说，严格意义上讲，每一部覆彩本都是唯一的，所以大家要重视覆彩本。

6. 护纸

护纸就是书的护页，古书的书牌，虽然业界一直有着争论，说这个东西究竟是叫牌记，还是叫书牌，还有人认为它应该叫作书封。这里我们先不去统一它的名称，这些留给专家们去讨论。就我个人的习惯，如果上面只印了书名，并没有刻书的堂号及刻书的年款，我习惯于叫作“书牌”；如果既有书名、作者，又有刻书的堂号或者刻书的年款，则叫“牌记”。在这里，我们暂时称作护纸，它的功能类似于今天的扉页。

这一页其实很容易损毁遗失，所以会有的人专门收藏牌记，为什么呢？因为并不是每一部书的护页都保存了下来，但是大家再想一想，如果书的前面没有这一页，那么是不是最容易损毁遗失的就是正文呢？这也是我叫它护纸的原因。关于护纸的做法，常见的是正反面做成筒子页，一面刻上书名，另一面刻上堂号和年款，比如这部民国二十一年北京刻本《黄山樵唱》（图72）。也有作成单页的，比如这部清嘉庆乙亥寿世堂刻《凌练溪先生诗文集》（图73）。

关于这一页，最出彩的应该是明万历十年新安郑氏高石山房刻本《新编目连救母劝善戏文三卷》（图74），牌记上居然有一幅版画，郑

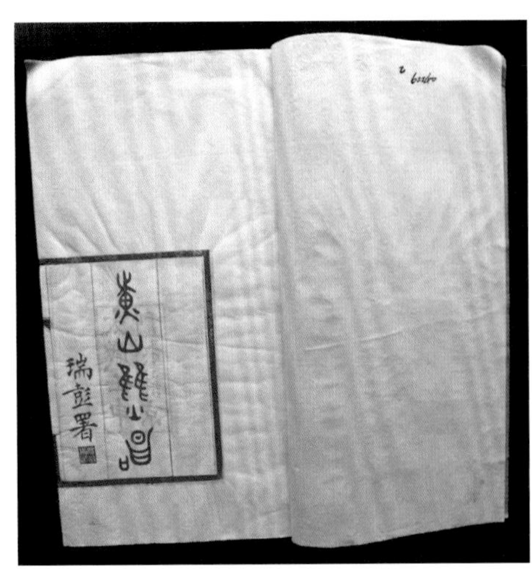

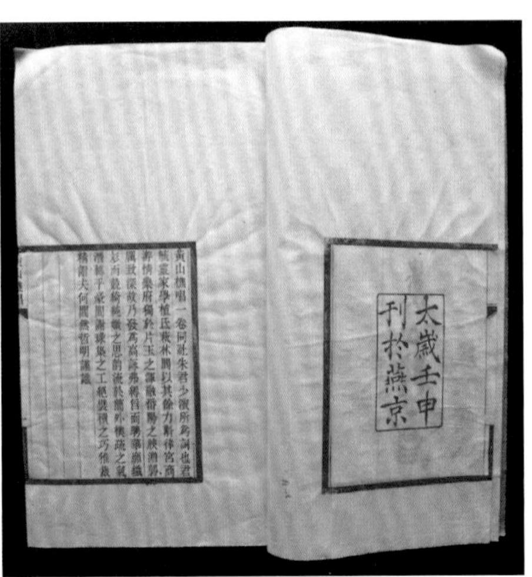

图72 《黄山樵唱》，民国二十一年北京刻本。芷兰斋藏

振铎先生在《中国古代木刻画史略》中，就专门谈到过这部书和它的刊刻者黄铤，这部书也是明代版画中的代表作之一，郑先生在他的书中为这一章节所取的小题目就是“光芒万丈的万历时代”。那么，古人虽然没有“装帧”这个概念，但是他们在制作书籍的过程中，想要把书籍做得美一点，这实际上就是装帧。

7. 衬纸

这里讲的衬纸，主要是讲修书或者重新装池过程中的衬纸。比如说，一部书被虫蛀了，在后面补一补小洞，并不难，可是如果书页损失的是一大片，怎么办呢？那就可以在书页后面衬上一张纸，把它托裱起来。比如这部宋嘉定六年淮东仓司刻本《注东坡先生诗》（图27，上图），大家可以看见有火烧过的痕迹，有人在被烧焦了的书页下面衬了一张纸。这就是著名的火烧本《施顾注苏诗》。这部书在清末民初的时候曾经归袁思亮所有，有一天他家里着火了，袁思亮恨不得自己跳进火海跟这部书一起殉葬，后来他的一位仆人冒死冲进火海中，把这部书抢了出来，所以大家看到，这部书有着火烧过的痕迹。

后来这部书又归了蒋祖诒，他看到这部书被火烧过之后，袁思亮

图73 《凌练溪先生诗文集》，清嘉庆乙亥寿世堂刻本。芷兰斋藏

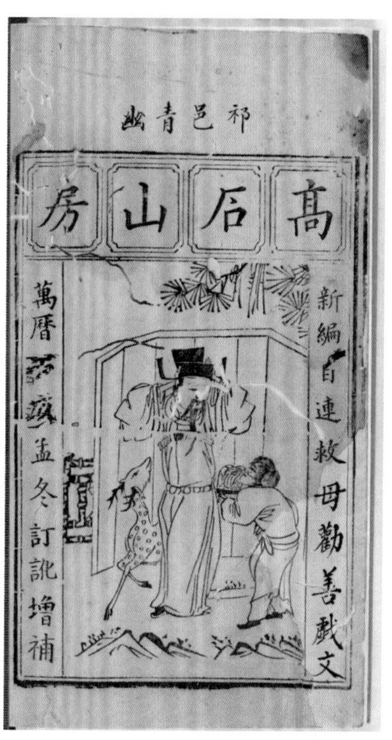

图74 《新编目连救母劝善戏文》三卷，明万历十年新安郑氏高石山房刻本。芷兰斋藏

对它只是用纸衬了一下，并没有怎么整修，于是也没有怎么动它，仍然以原貌放在那里。以我的理解，这倒并不是因为袁思亮和蒋祖诒不在乎它，不想整修这部书，而恰恰是因为这部书太过贵重，反而不敢动它。但是又有一天，吴湖帆看到了，吴湖帆也是收藏大家，坚持认为应该将这部名书重新装裱，并介绍了一位手艺出众的工匠，于是蒋祖诒就请这位工匠对这部书重新装裱。后来蒋祖诒还专门写了一篇跋语，说为了重新装裱这部书，他花了三百法币，而当时上海裱一幅楹联，也不过一块二毛钱。由此大家也就知道了，对于古书而言，好的装帧的确是花费不菲的。

关于这部书还可以多说几句。这部书一直是流传有序的，清乾隆时期曾经归翁方纲所有，而翁方纲每年到了东坡生日的那天，就取出这部书出来祭奠苏东坡，并请好友来一同欣赏，大家赋诗，后来这个活动变成了雅集，再慢慢地这个活动也流传开去，各地都出现了在东坡生日那天的祭苏活动。甚至远在日本，也举行过多次祭苏会。但是祭苏会是因这部《施顾注苏诗》而起，他们却没有这部书。如今这部书在芷兰斋，有人劝我把这个风雅延续下去，但是古人的祭苏会上，每个人都要赋诗，我们今天的水平太差了，这事干不成。

8. 防虫

古书有四厄，大家都知道，那就是水、火、兵、虫，这里专门讲一下古书的防虫。最常见的是在古书里夹上芸香叶子，有钱的可能会制作一些楠木匣子，但那些都和装帧无关。这里我们就要说一下万年红。万年红是一种只在南方出现的纸张，这种纸里面加了铅丹，人们认为虫子吃了后会中毒，以此来达到防虫的目的。因此，有的藏书家在得到一部书后，会在书的前后衬上万年红纸，有的是衬在书牌里，有的是衬在上下夹板上，还有的直接做成筒子叶插在书的前后。

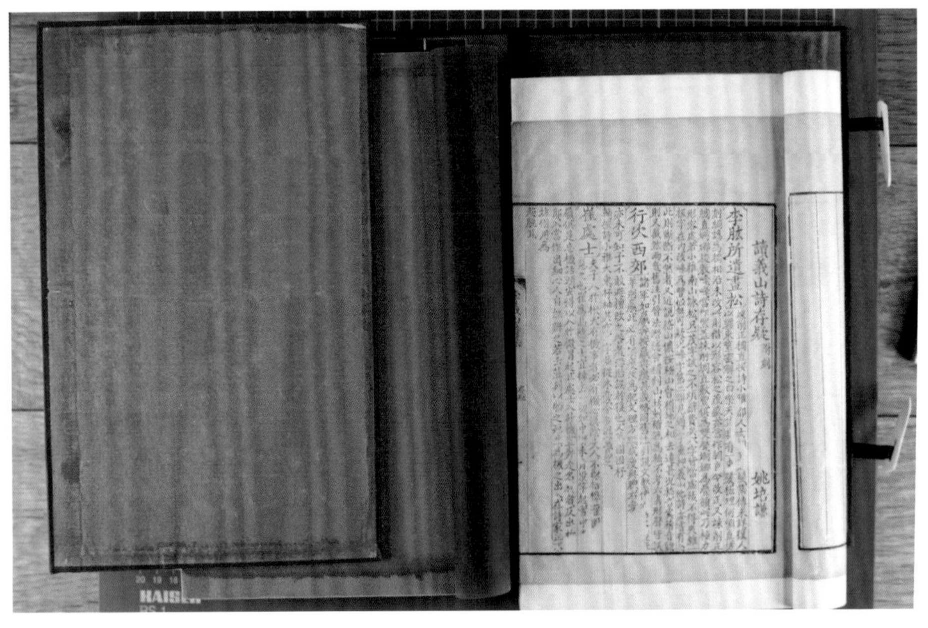

图75 《黄山樵唱》，民国二十一年北京刻本。芷兰斋藏

大家看这是清代李文田泰华楼抄本《浮物》，他就是将万年红做成筒子叶衬在书的前后（图66）。李文田是广州人，地地道道的南方人，所以他的书会使用到万年红。这是清乾隆五年姚氏松桂读书堂刊本《李义山诗集笺注》，书的主人可能是很喜爱李商隐，所以不仅在书的前后衬上了万年红（图75），还专门在书的夹板上也衬上了万年红。再看这部清嘉庆九年扬州阮氏刊本《积古斋钟鼎彝器款识》，书的主人是直接将万年红衬上了书牌上面，这个倒是不多见，也算是一个特例（图76）。

但是，其实万年红的防虫效果并不好，我看到很多衬有万年红的古书依然有很多的虫蛀，但是不管怎么说，当你看到一部书前后半有万年红的时候，就知道这是南方的藏书，这恰恰成了一部书的地域性标志。

9. 特殊处理

下面讲几个特殊的装帧，因为不好归类，所以放在这里一起讲。首先来看这个清乾隆三十五年内府刻《太上洞玄灵宝无量度人妙经》（图77，左图），这就是个很特殊的装帧，我曾经就这个装帧跟很多藏家进行交流，但是大家到今天为止，都对这个东西无法定名。

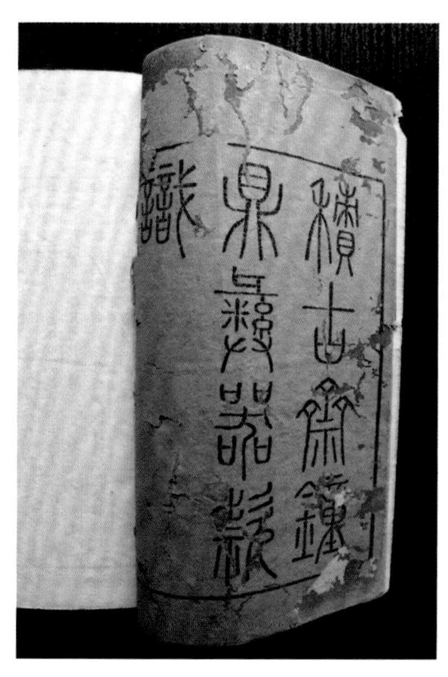

图76 《黄山樵唱》，民国二十一年北京刻本。芷兰斋藏

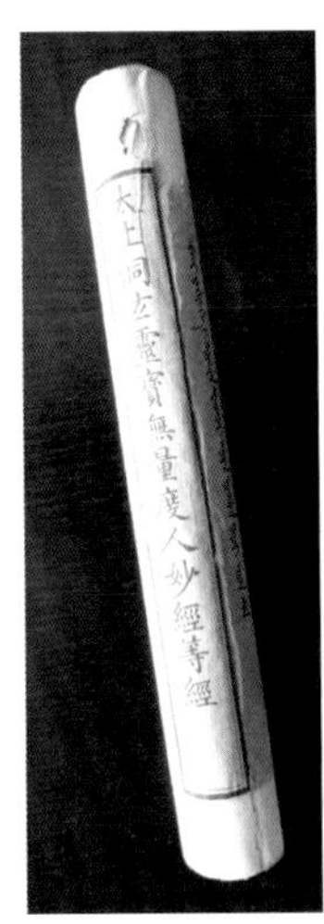

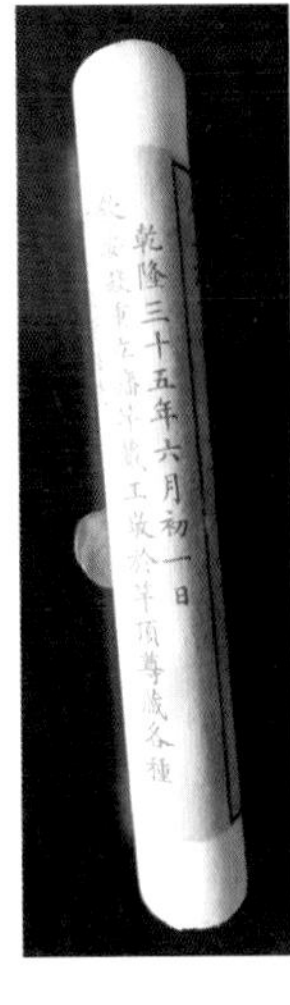

图77　《太上洞玄灵宝无量度人妙经》，清乾隆三十五年内府刻本。芷兰斋藏

这个东西是出自故宫，故宫里有个大殿前面立着个旗杆，里面有这么一卷经。这上面写的乾隆三十五年，怎么怎么样，写得很详细。大家注意图77（中图），中间没有轴，不是一页。我们卷轴装从尾一直卷到头，中间是有个轴的，但是这个是一摞纸一块卷起来，然后加个外封（图77，右图）。我们曾经好几次在装帧会上探讨过这个东西，究竟在称呼上应该怎么定名，业界都说因为只有它只有这么一个孤证，我们没有办法起个名字，所以到今天为止，我仍然写作“未定名装”。我拿这个出来讲，是想让大家知道，古人有很多特殊的东西。

再比如这个清董恂抄本巾箱本《绿肥红瘦之轩随手记》，这个是经折装（图78，左图），但是不留上下天头地脚，直接抄满（图78，右图）。如果把它解释成为了省纸，显然不是，因为董恂官至户部尚书，算是有名的人物，他不可能缺钱。他为什么这么抄书，把天头地角抄得满满的，完全不符合审美情趣，只是多字，为什么这么干，他怎么想，我也不知道，只能理解为这是他的审美。

我们再来看看这部清代方功惠碧琳琅馆彩抄本《宣德鼎彝图谱》（图69，图左一、图左二），搞青铜器的人很看重这部书。这个彩绘本比较独特，前面在谈到浮签时，曾经提到过这部书，但是就装帧而言，

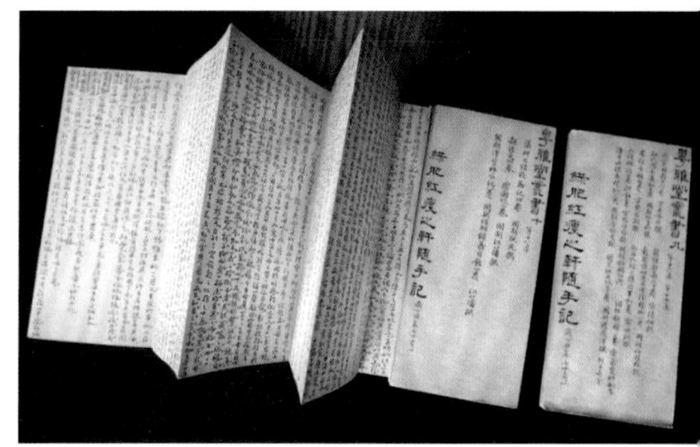

图78 《绿肥红瘦之轩随手记》，清董恂抄本巾箱本。芷兰斋藏

它的重要性并不在于浮签，而是在于蝴蝶镶。蝴蝶镶不同于蝴蝶装，而蝴蝶装乃是将书页反折，然后粘住版心的折缝处，大家再看这两个蝴蝶镶，它的版心并没有粘住，这种方式也是装帧上的别格，为的是让图案完整。古书中很少用到这种形式，尤其彩抄本极少用到，反而是古代的一些地图，偶尔会用到。而“蝴蝶镶”这个名字，是翁连溪先生告诉我的，翁先生说，这是朱家溍告诉他，宫里人一直这么称呼。

下面这种是单页集裱，里面是启功、张伯驹等的填词作品《梦边词》，前面有潘素画的一张小画（图79），当时收来时是一些散页，到了我手上后，是我请人把它们集中裱在一起，成为集册，当然很便宜，当年是十块钱一页。

图79 《梦边词》中潘素绘画。芷兰斋藏

图80 《泮水留痕》，木活字本。芷兰斋藏

再下面就是古人对于古书的改装。比如这本《泮水留痕》（图80），原本是一本木活字本的同年录，被人改成了册页装，然后上面有很多人的题记，而这些题记的人恰好就是同年录中的人，比如叶恭绰等，所以这是很有意思的一件玩物。

再来看一些公馆对于线装书的改装，这部书原本是清芙蓉山馆刻本《桂林山水》（图81），一部线装书，但是被人改装成了平装书，把天头地脚都裁得很窄，又加了硬皮，就是为了让书立起来。大家可以想像一下公共图书馆的插架方式，就很容易理解了。有些公共图书馆一度很流行这种做法。但是现在又慢慢意识到这里面有问题，所以我知道有些图书馆，又开始慢慢地把这些装成现代精装本的书再拆掉，恢复原装。

最后给大家看一个失败的例子。这部书是元延祐元年麻沙万卷堂刻本《中庸章句或问》（图82），首先告诉大家，这是一个孤本，我从韩

图81 《桂林山水》，清芙蓉山馆刻本。芷兰斋藏

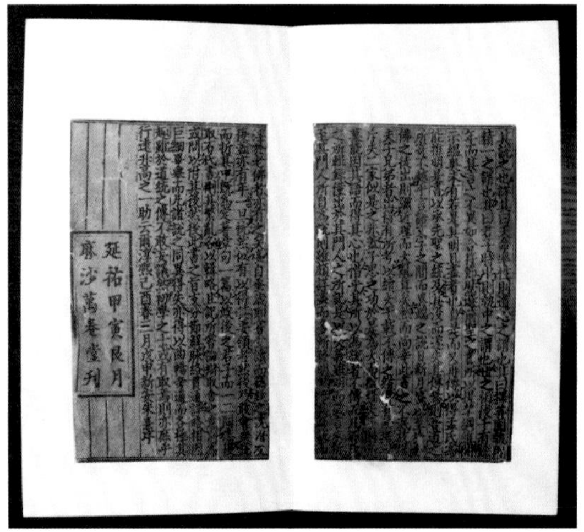

延祐甲寅良月
麻沙萬卷堂刊

图82 《中庸章句或问》，元延祐元年麻沙万卷堂刻本。芷兰斋藏

国得到它。但是得到它的那一刹那，我特别憋气，为什么呢？当初我看到这部书的时候，是原装一册，我一直和原来的书主谈，最后谈成了。但是他把书给我的时候，变成了这个样子，他把书的四个角，天头地脚和栏线等全部都裁掉了，然后裱成了这个册页。我问他为什么？他说，你给的价钱不错，所以我特地给你重弄了，因为那个书边太脏了，所以就裁掉了。麻沙万卷堂的书都是宋本，而正是这部书的出现，使得我们知道到了元代，麻沙万卷堂仍然在刻书，这么重要的一部书，就这样被人弄成这样，可是我没办法把它恢复原貌，我问他裁掉的原料在哪儿，他说全扔了。所以说，这部书可以说是我的藏书中最丑陋的一部。

三　佛经的特殊托裱问题

关于敦煌写经，前人的藏法，很多都是先把它做成卷轴，再用软囊把它整个的裹进去。但也有的跟我一样，不想破坏它的原貌，因此也不做托裱，原样保存。但是为了慎重起见，有人会给它单独制作一个匣子，或者不做木匣，而是加上引首及护套。

我收藏的敦煌写经中，有一部分来自沈仲涛，他是大藏书家沈复粲的后人，后来去了台湾，他的研易楼藏书大部分都捐给了台湾那边的图书馆，但是也有一部分没捐，比如《唐人写经残卷》，现在在我这里。大家可以看到他是原件托裱后，又在外面加上了布包袱，包袱外面也有题签（图83，上图左一、左二）。沈仲涛给这件写经残卷加了尾题，作了托裱（图83，下图），但是，其实唐人写经是不适合作托裱的，因为托裱之后就无法摸到纸张的厚度，这对于鉴定来说有问题，但是，沈仲涛既然已经这么做了，我也不能破坏它。大家尤其要注意一下他做的这个卷轴的轴，是可以分开成为两半，这样再加上一个挂钩，就可以挂在墙上陈列（图83，下图）。这说明，前人在装池的同时，除了注意视觉上的享受，也很在意它的实用性。

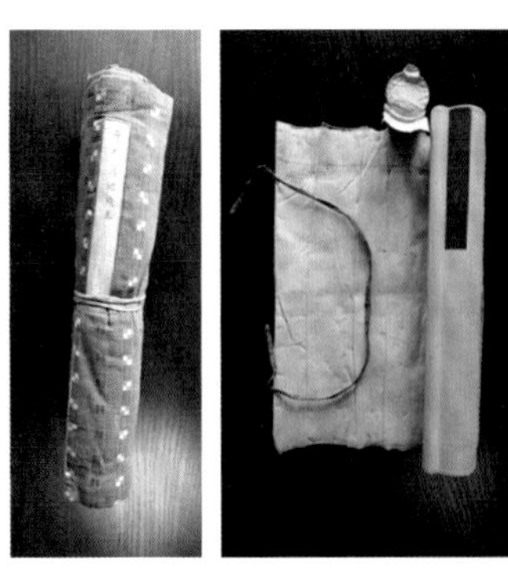

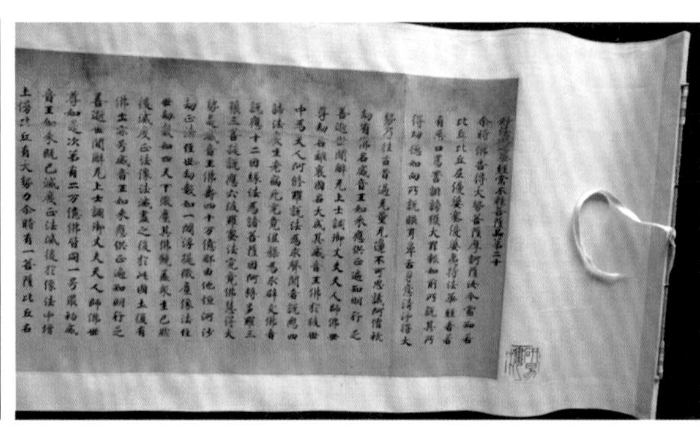

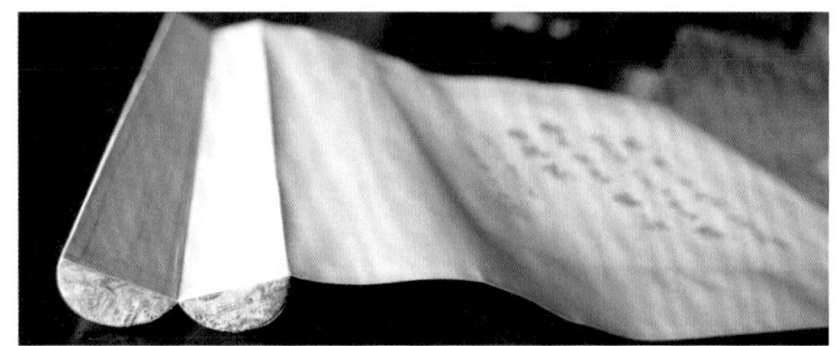

图83 唐人写经残卷，唐写本，敦煌出土。沈氏研易楼旧藏。芷兰斋藏

这件佛经是辽刻本《观弥勒菩萨上生兜率天经疏》（图84，上图），很是稀见。我原样保存，没有动它，为什么呢？我的意见是，当这件东西太过珍贵，又没有找到适合的装裱手的时候，就先别动它。我把它放在一个木匣里，好生珍护（图84，下图）。

最后，请大家欣赏一件唐代刻本（图85，左图）。唐代刻本很少，大家注意这张放大的图（图85，右图），它周围用的是《陀罗尼经》梵文，中间加入了“菩提性”三个字，所以知道是汉土所刻。这件东西1941年发现于陕西，一度归于右任，最后就归了我。关于这件东西，当初有详细的记录，有墓志出土，所以很容易断为唐刻本，又因为唐刻本很少，所以我们往往称它为宋本。

就讲到这里，谢谢大家！

编者案，本文据韦力先生发言录音整理，并经作者审核。

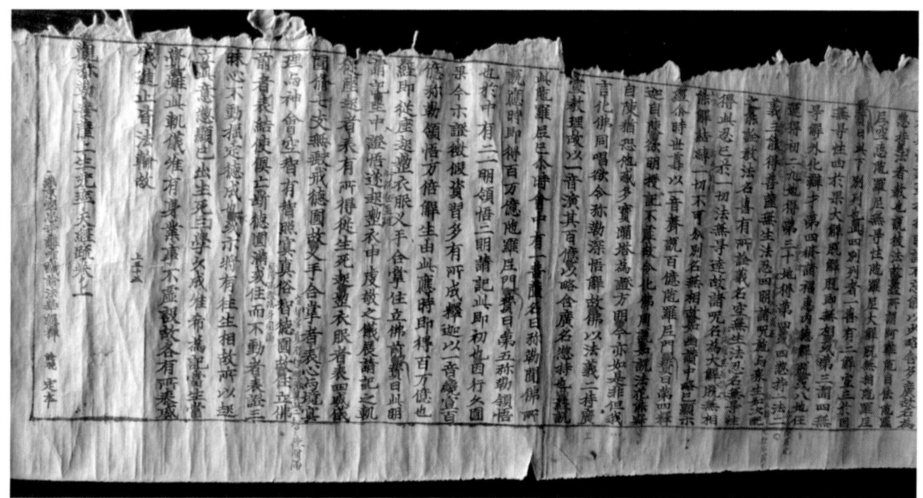

图84 《观弥勒菩萨上生兜率天经疏》，辽刻本。芷兰斋藏

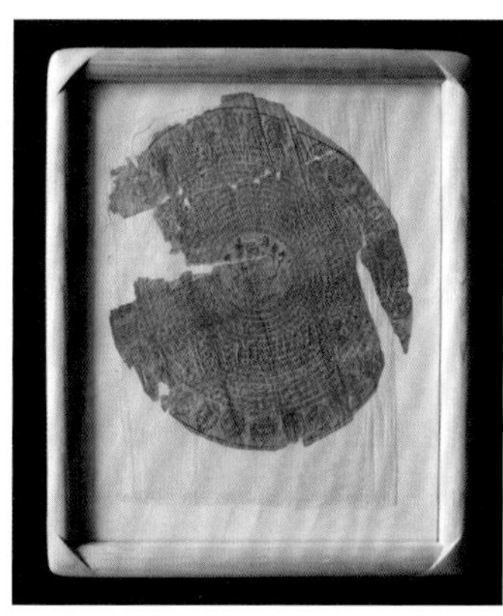

图85 唐代刻本。芷兰斋藏

佛经的版片号

实用与装饰的结合

THE WOODBLOCK NUMBER OF BUDDHIST SCRIPTURES

A COMBINATION OF UTILITY AND DECORATION

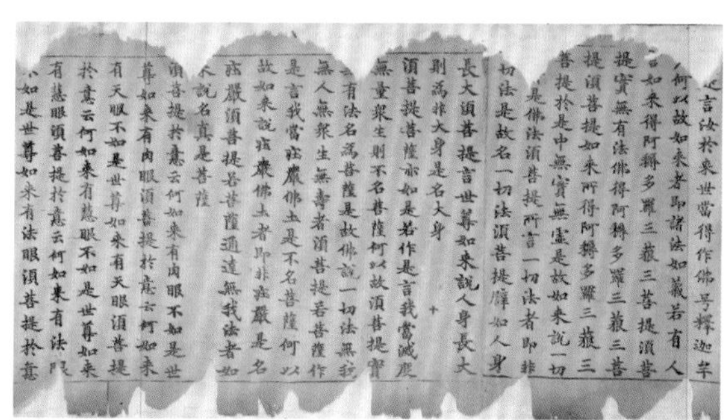

李际宁

中国国家图书馆古籍馆（善本特藏部）

LI JINING

ANCIENT BOOKS LIBRARY, NATIONAL LIBRARY OF CHINA

ABSTRACT

The woodblock number of the Buddhist classics is the foliation number that identifies the order of the Buddhist classics during the engraving printing era. It plays a practical role and also has a certain decorative effect in the application of Buddhist classics. Through a batch of early engraving and printing Buddhist scriptures, this article reveals that the woodblock number was applied to the identification of the number of the classics when the engraving technology began to be widely used in printing books. This paper also analyzes the transition of the role of woodblock number--from the initial practicality to the combination of practicality and beauty from production to maturity of engraving printing technology, which established the wood carving classics as the mainstream for more than a thousand years.

佛教典籍的版片号，是雕版印刷时代，标识佛典版片顺序的叶码编号。根据笔者的观察，它伴随雕版印刷技术的产生而出现，随雕版印刷技术的改进而变化。在佛教典籍的应用中，既起到实用作用，也具有一定的装饰效果。

本文拟选取一批早期雕版印刷佛典，揭示这些典籍中版片号出现的时间，分析版片号在雕版印刷技术从产生向成熟过渡中的作用，欣赏这些版片号在佛典装帧和装潢中的装饰效果。

一

在整个写本时代，佛教典籍“叶码”标识的资料并不多。早期的纸本佛经，大多为滚动条装帧，大概因为滚动条的装帧方式所决定，滚动条装的经文叶面上，并不标写“叶码”。

比如现存有纪年最早的纸质写本文献，是我国新疆吐鲁番吐峪沟出土的西晋元康六年（296）写本《诸佛要集经》[1]。

该经由西晋高僧竺法护译。我国历代大藏经收录，历代佛典经录著录。

十九世纪末二十世纪初，到中亚和我国新疆地区考古探险，成为所谓“热门”话题。日本佛教大谷派宗师大谷光瑞迅速组织了探险队，多次到中国西北地区“探险”和挖掘。1915年，受大谷光瑞委托，由香川默识主编，将在新疆等地收集的出土物拍摄影印，题名《西域考古图谱》，由日本国华社出版。该书收录了一件据说出土于新疆土峪沟的纸质写本佛经《诸佛要集经》，该经为卷轴装，前半部已经残佚，经尾尚残存木轴。经文后有译经题记：“□康二年正月十二日月氏菩萨法护手执□……□授聂承远和上弟子沙门竺法首笔□……□令此经布流十方戴

1　元康六年（296）《诸佛要集经》，载香川默识主编《西域考古圖譜》，国华社，1915年；又见旅顺博物馆、龙谷大学共编《新疆出土漢文佛經選粹》，法藏馆，2006年。

佩弘化速成□……□”，卷末存抄写题记：“元康六年三月十八日写已/凡三卷（？）十二章合一万九千五百九十六字。”元康是西晋惠帝年号，六年即公元296年。这是目前发现的有明确纪年款的最早的纸写本文献，其价值之高，无论从文献角度说，还是文物角度说，都是无可比拟的。

但是，由于收藏地点几易，又经过第二次世界大战日本本土遭遇猛烈轰炸，这件元康六年写经竟然失去下落，找不到了。这样，学术界不得不对这件最早纸写本的真实性产生巨大的怀疑，甚至有人发问，这件写本是真的吗？在考古探险热的背景下，有没有可能是后人伪造的呢？几十年来，学术界始终没有放弃对这件重要文物的追踪。

2005年，由旅顺博物馆和日本龙谷大学合作，对收藏在该馆的大谷探险队遗留纸本文物做了全部清理。双方在整理研究旅顺博物馆旧藏大谷探险队中国新疆吐鲁番地区出土文献的时候，发现12块纸本佛经残片，纸张古老，字形古拙，书写年代显然非常久远。初步研究后，整理者发现这批残片属于西晋月氏三藏竺法护翻译的佛典《诸佛要集经》。研究者们敏锐地意识到，旅顺博物馆收藏的这些古老写本的残片，与《西域考古图谱》中收录的元康六年写经有密切的关系，很可能出于同一件写卷。研究者从书写字体、纸张特征等多方面证实，这些残片确实与元康六年写本《诸佛要集经》为同一件物体，可以确认是这件元康六年写本的残遗物。这样，学术界悬疑多年的一件“公案”得到落实。

《诸佛要集经》被认为是西晋僧人竺法护最早期翻译的佛典之一，元康六年写经，价值更非一般。研究者认为，该件的再发现，确凿无疑地证明元康六年写本《诸佛要集经》是中国存现最古老的纸质写本，也是世界上现存最古老的汉文纸写本。

元康六年写本《诸佛要集经》，对学术研究具有特别重大意义，对本文而言，提供了早期纸本文献的实物，在这件公元296年的经卷上，我们没有发现编叶的痕迹。

我们再查敦煌遗书，早期的经卷上，也没有编写叶码的习惯。事实上，不仅早期经卷上没有叶码，以笔者所见，滚动条装经卷上都没有发现"编叶"痕迹，这大约与中国滚动条装典籍的书写、装帧装潢制度有关。

大约到九世纪，一批汉文梵夹装书籍出现了标写叶码的现象。这大约是梵夹装纸叶容易脱落佚失，而采取的防范措施罢。国家图书馆敦煌遗书BD15001（新1201）《思益梵天所问经》一夹四卷，全经120叶，240面，每叶纸右上角写有中文数字编号，从一至一百二十（图1–1、图1–2）。这种编写叶码的方式，使我们知道，古人早就有一套管理"活叶"的有效方式，尽管梵夹装典籍一般兜在纸叶中打孔穿线，但是，一旦纸张散乱，整理起来还是颇费功夫的，防止错简的最好方式，还是编写叶码。

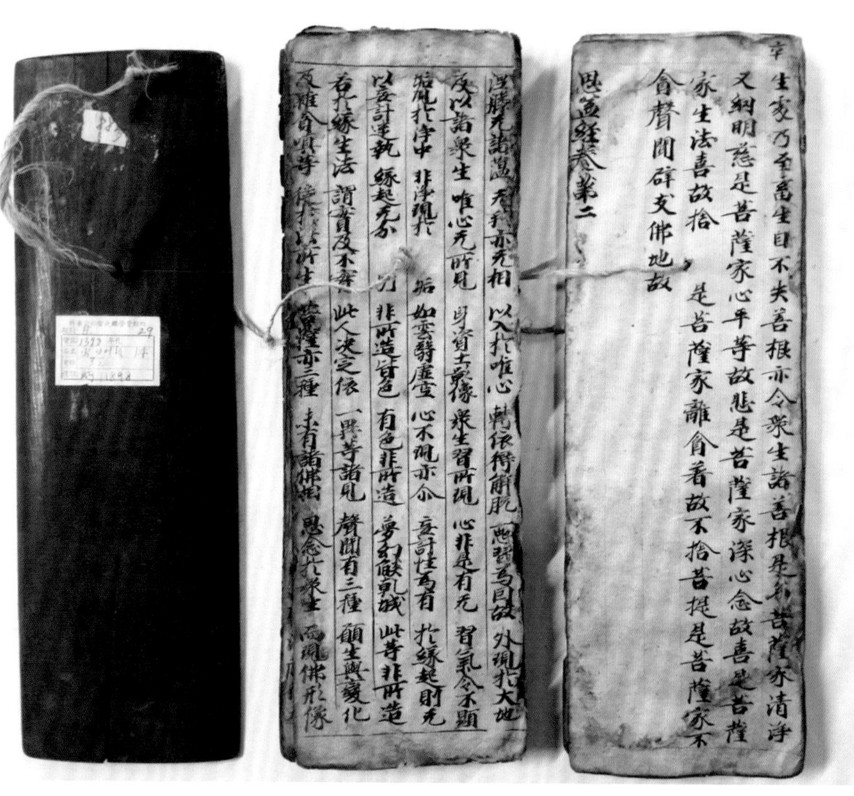

图1–1　敦煌藏经洞出归义军时期梵夹装

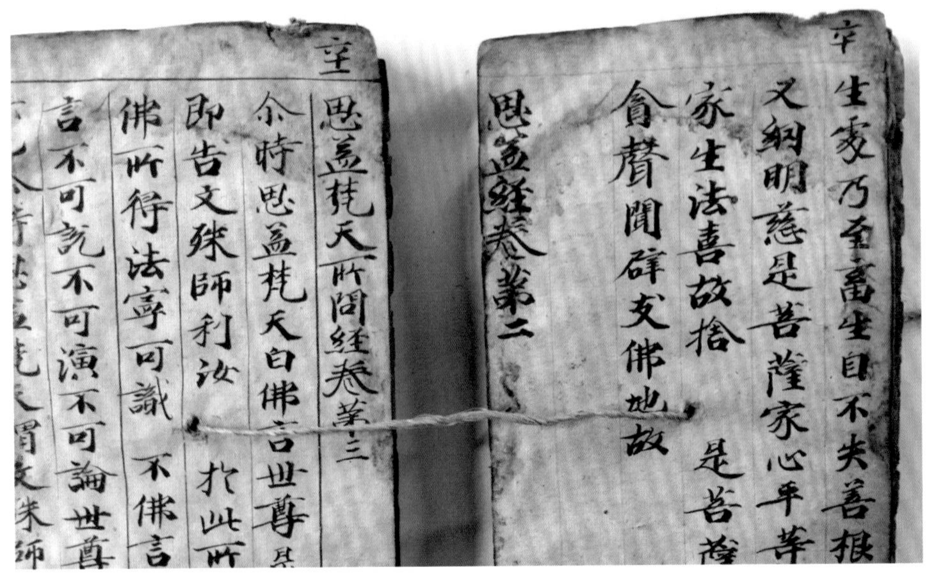

图1-2　敦煌藏经洞出归义军时期梵夹装

显而易见，雕版印刷技术使用之后，写本时代的“编写”的叶码，就进化成为雕刻书版的版片号。

二

在世界雕版印刷术史上，存世最早的佛典，当属1900年（清光绪二十六年）在甘肃省敦煌县莫高窟藏经洞发现的唐懿宗咸通九年（868）雕版印刷品《金刚般若波罗蜜经》。

1907年斯坦因携往英国，先存大英博物馆。二十世纪六七十年代后，移交英国国家图书馆。

关于这件咸通九年的《金刚经》，凡研究印刷史、书籍史、版本学的书籍，大都会讲到，从扉画构图到雕刻技艺，堪称圆熟；而经文部分，在写版特点、雕版风格、版式行款、装帧装潢等方面已经成熟，也得到全世界研究者的公认。该件是世界学术界公认有明确纪年的最早的雕版印刷品，被誉为“是一件雕版印刷技术已经成熟的作品”。

这件“成熟的”雕版印刷品的版片号，有什么特点呢？笔者拟从以下几点分析。

（一）整体状况

本件为卷轴装。通卷八纸，其中前七纸为雕版版片，第一纸为扉画，第二至六纸为经文，末纸为拖尾，用旧信札纸相缀。

卷端：现在的外观形态，已非藏经洞发现之初形状，无天竿、护首。

扉画：一幅，“释迦牟尼于祇树给孤独园接受长老须菩提供养图”。

经文：卷前有“净口业真言”和“奉请八金刚”；之后是鸠摩罗什译《金刚经》。

卷尾：经尾后刊发愿题记“咸通九年四月十五日王玠为二亲敬造普施”。

拖尾：卷末用废旧信札装成“拖尾”，呈梯形，以便于粘装木轴。木轴已佚，尾端尚存浆糊痕迹。

据大英图书馆修复师马克［Mark Barnard］博士介绍，该件自藏经洞发现之初，已经破裂严重，卷背大约有三层古人修补黏贴的纸张。入藏大英博物馆后，又有破裂，又经一再托裱。古今先后共达到五层。1970年代，该件与大批敦煌遗书一起，移交大英图书馆。约从1990年代后期开始，大英图书馆由古籍修复专家马克博士主持该件修复，到2009年底，该件全部修复保护工作完成。

（二）版式行款

本件《金刚经》通长499.1厘米，除去第一纸扉画和第八纸拖尾外，经文部份六张纸，每纸长度不统一，且差距不小[2]。

一部雕版印刷书籍，各版纸张尺寸不一，一般说这种现象可能由两种因素造成：其一，纸张受水而有变化。纸张有延展性，中国手工纸的

2　咸通九年《金刚经》的有关数据，承国图刘波先生联系，大英图书馆Emma Harrison提供，在此表示感谢！

纸序	纸长	纸高	行字	行数
第一纸（扉画）	28.5	26.7	扉画	扉画
第二纸	72.5	（同上）	17—19	48
第三纸	77.6	（同上）	（同上）	52
第四纸	72.4	（同上）	（同上）	49
第五纸	72.7	（同上）	（同上）	48
第六纸	77.8	（同上）	（同上）	52
第七纸	79.8	（同上）	（同上）	51
第八纸（拖尾）	17.8	——	手写	手写

这种特性更显著，尺寸的差距，可能受纸张湿水影响而有变化。其二，该件印刷品原本各纸尺寸就有差距。从本件看，纸张尺寸差距如此之大，不太可能是水湿原因，后一种的可能更大，即纸张长短原本有异。

中国纸本典籍的抄写，两晋以来早有成熟的制度。比如，前文所述西晋元康六年《诸佛要集经》，虽然残碎严重，每纸行款待定之外，每行17至18字，抄写非常正规。

雕版印刷技术使用之后，版片的尺寸，大体沿用写本时代的规制，统一尺寸的板木、规范的版式行款，是保证印刷出来的经卷规格整齐、统一的基本条件。

咸通九年《金刚经》每纸（版）行数，从48行到52行，差距很大；每行字数，从17字到19字，差异也不小。

这件《金刚经》行款的数据说明了什么？

写本时代的案例，从公元4世纪到11世纪的敦煌遗书，早已使用很标准的纸张。当然，敦煌遗书写经用纸的规格，特别是民间抄写、杂稿用纸等，各种纸张，非常庞杂，不一而足。但是，凡寺院、官方等正规写经，纸张还是有其统一的标准和规格。比如：

1. 西凉建初十二年（416）写《四分律》，除首尾行数不太一致，中间每纸44.5厘米32行，相当标准。

2. 西魏大统三年（537）写本《维摩经义记》卷二，更是连首连尾都高度精确在36.5厘米24行。

3. 唐上元三年（676）宫廷写《妙法莲华经》卷五，前半段，每纸47.5厘米，后半段，每纸46.5厘米，经文则统统为每纸31行。

标准的行款，既是视觉感受的要求，也是版面设计的需要。如果版式、行款不一致，则说明雕版的安排尚缺统一规格，有一定的随意性。

虽然咸通九年《金刚经》雕版今日早已不见，但是，雕版的状况，却可以通过版式、行款得到体现。笔者以为，其版式行款的差异，恰恰反映了这件早期雕版印刷经典还比较“原始”、不够完美。

（三）版片号

“版片号”，是书籍版片的顺序编号，是雕刻板片必备内容。版片号的作用是防止书版混乱。试想，一部书籍往往数十片、上百片，雕版如果放置错乱，将很难辨认清理。而佛教大藏经，往往经版数量更多至十余万片，由于其经文阅读的困难，一旦混乱，极难理顺。故此，古人发明了在板片上雕刻版片序号的方法。后代册叶式书籍，每版刊有叶码，这在宋以后的书籍中常见，是很普通的现象。但是，在雕版印刷技术发明的早期，版片号的标识还没有成为一种制度，没有统一规格和方式。

咸通九年雕版《金刚经》已经有了版片号，各版情况如下：

（扉画：不刊版片号）（图2–1）

第一版：没有刊版片号。这是因为卷首有首题，没有版片号一般不易混乱；

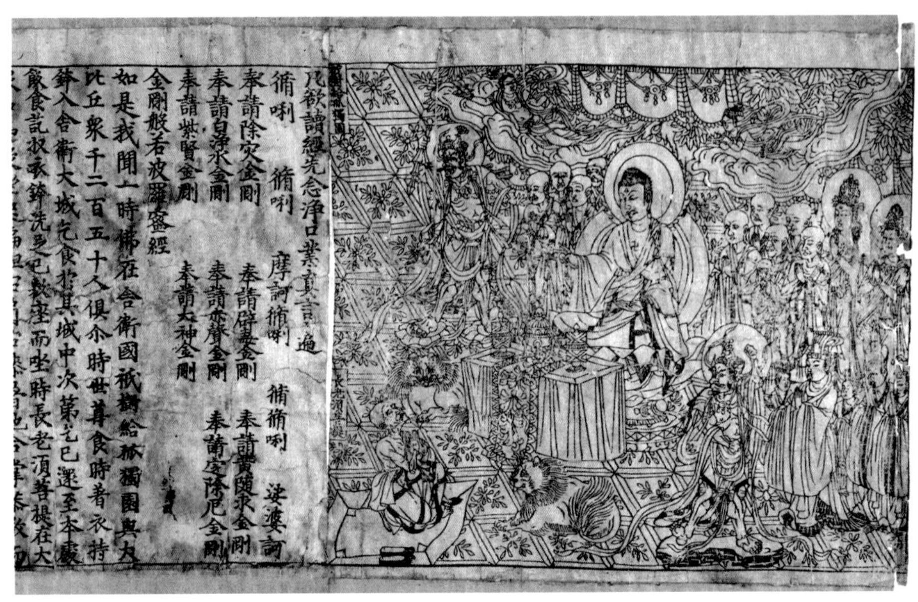

图2-1　唐咸通九年（868）刻《金刚经》扉画

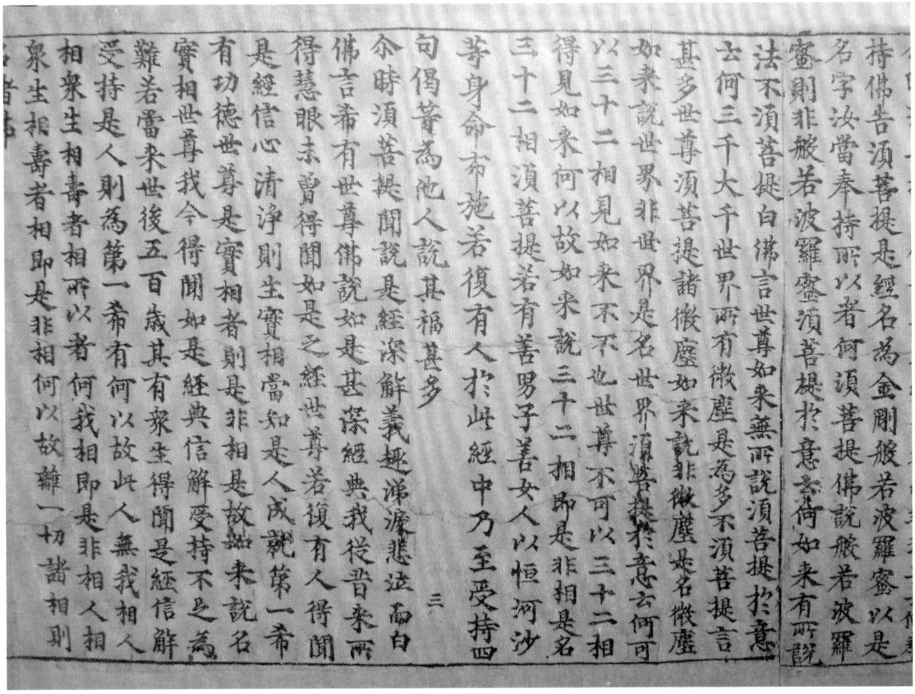

持佛告須菩提是經名為金剛般若波羅蜜以是
名字汝當奉持所以者何須菩提佛說般若波羅
蜜則非般若波羅蜜須菩提於意云何如來有所說
法不須菩提白佛言世尊如來無所說須菩提於意
云何三千大千世界所有微塵是為多不須菩提言
甚多世尊須菩提諸微塵如來說非微塵是名微塵
如來說世界非世界是名世界須菩提於意云何可
以三十二相見如來不不也世尊不可以三十二相
得見如來何以故如來說三十二相即是非相是名
三十二相須菩提若有善男子善女人以恒河沙
等身命布施若復有人於此經中乃至受持四
句偈等為他人說其福甚多　三
尒時須菩提聞說是經深解義趣涕淚悲泣而白
佛言希有世尊佛說如是甚深經典我從昔來所
得慧眼未曾得聞如是之經世尊若復有人得聞
是經信心清淨則生實相當知是人成就第一希
有功德世尊是實相者則是非相是故如來說名
實相世尊我今得聞如是經典信解受持不足為
難若當來世後五百歲其有衆生得聞是經信解
受持是人則為第一希有何以故此人無我相人
相衆生相壽者相所以者何我相即是非相人相
衆生相壽者相即是非相何以故離一切諸相則

图2-2　唐咸通九年（868）刻《金刚经》版片号

第二版：无版片号；

第三版：有版片号“三”字，刊于第九行空白处下端；

第四版：有版片号“四”字，刊于第八行空白处下端（图2–2）；

第五版：有版片号“五”字，刊于第十四行空白处下端；

第六版：有版片号“六”字，刊于第九行空白处下端。

（拖尾：手写书札，残）

咸通九年《金刚经》版片号位置如此随意，这种不固定的现象，或许反映了这件雕版印刷典籍的“原始”状态。我们知道，宋元以下雕版印刷书籍，版片号一般有固定的位置，如蝴蝶装和线装，一般标在版心鱼尾中间；经折装往往刊在版端或版缝中间。卷轴装一般标在卷端，如《开宝藏》《金藏》等皆如此。版片号标写标位置不统一，说明书板版面“设计”还没有形成一个固定的模式，写版、雕版与版片管理之间的关系还没有像后代那样严谨，似乎还没有形成一种制度。

由此看来，咸通九年的《金刚经》的板木选用、版式设计、行款安排诸方面，都还显示出比较“原始”的状态。

其实不唯咸通九年《金刚经》显露出比较“原始”的状况，这种情况，在雕版印刷术发明的早期印本书上，都表现出一定的“原始”性质。

咸通九年《金刚经》给我们的启示：

1. 版片号出现的时间，虽然还没有更具体的年代，但是，可以基本肯定的是，在雕版印刷技术开始普遍应用于印刷书籍之初，就被用作典籍叶码的标识。

2. 从咸通九年《金刚经》版片号的标识方式看，其最初的目的，就是标识叶码。随经文长短，随机选择段落空白处，刊标叶码。

3. 后代一些装饰作用，此时还没有出现。

三

2014年至2015年之间，经过与保利国际拍卖公司协商，三件从晚唐五代至北宋初年的雕版印刷典籍收入国家图书馆。这三件属于早期雕版印刷的经典，恰巧代表了晚唐、五代、北宋初年三个时期的实物，为我们了解雕版印刷术大规模推广应用阶段版片号的形态和作用，提供了重要证据。

（一）晚唐五代刻《金刚般若波罗蜜经》一卷。后秦鸠摩罗什译

《金刚般若波罗蜜经》，一卷，简称“金刚经”（图3–1）。

早期大乘佛教经典。魏晋之际，佛教般若经典已在中原译出，般若学说开始广为流传，般若“空”“无”学说与门阀氏族、社会名流的玄学空谈、行为超逸相结合，两种思想相互激励，又极大地促进了般若空义思想的发展。

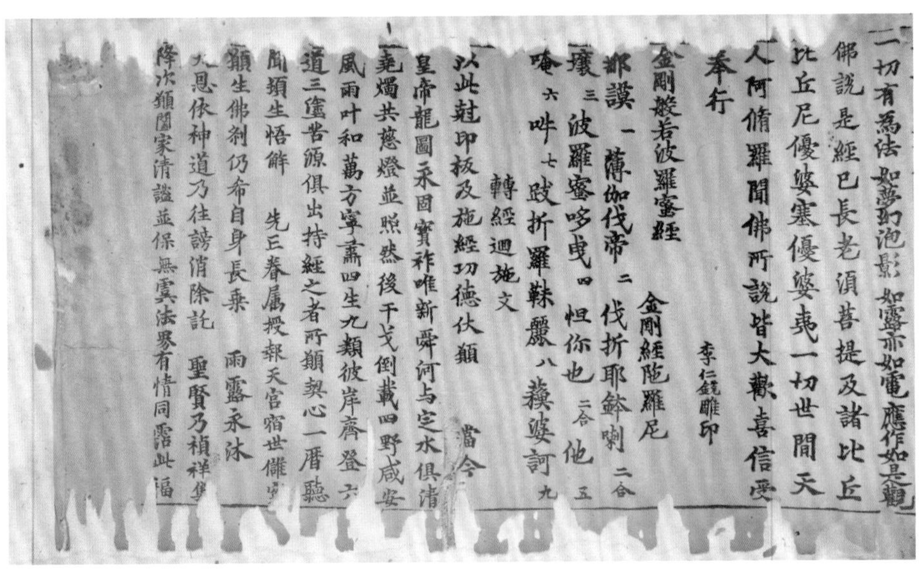
一切有為法 如夢幻泡影 如露亦如電 應作如是觀
佛說是經已長老須菩提及諸比丘
比丘尼優婆塞優婆夷一切世間天
人阿脩羅聞佛所說皆大歡喜信受
奉行
李仁鐃雕印
金剛般若波羅蜜經
金剛經陁羅尼
那謨一 薄伽伐帝二 伐折耶鉢喇二合
壤三 波羅蜜哆曳四 怛你也二合 他五
唵六 吽七 跋折羅鞞癈八 蘱婆訶九
轉經迴施文
以此雕印板及施經功德伏願 當今
皇帝龍圖永固寶祚唯新舜河与定水俱清
堯燭共慈燈並照然後干戈倒載四野咸安
風雨叶和萬方寧肅四生九類彼岸齊登 六
道三塗苦源俱出持經之者所願契心一歷聽
聞願生悟解 先亡眷屬投生天宮宿世冤
願生佛剎仍希自身長乘 雨露永沐
天恩依神道乃往謗消除託 聖賢乃禎祥集
降次願國家清謐並保無虞法界有情同霑此福

图3–1　晚唐五代间刻本《金刚般若波罗蜜经》

在中原地区，《金刚经》相继六次译为汉文本：后秦鸠摩罗什译《金刚般若波罗蜜经》；北魏菩提流支译《金刚般若波罗蜜经》；南朝陈真谛译《金刚般若波罗蜜经》；隋达摩笈多译《金刚能断般若波罗蜜经》；唐玄奘译《能断金刚般若波罗蜜多经》；唐义净译《佛说能断金刚般若波罗蜜多经》。

鸠摩罗什（343—413），龟兹人。祖上为印度婆罗门族，父鸠摩罗炎为龟兹国师。建元二十年（384），罗什被吕光掳至凉州，留拘十七年。弘始三年（401），后秦攻陷凉州，罗什被迎请至长安。自弘始四年（402）始，罗什在长安翻译佛经，至十五年逝世止，前后翻译佛经总三百余部。

本件为鸠摩罗什译本，后代流传最广。

1．整体外观

卷轴装。卷首残，上下单边，纸幅高24厘米，框高20.7—21.9厘米。卷尾全，长365.9厘米，存八版：七、八、九、十、十一、十二、十三、十四。版片号刊雕的位置颇不固定，大体刊在经文段落空白处和卷端。

尾题前有刻工：“李仁锐雕印。”

经文后有《金刚经陀罗尼》3行。

卷末有“转经回施文”9行：“以此克印板及施经功德，伏愿当今/皇帝龙图永固，宝祚唯新，舜河与定水俱清，/尧烛共慈灯并照。然后干戈倒载，四野咸安，/风雨叶和，万方宁肃。四生九类，彼岸齐登，六/道三途，苦源俱出。持经之者，所愿契心，一曆听闻，/顿生悟解。先亡眷属，授报天宫，宿世雠冤，/愿生佛刹。仍希自身，长乘雨露，永沐/天恩。依神道乃往谤消除，托盛贤乃祯祥集/降。次愿合家清谧，并保无虞，法界有情，同沾此福。/”

2．版式行款

（1）本件经版长短颇不统一，每纸长短从50厘米到51.8厘米，看来，这种比较粗糙的因素，可能因为是民间雕版，受各方面因素制约；也可能是经板加工工艺还处于比较“原始”的阶段。

（2）纸张状况，经眼观察，纸张纤维细腻；纸张厚薄不均匀；以手感触，纸张韧性不好。

（3）本件字体，保存比较浓郁的唐代写经风格。刻工刀法细腻，比较准确地保留了书写风格。

（4）本件为标准行款的每纸27行，行15字，这说明两个问题，其一，底本很标准；其二，写板已经规范。

（5）本件经文内容，保存晚唐五代之后传本所具有的特点。

（6）本件没有明确纪年标识，根据字体、纸张等方面因素综合考虑，笔者和参与鉴定的专家，大多同意将之定为晚唐五代时期。

本件堪称中国早期雕版印刷实物的重要标本，具有重要意义。

各版数据如下：

版序	纸长（厘米）	行数	版片号及位置
7	（残存）9.5	（存）5	未见版片号
8	51.5	27	版片号似在版端，已经残损（图3－1）
9	51.0	27	未见版片号
10	50.9	27	版片号：十在段落空白处（图3—2）
11	51.8	27	版片号：十一在段落空白处
12	50.5	27	版片号：十二在版端
13	50.0	27	版片号：十三在版端
14	50.7	24	无版片号

言汝於來世當得作佛號釋迦牟
何以故如來者即諸法如義若有人
言如來得阿耨多羅三藐三菩提須菩
提實無有法佛得阿耨多羅三藐三菩
提須菩提如來所得阿耨多羅三藐三
菩提於是中無實無虛是故如來說一切
是佛法須菩提所言一切法者即非
切法是故名一切法須菩提譬如人身
長大須菩提言世尊如來說人身長大
則爲非大身是名大身
須菩提菩薩亦如是若作是言我當滅度
無量衆生則不名菩薩何以故須菩提實
有法名爲菩薩是故佛說一切法無我
無人無衆生無壽者須菩提若菩薩作
是言我當莊嚴佛土是不名菩薩何以
故如來說莊嚴佛土者即非莊嚴是名
莊嚴須菩提若菩薩通達無我法者如
來說名真是菩薩
須菩提於意云何如來有肉眼不如是世
尊如來有肉眼須菩提於意云何如來
有天眼不如是世尊如來有天眼須菩提
於意云何如來有慧眼不如是世尊如來
有慧眼須菩提於意云何如來有法眼
如是世尊如來有法眼須菩提於意

图3-2　晚唐五代间刻本《金刚般若波罗蜜经》版片号

李仁锐《金刚经》的意义：

（1）本件版片号标写没有固定位置，或在版端，或在段落空白处，有较大随意性（图3–2）。这印证了笔者两个猜测，其一，本件雕版年代较早，可能与咸通九年《金刚经》属于同一个时期；与专家鉴定为“晚唐五代时期刻本”的意见相互映证；其二，本件版片号安排的不规范现象，反映该件装帧装潢的原始特征。虽然该件每版经文行数已经固定为27行，但是，就其装饰美观而论，还很粗糙、很“原始”。

（2）该件版片号的“不规范”状况，与咸通九年《金刚经》有相似之处，给笔者的感觉，晚唐五代初期，版片的作用，还仅仅在于版叶的计数和排序，对版面整体的美观设计，似乎尚未考虑。

（二）南朝宋沮渠京声译《佛说观弥勒菩萨上生兜率天经》一卷。五代后唐天成二年（927）刻本

简称“弥勒上生经”“上生经”（图4）。主要叙述弥勒菩萨命终往生兜率陀天，教化诸天，昼夜六时说法。宣说天宫庄严妙丽，清净快乐，往生兜率陀天、称念弥勒菩萨名号诸种功德利益。

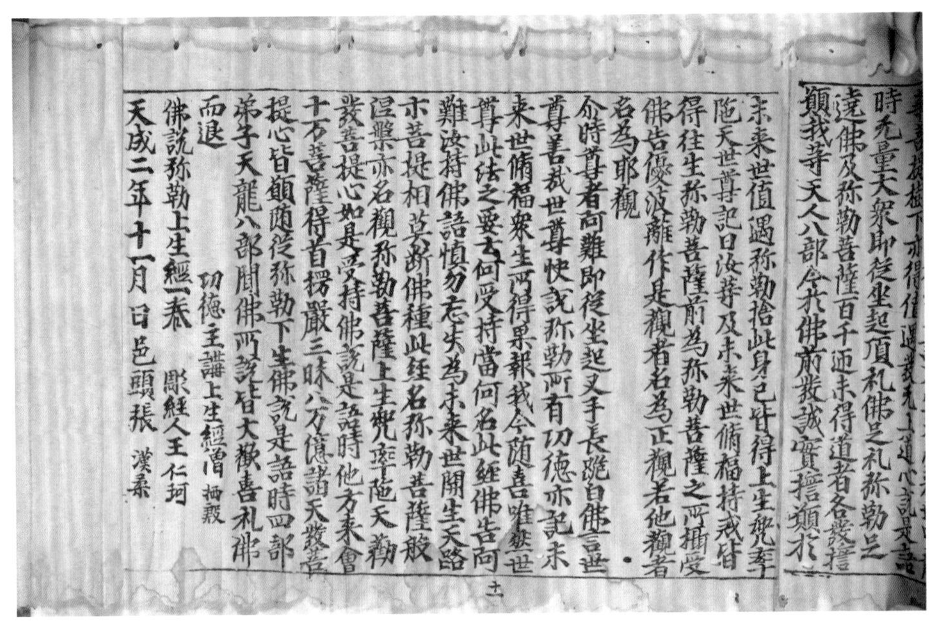
時无量大衆即從坐起頂礼佛足礼弥勒足
遶佛及弥勒菩薩百千迊未得道者各發誓
願我等天人八部今於佛前發誠實誓願於
未来世值遇弥勒捨此身已皆得上生兜率
陁天世尊記曰汝等及未来世脩福持戒皆
得往生弥勒菩薩前為弥勒菩薩之所攝受
佛告優波離作是觀者名為正觀若他觀者
名為耶觀
尒時尊者阿難即從坐起叉手長跪白佛言世
尊善哉世尊快說弥勒所有功德亦記未
来世脩福衆生所得果報我今随喜唯然世
尊此法之要去何受持當何名此經佛告阿
難汝持佛語慎勿忘失為未来世開生天路
示菩提相莫斷佛種此經名弥勒菩薩般
涅槃亦名觀弥勒菩薩上生兜率陁天勸
發菩提心如是受持佛說是語時他方来會
十方菩薩得首楞嚴三昧八万億諸天發菩
提心皆願随從弥勒下生佛說是語時四部
弟子天龍八部聞佛所說皆大歡喜礼佛
而退
佛說弥勒上生經一卷
功德主講上生經僧 栖殿
彫經人王仁珂
天成二年十一月日邑頭張 漢柔

图4　后唐天成二年（927）刻本《观弥勒菩萨上生兜率天经》

魏晋间，弥勒经典传入中原，以翻译和抄写弥勒经典、绘制弥勒形象、开凿和供养弥勒造像为内容的信仰活动，在中国社会各阶层逐渐传播，形成弥勒信仰，并演化成为中国佛教的净土信仰。

沮渠京声，祖先天水郡临成县胡人，河西王沮渠蒙逊从弟。幼禀五戒，锐意内典。少年时代，跋涉流沙到于阗国求访佛教，学习梵文。东归途中，在高昌郡求得“观世音观经”“弥勒上生经”回到凉州，并译为汉文。北魏攻陷凉州时，沮渠京声南奔，避祸刘宋，以居士身份，常游止塔寺，并在此将曾已初译的“弥勒上生经”等经典讽诵传写，成为弥勒信仰主要经典之一。京城内外、僧俗“咸敬而嘉焉”。刘宋大明年末（464），沮渠京声病逝于建康。事迹见梁僧佑《出三藏记集》卷第十四。

1. 整体外观

卷轴装。卷首残，卷尾全，长115厘米，上下单边，框高22.7厘米—23.3厘米（一、三版，22.3厘米，二、四版23.3厘米），纸幅高26.5

厘米。存四版：八、九、十、十一。卷尾后有“功德主讲上生经僧栖殷”“雕经人王仁珂”“天成二年（927）十一月日邑头张汉柔”三行题记。卷为保存原来木轴，轴头涂棕色漆。

本件题记为“天成二年”雕，其雕版时间较咸通九年《金刚经》晚59年，是目前世界范围内所知第二件有明确纪年的早期雕版印刷书籍，也是国内保存有明确纪年最早的一件。

2. 版式行款

（1）本件纸张长度相当标准，即每纸31厘米多；表明纸张的加工工艺非常成熟；目前对这件的纸张正在进行检测。

从纸张帘纹观察，厚薄均匀，纤维细腻，说明造纸加工工艺较好。如果用手感触，会感觉到纸张韧性较好，纤维束更长。据国图古籍纸张专家的研究，纸张成分以构皮纤维为主。

本件字体风格，保留许多俗写和古朴书法。

（2）本件字体特色，具有典型北方地区雕版粗犷、硬朗的刀法风格。

（3）版式行款方面，本件每块雕版皆大小基本相同，这从纸张尺寸、每版文字固定为19行可以推断；每版文字皆19行，表明行款已经固定，这是雕版印刷工艺成熟的标志。

（4）本件的版片号，标在下边栏以外，大体靠近经文第9、10行之间的位置。版片号位置大体固定，表明版式安排已经比较成熟。版式与行款的固化，成熟化，是这时期写本典籍向刻本典籍过渡过程中的进步。

各版数据如下：

版序	纸张长度（厘米）	行数	版片号及位置
1	（存）20.5	（存）12	版片号：八。下边栏外，第9—10行间
2	31.5	19	版片号：九。下边栏外，第9—10行间
3	31.3	19	版片号：十。下边栏外，第10—11行间
4	30.8	19	版片号：十一。下边栏外，第8—9行间（图4）

天成二年《弥勒上生经》版片号的意义：

（1）本件版片号未像咸通九年《金刚经》那样，在段落空白处随机标识，为一目了然，清晰醒目，故将其固定标识在栏线下边第9、10行之间的固定位置。

（2）这种方法，即方便查阅经文，也便于版片的管理。实用还是最基本的功能。

（3）版片号是版式行款整齐划一的标志。从客观角度说，有了整齐美观的版式设计，才使晚唐五代以来由重视雕版文字内涵的整理，向经板外部的美观延伸。这是雕版印刷典籍在使用过程中迈向成熟的重要一步。从此，雕版印刷典籍，才走上真正成熟的道路。这种实用与美观的结合，奠定了中国此后一千余年以木板雕刻典籍为主流的正统历史地位。

（三）后秦鸠摩罗什译《弥勒下生经》一卷。五代北宋初刻本

《弥勒下生经》，一卷，全称“佛说弥勒下生成佛经”，一名“弥勒当来成佛经”（图5）。

本经内容主要叙述弥勒菩萨下生、成道、说法等事。经文生动描述弥勒将来下生此世界，于龙华树下，三会说法、救渡众生，自己亦生此世界，于龙华树下听受说法成佛。

魏晋间，弥勒经典传入中原，以翻译和抄写弥勒经典、绘制弥勒形象、开凿和供养弥勒造像为内容的信仰活动，在中国社会各阶层逐渐传播，形成弥勒信仰，并演化成为中国佛教的净土信仰。

该经历史上有多种译本，本件为鸠摩罗什翻译。

1. 整体外观

卷轴装。卷首残，卷尾全。卷轴装，上下单边，框高20.8厘米，纸幅高约27厘米。全件总长152.6厘米，高26.8厘米，存经文87行。卷尾存原轴，轴头涂黑漆。

本件存两版六纸，由于经板过长，故印刷时由多张纸粘接，先接纸，后印刷。

第一版残长46.5厘米，存27行，2纸；

第二版长106.1厘米，60行，存4纸。上下单边。本经全卷应该有三版，目前仅存原长的一小半。

本件装帧特点为板长纸短，先多纸拼接，后印刷装帧。

经文后存尾题：“弥勒下生经。”没有刻工、没有题记。

本件古时已残破严重，卷背有古人托裱背补，托裱纸用五代寺院文书，文书内容上还保存有五代年号，如“广顺□□年”字样。广顺，属后周，共三年（951—953）。这个年款说明，本件的修补年代，必然晚于广顺，晚到何时，笔者没有明确资料。而本件雕刻于何时，亦缺乏可靠证据。

判断本件的雕版年代，笔者同意要根据字体、纸张等因素综合判断。笔者认为，其年代大约在五代后期至北宋初。

2. 行款版式

（1）本件字体较为规整，反映该时代写版工艺已经达到相当成熟阶段。本件雕版细腻、精致，反映五代北宋间雕版技术已经趋于成熟。

（2）本件纸为皮质纤维；纸张厚薄均匀。

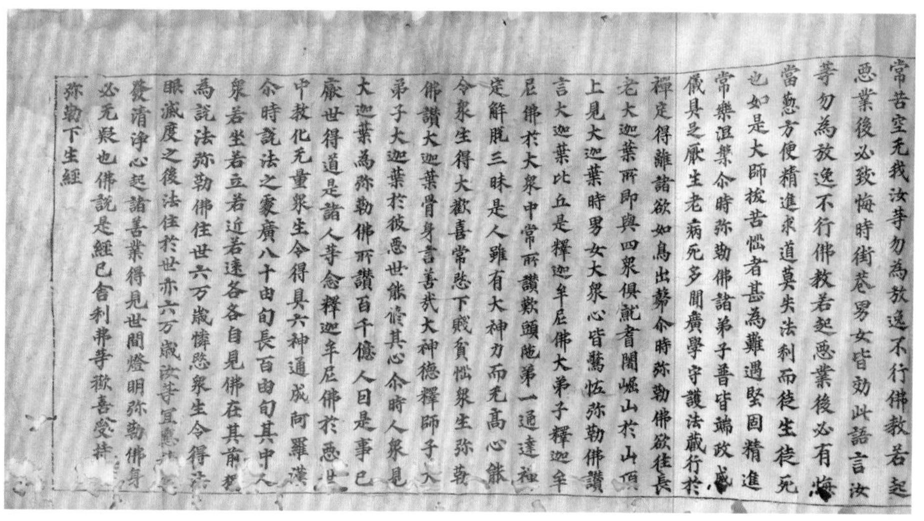
常苦空无我汝等勿為放逸不行佛教若起
惡業後必致悔時街巷男女皆効此語言汝
等勿為放逸不行佛教若起惡業後必有悔
當懃方便精進求道莫失法利而徒生徒死
也如是大師拔苦惱者甚為難遇堅固精進
常樂涅槃尒時弥勒佛諸弟子普皆端政威
儀具足厭生老病死多聞廣學守護法藏行於
禪定得離諸欲如鳥出鷇尒時弥勒佛欲往長
老大迦葉所即與四衆俱就耆闍崛山於山頂
上見大迦葉時男女大衆心皆驚怪弥勒佛讃
言大迦葉比丘是釋迦牟尼佛大弟子釋迦牟
尼佛於大衆中常所讃歎頭陁第一通達禪
定解脫三昧是人雖有大神力而无高心能
令衆生得大歡喜常愍下賤貧惱衆生弥勒
佛讃大迦葉骨身言善哉大神德釋師子大
弟子大迦葉於彼惡世能脩其心尒時人衆見
大迦葉為弥勒佛所讃百千億人因是事已
厭世得道是諸人等念釋迦牟尼佛於惡世
中教化无量衆生令得具六神通成阿羅漢
尒時說法之處廣八十由旬長百由旬其中人
衆若坐若立若近若遠各各自見佛在其前獨
為說法弥勒佛住世六万歲憐愍衆生令得法
眼滅度之後法住於世亦六万歲汝等宜懃
發清淨心起諸善業得見世間燈明弥勒佛身
必无疑也佛說是經已舍利弗等歡喜受持
弥勒下生經

图5　五代北宋初刻本《弥勒下生经》（无版片号）

（3）本件的行款、版式，大约因为是民间雕刻，故受版片和纸张两方面约束，颇为简陋和“不规范”。

两版六纸，第一版残长47.5厘米；第二版长106.1厘米。详见下表：

残存版序	纸张长度（厘米）	行数	版片号及位置
1	（残）47.5（2纸缀接）	27	无版片号
2	101.7（4纸缀接）	60	无版片号（图5）

五代北宋初刻《弥勒下生经》的意义：

（1）从存残状况看，版片相当长，这种状况很少见。大概也因为总长度只有三版，即便不标识版片号，一般也不会致使经板混乱。

（2）本件是中国早期雕版印刷术重要实物证据，反映了雕版印刷技术从原始开始走向成熟。但是，此件出于民间雕版工匠之手，反映了五代宋出民间雕版和版片设计的观念。

四

从晚唐五代到北宋初年，是中国雕版印刷典籍从开始应用，到广泛普及的过程。这个时期，中国的雕版印刷技术飞速成熟，木刻雕版印刷典籍，几乎全面淘汰写本典籍，中国进入雕版印刷时代。

在这个过程中，雕版技术的成熟固然起到重要作用，但是，在笔者看来，版片设计的工艺走向成熟，才最终由印本典籍代替了写本典籍，木板雕印才得以形成最广泛的普及态势，并在现代机器印刷技术出现之前的一千余年时间里，统治了典籍印刷、制作和装帧、装潢的全领域。

笔者以下谨将部分早期雕版印刷典籍的状况罗列于下，以见晚唐五代到北宋初年，部分已知的早期雕版印刷典籍版片号的使用价值和装饰意义。

（一）晚唐五代刻《三十三分金刚般若波罗蜜经》。2008年保利春拍拍品，某佛教博物馆收藏

本经介绍，参方广锠先生博客《九种早期刻本佛经小记》、2008年保利春季拍卖图录说明。方先生认为：“此件风格、字体、形态与上述《王玠金刚经》、《李仁锐金刚经》较为接近。刊刻年代亦应大体相近。……每版28行，与标准写经款式相同。”基于上述因素，判定本卷为晚唐五代刻本。

笔者关注的是版片号，该件全长425厘米，高27厘米，共存9纸，247行，行17字。每版28行，行17字。版片号皆统一刊每版右端的中间位置。尽管本件字体颇为古朴，具有晚唐五代初年写本的风格，但其版式标识方式，已经非常统一。

（二）晚唐五代宋初刻《傅大士颂金刚般若波罗蜜经》。保利2015年秋季拍卖

卷轴装。首残尾断，长380厘米，高26厘米；总存8纸，卷首版画2纸，经文存6纸，每纸长49至50厘米，每版28行，行17字；小字双行同，行25字。每版版端中间刊版片号。现存上下边栏为墨划。

卷首有版画2纸，长89厘米，版画左侧刊榜题“萧梁武帝御太极殿宣志公讲金刚经/志公奏请诏渔人傅大士歌颂此经变相”。

本卷经文存“梁朝傅大士颂金刚经序”“金刚经祈请”“虚空藏菩萨普供养真言”“净口业真言”“奉请八金刚”“发愿文”；《金刚经》部分存“法会因由分第一”至“无为福胜分第十一”。

本件经文字体保存不少异写、俗写，但是版刻较为工整；纸张较厚，纸质坚韧，纤维较为松散，也因此本件纸张脆断破碎比较严重。

关于本件的时代，目前各方认识差异较大，从晚唐到北宋初年的说法都有。

本件版片号刊于每版右端中间的位置，且非常固定。整齐的版片行款设计，带给阅读者的是经典的庄重之美。

（三）开宝八年（975）刻《一切如来心秘密全身舍利宝箧印陀罗尼经》。海内外公私诸家多有收藏

该本俗称“雷峰塔经”，唐不空译本。1924年杭州西湖雷峰塔倒塌后，在塔砖中大量发现，故名。袖珍卷轴装。卷首有扉画，扉画前有发愿文：“天下兵马大元帅吴越国王钱俶/造此经八万四千卷舍入西关/砖塔永充供养乙亥八月日纪/。”

根据各方已经公布的资料知道，开宝八年乙亥“雷峰塔经”有三个版本系统，每卷经文皆271行，每行10字。[3] 根据笔者观察，这三个版本系统，版片号都刊雕在右侧版端的中间位置。

（四）五代北宋初刻《妙法莲华经》卷六。山西高平市文管所藏后秦鸠摩罗什译本

该卷存16版，总长762.6厘米，每纸长49.8至52.2厘米，高27厘米，板框高20.9厘米。每纸27至29行不等，行17字。卷中有朱笔点标。打纸，砑光上蜡。卷尾存木轴。时代同上。根据本件的字体、纸张和版式行款综合考虑，研究者认为本件雕版印刷年代应该在五代至北宋初年这段时间。

本卷每版右端中间，刊有版片号。原缘督室收藏本与此版本相同，版片号位置亦同。

（五）太平兴国六年（981）刻《金刚般若波罗蜜经》。瀚海2015年11月拍卖

后秦鸠摩罗什译。

卷轴装，全长565厘米，宽28.9厘米，板心高22厘米。每版26行，行15字，上下单边。每版右端下刊版片序号。尾题后有《大身真言》《补阙真言》。

---

3 李际宁《吴越国时期雕版印刷的“宝箧印经”版本研究》，载《中文古籍整理与版本目录学国际学术会议论文集》，广西师范大学出版社，2012年。

卷尾发愿题记刊："比丘首谦又于濠泗二州教化四众，印金刚经一千五百一十七卷，/僧供一千人，大银棱钵盂一副，亲送五台山钵供，/文殊经施众僧转读。所有良缘，功德普愿回向，遍周法/界真如实际，一切六道四生，及舍财施主弟子，化道功勤，愿咸升般若之舟航，尽登菩提之彼岸。伏愿/皇帝圣寿万岁。/时太平兴国六年岁次辛巳七月二十三日，寄濠州崇圣禅院/造设，斋庆赞讫。此经用沉檀龙脑水研墨。/今弟四会也。宿州圣果□□□智广同送。/"

本件纸张坚厚，纸质均匀，有打纸砑光的工艺效果；字体疏朗、方正，显示出娴熟的雕刻技术；字形端正，少有异写、俗写；版式工整、规范，总体而论，本件风格颇有《开宝藏》神韵，已经是非常成熟的雕版印刷典籍。

本件每版右侧版端的下方，刊版片号。太平兴国六年这件经卷刊于宿州寺院。

（六）宋初刻小字本《妙法莲华经》。苏州博物馆收藏

后秦鸠摩罗什译。北宋前期刻本。

此件的介绍，见于苏州博物馆资料，[4] 相关雕版年代的研究，笔者已有论文。[5] 与此相关的是日本书道博物馆原中村不折收藏的"小字本法华经"。根据苏州博物馆收藏之瑞光塔出土的资料，笔者判断这几卷小字本《法华经》"其雕版的年代距北宋天禧元年（1017）之前不远，开版的地点应该在江南的苏州附近"。

这件小字本长卷《法华经》的版片号，刊在每版端的中间偏下的位置，且标注所属卷次、叶码。这已经不仅仅是成熟的标识方式，还具有了一定的装饰作用。

---

4 苏州博物馆编著《苏州博物馆藏虎丘云岩寺塔瑞光寺塔文物》，文物出版社，2006年。

5 李际宁《关于中村不折藏吐鲁番出土小字刻本妙法莲华经》，载沈乃文主编《版本目录学研究》第一辑，国家图书馆出版社，2013年。李际宁《中村不折藏吐鲁番出小字本妙法莲华经雕版年代补证》，载樊锦诗、荣新江、林世田主编《敦煌文献·考古·艺术综合研究——纪念向达先生诞辰110周年国际学术研讨会论文集》，中华书局，2011年12月。

从北宋初年以后，雕版印刷的典籍叶码标识方式，进入完全标准化阶段。尽管不同开本、不同地区、不同装帧的书籍，其叶码标识的样式有不同，但是，大体已经包含了这样一些内容：书名（或简称）、卷次、叶码，佛教大藏经则另加入帙次。到这个时期，中国雕版印刷典籍的形式就基本确定了下来。

笔者认为，能够在一千余年的漫长时间内，让中国式的典籍历久不衰的一个很重要的因素，就是晚唐五代到北宋初年奠定的中国式版片号的标识方式。这种方式，不仅具有实用意义，更使中国典籍具有独特样式的美感。

漫谈中国古籍的内封面

THE COVER PAGE (*NEI FENGMIAN*) IN TRADITIONAL CHINESE BOOKS

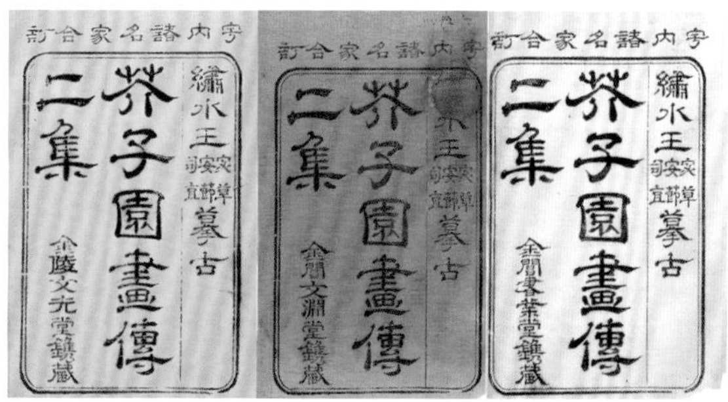

艾思仁
普林斯顿大学

SÖREN EDGREN
PRINCETON UNIVERSITY

ABSTRACT

The cover page (*nei fengmian*) is one of the most important examples of paratext (*fu wenben*) found in traditional Chinese books. Paratext stands for any textual information in a book besides the main text (*zheng wenben*), such as preface (*xu*), postscript (*ba*), compilation principles (*fanli*), printer's colophon (*paiji*), cover page (*nei fengmian*), etc. I will use PowerPoint images to discuss the origin and history of the cover page and to explain its contents and intended purpose, including its use in Japan and Korea. I will introduce related specialist terminology and propose my English translations of the terms. Considering the special design and decorative characteristics possessed by the cover page, I hope my presentation will contribute to the symposium theme of "Artistic Elements in Chinese Ancient Books".

今天，我想谈谈中国古籍的内封面。鉴于内封面所具有的设计装帧特点，我希望我的发言会有益于本次会议的主题——“中国古代图书中的艺术元素”。内封面或封面页（叶）是中国古籍的重要副文本之一。我会说明一些相关的专业术语，并介绍我对这些术语的英文翻译，如副文本[paratext]，即书籍正文[main text]之外的序[preface]、跋[postscript]、凡例[compilation principles]、牌记[printer's colophon]、封面页[cover page]等。这些术语在著录古籍时都有一定的参考价值。

首先，中国古籍的内封面决不应该称为书名页[title page]，因为书名页是洋装本书籍的用语。虽然西方迟至15世纪才开始出现印本书籍，但是很快，出版商就达成协议，统一书名页。从那时起，西方书籍的书名页就成为书籍著录信息的可靠来源。书名、作者、出版者、出版年月都必须正确无误。而中国古籍的内封面虽然也含有同样的信息，却缺乏统一的规矩或规则。如，书名常常是异书名而不是正书名[main title]，作者的姓名也常常用字或别号，出版商的姓名或堂号也常常是藏版者而不一定是出版者。我认为这种缺乏一致性的原因，在于中国古籍的封面页最初的用途是书坊即出版商的广告。

我要谈的第二点是，内封面也不应该称为扉页。扉页最初写成飞页，是英文“fly-leaf”的直译，也是洋装本书籍的用语。洋装书籍的飞页是夹在书籍封面与正文之间空白页。而在中国传统线装书里，夹在书皮和正文之间的空白页应该称为副叶[extra leaf]或护叶[protective leaf]，也可以用衬叶[liner leaf]。

第三点，我认为我们不应该把中国传统线装书最外面的一层称为封面[Western style front book cover]。封面一词现在也是西洋书籍的用语。中国线装书籍应该使用书皮或书衣[thread-bound book covers]。内封面是传统书籍书皮内刻印的半叶。

晚明是封面页（即内封面）出产的高峰期，但是重装时很多内封面都扔掉了。内封面最普通的形式是四周刻印边框，内刻三行文字，中间

图1 《辍耕录》内封面

图2 《潜确类书》内封面

一行印书名，右行印作者或编著者姓名或别名，左行印藏版者。然而在古籍著录过程中，藏版者究竟是刻书家（即出版者）还是印行者，编目员必须认真判断。这里我们看到的是两种明末代表性的例子。第一个例子，《辍耕录》（图1）有正确的书名和作者的姓名，但是藏版者并不是刻书者。这是毛晋用于《津逮秘书》丛书的版本，但是板子是他从明万历间的原刻书家徐球处获得的。广文堂则是后来的转版印行者。有些善本书目将此书著录为“明广文堂刻本”或“清广文堂刻本”，均是不正确的。第二个例子，明崇祯间《潜确类书》（图2）的书名和作者名都不准确，正书名应为《潜确居类书》，作者为陈仁锡，字明卿，而苏州映雪草堂作为出版者则是正确的。编目人员对此应作正确判断和著录。另外希望大家注意，不同寻常的是此内封面使用的是蜡笺纸，很具装饰性。

从前，中国读者购买新书，很少有成册的。新出版的书都是一摞一摞折叠好的书叶。这与西方最初的情形相同。这也正是封面页的重要性所在。我们来看一下还未曾装订的乾隆三十五年（1770）刻的地方志《兖州府志》（图3）。我认为直到清末以前，传统中国书籍在出售时，正如上面的例子所显示，是没有书皮或装订的，甚至也没有装订用的针眼，而只是未曾修过毛边，用捻子固定的一摞书叶。出版商和售书商出于广告的目的，再单独另印一页，说明该书的内容，放在最上面而成为所谓的封面。我认为这就是封面页的起始，也是我赞成使用封面页一词，并将它翻译成英文“cover page”的理由。

在以上两个17世纪的内封面示图中，《辍耕录》和《潜确类书》书名和封面的形式都已经简化。其实，在这之前，商业出版书籍为了吸引读者，内封面上的书名常常加上形容词，以及其他文字和装饰。同一页既有横排又有竖排的文字，这种设计也是为了引人注意，比如元至正十六年（1356）翠岩精舍刻本《新刊足注明本广韵》（图4）。商业出版中使用封面页最早可以追溯到元代初年，也许更早到南宋末年，那正是商业出版的兴盛时期。另外，我认为封面页的产生还有一个原因，就

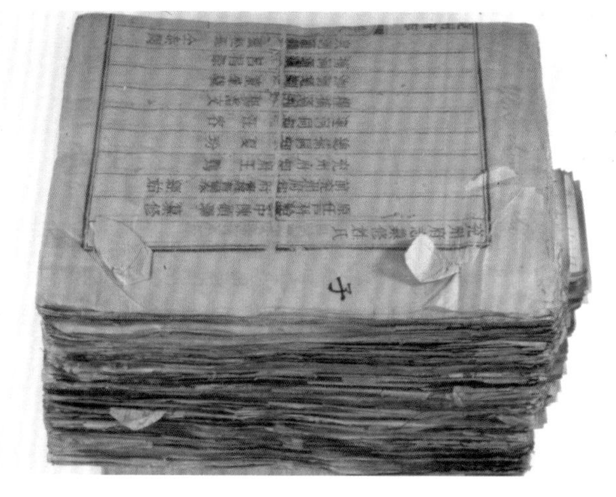

图3　《兖州府志》未装订本

图4　《新刊足注明本广韵》内封面

偽者乃更復以欺其師況長生之道真人所重可不勤求足問者哉然
不可不精簡其真偽也余恐古強蔡誕項曼都白和之不絕於世間好事
者省余此書可以少加沙汰其善否矣文仙經云仙人目瞳皆方洛中見
之白仲理者為余說其瞳正方如此果是異人也

抱朴子內篇袪惑卷第二十

舊日東京大相國寺東榮六郎家見寄
居臨安府中瓦南街東開印輸經史書
籍鋪今將京師舊本抱朴子內篇校正
刊行的無一字差訛請四方收書好事
君子幸賜藻鑒紹興壬申歲六月旦日

图5 《抱朴子内篇》牌记

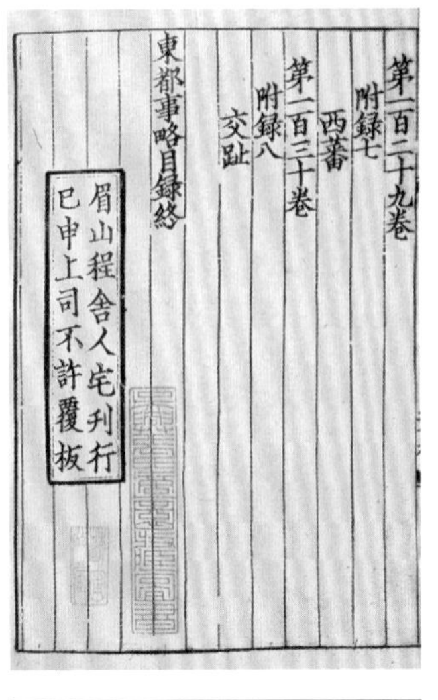

第一百二十九卷
附錄七
西蕃
第一百三十卷
附錄八
交趾
東都事略目錄終

眉山程舍人宅刊行
已申上司不許覆板

图6 《东都事略》牌记

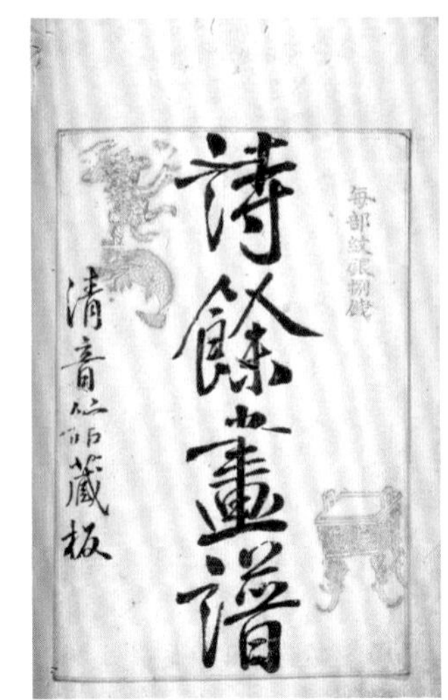

图7 《诗余画谱》内封面

是对折页文字面朝内的蝴蝶装，向对折页文字面朝外的包背装的转变。在这一转变的过程中，牌记的内容从书的后面移到了书的前面。南宋初期杭州出版《抱朴子内篇》的牌记（图5）就是一个例子。封面页出现以后，一些商业书籍仍继续分别使用牌记和封面页。

明清内封面中很重要的版权声明也源于宋版书中的牌记（图6）。南宋蜀刻本《东都事略》的牌记申明“眉山程舍人宅刊行，已申上司不许复刻”。这是很早出现的版权声明，但也只是纸老虎而已。现存三部宋版《东都事略》都有这一相同的版权声明，但其实是三个不同的版本。可见版权警告根本无效。申明版权的方式多种多样。也有的出版商在封面页钤印作为防伪的标记，或版权标记。这种印章通常会是一件古代青铜器的样式，如鼎，或是魁星的样式。顺便提一下，也有书商用木记钤印在封面页上标明书价。明万历四十年（1612）刻印的《诗余画谱》有两个防伪印章以及售书现价（图7）。清康熙十一年（1672）《监本诗经》的封面页（图8），在藏版者崇道堂的钤印下方，则有“每部有图章字号”和“翻刻千里必究”的版权声明。有些出版商甚至

紫陽朱氏新鐫
遵依一定字樣
較正點畫無訛
監本詩經
文公祠崇道堂藏板
每部有圖章字號
翻刻千里必究

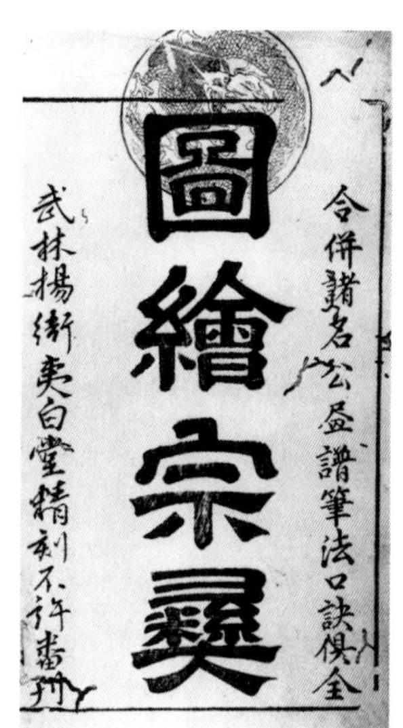
合併諸名公畫譜筆法口訣俱全
圖繪宗彝
武林楊衙夷白堂精刻不許番刊

图8　《监本诗经》内封面
图9　《图绘宗彝》内封面

加上了“本衙藏版”和“御览钦定”一类的用语，以为如此便可以防止盗版。明代出版高峰时期，这种版权声明同样也流于形式，并无效果。比如明万历版《图绘宗彝》（图9），内封面有“武林杨衙夷白堂精刻，不许番（翻）刊”，但是在当时就已经有盗版，而且内封面完全一样，有相同的牌记和版权声明。

在这样的情况之下，编目人员很容易把不同的版本误著录为同一个版本。相反，有的版本经过递修重印，每次转板重印会换新的藏版封面页。这样，编目员也容易把同一个版本误著录为不同的版本。一个很好的例子就是清雍正四年（1726）吴兴赵氏松雪斋的《读书敏求记》。请参看《中国古籍善本书目》著录此书为三个不同的版本：1726年松雪斋本、1728年延古堂本及1745年双桂草堂本。严佐之先生的《近三百年古籍目录举要》对此有准确说明，即三者应为同一版本。[1]

同样，有的藏板者为了商业出版目的，并不全部更换封面页，而只是挖改其中几个字。乾隆四十七年（1782）苏州书业堂刻《芥子园画传》就是一个例子（图10）。原刻《芥子园画传二集》的封面页印“金

1　严佐之《近三百年古籍目录举要》，华东师范大学出版社，2008年，第29—31页。

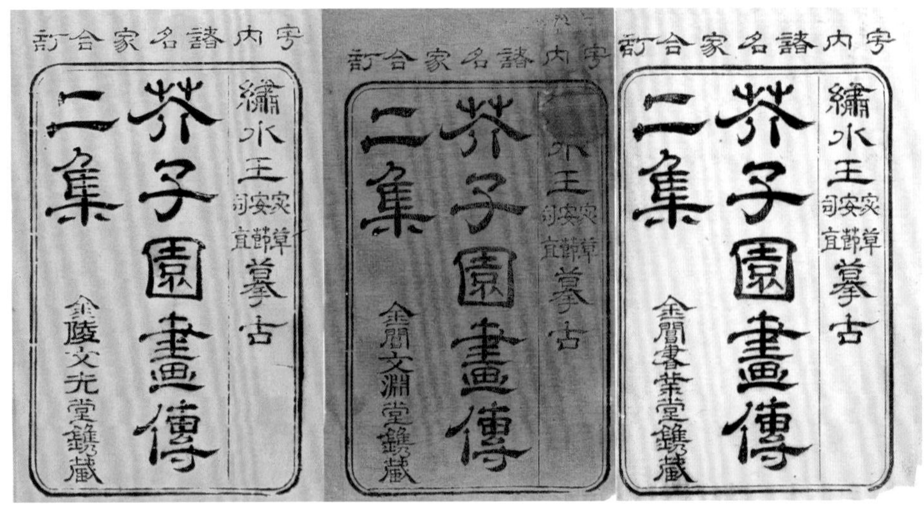

图10 《芥子园画传》内封三种

阊书业堂镌藏”。后来，苏州文渊堂仅将“书业”两字改为“文渊”，利用书业堂的原版重新印行此书。而南京文光堂再次印此书时，又挖改了“阊”“渊”二字。有的目录将此书作为三个版本。

有趣的是，西方出版行业对书名页虽有标准和限制，但是西方书籍书名页的书名越来越长，各种装饰性花边插图越来越多。而与此同时，中国的出版商却因传统的限制，形成了封面页的简单标准。尽管如此，在十八世纪中，封面页仍然有很大的设计和布局空间，甚至文字的书法风格也对读者传递出重要信息。比如我们看看清乾隆五十三年（1788）版《吕氏春秋》的内封面（图11），就会发现用的字体是当时在文人中非常流行的铁线篆。事实上该书法与此书编者毕沅及他的好友孙星衍的笔迹非常近似，完全有可能出自其中之一。读者也经常能辨识出著名文人的笔迹。

我也想提一下日本和朝鲜对封面页的采用。朝鲜迟至18到19世纪才出现商业出版，而且极少有书籍使用封面页，所以没有太多可说之处。普林斯顿大学东亚图书馆藏有18世纪的《大典通编》，有蓝印内封

图11 《吕氏春秋》内封面

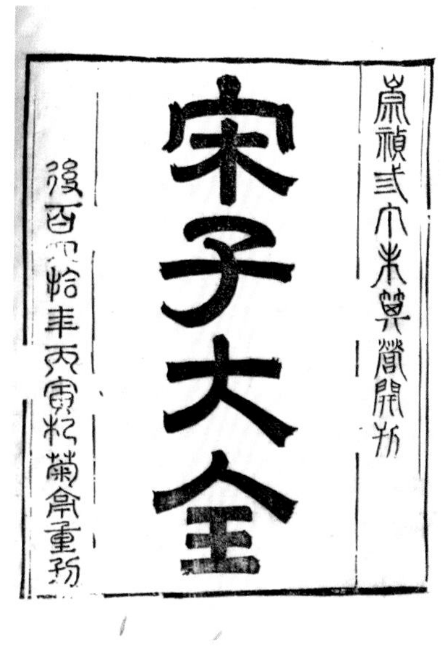

图12 《宋子大全》朝鲜本内封面

面。[2] 朝鲜内府活字印本如《奎章阁志》也有蓝印内封面。可见蓝印内封面较多出现在18世纪的朝鲜。又有一种内封面是1787年刻版的《宋子大全》（图12），印于1926年！请注意出版日期："崇祯弎丁未"，即乾隆五十二年开刊。印刷日期是："后百四拾年丙寅（1926）重刊"。另外，还有带装饰性花边插图的本子，如朝鲜李舜臣的全集《李忠武公全集》[3]。这类内封面装饰性花边插图开始于明末。清初《四书课儿捷解》是代表性的例子 [4]。明万历间《性命圭旨》内封有朱蓝套印的花卉图案 [5]。明末刻印最精、色彩最为丰富的彩色套印内封面的本子就是带春宫版画的版本，例如《青楼剟景》的三色套印内封面和《花营锦阵》的四色套印内封面（图13）。这一风格也流传到日本，见18世纪浮世草子类的《昔男时世妆》（图14）。

2 见*Korean Rare Books in the Princeton University Library,* Seoul: National Library of Korea, 2015, p. 48.

3 见*Kyujanggak and the Cultural History of Books.* Seoul: Acanet, 2010, p. 232。

4 《美国哈佛大学哈佛燕京图书馆藏中文善本书志》，广西师范大学出版社，2011年，第一册，彩图。

5 《美国哈佛大学哈佛燕京图书馆藏中文善本书志》，第三册，彩图。

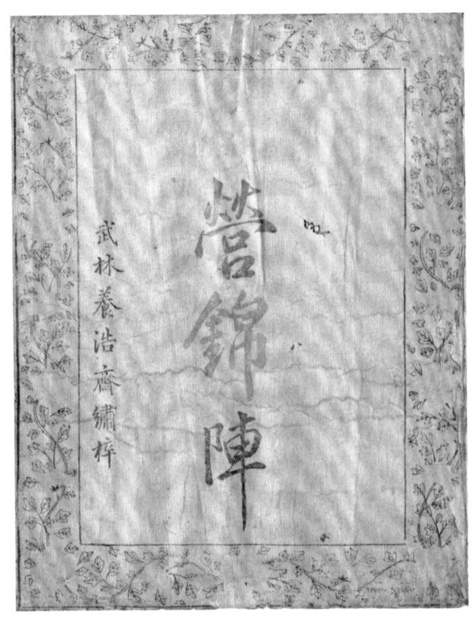

图13 《花营锦阵》四色套印内封面

图14 《昔男时世妆》日本朱墨套印内封

图15 《新镌草本花诗谱》日本版内封面

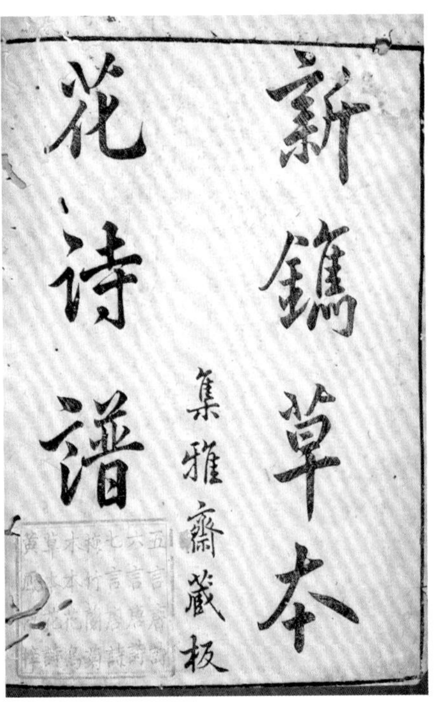

图16 《新镌草本花诗谱》明原版内封面

另一方面，日本的商业出版开始于17世纪，整个江户时期（1603—1867）都相当活跃。他们在翻刻中国书籍时模仿了中国的封面页，如《唐诗画谱》内的《新镌草本花诗谱》。这是该书第六部分1672年日本版的封面页（图15），其总书名改为《八种画谱》。而下一幅图是晚明天启元年（1621）原刻本中的封面页，左下角有木记钤印（图16）。由于原书的六个部分并未在他处标明顺序，因此封面页提供的顺序就非常有价值了。并且，最后一行还有“黄凤池梓”。另外几部分都钤印有“杭城花市内黄凤池梓行”，这就指明了出版地点。其他日本翻刻本，也都是原封不动的覆刻本。

总体来说，和刻汉籍都具有典型的中国明清书籍内封面的风格。然而从18世纪末开始，日本刻书业开始将封面页印制在长纤维的结实的纸上，用来包装装订成册的书籍，犹如中国的蓝布函套，一般日本人称其为“袋”[fukuro]。如日本朝川善庵校，1830年版的《荀子》（图17），既有中国书籍内封面的风格，也使用了日本的纸“袋”。这也表明出售装订成册的线装书大约就是从那时候开始的。

图17 《荀子》日本内封面作为纸“袋”

图18　《六经图》万年红纸内封

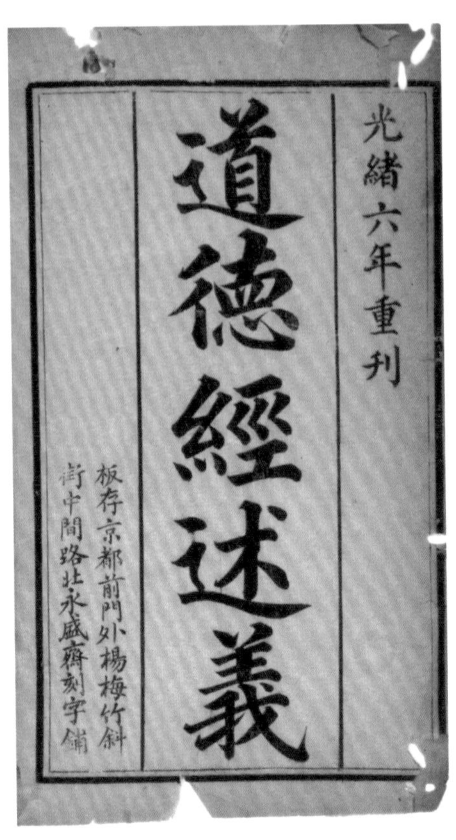

图19　《道德经》内封带藏版者的地址

到清代后半期，内封面和印书签[printed title labels]作为书的一部分已经变得很常见，即便是私刻或坊刻也是如此。此时书籍封面页装订又有了新的方法，如防虫用万年红纸做封面页。这表明18世纪中叶的内封面已成为书籍的一部分。乾隆九年（1744）述堂刻的《六经图》就是一个例子（图18）。也有些书签与封面页刻在同一块版上。从晚清开始，有些出版家在发行前就装订了书籍，而日本人已经这样做了几十年，甚至直接在书皮上和书签上印刷信息。清咸丰间许梿刻《洗冤录详义》，原装书皮上直接印每册内容目录、书名及册数（仿书签式），函套书签上印有书名和“海宁许氏刊本”字样。

同时，宗教类书籍如善书、佛书等，通常包括藏版者的地址，只要提供纸张，藏版者刷印文本会分文不收。清嘉庆间刻本《金刚经节训》内封面题“板存广东省城学院前心简斋刻字铺刷印”。又《高王观世音经》题“板藏粤东省城心简斋刻字铺，凡同志者请到印送”。另有《道德经》的一个版本，就带有这样一个明确的地址（图19）。还有清末刻本善书《觉世儆心录》也是一个例子，其书皮上印有“版存常州县巷东首/华新书社随时可印”。

晚清的另一个特点是请同时代人题写书名，并刻在内封面前半叶，而其他版本说明则刻印在后半叶。如《文美斋诗笺谱》（图20），正书

图20　《文美斋诗笺谱》内封面前后

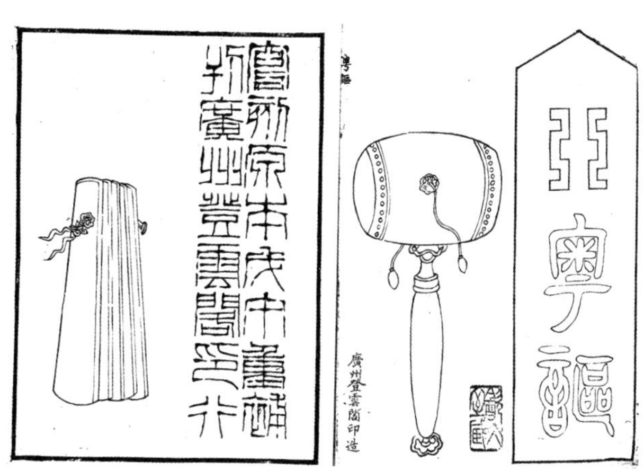

图21　《粤讴》内封面前后

图22 《利根川图志》日本版内封面

图23 《枕乃丰の草子》彩色套印封面

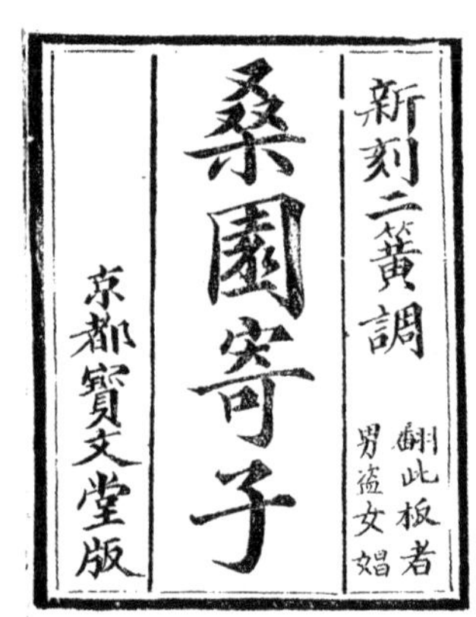

图24 《桑园寄子》唱本封面

名为《百华诗笺谱》，内封面刻有花框，前半叶有“桐城张祖翼题”手题上版书名，后半叶有具体刻书年月。同时也开始出现更加有装饰性的封面页，如咸丰年间重修《粤讴》的两面内封（图21）。但还是不能与日本一些极具装饰性的封面页相比。例如，1855年版的《利根川图志》（图22），甚至还有1846年浮世绘风格的《枕乃丰の草子》彩色套印封面（图23）。

最后要提及的是民间刊物中的封面页和版权用语。自从有了印刷之术，就有了民间印刷品，只是年代久远的未能保存下来。举19世纪末印行的唱本为例。这些唱本通常六到八叶，封面页有书名、曲牌名、书商的姓名及地址，还有对盗版者“翻刻千里必究”一类的警告（通常是一句咒语）。北京宝文堂刊《桑园寄子》二簧调，右下角印有“翻此板者，男盗女娼”（图24），另一类似的封面页印有“谁要翻刻吾的版，他是万世王八蛋”字样。

作为结束语，我希望我这篇关于内封面的肤浅讲稿能起到抛砖引玉的作用，让大家注意到这是一个很广阔的领域，还有待更深入的探讨和研究。

从古籍装帧看版画插图形式的变化与发展

THE CHANGE AND DEVELOPMENT OF THE FORM OF THE WOODCUT ILLUSTRATIONS FROM THE THE BINDING OF THE ANCIENT BOOKS

程有庆

中国国家图书馆古籍馆（善本特藏部）

CHENG YOUQING

ANCIENT BOOKS LIBRARY, NATIONAL LIBRARY OF CHINA

ABSTRACT

The binding form of ancient books has an influence on the expression form of the engraving illustrations. The evolution of the binding form of the ancient books is closely related to the change and development of the engraving illustrations. This article examines the similarities and differences and changes in the way of engraving illustrations in four book binding forms: scroll, concertina binding, butterfly binding, and string binding (including wrapped-back binding). It is especially worth noting that the Woodcut of Butterfly Binding Type and the Woodcut of String Binding Type influenced each other in the evolution of the book binding of the album, which pushed the art of ancient engraving illustrations to a peak.

古籍有多种装帧形式，不同装帧形式的古籍，其展阅方式有所不同，由此关系到古籍版画图像的阅览与观赏，进而对版画插图的表现形式产生影响。本文试就不同装帧形式的古籍版画特点及其展现方式上的异同，作一些初步的探索，以求教于方家。

古籍装帧形式中含义比较明确、形成规制，且具有广泛实用价值的古籍装帧形式有卷轴装、经折装、蝴蝶装、包背装、线装等等。如果以古籍实物的形状及其展阅的方式综合考察，形态特征明显的古籍装帧实际只有三类：即卷轴装、经折装及册页装。册页装的概念比较宽泛，它包括了人们常说的蝴蝶装、包背装、线装等等。如果单以书籍的展阅方式考察，则不难发现，同为方册装，包背装的最主要特点是首先采用书叶向外折的方式装订书籍，至于其对书脊所做的保护性的裱褙，蝴蝶装显然比它更早（经折装也有所谓的包背式）。所谓“包背装”的称谓，其实主要是针对同属于书叶向外的线装书而言的。重视书脊的保护，采用包背装；不包背书脊，则采用线装。鉴于包背装与线装的展阅方式完全相同，而晚出的线装书中所含版画插图的数量更大，故我们暂且将两者视为同类装帧，统一在线装名下加以考察。

基于上述，本文试就卷轴装、经折装、蝴蝶装、线装（含包背装）四种古籍装帧形式来考察其版画插图表现方式的异同和变化。

一　卷轴装与经折装版画

卷轴装又称卷子装，是纸本古籍最初始的装帧形式。欧阳脩《归田录》说：“唐人藏书皆作卷轴。”唐韩愈《送诸葛觉往随州读书》诗说：“邺侯家多书，插架三万轴，一一悬牙签，新若手未触。”存世的早期纸本书籍，如敦煌石室中发现的大批唐五代写本，大多采用卷轴装形式。

冠于经文之前的引首扉画，常见于卷轴装帧形式的佛经。现存有确切纪年的最早雕版印刷品，唐咸通九年（868）王玠所刻《金刚般若波罗蜜经》，卷首有《说法图》扉画（图又名“祇树给孤独园”），卷末有“咸通九年四月十五日王玠为二亲敬造普施”刊记。原卷长约499厘米，高约26厘米。除去长约18厘米的手写拖尾一纸，原经共印7纸。其中扉画单刻一版，纸长约28厘米；经文共刻6版，各纸长短接近，均在长约70至80厘米之间，粘连成卷。由此可见，当时印刷版画的纸长，是根据版画的尺寸大小（长短）加以裁剪的。

北宋吴越国乙亥岁(975)由“天下兵马大元帅、吴越国王”钱俶所造，藏于雷峰塔的《一切如来心秘密全身舍利宝箧印陀罗尼经》，卷首有很小的《礼佛图》。“雷峰塔经”版刻分三个系统，都以四版四纸刊印而成[1]。由于经版开本很小，所以卷前版画就不会单刻一版，而是与发愿文、经文等刻在了一起。

早期卷轴装本佛经卷首插画一般比较宽阔，图绘人物众多，场景广大，气势恢宏，颇显庄严肃穆。如果版面窄小，像雷峰塔经卷首插画那样大小的版画，则很难反映众多人物和宏大场面。卷轴装的优势，在于卷面可以无限连缀，因而每幅版画的大小（长度）可长可短，十分随意。不像册页装的版画，画面的大小已经被框住了，只能在尺幅之内进行创作，十分拘束。

卷轴装的重要缺点是翻检不便，后来出现的经折装因翻检便利，逐渐成为印本佛经的主流。

经折装连接而成长纸，有类于古代的卷轴装。而折叠形成竖长条型书叶，说明它受到外来贝叶经及梵夹装的影响，这显然是中国传统装帧受到外来书籍装帧形式影响之后的一种改进与结合。或许，我们也可以把经折装视作卷轴装的一种变相。

经折装本佛经刊有许多版画。如汲古阁旧藏宋景定（1260—1264）刻本《妙法莲华经》八卷，一卷一册，存七卷七册。各卷经文一版一纸，

1 李际宁《吴越国时期雕版印刷的“宝箧印经”版本研究》，倪莉、王蕾、沈津编《中文古籍整理与版本目录学国际学术研讨会论文集》，广西师范大学出版社，2013年，第430—447页。

每纸5个半叶，纸长约54.5厘米，上下有栏，栏高约24.4厘米。其中卷二共25版，除尾纸3个半叶外，其他24纸均每纸5个半叶。各卷卷首各有相同大小的释迦牟尼说法图。卷一引首图印为一纸，占5个半叶，图高约24.3厘米，长约48.8厘米。印图纸长约54厘米，比经文纸短半厘米。为便于书的开合，装帧时以另纸接长约0.7厘米，以与经文纸长度相合。

宋临安贾官人经书铺刻《妙法莲华经》，经前的“灵山说法”图单刻一版，版框长约40厘米，一纸5个半叶。经文28版，共印28纸。每纸7个半叶，长约60厘米；末纸6个半叶。

贾官人经书铺还刻有《善财童子五十三参》，此书每参一图，上图下赞，极具观赏性。其上图下文的版画形式，对元代建安虞氏所刻上图下文本《全像平话五种》，即《新刊全相平话武王伐纣书》《新刊全相秦并六国平话》（书名别题“秦始皇传”）等通俗书籍的风行，具有很大影响。

元至顺二年（1331）嘉兴路顾逢祥等刻至正六年（1346）姚陈道荣印本《妙法莲华经》7卷，7册，各册卷首有“释迦牟尼讲经图”（图1）。各卷经文一版一纸，每纸2开，4个半叶。其中卷二经文53纸。各卷插图均单刻一版，大小与经文版刻相同，也是一纸2开，4个半叶。早期经折装本佛经每纸叶数似以单数居多，此本情况较为少见。

图1　元至顺二年（1331）嘉兴路顾逢祥等刻至正六年（1346）姚陈道荣印本《妙法莲华经》卷首扉画

结合上述经折装版画、经文雕版的版长，以及其印刷纸张的长短异同，可知经折装与卷轴装版画不必考虑版画大小与经文用纸的长短对比。经折装版画的纸长必须符合折叠的半叶，但单双、长短可以不计，这显然与经折装独特的装帧形式有关。

存世的卷轴装、经折装本书籍多为佛、道经，而佛道经类版画是中国古代版画的重要组成部分，具有很强的艺术性与观赏性。此类版画之所以取得较高的艺术成果，原因之一，应该是得益于卷轴装、经折装易于展长的优势，宽阔的空间，适合于书法和绘画艺术的施展。

可惜的是，佛道经版画的内容较为单一，其中对广阔而生动的社会生活反映较少，比如人世间的山水花鸟、草木虫鱼、人物器物，以及故事情节、生活场景等等，形成难以克服的缺点。并且，佛经类版画雷同的画面很多，其差异只是表现在局部或是某个细微之处，容易给人留下枯燥、变化少的感觉，阅读者易于产生审美疲劳。尤其是面对那些气象生动的佛教、道教的彩色壁画与造像，卷轴装和经折装本版画的魅力和影响就大打折扣。

二　蝴蝶装版画

就卷轴装、经折装、蝴蝶装、线装（包背装）等几种装帧形式而言，规范的蝴蝶装的实物存世极少，其他几种都有大量实物留存。就册叶装而言，包背装、线装也可以视为蝴蝶装的变相。

经折装和卷轴装的特点是适合案上阅读，与之相较，册叶装既可案读，还适合于手持阅览。

蝴蝶装是宋元版书的主要装帧形式，它改变了沿袭千年的卷轴形式，是一个重大进步。《明史·艺文志》序指出：“秘阁书籍皆宋元所遗，无不精美。装用倒折，四周外向，虫鼠不能损。”这正是蝴蝶装帧形式的重要优点之一。

与卷轴装、经折装相比，册页装古籍书版变小，取材更为便易。而一版一叶，也便于以叶计数雕版数量。雕版印刷业于宋代得以迅速发展，此为众多因素之一。蝴蝶装将印有文字的一面向内折，打开时正好可以看到完整的一叶（一版）。因此，宋元时期的蝴蝶装印本插图，都是刻在一块版面上的，没有像后来线装书那样一图分用两块版刊刻。

宋代刻书，佛、道经采用卷轴装或经折装，由于可以任意拉长，故而卷面宽阔，适宜作画；而非佛经类书籍，都采用蝴蝶装，版面狭小，因而有版画的很少。某些书中即使有插图，也都是结构相当简单的线条画，基本属于示意性图绘，只为帮助说明问题，大多不具有观赏性。比如《欧阳文忠公集》中的版画。

蝴蝶装版画比较有代表性的是宋刻本《新定三礼图》中的插图（图2）。按照展阅习惯，书中每一幅版画都与文字一起刻在一块整板上，其中有左图右文的，有两边文字图在中央的，有图嵌文字之中的。从绘图来看，全然没有版心的概念。这正是蝴蝶装本版画所独具的特点。

蒙古乃马真后元年（1242）孔氏刻本《孔氏祖庭广记》中的版画，与后来的线装本版画风格较为接近，在早期蝴蝶装版画中属于比较出色的。

宋刻本《咸淳临安志》卷首有《皇城图》《京城图》《西湖图》《浙江图》，插图各自完整地被单刻在一块板上。由于原本是蝴蝶装，展阅时画面完整，美感尽显。尤其是其中的《西湖图》（图3），构图复杂，线条细密，堪称宋代版画中的精品。可惜此书后来被改装成线装，就等于把整幅版画分割成两半，读者打开时只能看到前半图，后半图则需要翻过叶来才能观看，造成极大不便。而原本精美的版画，经此一变，则有些面目全非。不仅严重影响了画面整体的美感，也使读者的审美情趣受到很大影响。

再如蒙古定宗四年（1249）张存惠晦明轩刻本《重修政和经史证类备用本草》中的版画。原书都是蝴蝶装，改成线装之后，原本打开即可观赏的图画也被一分为二，难以观阅了。试看拼合之后的“解盐”图（图4）。

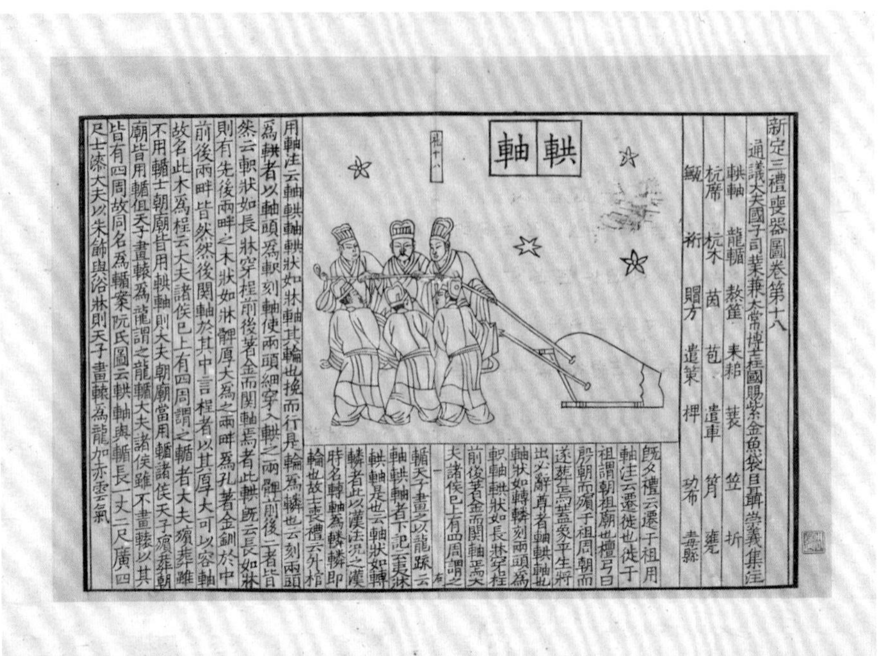

新定三禮喪器圖卷第十八

通議大夫國子司業兼太常博士柱國賜紫金魚袋臣聶崇義集注

輁軸 龍輴 熬筐 耒耜 蔞 笠 折

杭席 杭木 茵 苞 遣車 筲 甕

甒 桁 贈方 遣策 椑 功布 毒縣

既夕禮云遷于祖用軸注云遷徙也徙于祖謂朝祖廟也檀弓曰殷朝而殯于祖周朝而遂葬焉蓋象平生將出必辭尊者軸輁軸也軸狀如轉轔刻兩頭爲軹輁狀如長牀穿桯前後著金而關軸焉大夫諸侯已上有四周謂之輴天子畫之以龍疏云軸輁軸者下記云夷牀輁軸是也云軸狀如轉轔者此以漢法況之漢時名轉軸爲轔轔即輪也故士喪禮云外棺用軸注云軸輁軸輁狀如牀軸其輪也挽而行是輪爲轔也云刻兩頭爲軹者以軸頭爲軹刻軸使兩頭細穿入輁之兩髀前後二者皆然云輁狀如長牀穿桯前後著金而關軸焉者此輁既云長如牀則有先後兩畔之木狀如牀髀厚大爲之兩畔爲孔著金釧於中前後兩畔皆然然後關軸於其中言桯者以其厚大可以容軸故名此木爲桯云大夫諸侯已上有四周謂之輴者大夫殯葬雖不用輴士朝廟皆用輁軸則大夫朝廟當用輴諸侯天子殯葬朝廟皆用輴但天子畫轅爲龍謂之龍輴大夫諸侯雖不畫轅以其皆有四周故同名爲輴案阮氏圖云輁軸與輴長一丈二尺廣四尺士漆大夫以朱飾與浴牀則天子畫轅爲龍加赤雲氣

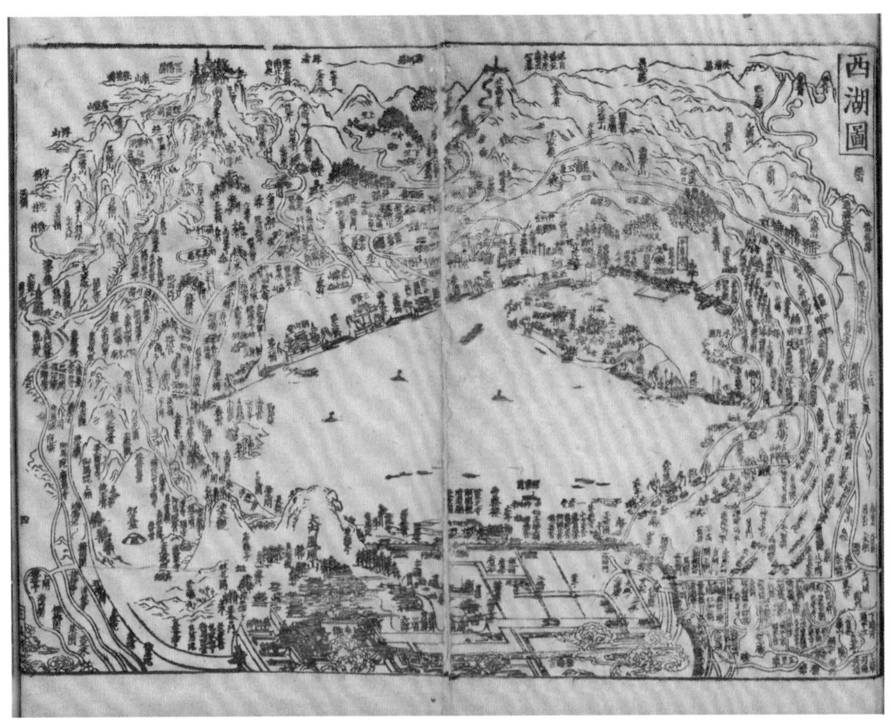

图2 宋刻本《新定三礼图》插图

图3 宋刻本《咸淳临安志》之《西湖图》

图4 蒙古定宗四年（1249）张存惠晦明轩刻本《重修政和经史证类备用本草》插图

元刻本《新编连相搜神广记》（图5）中的插图很有特色。有右图左文的、右文左图的、文字在左右图在中央的，形式多样，绘图精美，在早期古籍版刻中比较少见。线装版画中此类情况很难见到。

蝴蝶装本由于版心内向，人们翻阅时会遇到无字页面；同时此种装帧形式版心处书叶易于脱落，造成掉叶，是其重要缺点。所以蝴蝶装后来逐渐为线装（包背装）所取代。

三 线装（包背装）版画

线装（包背装）与蝴蝶装的区别，主要是印有文字的一面向内折和向外折的不同。蝴蝶装将印有文字的一面向内折，打开时正好可以看到文字完整的一叶（一版）；而线装与之相反，是将印有文字的一面向外折。这就导致上半叶在展开书的左半边，下半叶在展开书的右半边。这

图5　元刻本《新编连相搜神广记》插图

一微小的变化，就等于减少了一半的页数，给翻检阅读带来了巨大的方便，这是书籍装帧的一个巨大的进步。

册页本便于翻检阅读，但无法像蝴蝶装那样看到完整的图像。因此，线装书出现以后，初期有插图的较少，即使有也只刊刻单幅的半版（半叶）图。如明代现存最早的戏曲版画，宣德十年（1435）金陵积德堂刊《金童玉女娇红记》，有单幅插图近百帧，反映了早期线装版画的面貌。

明代中期以后，随着书籍装订技术的发展，书籍的装帧形式大量采用包背装和线装。此类装帧形式的版画，最常见的是单面图、双面图、和上图下文三种方式，多面连图较为少见。

戏曲版画现存较早且具有重要影响的是现藏于北京大学图书馆的明弘治十一年（1498）北京金台岳家刻本《新刊大字魁本全相参订奇妙注释西厢记》。其卷首牌记称：“本坊重写绘图，参订编次，大字魁本。唱与图合，歌唱了然，爽人心意。”此本上图下文，有多个多面连图。如剧尾所附《增相钱塘梦》小说，采用了一个八面连图，十分新颖，引人入胜。

明代福建刻书最喜采用上图下文的插图方式。如正德六年（1151）杨氏清江堂合刊的《新增补相剪灯新话大全》四卷、《新增全相湖海新奇剪灯余话大全》四卷，属传世较早的上图下文本文言小说。万历以后，各类上图下文的书籍多不胜数，但像弘治本《西厢记》那种多面连图的版画，就比较少见了。

线装书半版单幅图刊刻最多，如著名的明万历虎林容与堂刊本《李卓吾先生批评忠义水浒传》一百卷一百回，有单面插图200幅，版刻遒劲清丽，堪称古代小说版画的经典之作。

明万历四十三至四十四年（1615—1616）臧懋循雕虫馆刊印的《元曲选》，有精美插图224幅，也是单幅的半版图（图6）。郑振铎先生《中国古代木刻版画史略》说：“这样洋洋洒洒的大创作，在古今木刻画史上是罕见的。”[2]由此可见，由线装书产生而出现的半版单幅版画曾长时间占有主导地位。

然而，大量的单幅长方形的半版图，难免看得人们厌而又厌。因此，月光圆图等变形图的出现，显然是不满于册叶装单面图可施展的艺术表现空间之窄小，而造就出的一种图像的变化美。如明刻本《顾氏画谱》、清初刻本《载花舲》中的版画，有各类变型的圆形月光图、扇面图、花叶图等等，形式上令人耳目一新，增添了视觉之美。

图绘需要宽广空间，但线装书却将版画局限于一个尺寸很小的长

2　郑振铎《中国古代木刻画史略》，上海书店出版社，2006年，第111页。

图6 明万历四十三至四十四年（1615—1616）臧懋循雕虫馆刻本《元曲选》插图

方形版框之内，使绘者的艺术构思难以施展。竖长型的半版版画，只能画画人物花鸟之类，广阔的山水、巍峨的琼楼玉宇、宏大的战争场面等等，都很难得以充分表现。因此，为适应线装这种装帧形式，需要解决整版大图的阅览问题。

一种方法是采取截半裁图。前一版的左半叶（即所谓的B面）刊刻图画的右半部分，后一版的右半叶（即所谓的A面）刊刻图画的左半部分。这样一来，翻看线装书时便可以像蝴蝶装那样看到完整的图像。线装书籍这类双连的插图很多，明容与堂所刻戏曲和周曰校万卷楼所刻《新刊校正古本大字音释三国志通俗演义》等均是如此。

由于双连图版画由两版拼合，图画中间存有缝隙，观赏效果会明显减弱。因此，有些版画利用左右对称的特点进行构图，在一定程度上降低了拼版的负面影响，取得一定的艺术效果。如明文秀堂本《新刊考正全像评释北西厢记》，插图颇显富丽，其图版说明配以中国古代传统的对联，极有意味。如《白马解围》："佳人通婢忆才郎，恹恹瘦损；贼寇统兵围梵刹，落落惊慌。"《草桥惊梦》："旅店凄凉，愁绪偏嫌村店小；客途迢递，梦魂岂惮路途遥。"又如万历三十四年（1606）金陵卧松阁刻本《新编全像杨家府世代忠勇通俗演义》，图版说明也采用对联方式，故事情节说明文字正好用作横批，如横批"令公狼牙死节"的上下联："遇难捐躯，乾坤万劫英雄尽；见危受命，名节双高日月悬。"又如横批"十二寡妇征西"，对联为："红粉戎行，轸及鹡原悲悴急；义兵家起，怪来螭陛信谗深。"由于上有横幅，左右有联幅，仿佛在舞台剧场上演戏一般，显得十分规整、优美。如此佳联美景，确实能够冲击人们的眼球，给人以美的享受，令人心旷神怡。

还有一种方式，是构制全图时就努力使左右两版都能各自成图，这就大大提高了版图的观赏效果。如明万历二十五年（1597）汪光华玩虎轩刻本《元本出相琵琶记》中的版画（图7），可谓古代此类版画的巅

图7　明万历二十五年（1597）汪光华玩虎轩刻本《元本出相琵琶记》插图

图8　明万历间徽郡汪廷讷环翠堂刻本《精订坐隐先生棋谱》中的《坐隐图》

峰之作。此本虽为双面连图，但人物表情及动作场景描绘极为细致，单看、合看都精美至极。其独特的图构之美，不能不说是被线装这一独特的装帧形式“逼迫”出来的。

然而，线装拼版的缺陷毕竟难以克服，因此需要从根本上加以改变。一个简单的方法是加大书籍的版面尺寸以获取绘画所需要的空间，因而出现了开本大于长方形近正方形的大方册本，如明刻本《历代人物像传》《圣迹图》以及明环翠堂所刻《精订坐隐先生棋谱》、清康熙内府刻本《耕织图》等。

明代万历年间徽郡汪廷讷环翠堂所刻《精订坐隐先生棋谱》中的《坐隐图》（图8），刻画细致，精丽无比，堪称古籍版画不朽的杰作。与常见线装本竖长型古籍不同，《坐隐图》采用开本宽阔的大方册本。为更好展示图绘整体，特采用三开六幅的连式版画，达到了奇佳的观赏效果。有研究者认为《坐隐图》每半叶一幅，照此推理，原图应刻成六块版子。但事实并非如此。实际此图只有首尾两个半叶是单刻板（两块大小相同，均约25.5×27厘米），中间是两个合刻板（两块大小相同，均约25.5×56厘米），实际共刻了四块板子。

宋代的雕版印刷之所以发展迅速，与册页装的出现不无关系。由于册页装印本书版较小，相比大书版而言，材料更易得。因此，大书版的版刻，是十分难得的。

清顺治年间刊印的《太平山水图画》也属方册本。它一改常态，采用传统的蝴蝶装式印图法，并改用变形的蝴蝶式装帧。展阅方式的改变，使版画没有断板的感觉，取得了很好的效果。

关于线装版画的缺陷，古人体会很深。著名的《芥子园画传》对此即有所论述：

前编兰竹梅菊四种，皆属书本装订，以两页合而成图，耐于翻阅，未免交缝处与笔墨有间断。兹花卉二谱，页粘成册，不独图中虫鸟无损全形，抑且案上展披，同乎册页，其中摹仿渲染，传之梨枣，不失精微，非大费苦心，何能臻此？至画中题咏，尽采古人，如有未合，始裁新句；即题咏中诸体字法，遍乞名流，镂印诸工，必谋善手。此册公之赏玩，自不宜作刻本观，更不宜作画谱观也！芥子园甥馆识。

由此可见，《芥子园画传》初集、二集尚采用线装拼版版画的方式，效果不能令人满意。故而总结经验，复古改用蝴蝶装式印图法及其经过改良的蝴蝶装式装帧法，而且取消版框围栏，这就使人感觉版画的空间与实际的绘画没有什么区别，从而取得了极佳的艺术效果。从艺术观赏的角度上说，《芥子园画传》三集的版画水平无疑是最高的（图9），所谓“此册公之赏玩，自不宜作刻本观，更不宜作画谱观也”是提醒读者，此书版画不同于以往，应与生活中实际的笔墨彩画比肩观赏。

此后，仿效《芥子园画传》三集蝴蝶装式印图法的书籍相继而出。如清康熙内府刻本《万寿盛典图》。原书虽是线装，但其刻版却采用了蝴蝶式的整版刻图法。原图共148版，首册（卷四十一）73叶，次册（卷四十二）75叶。通过拼接，取得了良好的观赏效果。

其实，像《芥子园画传》三集彩印版画那样刊印、装帧版画，早在明末胡正言《十竹斋书画谱》、闵寓五《西厢记》（图10）版画就已有

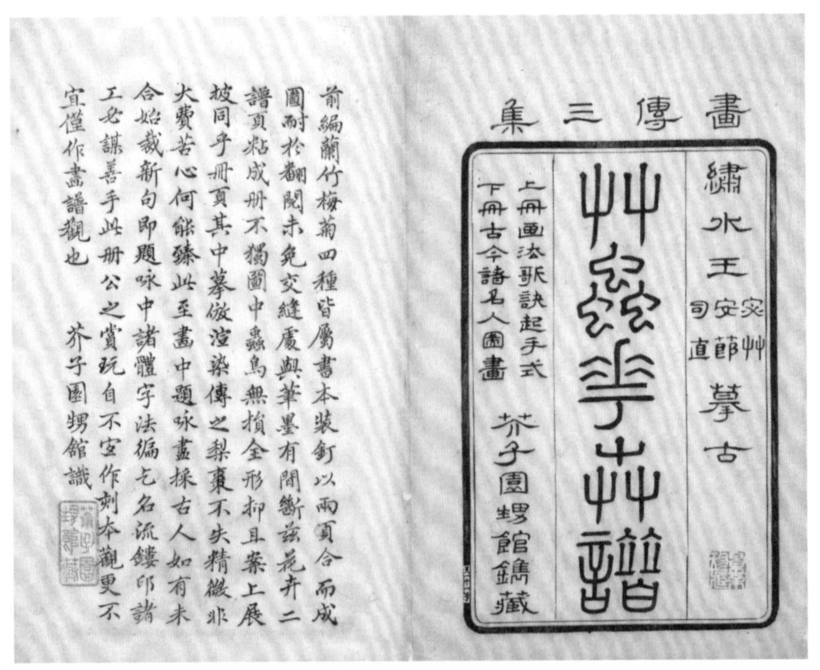

畫傳三集

繡水王安節宓艸
司直
摹古

艸蟲花卉譜

上冊畫法歌訣起手式
下冊古今諸名人圖畫

芥子園甥館鐫藏

前編蘭竹梅菊四種皆屬書本裝釘以兩頁合而成圖耐於翻閱未免交縫處與筆墨有間斷茲花卉二譜頁頁成冊不獨圖中蟲鳥無損全形抑且案上展披同乎冊頁其中摹倣渲染傳之梨棗不失精微非大費苦心何能臻此至書中題咏盡採古人如有未合始裁新句即題咏中諸體字法徧乞名流鐫印諸工必謀善手此冊公之賞玩自不宜作刻本觀更不宜僅作畫譜觀也

芥子園甥館識

图9　《芥子园画传》三集“刊书识语”

所尝试了。同样效果很好，影响很大。《芥子园画传》三集之后，此类版画更是层出不穷，如清雍正间刻本《天下有山堂画艺》、清光绪间刻本《艺兰·兰谱》等，是版画作品接近于实际画作的代表。

值得提到的是，清康熙年间所刊《避暑山庄诗图》、乾隆年间所刊《圆明园诗图》，虽是长方形线装书，但都采用大方册形书版刻画。以上佳的白纸印图，又学习西方书籍的图版折叠法装订，使书中的版画没有任何围栏。加之图像线条细致，使画面显得格外清丽、精美，绘画的艺术美于此得到完美的展现。

回顾古籍版画的发展历程，不难发现，古籍装帧的演变与古籍版画的变化、发展密切关联。它们相互影响、相辅相成。其中册页本书籍的演变过程尤其值得关注：先是蝴蝶装式版画迎合线装(包背装)，出现半版版画和双幅版画。后来由于线装式版画的缺陷影响画作的观赏，重又回归到蝴蝶式刊印版画的方式，由此相应产生了大量改良变相的蝴蝶装书籍。正是这两者间的相互影响，终将古代版画艺术推向高峰。

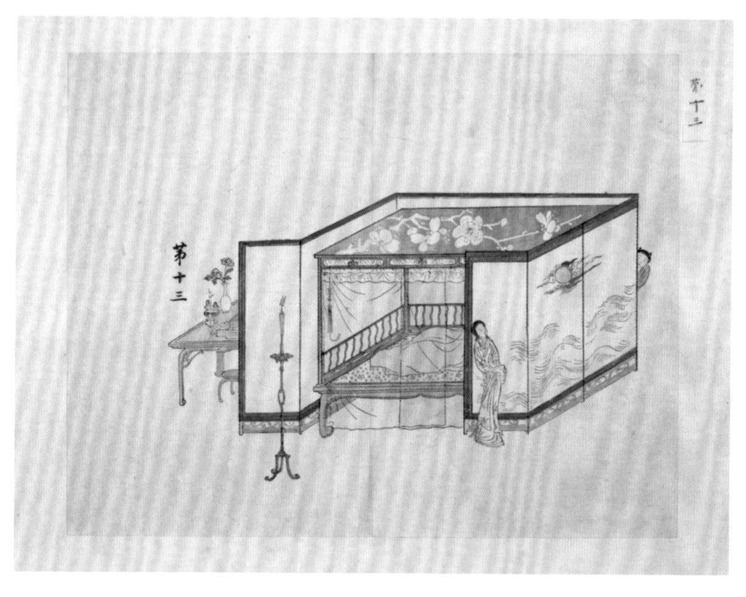

图10　明末闵齐伋套印本《西厢记》版画

线装书的起源时间

THE TIME OF ORIGIN OF CHINESE THREAD-BOUND BOOKS

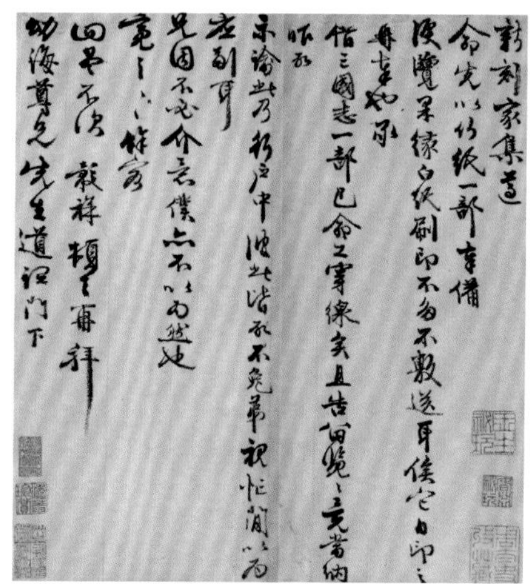

陈 腾
上海中医药大学图书馆

CHEN TENG
SHANGHAI UNIVERSITY OF TCM LIBRARY

ABSTRACT

With the prevalence of thread binding, it gradually evolved into the mainstream method of book binding in the East Asian Chinese Character Culture Circle. There are divergent opinions about the time when Chinese thread-bound books originated. To re-examine this issue, it is necessary to mutually verify the existing Chinese ancient books and the relevant documentary records. Original ancient books such as the *Brief Comments on Medicine Property*, a blue-printed version in the year of 1551, could prove that thread-bound books have already appeared during the Jiajing Dynasty (1522-1566). In addition, some historical texts such as Yang Xunji's poem and Wang Guxiang's letter pointed out that binding books with thread was apparentlypopular in Suzhou Area during the Jiajing Dynasty. Therefore, Thread-bound books originated in the Suzhou area during the Jiajing Dynasty, and became prevalent all over the country from Wanli Dynasty (1573-1620).

中国古籍的装帧形制，由卷轴装、经折装（含旋风装）、蝴蝶装、包背装、线装的顺序演变而来。线装是其中最为常见的一种装帧形制，制作工艺也不复杂。先将单张书叶印写文字的纸面向外对折，多张书叶堆叠成册后，再于书芯右侧穿订两到三个纸捻，使之基本固定，前后各加一张书衣作为封面与封底，最后将书脑钉眼穿线，便形成线装书。

需要特别说明的是，缝缋装的古籍并不是线装书。唐末五代写经，偶有书脊内侧钉眼穿线的装帧形制，即宋代张邦基《墨庄漫录》记载的“缝缋法”。学界常常将线装书的起源追溯至缝缋装。王国维与马衡两位先生对此有过辨析，缝缋装是先订后写、书脊穿线，线装书则是先印写后装订、书脑穿线，两者显然不同。[1] 因此，缝缋装不在本文的讨论范围。

线装书不仅流行于中国本土，而且还流传到朝鲜、越南、日本等国家，成为汉字文化圈书籍装帧的主流方式。线装书流行了很长时间，直到上个世纪才逐渐被西式的平装书、精装书取代。“线装书”已经成为中国古籍的代名词，现代学者从不同角度对它进行研究。

一　前人研究回顾

清末以来，殷墟甲骨、敦煌简牍写卷、内阁大库书档的发现，为书册制度研究提供了原装的实物材料。学者先后撰文，如王国维《简牍检署考》、马衡《中国书册制度之变迁》、余嘉锡《书册制度补考》，综

1　1926年8月10日，王国维致马衡札：“在《图书季刊》中得读大著《书籍制度考》，甚佩甚佩。弟尚见敦煌所出唐末人写经，有线装叶子本，与西洋书装订或相同，其法先钉后写，苟装线脱去，则书之次序全不可寻。《墨庄漫录》所记缝缋法，即谓此种装钉，非后来之线装书也。”十天后，马衡回信：“日前得手书，承示《墨庄漫录》所记缝缋法，岁久断绝，即难次序。其法为先订后写，与后来之线装书不同。”王国维、马衡《王国维与马衡往来书信》，生活·读书·新知三联书店，2017年，第205—209页。

论考述书册制度的演变。[2] 它们从书册制度演变的宏观角度分析线装书的技术优势，回顾了古籍装帧形制由蝴蝶装、包背装逐渐演变为线装的历史过程。

第二类研究更进一步关注线装书的物理特征。黄永年、李清志考察了中国线装书的外观形态的历时性变化，诸如书衣的材质与颜色、针眼的数量、眼距的宽窄、订线的材质与股数。[3] 陈正宏在空间坐标上辨析中国本、朝鲜本、日本本线装书的地域性差异。[4] 曾纪刚、梁颖对特定收藏的线装书进行专题研究，依靠书衣拆装等物理痕迹，分别探求“天禄琳琅”与“梅景书屋”的图书装潢艺术。[5]

第三类研究则侧重于分析线装书的流行背景及其意义。大木康指出线装书的流行与明代中后期出版业的繁荣密不可分，线装的出现大大提高了书籍装订的效率。[6] 东亚汉籍保护史的特点是重视再生性保护、改装频繁，陈正宏将线装的诞生置于这一文化背景中，以新颖的视角解释了线装书的流行。[7] 李开升认为明代的线装书与宋体字是传统书籍装帧与印刷的规范，影响至为深远。[8]

具体到线装书的起源时间，仅见零星的记述，尚无专门的研究。李文裿简述道：“书籍线装，有清方盛。”[9] 这一说法显然是错误的，

---

2 王国维《简牍检署考》，《王国维遗书》第6册，上海书店出版社，1983年，第79—121页。马衡《中国书籍制度变迁之研究》，《图书馆季刊》1卷2号，1926年6月，收入其《凡将斋金石丛稿》，中华书局，1996年，第261—275页。余嘉锡《书册制度补考》，《国立北平故宫博物院十周年纪念文献特刊》，1935年，第29—47页，收入其《余嘉锡论学杂著》，中华书局，2012年，第539—559页。

3 黄永年《古籍版本学》，江苏教育出版社，2009年，第58—60页。李清志《古书版本鉴定研究》，文史哲出版社，1986年，第11—12页。

4 陈正宏《东亚汉籍版本鉴定概说》，《东亚汉籍版本学初探》，中西书局，2014年，第13—34页。

5 曾纪刚《院藏“天禄琳琅”书衣小识》，《护帙有道：古籍装潢特展图录》，台北故宫博物院，2014年，第264—290页。梁颖《梅景书屋的图书装潢艺术》，此据梁颖先生未刊稿，谨致谢忱。

6 大木康《线装的流行及其背景》，复旦大学古籍整理研究所“古文献·新视野”系列讲座之一，2014年9月25日。

7 陈正宏《线装书与东亚汉籍保护史》，日文版载《图书寮汉籍丛考》，汲古书院，2018年。此据作者中文未刊稿，谨致谢忱。

8 李开升《明代书籍文化对世界的影响》，《文汇报》2017年9月1日，“文汇学人”第2版。

9 李文裿《中国书籍装订之变迁》，《图书馆学季刊》1929年第4期。转引自乔衍琯、张锦郎编《图书印刷发展史论文集》，文史哲出版社，1982年，第451—462页。

对此加以修正的是“万历说”。[10]“万历说”流行了相当长的一段时间，[11]随着认识的深入，海峡两岸权威的版本学著作又将线装书的起源时间由万历年间往前推移，推到了一个表述相对模糊的时期：“明代中叶”。[12]目前，版本学界通行的讲法便是线装书起源于明代中叶[13]，至于具体时间则犹有疑议[14]。

古籍装帧形制的起源与演变过程难以确定具体的时间界限，学者对此问题的认知与表述往往依据自身的感性经验。职是之故，学界尚未对线装书的起源时间问题进行学理层面的充分论证。本文以现存年代较早的原装线装书为实物依据，结合明人诗歌、尺牍等书事材料，将版本实物与文献记载相互参证，试图勾勒出线装书兴起与流行的大致轮廓。

二 原装线装书

目前，已经发现的较早的原装线装书是明嘉靖年间刻本。上海中医药大学图书馆普本库房藏有明嘉靖三十年（1551）刻蓝印本《药性粗评》四卷，凡二册。上册经过修复重装，新置书衣；下册未经修复，原书衣已佚。下册的书叶为白棉纸，天头与地脚较为宽阔，轻微絮化。值

---

10 例如，蒋元卿指出：“线装之式，既由包背装递变而来，而包背装又最盛行于明嘉靖以前，故线装之兴，当在万历之后，至清方盛，而近时亦多此式也。”蒋元卿《中国图书制度之变迁》（下），《学风》1936年第6卷第4期，第19—37页。

11 长泽规矩也说：“书籍装订由蝴蝶装变成后来普遍使用的线装，发生在明朝万历年间。”见长泽规矩也《书志学序说》，吉川弘文馆，1979年，第50页。戴南海：“线装的形式，当在万历年间才形成，至清代就风行一时。”见戴南海《版本学概论》，巴蜀书社，1989年，第141页。

12 黄永年：“现在的线装，是明代中期出现的。”黄永年《古籍版本学》，第58页。李清志：“线装之起源，众说纷纭，但就现存大量实物观之，约至明中叶之后，才逐渐流行，以迄清末民初。”李清志《古书版本鉴定研究》，第11—12页。

13 试举二例：屈万里、昌彼得《图书版本学要略》，中国文化大学华冈出版部，2009年，第21页。姚伯岳《中国图书版本学》，北京大学出版社，2004年，第91页。

14 刘国钧认为，“这大约在明代中叶嘉靖初元前后。”见刘国钧《积叶成册与线装书》，上海新四军历史研究会印刷印钞分会编《装订源流和补遗》，中国书籍出版社，1993年，第54—56页。前引陈正宏《线装书与东亚汉籍保护史》一文则云：“但在天一阁藏嘉靖本中，尚未发现可以断定为原装的线装书，则线装在中国出现的时间，可能要晚于嘉靖年间，亦未可知。”

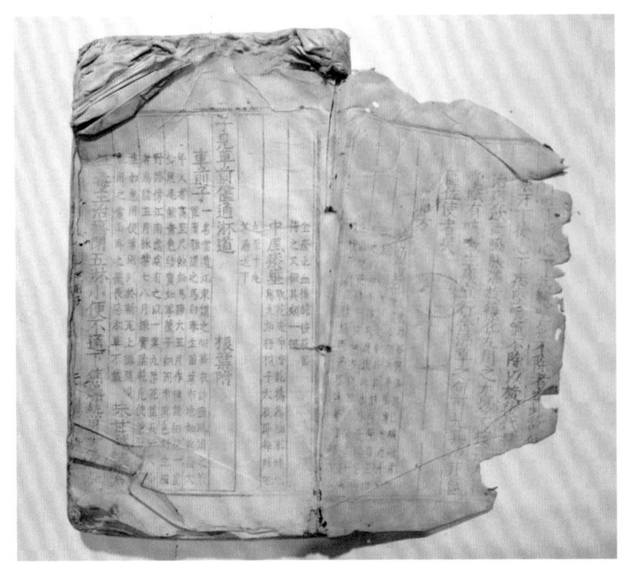

图1 明许希周撰《药性粗评》四卷，明嘉靖三十年刻蓝印本。上海中医药大学图书馆藏

得注意的是，书角呈圆弧形状，较为圆润，不似新近裁切古籍之棱角分明（见图1—图3）。这是原装书籍保留至今，岁久自然损耗的样貌。书籍的装帧是六眼线装，针眼等距，书脑的订线亦颇旧。此册古书很可能是明嘉靖间原装线装书。

明代嘉靖年间的原装线装书存世极少，当时书籍装帧尚有包背装，最有名的例子便是《永乐大典》等内府书籍。按照事物发展的常理，新事物涌现之后，需要一定的时间才能被社会广泛接受。因此，明代嘉靖年间可能是线装书的初兴时期。

如上所示，依靠古籍实物的物理痕迹可以论证古籍的装帧时间。这样的论证很有必要，但是风险系数极高。因为古籍的流通存在两种复杂的现象，直接关涉结论的可靠程度，不容忽视。

首先，明代书籍可能不作装订即行流通。首次进行装订的时间，即原装的时间与雕版、刷印的时间未必一致。例如，冯梦祯（1548—1606）在给友人的一封信中这样写道："《玄珠》四十册领悉，工价即日奉上。弟所须者不欲装钉，惟散篇成卷者为佳，谨二十册，乞市

图2　明嘉靖三十年刻蓝印本《药性粗评》之书角

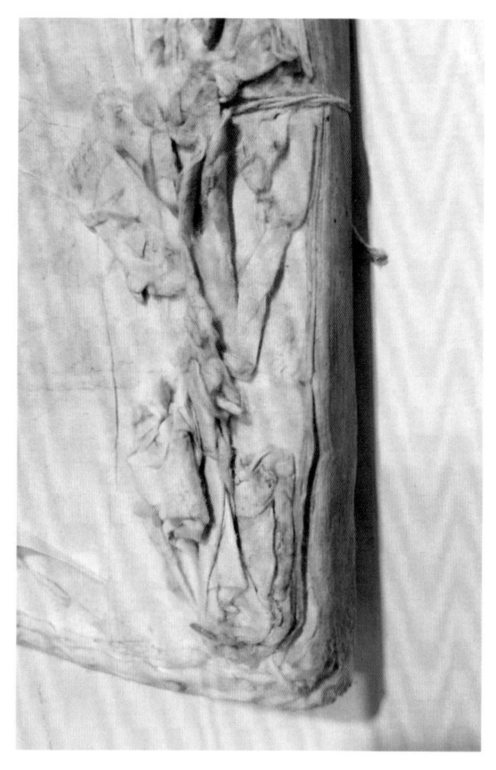

图3　明嘉靖三十年刻蓝印本《药性粗评》之订线

之。”[15] 冯氏描述的未经装订、“散篇成卷”的书，也有不少现存的古籍实物可供佐证。宁波天一阁博物馆素以收藏明代书籍闻名，李开升先生在馆内所藏明刻本中，发现了从未经过装订的书籍。也就是说，即便发现了明代早期的原装线装书，首次对书籍进行装帧也可能是在书叶印写文字若干年之后，甚至更久。

其次，明代书籍在流传过程中容易发生改装。由于线装书具备众多技术优势，诸如装订速度更快，装订效果更加牢固，而且方便改装等，现存绝大多数原装为蝴蝶装、包背装的宋元善本都被改装为线装书。不仅装帧形制可能改变，书衣、纸捻、订线等材料经常遭到更换，文本的卷次与实物的册数之间亦有分合。明代的原装线装书存世极少，大多数

15　明冯梦祯《快雪堂集》卷三十三，明万历四十四年刻本。

都经过了后世的改装。改装的物理痕迹往往过于隐蔽，或者被后来的改装痕迹所覆盖，不容易被发现。

鉴于书籍的刊刻、刷印、装订三者之间可能存在时间错位，而且首次装订之后，书籍也可能经过或隐或现的频繁改装。因此，我们不能单独依靠原装的古籍实物来论证线装书的起源时间，还需要进一步从明代文献之中发掘用线装订书籍的史料。

三 杨循吉“辛苦手自穿”

明代中叶，苏州地区藏书文化尤盛。朱彝尊《静志居诗话》云：“是时，吴中藏书家多以秘册相尚，若朱性甫、吴原博、阎秀卿、都元敬辈，皆手自钞录，今尚有流传者，实君谦倡之也。”[16] 君谦即杨循吉（1458—1546），苏州人，成化二十年（1484）进士。[17] 杨循吉有不少抄书、藏书、读书的诗存世，线装书的身影在《题书厨上》诗中若隐若现。

吾家本市人，南濠居百年。自我始为士，家无一简编。辛勤一十载，购求心颇专。小者虽未备，大者亦略全。经史及子集，无非前古传。一一红纸装，辛苦手自穿。当怒读则喜，当病读则痊。恃此用为命，纵横堆满前。当时作书者，非圣必大贤。岂待开卷看，抚弄亦欣然。奈何家人愚，心惟财货先。坠地不肯拾，坏烂无与怜。尽吾一生已，死不留一篇。朋友有读者，悉当相奉捐。胜遇不肖子，持去将鬻钱。[18]

---

16 清朱彝尊《静志居诗话》卷八，清嘉庆二十四年扶荔山房刻本。

17 关于杨循吉的生平，《明史》有传。见清张廷玉《明史》卷二八六《文苑传二》，中华书局，2016年，第7351—7352页。叶昌炽《藏书纪事诗》卷二载有杨循吉藏书事迹，见清叶昌炽著、王欣夫补正、徐鹏辑《藏书纪事诗》，上海古籍出版社，1989年，第135—137页。

18 清钱谦益《列朝诗集》丙集第六，清顺治间毛氏汲古阁刻本。杨诗“恃此用为命”句，《渊鉴类函》本作“持此用为命”。杨诗“尽吾一生已”，《列朝诗集》作“尽吾一生巳”，疑误，引文径改。

杨循吉有《松筹堂集》行世，未载此诗。[19] 本诗见于钱谦益《列朝诗集》丙集第六。诗中的“一一红纸装，辛苦手自穿”句，与书籍装帧相关，值得注意。不过，清初类书《渊鉴类函》引用此诗，该句则作“一一经纸装，辛苦手自穿”。[20] 诗人对自己的藏书特别爱护，到底是用“红纸”还是“经纸”装书?

装订书籍时，在护叶之外另加一张朱红色的丹铅纸，俗称“万年红”。丹铅纸在染色时入药，可以防蠹。但是，清代后期方才出现“万年红”，流行地点则是在广东地区，与杨循吉的诗作不符。明代的书衣用纸多为瓷青色和古铜色，江南地区的藏书家一度流行用金粟山藏经笺作为书籍的护叶与书衣。台北故宫博物院藏南宋国子监刻本《尔雅》三卷，书衣签题皆藏经笺，保留了常熟毛氏汲古阁旧制。[21] 山阴祁氏澹生堂藏书万卷散佚殆尽，清初吕留良有诗吟叹：“宣绫包角藏经笺，不抵当时装订钱。”[22] 所以，杨循吉的诗句当以“一一经纸装，辛苦手自穿”为是。

装好“经纸”作为书衣之后，杨循吉不辞辛劳亲手装订书籍。诗人并未明言“辛苦手自穿”的对象，但是我们可以合理地推测，他穿的是线，而非纸捻。用纸捻将书册初步固定，叫作“草钉”。草钉而成的书即后世所谓“毛装”，并不是一种正式的装帧。仅仅是安装纸捻的话，实在谈不上“辛苦”。书册一一穿线，才算正式完成装订的最后一步。喜欢亲手装订古籍的爱书人士都不难理解那份愉悦的心情。杨循吉专心购求的书籍，如果是宋元的旧本，“辛苦手自穿”指的是将蝴蝶装或包背装的古籍改为线装；如果是当时的新书，“辛苦手自穿”指的是将纸

---

19 明杨循吉《松筹堂集》，清金氏文瑞楼抄本，未收此诗。明万历元年顾从德芸阁活字本，亦未收此诗。

20 清张英《渊鉴类函》卷一九四，清康熙间内府刻本。

21 书影及提要，见林柏亭主编《大观：宋版图书特展》，台北故宫博物院，2012年，第30—37页。

22 诗见清吕留良《得山阴祁氏澹生堂藏书三千余本示大火》其二，清吕留良撰、俞国林笺释《吕留良诗笺释》，中华书局，2015年，第498页。

捻草钉的毛装书或者未行装订的书籍散叶，用线进行正式的装订。

至少在杨循吉写作《题书厨上》之前，苏州一带已经出现了用线装订书籍的方法。那么，我们很有必要考证一下《题书厨上》的写作时间。明嘉靖二十一年（1542），八十五岁的杨循吉"恐一旦先朝露，无人纪述，乃自为文"，写下《礼曹郎杨君生圹碑》，交代身世，其鸣也哀：

> 庚辰岁，武宗在南都，蒙呼试乐府，三次扈驾，凡九易萁荚告归。是冬，复取如京，莫辞趋命，岁斋不废。明年夏南归，别筑室支硎山下，修葺旧闻，名《云峰广要》。检书既多，稍谙典故，然以笔耕度日，不作生业，有负郭田百亩，悉卖不存，如此又十年。[23]

杨循吉《生圹碑》自述生平，"别筑室支硎山下"一事，时在"庚辰岁"之"明年夏"，即正德十六年辛巳（1521）。晚年的杨循吉广求图籍，专心著述。《生圹碑》所记"如此又十年"与《题书厨上》之"辛勤一十载，购求心颇专"亦吻合。"十年"或举其约数言之，则此诗当作于明嘉靖十年（1531）左右。那么，明嘉靖初年苏州地区已有线装书。

四　王穀祥"命工穿线"

书籍在明代苏州文人的交游活动中扮演着社交性的角色。杨循吉在致仕之后将近一甲子的时间里，基本上都居住在苏州。[24] 他与沈周、李应祯、吴宽、朱存理、王鏊、祝允明、文徵明、唐寅、徐祯卿等吴中名

23　明杨循吉《松筹堂集》卷五，清金氏文瑞楼抄本。另见明焦竑《国朝献征录》卷三十五，明万历四十四年刻本。

24　钱谦益《列朝诗传小传》"杨循吉"条云："君谦善病，致仕年才三十有一。家好蓄书，闻某所有异本，必购求缮写。结庐支硎山下，课读经史，以松枝为筹，不精熟不止，多至千卷。卒年八十九。"见清钱谦益《列朝诗集》丙集第六，清顺治间毛氏汲古阁刻本。杨循吉"致仕年才三十有一"，时在弘治元年（1488）。杨循吉《松筹堂集》顾从德序云："嘉靖丙午北试，道经吴门始获拜先生于濠上，时先生寿已望九而奖掖后进特甚。……是冬北归，忽闻先生化去。"故杨循吉卒于嘉靖二十五年丙午（1546）。

彦保持着密切的往来。[25]鱼雁往返，互通书籍，自是文人雅事之一。杨循吉同乡后辈文人的一件尺牍，行文明确提到穿线订书，可以更加有力地证明线装书在苏州地区的流行。

新刻家集，遵命先以竹纸一部，奉备便览，果缘白纸刷印不多，不敷送耳。俟它日印之再奉也。承借《三国志》一部，已命工穿线矣。且告留览，览竟当纳。昨所示谕，此乃行户中彼此皆所不免，第视忙闲以为应副耳。兄固不必介意，仆亦不以为然也，亮之亮之。余容面尽，不次。穀祥顿首再拜。幼海尊兄先生道谊门下[26]。

此札现藏上海博物馆（图4）。作者王穀祥（1501—1568）字禄之，号酉室，长洲人，嘉靖八年（1529）进士。王穀祥是吴门名医王观的次子，王家"族于长洲最久且望"[27]。上款人周天球（1514—1595）字公瑕，号幼海，太仓人，随父徙吴。王、周二人从文徵明游，皆工画艺。这一封信提到了两部书。第一部书，也就是尺牍开头所说的"新刻家集"，当指王穀祥十一世祖王楙（1151—1213）的杂考类著作《野客丛书》。《野客丛书》共三十卷，书末附王穀祥跋语，交代刻书经过甚详，节引如下：

壬戌夏秋，穀祥敬复手录一过，且校且录，付工缮写锓梓，六越月而工完。盖尝辱太史文公徵明、仪部陆君师道、乡进士袁君尊尼先后雠校再三，又蒙黄门顾君存仁、太学金君鱼借所藏钞本以资勘订，虽甲乙相为是非，彼此互有得失，而改窜是正，终寔赖之[28]。

25　杨循吉的交游情况，参见李祥耀《杨循吉研究》，复旦大学出版社，2012年，第48—82页。

26　尺牍见钱镜塘《钱镜塘藏明代名人尺牍》第三册，上海古籍出版社，2002年，第40—41页。释文引自《钱镜塘藏明代名人尺牍释文考证》九之十七，见钱镜塘《钱镜塘藏明代名人尺牍》第6册，第92—93页。

27　明祝允明《款鹤王君墓志铭》，载明钱穀《吴都文粹续集》卷四十，《四库全书》本。

28　宋王楙《野客丛书》三十卷附宋郭绍彭《野老纪闻》一卷，明嘉靖四十一年王穀祥刻本。

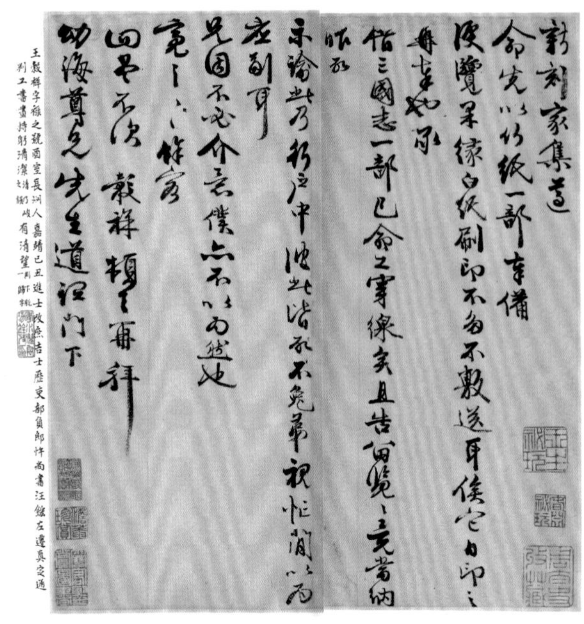

图4 明王穀祥致周天球札。上海博物馆藏

通过跋语，不难看出王穀祥刊刻先人典籍是多么地郑重其事。王刻《野客丛书》允称明代家刻之精品，目录末叶镌“长洲吴曜书，黄周贤等刻”小字二行，吴曜与黄周贤是当时吴中地区有名的写手与刻工[29]。对于此本《野客丛书》的艺术价值，傅增湘先生极尽赞美之能事：“此书雕工极为精雅，尤难者全书均为吴曜一手所书，字体极为秀劲。余尝见棉纸初印本，精丽明湛，不减宋刊，惜余为竹纸所印，殊为减色耳。”[30] 王札说“遵命先以竹纸一部，奉备便览”，可知王穀祥送给周天球的《野客丛书》是“殊为减色”的竹纸印本。

既然王札对《野客丛书》的描述是“新刻家集”，那么尺牍的写作时间当在刻书竣工之后不久。按照王穀祥刻书跋语的叙述，“壬戌夏秋，穀祥敬复手录一过，且校且录，付工缮写锓梓，六越月而工完。”壬戌年是明嘉靖四十一年（1562），刻书事业历时六月，则书成当在次

29 冀淑英《明代中期苏州地区刻工表》，《冀淑英文集》，北京图书馆出版社，2004年，第109页。
30 傅增湘《藏园群书题记》，上海古籍出版社，1989年，第411—412页。

年之春。所以，王穀祥此札应当作于嘉靖四十二年（1563）春后不久。

虽然王穀祥作为藏书家的声名不如前辈杨循吉那般显赫，但是他的藏书质量不容小觑。明嘉靖十四年至十七年（1535—1538），南直隶巡抚御史闻人诠谋划刊刻《唐书》，时任苏庠司训的沈桐遍访善本，向王穀祥借得宋本。[31] 又如，嘉靖四十三年（1564），钱穀从王穀祥处借得抄本《南唐书》，手录一过。[32]《唐书》与《南唐书》都是史部典籍，而现存王穀祥藏书也以史书居多。[33] 王穀祥的史部藏书想必版本价值颇高，方才引得苏州地区的故旧新友纷纷前来借书。

王札提到的第二部书是正史类著作《三国志》。信中说“承借《三国志》一部”，可见此前周天球曾经主动来函，提出借阅的请求。那么，这一部《三国志》到底是什么版本？“命工穿线”又有何内涵呢？

王穀祥本人似乎并未刊刻过《三国志》，我们也还没有查到他所藏《三国志》的具体版本信息。据日本学者尾崎康先生研究：“明初至万历初年，除《史记》等少数需求量大、版本种类甚多者外，正史直以南监本为几乎唯一之通行本。”[34] 前面考证了王穀祥的尺牍当作于嘉靖四十二年（1563）春后不久。明嘉靖间，南京国子监修版印行的《三国志》是江南地区的读书人容易获取的版本。如果王穀祥信中提到的《三国志》是明嘉靖间南监修版后印本，那么“命工穿线”指的是原本不装或者毛装的新印书籍，他命人穿线装订之后借给周天球。

31　沈桐校刻《唐书》，“遍访藏书之家”，记“惠借藏书”诸家名录于文徵明序后，其三即王穀祥。后晋刘昫《唐书》二百卷，文徵明序，明嘉靖十四年至十七年闻人诠刻本。

32　钱抄本《南唐书》十八卷，今归中国国家图书馆。参见王国维《传书堂藏书志》，上海古籍出版社，2014年，第320—321页。以及冀淑英《辛勤抄书的藏书家钱穀父子》，《冀淑英文集》，第124—129页。

33　浅见所及，现存王穀祥藏书有《资治通鉴考异》三十卷，《天禄琳琅书目后编》卷九“元版史部”著录，实为明嘉靖二十三年至二十四年孔天胤杭州刻本，今藏台北故宫博物院。参见刘蔷《天禄琳琅知见书录》，北京大学出版社，2017年，第312—313页。另有《史记索隐》一百三十卷，《天禄琳琅书目后编》卷四“宋版史部”著录，实为明正德九年建阳刘氏慎独斋刻本，分藏台北故宫博物院与中国国家图书馆。刘蔷认为书上“文徵明”诸印俱为书估伪制。见刘蔷《天禄琳琅知见书录》，第113—115页。

34　尾崎康《正史宋元版之研究》，北京大学出版社，2018年，第165页。

不过，周天球主动求借并且准备“留览”《三国志》一书，而王穀祥特别强调“览竟当纳”。仔细揣摩信中口吻，借出的《三国志》应该是稀见难得的宋元旧本吧。前面说到，王穀祥“新刻家集”即《野客丛书》，同一套雕版，不同纸张刷印出来，贵贱有别——白纸本“精丽明湛，不减宋刊”，竹纸本“殊为减色”。王穀祥“遵命”送给周天球的“新刻家集”便是“殊为减色”的竹纸印本。王穀祥在信中作了解释，因为白纸印本数量不多，已经“不敷送耳”。无论“不敷送耳”是敷衍的借口，还是真实的窘境，总之身为晚辈的周天球，从一开始就不在王穀祥赠送白纸印本的贵客名单之上。“新刻家集”尚且如此，更何况日益珍贵的宋元刻本。

明代嘉靖年间，宋元刻本的文物价值与艺术价值已经得到江南文人的广泛重视。[35] 因此，王穀祥在信中忍不住叮嘱道：“览尽当纳”，提醒周天球读过之后，切记物归原主。宋元刻本《三国志》的原装应为蝴蝶装或者包背装，王札中“命工穿线”一语指的是将其改装为线装书。

将王穀祥尺牍置于明嘉靖年间书籍装帧发展演变的历史图景之中，加以全面的观照，“命工穿线”四字折射出了丰富的涵义。首先，穿线装订与读者的阅读需求密不可分。杨循吉《题书厨上》一诗，紧接“辛苦手自穿”之后，咏叹的便是他的读书感受——“当怒读则喜，当病读则痊。”无独有偶，王穀祥致周天球尺牍，紧接“命工穿线”之后，说的也是阅读行为，“且告留览，览竟当纳。”从蝴蝶装、包背装到线装，书衣材质实现了从“硬面”到“软面”的突变。线装书容易舒卷，读者的阅读方式更加多元化。读者既可以摊开书册，正襟危坐地阅读，也可以卷着书册，闲适随意地阅读。

其次，苏州的文人群体将线装视为书籍的正式装帧。明代苏州地区

---

35 李开升《书籍之为文物：明中期出现的新型藏书家》，《典藏·读天下》2018年第2期，第56—63页。

的书籍装帧，享有“吴装最善”[36]的美誉。在书籍装帧的市场竞争中，线装凭借其技术优势与艺术美感逐渐取得了压倒性的胜利。明代书籍可能不事装订，或者用两三个纸捻草钉，即行流通。自家收藏的书籍可以不装，或者毛装。但是，作为礼物的书籍，赠书者“命工穿线”之后，满足了求书者阅读与收藏的需求，也节省了对方装订书籍的时间与精力，甚至委托工人装订书籍的经济开销。王穀祥赠书之际“命工穿线”，体现了他处事周详，不失待友之道，也从侧面证明了线装作为一种新兴的装帧方式，已经获得了苏州文人群体的心理认同。

最后，苏州的装订工人已经熟练掌握线装书的工艺流程。审察信中的语气，王穀祥委命的工人，不论是书坊的订工，还是自家的书仆，显然对穿线钉书并不陌生。明嘉靖三十五年（1556）稍前，唐顺之（1507—1560）曾替一位书佣作传：“书佣胡贸，龙游人。父兄故书贾，贸少乏资不能贾，而以善锥书往来诸书肆及士人家。”[37]用针锥在书脑上打眼，是穿线订书的前戏，“善锥书”一语当是泛指线装书的各种装订技术[38]。胡贸便是凭借精良的装订技术，谋食于书坊与士人之家，还赢得唐顺之的夸赞。苏州地区或许已经出现了专门装订线装书的职业工匠，亦未可知。

五　结语

统观前揭线装古籍实物与江南文人书事史料，我们发现用线装订书籍的方法在明嘉靖年间初步流行于苏州地区。明代嘉靖年间是中国图

36　明胡应麟《少室山房笔丛》卷四“经籍会通四”条，上海书店出版社，2009年，第43页。

37　明唐顺之《荆川先生文集》卷十二，民国《四部丛刊》本。

38　“锥书”一词在古书中仅见《胡贸棺记》，可能是唐顺之自造的词。《汉语大词典》将“锥书”释为“装订书籍”，周绍明从之。见周绍明《书籍的社会史》，北京大学出版社，2009年，第33—34页。艾俊川对此提出异议，他认为“善锥书”实为“善书写”。艾说恐怕值得商榷。明嘉靖年间，线装书初兴于苏州地区，“锥书”的稀见表述，如果放在这样的历史背景下考察，或许可以得到合理的解释。见艾俊川《“锥书”杂谈》，见其《文中象外》，浙江大学出版社，2012年，第219—224页。

书出版业迅猛发展的时期，雕版印刷技术愈加繁荣普及。在嘉靖刻本中基本成型的宋体字，由苏州一带发端，影响了全国大部分地区的刻书字体。[39] 几乎与此同时，线装书正以新事物的姿态登上历史的舞台，日渐成为书籍装帧的主流形式。

万历以后，线装书已经流行全国，就连佛经《嘉兴藏》的装帧也舍弃了传统的经折装，改为线装。如果把线装书与宋体字的发展过程加以比较，我们发现两者由起源、兴起到全盛的演变轨迹是大抵同步的。隐藏在字体与装帧背后的明代图书文化，诸如文人审美意趣的潮流变换，书籍生产流通的技术变革，都值得学界深入研究。时至今日，许多读者依然钟情于阅读、收藏实用性与艺术感兼备的线装书，足见其并未消散的魅力。

本文的写作与修订承蒙复旦大学古籍所陈正宏教授督促鼓励，并且惠赐宝贵意见。行文的润色受益于复旦大学历史系陈拓博士的建议。谨致谢忱。

---

39 “苏式”嘉靖本之兴盛，参见李开升《明嘉靖刻本研究》，中西书局，2019年，第59—81页。

明中叶宋本鉴藏与刻书新风格

THE SONG EDITION COLLECTION AND THE NEW STYLE OF WOODBLOCK PRINTING IN THE MID MING DYNASTY

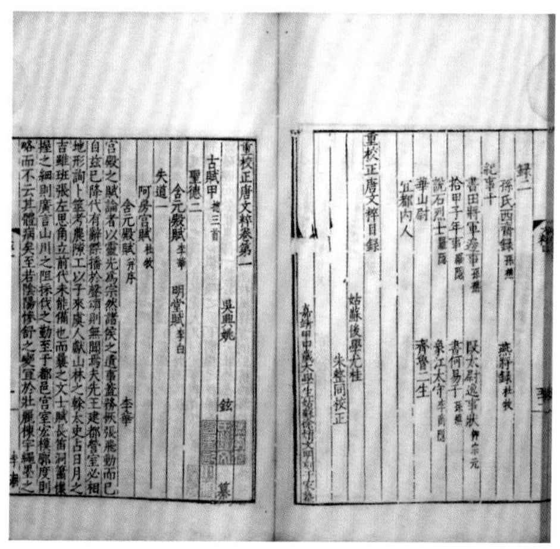
録二
孫氏西齋録 孫樵　燕將録 杜牧
紀事十
書田將軍邊事 孫樵　段太尉逸事狀 柳宗元
拾甲子年事 孫樵　書何易于 孫樵
說石烈士 羅隱　象江太守 李商隱
華山尉　齊魯二生
宜都內人
重校正唐文粹目録　姑蘇後學尤桂 朱整同校正
嘉靖甲申歲大學生姑蘇徐焴文明刻于家塾

重校正唐文粹卷第一　吳興姚鉉纂
古賦甲 凡三首
聖德二
含元殿賦 李華　明堂賦 李白
失道一
阿房宮賦 杜牧
含元殿賦 幷序　李華
宮殿之賦論者以靈光爲宗然諸侯之遺事蓋務於張飛動而已自茲已降代有辭賦播於聲頌則無聞焉夫先王建都營室必相地形詢卜筮考農隙工以子來庶人獻山林之稅太史占日月之吉雖班張左思角立前代未能備也而纂之文士賦長笛洞簫懷握之細則廣言山川之阻採伐之勤至于都邑宮室宏模廓度則略而不云其體病矣至若陰陽慘舒之變宜於壯麗棟宇繩墨之

李开升

宁波市天一阁博物院古籍地方文献研究所

LI KAISHENG

INSTITUTE OF ANCIENT BOOKS AND LOCAL LITERATURE, TIANYIGE MUSEUM

ABSTRACT

In the middle of the Ming Dynasty, the fashion of appraising and collecting Song edition was formed with Suzhou as the center. Song editions were regarded as antiquities and artworks, and the form of them was regarded as the highest standard of books. The literati imitated the form of the Song edition in the woodblock printing, thus forming a new book style, which developed from Suzhou to all parts of the country, opening a new chapter of woodblock printing style.

一

明正德、嘉靖之际（约十六世纪初），苏州拙政园主人王献臣得到一部古本《国语》，邀请他的朋友都穆（1459—1525）鉴赏，都穆很喜欢这部书，专门为此书写了一篇跋文：

> 《国语》惟南京国子监有板，惜乎岁久，字多漫灭，虽时或刊补，而犹非完书也。此盖藏于宋岳武穆之孙珂。近御史王君敬止得之，出以相示。观其刻画端劲，楮墨精美，真古书也。余尝访御史君，每一披诵，则心目为之开明。窃因是而有所感：古书自《五经》而外，若《左氏传》《战国策》等以及是书，皆学者所当究心。而往往夺于举子之业，好古之士虽未尝无，而坊肆所市，率皆时文、小说，求如此本，岂可得哉！呜呼，宜乎今人之不如古也。[1]

这部古本《国语》当与《国语补音》一起流传，其中《国语补音》后来曾藏潘祖荫滂喜斋。《滂喜斋藏书记》著录云：

> 宋刻国语补音三卷　一函三册
>
> 《国语》宋公序补音，明人刻本散见各条之下，非原书面目矣。此本三卷，尚是公序旧第。后有治平元年中书省劄一道，云："《国语》并补音，共一十三册，国子监开板印造。"末有一行云："右从政郎严州司理参军薛锐校勘。"遇宋讳玄、悬、殷、匡、恒、徵、敬、竟、树、顼、桓、完皆缺笔。"顼"神宗名，"桓"钦宗名，皆在治平后，当是南宋时严州覆刻。"犬戎树惇"，"惇"字犯孝宗讳，不缺，是孝宗以前本也。每半叶十行，行二十字。字画方劲，与北宋椠无异。卷首面叶有"经部春秋类"五字，"春秋"二字朱文。又一葫芦印，曰"适安"。又二方印，

1　明都穆《南濠居士文跋》卷一"古本国语"条，明刻本，中国国家图书馆藏（书号08121）。

曰“相台岳氏”、曰“经远堂藏书印”，盖岳倦翁旧藏也。

附藏印：“周情孔思”、“汎古阁”、“己丑父印”、“临顿书楼”、“吴门王献臣藏书印”、“王印献臣”、“王氏藏书子子孙孙永宝藏”、“虞性堂书画印”[2]

此本既有岳珂（号倦翁）藏印，又有王献臣藏印，当即王氏藏本。若其著录无误，则此当为宋严州刻本《国语》及《国语补音》，字画方劲，为浙刻之精品。惜此本今未见。

值得注意的是，都穆对宋本《国语》的鉴赏首先看重的是其实物形态之美，是其艺术性：“刻画端劲，楮墨精美。”指此书刻印字体书法端劲之美及其纸、墨之精美。所谓“真古书也”，“古”字不仅是古代之意，也包含价值判断，代表着好的、有价值的，甚至是美的、有艺术价值的。这种美让都穆“每一披诵，则心目为之开明”，好书、美书能直接给人以感官愉悦。都穆由此想到作为文本的《国语》之难得，坊间出售之书多为科举时文和小说，像《国语》这样的好书却没有，所以今不如古。

我们所说的“鉴藏”，意为鉴赏并收藏或鉴赏性收藏，鉴赏的重点在书籍的实物层面，重点在宋本的文物性或艺术性，这是宋本鉴藏与一般书籍收藏的不同，一般书籍收藏重点在书籍的文本内容。有些学者认为的明人是因阅读古书内容的需要而翻刻宋本、模仿宋本形式，[3]都穆鉴赏《国语》则与此不同，他是先被宋本的形式美吸引，再想到其文本内容的。

二

书籍的文物性或艺术性，只有到了明中叶的宋本，才被广泛关注，

2　清潘祖荫著，佘彦焱标点《滂喜斋藏书记》卷一，上海古籍出版社，2007年，第24—25页。

3　如黄永年《古籍版本学》，江苏教育出版社，2005年，第128页；屈万里、昌彼得《图书板本学要略》，中国文化大学华冈出版部，2009年，第106页。

并形成传统流传至今。书籍的主要功能是供人阅读，在书籍数量很少的年代，主要功能方面尚且难以满足需求，文物性或艺术性很难体现。即使有注重文物性或艺术性的书籍，也难以流传下来，后人无从窥知其实情。简帛书籍在纸书出现之后即罕见流传，唐以前的写本纸书，在雕版印刷出现以后，也难觅踪迹。今天所见唐以前简帛及写本纸书，几乎都是出土文献。即使宋元时期的写本书，传世者也极其罕见。显然，这些书籍或者不具备文物价值和艺术价值，或者其文物价值或艺术价值尚未得以展现便已消亡。其未得展现的主要原因大概就在于这种书籍数量太少——书籍总量少而其中有文物或艺术价值者更少，经不起岁月侵蚀，难以流传后世。

至宋代雕版大盛，这一局面才得以扭转。宋刻本的出现使书籍数量千百倍增加，相应地，其中有艺术价值的书籍也千百倍增加，从而能够流传后世，经过时间的沉淀，其艺术性得以凸显。在元代，已有对宋本的艺术鉴赏活动，如赵孟頫跋其所藏宋本《六臣注文选》云：

> 霜月如雪，夜读阮嗣宗《咏怀》诗，九咽皆作清冷气，而是书玉楮银钩，若与灯月相映，助我清吟之兴不浅。[4]

以“玉楮银钩”形容此书的纸张和书法之美，乃至于可与灯月相映，以助其吟诵之兴。赵氏还从宋刻本临写《汲黯传》，以宋本为法帖，显然宋本在其眼中已成艺术品。[5] 不过这时候对宋本的鉴赏活动尚未大盛，直到明前期，情况大概也差不多。

至明中叶，随着社会经济、文化的发展，文物鉴藏或艺术鉴藏活动得到长足发展，宋本即重要鉴藏对象之一。对宋本的鉴藏除了具体的实践活动，如上文都穆鉴赏宋本《国语》，还有理论总结，包括对宋代各

---

4 清于敏中等《天禄琳琅书目》卷三，上海古籍出版社，2007年，第76页。

5 范景中《书籍之为艺术——赵孟頫的藏书与〈汲黯传〉》，《新美术》2009年第4期。

地刻书不同质量的品评，比如明陆深《金台纪闻》卷下、胡应麟《经籍会通》卷四和谢肇淛《五杂组》卷十三都提及宋代刻本中“杭州为上，蜀本次之，福建最下”。另外还有对宋本真伪的鉴别，如嘉靖、万历时期高濂《遵生八笺·论藏书》云：

> 近日作假宋板书者，神妙莫测。将新刻模宋板书，特抄微黄厚实竹纸，或用川中茧纸，或用糊褙方帘绵纸，或用孩儿白鹿纸，筒卷用棰细细敲过，名之曰刮，以墨浸去臭味印成。或将新刻板中残缺一二要处，或湿霉三五张，破碎重补。或改刻开卷一二序文年号。或贴过今人注刻名氏留空，另刻小印，将宋人姓氏扣填。两头角处或妆茅损，用砂石磨去一角。或作一二缺痕，以灯火燎去纸毛，仍用草烟熏黄，俨状古人伤残旧迹。或置蛀米柜中，令虫蚀作透漏蛀孔。或以铁线烧红，鎚书本子，委曲成眼。一二转折，种种与新不同。用纸装衬绫锦套壳，入手重实，光腻可观，初非今书仿佛，以惑售者。或札伙囤，令人先声指为故家某姓所遗。百计瞽人，莫可窥测，多混名家，收藏者当具真眼辨证。[6]

这段话比较详细地介绍了当时书商为满足人们对宋本的需求，从而用摹刻宋本来伪造真宋本的种种手段。这从另一个方面说明了，仿宋刻本确实是为了满足人们对宋本的需求而产生的，是真宋本的替代品。而用仿宋本作伪来冒充真宋本，正是这种需求的一种极端表现。

宋本鉴赏是与宋本收藏同时进行的，这种鉴藏活动的中心，也是当时的文化中心，在苏州。苏州形成了一个艺术鉴藏、宋本鉴藏的文化圈。较早者如沈周、沈云鸿父子，文徵明《沈先生行状》云：

---

6 明高濂《雅尚斋遵生八笺》卷十四，第五十三至五十四叶，明万历刻本，中国国家图书馆藏（索书号19495）。

先生去所居里余为别业，曰有竹居，耕读其间。佳时胜日，必具酒肴，合近局，从容谈笑。出所蓄古图书、器物，相与抚玩品题以为乐。[7]

其中“古图书”应该是包括宋本的。沈云鸿则被称为：“江以南论鉴赏家，盖莫不推之也。”[8]

稍晚于沈周者有王鏊、王延喆父子，其家藏宋本甚精，如《玉台新咏》（《天禄琳琅书目》卷三）、黄善夫本《史记》（明嘉靖王延喆刻本《史记》王延喆跋）、《旧唐书》等。其所藏宋版《旧唐书》，即明嘉靖闻人诠刻本《旧唐书》底本主要来源之一。继沈周、王鏊而起者为文徵明，其玉兰堂藏宋版精品甚夥，如《汉丞相诸葛武侯传》《东观余论》《刘子》《汉隽》（以上藏上海图书馆）、《朱文公校昌黎先生集》《抱朴子内篇》（以上藏辽宁省图书馆）、《陆士龙文集》（今藏国家图书馆）、《监本纂图重言重意互注礼记》（今藏上海图书公司）、《唐宋名贤历代确论》《容斋三笔》《六臣注文选》《兰亭考》（以上见《天禄琳琅书目》卷二、三）等。其藏书印有“江左”“竺坞”“停云”“玉兰堂”“辛夷馆”“翠竹斋”“梅华屋”“梅溪精舍”等，这些钤印多有鉴赏之意。文氏为吴中风雅领袖数十年，其影响广泛而深远。再晚一些的无锡巨富华夏，请丰坊为其藏品作《真赏斋赋》，其中收录宋版等古本四十一部，与历代法帖、碑刻、名画并列。《真赏斋赋》某种程度上可以看作中国第一部将书籍当作艺术品的赏鉴性善本书目。其中部分宋本有简短的解题，如《花间集》云“纸墨精好”，《东观余论》云“楼攻媿等跋，宋刻初拓，纸墨独精，卷帙甚备，世所罕见”等，明显侧重于艺术性的品评。又其中《九经》《兰亭

7　明文徵明著、周道振辑校《文徵明集》卷二十五，上海古籍出版社，2014年，第584页。

8　《文徵明集》卷二十九《沈维时墓志铭》，第650页。

考》分别为王鏊、文徵明旧藏，华夏还请文徵明为其绘《真赏斋图》，显然，华夏也属于这个文化圈。

宋本鉴藏活动在明中叶终于形成风气，其表现之一是关于书籍的观念产生了重要变化，即书籍分成以宋本为代表的珍本书与其他普通书两类，前者具有鉴藏价值，后者一般只供阅读使用。比如嘉靖末年严嵩被籍没以后，其抄家物资被编成《天水冰山录》一书，其中书籍即分为两类。第一类名为“实录并经史子集等书”，是以宋本为主的珍本书，详细列出每部书的书名及版本（个别缺版本），共收录八十八部、二千六百一十三册，其中宋版四十部、八百九十三册，元版十二部、一百九十一册，明初版三部、一百三十四册，新版两部、八百二十一册，抄本实录五百七册，其他抄本及未著录版本者数十册。[9]第二类名为“应发儒学书籍”，仅著录作：“经史子（籍）〔集〕等书，计五千八百五十二部套，以上应发各儒学贮收。”[10]只有一个总数，不列书名，显然都是普通书籍，所以发往各学校供师生阅读使用。很显然，这两类书性质是不一样的，第一类珍本书是有文物价值或艺术价值的，当时的人是以文物或艺术品来看待这类书籍的，严嵩也是以文物来收藏这些珍本书的。

鉴藏宋本的风气在苏州形成之后，又以苏州为中心向全国蔓延，遍及整个社会，如像严嵩这种权臣也受到了这种风气的影响。最终这种风气对刻书业产生了重大影响。

三

宋本作为文物或艺术品被文人士大夫们鉴赏和收藏，很自然地成为书籍的最高标准。如朱存理在向朋友募集资金刊刻自己的一部诗集时，

9 《天水冰山录》，清乾隆至道光间长塘鲍氏刻《知不足斋丛书》本，第一百八十至一百八十四叶。
10 《天水冰山录》，第二百五十一叶。

说到自己的要求并不高："刻梓不消学宋板之精，鉴藻岂觊拟唐风之盛。"[11]"刻梓"云云指书籍的版刻形式，"鉴藻"云云则指书籍的文本内容，朱氏的意思是，他的诗集，诗歌内容不敢跟唐诗比，书籍形式则也不追求达到宋本之精。很明显，在朱氏眼中，唐诗是诗歌的最高标准，宋本则是书籍的最高标准，这也是当时一般人的共识。

最早将这种最高标准的宋本风格应用于刻书并取得成功的是苏州，时间在弘治间，即苏州式新型版刻风格起源之时。陆深《金台纪闻》在谈及宋代各地刻本高下后，云："今杭绝无刻，国初蜀尚有板，差胜建刻。今建益下，去永乐、宣德间又不逮矣。唯近日苏州工匠稍追古作可观。"[12]陆深此书作于弘治、正德之间，与苏州式新风格的形成时间正相吻合。这条材料说明，苏州工匠对宋本的仿刻，得到了名流的认可，这是新风格得以兴盛的重要原因。

今所见新风格早期刻本几乎都是苏州地区刻本。如弘治十五年刘泽刻本《松陵集》，为今见可以代表新风格的最早的版本。刘泽时任苏州府吴江县知县，与都穆为同年，此书即由都穆作跋。另外还有弘治十七年沈津刻本《龙筋凤髓判》，沈津为苏州人，与祝允明为姻亲，[13]又与文徵明[14]、徐祯卿[15]、朱存理[16]、都穆[17]等为友，此书由祝允明作序。再

11　明朱存理《楼居杂著·募刻诗疏》，《景印文渊阁四库全书》第1251册，上海古籍出版社，1987年，第611页。

12　明陆深《俨山外集》卷八，《景印文渊阁四库全书》第885册，上海古籍出版社，1987年，第49页。

13　明祝允明《怀星堂集》卷二五《跋宋人聚帖》："右宋人遗墨，聚为一册，通若干纸。书者凡十九人，今藏予姻亲沈润卿家。"《景印文渊阁四库全书》本，第1260册，第718页。

14　《文徵明集》卷二一《题沈润卿所藏阎次平画》："此为吾友沈润卿所藏。"第523页。

15　沈津编刻《欣赏编》有徐祯卿为沈津所作序，前引《哈佛大学哈佛燕京图书馆中文善本书志》，上海辞书出版社，1999年，第805页。

16　明朱存理《楼居杂著·跋〈鸣鹤余音〉后》云沈津曾购苏州金伯祥家所刻《道园遗稿》《鸣鹤余音》书版："吾友沈润卿购藏金氏刻板，今併二家以寄润卿，俾续刻之。"《景印文渊阁四库全书》第1251册，第612页。按，此本即《中国古籍善本书目》集部著录元至正十四年（1354）金伯祥刻本，据此跋，金伯祥名天瑞，则按著录体例当作金天瑞刻本。又据此跋，此本为金天瑞之子金镠手书上版。今观此本字体秀媚流利，俨然松雪体，不愧名家写刻。

17　都穆在沈津处观其藏品，详见周道振、张月尊《文徵明年谱》，百家出版社，1998年，第78页。

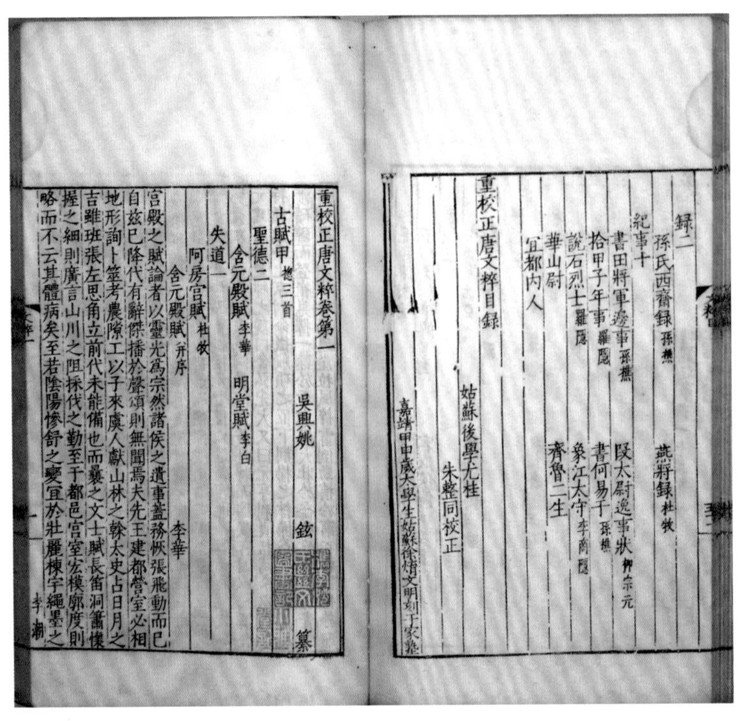

图1 明嘉靖三年徐焴刻本《重校正唐文粹》。宁波天一阁博物院藏

如弘治十八年林世远刻本《震泽编》，林世远时任苏州知府，《震泽编》作者为王鏊，时以吏部右侍郎丁忧在籍。还有弘治十八年沈颉刻本《贾谊新书》，新风格已经比较成熟。这四种书均为苏州地区刻本，代表了起源时期的新型版刻风格。[18]

新风格中一些久负盛名的版本也产生于苏州文化圈。如徐焴、徐封父子，徐焴刻有《重校正唐文粹》（图1），徐封刻有著名的东雅堂本《昌黎先生集》（图2）。[19] 徐焴与都穆为友，都穆曾为其父徐朴撰写《徐寻乐墓表》。[20] 文徵明、王宠、王谷祥等人常至徐封东雅堂聚会。[21]

18 黄永年《古籍版本学》列举新风格版本最早为正德七年黄省曾刻本《唐刘叉诗》（江苏教育出版社，2005年，第128—129页），较刘泽刻本《松陵集》晚十年。

19 叶瑞宝《明万历徐时泰东雅堂刻〈韩集〉辨证》，《江苏出版史志》1992年第2期。

20 《吴郡文编》卷一八六，上海古籍出版社，2011年，第五册，第473页。

21 清范允临《输寥馆集》卷四《太学生墨川徐翁暨配缪孺人传》，《四库禁毁书丛刊》集部101册，第295—296页。

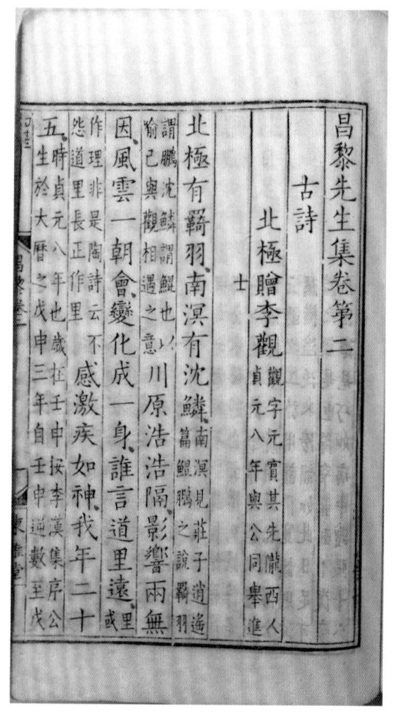

昌黎先生集卷第二
古詩
北極贈李觀 觀字元賓其先隴西人貞元八年與公同舉進士
北極有羇羽南溟有沈鱗 南溟見莊子逍遙篇鯤鵬之說羇羽謂鵬沈鱗謂鯤也以喻己與觀相遇之意 川原浩浩隔影響兩無因風雲一朝會變化成一身誰言道里遠 里或作理非是陶詩云悠悠道里長正作里 不感激疾如神我年二十五 時貞元八年也歲在壬申按李漢集序公生於大曆之戊申三年自壬申逆數至戊

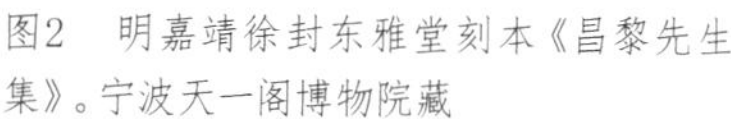

图2　明嘉靖徐封东雅堂刻本《昌黎先生集》。宁波天一阁博物院藏

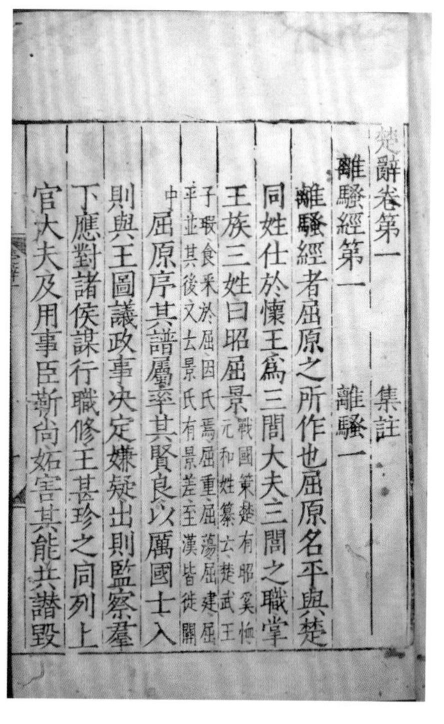

楚辭卷第一　集註
離騷經第一　離騷一
離騷經者屈原之所作也屈原名平與楚同姓仕於懷王爲三閭大夫三閭之職掌王族三姓曰昭屈景 戰國策楚有昭奚恤元和姓纂云楚武王子瑕食采於屈因氏焉屈重屈蕩屈建屈平並其後又去景氏有景差至漢皆徙關中 屈原序其譜屬率其賢良以厲國士入則與王圖議政事決定嫌疑出則監察羣下應對諸侯謀行職修王甚珍之同列上官大夫及用事臣靳尚妬害其能共譖毀

图3　明嘉靖十四年袁褧刻本《楚辞集注》。宁波天一阁博物院藏

王榖祥曾收藏宋本《旧唐书》，是嘉靖年间闻人诠刻本《旧唐书》底本主要来源之一。再如袁表、袁褧兄弟，刻有《皮子文薮》、《大戴礼记》、《世说新语》、《楚辞集注》（图3）等书，袁表常与诸昆弟及文徵明、王宠辈相倡和。[22]

苏州创造的新风格很快成为刻书时尚，苏州刻本成了宋本的代表，苏州工匠也成为能刻出像宋本一样精美版本的良工哲匠，因此而闻名于世，得到了文人士大夫的广泛认可。嘉靖二十三年，浙江提学副使孔天胤在杭州开局刊刻文、史诸书数百卷，为使其所刻达到宋本标准，特地

22　清汪琬《袁氏六俊小传》，《汪琬全集笺校》，人民文学出版社，2010年，第2174—2175页。王春花《明清时期吴门袁氏家族刻书藏书事业及其与吴门艺文关系初探》，苏州大学硕士学位论文，2008年，第4页。

从苏州招募写、刻能手至杭镂板，杭州名流江晓在为其刻《集录真西山文章正宗》所撰序中明确指出："以书镂则鸠诸吴，俾精类宋籍。"孔天胤出身榜眼，又主管全省学政，乃浙江士林中人望所在，其所崇尚，具有巨大的示范效应。这对浙江刻书风气向苏式本的转移具有重要推动作用。如随后洪楩刻书二百余卷，均为此种风格。其中《唐诗纪事》一书由孔天胤作序，孔氏在序中盛赞洪楩的刻书行为，这说明二人关于刻书之事有过交流。

不仅临近的浙江，即使更远的福建，也被新风格波及。建阳自宋代以来即为全国重要刻书中心，几百年来一直保持自己特殊的刻书风格，自成系统，福建是这种风格的基本区域。但苏州式新风格影响太大，嘉靖三十五年（1556）至三十八年（1559）间由福建巡按御史吉澄发起、其继任者樊献科最终完成的大规模经史、理学书籍校刻，也是专门从苏州聘请了工匠，如写工吴应龙、龚士廉、刻工夏文德、黄周贤、袁宸、章循、唐凤等，与本地刻工叶文辉、叶再生、陈友、陆旺、余进生等一起完成这批书籍的刊刻工作。

从此，北到山东、河南、山西、北直隶，南到浙江、江西、福建、广州，西至湖广、陕西，都或多或少地受到新风格影响，苏州式刻本遍地开花，遂开一代刻书新风尚。

具体而微
从明刻巾箱本《杨升庵辑要三种》说起

MULTUM IN PARVO
A RESEARCH BASED ON *YANG SHENAN'S MINIATURE BOOKS* OF THE MING DYNASTY

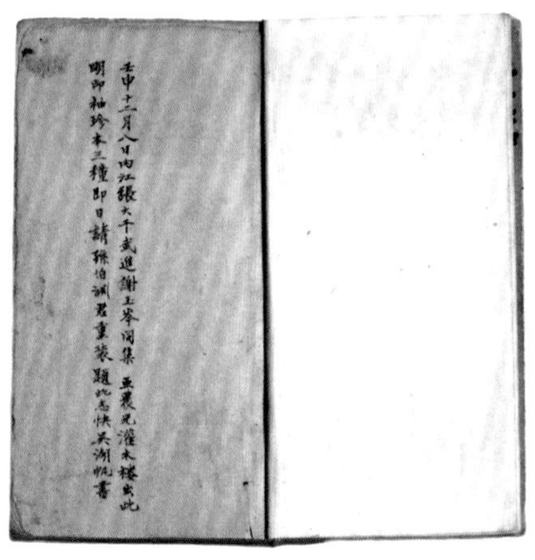

李　军
苏州博物馆

LI JUN
SUZHOU MUSEUM

ABSTRACT

This article focuses on the towel-box edition *Yang Sheng'an jiyao sanzhong* (Three Kinds of Compilations of Yang Sheng'an) engraved in the Ming Dynasty, collected in the Suzhou Museum, to analyze the similarities and differences in the size of the towel-box binding books in the Song, Yuan, Ming and Qing dynasties, through the ancient books which were handed down and unearthed and investigate the historical evolution of the towel-box binding books. With the reduction of the size of the plate frame, in order to try to be tidy, the original rows of the same are squeezed, and therefore this gives a glimpse of the special changes of the ancient book rows under extreme conditions, as the big ones can be seen through the small ones. At the same time, a brief description is given about the era characteristics of the reinstallation of the *Yang Sheng'an jiyao sanzhong* by collector He Cheng during the Republic of China.

古籍善本具有多方面价值，其文本固值得重视，实物装帧亦往往令人惊叹。然从古至今随着时代的变迁，文本被翻刻、翻印的同时，装帧也悄然发生着变化。殆古籍善本历经数百千载，时显时晦，但难免都会被改装，以致原始装帧形式随之消失。古人对于古籍重装记录模糊，未留存详明而专门的著作，是故今日探讨古籍装帧的演变，尽管将文献记载与书籍实物相结合，仍有很多未获确解者。有关巾箱本的研究，自叶德辉《书林清话》以来，虽有各种版本讲义加以介绍，但大抵不出其藩篱，近年有李鹏《略说巾箱本》[1]、袁红军《巾箱本小考》[2]等文续作论说，亦未见新意。而对宋、元、明、清四朝所刻巾箱本个案之专门研究，近数十年来仍寥寥无几。因个人见闻有限，谨以苏州博物馆藏明刻巾箱本《杨升庵辑要三种》为例，略谈巾箱本及其装帧。

一

杨慎（1488—1559），字用修，号升庵。四川新都（今成都市新都区）人。大学士杨廷如之子。明正德六年（1511）状元及第，嘉靖三年（1524）因“大礼议”被贬云南永昌卫。其人博学多才，著作宏富。沙铭璞、何金文编著《杨升庵著述及其版本考录》，收录杨氏著作达一百八十二种之多。其中有《诗选辑要》《诗韵辑要》《诗余辑要》三种，未见原书，仅附旧注称“丁小山送到已刻三种”，似即此《辑要三种》。[3]

《杨升庵辑要三种》（图1）收录《诗选》《诗韵》《诗余》三种，版式相同，四周单边，每半页五行，行十字，小字双行。白口，上单黑鱼尾，鱼尾下记卷数，版心下方记页次。书高7.4厘米、宽4.6厘米，版框高5.0厘米、宽3.0厘米。内封大字题“杨升庵辑要三种”（图

1 《文史知识》2010年第8期，第49—53页。

2 《兰台世界》2015年11月下旬刊，第104—105页。

3 沙铭璞、何金文编著《杨升庵著述及其版本考录》，四川人民出版社，1983年，第37页。

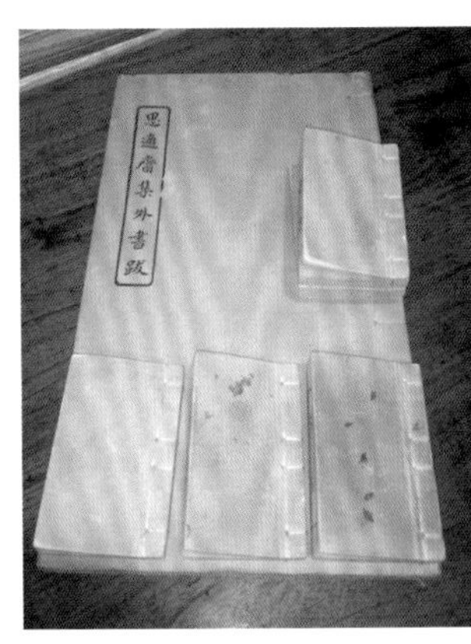

图1 杨慎《诗选》，明刻本。苏州博物馆藏

2），小字双行“诗选诗韵/诗余”，并钤“至乐”朱文葫芦印。全书前有“小引”（图3），分述其义，因析作三节，移录如下：

夫声音之道，尤昭代所重哉，故尝言诗于正始之后，以律体为近，以绝句为尚，且绝演而为律，律节而为绝，律用其全，绝用其半，致殆匪二，必备之乃足以全作家法，后学有所持循耳。

自大历以来，悉崇沈韵，第韵多浩汗，登临玩把，酒船花坞，山风渚月间，目极心赏，兴来神往，辄欲一挥吐，能免探繁阁笔、捻须攒眉之苦，于是手校此编，三唐四韵，合为一帙。

诗余亦拔其尤者，各备一体，以供吟弄之式，良便哉。挟之奚囊，而出诸袖底，骚人墨士，靡不啧啧。噫！无乃役志于远迩，而弗甘心墙面者乎，然律有七宗，绝有五格，即调亦自严矩度，是又心之神而悟之巧，岂编之所能囿哉。

时在明嘉靖四年（1525）乙酉冬十一月朔日，杨慎被流放云南之第二年。书凡十二卷，其中《诗选》四卷：卷一五言律诗、卷二七言律诗、卷三五言绝句（六言绝句附）、卷四七言绝句；《诗韵》五卷：卷一上平、卷二下平、卷三上声、卷四去声、卷五入声；《诗余》三卷：

图2 《杨升庵辑要三种》内封

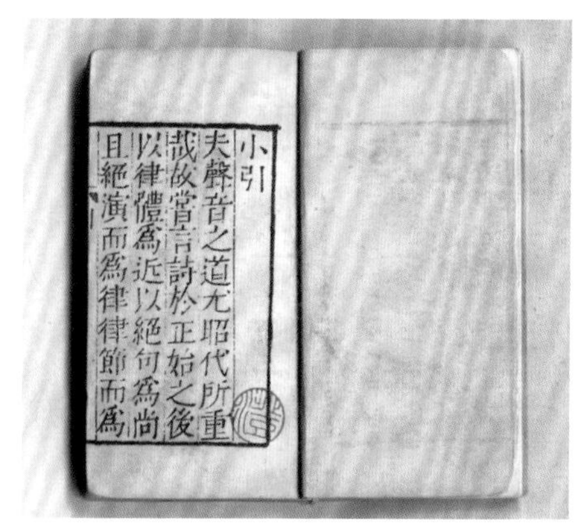

图3 《杨升庵辑要三种》“小引”

卷一小令、卷二中调、卷三长调。前无总目，每一种前各有简目。

此书入选国家珍贵古籍目录，编号06332。一直深藏秘库，知之者不多，目前仅宁忌浮《汉语韵书史·明代卷》著录《诗韵》一种。据宁氏调查，杨慎另有《韵林原训》五卷，现仅存万历二十八年（1600）陈邦泰重订本，南开大学图书馆藏。此虽非杨慎原书原刻，却亦为巾箱本，书高9.5厘米、宽6.1厘米，半页五行九字[4]，较《辑要三种》开本略大。因此推测，杨慎原刻本恐亦为尺寸与之相近的巾箱本。

此类巾箱本在传世的杨慎著作中并不多见，可谓别具一格。《辑要三种》中，《诗选》选录唐诗二百二十八首，按诗体分类编次。《诗韵》分韵一百零六部，无注无反切，所收韵字数目较通行本少。《诗余》选录唐宋人词八十八阕，从李白至南宋人，按篇幅长短分类编次，上下阕之间用“○”分隔。

从内容看，《杨升庵辑要三种》并无特出之处，但可能是存世明刻巾箱本中较小的一种。众所周知，巾箱本之起源甚早，叶德辉《书林清话》有“巾箱本之始”一篇，王欣夫《文献学讲义》有“宋刻本的版

4 宁忌浮《汉语韵书史·明代卷》，上海人民出版社，2009年，第106—107页。

心高广”一篇，对巾箱本之源流曾作梳理，并例举数种代表性版本。不过，《南史》所载南齐衡阳王萧钧所抄巾箱《五经》，为写本而非刻本，且早已失传，并不知其尺寸究竟多小。后周显德刊本《宝箧印陀罗尼经》尚有传世，王欣夫言版心高一寸九分半[5]，相当于6.4厘米左右。北京中国书店藏北宋开宝八年（975）吴越王钱俶刻《一切如来心秘密全身舍利宝箧印陀罗尼经》，版框高5.8厘米[6]，较之显德刻本更小，但仍较《升庵三种》略大。叶德辉所举宋版如《九经》[7]、《婺州本点校重言重意互注尚书》、《纂图附音重言重意互注周礼郑注》、《京本点校附音重言重意互注礼记》、《名公增修标注隋书详节》等高度皆逾三寸[8]，以及日本昌平学藏南宋巾箱本《周易》九卷《周易略例》一卷，“界长三寸一分，幅二寸”[9]，都已接近清乾隆间所刻《钦定古香斋袖珍本十种》10.3厘米的版框高度[10]。其实，清内府所藏宋刻五经中，确有巾箱本存在，即宋刻《礼记注》二十卷，现存十二卷、十二册，分藏北京市文物局、沈阳故宫、上海龙美术馆、中国国家图书馆。版框高9.6厘米、宽6.8厘米，每半页十行、行十九字，小字双行同。[11]

宋代巾箱本，传世较多的是经部文献，《郡斋读书志》《文献通考》诸书记录亦如是。叶德辉所记元代巾箱本《唐李长吉诗集》（刘辰翁批点），现藏台北“央图”，实际版框高16.6厘米、宽10厘米，于今看来并不能袖之携行。山东博物馆藏明鲁荒王墓出土六种元刻本中，《增入音注括例始末胡文定公春秋传》三十卷附《春秋名号归一图》

---

5 王欣夫《文献学讲义》，上海古籍出版社，2016年，第132—133页。此经似非王氏亲见手测，或据王国维《显德刊本〈宝箧印陀罗尼经〉跋》记载而来。王氏记此经“高工部营造尺二寸五分，板心高一寸九分半，每行八字或九字”，则经高约8.3厘米，板框高约6.4厘米。

6 于华刚主编《中国书店藏珍贵古籍图录》，中国书店出版社，2012年，第7页。

7 刘蔷《天禄琳琅知见书录》第80页著录，现藏台北故宫博物院，定为明覆宋刻本，版框高15.4厘米、宽10.4厘米。

8 叶德辉著、漆永祥点校《书林清话》，北京联合出版社，2018年，第47页。

9 杜泽逊等整理、森立之等撰《经籍访古志》卷一，上海古籍出版社，2014年，第9页。

10 翁连溪《清代内府刻书研究》（下），故宫出版社，2013年，第406页。

11 刘蔷《天禄琳琅知见书录》，北京大学出版社，2017年，第680—681页。

二卷，版框高10.3厘米、宽7.7厘米；《少微家塾点校附音通鉴节要》五十六卷外纪四卷，元至治元年（1321）赵氏钟秀家塾刻小字本，版框高14.9厘米、宽9.8厘米[12]，开本俱较《唐李长吉诗集》小，版框高度也接近《古香斋袖珍十种》。以上各书，尽管内容多为正经正史、名家诗集，却带有通俗读本的色彩，大部分可能出于坊肆翻刻，足见巾箱本在当时主要因其实用功能而为世人所重视。对此，宋人戴埴《鼠璞》中"巾箱本"一则，早已明言。俞樾《茶香室四钞》卷十一"禁毁小版"一条将之略作延伸：

宋戴埴《鼠璞》云：今之刊印小册谓巾箱本，起于南齐衡阳王钧手写五经，置巾箱中。今巾箱刊本无所不备。嘉定间，从学官杨璘之奏禁毁小版，近又盛行。第挟书，非备巾箱之藏也。按此知刊刻小版备场屋怀挟之用，自宋已然矣。[13]

之所以杨璘之要向朝廷奏请禁毁小版，正说明当时巾箱本的大量出现、广泛流行，只有通过政府行为才能有效禁止。盖彼时巾箱本常被学子私挟入考场来舞弊，此项功用并未因遭禁毁而绝迹，明清以后，仍以举子所携夹带的形式流传，只不过因其不具有校勘价值，而不为人所重视，也就没有过多讲究装帧与注意保存，故而流传后世并让人惊艳者无多。

《辑要三种》所收诗、词、韵三体，并不像九经那样附有小字夹注，行格之整齐似乎并不难。但由于是巾箱本，行字均较普通开本古籍要少，仅篇题、作者、正文三者加以统筹，就出现意想不到的问题。尤其是《诗选》四卷，内文中篇题、作者部分文字挤刻的情况就十分明显。从《诗选》卷端（图4），可以清楚看到此书的基本格式。

首行题书名"诗选卷一"顶格，二行作者"新都杨慎选"低三格，

12 崔巍《明鲁荒王墓出土元刊古籍略说》，收入《内蒙古文史研究通览·文化卷》，内蒙古大学出版社，2013年，第451—453页。

13 俞樾《茶香室丛钞》，清光绪刻本。

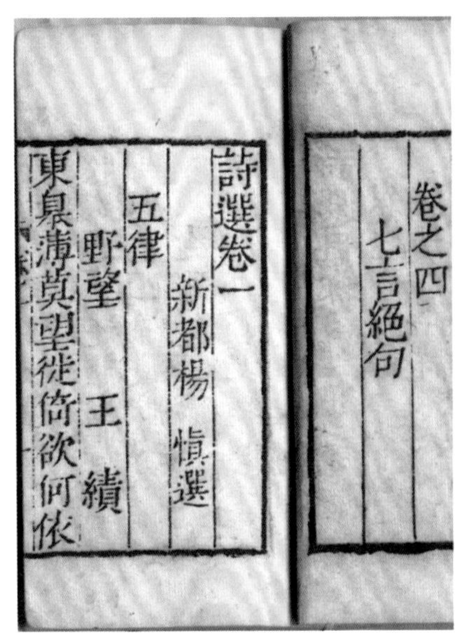

图4　《杨升庵辑要三种》卷端

人名“杨慎”中空一格，后皆仿此。三行“五律”低二格。四格起正文，篇题低二格，作者姓名占三字，与下边均空一格（图4）。但也有例外，如《送兄》作者“七岁女子”、《答人》作者“太上隐者”均达四字，就只能紧贴下边，不再空格。如篇题不超过四字，与作者刻在同一行；如篇题达五字以上，则与作者分刻二行；篇题达九字以上，第九字换行低三格接刻。如此本应整齐划一，整体看来较为美观，但事情往往有意外。如《诗选》卷一页十后半页李白《宫中行乐词》，篇题五字，却与作者刻于一行，乃不得不将“宫中行乐词”挤刻在四字间距内，保证上空二格、作者姓名间空一格、作者距下边空一格，导致篇题、作者之间虽然留空，但间距不及一字。卷二页七李颀《送司勋卢员外》，篇题达六字，加上“李颀”按三字算，已达九字，竟也能上空两格，挤刻于一行之中，“送司勋卢员外”六字刻在五字间距内，“李”“颀”之间几乎没有余隙，“颀”下留半格，看上去还能区分篇题、作者，如将留白处刻满的话，肯定超十字。类似者有卷二页十四钱起《赠阙下裴舍人》、卷二页十五钱起《送严维尉河南》、卷二页廿六李白《登金陵凤凰台》、卷三页四李白《游洞庭醉后作》、卷三页十四韦应物《秋夜寄丘员外》、卷三页廿四刘长卿《寻张逸人山居》、卷四页二十张谓《题长安主人壁》。甚至还有将七字篇题与作者挤刻在一行者，如卷二页十三杜甫《九日蓝田崔氏庄》、卷二页廿八刘长卿《使次安陆寄友人》、卷四页二李白《峨嵋山月歌送客》，篇题加作者已达十字，却还有余隙。偶尔出现的双行小字夹注，字数更是参差不齐。不过，以上各种挤刻的现象，都坚持一项原则——篇题与上边框保证留白二格，所以全书看上去仍显得整齐划一。之所以篇题挤刻现象会如此频繁地出现，究其原因，是巾箱本行格高度有限，容字不多所致。

二

明清以来，巾箱本作为书籍装帧中的特殊品种之一，由于受到文人士大夫的青睐，袖珍小开本这一特殊形式被不断放大，渐渐成为文人、收藏家喜爱搜藏、把玩，甚至亲自设计、刊刻之物，其实用功能反而退居次要地位。书籍之外，书画、碑帖、文玩、盆景之属，概莫如此。如清初画家王原祁有“小中见大”主题册页，其玄孙王应绶缩摹汉碑一百通，制成《百汉砚碑》。贵为一国之君的清代乾隆皇帝，对此亦发生兴趣，于乾隆元年（1736）命人刊刻巾箱本御制诗集——《乐善堂全集》，每半页七行十八字，版框高6.3厘米、宽4厘米。[14] 乾隆十三年（1748），又命以武英殿刻书余材，刊刻《古香斋袖珍十种》，此书每半页九行十八字、小字双行同，版框高10.3厘米、宽8.2厘米，书高15.厘米、宽10.2厘米。[15] 甚至有学者认为，明清两代巾箱本文言小说的刊刻之风“实始于乾隆，是上行下效的必然结果”，“《古香斋袖珍十种》

14　北京图书馆编《中国版刻图录》，文物出版社，1960年，图版三十七。

15　翁连溪《清代内府刻书研究》（下），故宫出版社，2013年，第406页。

问世后，更是引发了刊刻巾箱本的热潮，一直延续到清末”[16]，这一推论不无道理。

除经史、通俗小说之外，明清医书也常刻作巾箱本，以便医者随身携带。如明刻巾箱本《奚囊广要》每半页九行十八字，版框高三寸八分（约12.7厘米）、宽二存八分，中国国家书馆藏明嘉靖刻本《奚囊续要》亦九行十八字，版框高11.7厘米、宽8.5厘米。[17]又如，明末胡正言十竹斋刻《简易备验方》每半页七行十五字，版框高9.8厘米、宽6.9厘米；清洪基有刻《摄生秘制》每半页六行十四字，版框高9.9厘米、宽6.5厘米；清康熙芥子园刻本《本草纲目》版框高12.9厘米、宽9.3厘米。[18]不过，对比《杨升庵辑要三种》《乐善堂全集》两种，以上各种开本仍显得高大。

相较于传统的巾箱本正经正史、医书、通俗小说而言，收藏家总不免有些猎奇的癖好，这便是自清咸同以后，为骨董家所津津乐道的《锦囊印林》。民国间，邓之诚的《骨董琐记全编》就有《汪秀峰藏印》一则：

> 汪秀峰启淑所汇印谱，曰《汉铜印存》、《古铜印存》，皆巾箱本。曰《集古印存》十六册，曰《飞鸿堂印谱》二十册，曰《秋官印萃》六册，曰《退斋印类》四册。曰《锦囊印林》，小仅寸余，皆一时名人及友朋投赠之作也。《印林》之印质，皆珠玉玛瑙。[19]

以上这一段描述中，其实脱胎自清人徐康的《前尘梦影录》，节录时书名还出现了错字。《前尘梦影录》卷下有云：

16 沙虹《巾箱本与清代文言小说的传播》，《图书馆》2008年第6期，第122页。

17 吴元真《童珮辑刻的〈奚囊广要〉与〈奚囊续要〉》，《北京图书馆馆刊》1994年第3—4期，第81—83页。

18 马继兴《中医文献学》，上海科学技术出版社，1990年，第342—343页。

19 邓之诚《骨董琐记全编》，人民出版社，2012年，第63页。

汪秀峰先生于雍乾时，富而好礼，所交皆知名士，凡金石书画无不好，而笃嗜者为古今印。尝汇集汉印曰《汉铜印丛》《古铜印丛》，皆巾箱本。同时诸名家所刻者，曰《飞鸿堂印谱》五集，二十巨册。又汇古今印曰《集古印存》，十六巨册，下缀刻人姓名，尝以罗文笺精印。又有《秋官印萃》六册，曰《退斋印类》四册，皆同时友朋制作。其最小者曰《锦囊印林》，小仅寸余，云尝得宋锦被面，因制为囊盛之。前序、后跋下如《印存》之例，注印质为人参、珍珠、珊瑚、马脑、水晶、白玉各名色。于劫前购得两部，皆四卷，其一归之朱小沤太常（钧），一为凌翁华常易去，而皆无锦囊。此先友黄心翁云，旧有印谱十一种，并续周栎园《印人传》。[20]

据徐康所记，汪氏原刻原装本，外面配有宋锦所制锦囊，可与《锦囊印林》一名相映照。不过，咸丰年间徐康所得两部《印林》外配锦囊已失。按：国内公藏机构仅中国国家图书馆、上海图书馆、西泠印社三家藏有此种尤物，私人藏家中韦力芷兰斋藏有两部。西泠印社藏《锦囊印林》四卷二册（图5–1），系张鲁庵捐赠，书高7.2厘米、宽5.3厘米。函套上签条为“槐南山房珍藏”，印谱签条为“锦囊印林”，均无具款。函套外有蓝布套，蓝布套外还有紫檀木盒，装潢极为讲究。[21] 其函套不能确定是否原配，只是紫檀木盒为张鲁庵后配，刻有赵叔孺题字。另外，2016年于上海龙美术馆“金石齐寿”展中见一部（图6），与西泠印社藏本（图5–2）字体不同，笔画僵硬，当为翻刻本。

正如徐康所述，其经手的两部《锦囊印林》经过数十年的流传，原配锦囊已失，显然装帧早就改变。《杨升庵辑要三种》早非明清旧装，书前护页上有吴湖帆（1894—1968）题跋二行（图7）：

20　徐康撰、孙迎春校点《前尘梦影录》，中国美术学院出版社，2000年，第193—195页。

21　西泠印社编《朱痕积萃——中华珍藏印谱联展》，西泠印社出版社，2012年，第131页。

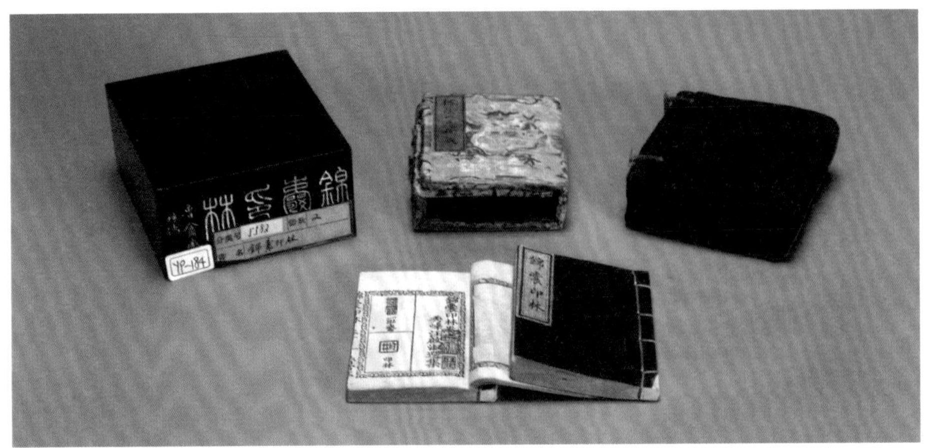

图5-1 《锦囊印林》，清刻本。西泠印社藏

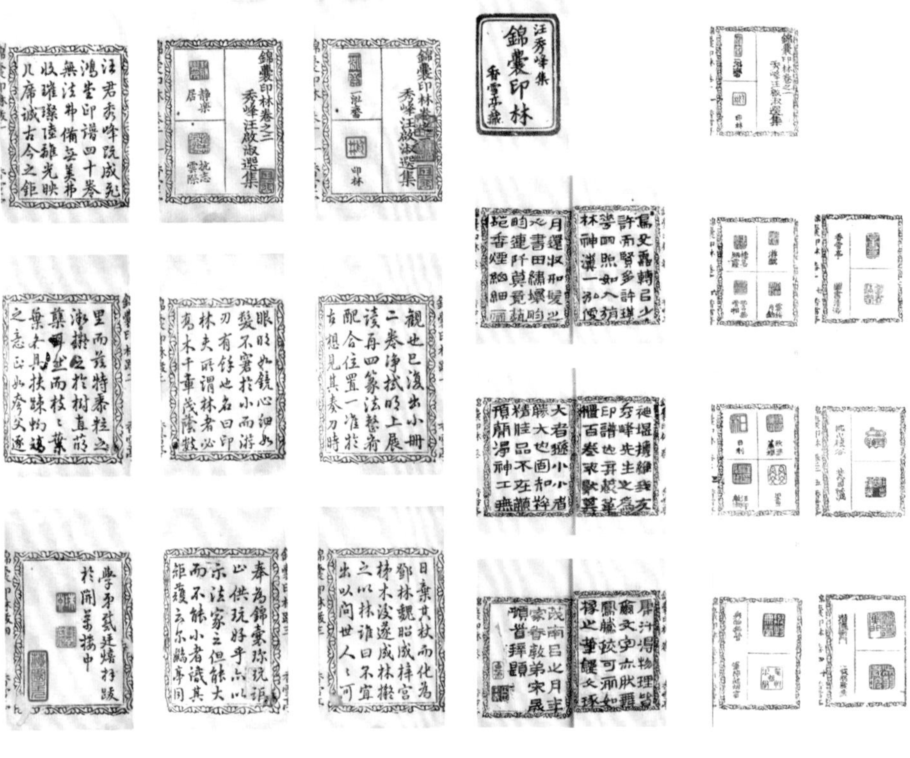

图5-2 《锦囊印林》，清刻本。西泠印社藏

图6 《锦囊印林》，清刻本。私人藏

图7 《杨升庵辑要三种》吴湖帆跋

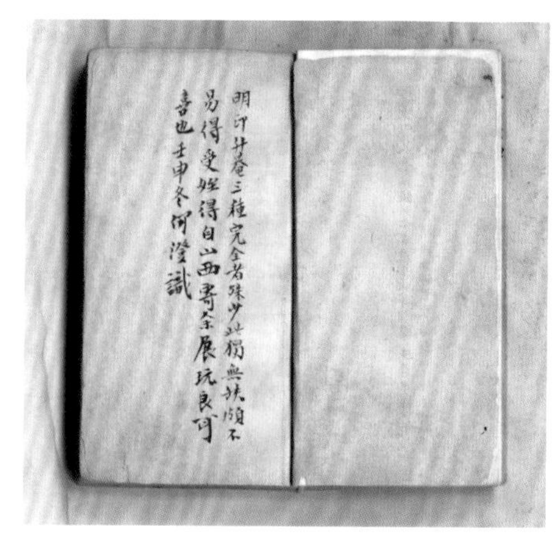

图8 《杨升庵辑要三种》何澄跋

壬申十二月八日，内江张大千、武进谢玉岑同集亚农兄灌木楼，出此明印袖珍本三种。即日请孙伯渊君重装，题此志快。吴湖帆书。

后一页又有何亚农（1880—1946）题跋（图8）：

明印《升庵三种》完全者殊少，此独无缺，颇不易得。受侄得自山西，寄余展玩，良可喜也。壬申冬，何澄识。

吴湖帆在题跋中提到，民国二十一年（1932）十二月八日，何亚农向吴氏及张大千、谢玉岑等出示此书的当天，就将书交集宝斋的孙伯渊重新装治。今所见《杨升庵辑要三种》，分装六册，每种各两册，为四眼线钉，书衣用洒金银蓝腊笺，并配四合蓝布函套，以象牙别子相扣，函套内纸系万年红（图9）。显然，目前的装帧面貌，应是民国二十一年这次改装的产物。

万年红纸又称正丹纸、东丹笺，为岭南特产，据说明末始创于广东地区。[22] 清代粤中藏书家多以万年红作为护页，直接衬装于书的首尾

22 王国强《中国古代文献的保护》，武汉大学出版社，2015年，第88页。

图9 《杨升庵辑要三种》函套

两面，让人熟知的例证见叶昌炽《藏书纪事诗》卷七“方功惠”条，但江南藏书家用万年红护书者并不多。《杨升庵辑要三种》函套以万年红纸为里，蓝布为面，既保留蓝布套的传统，又在万年红的使用上可以说有所创新，如此方式在当时颇为流行。民国时期上海藏书家陆鸣冈早年以日记专藏闻名于世，民国三十三年（1944）遭遇绛云之厄，日记专题藏书化为灰烬，于是改搜集影宋元本别集、名家词集为务，其藏书所用函套，即以蓝布为面、万年红为里，与此类似。陆氏藏书装帧也有一定特点，书前护页常加盖“陇梅藏书”印记，并墨笔题第几部；影刻宋元别集则抄录作者小传（摘录辞典、志书中内容）于书前，与钱镜塘藏海宁籍书画家作品多请张克龢录人物小传于裱边相近似。书衣用洒金笺之例，所见甚多，本馆有民国间潘博山、潘景郑兄弟所藏潘氏先人遗稿，多经改装，而喜用朱、蓝二色洒金蜡笺为书衣，并将各书衬装，以期传之久远。潘氏兄弟与集宝斋孙伯渊兄弟往来频密，不知当日是否即请集宝斋重装？已不得而知。

《会真图》与晚明艺术书籍中的蝴蝶装

THE *HUIZHEN ALBUM* AND THE BUTTERFLY-FOLD BINDING OF THE ART BOOKS IN THE LATE MING DYNASTY

陈 研

上海师范大学院美术学院

CHEN YAN

FINE ARTS COLLEGE, SHANGHAI NORMAL UNIVERSITY

ABSTRACT

During the Ming dynasty, the status of pictures in China underwent a significant transformation, which was particularly visible in woodcuts. From being an integral part of the publications for satisfying the normal readers, the woodcuts came to designate an area of possible innovation. I wish to present a significant and unique example here, the Min Qiji's Huizhen Album, as an only extant collection in Museum of East Asian Arts in Cologne. Such woodcuts have long been studied by art historians in the theme, style and motif. But only in recent years the researchers have major interests shown for the specific way of butterfly-fold binding. Beginning in the late seventeenth century, such printed works were used not only as a vehicle for the illustration of the dramas or stories, but also for the representation of the publishers or the owners. My paper will first try to sketch the historical development of the way of binding this "art book" and then go on to analyze the function of prints in the formation of the changing ideas of the canon.

一

在科隆东亚艺术博物馆的纪念品部可以买到《会真图》的复制品，这套出版于二十世纪七十年代的复制品具有极高的一比一摹真技术，因此在小小的纪念品部里是款热门的商品。不过它们并不是成套出售，而是单独零卖，因为单品在价格上更具亲和力，也可带给购买者挑选的乐趣。对于观光客和艺术爱好者来说，单张选购是一种常见的形式，而且普通的西方游客大都并不熟悉《西厢记》的故事剧情，也就不那么重视成套作品的意义与价值，因此博物馆纪念品部没有保留原作的装裱形式。

虽然在近四百年前，《会真图》也是以商品及印刷品的形式诞生，但刻书家闵齐伋可能从未设想过将其放置在商店中单张零售。以目前可见的材料判断，如果还原《会真图》刚印成送到书坊时的模样，应该是一本蝴蝶装的书籍，也许是伴随丛书《会真六幻》一起销售，但拥有独立的装帧形式。博物馆纪念品部的单张销售策略自有它的原因与立场，而处于明末出版文化百花齐放之时的闵齐伋，选择蝴蝶装也必然是出自他在当时情景中的考虑，作为《会真图》的载体，蝴蝶装本身是否具有特殊的含义值得深入思考。

现为孤本的《会真图》原件藏在科隆东亚艺术博物馆的地下保存库（图1），为二十一幅分别装裱在硬卡纸上的散页（该套图的尺寸请参见本章末附表）。打开保存盒，有这样一些客观的装帧信息以支撑关于它是蝴蝶装的猜想：[1] 一、每幅大约长16厘米，宽12厘米，基本符合明末书籍两页一张的的尺寸。二、每图的正中都有较深的折痕。三、全图均无穿孔痕迹，由此推测应不是线装。

历代文献中几乎没有关于《会真图》原装形式的说明，如果从其流

1　范景中《套印本和闵刻本及其〈会真图〉》："我曾在十几年前和今年元月两次在科隆观赏《会真图》，每次都为它的精美赞叹不已，每次都有一种强烈的感觉，这是一部原味蝴蝶装的供人案头把玩的本子，我们应该把它置于中国古籍的另一个为人所忽视的传统中去考察。"见董捷《明清刊〈西厢记〉版画考析》，河北美术出版社，2006年，第5页。

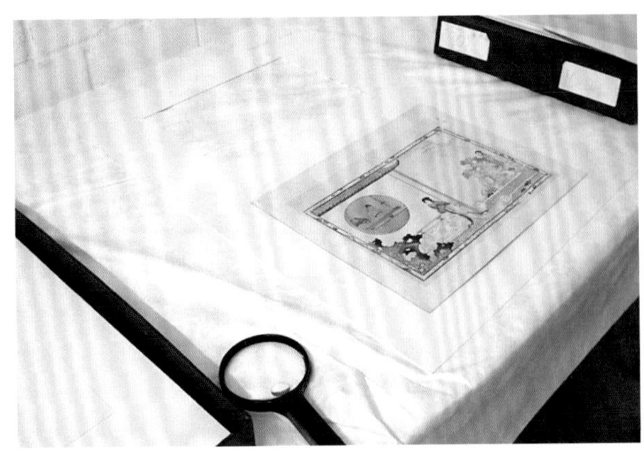

图1　闵齐伋刊《会真图》图册二十一幅，约1640年刻，孤本。德国科隆东亚艺术博物馆藏

传过程进行倒推，据副馆长石翠「Petra Rösch」所述，这套作品自眼科医生亚当·布罗伊尔［Adam Breuer］在二十世纪初期于北京购得时，已是二十一枚独立装裱的作品。1962年该馆购得后，便保留接手时的装裱形式，没有对原作进行大的修复或重裱。根据观察实物所见的尺寸与折痕，我们可以认为《会真图》原本是作对折的书籍装帧形式，现存这些图是将原书拆散，再分别装裱，而托裱其图的卡纸可以肯定不是明代的材料。

将版画从画集或书籍中揭取出来独立装裱，这在今天依然十分常见，这样做一般有两个目的：一是藏家出于对作品的保护；二是从商业的角度看，这些托在卡纸上的版画如果作为独立作品，则价值更高。对艺术书籍进行改装有各种方法，日本江户时代的藏家便常常将中国带插图的线装书改装成经折装。安濮［Anne Burkus-Chasson］在《视觉诠释与翻页：刘源〈凌烟阁〉的发展演变》［Visual Hermeneutics and the Act of Turning the leaf, a Genealogy of Liu Yuan's *Lingyan Ge*］一文中以版画《凌烟阁功臣图》为主题，把版画的装帧与观者联系起来，照她的说法：

The reformatting of the thread-bound book, which appears to have been a habit of Japanese collectors, indicates the new uses to which a new readership put *Lingyan Ge*. Neither the political drama of dynastic change nor the natural revolutions of history concerned the late Edo period readers of *Lingyan Ge*.[2]［日本藏家改装线装书的习惯说明了这些新读者眼中《凌烟阁功臣图》的新用途。朝代更替的政治性戏剧与历史的自然变革，这些都不是江户时代晚期的《凌烟阁功臣图》读者们所关心的。］

在这样的改装背后，隐藏着的是观者的阅读和观赏习惯。对于欧洲藏家而言，收藏独立的版画作品有着较长的历史，其作品也多具有独立欣赏价值；而对于江户时代的日本藏家，通过收藏署有中国名家画手之名的版画是追摹艺术经典的方式之一。[3]不同的地域有着不同的装帧习惯，不同时代的人们对于装帧的选择也可以反映出观赏需求变化的历史，探究《会真图》的装帧形式或许可以帮助我们理解明末时创作者与观者的观赏习惯，恢复作品所处的原境。

二

因为蝴蝶装分页的方式更适合雕版印刷，所以它是宋代最主流的书籍装帧形式。蝴蝶装使用糊药粘连印张背面的中间版心，粘住后外用书衣包裹裱褙，版心在内，四边空白在外，故也称“粘页”。这种形式从外表看很像现在的平装书，打开时版心好像蝴蝶身躯居中，书叶恰似两翼张开，故称蝴蝶装。如清代著名藏书家与出版家叶德辉所言：“蝴蝶装者，不用线钉，但以糊粘书背，夹以坚硬护面。以板心向内，单口向外，揭之若蝴蝶翼然。”[4]

宋代刊行的书籍，特别是国家或官府出版的精美典籍大多是纯文字的

2 Anne Burkus-Chasson, “Visual Hermeneutics and the Act of Turning the leaf, a Genealogy of Liu Yuan’s Lingyange,” Cynthia J. Brokaw and Kai-wing Chow, eds., *Printing and Book Culture in Late Imperial China,* Berkeley: University of California Press, 2005, p. 407.

3 例如出于增加艺术趣味与提高欣赏质量的考虑，日本藏书者常将一些图版出自陈洪绶之手的线装书改装为经折装。

4 叶德辉《书林清话》卷一，岳麓书社，1999年，第13页。

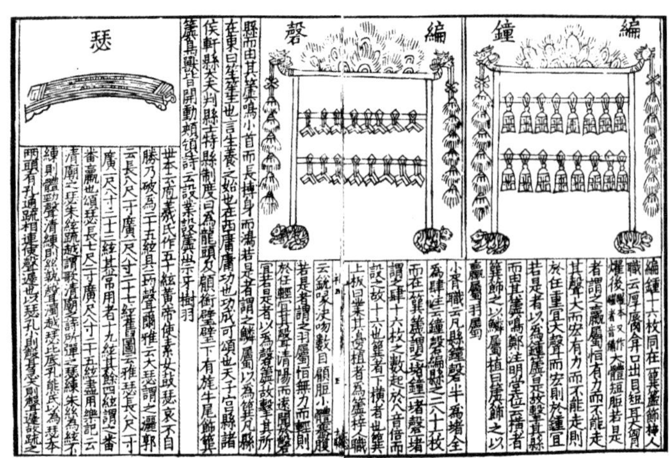

图2　聂崇义集注《新定三礼图》二十卷，宋淳熙二年镇江府学刻本。中国国家图书馆藏

形式，但其中一些也使用版画来加强说明，如仁宗登基时，太后命文臣宋绶等采择太祖、太宗、真宗故事编成的《三朝宝训》。概括地说，我们可以将宋元时期蝴蝶装插图书籍大致分为图式型、谱录型和叙事型。

图式型的蝴蝶装插图书籍如宋淳熙二年国子礼记博士聂崇义集注《新定三礼图》，其中各种服装、车马、乐器、器具图近百幅。负责此书的翰林学士窦俨在序中说："率文而行，恐迷其形范，以图为正，则应若宫商。"《三礼》本身是一本较难阅读的古书，宋时重新配图就是希望通过图像帮助读者理解其中含义，制图以清晰表现内容为目的，并不是为欣赏而作。由于蝴蝶装两页间没有中断，书中常用两页可以联合起来表现一幅大图（图2）。与此类似的还有《营造法式》《武经总要》《考古图》《宣和博古图》等，至元代有像《事林广记》这样百科类的书。

而著名的宋版插图书籍《梅花喜神谱》（图3）则可以说是另一种为欣赏而作的谱录型蝴蝶装书籍。[5]这部梅花图集据说按照其作者宋伯仁的手绘刻印，折枝梅花每半叶一帧，共一百帧。每帧各题一个因物象

5　可参阅邓轩《〈梅花喜神谱〉研究》，上海大学硕士学位论文，2010年。华蕾《〈梅花喜神谱〉版本考》，复旦大学硕士学位论文，2010年。

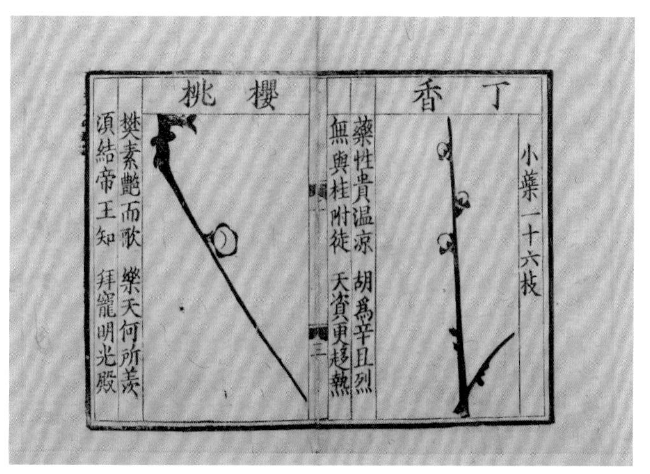

图3 宋伯仁编绘《梅花喜神谱》两册，宋景定二年金华双桂堂重刻本。上海博物馆藏

形的名称，并在左侧配有一首五言绝句。此书与《新定三礼图》等不同，一方面这是一本展现宋伯仁个人艺术才华与抱负的书籍，[6]另一方面版画不再作为文字的附庸而存在，图与诗呈现平等的、互相诠释的状态，其中每两个半叶的标题都相互对仗，两两为一组。

到了元代，《全相平话五种》作为另一种叙事类型的插图书籍出现，[7]这五种平话的款式页面一律相同，在著录中为蝴蝶装，全书每页中上三分之一的版面为图像，下三分之二为文字。图的右上角有小字画题，画题基本符合文字内容。这种自始至终以图像和文字并出的讲史平话，被称之为“全相平话”。蝴蝶装对于“全相”的意义在于可以用连续的两叶表现一个故事。在长条形的画幅中表现故事情节对于中国古代画家来说并不陌生，这样的传统可以追溯至壁画与卷轴画。但是现藏于日本内阁文库的《全相五种》已被改为线装，原本安排在同一面的整幅图像因为装帧的改变而被分成了前后两页（图4）。

6 陈德馨《〈梅花喜神谱〉——宋伯仁的自我推荐书》，《美术史研究集刊》第5期，1996年。

7 这五套书是由元建安虞氏书坊于元至治间（1321—1323）刊刻的一套讲史平话，由于现在只发现这五种，所以合在一起叫“平话五种”。所谓的“全相平话”，是就内容和形式的概括称呼。参见敖鹏惠《元刊“全相平话五种”的史料研究》，吉林大学硕士学位论文，2004年。

图4 元建安虞氏刊《全相平话》十五卷，五册，元至治年间建安虞氏刻本。日本内阁文库国立公文书馆藏

三

随着线装技术的成熟与普及，到万历年间，绝大部分的书籍已是线装。由于线装是将版心向外对折，所以展开一本书后左右两页间会有中断，这并不会影响文字版面的安排，但会破坏横跨两页的大幅图像的表现效果。然而这并没有阻碍刊刻者们将图像融入书籍，反而促使新的图文布局产生，尤其是谱录型的插图书籍，图文的版式由此发生变化。

宋代蝴蝶装《梅花喜神谱》中的各种不同梅花图式都是与诗文一同印在一页之中，左右两页的图像和诗文含有对应关系。而明代的刊刻者在设计线装谱录型插图书籍时则偏好将图像与文字分布于两页，如《顾氏画谱》《诗余画谱》《唐诗画谱》等都是一图一文的形式，一叶为图像，一叶为说解图像的文字。以《顾氏画谱》首图为例（图5），右叶是一幅想象中顾恺之风格的高士图，左叶是一篇署“五凤山山人高克庄”的鉴赏跋文，以原墨迹刊刻。画谱中印制精美的版画既可以作为学习绘画与鉴赏的教材，也具有独立欣赏的价值。《诗余画谱》和《唐诗画谱》作为描绘诗境的图谱则更看重表现诗性的意境美，但在样式上与《顾氏画谱》一致。

明代还有另一种谱录型的插图书籍，内容偏重山水胜概，如《金

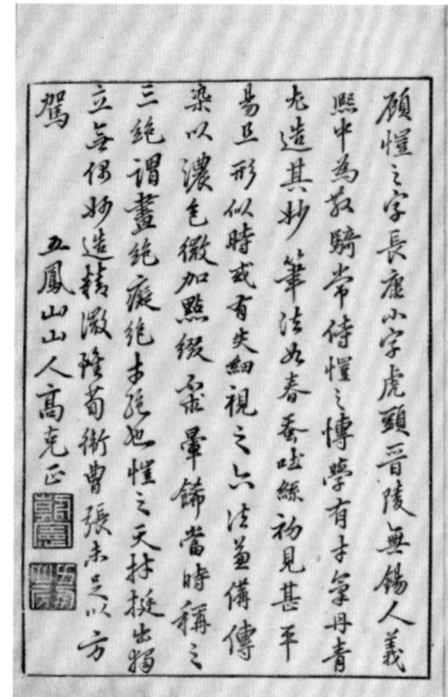

顧愷之字長康小字虎頭晉陵無錫人義
熙中為散騎常侍愷之博學有才氣丹青
尤造其妙筆法如春蠶吐絲初見甚平
易且形似時或有失細視之六法兼備傳
染以濃色微加點綴不暈飾當時稱之
三絶謂畫絶癡絶才絶也愷之天材挺出獨
立無偶妙造精微陸荀衛曹張未足以方
駕
五鳳山山人高克正

图5　明顾炳辑《顾氏画谱》（一名《历代名公画谱》）不分卷，四册，明万历三十一年顾三聘、顾三锡刻本。郑振铎旧藏，中国国家图书馆藏

陵图咏》《海内奇观》《名山图》《太平山水图》《湖山胜概》等，大多也采用线装，此处以明末天启三年（1623）朱之蕃所编撰的《金陵图咏》为例（图6）。朱之蕃为南京人，曾任礼部、吏部侍郎。他相当熟悉南京的古迹名胜，请来陆寿柏绘图，自己为美景配上诗词，并对不同景点分别介绍，还亲笔书写所编撰的全部内容。书名“图咏”之意即是图与诗，总共介绍的四十个景点都图诗并具。[8] 朱之蕃在序言中表示《金陵图咏》不但可作为实际旅游时的导览，也能使读者通过阅读书籍享受卧游乐趣。《金陵图咏》虽然在内容上与画谱不同，不过对图像的重视程度是相同的，刊刻者试图通过更加精良的刻工展现本土优美的风景，图像质量与地方志与名胜志书籍中说明性的附图有云泥之别。

线装的谱录型插图书籍采用的图文分页的布局版式在明代蔚为风潮，但在阅读时会有一个问题，即展开书后，右页的文字与左页的图画并不是同一个主题，右页的文字是前一页图像的说明，而左页的图像的说明则在下一页。以《金陵图咏》中的“秦淮渔唱”一图为例（图

8　此书有陈沂所作两篇后记《金陵古今图考》和《金陵雅游编》，有余梦麟的题诗和焦竑及朱之蕃的诗歌。这些也是由朱之蕃亲笔所书，并按他的要求精心刻版。

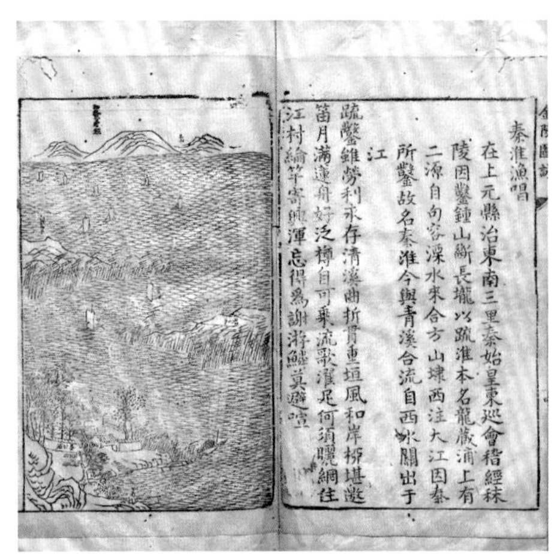

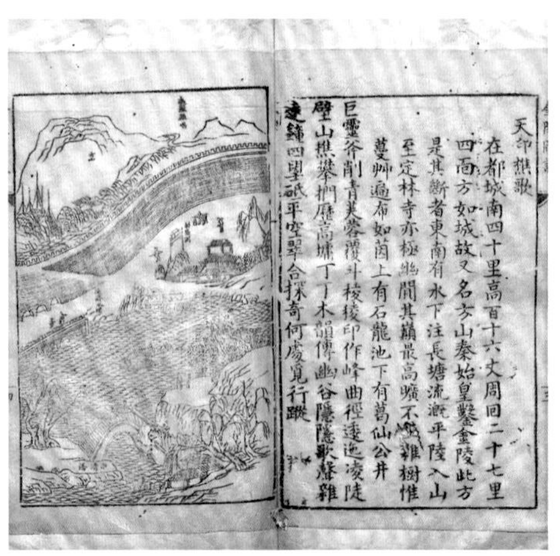

图6 朱之蕃编撰《金陵图咏》，一册，明天启三年朱之蕃刻本。美国国会图书馆藏

6），此图位于书的左页，右页诗文为“天印樵歌”，如果想阅读关于“秦淮渔唱”的诗文需翻到下一页，而“天印樵歌”的图则在前一页。前文所举《顾氏画谱》也有同样的问题，万历三十八年（1610）刊行的《花营锦阵》也是如此，以这种样式印刷的插图书籍相当多。[9]

这个问题正是源自蝴蝶装与线装的装帧差别。在刻版时，为了便于排序，同一主题的图与文一般刻于同一块版木上，印刷后在一张纸上分为左右两页，蝴蝶装是将版心向内对折，因此打开书后同一主题的图文一目了然；线装是将版心向外对折，因此同一主题的图与文就变成了前后的两页。线装书中这样的不便可以通过将图画在版木上向后移动半页的方式解决，如此一来，为了让左右合成一页，便需要在安排好全书的页次后，再在前后两块版木上刻同一主题的图文。在万历三十二年（1604）刊行的《程氏墨苑》中可以看到这样独具匠心的设计，文字与图画同时呈现在摊开的页面上（图7）。

进一步发展的样式是在摊开的页面上描绘一个较大的画面，这种样式也同样需要两块版木，可见的实例如香雪居本《王骥德校注古本西厢

9 参阅大木康《明末“画本”的兴盛与市场》，《浙江大学学报》（人文社会科学版）2010年第1期，第45页。

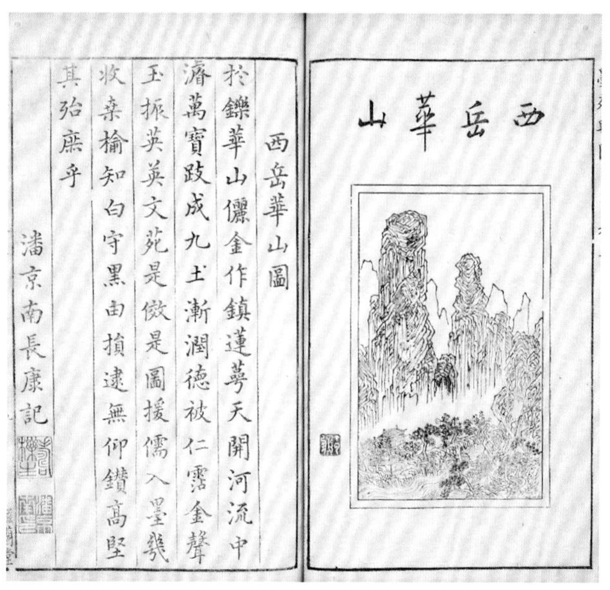

西岳華山

西岳華山圖

於鑠華山儼金作鎮蓮萼天開河流中濬萬寳效成九土漸潤德被仁霑金聲玉振英英文苑是傚是圖援儒入墨幾收弃揄知白守黑由損逮無仰鑚高堅其殆庶乎

潘京南長康記

图7　程大约编《程氏墨苑》十二卷，明万历三十七年滋兰堂序刻本。日本早稻田大学图书馆藏

图8　王骥德编《王骥德新校注古本西厢记》六卷，明万历四十二年香雪居刻本。中国国家图书馆藏

记》（图8），以及《吴骚合编》、《青楼韵语》、《张深之先生正北西厢秘本》（图9）等。

这些双页连幅的版画体现出了刻书家们对画面表现的艺术追求，不能再用版画原本朴素的说明教化功能来定义这些耗费大量金钱且品质较高的作品。我们需要思考那些购买这些昂贵书籍的高级读者，他们对于阅读的需求是怎样的，这种需求是否会改变图像书籍的装帧形式。

图9　张深之正、陈洪绶绘《张深之先生正北西厢记秘本》，明崇祯十二年张深之刻本。中国国家图书馆藏

四

如果作为单纯承载文字的书籍，线装的制作效率的确比蝴蝶装更高，但若论表现图像，蝴蝶装两页同面、中间没有间隔的装帧形式，则比线装更一目了然。在《会真图》问世的晚明，配有图像的书籍广受欢迎，其中一些对图像要求较高的精品使蝴蝶装得以复兴。或许用“艺术书籍”来称这批书更为合适，此处试举三例。

1.《十竹斋书画谱》

在明末版画工艺的发展过程中，《十竹斋书画谱》（图10）是一颗耀眼的明星。胡正言于万历四十七年（1619）至崇祯六年（1633）间在南京刻成此书。[10] 在这套画谱中，胡正言使用了饾版及拱花这些颇具难度的技术，这些技术也使得这套画谱精美绝伦，在当时广受好评。

在这本以图像为主体的书中，边栏、书口、版心这些传统版式要素都被删去，并将图像按绘画的样式放置在页面正中。这套八卷十六册

10　马孟晶《文人雅趣与商业书坊——十竹斋胡正言的出版事业》，见胡晓真、王鸿泰主编《日常生活的论述与实践》，允晨文化实业股份有限公司，2011年，第473—518页。

图10 胡正言刻《十竹斋书画谱》，八册，明崇祯六年十竹斋刻本。英国剑桥大学图书馆藏

的画谱并不是一次性完成，虽然各册都冠以“十竹斋”之名，但在序文内却出现了不同的名称，如“胡曰从书画谱”“梨云馆竹谱”“兰帙”等，而“书画谱”之名则只见于王三德为书画册所写的《胡曰从书画谱引》中。[11]其编排方式也并没有如《顾氏画谱》般明确按名家时间顺序，而每一幅题画的“书”部分，也大多是在画完稿之后请友人题句，如《梅谱》之“东邻窥宋”有何伟然题句“曰从兄以所画过墙梅索句”。另可参见李克恭在《十竹斋笺谱叙》中云：

（胡正言）兼好绘事，遇有佳者，即镂诸板公诸同好。笺之流布久且多矣，然未作谱也，间作小谱数册，花鸟竹石，各以类分，靡非佳胜，然未有全谱也。近始作全谱，谱成而叙之于予。

由此可见《十竹斋书画谱》是单张独立完成后，先在胡正言自己的圈子里传播，待有一定数量积累之后再邀请友人配以诗文，集结成册，最后编目成套出版。但若将这套作品按照创作时的样式装裱成册页是不现实

11 明王三德《胡曰从书画谱引》：“近更广绘刻而为书画谱。”见《十竹斋书画册》之首。

的，册页装在商业上的成本太高，也不便于携带；如果装帧成线装，因为向外对折的缘故，一幅作品又会被一分为二到前后相隔的两叶；如果重刻分版为线装，因为饾版的缘故会增加新的成本，同时整幅的画面效果也被割断。因此以图像为中心，从题材、创作过程和阅读方式三方面来看，最适合的装帧形式就是将版画向内对折，采取蝴蝶装的形式。

闵齐伋早年于南京游历并设计发明多色套印，后以此闻名，在刻书中曾自称“三山叟客”，“三山”即指南京书坊林立的三山街，而胡正言著名的“十竹斋”也正在此处，且二人年龄相仿，闵齐伋出生于1580年，胡正言出生于1584年。以此观之，这样两位博学能文，热爱艺术，对印刷业都有创制的刻书家很有可能彼此相识。如果我们宽泛地将饾版技艺视为一种流行的风气，那么也可以这样看待蝴蝶装。闵齐伋将《会真图》制为蝴蝶装，不会是在一个孤立的环境中，很有可能参考过《十竹斋书画谱》。

2.《太平山水图》

明末清初山水名胜类型的图像书籍中，最著名的蝴蝶装作品莫过于《太平山水图》（图11）。《太平山水图》别题《太平山水诗画》，不分卷，顺治五年（1648）怀古堂万选刊本，由太平府本地官员张万选组织绘刻。张万选在离开芜湖之前，担心“岁月驱驰，佳游不再”，便欲编印《太平三书》以为纪念，分别为“图画”“胜概”和“风雅”，[12]其中《图画》或称《诗图》一书便是《太平山水图》。张万选请萧云从“撮太平山水之尤胜者，绘图以寄”。萧云从仿用古人笔法，写太平州所属地区山水图四十三幅，二人又分别作了序与题跋，再请徽人汤尚、汤义、刘荣

12 《四库全书总目提要》卷七十六“太平三书”条：“国朝张万选编。万选字举之，济南人。官太平府推官。是《三书》成於顺治戊子。据其序例，一曰‘图画’，二曰‘胜概’，三曰‘风雅’。图凡四十有二，见唐允甲题词中。此本佚其图画一卷，惟存‘胜概’七卷，‘风雅’四卷。原本纸墨尚新，不应遽阙失无考，或装缉者偶遗欤？”中华书局，1997年。郑振铎先生曾云：“《四库》所收，有《太平三书》而无《诗图》，当时未见《诗图》也。北平图书馆所藏之一本，亦缺《诗图》，疑当时《诗图》本别行，故传本往往有书而无图。”另观《中国古籍善本总目》，此书在《总目》中为两地互著，录入“总集·地方艺文”者即无图本。

图11 张万选刻、萧云从绘《太平山水图》不分卷，清顺治五年怀古堂万选刻本。日本大阪兼葭堂藏

等依图雕版。萧云从在题跋中除了称赞太平地区的风景之壮美，张万选与他的情谊，也写下了他之所以参与出版的缘由："先生又虑其播之不广，传之不远，而寿事与剞劂。又曰，昔米颠父子以摩诘画如刻画为不足道，而《辋川图》以恕先临本存于石碣者为奇画，岂不可刻乎？"

萧云从是姑孰画派的代表人物，四库著录其著作有《易存》与《杜律细》，他虽然仕途不顺，但是在当地享有盛誉，只有张万选这样的身份才合适邀他合作出版。如前文所述的《金陵图咏》，山水名胜类型的插图书籍一般都是由当地较有声望的人发起，再请名画家为之作稿。但是《太平山水图》与《金陵图咏》又有这样几点不同之处：《金陵图咏》为线装，《太平山水图》为蝴蝶装；《金陵图咏》共一卷，独立出版，而《太平山水图》并不是一卷独立的出版物，它是《太平三书》中的一部，其他两部为线装；朱之蕃为《金陵图咏》所请画家为陆寿柏，名气与绘画水平远不如《太平山水图》的绘者萧云从；《金陵图咏》中诗文分离，图像为单页，虽然图像作为此书的亮点，并称为"图咏"，但图的质量并不高，而《太平山水图》中两页合为一图，图中以书法题诗，并留有印章，萧云从仿写了自李思训、王维始，至沈周、唐寅共三十六位名家，并作题跋。相比之下，《金陵图咏》中的版画与插图更接近，而《太平山水图》则是可以说是在追摹绘画。

综合这几点不同之处，我们可以发现《太平山水图》比《金陵图咏》更加突出表现图像，与《十竹斋书画谱》一致，它们作为图像书籍的类型并没有发生变化，但它们对于图像的观念已不再囿于书籍插图，除了图像本身质量的提高，使之更接近于绘画以外，最能够向读者传达这一理念的方式莫过于装帧。

需要补充的是，《太平山水图》启发了我们对《会真图》与《会真六幻》的关系的思考，徐文琴、李茂增、张国标和马孟晶等学者根据这套作品出众的艺术表现力与独特的艺术构思，倾向于它可能是单行本。[13] 但《太平山水图》这样一套蝴蝶装图册为我们讨论这个问题提供了一个旁例，既然《太平山水图》可以作为线装《太平三书》的一部分，以独立的蝴蝶装出现，那么《会真图》也很有可能是如出一辙，与从书《会真六幻》共同出版，但采用了不同形式的装帧。

3.《千秋绝艳图》

晚明绝大部分的戏曲类书籍几乎都会附上插图，只是数量与质量的差别。在所有这类图书中，《会真图》与《千秋绝艳图》是表现《西厢记》题材的两套杰作，而它们都使用了蝴蝶装。

明末湖州乌程凌瀛初刊刻的《千秋绝艳图》（图12）现藏于上海图书馆，朱墨套印一册，六十四页。起首为篆书题字“千秋绝艳”，其后是题跋诗文，第十三至三十二幅则皆为《西厢记》曲意版画，共计二十幅，每图整版两页相连。

《千秋绝艳图》并非原创，除了闵振声跋文，其他图文内容其实都取自明万历四十二年（1614）王骥德（字伯良）香雪居本《新校注古本

---

13 徐文琴《由情至幻——明刊本〈西厢记〉中的版画插图探究》，《艺术学研究》2010年第6期；李茂增《宋元明清的版画艺术》，大象出版社，1999年，第105页；张国标《徽派版画与吴兴寓五本〈西厢记〉考》，《美术观察》2000年第12期，第64页；Meng-ching Ma［马孟晶］，“Fragmentation and Framing of the Text: Visuality and Narrativity in Late-Ming Illustration to The Story of the Western Wing,” Ph.D. dissertation, Stanford University, 2006, p. 183.

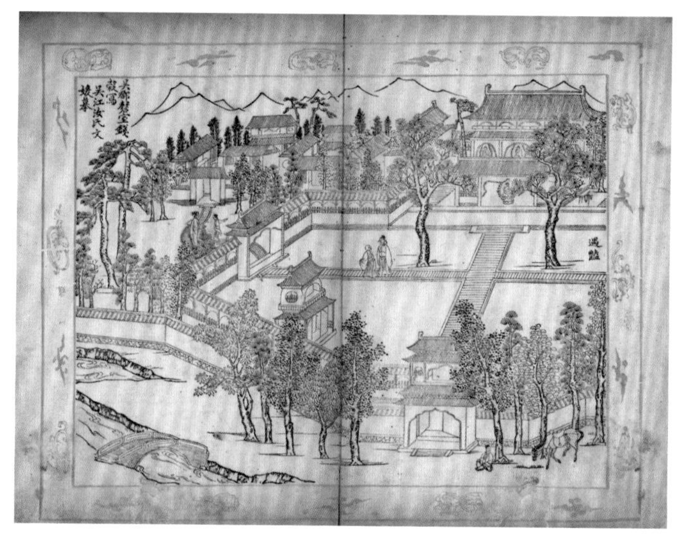

图12 凌瀛初刊《千秋绝艳图》不分卷，约明崇祯间凌瀛初刻本。上海图书馆藏

西厢记》（图8）。[14]王骥德所编《新校注古本西厢记》共六卷线装，第一卷中除了序文与凡例以外，包含了一幅“崔娘遗照”和二十套《西厢记》曲意版画，前有行书题字“千秋绝艳”。第六卷是关于《西厢记》的综合材料与研究，包含了考证与前人诗词，以及王骥德自己撰写的“千秋绝艳赋”一篇和绝句四首。王骥德在《新校注古本西厢记》的凡例最后一条写出了此图的出处以及他作“千秋绝艳赋”的缘由，而在《千秋绝艳图》中，除了署有“王伯良撰”和第一幅图上的署名“吴郡磬室钱穀写，吴江汝氏文媛摹”，并没有更多说明。除此之外，关于“崔娘遗照”的出处王骥德也在最后一卷有所讨论，《千秋绝艳图》只是照搬了过来。另《千秋绝艳图》的诗文部分也都是出自《新校注古本西厢记》第六卷。

即使内容基本完全取自《新校注古本西厢记》，《千秋绝艳图》仍能让读过王骥德本的读者有新鲜感，甚至拍手叫绝。首先，《千秋绝艳

14 另在天启至崇祯年间出版之《朱订西厢记》也是参照王骥德本《新校注古本西厢记》，而另一本明末刊印朱墨蓝三色套印的《西厢会真传》在卷前含有完全相同的“千秋绝艳赋”“崔娘遗照”以及题诗，据收藏者说明，全书原本应该是蝴蝶装。参见马孟晶《耳目之玩：从西厢记版画插图论晚明出版文化对视觉性之关注》，《美术史研究集刊》第13期，2002年，第201页。

图》并没有用王骥德本的原版，而是依原图式重绘重刻，画面精美程度更胜一筹，并全部配上标题，画面中的细节处更完整。[15]其次，整册剔除了原本的黑线边框，除卷首题字二幅外，余三十幅都在诗词、图像外饰以朱色边框，从卷首题字到单幅画面都试图摆脱传统的版面形式，这与《十竹斋书画谱》与《太平山水图》的做法一致。

更重要的是凌瀛初将《千秋绝艳图》从《新校注古本西厢记》的线装改为蝴蝶装，使得原本被隔断的图像合而为一，读者所见如同册页中的绘画作品般完整。如果将《千秋绝艳图》的重新绘刻与套色边框看作是湖州刻书家凌瀛初出版制作实力的体现，那么他在装帧上选择蝴蝶装则可以看作是他作为一个刻书家对于图像书籍装帧的理解。

由此，我们还可以推断《会真图》与《新校注古本西厢记》《千秋绝艳图》这三部同样以《西厢记》为主题的版画作品之间存在着刻书家之间的商业竞争或"比试"的关系，其中闵齐伋与凌瀛初又同是湖州人，出版物之间的竞争并不罕见，日本学者小林宏光在《明代版画的精华》一文也提出过"闵齐伋的版画与陈洪绶的版画"之间的竞争。[16]

五

通过这些珍贵的晚明蝴蝶装图像书籍，我们可以试着建构起一个讨论《会真图》的语境，如果更宏观地将它们的共同之处进行归纳，就可以对明末蝴蝶装的图像书籍作出一些总结。

首先，它们作为明末少见的蝴蝶装插图书籍，都以图像为主体，

15 参见董捷《明末湖州版画创作考》中"《千秋绝艳图》著录"一节，中国美术学院博士学位论文，2008年。

16 小林宏光《明代版画的精华——关于科隆市立东亚艺术博物馆所藏崇祯十三年（1640）刊闵齐伋西厢记版画》，施帼玮译，《美苑》2010年第5期，第32页。原文为《明代版画の精華——ケルン市立東亜美術館所蔵崇禎十三年（一六四〇）刊閔齊伋本西廂記版画について》，《古美術》85号，1988年。

且是左右两页合为一幅的全幅画面。文字在书中是以诗文或题跋的形式出现，这与它们的前辈《梅花喜神谱》《金陵图咏》以及弘治本《西厢记》有着很大的不同，如果说从“以图明文”发展到“唱与图应”是改变了书籍中的图像作为附属的模式，那么明末蝴蝶装的“绘图以寄”[17]则可以说是发展出了版画独立的欣赏价值。图文关系的变化使得明末蝴蝶装图书与其他图书可以按照“艺术书籍”与“插图书籍”来区分。

其次，它们去除了书籍的传统格式，诸如边栏、版心和书口等，这不仅打破了明末的线装插图书籍的传统，也是对宋时的蝴蝶装插图书籍传统的突破，书籍的形式不再是一种限制，这包括界栏、文字等我们在《新定三礼图》《帝鉴图说》和《梅花喜神谱》中已经视为阅读习惯的结构。与其他线装书相比，蝴蝶装成为一种为刻书家所运用的媒体语言，体现出刻书家如同艺术家般自由支配材料的力量以及更高雅的品味。

其三，它们都是明末版画中成本高昂的精品之作。它们或使用了明末最高超的版画技艺，如《十竹斋书画谱》中的饾版与彩色套印；或是请来一流的名画家，如《太平山水图》的画师萧云从；或是在整体设计上推陈出新，如《千秋绝艳图》的朱色边框套印；而《会真图》无论在创意、设计，还是印刷工艺上都达到了高峰（图13）。在此基础上我们可以大胆地认为这些精美费工、价格不菲的书籍选择蝴蝶装也正是为了与一般的线装出版物作出区分。

这些共同之处帮助我们勾画出明末版画创作者们的思路，可以说这几套版画书籍代表着明末蝴蝶装的复兴，这种复兴与蝴蝶装在宋代时的流行有着复杂的关系。在某种程度上，它们都受到了技术的影响，宋时印刷术的推广使得蝴蝶装在普及读物中替代了经折装与卷轴装，确立了书籍的版式，而晚明因为图像印刷技艺的发展，使得书籍中版画需要更大的版面来呈现，为了展现两页联幅无缝对接的图像，蝴蝶装又被重新运用。

17　《太平山水图》张万选序言，见何秋言《萧云从山水画中的地方性实景风格研究》附录一，中央美术学院硕士学位论文，2008年。

图13 闵齐伋刻《会真图》二十一幅之第三幅，约1640年刻。德国科隆东亚艺术博物馆藏

而更本质地说，两个时期蝴蝶装的风行其实是在满足不同的阅读需求：宋时蝴蝶装的流行主要是为了满足读者对文字的需求，应归于书籍装帧史；而明末蝴蝶装的复兴则是为了满足文人们的审美需求，应归于艺术史。蝴蝶装甚至可能曾作为一种高质量图像书籍的装帧标准，虽然它们合上时与一般书籍并无区别，但当我们翻开时，就会感到用“插图书籍”这个术语来定义它们实在过于简单，因为其中凝结了太多制作者的巧思与心血，而呈现出的惊艳效果在当时可能已超出了“书籍图像”所包含的范围。

装帧不仅可以满足阅读者对于书籍的需求，体现设计者的创造力与技艺，同时它也会塑造阅读者的阅读习惯，如唐代的旋风装的流行在戴仁［Jean-Pierre Drège］眼中是一种因为查阅简便化导致的降低记忆需求的视觉方式转变；[18]宋时蝴蝶装遭到过人们的责备，因为其使快速浏览更容易而不利于人们慢慢精读，而事实上，线装在蝴蝶装的基础上使得文本的连续性更强，翻阅更容易，阅读速度更快。

18 Jean-Pierre Drège, “La lecture et l’écritureen Chine et la xylographie,” *Études chinoises* 10.1-2 (1991): pp. 90-91.

从阅读体验的角度来说，蝴蝶装原本翻页不便的麻烦在艺术书籍中也反倒成了意外的好处。阅读者在阅读线装书时，将书握成卷状是最为常见的方式，蝴蝶装粘合而成的书脑较为脆弱，平铺在桌面进行阅读较为合适，这恰恰是刻书家所希望的案头清玩的形式。而蝴蝶装在翻页时会存在的空白页也使得蝴蝶装的阅读过程比线装书更慢，减缓阅读速度，这构成了欣赏型的版画与图录或一般插图的区别。

如果从信息储存介质的角度去看，整个人类文明的信息储存方式都在向着检索化与浏览化的方向发展，快速截取信息而非记忆与感受，这也是导致人文精神没落的原因之一。在这一点上，蝴蝶装或许曾经备受苛责，但它在明末的复兴又正是重归了书籍和绘画这些保存人类文化的物质载体的核心价值。线装书使书籍中的图像得到普及，蝴蝶装的复兴则不是为了普及图像，而是为了体现晚明版画创作者的质量追求，是从阅读深化至感受，从信息传播转为单纯观赏，从知识获取回归到移情内化。

附表　《会真图》二十一幅作品尺寸

序号	长（厘米）	宽（厘米）	序号	长（厘米）	宽（厘米）
卷首	32.4	22.6	第十一	32.4	22.4
第一	32.6	25.0	第十二	32.4	24.8
第二	32.6	25.0	第十三	32.4	24.8
第三	32.4	25.0	第十四	32.4	24.8
第四	32.4	25.0	第十五	32.6	22.8
第五	32.4	25.0	第十六	32.4	22.4
第六	32.4	25.0	第十七	32.0	23.0
第七	32.4	25.0	第十八	32.4	22.0
第八	32.4	22.4	第十九	30.4	22.4
第九	32.4	24.8	第二十	32.4	24.8
第十	32.4	24.8			

浙江图书馆藏明隆庆本《大方广佛华严经》装帧述略

RELATE BRIEFLY THE BINDING AND LAYOUT OF THE *AVATAṂSAKA SŪTRA* (MING DYNASTY LONGQING EDITION) IN THE LIBRARY OF ZHEJIANG

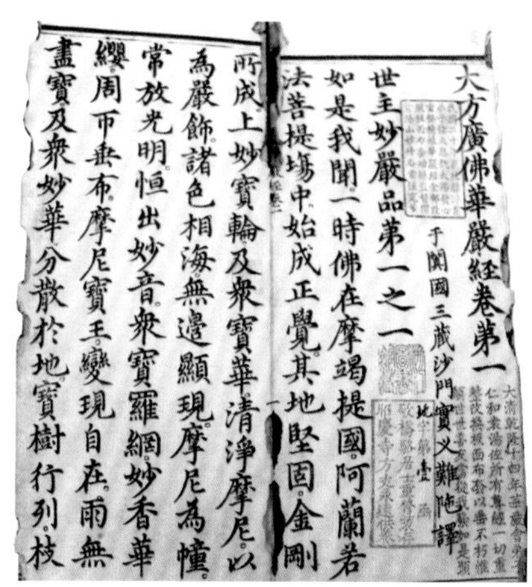

大方廣佛華嚴經卷第一
于闐國三藏沙門實叉難陀譯
世主妙嚴品第一之一
如是我聞一時佛在摩竭提國阿蘭若
法菩提場中始成正覺其地堅固金剛
所成上妙寶輪及衆寶華清淨摩尼以
為嚴飾諸色相海無邊顯現摩尼為幢
常放光明恒出妙音衆寶羅網妙香華
纓周帀垂布摩尼寶王變現自在雨無
盡寶及衆妙華分散於地寶樹行列枝

汪 帆
浙江图书馆古籍部

WANG FAN
DEPARTMENT OF TRADITIONAL CHINESE BOOKS, ZHEJIANG LIBRARY

ABSTRACT

The Library of Zhejiang have collected a The *Avataṃsaka Sūtra* (block-printed edition of Ming Dynasty Longqing fourth year). It first block-printed in Ming Dynasty Longqing, it also early or late and many times inscribed or again binding and layout between Ming Dynasty Wanli, Qing Dynasty Kangxi, Qianlong and Republic of China. Because it contain rich information so seldom seen, compare to the ancient books of the same kind, and it posess great benefit to research mount of the ancient books and disseminate the civilization of Buddhism.

一 板式与行款

浙江图书馆藏《大方广佛华严经》为唐武周时实叉难陀所译八十卷本，现存六十四卷。缺第五至二十卷以及第二十五卷。其中卷五十一卷至五十五卷为手抄补配。

全书经折装，上下覆木夹板以做封面，夹板高34.8—35厘米，广12.1—12.2厘米。一片5行，行15字。上有素绢签条，纵24.1厘米，横4厘米，于夹板距天头6毫米处居中粘贴，题“大方广佛华严经卷一，辛未夏日张通谟敬署”，钤“通谟”印一枚，7毫米见方。

内叶尺寸高33.9—34厘米，广12.1—12.2厘米，宽度与夹板一致，高度比夹板高度少0.8厘米左右。疑为该书后被裁切打磨所致，见卷三十的十八叶末墨笔手书五行题记“杭州府仁和县一都十六都奉佛弟子骆行□□/室方氏王氏男维骧发心重装修华严□/一样三部伏愿故世母亲金氏仗此功德□□/莲界现在眷属命位昌道心坚固□□/众生同圆种智”□处均因书本被裁切缺失。参照残存字体，每字长度在0.4厘米左右，因此被裁部分，至少应有1厘米。因此，此书被裁后，导致书板不配套的推论是成立的。书根有墨笔手书“大方广佛严华经卷（数）”。

扉图一版五片（图1），共有三种：一为无刻工，仅佛像；一在图

图1 《大方广佛严华经》扉图

图2 《大方广佛严华经》碑形“御制”

的左下脚处镌“梓人王江”及“桐乡县三十都东十面信士许湘妻王氏沈氏舍”，佛像下镌有“玛瑙讲寺新刊华藏世界”字样；一图覆刻于第二种，线条更为粗陋，佛像下无字，图的右下脚处镌“信士张元聪舍资重刊荐母闻氏早登净土”。

扉页引首图后或有碑形“御制”叶一片（图2），内镌：“六合清宁，七政顺序。雨旸时若，万物阜丰。亿乘康和，九幽融朗。均跻寿域，溥种福田。上善攸臻，障碍消释。家崇忠孝，人乐慈良。官清政平，讼简刑措。化行俗美，泰道咸亨。凡厥有生，俱成佛果。永乐十七年十二月十三日。”右下脚处镌有“苏州府嘉定县信女练氏真山助银刊施”；或为须弥座龙纹碑形叶一片，内镌“皇图巩固帝道遐昌佛日增辉法轮常转”。

正文首叶板框纵向为25.9厘米，单叶五片为一版，一版长61厘米。卷首有明永乐十年“御制大方广佛华严经序”。

正文卷首钤有“/敬桥骆居士重修装存/昭庆寺方丈永远供养”“大清乾隆十四年华严会弟子/仁和袁汤佐所有尊经一切重/整改换板面布

图3 《大方广佛严华经》牌记

大方廣佛華嚴經卷第一
于闐國三藏沙門實叉難陀譯
世主妙嚴品第一之一
如是我聞一時佛在摩竭提國阿蘭若
法菩提場中始成正覺其地堅固金剛
所成上妙寶輪及衆寶華清淨摩尼以
為嚴飾諸色相海無邊顯現摩尼為幢
常放光明恒出妙音衆寶羅網妙香華
纓周帀垂布摩尼寶王變現自在雨無
盡寶及衆妙華分散於地寶樹行列枝

图4 《大方广佛严华经》正文卷端钤印

套以垂不朽惟/愿世世善友当从我发如是愿”“民国二十年夏杭县净业/弟子徐大悲魏大满发心/重整精裱华严经全部改/装板面布套功德监督僧/紫阳山妙峰庵常住宽量”印三枚（图3）。其中“大清乾隆十四年”印与“民国二十年”印每卷首叶均有；“敬桥骆居士重修装存昭庆寺方丈永远供养”句“敬”字前有“地字第一函”五字。类似的情况在第二十一卷、二十六卷等多次出现（表1）。据此，可以推断该书在此重装修前后，均为五卷一函存放，每一函取第一册戳章以记录。原有书根字也应为“天地玄黄”以对应的“地字”。

表1　“地”字出现卷次及所对应函次对照表

卷次	对应的函次
第一卷	第一函
第二十一卷	第五函
第二十六卷	第六函
第三十一卷	第七函
第三十六卷	第八函
第四十一卷	第九函
第四十六卷	第九十函
第五十一卷	第十一函
第五十六卷	第十二函
第六十一卷	第十三函
第六十六卷	第十四函
第七十一卷	第十五函
第七十六卷	第十六函

1　“九”字上有圈注，应为笔误，为十函。

二 牌记信息

牌记是指在书的卷末、或序文目录的后边、或封面的后边刻印的图记，有利于我们辨识作者、镌版人、藏版人、刊刻年代、刊版地点等。浙江图书馆藏《大方广佛华严经》，计49卷有牌记（图4）。牌记内容长短不一，有的在牌记框内，有的在牌记框外，字体均为手写。其中卷一至四牌记框为须弥座缠丝西番莲，其余为莲花牌记。

表2 书中牌记与卷次对照表

卷次	牌记框	牌记内（外）手书内容
卷一	须弥座缠丝西番莲	牌记内墨笔手书四行题记“杭州府仁和县水南土地建之神祠下居住奉/佛集福保信女王真德舍财印造/大方广佛华严经一卷专祈前获/五福咸臻没后二严克备吉祥如意”
卷二	须弥座缠丝西番莲	牌记内墨笔手书四行题记“杭州府仁和县塘栖镇水南土地建具神祠下居住奉/华集福保安信女王真德舍财印造/大方广佛华严经一卷专祈百年报满之时一枕台/还之祭见金台而迎接闻玉倡以宣扬经登上之莲台”
卷三	须弥座缠丝西番莲	牌记内墨笔手书四行题记“杭州府仁和县水南土地建具明王祠下居住奉/佛舍财集福保安信女王真德造/大方广佛华严经一卷祈保修行有进道/无魔般若智惠早明菩提心而不退吉祥如意”
卷四	须弥座缠丝西番莲	牌记内墨笔手书四行题记“杭州府仁和县水南土地建具之神祠下/居住奉/佛信童沈赐金沈梦玄祈保寿命延长/大方广佛华严经一卷吉祥如意喜舍”
卷二十一	书末莲花牌记，右栏外镌“梓于杭州西湖北山玛瑙寺对山经坊”左栏外镌“□□刊刻”□□已剜去	牌记内墨笔手书五行题记“仁和县三分村土地陈禹二大明王庙界居住奉/佛舍经信女黄氏/ 伏为庚年四十九岁本命壬辰宫十二月二十日时生发心舍/华严尊经一卷专祈福基坚固寿命延长善果敷隆进道无魔修行有序凡在时中吉祥如意”

卷次	牌记框	牌记内（外）手书内容
卷二十二	书末莲花牌记	牌记内墨笔手书四行题记“杭州府仁和县一都十六都奉佛弟子骆行真同室方氏/王氏男维骧发心重装修华严经一样三部伏愿故世/母亲金氏早登莲界现在眷属命位昌道心坚固当/来灵留增秀法界众生同圆种智/康熙十一年壬子岁孟春吉旦”
卷二十三	书末莲花牌记	牌记内墨笔手书五行题记“禀/佛弟子性觉/发心喜舍/大方广佛华严大经一卷所翼现生善芽增长福/果圆成直入如来地登至不退阶吉详如意与”
卷二十四	书末莲花牌记，右栏外镌“梓于杭州西湖北山玛瑙寺对山经坊”左栏外镌“□□刊刻”□□已剜去	牌记内墨笔手书一行题记“南无金刚幢菩萨”
卷二十六	无	无
卷二十七	书末莲花牌记，右栏外镌“梓于杭州西湖北山玛瑙寺对山经坊”左栏外镌“□□刊刻”□□已剜去	牌记内墨笔手书一行题记“南无金刚幢菩萨”
卷二十八	书末莲花牌记，右栏外镌“梓于杭州西湖北山玛瑙寺对山经坊”左栏外镌“□□刊刻”□□已剜去	牌记内墨笔手书一行题记“南无金刚幢菩萨”
卷二十九	书末莲花牌记，右栏外镌“梓于杭州西湖北山玛瑙寺对山经坊”左栏外镌“□□刊刻”□□已剜去	牌记内墨笔手书一行题记“南无金刚幢菩萨”
卷三十	无	无十八叶末墨笔手书五行题记“杭州府仁和县一都十六都奉佛弟子骆行□□/室方氏王氏男维骧发心重装修华严□/一样三部伏愿故世母亲金氏仗此功德□□/莲界现在眷属命位昌道心坚固□□/众生同圆种智”[2]
卷三十一	书末莲花牌记，右栏外镌“梓于杭州西湖北山玛瑙寺对山经坊”左栏外镌“□□刊刻”□□已剜去	牌记内墨笔手书一行题记“南无金刚幢菩萨”

2 □处均因书本被裁切缺失。

卷次	牌记框	牌记内（外）手书内容
卷三十二	书末莲花牌记，右栏外镌“梓于杭州西湖北山玛瑙寺对山经坊”左栏外镌“□□刊刻”□□已剜去	与后板粘连，隐约可见
卷三十三	书末莲花牌记，右栏外镌“梓于杭州西湖北山玛瑙寺对山经坊”左栏外镌“□□刊刻”□□已剜去	牌记内墨笔手书一行题记“南无金刚幢菩萨”
卷三十四	书末莲花牌记，右栏外镌“梓于杭州西湖北山玛瑙寺对山经坊”左栏外镌“□□刊刻”□□已剜去	
卷三十五	书末莲花牌记，右栏外镌“梓于杭州西湖北山玛瑙寺对山经坊”左栏外镌“□□刊刻”□□已剜去	牌记内墨笔手书四行题记“杭州府仁和县一都十六都奉佛弟子骆行真同室方氏王氏/男维骧发心重修装华严经一样三部伏愿故世母亲金氏早/生莲界现在眷属命位昌道心坚固法界众生同圆种智/康熙十一年壬子岁孟春吉旦”
卷三十六	书末莲花牌记，右栏外镌“梓于杭州西湖北山玛瑙寺对山经坊”左栏外镌“□□刊刻”□□已剜去	牌记内墨笔手书五行题记“杭州府仁和县临江二十四都茶槽土地兴福明王奉/佛报恩信女刘氏同夫黄应祯/喜舍资财请经一卷祈保父母刘公范氏早升/仙界见存获福凡在时中吉祥如意/万历八年二月日舍”
卷三十七	书末莲花牌记，右栏外镌“梓于杭州西湖北山玛瑙寺对山经坊”左栏外镌“□□刊刻”□□已剜去	牌记内墨笔手书四行题记“杭州府仁和县临江卿破塘土地众顺明王庙界居住奉/佛信女俞氏黄氏/喜舍资财请经一卷祈保身心安乐灾难消除/凡在时中吉祥如意”
卷三十八	书末莲花牌记，右栏外镌“梓于杭州西湖北山玛瑙寺对山经坊”左栏外镌“□□刊刻”□□已剜去	牌记内墨笔手书三行题记“杭州府仁和县临江卿跨塘土地众顺明王/佛信女沈氏夫陈立女陈氏/喜舍资财请经一卷祈保亡母俞氏早升仙界” 牌记前叶末空白处有墨笔手书三行“杭州府仁和县一都十六都奉佛弟子骆行真同室方氏王氏男维骧发心重修装/华严经一样三部伏愿故世母亲金氏早生莲界现在眷属命位昌隆法界众生/同圆种智”
卷三十九	书末莲花牌记，右栏外镌“梓于杭州西湖北山玛瑙寺对山经坊”左栏外镌“□□刊刻”□□已剜去	牌记内墨笔手书五行题记“杭州府仁和县麦庄土地吴明大王祠下居住/奉/佛祈福印经信士胡胜同妻都氏印造/大方广佛华严经一卷祈保花女阿小寿/长延家门吉庆人口平安”

卷次	牌记框	牌记内（外）手书内容
卷四十二	书末莲花牌记，右栏外镌“梓于杭州西湖北山玛瑙寺对山经坊”左栏外镌“□□刊刻”□□已剜去	牌记内墨笔手书四行题记“大明国浙江杭州府仁和县丰年乡三分村土地陈禹二大明王祠下/奉/佛造华严经二卷祈保信女邹氏如明悟/道心坚固福果圆成如意者”
卷四十三	书末莲花牌记，右栏外镌“梓于杭州西湖北山玛瑙寺对山经坊”左栏外镌“□□刊刻”□□已剜去	牌记内墨笔手书二行题记“大明国浙江杭州府仁和县三分村土地陈禹二大明王祠下奉/佛造经三卷/祈保信女如明悟吉祥如意者”
卷四十四	书末莲花牌记，右栏外镌“梓于杭州西湖北山玛瑙寺对山经坊”左栏外镌“□□刊刻”□□已剜去	牌记内墨笔手书五行题记“杭州府仁和县一都十六图奉佛弟子骆行真同室方氏/王氏男维骧发心重修装华严经一样三部伏愿故世母亲/金氏早登莲界现在眷属命位昌隆道心坚固当来灵苗/法界增秀众生同圆种智/康熙十一年壬子岁孟春吉旦”
卷四十六	莲花座牌记	牌记内墨笔手书一行“南无昆庐遮那佛”
卷四十七	莲花座牌记	
卷四十八	莲花座牌记	牌记内墨笔手书四行题记“杭州府仁和县一都十六都奉佛弟子骆行真同室方氏王氏/男维骧发心重修装华严经一样三部伏愿故世母亲金氏早/生莲界现在眷属命位昌道心坚固法界众生同圆种智/康熙十一年壬子岁孟春吉旦”
卷四十九	书末莲花牌记，右栏外镌“梓于杭州西湖北山玛瑙寺对山经坊”左栏外镌“□□刊刻”□□已剜去	牌记内墨笔手书一行“南无昆庐遮那佛”
卷五十一	牌记叶被粘于后板[3]	卷末三行墨笔手书题记“杭州府仁和县一都十六图奉佛弟子骆行真同室方氏王氏男维骧发心重装修华严经一样/三部伏愿故世母亲金氏伏此良因早生莲界现在眷属命位昌隆道心坚固法界众生同圆/种智者”
卷五十二	莲花座牌记	牌记内墨笔手书四行题记“大明万历十七年八月十六日弟子沈真信装经/一部伏为自身行年六十七丙戌宫十月廿二生/亥时宫同伴劳氏七月初七辰时/小麻村装经一部”

3 牌记大致内容同卷五十三卷。

卷次	牌记框	牌记内（外）手书内容
卷五十三	莲花座牌记	牌记内墨笔手书四行题记“大明万历十七年八月十六日弟子沈真信伏为/自身行年六十七丙戌宫亥时同伴/劳氏五十四岁七月初七辰时装经一部/奉佛小麻村”
卷五十四	莲花座牌记	牌记内墨笔手书四行题记“大明万历十七年八月十六日弟子装经一部信士沈真信/伏为自身行年六十七岁本命十月廿二日亥/同伴劳氏庚子宫七月初七辰时/小麻村奉佛”
卷五十五	莲花座牌记	牌记内墨笔手书四行题记“大明万历十七年八月十六日弟子装经一部伏为自身/行年六十七岁十月廿二日亥同伴劳氏行年五十四岁辰/奉佛人小麻村”
卷五十七	书末莲花牌记，右栏外镌“梓于杭州西湖北山玛瑙寺对山经坊”左栏外镌“□□刊刻”□□已剜去	
卷五十八	书末莲花牌记，右栏外镌“梓于杭州西湖北山玛瑙寺对山经坊”左栏外镌“□□刊刻”□□已剜去	
卷五十九	书末莲花牌记，右栏外镌“梓于杭州西湖北山玛瑙寺对山经坊”左栏外镌“□□刊刻”□□已剜去	牌记内墨笔手书五行题记“杭州府仁和县一都十六都奉佛弟子骆行真同室方氏王氏/男维骧发心重修装华严经一样三部伏愿故世母亲金氏早/生莲界现在眷属命位昌隆道心坚固当来灵苗增秀法界/众生同圆种智/康熙十一年壬子岁孟春吉旦”
卷六十	无	书末镌有“信官吴缉为男惟谦惟恭喜捐俸资刊于涵翠堂”
卷六十三	书末莲花牌记，右栏外镌“梓于杭州西湖北山玛瑙寺对山经坊”左栏外镌“□□刊刻”□□已剜去	
卷六十四	书末莲花牌记，右栏外镌“梓于杭州西湖北山玛瑙寺对山经坊”左栏外镌“□□刊刻”□□已剜去	牌记内墨笔手书四行题记“杭州府仁和县一都十六图奉佛弟子骆行真同室方氏/王氏男维骧发心重装修华严经一样三部伏愿故世母亲金/氏早生莲界现在眷属命位昌隆道心坚固法界众生同圆种智/康熙十一年壬子岁孟春吉旦”

卷次	牌记框	牌记内（外）手书内容
卷六十七	无	书末镌刻两行“檇李精岩寺竹隐房比丘尼广浩喜舍净财命工刊楮/华严大经一卷用保自身袈裟坚固法腊弥高吉祥如意者”
卷六十九	莲花座牌记	牌记内墨笔手书一行“南无昆庐遮那佛”
卷七十一	书末莲花牌记，右栏外镌“梓于杭州西湖北山玛瑙寺对山经坊”左栏外镌“□□刊刻”□□已剜去	牌记内墨笔手书一行“南无昆庐遮那佛”，右栏外墨笔手书“康熙十一年岁在壬子孟春吉旦”
卷七十三	书末莲花牌记，右栏外镌“梓于杭州西湖北山玛瑙寺对山经坊”左栏外镌“□□刊刻”□□已剜去	
卷七十四	书末莲花牌记，右栏外镌“梓于杭州西湖北山玛瑙寺对山经坊”左栏外镌“□□刊刻”□□已剜去	
卷七十五	书末莲花牌记，右栏外镌“梓于杭州西湖北山玛瑙寺对山经坊”左栏外镌“□□刊刻”□□已剜去	牌记内墨笔手书五行题记“杭州府仁和县一都十六图奉佛弟子骆行真同室方氏王氏/男维骧发心重修装华严经一样三部伏愿故世母亲金氏早/生莲界现在眷属命位昌道心坚固当来灵苗增秀法界众生/同圆种智/康熙十一年壬子岁孟春吉旦”
卷七十六	无	书末镌有“隆庆庚午前寻阳郡长玄易道人吴继舍刊”、“善人钱明清徐明净共刊”[4]
卷七十七	无	书末镌有“隆庆庚午前寻阳郡长玄易道人吴继舍刊”
卷七十九	书末莲花牌记，右栏外镌“梓于杭州西湖北山玛瑙寺对山经坊”左栏外镌“□□刊刻”□□已剜去	牌记内墨笔手书四行题记“大明国杭州府仁和县唐栖镇水南土地建具之/神祠下居住奉/佛印经信女沈氏舍财印造/大方广佛华严经一卷祈保诸事吉祥者”
卷八十	无	书末镌有“隆庆庚午前寻阳郡长玄易道人吴继舍刊”
卷八十一	无	墨笔手书四行题记“杭州府仁和县一都十六图奉佛弟子骆行真同室方氏王氏男维骧发心重/修装华严经一样三部伏愿故世母亲金氏早生莲界现在眷属命/位昌隆道心坚固法界众生同圆种智/康熙十一年壬子岁孟春吉旦”

4　见于十一叶中缝中。

三　刊刻及装帧特点

根据上述从牌记和卷首的三枚印记，我们大致可以推定该书刊刻及其装帧特点。

第一，该书的刊刻地点是杭州西湖北山玛瑙寺对山经坊。上述牌记中，二十八卷“梓于杭州西湖北山玛瑙寺对山经坊”。

第二，该书最早刊刻于明隆庆庚午（1570）。卷七十七、卷八〇牌记中的“前寻阳郡长玄易道人吴继舍刊”为证。明万历十七年（1589），又有信女沈氏等曾多次“舍财印造”。但这些刊刻和印造只是其中的一卷或几卷，并非全部。

第三，该书在流传过程中经历了多次重装。第一次是明万历十七年（1589）八月十六日，信士沈真信“装经”卷五十一至卷五十五。第二次是康熙十一年（1672），杭州府仁和县一都十六图奉佛弟子骆行真同室方氏、王氏、男维骧“重修装《华严经》一样三部”。这样的记载在牌记中出现达12次之多。卷首“敬桥骆居士重修装存昭庆寺方丈永远供养”印记中的“骆居士”或为骆行真其人。第三次是卷首印章中“大清乾隆十四年，华严会弟子仁和袁汤佐所有尊经，一切重整，改换板面布套，以垂不朽”。第四次是印记中的“民国二十年夏，杭县净业弟子徐大悲、魏大满发心重整精裱《华严经》全部，改装板面布套”。浙江图书馆所藏当为民国时所重装。以本人从事修复工作的经验来看，民国时重装质量，绝对谈不上精裱，而后是否又再次重装修复整改，不得而知。书本的裁切也应推断为民国之时。

策府缥缃　益昭美备

清内府书籍的装潢与装具

THE GLORIOUS IMPERIAL LIBRARY OF ENCHANTING COLLECTION
THE DECORATIVE BINDING AND ENCLOSURE OF QING IMPERIAL BOOK COLLECTION

翁连溪
故宫博物院图书馆

WENG LIANXI
THE PALACE MUSEUM LIBRARY

ABSTRACT

Qing imperial court with its strong financial support and abundant resources, recruited skillful craftsmen nation-wide, commissioned a whole range of books for rare decorative binding. The craftsmanship extends from the decoration of the book itself to the decoration of book cover, book jacket, book case, book tray and book cabinet, with the aid of rare and fine materials to achieve remarkably fine and elegant bings. Every touch is laid with superb skill, as if done by a godly hand. The splendid craftsmanship demonstrates a high level of artistic accomplishment, which not only represents the top standard of book decoration and binding ever since Qing dynasty, but also a sum and elevation of the art of book decoration throughout history. The style, the layout, and the arrangements of lines and characters along with printing materials, tools, binding and decoration, all have distinctive features which manifest the delicacy of the imperial tastes and manners. The emperors and empresses, officials and courtiers shared the idea that the literati sentiment was the core of self-cultivation, thus the central point of book binding and decoration is for protection, collection, use and enjoyment, which consequently led to the exceptional quality of book binding and decoration.

The beauty of antiquarian books emerges from their contents, decorations and forms, while the inscriptions, notes and seals made afterwards, attach special meanings to books, enriching its value and connotation. Such tradition and custom had continued for ages. After binding and decoration, some of the copies, inscribed or transcribed, held by Qing court would be presented to the emperor for reading, and then stored inside the imperial palace. Therefore, these books are crowned with imperial authority, labeled with royal markings, which is extremely rare. Some even became the only existing copy. Despite its original physical material and value, the decorated books themselves became symbols of imperial wealth and power, as well as an agglomeration of art and ideal beauty.

中国文化源远流长，古籍作为传统文化的重要载体，是中华文明的历史见证。古籍装潢艺术不仅拥有鲜明的时代特色，更体现收藏与装潢者的文化素养与审美理想。清内府以雄厚的财力、物力为后盾，网罗天下能工巧匠，创造出了大量书籍装潢的传世珍品，从书籍本身装潢延伸到书衣、书套、书箱、书盒、书匣、书柜，形式华丽典雅，用材稀见考究，无施不宜，鬼斧神工，精美绝伦，处处表现出了高超的艺术修养，不仅代表了有清一代书籍装潢的最高水平，也是对中国古代书籍装潢艺术的一次总结与提升。无论刻书字体、版式行款以及印刷物料、图书装潢，都具有鲜明的宫廷特色和独具一格的皇家风范。帝后、臣工以文人情怀为中心，以保护、收藏、利用、鉴赏作为设计理念，将书籍的装潢品质做到了极致化。

装潢是古代对装裱技艺的称谓。“潢”指用黄蘗汁染治纸料，再用这种纸料装裱书画，故名。“潢”的另一涵意来自《通雅·器用》：“潢，犹池也，外加缘则内为池，装成卷册，谓之‘装潢’，即‘表背’也。”“装潢”一词，在魏晋南北朝时，已是通用之语，是古人保存及维护纸本书籍的重要方法之一。《唐六典》中，装潢一词已出现：“崇文馆装潢匠五人，秘书省有装潢匠十人。”元代中后期书法家、文学家欧阳玄的《圭斋文集》卷十三“诏表”下“进辽史表”“进金史表”内文，均作“装潢”成某某帙，可见在元代中后期，“装潢”与“装订”的意义相同。明晚期周嘉胄的《装潢志》即其就已身对于收藏、鉴定以及装裱方法等已有深刻认识的前提下撰著而成，是为中国古代第一部系统性总结装裱经验的专门著作。全书内容述书画装裱技术，而题名、内文等，皆一律使用“装潢”二字，“装潢非人，随手损弃，良可痛惋。故装潢优劣，实名迹存亡系焉。窃谓装潢者，书画之司命也。”近人也有用“装帧”一词来指代书籍的装潢设计。

装帧一词源于近代的外来词语，古代与之对应的词汇大致为“装潢”“装池”“装治”等。从词义上细分，装帧侧重于技术方面，装潢、装池则侧重于艺术工艺表现，若细究其实，两者实为一而二、二而一、密不可分的关系。从字面上解释，装帧的“装”字来源于中国卷轴书制作工艺中的“装裱”，说得更具体一些，来源于中国古代书籍装潢形态的简策装、卷轴装、旋风装、经折装、裱背装、线装书的“装”字，有书籍“装潢”之义。“帧”字原为画幅的量词。“装帧”两字连在一起，就形成了一个具有特定意义的词语。“装帧”一词最早出现在1928年丰子恺等人为上海《新女性》杂志撰写的文章中，当时引用的是日本词汇，其所指的就是书籍的封面设计。“装帧”一词出现后很快被人们所接受，沿用至今。

一 清内府书籍的装潢

从现存实物及内府档案记载观查，清宫陈设本、臣工进呈本以及帝后臣工写经是清代书籍装潢最为精致奢华的，无论是用料及规格都达到装潢的极致（图1、图2）。清初书籍写印、装潢物料多为前明遗存，风格亦与明内府一脉相延，以包背装居多，粗犷古拙，古朴庄重，如《御制资政要览》《内则衍义》《御注孝经》等，都是这一时期的代表

图1 《无量寿佛经》，清代。故宫博物院藏

图2 《般若波罗蜜多心经》，清康熙圣祖玄烨写本。故宫博物院藏

作。康熙时，尤其是武英殿修书处成立后，康熙帝雅好艺文，兼之以国家稳定，国库充盈，装潢风格也渐趋典雅豪华。如康熙八年内府藏文泥金写本《甘珠尔》（台北故宫博物院藏）、刻本《万寿盛典初集》《全唐诗》、铜活字印本《古今图书集成》《佩文韵府》等，都是这方面很突出的作品。乾隆朝写刻书籍最多，装潢艺术也达到有清一代顶峰，书籍装潢花样翻新，品质奢华，富丽堂皇，如乾隆三十五年藏文泥金写本《甘珠尔》、刻本满文《大藏经》《御制诗文集》等书籍的装潢，都极具特色，表现出很高的工艺水平和观赏价值。嘉道之后，装潢逐渐走下坡路，虽然尚有一些精品，整体上却是无复旧观了。

（一）清内府书籍的用色

清内府对书籍的书衣、书签、书函、书套等所用色彩的选择，虽然未见明确的文字规定，但实际上是形成了一套崇黄贵红的颜色体系。这个体系与中国古代阴阳五行、天人感应思想及上古时期的祖先崇拜和自然崇拜有关。皇帝以五行之“土”盛，属土德，而土色为黄，故崇尚黄色。尊崇黄色的做法是中国古代传统文化色彩观的一种反映。《周易》云：“黄裳，元吉。”《汉书》云：“黄色，中之色，君之服也。”根据传统的“五行”思想来解释，“五行”中的金、木、水、火分别代表西、东、北、南四方，“土”居中央统率四方。皇帝是中央集权的象征，宫廷用黄色，则象征皇帝贵在有土，有土则有天下至高无上的权力，中国古代以黄色为贵，源即在此。而唐代以后，黄色成了帝王的专用色，臣民是不能随便使用的；红色是五行中与火对应的颜色，八卦中的离卦也象征红色，古人认为红色有驱逐邪恶的功能，宫殿、庙宇的墙壁多为红色，官员服饰、建筑也少不了红色，即所谓“朱门”“朱衣”；紫色也是表示尊贵的颜色，成语有紫气东来、黄旗紫盖的说法；黄赤色是生命之依太阳的颜色，也是佛教神圣之色（如袈裟）等，不一而足。凡此种种都会影响到色彩的选择，一般而言，表示尊卑排例的颜色顺次为赤、黄、紫、朱、柠檬黄、绿青等。清朝人当然不懂得现代人所说的红、黄、蓝三原色等基本理论，但对颜色的选择，却很符合人在心理颜色视觉上的基本感觉。清代皇帝十分重视色彩的使用所代表的权威尊严，成为一种不可逾越的礼制。皇帝穿的衣服是黄色，御览图书的书衣也要黄色，进呈皇上审阅之书，多以“黄绫套、黄绫面”装潢，称之为黄册；一些法令、时宪等书也饰以黄色，以显示“钦定”之书的尊贵；本朝帝王的《宗谱》《实录》《圣训》《本纪》以及钦定的《方略》《会典》《则例》等也用黄色；在皇帝的书房等处陈设，供随时取阅的本子，则有红色；蓝色多用于儒家经典以及集部、子部诸书（图3）。尽管如此，颜色的使用往往又是交叉的，从装潢的美观和艺术性出发，很少使用单一颜色，只要关键处如书籍封面应遵循严格的等级制度外，书籍的包角、书签、书别（图4）、丝线等的颜色使用有相当大的自由度。

内府书籍装订以线装为主，最常见黄白色双丝线四眼包角穿订和六眼包角穿订（尝见有人说清宫书籍也有五眼装，实际上，清内府五眼装很少见，仅有《皇帝本纪》《朱批谕旨》数种；日本、韩国则多为五眼彩线装订，这也是鉴定日、韩刻本的一个依据）。内府图书装潢，很注意封面颜色的搭配，用色协调，色感符合人的视觉感受。一般来说，如果面料色调较暗，则配上颜色鲜亮的绢笺以及湖蓝、浅绿包角，淡色丝线，在沉稳庄重中营造出几许活泼轻快，以适应人视觉的转换，反之亦

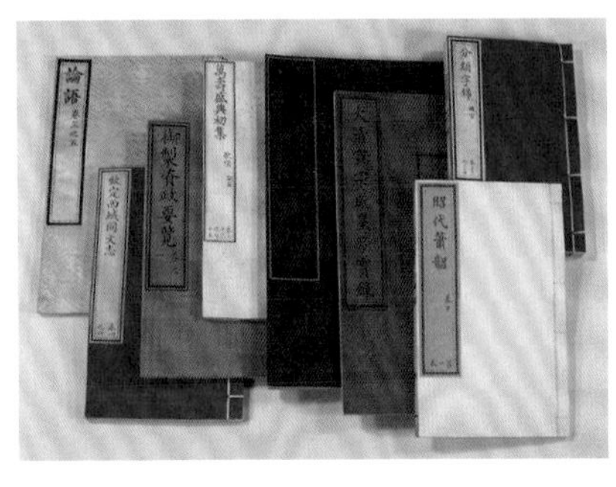

图3 清代内府刻本书衣用色

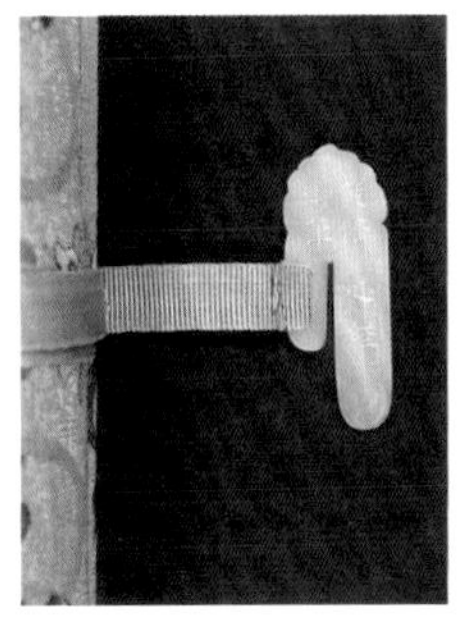
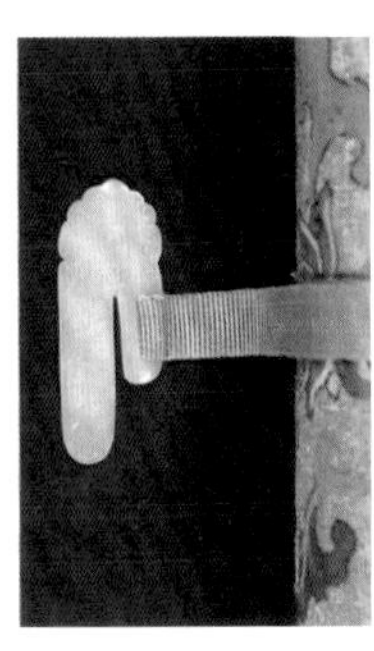
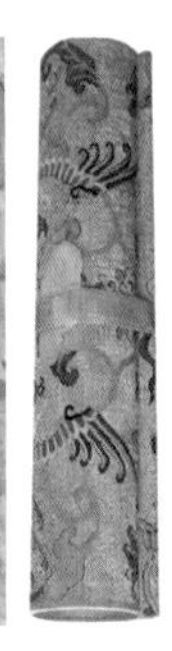

图4 清乾隆《御笔心经》玉别。故宫博物院藏

图5　《钦定四库全书》书衣用色

然。如《御制清文鉴》四眼黄丝线装订，月白色绸书衣，月白绸包角，配以颜色协调、典雅大方的如意朵花锦函，就益发显得典雅、庄重。

颜色的另一个重要作用，是区别不同内容的图书。据《唐六典》所记，唐政府藏书，经库书用钿白牙轴、黄带红牙签；史库书用钿青牙轴、缥带绿牙签；子库书用雕紫檀轴、紫带碧牙签；集库书用绿牙轴、朱带白牙签，可见此法起源甚早。乾隆帝令以四季的色彩来分饰《钦定四库全书》经、史、子、集各书的书面（图5），其《文津阁作歌》诗有句云：

浩如虑其迷五色，挈领提纲分四季。经诚元矣标以青，史则亨哉赤之类。子肖秋收白也宜，集乃冬藏黑其位。如乾四德岁四时，各以方色标同异。

一见封面颜色，即知属于四部中哪一类，对于图书取阅，当然也方便不少。

（二）清内府书籍的装潢形制

清代内府书籍装潢形制多样，有卷轴装、卷装、梵夹装、册页装、经折装、蝴蝶装、蝴蝶镶、包背装、推篷装、棋盘装、线装、毛订、毛装等名目，多由武英殿修书处造办处裱作制作。举凡中国历史上出现过的装潢形制，在清内府书籍中基本都能找到。

1. 卷轴装

卷轴装是写本书时代就已经出现的一种装潢形制，方法是将书叶依次裱接，两端粘接于圆木或其他材质的轴上，卷成卷束，因而得名。在公元十世纪之前，卷轴装一直是书籍的主要装潢形制，但因阅读不便，后被经折装、线装取代。写绘本多用此形式。清内府刻本使用这种装潢形制，多见于佛经、道经（图6、图7）。装潢典雅豪华，有钿白牙轴、黄带红牙签、雕紫檀轴、紫带碧牙签等。包首多为缂丝或织锦，古色纸或藏经纸引首，墨笺素绢、白蜡笺纸、朱笺纸等。笺纸上书写经文，经文与尾纸长短比例得当，包边或撞边的宽窄尺寸均有严格的规制。卷外包首用五色流水八宝缚带（乾隆时多用）或海水江涯缚带（康熙时多用），象牙、青玉、白玉书别，正所谓“玉轴牙签，绢锦飘带”。别子内阴刻填金，如“乾隆御笔心经”题名。外用各种漆盒、锦盒、木质书盒，多为紫檀、花梨、檀香木等名贵木材制作。

另有一种卷装，类似于卷轴装但是无轴，佛像或佛塔装藏用或者存放用。代表书籍为卷装《乾隆版大藏经》（民族文化宫藏）。

2. 梵夹装

梵夹装源于古印度用梵文书写的贝叶经的装订。元胡三省为《资治通

图6 《缂丝乾隆御笔十全老人之宝说卷》，清乾隆间制。故宫博物院藏

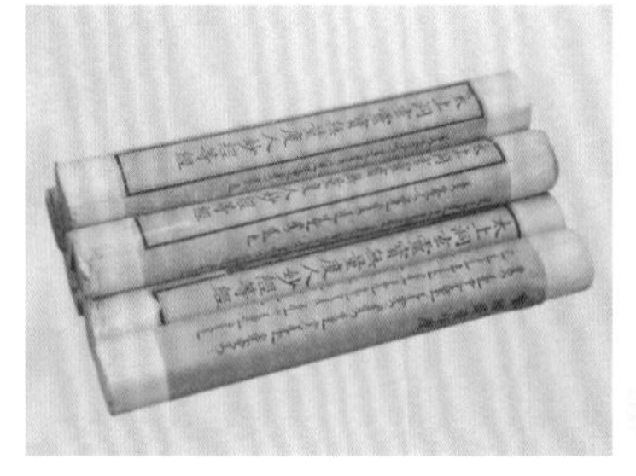

图7 《太上洞玄灵宝无量度人妙经等经》，清代。故宫博物院藏

图8　《秘密经》，清乾隆三十五年内府泥金写本。故宫博物院藏

图9　《御制全韵诗》，清乾隆间写本。故宫博物院藏

鉴》作注，唐懿宗“自唱经，手持梵夹”句注曰“梵夹者，贝叶经也，以板夹之，谓之梵夹”；隋杜宝《大业杂记》云：“新翻经本从外国来，用贝多树叶。叶形似枇杷，叶面厚大，横作行书。约经多少，缀其一边，牒牒然，今呼为梵。”中国古代译经写、刻于纸张上，在西藏地区，即将纸张书写或雕印的经文仿贝叶经，用木板相夹，而后以绳索、布带捆扎，并沿用其名。清内府刻书，梵夹装也仅用于《满文大藏经》《蒙文大藏经》《藏文大藏经》以及单刻佛典《御制大乘首楞严经》等，上下护经版多用紫檀、楠木、樟木雕漆，外包裹黄绫包袱，华贵大方（图8）。

3. 册页装

册页装分为两种形式。第一种是单幅页面上下叠加，不加装订，成为一摞、一叠、一册，上下夹板成册。第二种是单幅页面一开对折，多页对折。每开页面背面与下开页面背面书口边沿处相粘连，形成册页装，形似经折装，但不能整册书摊平观看（图9）。有人将此形式著录为经折装，实为其误。

4. 经折装

经折装是从卷轴装演变而来的一种装潢形制，粘成的长纸不再舒卷，而是一反一正折叠成书本形式，前后用纸板、木版等粘以封面，作为护

图10 《御笔心经》，清乾隆十三年弘历写本。故宫博物院藏

图11 《摩诃般若波罗蜜多心经》，清雍正元年刻本。私人藏品

封，即为经折装。佛教经典多用这种形制，如宋《崇宁万寿大藏》《毗卢大藏》《思溪圆觉藏》《资福藏》、元《普宁藏》《碛砂藏》、明《南藏》《北藏》等都是。清内府刻《龙藏经》《药师经》等，也是这种形制。

另有一种经折装，如书籍的包背装形制。护封经衣为整叶，与折好的经叶前后沿边粘贴，经叶仍如普通经折装翻叶，但是不能整体拉平，元代即有此种形制，清代延续（图10）。

5. 推篷装

推篷装前后上下翻叶，书名横书，和经折装左右翻叶不同，但多有人将两者混为一谈。推篷装主要用于书画作品的装潢，用于书籍不多见，内府刻本也仅见有雍正元年刻《摩诃般若波罗蜜多心经》（图11）、乾隆内府清字经馆刻《御译大云轮请雨经》二卷等寥寥数种。前人论及刻本书籍装潢，未见提及此法。然在书画装裱中，推篷装与经折装被严格区分开来，既然它在书籍装潢中出现，理应把书画装裱的概念引申到书籍装潢，以示其和经折装的区别。中国国家图书馆藏永乐内府刻《御制圣妙吉祥真实名经》推篷装，是现知最早的推篷装。

御製資政要覽序
朕惟帝王爲政賢
哲修身莫不本於
德而成於學。如大
匠以規矩而取方
資政要覽序　一
圓。樂師以六律而
正五音。凡古人嘉
言善行載於典籍
者。皆修己治人之
方。可施於今者也。

图12　《御制资政要览》，清顺治十二年刻本。私人藏品

6. 蝴蝶装

蝴蝶装又称“蝶装”，源于唐末，兴于宋，是由经折装演变而来的早期册页装订形制。即将印有文字的纸面向内对折，以中缝为准，叶码对齐，粘贴在一包背纸上，以书口中缝向外，相邻两纸空白面不粘接相互独立，所以要连翻两叶才能读到下文。近年河北唐山市丰润新区出土的辽代刻经，相邻两纸的空白处外沿也用浆糊粘连，从而避免了上述弊病，证明至少在宋代，蝴蝶装就已经有了这两种形制。清顺治十二年（1655）刻《御制资政要览》（图12），采用的就是辽代刻经的形制，说明内府在使用这蝴蝶装时，对古人的装订方法是做了深入研究的，而且把方便阅读作为装订的出发点，很有点以人为本的精神。

7. 包背装

包背装始于南宋末，盛行于元末及明代。将书叶无字的一面对折，版口作为书口，用纸捻穿钉，将书叶两边粘在书脊上，然后用整张的书衣绕背包裹，从而克服了蝴蝶装连翻两叶才能读到下文的缺点。《御定仿宋相台岳氏五经》、《钦定古今图书集成》（南北七阁本）等均为包背装。清代，无论官私坊刻，使用包背装都极少，流传到现在更为稀罕，故更令人宝重（图13）。

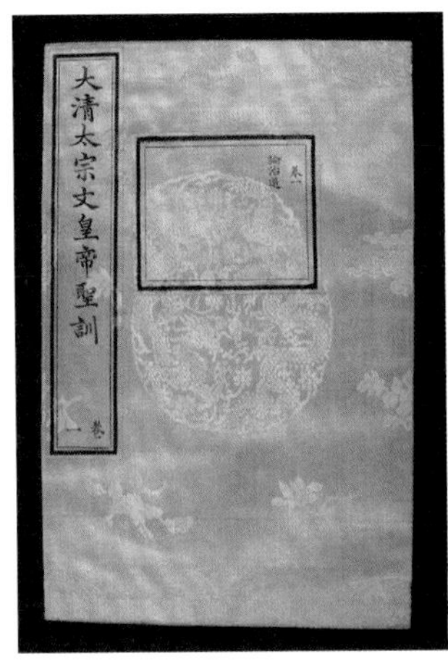

图13 《大清太宗文皇帝圣训》，清康熙内府写本。故宫博物院藏

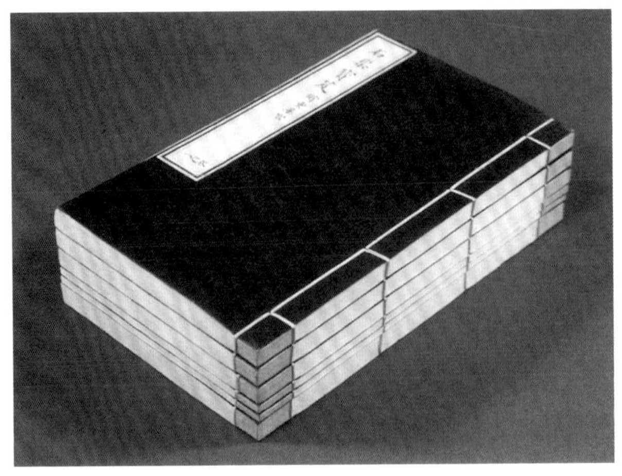

图14 《石渠宝笈》，清乾隆九年内府朱格抄本。故宫博物院藏

8. 线装

线装与包背装折叶方式完全相同，不同的是改包背装以整张书皮粘裹书为使用两张与书叶尺寸相同的书皮，书册上、下各一张，戳齐打眼钉线。线装便于翻阅，又克服了包背装书叶易散落的缺点，是中国传统书籍装订方法中最为进步的一种，也是清内府书籍最主要的装订方式（图14）。

9. 毛订、毛装

毛订装订方式与线装同，唯天头地脚书背不用裁齐，不加封面，持有者可以根据个人喜好进行装潢。毛订书籍多为皇帝用于颁发、赏赐、售卖或库存图书，故宫博物院藏《历朝圣训》（图15），就是以这种形式出现的本子。辽宁图书馆、内蒙古自治区图书馆、宁波范氏天一阁也都藏有内府这种毛订书本。

毛装则是封面包背都已装好，只上下口不裁切，似现代平装毛装本。

10. 棋盘装

清内府刊刻舆图的一种装潢方法，即将一张大图分为若干小图，每张小图托裱在有一定厚度的纸板上，再连接成一张大图，反复前后、

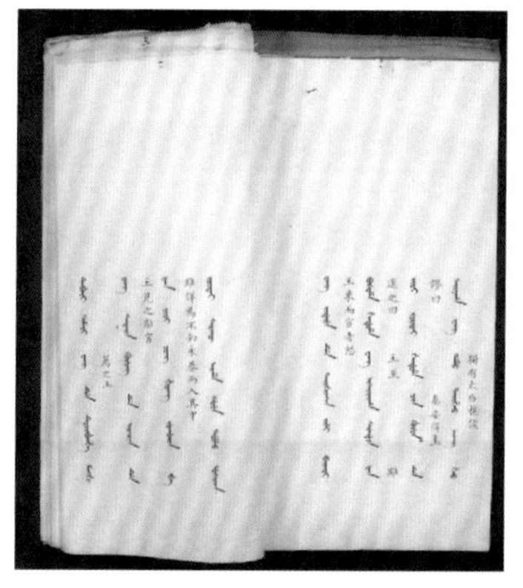

图15　《历朝圣训》，清写本。故宫博物院藏

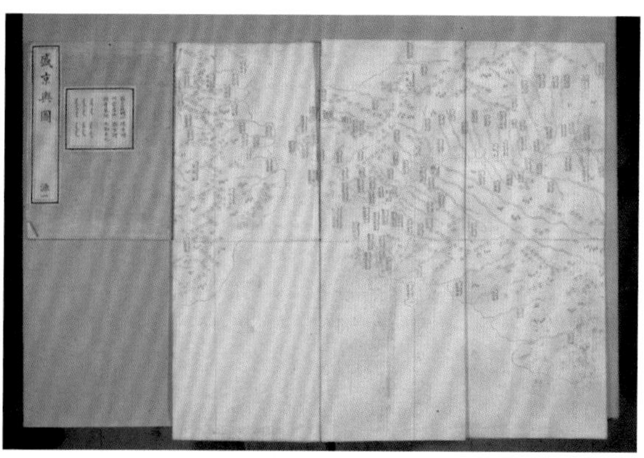

图16　《皇舆全图》之盛京舆图，清乾隆间刻本。故宫博物院藏

左右、上下对折后将大图压缩为体积更小的个体，以便于收藏，因打开后类似棋盘方格，内府档案称之为棋盘式。清乾隆刊铜版《皇舆全图》（图16），就有这种方式。内府刻书档案记载：

雍正四年四月十五日，据圆明园来帖内称，四月十四日郎中海湾画得舆图二张呈进。奉旨：舆图上汉子写小了，著另写。舆图改做折叠棋盘式。钦此。[1]

11. 蝴蝶镶

这是为了处理大于书叶版面单面方式整版图的一种方法。一般而言，线装书籍在处理这种插图时，多采用双面或多面连式的方式解决，即将一张大图按半叶版面分割成若干段，依序印刷在前后相连的书叶上。《御制避暑山庄诗图》《圆明园四十景诗》等书，将画面对折，上折面不钉线，自可展开，避免了整版图被割裂的弊病，但不利翻阅，折口易损坏。《大清会典图》的版画，则由四个半叶组成，整版印刷，左右两个半叶为文字，中间两个半叶为一整幅版画，每版中有两个书口、

1　翁连溪《清内府刻书档案史料汇编》，广陵书社，2007年，第89页。

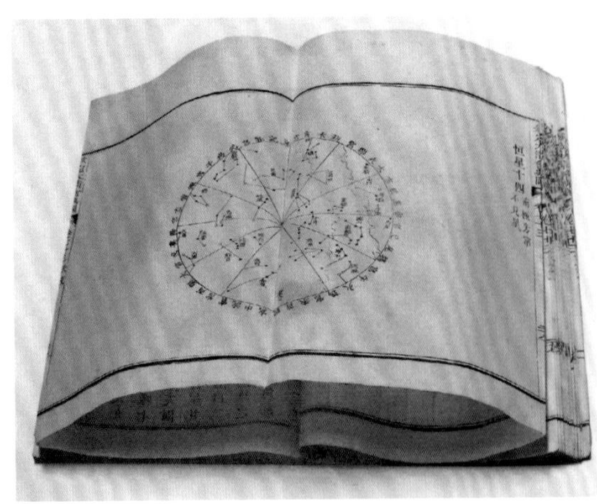

图17 《钦定大清会典》，清嘉庆间武英殿刻本。故宫博物院藏

图18 《钦定国子监志》，清道光十六年国子监刻本及书版。故宫博物院藏

两个叶码，中间版画打开后与蝴蝶装类似，但中间折缝处不粘连于书脊，左右两个半叶版框外装订加长裱纸并回折，因书脊装订处为二层纸，故折回后左右两半叶框外装订分为四层，装订成册后薄厚均匀，有如古籍金镶玉做法。除《大清会典》外，笔者近年整理故宫博物院藏内府刻本时，发现乾隆十七年（1752）武英殿刊《平定两金川方略》、嘉庆年间武英殿刊《钦定大清会典》（图17）、道光十六年（1836）国子监《钦定国子监志》（图18）诸本插图，也采用的是这种装订方式。很明显，这种方式是由蝴蝶装改进而成。向修书老先生请教，老先生告之曰此种形制名“蝴蝶镶”。蝴蝶镶不见于文献记载，清以前图籍也未见使用，清内府档案亦无片纸只字述及，故其是否为清代内府首创，很难断言。不过，它确实是一种较为科学的方式，对于古籍的翻阅和保护

都非常有利。它的出现，为中国古代书籍装潢艺术，增加了一种新的形式。无论清内府书籍字体、行款还是装潢，对前代取精用弘，且多有自己的创造发明，使古代的书籍制作更精、更美。这是雕版印刷的最后一个时代，但也是一个异彩纷呈的时代，就如陶湘先生所评价的：

（殿版书）写刻之工致，纸张之遴选，印刷之色泽，装订之大雅，莫不尽善尽美……[2]

（三）清内府书籍的字体、版式（以刻书为例）

清内府刻书，上承明绪。清初百业待兴，内府刻书字体依然延续明内府风格，采用仿宋字和楷体赵（孟頫）字。仿宋字横细竖粗，字形略显瘦长，撇捺落笔尖劲展开，字大行宽，疏朗醒目；楷体笔画圆秀，间架方正，开阔端严。满蒙文本字体秀丽，写刻严整，如行云流水，将书法艺术融于写刻之中，是少数民族文字刊刻的杰出作品。清初期刻书仍多由前明司礼监经厂承办，有些书本直接刻印于明代司礼监刻书处经厂，由明代遗留下来的工匠雕镌，“故其格式与经厂本小异而大同”。[3]如清顺治十二年刻《御制资政要览》、十三年刻《御注道德经》（图19）等，字大如钱，白棉纸印刷，明代刻书特色鲜明，如果不以序跋年月、刊记或书籍内容加以识别，很难区分是顺治内府本还是晚明经厂本。

康熙、雍正、乾隆诸帝都是有名的书画皇帝，书法造诣颇高，帝王的爱好，毫无疑问会成为影响刻书字体的主要因素之一。早在康熙十二年，时康熙帝尚未亲政，武英殿修补明永乐年间经厂所雕《文献通考》旧版重印，康熙帝在此书序中谈到刻书字体说：“此后刻书，凡方体，均称宋字；楷书，均称软字。”但康熙十九年武英殿修书处成立之前，软体字虽然有刻，品种并不是很多，就如前文所说，当时康熙帝面临的

2　陶湘《清代殿板书始末记》，1933年故宫博物院排印《武进陶氏书目丛刊》本。

3　陶湘，上引书。

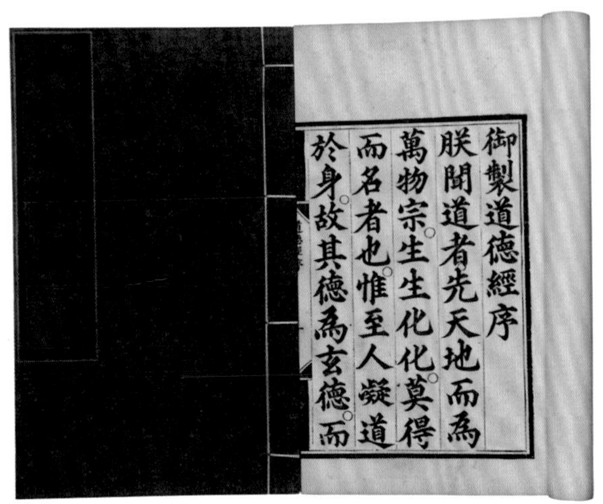

图19 《御注道德经》，清顺治十三年刻本。私人藏品

主要压力，还在解决鳌拜专权和平定“三藩之乱”上，没有过多的精力关注刻书。这一时期内府刻书，也还处于初期的发展阶段，不可能在字体上有过多的讲究。

武英殿修书处成立后，软体字刻书逐渐多了起来。康熙、雍正二帝皆喜欧体字，欧体字圆劲秀逸，平淡古朴，疏朗匀称，具有较强的观赏性，用欧字手写上版的书渐多。据光绪朝《大清会典事例》载：

> 刻宋字，每百字工价银八分。刻软字，每百字工价银一钱四分至一钱六分不等。……若枣木板俱加倍。写宋字板样，每百字工价银二分至四分不等。写软字，每百字工价银四分。[4]

对写、刻欧体字的工匠，给出的工价最高。这与欧体字写、刻难度较大有关外，也反映出内府刻书对欧体字的偏好。

在论及清内府刻书字体时，很多人都把软体字和欧体字混为一谈，如姜德明先生在《康、乾两朝清殿版》中说：“各种楷书统称为‘软体字’。”既然如此，又何须把楷体和欧体分别论价？也有人说，曹寅刻

4 清昆冈等修、清刘启端等纂《大清会典事例》卷一一九九，新文丰出版公司，1976年，第24册，第19046页。

印《全唐诗》时，采用当时流行的欧、赵字体，模糊两端，更让人不知所云。很简单的道理，欧体楷书可以称为软体，但并不等于软体就是欧体，康熙十二年提出“软体字”概念时，所指也绝非欧体，而应该是流行于馆阁中的书体，宋元称“馆阁体”，清称“台阁体”，专指楷书。它强调楷书的共性，即规范、美观、整洁、大方，大体自欧、赵两家字体脱胎而出，但非欧非赵，不过取其易学而已，用于刻书，比之明代常用的仿宋体，当然也是一个变革。清洪亮吉《北江诗话》云：

今楷书之匀圆丰满者，谓之“馆阁体”，类皆千手雷同。乾隆中叶后，四库馆开，而其风益盛。然此体唐、宋已有之。[5]

既然“千手雷同”，写刻自然比欧体好掌握得多，所以工价也和刻宋字相同。武英殿刻印的“软体字”本，就是以台阁体居多，如《御纂周易折中》等都是；臣子刻印进呈内廷的本子，则以欧体居多，这和这些人有深厚的书法造诣，更能迎合皇帝的喜好有关。

至乾隆时，因乾隆帝嗜好元代赵孟頫字体，流行字体随之一变，赵体渐取代欧体成为软体字刻书的主要字体，笔划圆润清劲，字体遒劲整齐。在这一时期，宋字即硬体字也在不断变化中，前期瘦长，康熙时趋向正方，乾隆时又呈扁方。宋字横细直粗，撇长且尖，捺拙而肥，点画之间，有一种神完气足的韵味。

曹寅在扬州诗局主持刻印的《全唐诗》，是清前期欧体字刻书的杰出代表。此本洋洋洒洒九百卷，手书上版，要做到手书风格一致，难度可想而知。曹寅上奏康熙帝说：

臣细计书写之人，一样笔迹者甚是难得，仅择其相近者，令其习成一家，再为缮写，因此迟误，一年之间恐不能竣工。[6]

5 清洪亮吉撰《北江诗活》卷四，人民文学出版社，1983年，第66页。
6 故宫博物院明清档案部编《关于江宁织造曹家档案史料》，档案出版社，1984年，第33页。

为此，曹寅特地召集文人训练善书者习练书写欧字，剞劂能手雕刻，书成后，字体风格一致，娟秀俊逸，笔法停匀，一笔不苟，用开化纸印刷，纸洁墨润。清人金埴《不下带编》卷一称：

江宁织造曹公子清有句云："赚得红蕤刚半熟，不知残梦在扬州。"自谓平生得意之句。是岁兼巡淮盐，遂逝于淮南使院，则诗谶也。公素耽吟，擅才艺。内廷御籍，多命其董督，雕之精，胜于宋版。今海内称"康版书"者，自曹始也。

卷四又说：

今闽版书本久绝矣，惟（白下、吴门、西泠）三地书行于世，然亦有优劣。吴门为上，西泠次之，白下（南京）为下。自康熙三四十年间，颁行御本诸书以来，海内好书有力之家，不惜雕费，竞摹其本，谓之欧字。见宋字书（宋字相传为宋景文书本之字，在今日则枣本之劣者）置不挂眼。盖今欧字之精，超轶前后，后世宝惜，必称曰"康版"，更在宋版书之上矣。[7]

评价之高，无以复加。

金埴以当事人论当时事，所说自有一定道理。但金埴曾客于曹寅，又出于对"康版"的特殊喜爱，所论难免有过犹不及之嫌。如"今海内称'康版书'者，自曹始也"，就不见得正确。必须指出的是，早在《全唐诗》刻印之前，士大夫私家刻书已渐形成精写精刻的风气。前已述及，宋荦于康熙二十七年刻《绵津山人文集》以及三十四年刊《施注苏诗》等，都是精写精印的本子。另康熙三十九年刊《渔洋山人精华录》十卷，清著名诗人王士祯的别集，其门人林佶手书上板，良工鲍闻野、成文昭、程济生等人精心雕刻，苏州顾嗣立秀野草堂刊本。林

7 清金埴撰《不下带编》卷一，中华书局，1982年，第11页。

佶（1660—？），字吉人，号鹿原，福建侯官人，《〔乾隆〕福州府志·人物·文苑》载其事曰：

……（丙戌，康熙四十五年，1706）特旨入直武英殿抄写御集。壬辰，钦赐进士，佶名第一。……工篆、隶、行、楷，上自王公，下至琉球、高丽，无不购求藏弆焉。[8]

《清史列传》卷七〇亦载其事曰：

康熙五十一年，特赐进士，授内阁中书。佶工于书法，亦善隶、篆，文师汪琬，诗师陈廷敬、王士祯。汪琬之《尧峰文钞》、廷敬之《午廷文编》、士祯之《精华录》皆其手书付雕。廷敬、士祯之集皆刻于名位暄耀之时，而琬集则缮写于身后，故世以是称之。[9]

其名在书法史上虽不彰，当也是一时书家。

《清史列传》提及的三书及王士祯的《古夫于亭稿》，都由林佶手书上版，被誉为“林佶四写”，是清代精写精印的典范，并影响了一代的刻书风气，其中《尧峰文钞》，亦镌印于《全唐诗》之前。这些由书法名家书写、镌刻名工操刀笔的本子，和先要遍觅书手习练的《全唐诗》自有高下之别。宋荦、王士祯、林佶等人刻印的图书，已经开有清一代名家书翰、名工雕镌的“写刻本”之风的先河，又何来“自曹始”？

即使以内府刻书而论，《全唐诗》也远非首开风气之先。清康熙四十三年宋荦刻进呈本《皇舆表》十六卷就是一个精写精刻的本子，“上云：‘刻的著实精，太好了！’”一时臣子刻印进呈，纷纷效仿。宋荦在苏州十四年，与王士祯等名士过往甚密。康熙四十年正月，王士祯致信宋荦：“吉人为弟写《精华录》，不识已付君几卷？”可见，宋

8　《中国地方志集成·福建府县志辑》第一册《乾隆福州府志》，上海书店出版社，2000年，第209—210页。

9　王钟翰点校《清史列传》卷七〇，中华书局，1987年，第5729页。

荦长期浸润于这种刻书风气之中，并且对写刻图书和王士祯等有所交流。《皇舆表》是入康熙后第一部臣工刻印进呈内廷的本子，曹寅刻书，肯定参照了这些书本，以逢迎圣意。当然《全唐诗》字体划一，写刻精妙，为欧体字本一时之选，精写、精刻、精印的名篇；《全唐诗》比《皇舆表》一类书在士林中流传更为广泛，影响力也更大，利于这种字体风格的传播，这个功劳是巨大的。

金埴笼统地说“康版”更在宋版书之上，更是很难让人同意。书印出来首先是为了读的，只要字迹清晰醒目，就是“挂眼”了。所谓仿宋字，是明嘉靖、正德之后明代流行的刻书字体，与宋版书所用字体无涉。宋版校勘精准，最近古本，历来为人所重。孙毓修先生在《中国雕版源流考》中说：

> 宋时官本书籍，纸坚字软，笔划如写，皆有欧、虞笔法，避讳谨严，开卷一种书香，自生异味。[10]

对宋版书的字体给予了相当高的评价。清代人看惯了明代刻书的方正字体，希图变革，提倡软体字或欧体字刻书，原在情理之中，但不等于宋字就一定不好。一定要把“康版”和宋版分出高下，反倒是多事了。

其实，即令以软体字而言，康熙帝说“此后刻书，凡方体，均称宋字；楷书，均称软字”时，不过是对雕版字体做了一个名称上的规定，绝非如某些论者所说康熙帝对软体字有什么特别的偏好，康熙帝称赞宋字刻的《佩文韵府》“此书刻得好的极处”，就是一个很好的说明。它如雍正间刊《上谕内阁》《朱批谕旨》等，都是硬字刻书的典范。如果仔细考察一下清前期内府刻书，不难发现在刻印不同种类的图书时，字体的选择是有一定规律可循，或者说形成了某种约定俗成的定式，以康熙朝为例，四十六年宋荦刻进呈本《御批资治通鉴纲目》、四十七年

10　孙毓修《中国雕版源流考》，商务印书馆，1930年，第11页。

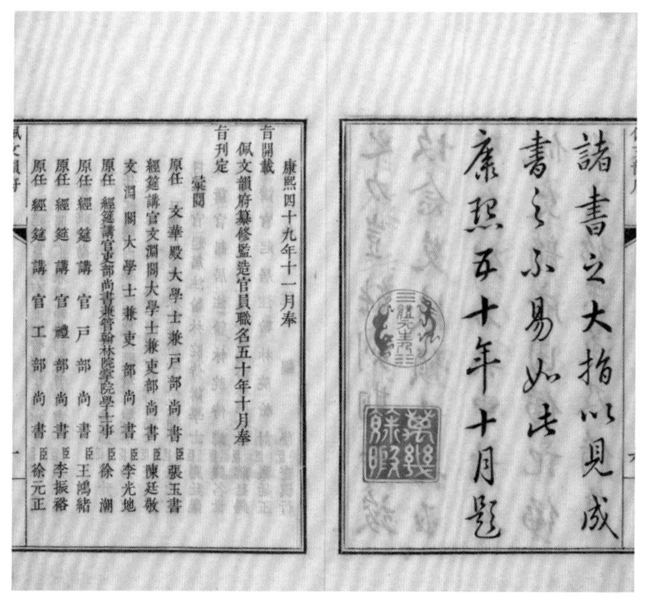
諸書之大指以見成書之不易如右

康熙五十年十月題

康熙四十九年十一月奉
旨開載
佩文韻府纂修監造官員職名五十年十月奉
旨刊定
彙閱
原任文華殿大學士兼戶部尚書臣張玉書
原任經筵講官文淵閣大學士兼吏部尚書臣陳廷敬
原任文淵閣大學士兼吏部尚書臣李光地
原任經筵講官吏部尚書兼管翰林院學士事臣徐潮
原任經筵講官戶部尚書臣王鴻緒
原任經筵講官禮部尚書臣李振裕
原任經筵講官工部尚書臣徐元正

图20 《佩文韵府》，清康熙六十一年刻本。私人藏品

武英殿刻《亲征平定朔漠方略》、五十二年张廷玉刻《诸史提要》、五十三年刻《渊鉴斋御纂朱子全书》、六十一年刻《分类字锦》及《康熙字典》、《佩文韵府》（图20）、《韵府拾遗》等史籍、经学书籍、大型类书、辞书，多用宋字；而四十六年刻《御选历代诗余》《御定历代题画诗》《佩文斋咏物诗选》、四十七年刻《佩文斋书画谱》、六十一年刻《千叟宴诗》等文学类、艺术类的书，大都是楷书，其中的臣子刊刻的进呈本，则以欧体居多。也就是说，大型的、内容相对严肃的图书，更多是宋字。尽管这并不是严格的规定，如《御纂周易折中》这样的经学书籍，就是用软体字刻印的，但大体情况如上述。乾隆中叶之后，软体字刻书则渐少，宋字增多。所刻宋字，运刀果断，铿锵有力，字体规整，具有很高的观赏价值。

《御制盛京赋》（图21）是清内府采用满文篆字刻印的唯一一部。乾隆八年（1743），乾隆帝赴盛京（今沈阳）谒陵祭祖，忆及祖先创业艰难，感慨良多，创作《盛京赋》以记其事。十三年（1748）九月十二日，乾隆帝下旨：

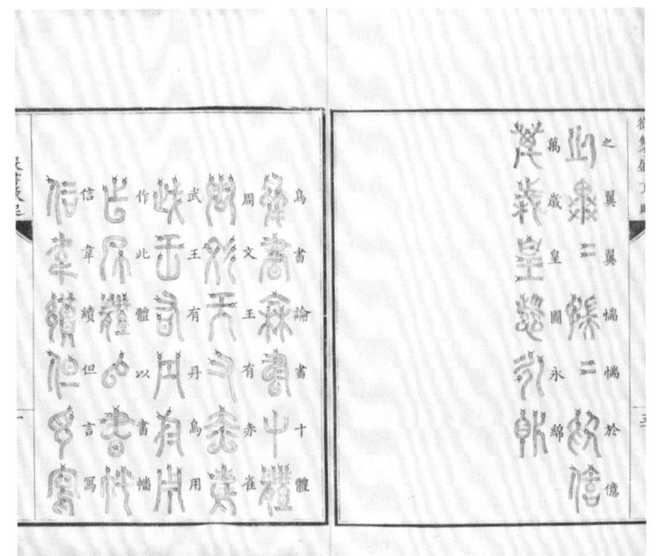

图21 《御制盛京赋》鸟书篆，清乾隆十三年内府刻本。私人藏品

> 我朝国书音韵合乎元声，体制本乎圣作，分合繁简，悉协自然。惟篆体虽旧有之，而未详备，宝玺印章尚用本字。朕稽古之暇，指授臣工，肇为各体篆文。[11]

其实，满文的篆字，早在满文创制之初就已经出现，但就如《清朝通志》所言：

> 清字篆文，传自太宗文皇帝时，是清篆原与国书先后并出，特以各体未备，传习尚稀。[12]

也就是说，至乾隆时，满文篆字远未周备。乾隆帝旨下，儒臣们遂根据汉文三十二体篆字古法，结合满文字形，创制了满文篆文三十二体，即玉箸篆、奇字篆、大篆、小篆、上方大篆、坟书大篆、倒薤篆、穗书篆、龙爪篆、碧落篆、垂云篆、垂露篆、转宿篆、芝英篆、柳叶篆、

11 《清高宗实录》卷三二四“乾隆十三年九年癸亥”条，中华书局，1985年。

12 《清朝通志》卷十二“六书略二”，浙江古籍出版社，1988年。

鸟迹篆、雕虫篆、麟书篆、鸾凤篆、龙书篆、剪刀篆、龟书篆、鹄头篆、鸟书篆、蝌蚪篆、缨络篆、悬针篆、飞白篆、殳篆、金错篆、刻符篆、钟鼎篆，自此满文篆字大备，儒臣因奏请用新完备的篆字写刻《御制盛京赋》，乾隆帝“准其所奏，责成傅恒、汪由敦充任总裁，阿克敦、蒋溥充任副总裁承办此事”。同年，武英殿即用满文篆字刻印了皇帝的这篇御制赋。在此之前，此书另刻有汉文、满文两种文本。应附带提及的是，康熙六十一年刊《篆文六经四书》，以小篆书法手书上版，雕印皆精良，是武英殿刊刻的汉文篆书之白眉。满文篆体《御制盛京赋》，字体匀称、优美、刚劲，刀刻古拙，线刻流畅，起承转合自然协调，具有很高的艺术观赏价值，是清内府刻书中的一株奇葩。但是，这种字体的镌刻有一定难度，满文篆体也没有得到很好的推广，此后就再未见用这种字体刻书，唯因为此，也更显出这个本子的珍贵。

嘉道间内府刻书，仍有采用软体字上版，但品种已极少，而且远不如康、乾时所刻精丽。扬州书局刻印的《全唐文》，雕镂精雅，尚有《全唐诗》流风遗韵，余多不足述。道光之后，刻书全为宋字，软体少见再用，即使是宋字，也已大不如前，全无康、乾时的风采。其时“武英殿雕手已劣”，主其事者不得不“选用厂肆刻殿试朝卷之能手充之”，质量虽稍有好转，但终因种种原因，“旋复中止”。道光二十九年（1849）刊《大藏经目录》，字体拙劣，刀刻软弱乏力，较之坊肆劣本，犹等而下之，可见此时的内府刻书，已经鱼龙混杂到了何种程度。其后的咸丰、同治、光绪，刻字更显拙劣，总体来看，尚不及嘉、道。除光绪二十二年刻《养正图解》、宣统二年重刻《钦定同文韵统》等屈指可数的几个本子尚称佳制外，余多不足述。

殿版书的版式开本，一要显示皇家气象，二要考虑方便阅读，三也要考虑不同类型图书的不同需要，并无一定之规，大者如《满文大藏经》长约八十厘米，要两人合抬，这既是表示对佛教的虔诚，突出佛教的庄严宏大，也和这两部大藏经梵夹装的装潢形式相适应；汉文《龙藏》为经折装，就无需这样大的开本了。其他类型图书的开本尺寸有一定规律可循，从现存实物与档案记载来观察，其既与古代的书籍制度有一定连续性，又不完全相同。早在简牍时期，简牍的长短就有一定的规律，因其用途不同和内容重要性而有异。汉代经学大师郑玄说：《六经》书于二尺四寸之简，《孝经》一尺二寸，《论语》八寸。由此可知，长简用于重要典籍，较短者多用于一般图书。清代内府书籍的版式开本大小也因内容而定，分为大、中、小三种。一般而言，宗谱、实录、圣训等与皇家直接有关的图籍规制最大，次为儒家经典，御注钦定的图书、部分佛道经籍，如《御注孝经》《道德宝章》《太上感应篇》等，开本都在高38厘米，宽23厘米左右；各种典则、方略、钦定之书多采用中型开本，而大于各种文集、类书、丛书等。为了便于携带，方便阅读，也可有所变通。乾隆年间，武英殿利用刻书的边角余料，刻制的袖珍（书能放在袖子里，极言其小）小本《古香斋袖珍本十种》即为此类，其开本约为中型书的四分之一，小巧玲珑，皇帝可携之外出，随时披览，极为方便。

殿版书的版面设计大多简洁实用。康熙之前，多见左右双栏，康熙之后，以四周双栏居多。多为白口，双鱼尾（也有多至六鱼尾），版心常记书名、卷数，康熙以后，版心还常见子目名称和叶数。版框之内，行格疏朗，字距相宜；版框之外，天头大于地角，看上去很清爽也很清晰，整体格局端庄大方，自有其特点，使之一望即知为内府刊本。当然也有一些书籍版框较为繁复讲究，根据书籍的内容选用，有万字纹、博古纹、竹节纹、莲花纹、龙纹等多种式样。

（四）清内府书籍的物料——纸、墨

造纸术是中国古代四大发明之一，据考古发现，西汉时纸已产生，至东汉蔡伦加以改进，成为古代书写、印书的最主要载体。自西汉至清，造纸已有两千余年历史，工艺已完全成熟。清内府书籍用纸品目繁多，质量上乘，不仅成就了内府书籍的精美耐用，也是清代造纸技术的完美体现。

清顺治时，国家初定，书籍所用物料很多都是明内府遗存，以白棉纸、麻纸居多。明宫所储，当然是白棉纸的上品，颜色洁白，质细而柔，纤维多、韧性强，至今历三百余年，历久弥新；贡麻纸也是明纸佳品，纸质坚实柔软，白如春云。这些明宫遗存的纸张，论其质量，比起顺治后使用的连四纸（后人多称开化纸）等宫廷佳纸，也不遑多让。

顺治以后，用白棉纸印书就很少了。康熙时尤其是康熙中后期，国家安定，繁荣鼎盛，制纸业复兴，宫廷印书用纸有了更大的选择余地和更高的质量要求。据清内府康雍乾三朝档案记载，印制图书用纸品种多达几十种，计有清水连四纸、川连纸、太史连纸、棉连四纸、榜纸、宣纸、竹纸、薄棉连四纸、西洋纸、将乐纸、乐文纸、棉纸、罗纹纸、抬连纸、白棉榜纸、连四纸、高丽皮纸（二等高丽纸多用裱糊做书签用）、毛头纸、棉料呈文纸、竹料呈文纸、山西呈文纸、山西毛头纸、双钩御笔等用蒋逻油纸、黄高丽纸、京高纸、白鹿纸、广文纸、白棉纸、白纸、金线榜纸、南毛头纸、五折黄榜纸、红脆榜纸、黄脆榜纸、白脆榜纸、开化榜纸、三号高丽纸、竹料连四纸等。

所谓连四纸，即人们常说的开化纸，清宫档案对开化纸基本没有记载，据考证，仅有乾隆二十九年档案记载：

> 查得钦天监乾隆二十九年较二十八年多领开化纸四百七十八张，呈文纸四万八千四百六十九张，台连纸一万八千一百四十四张，黄榜纸一百六十一张，毛头纸十二张……[13]

这里的“开化纸”与今人所谓的“开化纸”是否为同一种纸张尚待研究。

据档案记载，印造清《古文渊鉴》用纸“银八分印造清字，古文渊

13　转引曾纪纲《古籍“开化纸”印本新考》，《文献》2020年第2期，第35页。

鉴，由宁国府，宣、泾、宁三县抄造。”连四纸在元代是名纸，元人费著在《笺纸谱》中说：

凡纸皆有连二、连三、连四笺，“连四”后来转成为“连史”，产于南方，常用竹料。[14]

明高濂《遵生八笺》称其：“妍妙辉光，皆世称也。”[15]《辞源》说：

原料用竹。色白，质颇细，经久色质不变。旧时，凡贵重书籍、碑帖、契文、书画、扇面等多用之。产江西、福建，尤以江西铅山县所产为佳。[16]

康熙间扬州诗局刻《全唐诗》、康熙刻本《御制避暑山庄诗》、康熙《御纂周易折中》《周易本义》、康熙二十四年的《御选古文渊鉴》、雍正六年的《古今图书集成》等都有连四纸印本。有称乾隆年间抄成的七部《四库全书》也是用的这种纸张，但据清宫档案记载，实际应为北四阁用金线榜纸，南三阁用坚白太史连纸以示区别。连四纸印制的图书，文字清晰、墨色莹亮，至今触手如新，历来被人视为书中上品。

但乾隆以后，连四纸的质量有所下降，进呈数量也开始减少，故内府印书多采用连史纸、开化榜纸。开化榜纸外观与连四纸极为相似，质地细腻，亦极洁白，柔软韧性强，但较连四纸略厚，帘纹较宽，颜色略显发乌，质量次于连四纸，但也是一种上等的纸品，传及今日，也已经为藏家珍如拱璧了。

用连四纸和开化榜纸印制的图书，以内府居多，私家坊肆虽有印行，如乾隆间刊《冰玉山庄诗集》，嘉庆间沈氏古倪园刊《三妇人

---

14 费著《笺纸谱》，转引潘吉星《中国造纸技术史稿》，文物出版社，1979年，第100页。

15 明高濂《遵生八笺》，赵立勋校注，人民卫生出版社，1994年，第576页。

16 《辞源》（修订版），商务印书馆，1998年，第1663页。

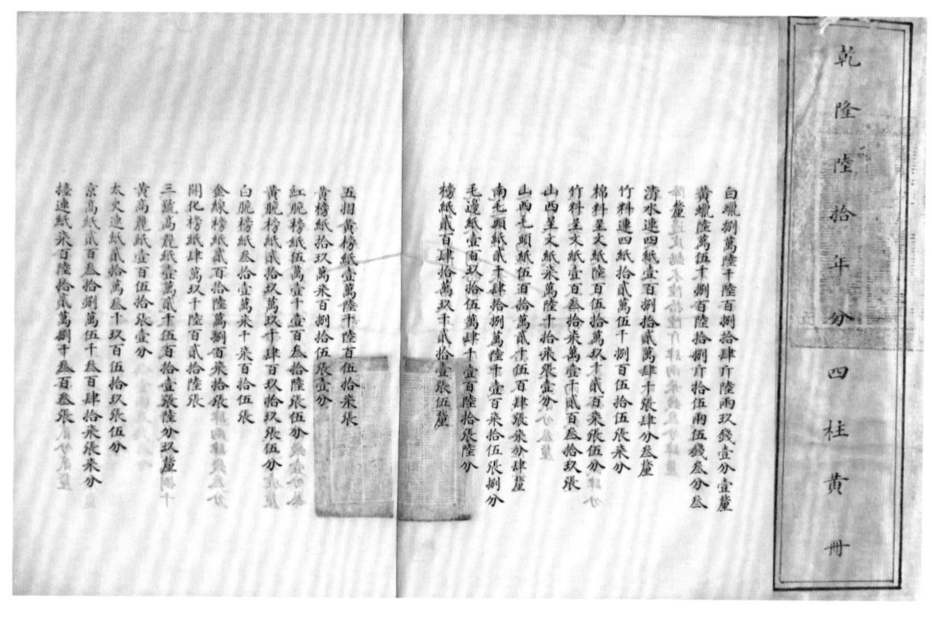

乾隆陸拾年分四柱黃冊

白蠟捌萬陸千陸百捌拾肆斤陸兩玖錢壹分壹釐
黃蠟陸萬伍千捌百陸拾捌斤拾伍兩伍錢叁分叁
釐
清水連四紙壹百捌拾貳萬肆千張肆分叁釐
竹料連四紙拾貳萬伍千捌百伍拾伍張柒分
棉料呈文紙陸百伍拾萬玖千貳百柒張伍分
竹料呈文紙壹百叁拾柒萬壹千貳百叁拾玖張
山西呈文紙柒萬陸千拾柒張壹分
山西毛頭紙伍百拾萬貳千伍百肆張柒分肆釐
南毛頭紙貳千肆拾捌萬陸千壹百柒拾伍張捌分
毛邊紙壹百玖拾伍萬肆千壹百陸拾張陸分
榜紙貳百肆拾萬玖千貳拾壹張伍釐

五捆黃榜紙壹萬陸千陸百伍拾柒張
黃榜紙拾玖萬柒百捌拾伍張壹分
紅脆榜紙伍萬壹千壹百叁拾陸張伍分
黃脆榜紙貳拾玖萬玖千肆百玖拾玖張伍分
白脆榜紙叁拾壹萬柒千柒百拾伍張
金線榜紙貳百拾陸萬捌百柒拾張
開化榜紙肆萬玖千陸百貳拾陸張
三號高麗紙壹萬貳千伍百拾壹張陸分玖釐
黃高麗紙壹百伍拾張壹分
太史連紙貳拾萬叁千玖百伍拾玖張伍分
京高紙貳百叁拾捌萬伍千叁百肆拾柒張柒分
撻連紙柒百陸拾貳萬捌千叁百叁張

图22　《乾隆六十年分四柱黄册》，清乾隆六十年内府写本。私人藏品

集》、道光间许氏古均阁精刊本《字鉴》，但品种数量极少，就是因为这两种纸张价格昂贵，且多供应宫廷，民间不易得所致。

太史连纸也是内府印书常用的纸张。太史连纸纸质骨立，正面光润，背面稍涩，质地细而匀净，绝无草棍纸屑粘附，和连四纸比，纸质略呈微黄，质量稍逊。清朝康熙以后印书，采用这种纸比较多，如乾隆间木活字武英殿聚珍版，即以此纸印刷，《古今图书集成》《全唐诗》等则既印有连四纸本，也印有太史连纸本，可见这两种纸内府用量之大。清内府档案中所称的“黄纸本”，即多指太史连纸印本（图22），“白纸本”则多指连四纸印本。

罗纹纸是比连四纸还要名贵的纸品，分为“白觔罗纹”和“红觔罗纹”两种，宋代也称红丝罗纹纸，其生产历史悠久，宋代制作的罗纹纸，质量就很高。罗纹纸颜色洁白，质地细薄柔软，因在制作过程中，原料要经过特制的竹帘（用竹丝穿以丝线编成窗帘状），纸上会呈现清晰的纹路，如罗纹图案，看去与丝织的罗绸一样，十分悦目，故名叫罗纹纸。制作工艺复杂，纸价昂贵，清宫廷中使用这种纸印书的情况也不多，但亦间或有之。据康熙五十六年（1717）李国屏奏折：

今年四月十四日，大太监苏得胜交罗纹纸一万四千张，传旨：此纸用于印书。钦此。钦遵。查得，《御纂性理精义》等十卷第十七页内有讲地理一节，既然尚未定稿，除将此书不印刷外，它版均刊刻完竣。刷印此一套需罗纹纸一百四十张。此两种书各刷印几套，请圣上定夺。待奉旨后遵行，现得之版，欲先刷印之。为此谨奏，请旨。朱批：两种各刷印十套。[17]

另乾隆十六年刊《唐宋诗醇》《唐宋文醇》《御纂朱子全书》也有用罗纹纸印制的。

对于清康熙内府刻书用纸史料档案有所记载，但档案记载的西洋纸印书实物未见流传，也鲜有学者研究，笔者近来海内外访书，发现一部内府刻书用西洋纸之实物，可填补研究资料之空白。此次巴彦淖尔图书馆发现的两部清康熙铜版刷印《避暑山庄三十六景诗图》，为大陆首次重大发现。初看以为都是开化纸刷印，但是细看风貌差别甚大，在纸张方面一部几乎无帘纹，纸张较厚，印刷极为清晰；另一部纸张较薄，帘纹清晰有黄斑，印刷较上一部略差。顿觉可能这就是内府档案记载的西洋纸印刷实物，用灯光一照，果然第一部有明显纸标水印。若不是两部对比观看，当只是感叹铜版画印刷之精细，实难有此发现。另外乾隆时期开始制作的铜版战图所用也是国外专门定制的“大卢瓦”纸，价极昂（图23）。

前文提到扬州诗局承敕印制《全唐诗》，曹寅奏陈：

谨将连四纸刷印十部，将乐纸刷订十部，共装二十箱，恭进呈样。

所谓“将乐纸”，产自福建将乐县，制作精细，光润坚实，洁白少

17　翁连溪《清内府刻书档案史料汇编》，第82页。

图23　《平定准噶尔回部得胜图》，清乾隆三十年至三十九年铜版印本。私人藏品

疵，宋元麻沙版图书用此纸长达二百年。《将乐县志》载："将乐纸，清初即已运销江右、湖广等地"，可见产量亦丰。另据康熙五十四年李国屏奏折：

翰林陈世堪称："装《御纂周易折中》书时，我即已出力，则印刷主子乐文纸书八套及套装时，亦欲出力。"[18]

《周易折中》一书也有乐文纸印本。

乾隆帝风雅好古，对制作精美、质量上乘的古纸情有独钟，并谕令仿制精美、质量上乘的古纸，先后制成仿晋侧理纸、仿宋金粟山藏经纸、有斑点藏经纸、无斑点藏经纸、仿澄心堂纸、仿明仁殿纸、仿梅花玉版笺、仿高丽纸等。如现藏仿明仁殿纸，纸面幅幅有"乾隆年仿明仁殿纸"戳记（图24）。据乾隆四十三年十月记载：

18　翁连溪《清内府刻书档案史料汇编》，第78页。

图24 乾隆年仿明仁殿纸，清乾隆间制。故宫博物院藏

图25 红地描金彩绘龙纹宫绢，清乾隆间制。故宫博物院藏

将杭州织造征瑞，送到仿明仁殿笺纸五十张、有斑点藏经纸二百五十张、无斑点藏经纸二百五十张、宣纸一百二十四张，随做样纸一张。呈览，奉旨：仿明仁殿纸交宁寿宫、淳化轩各十二张、懋勤殿十张。有斑点、无斑点藏经纸交宁寿宫、淳化轩，每样各交一百张，懋勤殿各五十张。其宣纸交热河五十张，宁寿宫、淳化轩各十二张，其余三十四张并做样纸一张，俱交懋勤殿。再传与征瑞，此次做来藏经纸消薄，亦有道子，嗣后，抄做略厚些，不可有道子，每十张一卷，不必用纸衬垫。钦此。[19]

乾隆皇帝对各种纸张颜色和花纹图案有不同要求，如仿澄心堂纸由最初的绿色、蓝色、粉红色三种，发展为五种颜色，其中有染黄、绿、白、粉红、淡月白等五色，纸面装饰花纹图案各异，如画金龙纹（图

19 中国第一历史档案馆、香港中文大学文物馆合编《清宫内务府造办处档案总汇》第41册，人民出版社，2007年，第345页。

25）、画金折枝碎花纹、金钱菊花、流云福花纹等，均按内廷画样制作，每纸幅中有“乾隆年仿澄心堂纸”印记。其中最值得一提的是金粟山藏经纸的仿制成功，北宋熙宁元年（1086），浙江海盐县金粟寺广惠禅院发起编写的一部大藏经，用自制藏经纸书写，因而得名。其纸为硬黄茧纸，厚实坚韧，经染黄后研光，两面涂蜡，呈鲜黄色，历久不蠹，光泽细润，滑如春水，密如茧丝，墨色着纸深不过透，浅不过浮，遂为宋代名纸。入清，清宫仍有收藏，乾隆帝对此纸十分喜爱，有诗云：

昔彼金粟山，制此藤苔质。杀青印法华，青莲辉佛日。巧擘始何人？云影犹余霱。品过澄心堂，用佐随安室。……[20]

唐代经背纸，梵文隐现中。[21]

认为金粟山藏经纸的品质胜过享誉海内的澄心堂纸，甚至认为其本为唐代纸。入清之后，皇帝或以之书写佛经，大内或用之书画装裱，所储渐缺，不敷所用，乾隆帝因之敕命江南织造研究仿制，据乾隆四十六年（1781）档案载：

奉旨将藏经纸五百张……交懋勤殿……其余藏经纸十张……俱交烟波致爽大柜内收贮。[22]

乾隆四十七年（1782）清内府档案记载：

奉旨：将藏经纸交懋勤殿写经用。再传与杭州织造将有斑点藏经纸再抄做一万张，其颜色少黄浅些，得时陆续呈进。钦此。[23]

20　《清高宗御制诗二集》卷一《用金粟藏笺书经偈尔成诗辄书于后》，见故宫博物院编《清高宗御制诗》第3册，海南出版社影印本“故宫珍本丛刊”，2000年，第31页。

21　《清高宗御制诗三集》卷五十八《咏藏纸扇》，见故宫博物院编《清高宗御制诗》第8册，第218页。

22　翁连溪《清内府刻书档案史料汇编》，第304页。

23　翁连溪《清内府刻书档案史料汇编》，第311页。

此后，杭州织造先后九次进呈藏经纸，每次五百张。每纸皆钤有“乾隆年仿金粟山藏经纸”椭圆朱红印记。说明此纸至迟在乾隆初年就已经仿制成功，乾隆帝非常高兴，为之赋诗云：

> 蔡左徒增纪传闻，晋唐一片拟卿云。铺笺见此代犹宋，试笔惭他鹅换群。蒸栗底须夸玉色，青莲仍自隐经文。用之不竭非奇事，金粟如来善化云。[24]

并敕内府用此纸刷印了《御书药师琉璃光如来本愿功德经》《御书妙法莲华经》《御书大佛顶如来密因修证了义诸菩萨万行首楞严经》《千手千眼观世音菩萨大悲心陀罗尼》。尽管仿制的金粟山藏经纸，比之宋纸之坚韧、色泽皆不如，但仿制成功就是清代制纸史上的一件大事。而且，仿制纸制作亦不易，成本颇高，一次送呈五百张，用于印书，是少到不能再少了，故以帝王之尊，也不敢滥用。有清一代，用仿金粟山纸所印佛经，也只印了以上四部。另外，清内府用宋代遗存佛经背纸刷印了《御书楞严经》一部（背面印经刷佛经的遗存，揭裱后并显现宋刻经字体）。正如乾隆帝诗云：“唐代经背纸，梵文隐现中。”

另据专家讲，清内府印书也多用棉榜纸、抬连纸、连七纸、黄榜纸、白本纸、毛边纸等。[25]总而言之，这些纸品的质量皆不如上文述及的连四纸（开化纸）、开化榜纸、太史连纸。而且，笔者考察存世的内府刻书，使用这些纸印制的书并不是很多，至少远不到专家所说的清统治者“消费最多”的程度。

此外，清代宫廷用纸大致可分为：御笔书画用纸、写经用纸（图26）、抄写书籍用纸、刷印书籍用纸、装裱用纸、工程用纸、画样用纸、包装用纸、日常用纸等。前文提及康雍乾三朝内府档案所列的各种纸，其

---

24 《清高宗御制诗二集》卷四十二《题金粟花》，见故宫博物院编《清高宗御制诗》第4册，第143页。

25 张秀民著，韩琦增订《中国印刷史》，下册，浙江古籍出版社，2006年，第527页。

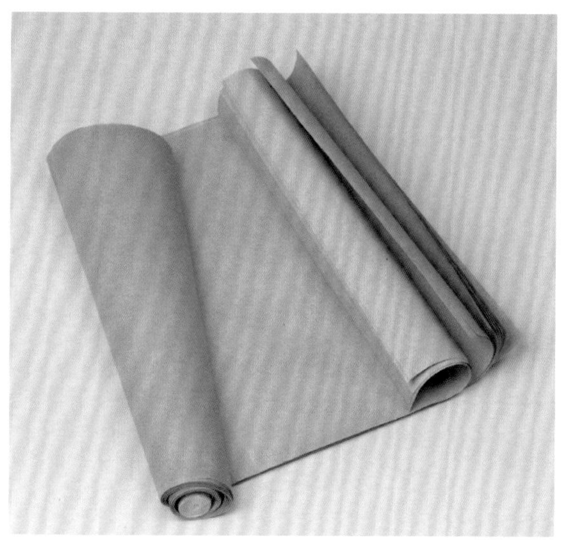

图26　写经纸，清中期制。故宫博物院藏

中有些并不是印书用纸，如高丽纸，以类似朝鲜印书用纸得名，色白但稍暗淡，质厚坚韧，有明显的直纹，多用作书皮及书笺，很少用于印书，顺治康熙朝则多用于卷宗的抄写，后期也很少使用；蒋罗油纸顾名思义，油性较大，薄透，多用于覆它纸之上影写，或双钩御笔等用，如乾隆元年八月“刻字作”档案记载：“为本处备用钩、御笔等件用，买蒋罗油纸一百张”，[26]就是一例，未见用于印书。与现存故宫所藏写本书籍所用纸张与档案文献记载相较，名称众多，写本众多，用下列纸张，如宣德光笺本、羊脑笺本、朝鲜镜光笺本、洋笺本、宋笺本、金笺本、香色笺本、金粟笺本、云母笺本、佛青笺本、黄表笺、素绢本、素笺本、墨笺、磁寿笺本、罗纹笺、粉笺本、檀笺本、油笺本、黄笺本等。

清代书籍用纸多交由地方织造，按宫廷提供纸样尺寸制办，每年各大官员均有纸品进贡，纸品种类多样。乾隆时期，制作有大量的仿古精制纸，均按内廷发样制作呈贡，多杭州织造、苏州织造、江宁织造等，按内廷纸样承办制作。自清康、雍、乾时期至清代晚期，每年各地

26　中国第一历史档案馆、香港中文大学文物馆合编《清宫内务府造办处档案总汇》第7册，第531页。

朝贡、岁贡、春贡、万寿贡等，均有纸品进贡。据清乾隆《宫中进单》载，苏州织造于乾隆十七年（1752）、二十四年（1759）、三十三年（1768）、三十九年（1774）、四十年（1775）、四十一年（1776）所贡纸品，仅花蜡笺一项每年进贡一万张。各地进贡的纸品也均有定数。如乾隆四十二年（1777）八月，漕运总督德保进贡“上用”纸绢，有“福字绢笺”“对联绢笺”“条山绢笺”“横披绢笺”各一百幅，又“本色宣纸二百张，罗纹纸二百张”，仅一次进贡纸绢多达九百张。乾隆五十四年（1789）福建巡抚徐嗣曾一次进贡上用仿藏经五百张。另外，毁抄废纸也是交由杭州织造承办制作。据档案记载：

（乾隆五十五年）杭州送到……加丝绵大宣纸一百二十张，呈览奉旨：……宣纸交懋勤殿，钦此。[27]

（乾隆五十九年）将杭州送到有斑点藏经纸五百张、无斑点小藏经纸一百张、加丝绵宣纸一千张、大宣纸六十张，呈览奉奉旨：俱交懋勤殿，钦此。[28]

至清晚期各地织造仍有纸品进贡。仅同治十三年就多次进贡各色纸绢，如同治十三年三月清档记载：

同治十三年三月初五日，懋勤殿总管张得喜奏准懋勤殿奉旨：传苏州织造上使朱红绢长寿字三十张（随样子一张），朱红绢四龙小福方一百张（随样子一张），五色洒金蜡笺纸二百张（照此样颜色），五色素蜡笺纸二百张（照此样颜色），具净长（六尺，宽三尺）。钦此。[29]

另外，清代内廷还有各种特殊需要的专用纸（如谕旨、奉折敕书笺纸）各种公文用纸、特殊纸张（如印制各种铜版舆图、各种铜版战图）

27 中国第一历史档案馆、香港中文大学文物馆合编《清宫内务府造办处档案总汇》第52册，第109页。
28 中国第一历史档案馆、香港中文大学文物馆合编《清宫内务府造办处档案总汇》第54册，第425页。
29 《内务府活计档》（胶片编号：40号），中国第一历史档案馆藏。

及国外进口纸张均按内廷式样交由杭州织造、苏州织造、江宁织造和两淮盐政等承办制作。

纸张质量有高低，历代印书用纸，同样体现了封建社会等级高下之分，根据书籍的不同用途，采用不同的纸张印刷，金简在《钦定武英殿聚珍版程式》中说：

《四库全书》处交到奏准应刻各书，应按次排版印刷。每部拟用连四纸刷印二十部，以备陈设。仍各用竹纸刷印颁发，定价通行……

……今续行校得之《鹖冠子》一书现已排印完竣，遵旨刷印连四纸书五部、竹纸书十五部以备陈设，谨各装潢样本一部恭呈御览外，又刷印得竹纸书三百部以备通行，其应行带往盛京恭贮之处照例办理……[30]

以备陈设的十五部书，所用应是上等竹纸，而用于通行的三百部，就是较普通的竹纸了。虽然两种纸的原料都是竹子，但上等竹纸使用嫩竹，工艺复杂，纸质优良；普通竹纸用竹子的整枝茎杆，纸质发黄，纸面也较粗糙。一般来说，进呈御览、供奉内廷陈设的书籍用纸最佳，多为连四纸（开化纸）等上等纸品，用于颁赏乃至流通或售卖的本子则纸质较差。印书用纸的区别，是清廷的一个惯例。呈送御览，用于内廷陈设的书本，至多也就是印制几十本，最好的书供给帝王，是很自然的事，也反映了在手工制作时代，佳纸难求，不得不节约使用的现实。康雍乾时期，中国造纸手工业的繁荣、昌盛，品种诸多，产量亦丰，宫廷御用印书用纸有相对充足的供应。嘉庆、道光之后，传统手工制纸渐趋衰落，品种单一，产量减少，质量下降。及至清末，除了朝廷极为重视的图籍如《钦定承华事略补图》《养正图解》等还是用开化榜纸等上等纸品印刷外，多见采用竹纸、粉连纸、白纸（迁安纸）等价格较廉、做工较易的纸张，也从一个侧面，反映了内府刻书的衰落。

30 清金简《钦定武英殿聚珍版程式》，紫禁城出版社，2007年。

墨是重要的文房书具，也是写、印书的材料。中国古代制墨，有悠久的历史，史前的彩陶纹饰、商周的甲骨文、竹木简牍、缣帛书画等到处留下了原始用墨的遗痕。明末清初制墨业达于极盛，好纸必配佳墨，印出书来才能赏心悦目（图27、图28）。

天下制墨，以徽州为上。民间用墨，一般配料不过樟脑、牛胶、松烟而已，产地随缘，不会苛求。内府用墨，则以上等松烟徽墨，另加银珠、白芨水、雄黄等配料，精心调配，使墨色经久不褪，黑亮如漆。为了提高墨的质量，制墨名家、歙县鉴古斋主人汪近圣之子汪惟高于乾隆六年（1741）被清廷选召入宫教习制作宫廷用墨。清宫内府写本刻本除用墨非常讲究外，研墨用水也非同一般，用沉檀、龙脑水等，沉檀泡水研墨，墨香与水香结合，除防虫防蛀外，开卷自有墨香书香。内府用墨的财力、物力、人才，民间自然无法比拟。早在北宋太平兴国六年，宿州圣果寺比丘守谦智广刊印的《金刚般若波罗密经》就有“此经用沉檀龙脑水研墨”的记载。

《钦定大清会典事例》载：

（内府）造独草墨一料，熏烟子用桐油四百斤、猪油二百斤，每油一斤得烟子三钱。广胶十斤，熬水炖胶用。白檀香十二两，排草八两、零陵香八两。合墨用飞金六百张、熊胆四两、冰片十两、麝香五两，实应得墨贰佰捌拾伍两。熊胆四两难得，或改作猪胆八十个。此外辅料佐料又需灯草、生漆、紫草各二斤、苏水三斤、绵子一两、白粗布一丈、糯米酒十五斤、锉草一斤。熬水炖胶蒸墨，共用煤八百斤，炭二百四十斤。[31]

动物油烧纸烟子，前代少见有之，冰片、麝香等名贵药材入墨，更非民

31 清昆冈等撰《钦定大清会典事例》卷一一九九，新文丰出版公司影印清光绪二十五年刻本，1976年，第24册，第19051页。

图27　曹素功紫玉光墨，清康熙间。故宫博物院藏品

间所能及，内府墨的质量，于此可见。殿版书留存至今，仍然光亮纯正，墨香幽雅，和用料有着直接的关系。

清内府刻书中有部分红印本，如清雍正四年（1726）内府朱印本《明教罪人》《幸鲁盛世》的御制序以及清雍正十二年（1734）内府刻本《钦定吏部铨选则例》五十八卷以及乾隆五十一年（1786）刊《钦定古今储贰金鉴》朱印本等，佛教经典则多有红印出现，如各书卷前之御制序文或扉页等。清内府御书处四作，中有墨作，委署库掌一名，柏唐阿二名，领催一名，即专司承造朱墨。调配多采用天然植物或矿物质，如朱砂、藏红花、广胶、白芨、雄黄等，墨色浓淡合宜，施于佳纸，红白相间，十分雅致。红、蓝印本自明代始盛。私、坊多是在雕版完成后，试印时使用的颜色，作为文字校勘印样，检测雕版平整度及纸张承印效果。红、蓝（也有绿色）印本也是区别同一书版本初印、后印的标准之一，因其为新版初印本，字口、版画线条清晰，锋锷森露、色泽鲜艳，加之印数有限传世较稀，历来为版本家藏书家所重。叶德辉《书林清话》曰：

> 其一色蓝印者，如黄记《墨子》十五卷……此疑初印样本，取便校正，非以蓝印为通行本也。[32]

32　叶德辉《书林清话》卷八，古籍出版社，1957年，第215页。

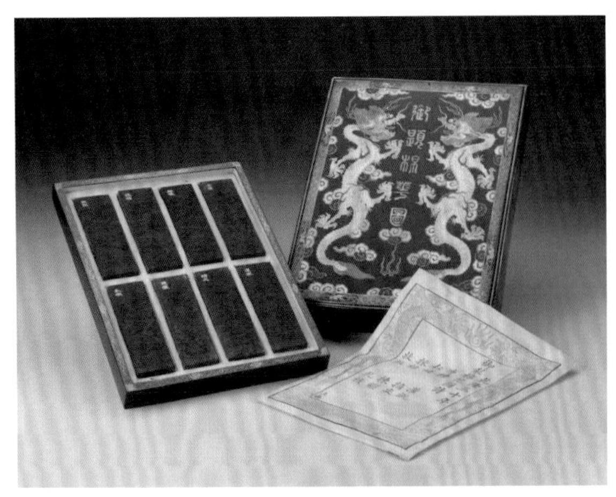

图28　御制棉花图诗墨，清乾隆间。故宫博物院藏

清内府刻书，蓝印本未见，红印本就是用于流通阅读刷印的本子，与校对无关。

明末清初，多色套印本书籍渐盛。笔者详查武英殿刻书档案，有一份雍正朝写刻套印工价记载，对了解套印用墨的配方及当时的物价，都有一定的参考价值，兹照录如下：

> 刷进呈并库存书，每百叶用费一两六。用棕（刷版用棕刷），墨各四五分，刷红套用银朱二钱五分，红花水四钱，白芨四分；蓝套用靛二钱，广胶二分；黄套雄黄二钱五分，白芨二分五厘。刷进呈并颁发臣工图书，每方用朱一分二厘，红花水一分六厘，白芨一厘六毫。如刷印袖珍古香斋《古文渊鉴》每千篇用银、墨各一两。无批红套（印）每千篇用银朱一两六钱六分，红花水二两六钱六分，白芨二钱六分六厘。有批红套，每千篇用银朱二两五钱，红花水四两，白芨四钱。黄批每千篇用雄黄八钱，白芨一钱六分。蓝批每千篇用靛末一两三钱两分，广胶三分三厘。[33]

由此可见当时刷印套印书，朱红需用银朱、红花水等配制，黄色需用雄黄、白芨等配制，多为天然颜料，久不变色。清前期内府所刻书，

33　翁连溪《清内府刻书档案史料汇编》，第666页。

留存至今已逾三百年，至今墨色漆黑，清晰悦目，套印本色彩灿然，色彩纯正，宛如新印，当和墨的品质有直接关系。不过，一般通行本各书所用墨却非精品，在观感上和呈送御览的本子上有较大的差距。

二　清内府书籍的装具

书册之外大都配有各式书函套（图29—图32）、夹板、盒（图33－39）、匣（图40、图41）、箱、柜或单、棉包袱书衣经衣（图42—图44）等装具。叶德辉《书林清话》云："书称函者，义当取于函人之函，谓护书也。"[34] 给古籍做函套的传统南北朝时已然。函套的形式、敷料的颜色及花纹都极其讲究，内府档案有很多关于装潢之书用色用料及形制的具体记载。形式有插套、四合套、六合套、卍字套、如意套、云纹套等。小小一个书套，内府工匠可以说是挖空了心思，极尽工巧，能根据不同的图书，做出万千变化，令人目不暇接，美不胜收。书套敷用物料主要是有纹饰缂丝妆花的锦、缎，也有绫、绸、绢、布等面料。锦、缎有青地金线锁纹锦面、黄地金线万寿灯笼锦面、仿生编纹锦面、绿色綦纹锦面、蓝地朵花纹锦面、卍字龟背纹锦面、卍字曲水纹锦面、云凤缎等名目，花色图案百种有余，缥囊缃秩，琳琅满目。根据书册的不同等级，函套内胎使用40—60层合背纸，更高端的则是以楠木或者杉木作为内胎。

夹板、盒、匣、箱、柜的制作，采用上等杉木、紫檀木、楠木、香樟木（明代有整块象牙）等，或六十层合背纸，也有用金、银、铜等金属材料制作并经镶嵌、镀金、雕漆、描金、掐丝等多种名贵物料制成各种装饰。如果要突出淡雅、朴素的风格，就用玉、竹等材质。书籍题名以凹雕阴刻为多，红木面板和紫檀木夹板多填金题签，花梨木夹板、金丝楠木夹板、黄杨木雕万字地双蝠吉馨纹，另有填绿、填朱、填金、填

34　叶德辉《书林清话》卷一，第18页。

图29 《大学衍义》书套，清代。故宫博物院藏

图30 回文六合套，清代。故宫博物院藏

图31 如意云头函套，清代。故宫博物院藏

图32 六合如意函套，清代。故宫博物院藏

图33 万字盒，清代。私人藏品

图34 《御笔养正图诗册》书盒，清代。故宫博物院藏

图35　《大宝积经无量寿如来会》书盒，清代。故宫博物院藏

图36　《文殊师利赞》书盒，清代。故宫博物院藏

图37　《金刚寿命陀罗尼经》紫檀书盒，清代。故宫博物院藏

图38　《金刚寿命经》紫檀镶玻璃书盒，清代。故宫博物院藏

图39　《万寿延禧》书盒。故宫博物院藏

图40　《乐善堂文抄序》书箱，清代。故宫博物院藏

图41 《御制盛京诗八卷》书箱，清代。故宫博物院藏

图42 清代《般若波罗蜜多心经》书袱。故宫博物院藏

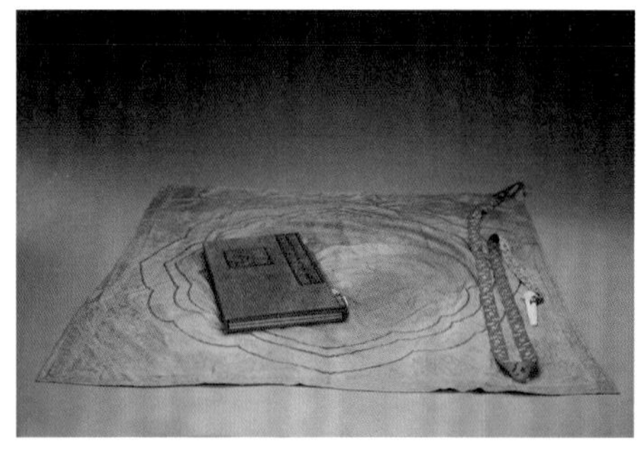

图43 清康熙内府写本《太祖圣训》书袱。故宫博物院藏

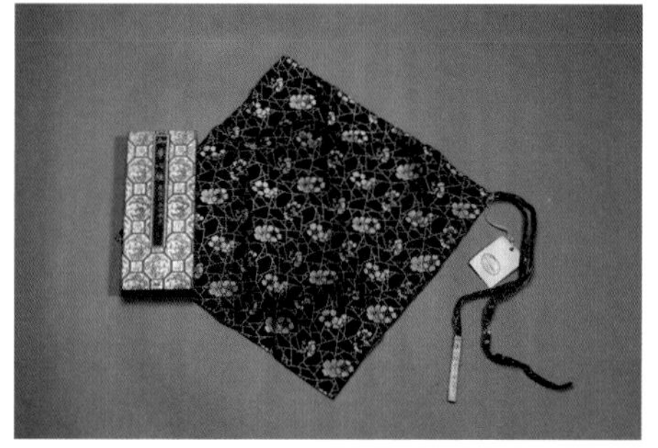

图44 清乾隆十三年写本《般若波罗蜜多心经》书袱。故宫博物院藏

银、螺钿镶嵌书名签，象牙平脱夹板等。卍字锦套等书签（还有卷签、方签、无名签）多用黄绫、蓝绫、泥金笺、洒金笺纸、宋藏经纸等名纸，多为刷印，也有臣工手书题签并钤以朱印。使用的书别子多为驼骨别，部分为象牙别、玉别、铜镀金别、掐丝珐琅别，佛经多使用木别、竹别等。内府刻书档案记载：

（乾隆元年九月）二十二日（油作）司库刘山久、七品首领萨木哈来说，太监胡世杰传旨：着做楠木胎黑漆画金龙书箱式箱一件，内安十四屉。钦此。于本月二十三日交出，书箱上签子字样一件，着写画，再箱上写《乐善堂文钞序》（图40），记此。[35]

35 中国第一历史档案馆、香港中文大学文物馆合编《清宫内务府造办处档案总汇》第7册，第116页。

图45　黑漆嵌螺钿大书格，清代。故宫博物院藏

图46　紫檀木嵌石文书格，清代。故宫博物院藏

清内府书架、书柜形式（图45、图46）多种多样，有架式、多宝阁式、双门柜式、玻璃门式、暗格式等。清内书籍多达万余种，收藏地点也众多，如文渊阁（图47）以收《四库全书》《古今图书集成》为主，养心殿以存放《宛委别藏》为主，皇史宬则以收藏历朝《实录》《圣训》《玉牒》为主。其他还有乾清宫、武英殿、翰林院（图48）、圆明园、避暑山庄等宫室藏书也很多。书函、书箱摆放在得体的书架书柜里，陈列在温度适宜、通风透风的书房中，对古籍的保护利用、鉴赏都是必不可少的。

古籍图书的美来源于它的内涵、装潢、形制，它的批校、钤印等又为每一种书赋予了特殊意义，更丰富了它的价值与内涵，几百上千年来流传至今，生生不息。清宫所藏写刻之书装潢后部分呈皇帝御览，后陈设于宫中，皇权加身，出落成宫廷身份，存世稀少，多为孤本。所装潢古籍本身摆脱了本来的物理材质与价值，形成了一种财富和权力的表征，一种艺术与大美的集成。

图47　文渊阁书柜。作者提供照片

图48　皇史宬内景。作者提供照片

清内府书版购置考

A STUDY ON THE PURCHASE OF ENGRAVING BOARDS IN THE INNER PALACE OF THE QING DYNASTY

刘甲良
故宫博物院图书馆

LIU JIALIANG
THE PALACE MUSEUM LIBRARY

ABSTRACT

The discussion of books has always focused on the block printing, but the board used in the block printing has rarely been discussed. The reason, paper longevity millennium refers to the book, and the Board is not easy to survive, once damaged, we will not find it no longer. This undoubtedly increases the difficulty for the study of the tablet. But the existence of a tablet is significant, in a way more important than a book. As the mother of books, the tablet directly embodies the production techniques, knowledge contents and aesthetic standards of Chinese woodblock printing culture, which is of great academic, artistic and cultural value and is a precious heritage of Chinese culture. The Palace Museum still has a large number of calligraphy boards. This article tries to analyze the purchase and disposal of the book boards by combing the archives and combining the extant book editions.

雕版刷印是中国传统古文献的主要制作方式。古文献序跋常出现“授之梨枣”、“付之剞劂”等字样，意即指雕版印刷。长期以来人们注重的是雕版印刷的成品之古籍文献，而对如何采买及处理刻书所用的木板鲜有论及。故宫现仍藏有当时刻书的书版二十四万余块，应为世界收存最多的机构之一，大多为清内府刻书书版，且仅仅是遗留的部分书版。如此众多的书版是如何采买进宫，又是如何处置和保存的呢？从近年来出版的文献档案可觅知一二。

一　书版采买机构

有清一代刻书九百六十余种，[1] 所需书版浩繁。不仅需要足量的书版，同时还要保证书版的质量，因此采购版片任务繁重。清承明绪，清初的刻书由文馆和内三院负责。当时所需版片主要是由内三院传谕工部承办。后随着政局稳定，经济恢复，刊刻图书日繁，清廷于康熙十九年（1680）成立武英殿修书处。其后的采买大致有二。

一，武英殿修书处自行采办。武英殿修书处具体承担修书事宜，采买版片更是职责所在。如清道光六年（1826）十月十四日，武英殿修书处奏：“向来本殿刊刻书籍，所用版片，或由本处达他笔帖式采买，或责令刻字头目采办，均按例价支领。如有翘裂、换补、赔垫，并不另请开销，至有无节省，从不过问，总期版片适用。”[2]此则档案明确指出了武英殿修书处所用版片或者由武英殿修书处的笔贴士采买，或者由刻字头目采办。

二，但遇到所需浩繁时，武英殿修书处自身采办能力有限，就需要

1　翁连溪《清内府刻书研究》，故宫出版社，2013年，第364页。

2　清道光六年十月十四日，奏为遵旨查讯武英殿官员办买版片由例价内节省银两未经禀明垫补别项请严议承办各员事，录副档号：03-2579-001。

内府简派大臣采办，甚或委托各省督抚采办。清乾隆元年（1736）刊刻《龙藏经》估算“……用长二尺四寸，宽九寸，厚一寸一分梨木版，约计七万三千一百余块”，如此数量庞大且尺寸厚大的版片，只好“请内务府人员派出老诚谨慎者，往直隶、山东，照依彼处时价采买”。和硕庄亲王允禄遂派内务府员外郎常保、李之纲、内副管领六十八、岱通，并发给内雇银共七千两，前赴生产梨木地方采买。一年后，却仅得梨木版一万余块，“所买版片仅交十之一二，以致不敷工程应用，难免迟延之咎”。最后，经过商议由直隶、山东督抚代为采办：“查直隶、山东约有二百四十余州、县，请将此项版片，交与直隶、山东督抚，分给出产梨木各州县，照时价采买，不令刻扣民间，亦不使钱粮浮费，此项价值令酌量暂动该地方钱粮，俟版片解齐之日，由臣衙门详细核算，将内库银两补给。”[3]自此需采办大量版片时，往往令地方督抚帮忙采买了。如乾隆三十七年（1772）十月十二日档案：

谕军机大臣等，现在需用刊书梨版约计五六万块，若于京城就近采买，恐难如数购觅。着交直隶、河南、山东三省督抚。饬令出产梨木之各州县照发去原开尺寸，检选干整坚致合式堪用者，即动支间款。悉依时价公平采买，亦不必一时亟切购足办解。着三省各先行采办三百块解京，以备刊刻之用。但不得混杂翘裂肿节潮湿等版，以致驳换稽误。其所动价银，统于版片解京时报明内务府核定实数。令长芦盐政，于应解内务府银款内拨解该省归款，毋庸报部核销。该督抚务饬承办之地方官，毋许丝毫勒派。并严禁胥役不得藉端滋扰。如有前项弊窦，即行据实参处。倘督抚等不实力稽察，致滋扰累。经朕别有访闻，该督抚亦不能辞咎。可将此传谕知之。[4]

3　翁连溪《清内府刻书档案史料汇编》，广陵书社，2007年，第104—105页。

4　《清实录》第20册，中华书局，1985年，第311页。

上述上谕明确指出由直隶、河南、山东三省督抚采买版片；版片必须检选干整坚致合式堪用者，不得混杂翘裂肿节潮湿等版；采购价银由内务府核定支出；采买版片不许滋扰民众等。

二 采买条件

采购的版片质量的好坏直接关系到书籍刊刻的次数和质量，因此内府对版片的采购要求极为严格。

1. 版片材质

书籍刊刻所用的雕版的材质尤为重要，经长期的印刷实践得出枣木、梨木为好。故有“授之梨枣”之说。梨木一般用来印刷文字图书，而刊刻版画则枣木尤胜。康熙五十一年（1712），《御制避暑山庄三十六景诗》刻字匠朱圭、梅裕凤称：“刊刻此画时，枣木版才可用。再，用手之画也有。干活时，东西昼亦有。略算之，一个人二十天左右可以刻一块。”[5] 刊刻避暑山庄三十六景时，枣木才可用，刊刻一块需二十天左右方可完工。由此可见以枣木刊刻版画之难。但内府刻书大部头较多，所用书版浩繁，往往时间紧任务重，偶尔采用其他材质书版代替。有的官员在采购书版过程中营私舞弊，也杂以其他材质的版片。如乾隆元年采买《龙藏》版片时即发生此类事件。

……谕，刻经需用版片经内务府奏准，于直隶、山东出产梨木地方购买。乃近闻地方官奉行不善，所解版片竟有不堪应用者。内务府俱行发回。朕思此等版片虽不合式，然既已解送到京，又复运回原处。其树木业经砍伐，脚价又须重出。在地方官岂能料理妥协？势必贻累小民。甚属未便。嗣后解到版片，除合式者收用外，其不合式者尚可留为刊刻书籍之用。着内务府亦行收存，不必发回。再从前所定价值每片银三钱二分，其

5 翁连溪《清内府刻书档案史料汇编》，第33—34页。

中或有不敷。可令地方官酌量增添。毋令稍有累民之处。即解到不合式版片，亦准照原定价值开销。以免赔累。至于直隶山东承办地方官，料理不能尽心。着该督抚等严行申饬，嗣后务须妥协办理，不得丝毫累民。内务府查收版片，亦须公平验看。倘有勒措抑捺等弊，查出定行究处。该承办地方官不得因有此旨遂将不堪应用之版解送，有误刻经之用。[6]

由此档案可以看出，乾隆元年采办刊刻《龙藏经》版片，“地方官奉行不善，所解版片竟有不堪应用者”。内务府拟俱行发回。乾隆帝考虑到“版片虽不合式，然既已解送到京，又复运回原处，其树木业经砍伐，脚价又须重出，在地方官岂能料理妥协，势必贻累小民，甚属未便。嗣后解到版片，除合式者收用外，其不合式者，尚可留为刊刻书籍之用”，因此谕令内务府亦行收存，不必发回。字里行间溢满了乾隆皇帝的爱民之情，采购版片一定不能有丝毫累民之处。清廷的稽古佑文本身是教化民众、维系统治之举，岂能因修书采购版片而累民！

如是则导致了刻书的费时费工。嘉庆十九年十二月初四日，署理武英殿总裁鲍桂星奏：“向来书版必用枣梨，近多杂以杨木，松脆不耐雕镌，抑且易朽烂，是以一书告成，甫经刷印一次，版已漶漫不堪，复用尤可怪者。”[7]由此可见，杂以其他材质书版，往往“松脆不耐雕镌，抑且易朽烂”，而刻成的书版刷印一次后则漫漶不堪，不敷再用。这样就得不偿失了。因此，署理武英殿总裁鲍桂星请“嗣后责成总管务选坚厚枣梨，不许以杨木充数”。[8]自此后，清代内府采买梨枣版片成为定制。即便清后期，国力衰竭，武英殿修书处经费支绌，也不准使用粗劣杂木，甚至以库存珍贵檀木一万多斤作为书版。故宫现存二十多万的清宫旧藏雕版，材质几乎都是枣木、梨木也是很好的例证。

6 《清实录》第9册，第580页。

7 录副奏折，录副档号：03-1564-012，嘉庆十九年十二月初四日。

8 录副奏折，录副档号：03-1564-012，嘉庆十九年十二月初四日。

内府刻书，尤其经书往往版式开阔，所需版片都比较大，一时难以凑足大的版片。因此采买版片的地方督抚建议使用“凑合之版”。乾隆元年为刻《龙藏》大规模采办经版，地方官员就曾奏请“采买经版，购取梨木，官民交累，似宜斟酌变通，或三块合一，或两块合一，凑合成版，则地方之购求既易，州县之承办不难”。乾隆元年九月十二日，庄亲王允禄为此上奏“……恐日后易裂，不惟徒费钱粮，且难垂永久……不敢擅用拼合与肿节潮湿之版”“若掺杂拼合之版，不惟易致损坏，恐于从前已办之版不能整齐划一”。[9]此奏折否决了地方官员的提议，清廷最终谕令不允许拼合凑版，以保障刷印质量。

2. 采买时机

内府刻书所选版片材质不仅仅是枣梨，同时对版片也有严格要求，必须“检选干整坚致合式堪用者”，“不得混杂翘裂肿节潮湿等版”。[10]如何才能做到版片平整不翘呢？这和采买时节有关。乾隆三十七年（1772）十二月十九日，河南巡抚何煟奏遵旨采办刊书梨版解京折称：“梨木惟秋冬收脂之时，采买锯版，方得平整不翘，一交春夏，难免翘湿。”[11]由此可以看出，伐树的最佳季节在秋末冬初，树木收脂之时。这也是长期实践探索出的自然规律。

3. 采买原则

除了遵循上述的规定和规律外，采买版片还需遵循不累民和奉公守法的原则。不累民原则由前可以看出，究其原因乃清廷借助修书以教化民众，维系统治，所以不能因修书而累民。

官员采办版片、匠役刊刻版片之时，往往容易发生贪墨现象。《清实录》道光六年（1826）十月载：

---

9 乾隆元年九月十二日庄亲王允禄、弘昼奏为遵旨饬令督抚着地方官采办版片情形事，朱批奏折，档案号：04-01-38-0002-019。

10 《清实录》第20册，第311页。

11 中国第一历史档案馆《纂修四库全书档案》，上海古籍出版社，1997年，第34页。

……昨武英殿笔帖式定邦禀揭采买版片另立节省银两名目等弊，竟于所递惇亲王禀内自称奴才字样，较之长跪请安，尤乖体制。本应照禧恩等所议革职示儆，姑念伊采买版片，讯无偷减情弊，又将该司员等擅用节省银两垫发各项情形呈明，查办得实。定邦着革去笔帖式，赏给拜唐阿，仍留该处当差。又谕，武英殿行走内务府员外郎麟保，于采买版片节省银两，并未呈明立案，率以弥补用项，及代买应赔书籍，滥行支用，实属错谬。麟保着撤回本衙门当差，仍交部严加议处。武英殿监造光裕、副监造广惠、委署主事桃龄、六品库掌格图肯随同商办。任意开销，俱着交部议处。兼行郎中广敏、于麟保等滥行垫发，置若罔闻，意存推卸。亦着交部议处。惇亲王自行查出，据实陈奏，并无不合，其自请议处之处，着加恩宽免。[12]

武英殿官员因在办买版片时，由例价内节省银两，未经禀明垫补，相关人员遭到了清廷的严厉处罚。这充分说明清廷对版片采办、管理要求颇严。要求采办版片必须奉公守法。

此外，“工匠之黠者，或竟随手偷窃，划去旧字，刊刻新文，将版价折干肥索，”[13] 清廷对此亦严加禁止。

三　版片的加工处置

内府刻字匠役对于如何让版片坚致、干燥，不易裂，总结了一些实用的方法。如朱圭、梅裕凤称：“现找得之枣木版，虽长宽尺寸勉强够，但干后方可刊刻若干，需十几日。我闻得，穿山甲、川胶放入水中，煮二三日，放阴凉处晾干，干得快，亦不易裂。营造处来我材料处查找，未找到干枣木版，现将找到之枣木版煮之，干后再看。”[14]

12　《清实录》第34册，第785页。

13　录副奏折，录副档号：03-1564-012，嘉庆十九年十二月初四日。

14　翁连溪《清内府刻书档案史料汇编》，第33—34页。

把“穿山甲、川胶放入水中，煮木版二三日”，不仅干得快，而且不易裂。当然防止书版断裂的程序很讲究，不仅仅只此一种。书版首先必须经过自然干燥、人工烘干等处理后方可使用。其中版框尺寸大的书版雕刻完工后，常常四边综漆封边，也就是我们常说的“披麻挂灰”来预防开裂，如《龙藏》等大藏经等。

即便如此，内府采买的梨枣木毕竟由树龄不一、伐木时间不一、取材位置不一等，不同版片日久也会有不同变化，印刷时易导致版框长短不齐。尤其刊印卷帙浩繁的大部头书，耗时几年甚至十几年，版框难免有偏差。为追求版框的一致性，内府刻工为此周折。如乾隆三十七年七月初七日舆图房档案载：

（武英殿修书处）库掌塞勒六达色等禀称，舆图版片虽系枣木，木性有松紧，版片有新陈燥湿不等，又非一时刊完，其先刻得之版，已经搁放有势致抽缩，今本处照依线道不符之处详细核对，其版片内有抽缩者，用水浸泡，使其展放，所参差线道业已规合相符。[15]

不管是将版片置于水中煮之使之尽快干燥而不裂，还是用水浸泡以取得版片的整齐划一，长期来看弊端明显。其一就是书版易变形，存世时间缩短，不利于后期的再次刷印。后武英殿修书处方苞在《奏重刻十三经二十一史事宜札子》建议：

刻字之版材有老稚，干久之后，边框长短，不能划一，故自来书籍止齐下线，惟殿中进呈之书，并齐上线。临时或烘版使短，或煮版使长，终有参差，仍用描界取齐。数烘，数煮，版易朽裂，凡字经刓补，木皆突出散落，再加修补，则字画大小不一，而舛误弥多。经史

15 翁连溪《清内府刻书档案史料汇编》，第142页。

之刊，以垂久远，若致剥落，则虚糜国帑。伏乞特降谕旨，即进呈之本，亦止齐下线，不用烘煮。庶可久而不敝，为此特请旨钦定程序，以便遵行。谨奏。[16]

方苞建议得到皇帝首肯，从此内府刻书即便是进呈本也由齐上下线改为只齐下线。这是由一系列的实践所得出的结论，内府刻书处置书版由务虚进一步转向务实，是非常重要的一个转变。

四 结语

清代内府书版的采购和加工有一套行之有效的规制。清初，采买版片主要由内三院传谕工部办理。后武英殿修书处成立后，数量不是太多的版片采购由武英殿修书处自行采办；如遇数量庞大的版片采购，则由内府简派大臣采办，甚或委托各省督抚采办。内府版片的采购讲究颇多，一般在秋末冬初树木收脂之时采购。梨木枣木木质坚硬，不易开裂变形，成为内府采购的首要选择。清廷严禁采购版片时有扰民之举，杜绝官员、工匠贪墨现象，一经发现必当严惩。对采购来的版片的加工严谨，采用了切实有效的防止翘版、断裂的方法。但刻意地追求版框的整齐划一，带来了很多负面的影响。最终内府也采取了只齐下线的处理方式，是内府版片处理的一个有益转变。

16 方苞《奏重刻十三经二十一史事宜札子》，载《望溪先生全集》中集，清咸丰二年戴氏校刊本。

从《畿辅义仓图》和《水利营田图说》看蝴蝶装版刻与装帧形式的演变

THE EVOLUTION OF THE FORM OF ENGRAVING AND BUTTERFLY-FOLD BINDING VIEWED BY *JIFU YICANG TU* (JIFU CHARITABLE GRANARIES) AND *SHUILI YINGTIAN TUSHUO* (ILLUSTRATED WATER CONSERVANCY AND FIELD PLAN)

宋文娟

天津图书馆历史文献部

SONG WENJUAN

HISTORICAL DOCUMENT DEPARTMENT, TIANJIN LIBRARY

ABSTRACT

This article describes the unique engraving and binding forms of *Jifu yicang tu* (Jifu Charitable Granaries) and *Shuili yingtian tushuo* (Illustrated Water Conservancy and Field Plan), discusses their differences and internal relations with butterfly-fold binding and thread-bound binding, and analyzes the evolution and improvement of this unique engraving and binding form, showing that this form of engraving and binding is a major innovation in the history of ancient book binding art.

中国古籍的装帧形式有着深刻的时代烙印，按时间先后，依次有简策装、卷轴装、经折装、梵夹装、旋风装、蝴蝶装、包背装、线装等。这些不同的装帧形式与书籍制作材料和制作工艺的不同而不断演变，其目的旨在更加有利于人们的阅读和图书的保护。目前，我们所保存的古籍其装帧形式以线装为主。传世的蝴蝶装也有，“年代最久的有现中国国家图书馆收藏的宋代原装本《册府元龟》《欧阳文忠公集》《玉海》等”。[1]近期，笔者在古籍普查工作中发现，清乾隆十八年刻《畿辅义仓图》和清道光间刻《水利营田图说》，以类似蝴蝶装的版刻与装帧形式引起关注。

《畿辅义仓图》不分卷，清方观承撰，清乾隆十八年（1753）刻本。版框高22.7厘米，宽15.9厘米，十行二十二字，四周单边，无书口及鱼尾。

方观承（1698—1768）字遐谷，号问亭，又号宜田，安徽桐城人。祖方登峄，官工部主事。父方式济，康熙四十八年进士，官内阁中书。侨居江宁，因戴名世《南山集》案株连戍黑龙江，观承间关万里，徒步省亲。然因是具知南北阨塞及民情土俗所宜，励志勤学，为平郡王福彭所知。雍正十年，福彭以定边大将军率师讨准噶尔，任用他为记室。乾隆时，他历任军机处章京、山东巡抚、浙江巡抚、直隶总督、陕甘总督等。他任直隶总督二十年，同时兼理河道，政绩显著，在治水方面功勋更大，他将永定河的下游进行疏濬，加固堤埝。黄河在长垣、东湖一带决口时，他开凿引河，并用挖掘的土筑起新堤，使水患未成重灾。在直隶总督任上时，乾隆多次出巡从此经过，当时用兵繁重，直隶又是必经之途。所有供应物资，从未短缺，而且能坚持不扰民。乾隆三十三年，因疟疾卒，年七十一，谥恪敏。有《问亭集》。

《畿辅义仓图》修于乾隆十八年（1753）。当时的直隶总督方观承

1　陈薛俊怡《中国古代典籍》，中国商业出版社，2015年，第17页。

在直隶全省大建义仓。义仓是一种由国家组织、以赈灾救荒为目的的民间储备。此书即是在直隶义仓告成后，绘刻以供皇上御览的各县义仓图录。方观承于《义仓奏议》中称：

> 图与仓先后告成，州县卫各具一图，大小村庄并各村到仓里数悉载。统计为图一百四十有四，合一百四十四州县卫。共村庄三万九千六百八十七，为仓一千有五。臣详加订正，镂版刷印。……按图以稽仓而知各村之孰远孰近，按仓以稽谷而知四境之或绌或盈。

是书“凡例”亦称：“图内附各仓村庄，俱注明至仓里数。一图载一州县之大小村庄悉备。”可知，该书中每个州、县、卫为一图，图中详细绘制了每个义仓包括的救济范围、各个村庄的名称及其至义仓的距离。在每幅图的边角处附有相应的说明文字，记述了各县的四至八道、大小村庄的数量及其与县志的距离等相关信息。此书也是研究清代荒政、舆地学之珍贵佐证。

是书卷首列《义仓奏议》《义仓图凡例》和《义仓规条》等文字内容，每半叶十行二十二字，四周单边，版式与普通线装书无异。后面绘制直隶全省义仓图一百四十四幅，此图版式则独具匠心，它采用整版雕刻、整纸印刷，中间没有被隔断，也就是没有传统古籍的版心和鱼尾。翻阅书籍，一整幅版画映入眼帘，给读者完整、连贯的视觉效果。这种完整的视觉效果同时也要归功于独特的装帧形式。

此书从外表看与线装书相同，采用四目骑线式装订，展开却发现其与蝴蝶装类似。对于蝴蝶装的描述，《明史·艺文志序》载：

> 秘阁书籍皆宋、元所遗，无不精美，装用倒折，四周外向，虫鼠不能损。迄流贼之乱，宋刻元镌胥归残缺。[2]

2 张廷玉等《明史》，中华书局，1974年，第2344页。

所谓“装用倒折，四周向外”就是对蝴蝶装的形象描绘。其具体装订方法是将每张印好的书叶以版心为对折线，以有字的一面为准，面对面折齐。然后集数叶为一册，以折边居右戳齐成书脊，书脊处用浆糊或其他粘合剂逐页粘连。再用一张比书叶略长的硬厚纸，从中间对折出与书册厚度相同的折痕，粘在抹好浆糊的书籍上作为前后封面，犹如书的一件外衣，人们也叫作“书衣”。最后把上、下、左三边余幅剪齐，就算装帧完毕。此种装帧形式，从外观看与现在的平装书相似，打开时，版心好像蝴蝶身躯居中，书叶向两边张开，犹如蝴蝶展翅飞翔，故称“蝴蝶装”。蝴蝶装适应了一页一版的特点，并且文字朝里，版心集于书脊，有利地保护了版框内的文字和图画。但这种装帧形式也有弊端：其一，由于蝴蝶装的书脊是以浆糊粘连，经常翻阅容易开粘，书叶散落。其二，因其所有书叶都是单叶，不利于读者翻阅。《畿辅义仓图》在折页方面与蝴蝶装相同，以有字的一面为准，面对面折齐，但中间折缝处却没有被粘合包以“书衣”，而是在左右书叶背面加有衬纸，用衬纸粘贴书叶两端，衬纸长于书叶并回折，被装订成四目骑线式形式。此种装帧形式的巧妙之处在于，悬空的书叶书脊与加长折回的衬纸之间无缝衔接，装订成册后厚薄均匀，如不翻书仔细审视，很难发现这种特殊的装帧形式。（图1、图2）

我馆藏有四部《畿辅义仓图》，都著录为清乾隆十八年（1753）刻本。但笔者在对比此四部书时发现，有一部（4520号）与其他三部在着墨、装帧顺序和装帧形式上稍有差别。

首先，4520号较另外三部书字迹清晰，断板较少，刊刻墨迹浓重均匀。

其次，一百四十四幅图的装帧顺序有所不同。4520号前六幅义仓图为大兴县、宛平县、霸州县、保定县、文安县和大城县。另外三部书则为大兴县、宛平县、保定县、文安县、大城县和涿州。

再者，4520号除曲周县、昌黎县、乐亭县、临榆县、抚宁县、滦州、蔚县、赤城县、龙门县和怀来县等十个县外，其他一百三十四幅

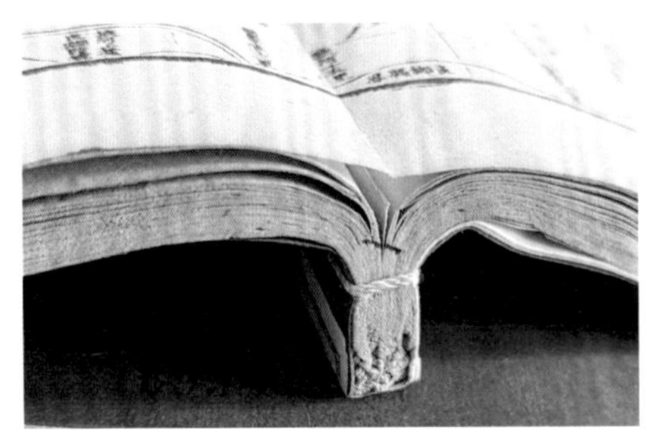
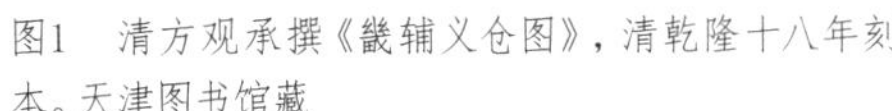

图1 清方观承撰《畿辅义仓图》，清乾隆十八年刻本。天津图书馆藏

图2 清方观承撰《畿辅义仓图》，清乾隆十八年刻本。天津图书馆藏

图的左下角或右下角都刻有知县或知州的姓名，如：大兴县图左下角刻“知县陈世佺　署县蒋棆”，文安县图左下角刻“知县张建镐”。另外三部书只有延庆县、怀安县、遵化县、玉田县、易州、南宫县、枣强县、高邑县、临城县等二十九幅图刻有知县或知州的姓名，且字迹较4520号模糊，其余一百多幅4520号刻有州县姓名处均被剜去，具体是什么原因剜去，此不作分析，有待下一步考证，但至少说明4520号早于另外三部。

最后，装帧形式稍有不同。4520号的装帧形式是在每一书页的背面加一张衬纸，衬纸加长并回折装订。这种装帧形式改进了蝴蝶装以浆糊粘连书脊，经常翻阅容易开粘，书叶散落之弊端。但因蝴蝶装所有书叶都是单页，所以此书也是一面是文字页，另一面是加有衬纸的空白页（图3）。阅读时与蝴蝶装相同，多翻出空白页。另外三部虽然也是在每一书叶的背面加衬纸，可黏连相邻两页背面的衬纸是一整张对折后的衬纸。此衬纸也是面对面折齐，用对折线处黏连书页边缘（图4）。即书叶对折线居右，衬纸对折线居左，两两相合，衬纸加长并回折，被装订成线装形式，这样在看书时就不会出现空白页。可见，另外三部书在装帧形式上有所提升，利用衬纸改进了4520号书籍翻阅时出现空白页的不足。从上述可知，我馆所藏四部《畿辅义仓图》虽都为清乾隆十八年（1753）刻本，但4520号应为初印本，其他三部则为后印本。

图3　清方观承撰《畿辅义仓图》，清乾隆十八年刻本（初印本）。天津图书馆藏

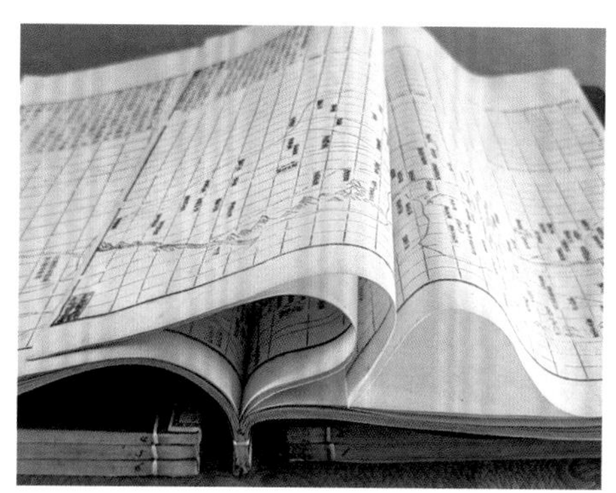

图4　清方观承撰《畿辅义仓图》，清乾隆十八年刻本（后印本）。天津图书馆藏

后来，笔者又发现清道光四年刻《水利营田图说》与《畿辅义仓图》的版刻与装帧形式有相同之处。

《水利营田图说》一卷，清吴邦庆撰，清道光四年（1824）益津吴氏刻畿辅河道水利丛书本。版框高19.5厘米，宽11.3厘米。每半叶十二行，行二十五字，四周单边，无书口及鱼尾。

吴邦庆（1769—1848）字霁峰，清代顺天府益津（今河北霸县）人，嘉庆元年（1796）进士。改庶吉士，授编修，迁御史。道光间官至河东河道总督。曾改革旧章，减省料费数万。又规定开放运河土堰章程，使槽运农田均能受益。后坐事降职。有《畿辅水利丛书》《渠田说》。

《水利营田图说》为线装二册，竹纸，抚印精良，字体方正，绘图精细。该书书首题名《水利营田册说补图》。对于是书成书过程吴邦庆于跋中载：

《畿辅通志》内载《水利营田》一卷，分为四局，以各州县列其下，并注明某处用水营田若干顷亩。闻修志时载笔者为文安陈学士仪盖尝为营田观察使，故能详悉言之。然有说无图，终未尽善。余更取诸州县舆地计里开方成图三十七幅，其营田坐落村庄细为罗列以说附其后。

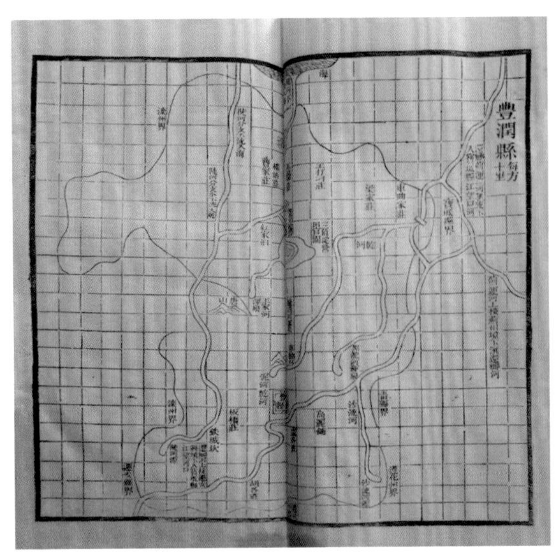

图5　吴邦庆撰《水利营田图说》，清道光四年益津吴氏刻《畿辅河道水利丛书》本。天津图书馆藏

可知《水利营田图说》原书为清陈仪的《水利营田册说》，全书分京东、京西、京南、天津四局。吴邦庆故取直隶各州县之舆地形势及河道源流，计里开方，补图三十七幅，分上下卷，改“册说”为“图说”，使此书成为二人合著的结晶。此书简明扼要，一目了然。使人读之“较若列目，了如指掌”，它是清末京津地区河道水利专门图册。道光四年吴邦庆将其与清陈仪撰《直隶河渠志》一卷，清陈仪撰《陈学士文钞》一卷，明徐贞明撰《潞水客谈》一卷，清允祥撰《怡贤亲王疏钞》一卷，清吴邦庆撰《畿辅水利辑览》一卷，清吴邦庆撰《泽农要录》六卷，清吴邦庆撰《畿辅水道管见》一卷、《畿辅水利私议》一卷，辑为《畿辅河道水利丛书》。

《水利营田图说》从外表看也与线装书相似，采用四目骑线式装订，展开却发现其装帧形式与后三部《畿辅义仓图》完全相同，只是在版刻上略有差异。首先，《水利营田图说》采用一图一文格式，即前版是州县水利营田区域图，后版就是相应的文字说明（图5、图6），此种版式较《畿辅义仓图》图文在同一版的格局更加舒朗。其次，《水利营田图说》不论是图画还是文字都是整版雕刻，整纸印刷，而《畿辅义仓

图6　吴邦庆撰《水利营田图说》。清道光四年（1824）益津吴氏刻《畿辅河道水利丛书》本。天津图书馆藏

图》卷首《义仓奏议》《义仓图凡例》《义仓规条》等大量的文字内容，版式则与线装书相同。

从上述《畿辅义仓图》和《水利营田图说》的描述中可看出，两种书的版刻与装帧形式与一般线装和蝴蝶装有所不同，但与之却有内在关联。线装书在折页方面是将有文字的一面在版心处向外折，即版心向外，以版心为准戳齐，集数页成册后前后加封页，在书页的右栏边缘打眼穿孔，用线装订成册。此种装帧方式方便读者翻页，书页不易散落，但对于图版类的古籍就会产生整版图画被割裂的弊端。例如清末杨守敬的《历代舆地沿革险要图》《前汉地理图》等图版因中间版心隔断，使读者在看阅地域图时没有连贯、整体的视觉效果。《畿辅义仓图》与《水利营田图说》折页方面与蝴蝶装相同，但装帧形式却在蝴蝶装基础上改进、创新，利用衬纸并加长回折装订成线装书形式，避免了蝴蝶装容易散落和不易翻阅之弊端。所以说，这种版刻与装帧形式是在线装和蝴蝶装的基础上经过巧妙结合而形成的。笔者将这种特殊的装帧形式称为“蝴蝶线装”。此种装帧形式乃古籍装帧艺术史上的一大创新，它集多种装帧形式之长处为一体，既有力地保护了栏内文字和图画的完整性，也方便读者翻阅，相当科学。此种装帧形式在雕版、印刷及装订方面较线装书复杂又有难度，所以未能普及，在现存的古籍中非常稀见，值得我们珍惜与关注。

叶德辉独特的彩墨单色印《于飞经》

ON THE *YUFEI SUTRA* PRINTED WITH SINGLE COLOR BY YE DEHUI

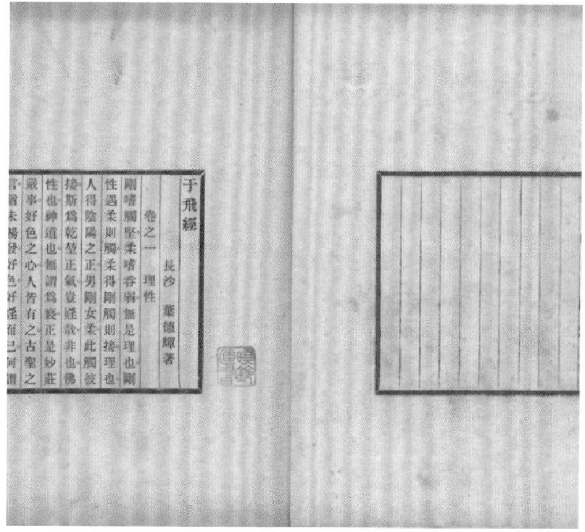
于飛經
長沙 葉德輝著
卷之一 理性
剛嗜觸堅柔嗜吞弱無是理也剛
性遇柔則觸柔得剛觸則接理也
人得陰陽之正男剛女柔此觸彼
接斯爲乾坤正氣豈經戲非也佛
性也神道也無謂爲褻正是妙莊
嚴事好色之心人皆有之古聖之
言啻未揭發好色好淫而已何謂

马文大

首都图书馆地方文献中心

MA WENDA

BEIJING LOCAL DOCUMENTS CENTER, CAPITAL LIBRARY OF CHINA

ABSTRACT

Yufei Jing is a rarely-known book written and printed by Ye Dehui, a famous collector and publisher in the Republic of China. This paper reveals Ye Dehui's unique decoration, printing form and content of *Yufei Jing*, in order to show Ye Dehui's thought of book decoration.

《于飞经》一卷，叶德辉著。牌记署“华中印刷局印刷，湘灵书社发行”。前附序、自传、目次，均未署年款。末页为版权页“版权所有，不准翻印。中华民国十四年十月初版，中华民国十六年六月再版”。首都图书馆藏。

此书为绥中吴晓铃先生旧藏，为1927年再版本。32开，中式线装，铅字彩墨单色印。其“序”用紫色墨（图1），“自传”用绿色墨（图2），“目次”用蓝色墨（图3），正文用红色墨（图4），版权页用褐色墨（图5）。是为五种单色彩色印不同的部分。其书版面高19厘米，宽13厘米；版框高7.9厘米，宽8.1厘米；天头阔大。装帧用线有别于普通四眼线装，不是全程钉线，而是封面中间空两格（图6），封底空一格（图7）。装帧奇特，印刷奇特，内容奇特，是为三奇，使本书成为民国时期很值得注意的一种印刷图书。

此书流传甚稀少，多家目录不著，故知之者甚微。《叶德辉年谱》：“民国十四年八月：叶著《于飞经》由长沙华中印刷局印刷出版。见《叶德辉集》第1册前附书影及《叶德辉集》第2册第144页—153页。”[1]“此书为叶德辉生前出版最后一书。”[2]此《年谱》所引述周劭《黄昏小品·雪夜闭门谈禁书》一段，似未检原书，内容有误。

叶德辉刊《于飞经》未见于著录，但是有学者和研究者在文章中有所披露。早在1933年9月2日，周越然撰《于飞经》一文（此文最初发表时间及媒体未检出，所据为辽宁教育出版社2001年版《言言斋古籍丛谈》），云：“余昨日由汾阳君之介，获购叶德辉著《于飞经》十卷，晚间粗读一过，觉多趣味。此书罕见，兹将其大要述之如下……余初疑此作非叶氏所著书。因叶氏注重木刻，而此为铅字排印本故也。后见其文学简洁古雅，非熟读黄素如郎园者，不能为此，始断定其非伪托；且排印精美，纸料又佳，非精于版本者，其设计必不能如斯之美雅也。余

1 王逸明《叶德辉年谱》，学苑出版社，2012年。

2 同上书，第308页。

图1 叶德辉著《于飞经》“序”，民国十六年铅印本。首都图书馆藏

图2 叶德辉著《于飞经》“自传”，民国十六年铅印本。首都图书馆藏

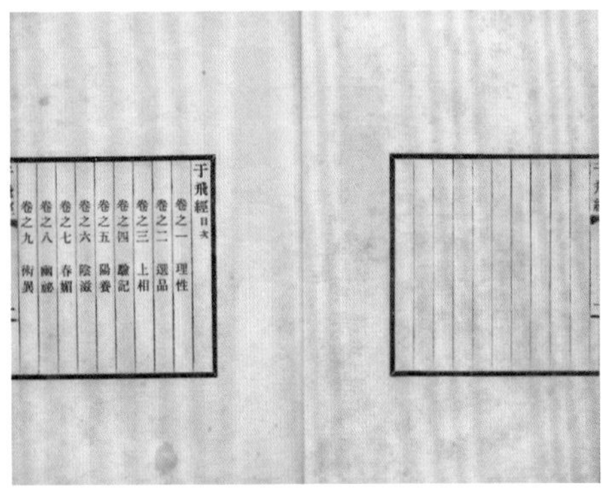

图3 叶德辉著《于飞经》“目次”，民国十六年铅印本。首都图书馆藏

图4 叶德辉著《于飞经》卷端，民国十六年铅印本。首都图书馆藏

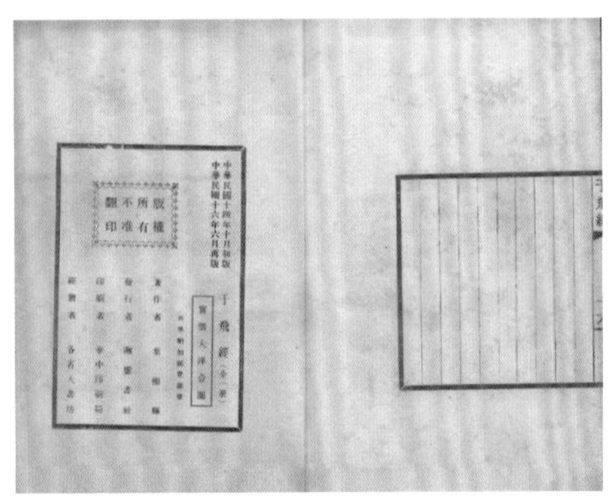

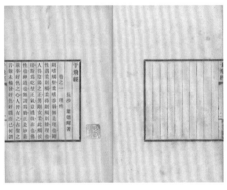

图5 叶德辉著《于飞经》版权页，民国十六年铅印本。首都图书馆藏

图6 叶德辉著《于飞经》封面，民国十六年铅印本。首都图书馆藏

图7 叶德辉著《于飞经》封底，民国十六年铅印本。首都图书馆藏

之藏本，天地头极阔大。每半叶十行，每行十三字。卷首‘序’一叶，用紫色印；‘自传’二叶，用绿色印；‘目次’一叶，用蓝色印；经文十卷，计十六页，统用红色印……‘自传’中云：‘……后偶于吴市得购黄书散帙，遂好治房中之术，而弃经史不更道……稍有假我名以为市者，听之未尝略拒。’可知叶氏身前，已有人冒顶矣。”

1933年10月1日出版的《文艺春秋》月刊第1卷第4期，刊登了章衣萍《叶德辉的自传》一文，称：“偶然从旧书铺得叶德辉著《于飞经》，有叶作《自传》一则，诚为不可多得的史料，因记之。”全文转录并点校了这篇《自传》。后章文收入天下书店1947年1月版《衣萍文存·二集》。

叶德辉（1864—1927），字奂彬（也作焕彬），号直山，别号郋园，湖南长沙湘潭人。他幼年入学，习《四书》《说文解字》《资治通鉴》等古代书籍，年十七就读岳麓书院，1885年中举人，7年后中进士，授吏部主事，不久就以乞养为名，请长假返乡居住。后为湖南农民运动所杀。

叶德辉精于版本目录学，是著名的藏书家及出版家。编纂了《观古堂书目丛刻》，汇编校刻有《郋园丛书》《双梅景闇丛书》等。刻印了《古今夏时表》，校刊了《元朝秘史》，著有《书林清话》《六书古微》等，所著及校刻书达百数十种。是民国版本目录学的集大成者。

叶德辉藏书甚富，其藏书楼为“观古堂”，与傅增湘有“北傅南叶”之称，可谓湖南藏书第一。叶德辉之子叶启倬《观古堂藏书目录跋》曾描述说：

> 家君每岁归来，必有新刻旧本书多橱，充斥廊庑间，检之弥月不能罄，生平好书之癖，虽流颠沛固不易其常度也。

叶德辉不仅藏书，而且大量刻梓出版图书。叶德辉一生共刊刻超过百种图书。他重视刊刻个人著述与家集，也重视刊刻海内外未经传刻或罕见之本，除刊刻正经正史及与本人学术喜好相关的图书，还刊刻游艺、房中等流传甚少的书籍，本书就是他自撰自刻的房中术书籍。

从本书独特的装帧形式、多种彩色印刷不同篇章、用纸精美的制作来看，叶德辉对此书是十分重视与珍爱的。叶德辉在《藏书十约·装潢》中的表述，可以看出叶德辉对书籍的装潢非常重视：

书不装潢，则破叶断线，触手可厌。余每得一书，即付匠人装饰。今日得之，今日装之，则不至积久意懒，听其丛乱。装钉不在华丽，但取坚致整齐。面纸以细纹宣纸染古铜色，内褾以云南薄皮纸，钉时书面内衬以单宣或汀贡，汀州所造竹料厚者。或洁净官堆，或仍留原书面未损者。本宜厚不宜薄，钉以双丝线。书内破损处，觅合色旧纸补缀。上下短者，以纸衬底一层，无书处衬两层，则书装成不至有中凸上下低之病。书背逼至钉线处者，亦衬纸如之。衬纸之处钻小孔，一孔在衬纸，一孔在原书之边，以日本薄茧纸捻条,骑缝跨钉，而后外护以面纸，再加线钉。线孔占边分许，而全得力于纸捻。日久线断而叶不散，是为保留古书之妙法。断不可用蝴蝶装及包背本，蝴蝶装如褾帖，糊多生霉而引虫伤。包背如蓝皮书，纸岂能如蓝皮书，纸岂能如皮之坚韧。此不必邯郸学步者也。蝴蝶装虽出于宋，而宋本百无一二。包背本明时间有之，究非通用之品。家中存一二部以考古式，藉广见闻。然必原装始可贵，若新仿之，既费匠工，又不如线装之经久，至无谓也。

这一段论述，虽然说的是旧书的重新装潢，但是也体现了叶德辉对书籍装帧的美学思想。本书的封面用粉色宣纸染色，即如其讲“面纸以细纹宣纸染古铜色”。书籍的印刷用纸，是近似于罗纹的薄宣纸，而采用铅印字。我们知道叶德辉所印行的大部分图籍是用木版刊刻印刷的，而此种采用了新式的铅印技术，却依旧以宣纸印刷、线状形式装订，体现了叶德辉出新出奇的书籍制作观（图8）。

图8　叶德辉著《于飞经》函套，民国十六年铅印本。首都图书馆藏

此书的装潢之奇，除前周氏所称道之处外，还在于彩墨印刷。彩墨印刷品，唐宋以来即有遗存，至明末，蔚然大宗，以《十竹斋画谱》为代表的套版彩色印刷十分精美。彩印技术随着时代的发展也趋于细分：一为彩墨套印，即同一页中，有两色及两色以上之彩墨合印者；一为彩墨单色印，即同一页中，只用一种彩墨印者。

彩墨套印，技术稍繁，纯文字书中，清初彩墨套印之精品，可以康熙四十九年（1710）武英殿刻五色套印本《古文渊鉴》为典型。

彩墨单色印，以传统印刷颜料印刷者，历史久远。至清末，伴随西方现代印刷技术的传入，改为彩色油墨印刷，渐至普及。所见如光绪戊申（1908）年"浙绍明达校印"之《增批绘图古文观止》，彩墨单色印，所用彩墨，即为彩色油墨。唯当时一味追求彩墨之"彩"，并不理会彩色与印刷用纸之反差，其中用明黄色单色油墨印刷之内容，读者几难辨认。迨至民国初年，业者逐渐明了单色油墨与印刷用纸之反差原理，以明黄色单色油墨印刷，渐至绝迹。《于飞经》可归为彩墨单色印刷品，所用单色油墨，已无明黄色之选。紫、红、绿、蓝、褐五色分别用来印刷不同的目录、自序、正文、版权页等部分，用颜色的不同来区分不同的篇章，显得十分有趣味。

此书不仅装潢、印刷独特，其内容亦十分独特。“于飞”一词出自《诗经·大雅·卷阿》：“凤皇于飞，翙翙其羽。”本义是凤和凰相偕而飞，后来用来比喻夫妻和谐相爱。叶德辉酷爱房中之术，曾辑《双梅景闇丛书》并《素女经》等，叶氏曾纳妾六房，经常到长沙的青楼妓馆寻欢，还喜好男色，惹得非议四起。周作人谈到叶氏被杀一事时说：袁世凯称帝时，叶德辉为其选秀女，征了五十名十五六岁的少女送宫，却自己“先都用过了”；后来秀女中有人成了农会干部，叶氏自然不免一死[3]。此书叶德辉借“于飞”一词将自己房中的心得书写出来，名之以书。书之目次分为十卷：理性、选品、上相、验记、阳养、阴滋、春媚、幽秘、术异、吐纳，每卷文字甚短，不成其为一卷，因此一般著录将此十卷总体著录为一卷。此书系统论述了叶德辉自己对古代男女情爱的方式方法以及养阴、养阳等理论的心得与看法。或许，也由于这些存在不健康的内容而使之流传甚少吧。

虽然如此，但是此书装帧、印刷、内容上的奇特，仍不失为研究叶德辉刻印书籍的有利佐证。

参考文献

1. 沈俊平《叶德辉刻书活动探析》，《中华文史论丛》2012第3期，第361—400页。
2. 吴晞《叶德辉：其学，其人，其死》，《图书馆研究与工作》2011年第9期。
3. 田傲然、王纪坤《从〈藏书十约〉述叶德辉置书要略之法》，《兰台世界》2009年第9期。
4. 王逸明编著《叶德辉年谱》，学苑出版社，2012年。

3 周作人《饭后随笔》，见钟叔河编《周作人散文全集》第10卷，广西师范大学出版社，2009年，第778—779页。

日本の「袋綴」と中国の「線裝」

RETHINKING THE RELATIONSHIP BETWEEN JAPANESE *FUKURO-TOJI* 袋缀
AND CHINESE *XIÀN ZHUĀNG* 线装 BOOK BINDINGS

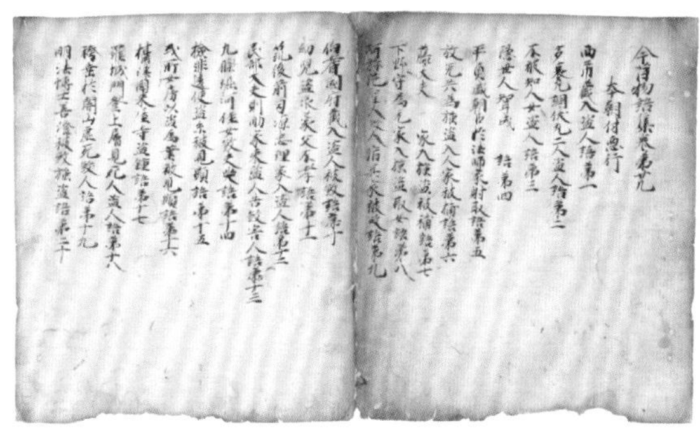

佐々木孝浩
日本慶應義塾大学附属研究所斯道文庫

TAKAHIRO SASAKI
THE SHIDO-BUNKO, KEIO INSTITUTE OF ORIENTAL CLASSICS, KEIO UNIVERSITY

ABSTRACT

Virtually all of Japan's pre-modern bookbinding techniques are thought to have come from China. Due to the change of dynasties and other factors, there are not many books in China surviving from ancient times. However, by focusing on the structure of old Japanese books, we can attempt to reconstruct the format of Chinese ones.

There are five basic types of bookbinding in the Japanese tradition. One of them is the *fukuro-toji* 袋缀 ("pouch-binding"), which dates back to the 12th century. This binding is called *xiàn zhuāng* 线装 in China, and it is often said to have been invented during the mid-Ming dynasty, that is around the 15th century. If we accept this assumption, then we must conclude that the Japanese *fukuro-toji* is older than the Chinese *xiàn zhuāng*. However, if we compare the referents of these two terms, it appears that they do not indicate exactly the same type of binding. The difference is not an essential one, but among the *fukuro-toji* we find books with a special cover that does not feature in the *xiàn zhuāng* group. It also becomes evident that the fukuro-toji binding method transformed over time, and that later *fukuro-toji* exemplars came to resemble Ming-dynasty publications. Given this mutual relationship, it seems natural to assume that the prototype of Japanese fukuro-toji was born in China and only later introduced to Japan.

Ultimately, this research demonstrates how a closer comparison between Chinese and Japanese old books might lead to new academic findings.

はじめに

日本の前近代の書籍は、8世紀から19世紀までのものが数多く現存している。それらは、形態や大きさ・形、表紙の色や模様などが実に多様である。それは漢字と紙を発明した中国や、中国の影響を日本以上に強く受けた朝鮮半島の国々とは、大きく異なる傾向であるように見える。日本の書物は大陸の国々から大きな影響を受けつつも、独自な発展を遂げたようなのである。

その理由は様々に考えることができるであろうが、その最大のものは、版本と写本の比重の差にあると思われる。中国では唐代には発明されていた印刷術が、宋代に飛躍的に発達し、様々な事情により版本が書物の中心的な存在となった。このために印刷に適した装訂、即ち量産しやすい装訂が専ら利用されるようになり、他の装訂を駆逐する形となったのである。これに対し日本では、8世紀までには中国から印刷術は伝わっていたものの、16世紀頃までの出版は、ほぼ仏教関係書に限って行われたので、写本が書物の中心である時代が長かったのである。写本では基本的に量産を気にすることなく、書物の製作の目的に応じて、多種の装訂や表紙を使い分けることが可能であった。このために日本の書物は形態的に多様であると考えられるのである。

敦煌で発見された書物の多様さを見ると、唐代以前の中国でも様々な装訂が使用されていたことが理解できる。中国で失われてしまった作品や注釈の本文が、日本に存在していることが少なくないように、日本に現存する古い書物に注目することから、中国の書物の歴史を推測する手掛かりを、得ることも可能ではないかと期待できるのである。

ここでは、中国と日本の共通性の高い装訂について、共通性と異質性に嫡目しつつ比較を行ってみたい。

一　日本の装訂の種類

日本で主に使用された装訂は5種類である。それらはすべて中国から伝わってきたものと考えられるが、その伝わってきたと考えられる順に整理すると次のようになる。日本での一般的な呼称の後に、中国での呼び方を加えておきたい。

1. 巻子装（かんすそう）（卷子裝）
2. 折本（おりほん）（經折裝）
3. 粘葉装（でっちょうそう）（胡蝶裝）
4. 綴葉装（てつようそう）・列帖装（れつじょうそう）（縫繢裝）
5. 袋綴（ふくろとじ）（線裝）

これらの特徴について簡単に整理すると、1～3は紙を糊で纏めたものであり、4と5は紙に穴を開けて紐や糸で綴じたものである。3～5が冊子体と呼べるものである。3と4は紙の両面を使用し、1と2は基本的に表面のみの利用だが、裏面を使うこともできる。5は構造的に表面のみを使用するものである。

5を除いた4種は、ほぼ同様の装訂を敦煌で発見された書物に見いだすことができ（郝春文著・高田時雄監訳・山口正晃訳『よみがえる古文書─敦煌遺書』（東方書店、2013）、以下敦煌の書物に関しては本書に拠る）、確かに日本の書物が中国の影響を強く受けていることが理解できるのである。

例えば「胡蝶装」は、宋代の冊子体版本で利用された装訂であるが、敦煌写本にはそれにやや先立つ晩唐五代期（10世紀頃）の事例が確認されている。大英図書館蔵の『敦煌録』（S.5448）がそれであるが、この本は紙の両面を使用しており、宋版が表面のみに印刷がなされているのとは異なっている。

この装訂は日本では「粘葉装」と呼ばれ、その最古の例としては、日本の国宝に指定されている、「三十帖冊子」と呼ばれる一群の写本がある。入唐僧の空海が、804～6年に掛けて　空海も含めた複数の人物により長安で書写して、日本に持ち帰ったもので、京都の仁和寺に所蔵されている。年代が明確な東洋最古の冊子本であるのだが、使用する紙の厚さに応じて、両面を使用したものと、片面のみのものとに分かれることは、敦煌の「蝴蝶装」の本を理解する上で参考になるのである。

二　「袋綴」と「線装」

17世紀から本格化する、日本の商業出版の刊行物は殆ど「袋綴」で製作されている。このことにより、現存する日本の古典籍の大多数はこの装訂である。それゆえに「袋綴」は、和本を代表する装訂であると言える。

先の装訂の一覧でもそう表示したように、今日の書誌学の教科書的な書物の多くでは、「袋綴」と同じ装訂を中国では「線装（本）」と呼ぶと書かれている。また「線装（本）」は一般的に明代中期頃から用いられるようになったと説明されている。日本の「袋綴」は12世紀始めには使用されていたことが確認でき、「線装」よりもかなり発生が古いことになってしまうのである。

日本の古い時代の「袋綴」の特徴を確認するために、12世紀から13世紀までの3例を挙げてみたい。

①『打聞集』　長承年間（1132～5）頃写　改装1軸　京都国立博物館蔵
②『今昔物語集』　1120～1160年写　存9冊　京都大学附属図書館蔵
③『新古今和歌集』文永11（1274）、12年写　3冊　公益財団法人冷泉家時雨亭文庫蔵

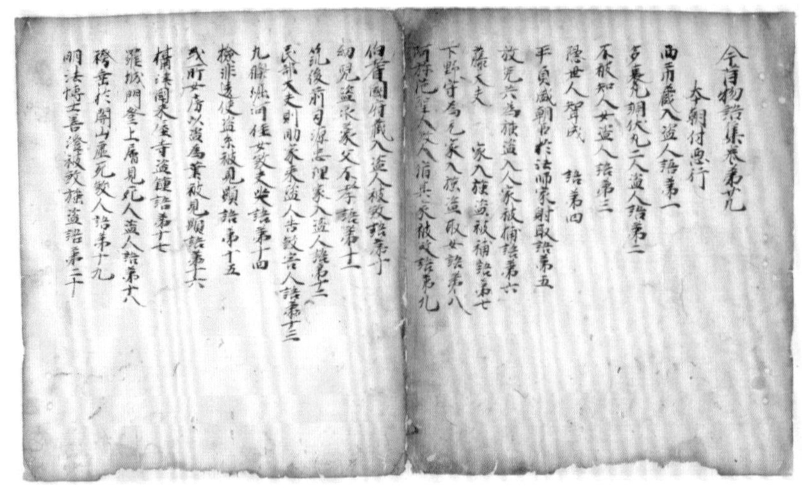

图版1 『今昔物語集』(京都大学附属図書館蔵)巻29本文初丁部分
綴じを外し、折を拡げて撮影されており、両端に2つ組の綴じ穴を3セット確認できる。

これらは、紙を中央で縦方向に一度折ったものを、折目を左側にして必要枚数重ねて、右端で綴じたものである。その綴じ方は、右端近くに2つ組の穴を2ないし3セット開けて、その2つ組の穴に紙縒りや紐を通して縛る方法をとっている(图版1参照)。

このような装訂なので、各紙は裏面が見えないという特徴がある。このため古い袋綴のものは、手紙や詩歌の懐紙など、一度使用した紙の裏面を用いているものも多い。また各紙は折り重なった部分を拡げると筒状の形態を示すことになる。昔は筒のことも袋と呼んでいたことから、この装訂を「袋綴」と称するのである。つまりこの呼称は、紙の形状に注目して付けられたものなのである。

これに対し、中国の「線装」という装訂は、紙の基本的な構造は同様であるものの、表紙となる紙を重ねてから、右端近くに縦に一直線になるように一般的には4つの穴を開けて、これを糸で繋いで綴じるものである。綴じた糸が1直線になることから、「線装」と称されるのである。両者は名前を付ける際に注目している部分が異なっているのである。

三 「袋綴」の綴じ方の変遷

日本にも「線装」と呼びうる書物は数多く存しており、それらは「袋綴」に含まれるものではあるものの、「袋綴」の全てではない。「線装」以外で「袋綴」に含まれるのが「包背装（ほうはいそう）」である（图版2参照）。「線装」の表紙は、表と裏が別になっているが、「包背装」は、一枚の大きな紙で本の表裏と背を包み込んでから、先端を糊付けして表紙としたものである。これも「線装」と同じく、表紙の付け方に注目した呼称である。

やっかいなのは、この表紙を有するものの殆どは袋綴のものなのだが、その他に粘葉装や綴葉装のものも確認できることである。例えば、冷泉家時雨亭文庫に蔵される、『入道大納言資賢集』他の13世紀に書写された一連の歌集は、粘葉装に一枚の表紙を付したものである。

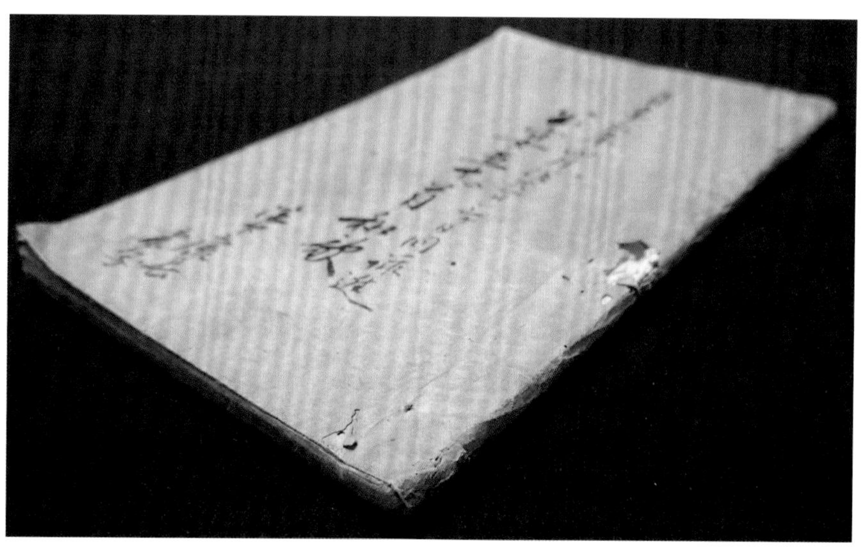

图版2 『公宴五十首和歌』 17世紀写 1冊 （著者蔵）
一枚の薄茶色の大きな紙で背の側から包み込み、両端や上下の折り込み部分を糊代として表紙を固定している。

「包背装」はやはり中国にも存在しており、南宋に始まり明清時代に流行したと言われている。蝴蝶装での利用もあったと考えられるが、基本的に日本の「袋綴」と同様の構造のもので使用されているのである。

中国では「包背装」と「線装」は別のものとされてしまうが、日本においては、「包背装」の殆どと「線装」は、共に「袋綴」に分類されるのである。これが「袋綴」と「線装」は同じものではないという理由である。

それはともかくとして、日本の「袋綴」の歴史を振り返って興味深いのは、綴じ方の方法に変化が確認できることである。先述の様に、古い袋綴は、少し離して開けた2つの穴に紙縒りを通して結んで綴じていた。それが単独で開けた2つないし3つ程度の穴で綴じるようになるのである。この方法は、1つの穴に紙縒りを通し、反対側に先が少しでたら、差し込んだ方も少し余らせて切断し、両側の飛び出た部分の紙縒りをほぐして拡げ、その部分を木槌などで叩いて潰して綴じるものである。この方法を日本では「紙釘綴（していそう）」と呼んでいる（图版3）。潰した部分が釘の頭部に似ていることから、この名が付けられたのである。その始まりははっきりしないのだが、14世紀には用い始められ、17世紀の極初頃まで広く用いられたようである。

17世紀以降は、再び2つの穴を紙縒りで繋ぐ方法に戻るのであるが、古い時代よりも穴の間隔が狭くなるのである。これは後で表紙を付けて、中国の「線装」と同様に仕上げることを前提としていることと、関係するものと考えられる。古い時代は特別な表紙を付けなくても安定することを考慮して、穴の間隔を広くしていたのであろう。

「紙釘装」は写本ばかりではなく版本でも利用されている。日本に禅宗が伝わるとともに、禅籍も多く輸入されるようになった。その需要が高まった時期に、元朝の成立を嫌って日本に移民した職工等に

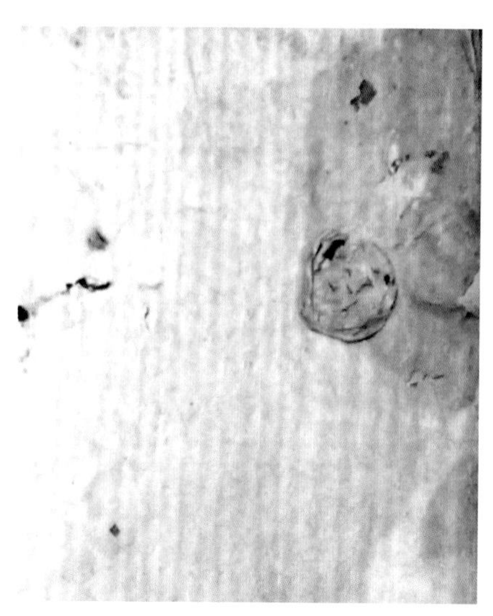

図版3 『施氏三略講義』巻31～33 元和6年(1620)写 1冊 (著者蔵)
表紙の外側に見える釘の頭のような形状の部分。墨の汚れから一度使用した紙を用いていることが判る。

よって、日本でも宋元版の覆刻的出版が始まる。これらは五山と総称される、禅宗臨済宗の5つの主要寺院で製作されたので、「五山版」と呼ばれ、13世紀末から15世紀前半を中心に刊行された。この五山版の表紙の下の綴じが、「紙釘装」でなされているものが複数確認できるのである。

日本で「紙釘装」が使用されていたことが確認できる時期は、中国の明代と重なっている。日本では宋元版と同様に、明版も輸入され珍重されていた。そうした日本に伝わった明版を調査すると、「紙釘綴」に似た綴じ方がされていることが判る。一つの穴に細く折り畳んだ紙紐を通し、表側の部分を釘の頭の様にして止め、裏の方は紙を長めに出して折り曲げるだけとなっている(図版4参照)。日本のものとは少し異なるものの、基本的な方法は共通しているのである。

おわりに

以上のような、造本に関する日本の書物と中国の書物の長く密接な関係を確認する時、日本の「袋綴」が12世紀には確認できること

图版4 『周易兼義』 巻8—9 明・崇禎4年(1631)刊 汲古閣版 1冊(著者蔵)
裏表紙の破れから見える紙釘の先端部分。版本の反故を利用していることが判る。

からしても、紙を折って折目と反対側を綴じる本の作り方は、中国でも宋代には生まれていた可能性は高いのではないだろうか。一枚の紙を表紙にする「包背装」や、紙縒りを釘の様に用いる「紙釘装」は、「袋綴」の紙の仕立て方よりも遅れて、やはり中国から日本に伝わったものと考えられそうである。

構造にまで踏み込んで、中国と日本の書物を比較していくことにより、新たに明らかになることは少なくないのではないだろうか。今後の中国と日本の書物研究を活性化するためにも、様々にご教示いただけると幸いである。

参考文献

1. 銭存訓『中国古代書籍史ー竹帛に書す(日本語訳)』(法政大学出版局、1980)
2. 山本信吉『古典籍が語るー書物の文化史』(八木書店、2004)
3. 高橋智『書誌学のすすめー中国の愛書文化に学ぶ』(東方書店、2010)
4. 堀川貴司『書誌学入門古典籍を見る・知る・読む』(勉誠出版、2010)
5. 大沼晴暉『図書大概』(汲古書院、2012)
6. 佐々木孝浩『日本古典書誌学論』(笠間書院、2016)

十四世纪东瀛的书籍演变
以五山版的装潢为中心

A CONSIDERING FOR PHYSICAL TRANSFORMATION OF JAPANESE BOOKS DURING THE 14TH CENTURY
MAINLY BASED ON THE GOZANBAN BINDINGS

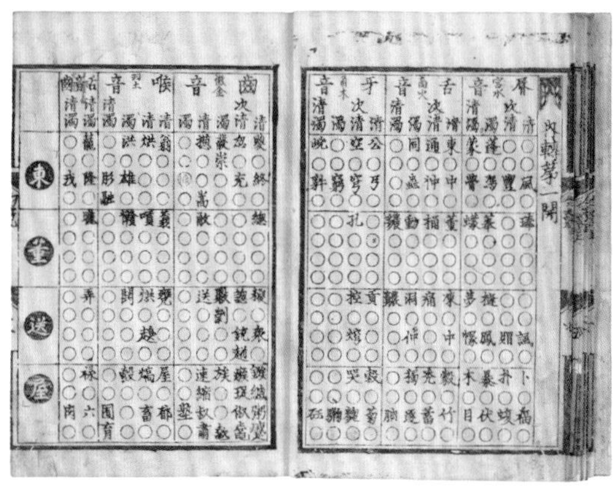

住吉朋彦
日本庆应义塾大学附属研究所斯道文库

SUMIYOSHI TOMOHIKO
THE SHIDO-BUNKO, KEIO INSTITUTE OF ORIENTAL CLASSICS, KEIO UNIVERSITY

ABSTRACT

When tracing the cultural trends surrounding books, the issue of how a particular book was bound is essential in studying the influence that the binding had on the content as well as its socio-historical significance. In Japan, the first books were bound after scrolls created in China in the Six Dynasties period to the Sui and Tang periods started coming into the country. In the Heian period and thereafter, that is, the medieval period, the codex became the most popular form. A more detailed look shows that, up until the early medieval period, books were bound in the tecchoso form (which involves creating bundles each consisting of several sheets of paper, folding them, and binding several bundles together using a thread) and the decchoso form (which involves folding sheets of paper, applying paste or glue to the front and back parts of the folded portion of each sheet, and binding the sheets by sticking them together), and books produced in China were bound in the kochoso form (a Chinese binding form that involves folding sheets of paper with printing on one side, applying paste to the front and back parts of the folded portion of each sheet, and binding the sheets by sticking them together). In the later medieval period, stitch bound books started to become more popular, and eventually, the style changed to thread-stitch binding

Today, however, it still remains unclear when and why this change to stitch binding and then thread-stitch binding occurred. This article considers this issue from the perspective of medieval printed books and printing blocks, with reference to the change in the binding form of soban (books printed under the Song dynasty that were bound according to the kochoso form) that started in the Kamakura period. Particular focus is given to rare gozanban (books printed in zen monasteries in medieval Japan) that still retain their original binding. Initially, gozanban were the same as soban. However, a change occurred, and gozanban were designed to be stitch bound from the time of their production. The semi-commercial printing activities of carving craftsmen who had come from the Chinese continent in the later Northern and Southern Courts period gave momentum to the development of stitch bound printed books, which became an established form of binding by the Muromachi period. The above development of printed book bindings in Japan suggests that the transition to stitch binding mainly took place between the later Northern and Southern Courts period and the Muromachi Period.

一　日本镰仓时代的版本及其装帧

在日本，受到六朝唐代影响的写本文化有着浓厚的遗留。即便到了开始接受宋版的平安末至镰仓时代（12—14世纪），日本的书籍也普遍以写本的形式流通。需要注意的是，在正统的汉籍世界里仅限于抄写注疏等次要内容的册子本（图1），因为被应用于远离儒学的佛教寺院中的学问和宫廷中的假名文学的抄写，其普及的范围大大拓展了（图2）。

册子写本的样式在一定程度上是与敦煌出土文献一致的，也与中国称为缝缋装、蝴蝶装的装帧形态比较接近。从平安时代流传下来的实物来看，采用册子本除了是因为具有便于携带和随时斟酌的功能以外，也有出于审美方面的考虑。这一点在假名文学领域尤其明显。[1]

首先要指出的是，用浆糊粘成的册子主要是写本的载体。在日本，为了避免与刻本时代的称呼重合，这种装帧被称为粘叶装。从平安末至镰仓时代的实物可以看出，粘叶装在寺院社会中颇为盛行。当时，在古都奈良和京都的寺院中，各种各样的宗派竞相兴起。他们日常学习的是各自重视的经典和确立本派教义的祖师的著作。供这种学习使用的书籍的形态是粘叶装册子。这些书籍多是带有朱墨点校和押印界栏，并且两面书写的抄本。

在另一方面，这一时期的奈良和京都的佛寺也是导入刻本的舞台。12世纪日宋贸易的发达，以及借其便利入宋归国的僧侣带回的宋版书，尤其是大藏经，对此有巨大的影响。[2] 例如，平安时代后期奈良兴福寺雕版的佛经、法相宗教学书，大体都像中国的《开宝藏》一样是卷子装。[3]

1　例如皇室御物粘叶本《和汉朗咏集》等。

2　参见竺沙雅章《宋元仏教文化史研究》，汲古书院，2002年。

3　宫内厅正仓院事务所藏宽治二年（1088）刊本《成唯识论》（春日版）即是其例。

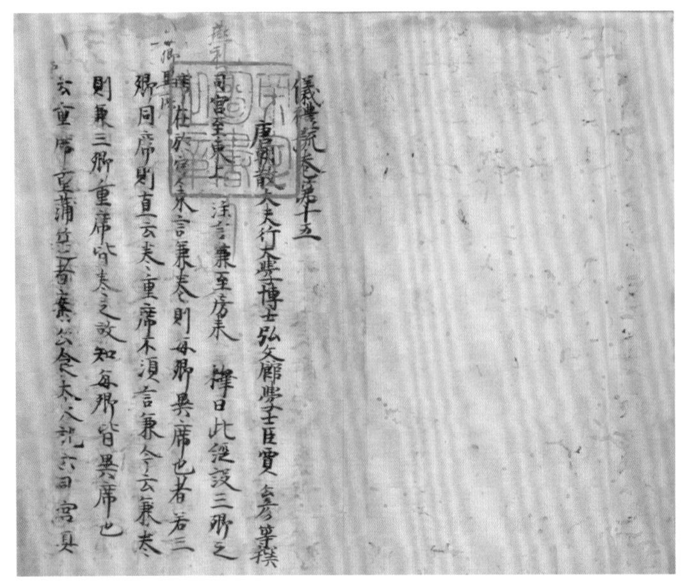

图1 《仪礼疏》。宫内厅书陵部藏

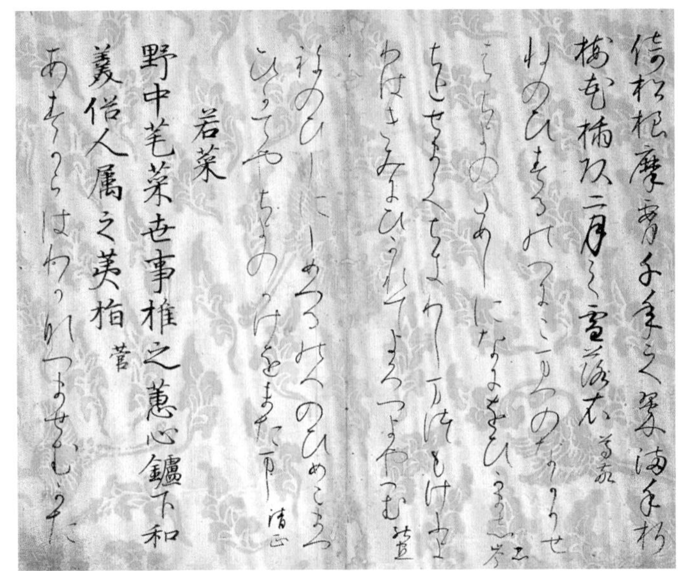

图2 粘叶本《和汉朗咏集》。宫内厅三の丸尚藏馆藏

在当时的日本，一般把刻本的佛经称为“折经”，其装帧形式最初是卷子本，后来变成经折装，与宋版大藏经的装帧演变是一致的。但是，由于日本折经的用途是奉献给佛寺中的宗教仪式，所以继承了写本时代大量抄写佛经以供喜舍的传统，并且作为写本的替代品要与之在数量上一争高下。在这样的背景下，日本的折经为了体现出其作

为写本复制品的本义，产生了在版式和字形中保留着浓厚的写本样式特色的外形。[4]

在此背景下，面对镰仓时代的佛学隆盛，以及粘叶装册子流行的局面，写本式样的刻本和粘叶装的佛学书籍发生融合，产生了日本特有的刻本形式。这种形式在奈良时代以来的华严宗本山东大寺，平安时代初期移植了唐代密教的高野山金刚峰寺和比叡山延历寺，平安后期的京都新兴宗派净土教等宗派的出版中都被采用。[5] 具体的例子有建长五年（1253）刊行的高野版《三教指归》、正应元年（1289）刊行的净土教版《选择本愿念佛集》等。

镰仓时代的粘叶册子装刻本的形态特色首先在于其宛如写本的字形，没有边框与栏线，两面印刷等特点。具体来说，粘叶装是把一张纸对折后，使用两个半张的正反面，所以一纸对应着四个半叶。但是，因为内容的顺序是先从纸的反面到正面，再从正面到反面的缘故，所以正文和纸张的对应关系是内容的第一半叶和第二半叶在前半张的反面和正面，第三半叶和第四半叶在后半张的正面和反面。从整张纸的正反面来说，反面排列着第一和第四半叶，正面排列着第二和第三半叶。自从内容的半叶排列形成了固定的组合，以一叶为单位的印刷就成为了可能。经观察现存的少量当时的版片，实际正是以"一、四，二、三""五、八，六、七"的内容顺序排列和雕刻的。

另外，用于印刷粘叶装册子本的版片的特点是保持了用于印刷卷子本的长75至100厘米的长版的形态。这种版片的两面各有两叶的内容，从右往左的排列是"三、二，四、一"，反面是"七、六，八、五"，

4 参见大屋德城《寧楽刊経史》，内外出版，1923年，以及拙稿《日本中世の版木と版本》（二〇一一至四年度日本学术振兴会科学研究费补助金·基盘研究[B]《中世を終わらせた「生産革命」一量産化技術の広がりと影響一》报告书，代表中島圭一，2015年）。

5 参见水原尧荣《高野板之研究》，森江书店，1932年；《歷史資料高野版板木調查報告書》，和歌山县高野町，1998年；印刷博物馆春期企画展图录《空海からのおくりもの高野山の書庫の扉をひらく》，印刷博物馆，2011年。

与粘叶装的双面印刷相对应。虽然保持长版形态的理由一时还难以确定，不过，我以为可能是因为寺院内的册子本印刷才刚开始，其版片的收集、使用和保存需要同折经的长版保持一致。

至此，中日两国的版片样式产生了巨大的分歧。在中国，一纸对应版片一面的原则被始终贯彻，当从卷子装、经折装变化而来的蝴蝶装的单面印刷开始之时，版片的样式也从长版变成了一面只与一纸对应的短版。与此相对，长版的样式在日本被保存下来，而且为了在上面印刷册子本而做了改动。在刻本是写本复制品的观念下，日本的册子本印刷发端于保有长版的寺院，这种不同于中国的文化社会史状况是中日分化的背景之一。

总之，在镰仓时代的日本，刻本作为写本复制品的观念在佛教寺院中保持不变，从而催生了与中国不同的书籍样式。使这种状况为之一变的是后述五山版的刊行。

二　日藏宋版的改装

从平安末到镰仓时代（12至14世纪）是日本开始输入宋版的年代。携来宋版的人是入宋留学僧和用船舶接送他们的海上贸易商们。特别是后者将佛经以外的世俗宋版书赠送给宫廷周边的达官显贵，从而引起了他们对宋版的关心。因为海上贸易商的名字是中国式的，所以推测是居住在日本的外洋航行出发地博多（现福冈市）的华侨及其商业伙伴。[6]

当时，拥有贵重宋版的日本人都是宫廷周边的掌权者以及得到他们信任的学者们。平安时代中期，以天皇外戚的身份掌握政权的藤原道长拥有宋版《文选》和《文集》（《白氏文集》）。[7] 平安末期，他的

6　参见森克己《日宋文化交流の諸問題》，刀江书院，1950年，《森克己著作選集》增补版第四卷，国書刊行会，1975年；山内晋次《奈良平安期の東アジア》，吉川弘文馆，2003年。

7　《御堂关白记》“宽弘七年（1010）十一月二十八日”条。

子孙藤原赖长搜集了经史书籍的各种刻本。活动于同一时期的明经博士清原赖业和夺取赖长权力的藤原通宪也有接触宋版的痕迹。[8] 以武力胁迫贵族让出政权的平清盛也曾向有血缘关系的皇子赠送宋版《太平御览》。[9] 不过，这些刻本现在都已经佚失。

进入镰仓时代，收税和维护治安的权力向东国的武士转移，镰仓的武家也渐渐地开始追求学问，他们对宋版的搜集成为了日宋贸易的一个部分。其中流传至今的代表性例子是金泽北条氏搜集的金泽文库本。金泽文库本的特征主要是早期钤记的"金泽文库"印，不过似乎也存在少量未钤印的例子。[10]

此外，入宋留学僧中出现了皈依禅宗的僧侣，其后继者们陆续前往中国，在进入江南的名刹，求得高僧的印可之际，也同时学习了当地的风雅之事和书籍文化。因为禅僧的关注点涉及教义以外的多个方面，所以他们带回的书籍中包含大量世俗宋版书。现存禅僧带回的宋版书的代表是由京都东福寺开山祖师圆尔带回的普门院藏书。其中除佛典禅籍以外，也包含经史子集四部的汉籍。普门院藏书的特征就是中世所钤"普门院"印。[11]

考虑到携来日本的时间，金泽文库本和普门院本的宋版全部是宋刊宋印。不过遗憾的是，已经找不出维持着原装帧的例子了。不过，根据"金泽文库""普门院"印对称地附着在前后半叶等事实，还能很容易地推测出这些书籍本来全部是蝴蝶装。宫内厅书陵部收藏的金泽文库旧藏宋版《太平寰宇记》残本是唯一现在仍保持着蝴蝶装的例子（图3）。不过从钤印与目前的分册不合来看，应该也经过了改装。[12] 其他

8 拙稿《藤原頼長の蔵書と学問》，收入佐藤道生先生编《名だたる蔵書家、隠れた蔵書家》，庆应义塾大学出版会，2010年。

9 《山槐记》"治承三年（1179）二月十三日"条。

10 参见关靖《金沢文庫の研究》，讲谈社，1951年；《金沢文庫本の研究》，青裳堂书店，1981年。

11 今枝爱真《〈普門院蔵書目録〉と〈元亨釈書〉最古の写本—大道一以の筆蹟をめぐって》，收入《田山方南先生華甲記念論文集》，田山方南先生华甲纪念会，1963年。

12 参见宫内厅书陵部藏汉籍研究会编《図書寮漢籍叢考》图录编III版内拙撰"17. 太平寰宇記"条，汲古书院，2018年。

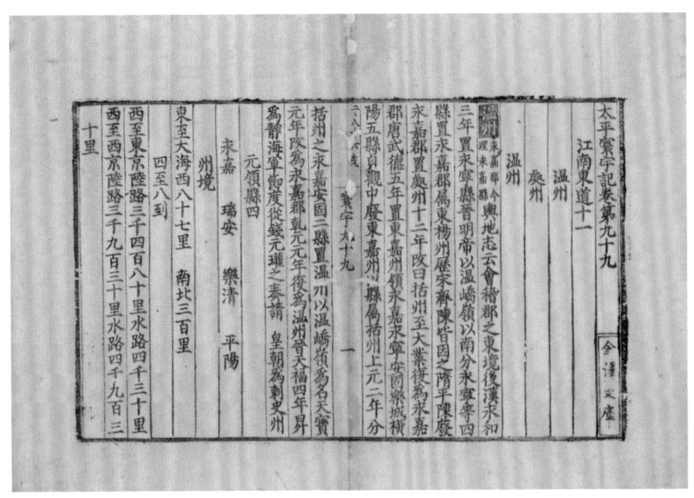
太平寰宇記卷第九十九
江南東道十一
温州
處州
温州
温州 永嘉郡今理永嘉縣 輿地志云會稽郡之東境後漢永和
三年置永寧縣晉明帝以温嶠嶺以南分永寧等四
縣置永嘉郡屬東楊州歷宋齊陳皆因之隋平陳廢
永嘉郡置處州十二年改曰括州至大業後爲永嘉
郡唐武德五年置東嘉州領永嘉永寧安固樂城橫
陽五縣貞觀中廢東嘉州以縣屬括州上元二年分
寰宇九十九 一
括州之永嘉安固二縣置温州以温嶠嶺爲名天寶
元年改爲永嘉郡乾元元年復爲温州晉天福四年昇
爲靜海軍節度從錢元瓘之奏請 皇朝爲刺史州
元領縣四
永嘉 瑞安 樂清 平陽
州境
東至大海西八十七里 南北三百里
四至八到
西至東京陸路三千四百八十里水路四千三十里
西至西京陸路三千九百三十里水路四千九百三
十里

图3　金泽文库本《太平寰宇记》。宫内厅书陵部藏

的日藏宋版旧本已经全部被改装成了袋缀线装。

普门院印的钤记肯定是在仁治二年（1241）圆尔归国以后钤上，很大概率是在圆尔示寂以后发生的事情。虽然据推测，可能就是整理普门院藏书，编集《普门院经论章疏语录儒书等目录》的大道一以（1292—1370）时代的事情，但是除了能确定是在中世钤盖的古印以外，关于其时间下限却没有什么线索。依据上原究一的研究，可以肯定在宫内厅书陵部图书寮文库所藏宋宝庆三年（1227）左右刊《魏氏家藏方》的部分分册中，按照线装样式折叠的衬纸上存在钤盖“普门院”印的痕迹（图4）。[13] 这个例子表明大约在16世纪以前的比较早的时期内，日本就已经开始对蝴蝶装宋版做改装。

金泽文库的印章少说也有十几种，其中不乏后世的伪印。它们可以分为三大类。在金泽文库以及后来接管其藏书的称名寺中使用，并且曾经在宋版上钤盖的是第二、第三类印。其中，第二类印的钤记自弘安元年（1278）开始（旧抄本《春秋经传集解》卷十四至十五），第三类则自德治二年（1307）开始（旧抄本《群书治要》）。另外，由于第三类诸印杂钤于同一书籍内，据推测是在同一时期内并行使用的。

13　见注12《図书寮漢籍叢考》图录编III宋版内上原究一执笔的“27. 宋氏家蔵方”条。

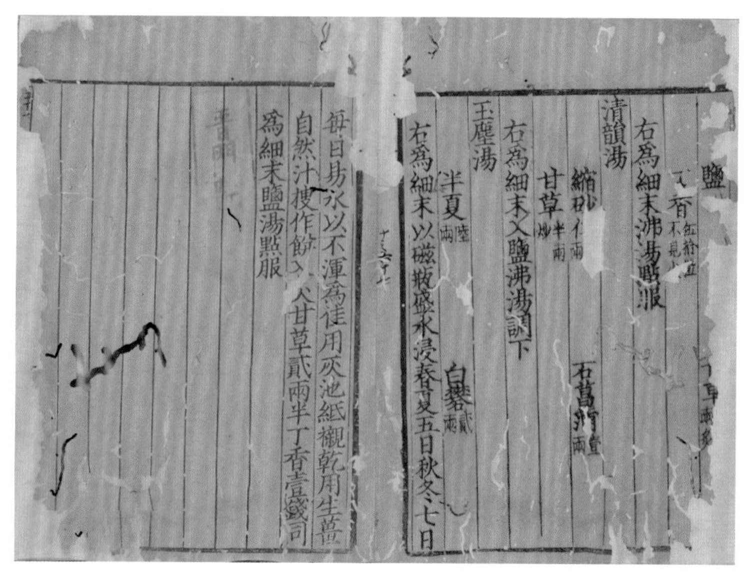

图4　普门院本《魏氏家藏方》。宫内厅书陵部藏

第二类印记所钤盖的抄本的书写年代比较古老，所以是在早期使用的。因为金泽文库的名称表示的是归金泽北条氏所有的意思，而金泽北条氏灭亡于元弘三年（1333），所以至少有部分印是元弘以前制作的，不过钤印的时期也可能是在此以后。另外，足利学校藏南宋刊绍兴二十八年（1152）修本《文选》卷尾钤有第三类金泽文库印，此书是永禄三年（1560）北条氏政、氏亲父子（他们是后北条氏，与金泽北条氏有区别）赠予足利学校的庠主九华的线装本（图5）。由这个例子可以得出金泽文库本的钤印和改装为线装本至少在1307至1560年之间就已经进行的结论。换言之，这些包括宋版以及其后的元版在内的中国刻本，是在日本历史上的南北朝室町时代被逐渐改装的。

三　五山版的装帧

镰仓时代末期，受宋代佛教的影响而移植到日本的禅宗的教团效仿活跃地发展了教学的日本既有各宗派，开始了本派教学书的出版。不过，因为禅宗主张不能过度依赖特定的经典，而且把师徒间的直接教导

图5 金泽文库本《宋版文选》。足利市藏

放在首位的缘故，所以他们出版的是祖师的著作和语录。著名的初期事例是，在禅宗出版的开端，住持镰仓寿福寺的来朝僧大休正念于弘安六年（1283），劝导该寺信徒金泽北条氏的二世显时刊行了唐黄檗希运的《传心法要》。[14]

把据点设在镰仓的北条氏实行了优遇禅宗，修筑建长寺和圆觉寺等与新政权相应的宗教政策。镰仓时代的来朝僧就是作为指导者从宋国招揽来的。他们是在入宋僧和海上贸易商的鼓动下，从日宋贸易的中国侧据点浙江地区的禅寺来到日本的。其时正当中国的南宋时代，临安周边正是出版的中心。这种情况给予了日本的禅宗出版强烈的影响。[15]

14 以下参见川瀬一马《五山版の研究》，日本古书籍商协会，1970年，以及拙著《中世日本漢学の基礎研究：韻類編》“序説一”，汲古书院，2012年。

15 参见椎名宏雄《宋元版禅籍の研究》，大东出版社，1993年。

这是因为在中国的禅院里刊行祖师语录的习惯已经根深蒂固，并且刻本的样式与世俗书籍别无二致，来朝僧对其效用也了然于心。例如，开创建长寺的兰溪道隆的语录不但在中国曾被尝试开刻，而且还刊行了几乎能乱宋版之真的日本版本。[16] 还有上述大休正念的语录以及曾经住持过寿福寺、圆觉寺和京都南禅寺的兀庵普宁的语录，不但是在日本编集的，而且也刊行了逼肖宋版的日本刻本。

日本禅宗的教学书出版废弃了刻本是写本复制品的旧观念，而是采用了新式的宋版形态。这种出版手法也被其他旧有宗派越来越积极地采取。同样的变化在京都的东福寺和南禅寺中也曾兴起。当圆觉寺的无学祖元派下的梦窗疏石僧团与覆灭镰仓幕府并西渐的室町幕府足利氏结交后，出版手法的改变成为了他们为模仿宋制经营五山官寺而施行的策略中的一部分。至此，无论是内容还是出版样式都与先前的刻本“划清界线”的五山版就形成了。[17]

早期五山版的特色除了版本样式之外，也体现在出版事业的形式中。历来的寺院出版既是出于在寺院内部兴隆教学的需要，也是专门以经典的权威为支点，为了外护者的庄严，由寺院承揽实施的。但是在五山版的出版中，以禅宗的僧徒为主导，募集了缁素的捐资，从而构成了僧俗一体的刊刻主体。外护者作为居士信女内在于寺院，出版是他们的主体性行为。

此举是日本禅宗利用出版活动培养教团向心力而实施的策略，是从吸引了作为个人的士大夫归附的中国禅宗学来的。实质上，可以认为五山版的最大特点是模仿了宋代中国发生的作为社会性行为的出版活动，采用宋版样式只是其具体表现之一。

五山版最初的装帧一目了然地模仿中国式宋版蝴蝶装。但是，同

16 参见佐藤秀孝《虚堂智愚と蘭渓道隆　とくに直翁智侃と〈蘭谿和尚語録〉の校訂をめぐって》，《禅文化研究所紀要》第24号，1998年。

17 参见大沼晴晖先生《図书大概》，汲古书院，2012年。

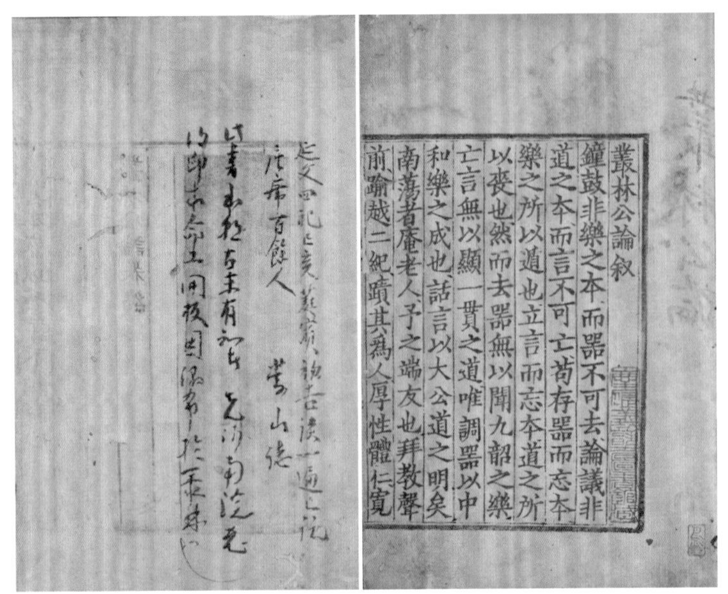

图6 五山版《丛林公论》首尾。庆应义塾图书馆藏

其他刻本一样，因为改装的缘故，最初的样子能流传下来的事例非常稀少。

流传至今的罕见例证之一是庆应义塾图书馆所藏镰仓末刊行的南禅寺版《丛林公论》（图6）。因为此书的内容是宋僧惠彬以儒家和世俗的思想与禅家比较来说明后者的优越性，所以大概率是宋版的覆刻本。不过，中国的刻本已经失传。此书由振兴南禅寺的规庵祖圆覆刻舶载书而成，他将版片放在自己所住的归云院内。因为有嘉元元年（1303）进行过误刻改版的记录，所以书是在那之前刊刻的。[18]

在该版的唯一传本庆应义塾图书馆藏本中，首叶前半的纸背能看到《丛林公论》的题目，末叶后半的纸背能看到延文四年（1359）蒙山智明的识语。虽然此书现在是题目、识语都藏在纸背的袋缀线装，但是这些内容最初都是有意义的，本该显露在外侧，所以此书本应是蝴蝶装。由此可知，改成袋缀是延文四年以后的事情。

18 参见阿部隆一《慶應義塾図書館蔵和漢書善本解題》，庆应义塾图书馆，1958年。

再举东北大学附属图书馆所藏贞和四年（1348）刊本《景德传灯录》为例（图7–1、图7–2）。此书是北宋时代的苏州僧人道原将禅宗师资问答的要谛以宗派传承为序编纂集成的一大著作。此版由开创京都建仁寺天润庵的入元僧可翁宗然的弟子大用宗任用前伊势守若江氏的施财，按照元延佑三年（1316）湖州万寿寺刻本翻刻而成。

东北大学附属图书馆藏本是后来学僧的满批本，这些批注延及纸背。虽然此本更换了封面，又经后世用丝线加固，但是作为包背的糊装本，蝴蝶装的旧形态至今保留着。同版的庆应义塾大学附属研究所

图7–1　五山版《景德传灯录》书皮。东北大学附属图书馆藏

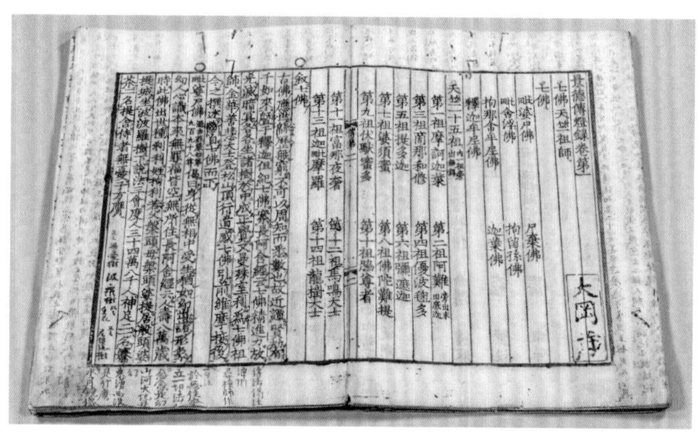

图7–2　五山版《景德传灯录》卷首。东北大学附属图书馆藏

斯道文库藏本是有着江户时代初期（17世纪初）的后补丹表纸的袋缀线装本。因为此书版心有明显的虫损，所以原来是蝴蝶装。也就是说，此书本来与东北大学藏本的形态相同，现在的形态也许是在江户初期以前改装的。

如上所述，五山版最初在装帧上也是模仿宋版制作的。其中的缘故是想在日本展现纯中国式刻本，给观者留下与既有的刻本完全不同的印象。这是禅僧们为了向日本的禅宗皈依者灌输新宗教社会观而施展的策略之一。

总而言之，随着五山版的登场，具有宋版特色的单面印刷刻本在日本开始普及了。

四　五山版与书籍的演变

由五山版研究的集大成者川濑一马指出的原装五山版刻本有：贞治六年（1367）京都临川寺刊《禅林类聚》的国立历史民俗博物馆藏本，覆贞治七年（1368）京建仁寺刊《五灯会元》的大东急纪念文库藏本，嘉庆元年（1387）俞良甫刊《新刊五百家注音辨唐柳先生文集》的大东急纪念文库藏本等，[19] 它们都是袋缀本。历史民俗博物馆本《禅林类聚》在近世之前传入东福寺即宗院。经实际调查后，未发现此书有明显的改装痕迹，而且具有确定是室町时代（15、16世纪）以前的缥色古封面。

此外，东福寺善惠轩旧藏的《五灯会元》因为是有着缥色古封面的包背装，所以确实是早期的袋缀本。在书中也找不出经过改装的证据，只有书脑部位打了四处纸钉，没有穿过线的痕迹。由整张纸制成的前后封面被粘附在书脊和书脊两侧几毫米的书脑部位。因为这一传本的封面和正文都有永正十四年（1517）彭叔守仙的批注，所以做成目前的装帧应该在这一年之前。此书形态展现了从蝴蝶装向线装转变的过程。

19　参见川瀬一马《五山版の研究》及拙撰《国立歴史民俗博物館蔵五山版目録解題》，《国立歴史民俗博物館研究報告》186，2014年。

此外，不仅是五山版，在具有缥色或丹表纸古封面的室町时代装帧的和本中，一开始就可能是袋缀线装的例子也有很多。镰仓时代以来的粘叶装书籍中采用包裹书脊的包背封面的例子也有不少。蝴蝶装五山版的情况也是如此，或许是具有室町时代封面的五山版基本都经过改装，或许是某一时期之后的印本就开始被装帧成袋缀的包背装或线装，两者必居其一。此外，在室町末近世初期（16世纪后半）包背装写本也变得流行，其中大多数是袋缀线装。

虽然现存五山版传本的装帧时期很难推测，但是存在一条可供思考的线索。那就是使用“六张一片”的版片印制的刻本，这种刻本俗称“三丁掛け”。六张一片是指每面三叶，正反面共六叶内容刻在同一块版片上的样式。

虽然版片本身现已不复存在，但是关于五山版使用这种样式的版片已经有人举出几个例子加以论证过。[20] 本文则是以长七十五至一百厘米的长版为基础推定的。关于日本的册子本印刷，其版片的雕刻在寺院的周边进行，并且长版的使用也得到维持等情况已如前述。五山版也延续了这些传统，而且日中的书籍文化在此融合为一体，于是用于单面印刷的长版被制造了出来。

六张一片是基于刻本的书脑部位印着相邻叶首末内容的特征，在版片上重新构拟内容的排列后推知的。这是因为相邻叶雕刻得太近，导致前后叶的边栏和首尾的文字难以避免地被印刷到书脑部位。比起一面两叶来，一面三叶的情形更常出现，所以就被称为“三丁掛け”了（图8）。

六张一片的版片在贞治六年（1367）从福州集团渡来的来朝刻工所刊版片中屡见不鲜。具体的例子有南北朝后半期刊行的《翻译名义集》

20 参见拙稿《〈詩人玉屑〉版本考》，《斯道文庫論集》第47辑、2013年；《六張一版の説》，收入国立历史民俗博物馆特别展图录《時代を作った職人》，2013年；《国立歴史民俗博物館蔵五山版目録解題》，《五山版〈三註〉考》收入《これからの国文学研究のために——池田利夫追悼論集》，2015，中文译本见《日本古钞本与五山版汉籍研究论丛》，北京大学出版社，2015年。

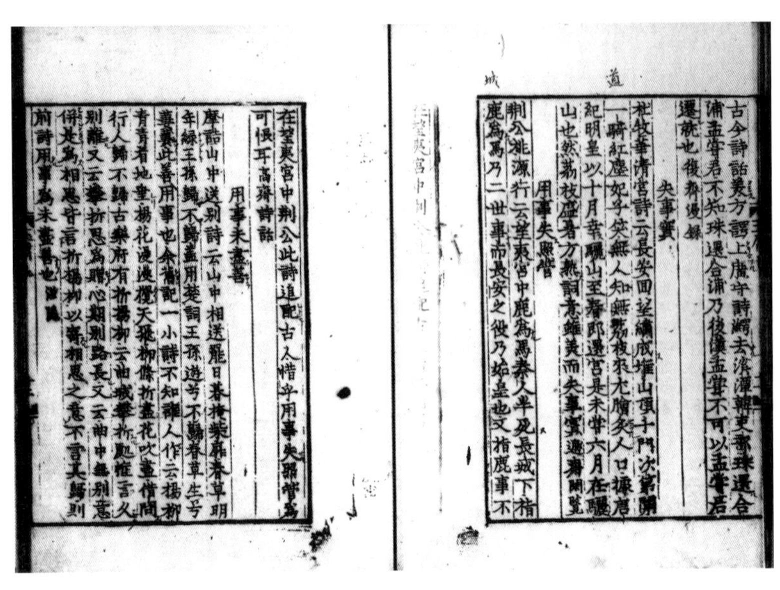
古今詩話吳方謂上廣守詩網去淡潭韓吏部珠還合
浦孟嘗君不知珠還合浦乃後漢孟嘗不可以孟嘗君
遷就也復齋漫錄
失事實
杜牧華清宮詩云長安回望繡成堆山頂千門次第開
一騎紅塵妃子笑無人知是荔枝來尤膾炙人口據唐
紀明皇以十月幸驪山至春即還宮是未嘗六月在驪
山也然荔枝盛暑方熟詞意雖美而失事實遯齋閑覽
用事失照管
荊公桃源行云望夷宮中鹿為馬秦人半死長城下指
鹿為馬乃二世事而長安之役乃始皇也又指鹿事不
在望夷宮中荊公此詩追配古人惜乎用事失照管為
可恨耳高齋詩話
用事未盡善
摩詰山中送別詩云山中相送罷日暮掩柴扉春草明
年綠王孫歸不歸蓋用楚詞王孫遊兮不歸春草生兮
萋萋此善用事也余嘗記一小詩不知誰人作云楊柳
青青着地垂楊花漫漫攪天飛柳條折盡花飛盡借問
行人歸不歸古樂府有折楊柳云曲城攀折[illegible]言久
別離又云攀折思為贈心期別路長又云曲中無別意
併是為相思言折楊柳以寄相思之意不言其歸則
前詩用事為未盡善也[illegible]

图8　五山版《诗人玉屑》。京都大学附属图书馆

（陈孟荣、俞良甫）、《祖庭事苑》、《月江和尚语录》（应安三年［1370］年刊，俞良甫、彦明）、《毛诗郑笺》、《三注》（《新板大字附音释文千字文注》、《新板增广附音释文胡曾诗注》、《重新点校附音增注蒙求》，大、仲）、《精选唐宋千家联珠诗格》、《诗人玉屑》无跋本（陈仲、陈伯寿）、《诗人玉屑》有跋本等。还有同属五山版的《春秋经传集解》、《新刊五百家注音辨唐柳先生文集》（嘉庆元年［1387］年刊，俞良甫），是用一面两叶的雕版印刷的。上文作为袋缀包背装的例子被举出的覆贞治七年刊本《五灯会元》基本上是一面两叶，也有少数一面三叶的部分，展现了版片样式演变过渡的情形。

在早于五山版的镰仓时代用于印刷册子本的版片中，多为单面两叶、正反面四叶的样式是普遍的。这种形式通过五山版持续到了近世。另一方面，在中国从事商业出版的来朝刻工在预计印面较窄的情况下，大概率会在长80厘米的版面内排布三叶内容，以提高版材的利用效率。但是，因为用长版印刷五山版跟用长版印刷册子本的原理有所不相同，所以导致了相邻叶的一部分被印刷到的结果。

这样的结果只有在以袋缀装帧为前提的情况下才会被容许。因为在袋缀装帧中，附着在两侧的多余印面会隐藏在书脑内基本看不见。

假如上述推理无误，那么五山版传本的现状就能得到充分说明：早期的五山版是蝴蝶装，中后期的五山版从一开始就是袋缀装帧。蝴蝶装本的改装也应该发生在后一时期。如果再进一步推论的话，日本就是在来朝刻工的时代前后（即1367年以后，南北朝［1336－1392］后半期），开始制作单面印刷的袋缀书籍的。因为来朝刻工是为了躲避元末的战乱而来到日本的，所以在中国的年代上，这是元末明初时期的事情。

五山版以外的刻本的情况怎样呢？再举两个从南北朝到室町时期的例子。

第一个例子是所谓“正平版论语”，这部由堺浦道佑居士于正平十九年（1364）刊行的《论语集解》因继承了日本旧抄本的传统文本而著名，在中国也早已引起钱曾注目。其版片也是一面有二十四行的卷子本用的古式长版。但是在现存印本中，前后各十二行的中央界线边上附刻着卷数和叶数。这种版片是以一面刷出两叶，然后各自对折各自的。现存的印本也确实是袋缀装帧。[21]

正平版《论语》的版片现已不存，其样式是根据第十三行以后的部分被印刷在前一叶的左边，第十二行以前的部分被印刷在后一叶的右边的现象推知的。以现在的装帧来说是印刷在书脑部位。此外，因为叶数等的标记极其简单，也许是后世所附刻，初印时的装帧是否如此还不能被确定。

室町时代的长享三年（1489）以前覆刻正平版而成的新版《论语》，其内容在版片上的排列发生了变化。版面内容按照每十二行一组分隔开，不再会印到前后书叶上。这种变化除了从现存的印本推知以

21　参见川瀬一馬《正平本論語攷》，收入《日本書誌学之研究》，大日本雄辨会講談社，1943年；高橋智《室町時代古鈔本〈論語集解〉の研究》，汲古書院，2008年；拙稿《日本中世の版木と版本》。

外，也能从残存的版片上直接获知。该书的版片与五山式的单面印刷用的长版一样，正反面各雕刻了两叶，每块由四叶构成。因而到了这一阶段，这些版片是用于印刷单面册子本的雕版的事实就一目了然了。不过，正平版系统的《论语集解》是否本来就是袋缀线装还不能断言。

再举越前版医书《八十一难经》为例（图9-1、图-2）。此书是室町后期的天文五年（1536）前后，越前的大名朝仓孝景受医师谷野一栢之请，翻刻熊宗立《新刊勿听子俗解八十一难经》的明成化八年（1472）刻本而成的版本。[22]

此书卷首有“图要”和“纂图櫽栝”等内容，其中第一叶的“一难经脉荣卫周天度数之图”是一幅占据了该叶正反两面的圆形图像。乍一看，这幅图只有在相向对折的蝴蝶装中才能方便地看清全部。但是仔细观察折线附近，便可以发现为了避免在折痕处印刷，圆形的图像被分成前后两半。如果是蝴蝶装就不必特意把图像分开，所以这样做是以相背对折的袋缀装帧为前提的。看过这个部分现存的版片之后，这种措施就更加显见了。

看过书中也有像“十难”图那样为了能在袋缀装帧中一览无余，把一张图排布在相邻两叶的例子。“一难”图的情况是因为在最开始处，所以不得不如此。由此可知，五山式的长版除了是用于单面印刷的以外，还是专门用于袋缀装帧的。

袋缀本中的图例还有享禄元年（1528）以前刊行的堺版《韵镜》（图10）。虽然此书版片已经不存在，但是为了装帧后能够一览无余，每张图都被分别雕刻在前一叶后半叶和后一叶前半叶。从刻本的样式来看，在16世纪初的室町时代后期袋缀的装帧已经定型。

上文各事例的年代排列可参考文末年表。总体上，在包括了从镰仓时代至室町时代的中世，随着对刻本的接受逐渐推进。袋缀册子本的装帧也

22　见注4《日本中世の版木と版本》。

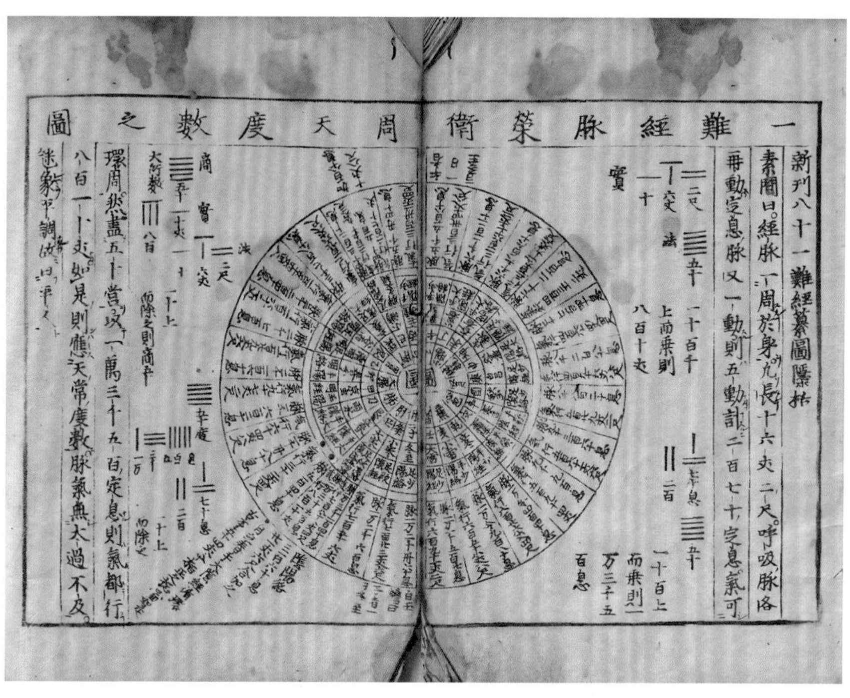

图9-1　越前版《八十一难经》。布施美术馆藏

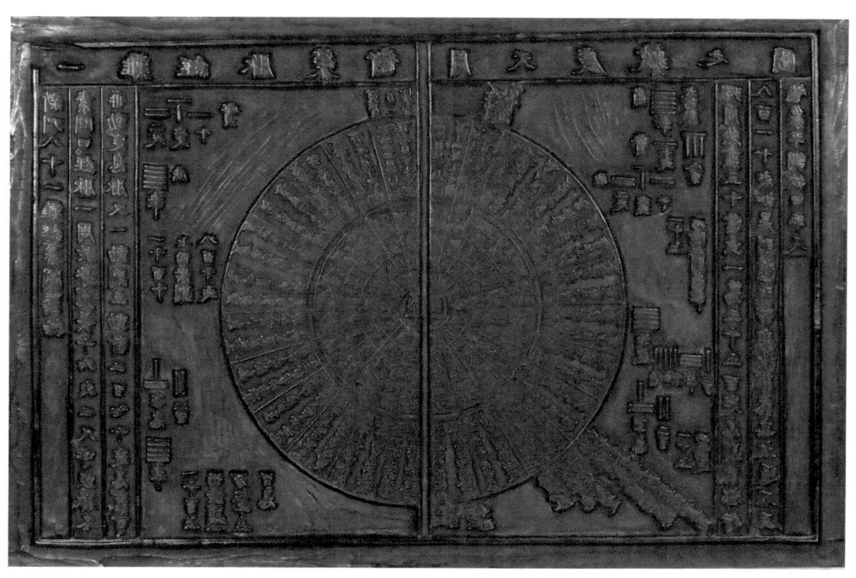

图9-2　越前版《八十一难经》。西福寺藏版片

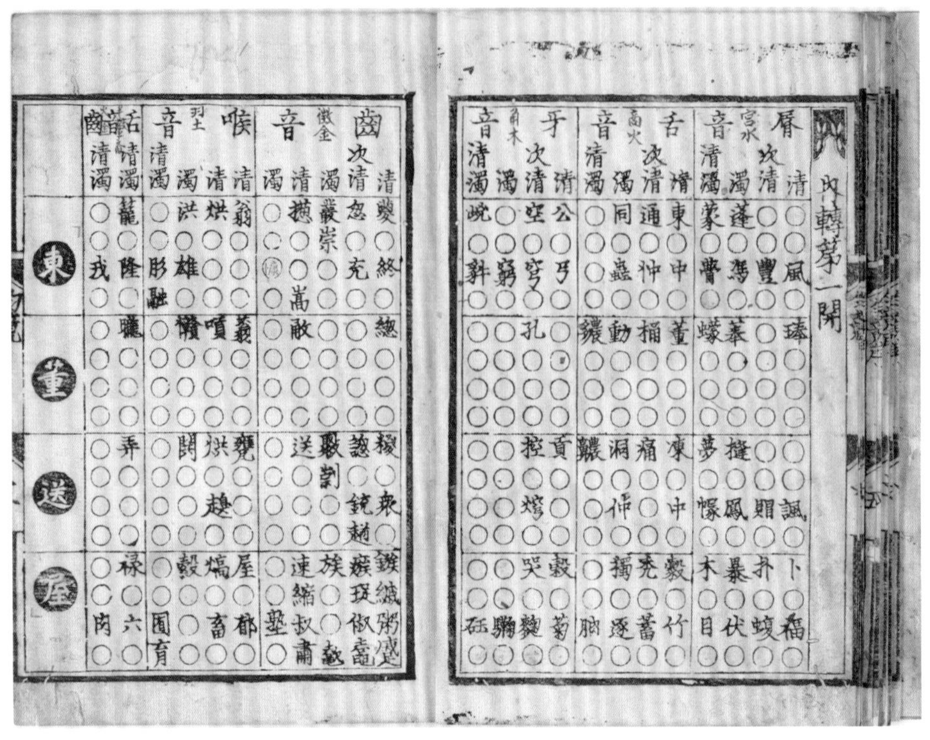

图10　五山版《韵镜》。圆福寺藏

逐渐定型。这一过程的转折期在从南北朝中期到室町时代前半期（14—15世纪）之间。特别是14世纪下半叶的1367年以后，来日中国刻工的活动是这一时期发生巨变的契机。

书籍的装帧难以成为历史性考证的对象。因为除了依靠观察原书以外别无他法，但是书籍装帧、改装的事实又罕被记录。不过，刻本装帧的形态往往被间接地反映，结合刊刻情况加以考虑，刻本装帧演变的过程就能够在一定程度上被推测出来。特别是通过对版片样式的考察，能够更加明确地认清被反映的事实，所以如果活用这一有利条件，那么日本中世的书籍变迁的研究就取决于以刻本为资料进行考察的尝试。可以预见其结果会是：在与中国的书籍文化交流中，日本果然受到了不少的影响。希望这一假说能对理解东亚书籍装帧史有所帮助。

年表

镰仓时代

仁治二年（1241）	圆尔归国
建长四年（1252）	北条实时参画幕政
同　五年（1253）	高野版《三教指归》（粘叶装本）刊行
同　七年（1255）	营造东福寺。本年之后，普门院藏书形成
正嘉二年（1258）	营造称名寺。同一时期，金泽文库形成
弘安元年（1278）以后	第二类“金泽文库”印钤记（蝴蝶装宋版）
同　六年（1283）	五山版《传心法要》刊行
正应元年（1289）	净土教版《选择本愿念佛集》（粘叶装本）刊行
嘉元元年（1303）以前	五山版《丛林公论》（蝴蝶装本）刊行
德治二年（1307）以后	第三类“金泽文库”印钤记（蝴蝶装宋版）
元弘三年（1333）	金泽北条氏灭亡

南北朝时代

贞和四年（1348）	五山版《景德传灯录》（蝴蝶装本）刊行
延文四年（1359）	五山版《丛林公论》（蝴蝶装本）识语
正平十九年（1364）	堺版《论语集解》刊行（卷子本样式改）
贞治六年（1367）	刻工集团渡来
同　　年	五山版《禅林类聚》（袋缀线装本）刊行
同　七年（1368）以后	五山版《五灯会元》（袋缀包背装本）刊行
应安三年（1370）以前	《普门院经论章疏语录儒书等目录》编集 同一时期，钤记“普门院”印（蝴蝶装本改为袋缀本装）
同　　年	五山版《月江和尚语录》（“三丁掛け”）刊行

同一時期	五山版《翻译名义集》《祖庭事苑》《毛诗郑笺》《三注》 《精选唐宋千家联珠诗格》《诗人玉屑》（“三丁掛け”）刊行
嘉庆元年（1387）	五山版《新刊五百家注音辨唐柳先生文集》（袋缀线装本）刊行

室町时代

长享三年（1489）以前	覆正平版《论语集解》（单面印刷刻本样式）刊行
永正十四年（1518）以前	五山版《五灯会元》（袋缀包背装本）印刷并装帧
享禄元年（1528）以前	堺版《韵镜》（袋缀样式）刊行
天文五年（1536）前后	越前版《新刊勿听子俗解八十一难经》（袋缀样式）刊行
永禄三年（1560）以前	第三类“金泽文库”印铃记，袋缀改装
同一时期	袋缀包背线装的写本流行

（金菊园 译）

日本江户中后期好古家对古代书籍装订形式和装具的研究

ANTIQUARIANS IN MID- TO LATE TOKUGAWA JAPAN
THEIR STUDIES ON BINDING STYLES AND CONTAINERS OF ANCIENT BOOKS

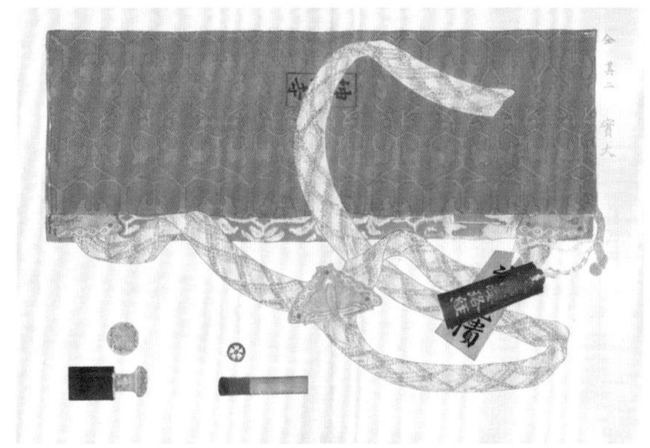

陈 捷

东京大学大学院人文社会系研究科

CHEN JIE

GRADUATE SCHOOL OF HUMANITIES AND SOCIOLOGY, THE UNIVERSITY OF TOKYO

ABSTRACT

Thanks to the long-term social stability and the resultant vibrant economy from the mid- to late Tokugawa period in Japan, a good number of people, coming from various classes and occupational groups, enjoyed stable and affluent lives and engaged in a variety of cultural and academic activities. They were, for example, aristocrats, *daimyos* (domainal lords), warriors, merchants, and scholars. They read and often were inspired by books on natural history, pharmacology and *kaozheng xue* (evidential scholarship) from Ming- Qing China as well as books on Western science from Holland. From mid-18th century to early 19th century, some of the readers of these books living in Kyoto, Osaka and Edo became so passionate that they not only travelled to see ancient books and artefacts but also collected and studied them carefully. These people were called *kōkoka* (antiquarians) by their contemporaries and themselves.

This paper introduces their evidential notes and illustrated catalogs, with a particular focus on their studies on the binding styles and containers of ancient books. Although the antiquarians have been criticized for their inaccuracies and other problems, I argue that they were nonetheless pioneers in the studies on the history of book culture in Japan.

一　引言：日本江户中期“好古家”的出现

江户时代中期以后，日本思想史上相继出现强调日本古代文化独特性的国学、主张“古义学”的伊藤仁斋之学、提倡“古文辞”的荻生徂徕学派、折衷各家思想的折衷学派等各种思想主张。国学家主张日本文化的独特意义需要对日本古代史进行深入研究，古义学提倡直接阅读儒家原典以理解领会孔子思想的核心，古文辞学认为要以实证方法研究中国古代语言和文章并将其运用于对儒家经典的解释。折衷学派主张兼采诸家合理之处。这些思想主张都有一个共同指向，就是重视古代文化、回到原典以及对各种文献和学说进行理性分析。另一方面，在长期相对稳定的社会环境中，京都、大坂和江户等城市工商业较为繁荣，出现了一批生活安定富裕、有一定经济物质条件和较为充裕的时间从事文化活动的人。在中国明清时代博物学、本草学、考据学以及荷兰商船传来的西方科学知识等多种文化元素刺激影响之下，在十八世纪到十九世纪初，在公卿贵族、诸侯大名等权贵阶层以外，民间的学者、医生、武士、商人等不同阶层和职业中也有不少人热心于阅读以及从事与文学、思想、本草学、博物学相关的各种文化、学术活动。

在这种文化背景之下，江户中期以后，在京都、大坂及江户等地区，陆续出现了一批爱好寻访收集古物、热心研究古代文献和文物的人，往往自称或被他人称为“好古家”。当时学术著述和地方文献中，也时时可见有关他们的记录。享和元年（1801）出版的介绍地方名胜的《河内名所图会》中甚至留下了好古家们在山野中探宝的身影（图1）。

与同一时期从事文学、思想或本草学、博物学等方面活动的人相比，这些“好古家”对古代文献及文物的调查考证研究活动以及他们对古代文献文物的理解认识较少得到近代以及当代研究者的充分重视，在

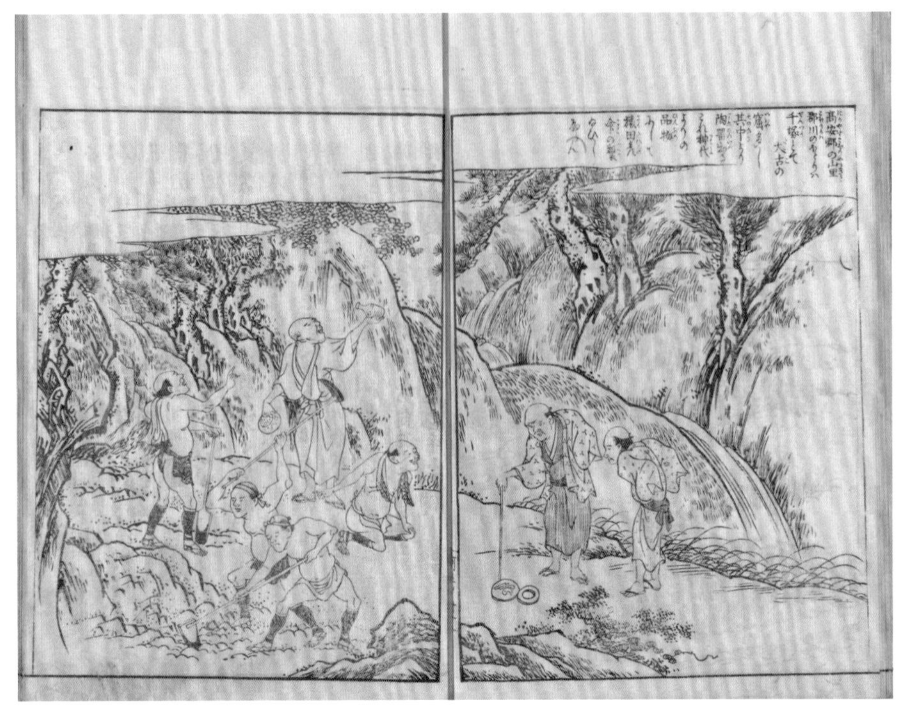

图1 《河内名所图会》中的寻找古陶器图。《河内名所图会》卷五，秋里籬岛撰、丹羽桃溪绘，森本太助等刊，1801年。日本国立国会图书馆藏

中国学界更几乎无人关注 。[1]笔者在对日本江户时期博物学与书籍文化史研究中注意到这些好古家以文物文献实物调查为基本方法的研究活动，认为他们的研究在古代文化研究学术史上的重要意义。本稿将介绍若干好古家的考证笔记以及他们制作的考古图录，并配合此次会议主题，重点考察他们对古代书籍装订形式和古代书籍装具的调查研究，指出他们的研究活动在书籍文化史上具有开创意义。

1 日本学界近年对近世好古家的研究有：铃木广之《好古家たちの19世紀－幕末明治における“物”のアルケオロジー 》(〈シリーズ・近代美術のゆくえ〉，东京：吉川弘文馆，2003.9)、斎藤忠《郷土の好古家・考古学者たち 東日本編》（东京：雄山阁出版，2000.9）、斎藤忠《郷土の好古家・考古学者たち 西日本編》（东京：雄山阁出版，2000.12）、国学院大学日本文化研究所编《近世の好古家たち:光圀・君平・貞幹・種信》（东京：雄山阁出版，2008）等。另外，2021年10月6日～10月12日在东京丸善书店举办的第33次庆应义塾图书馆善本书展示会「蒐（あつ）められた古（いにしえ）－江户の日本学－」首次展出该馆所藏好古家・桥本经亮的收藏品「香果遗珍」，介绍了近世好古家们的活动。

二 “好古家”藤原贞干及其对古代书籍装订形式和装具的调查研究

在谈到江户中期的“好古家”时，首先需要介绍的是国学者藤原贞干（享保17年6月23日1732.8.13～宽政9年8月19日1797.10.8）。藤原贞干通称叔藏，字子冬，号无佛斋、龟石堂、蒙斋等，是京都佛光寺久远院主之子。他11岁得度出家，但长大后却不信佛教，18岁还俗，以本姓藤原为姓，日后著述时有时取姓氏中的藤字署名为藤贞干。他师从日野资枝学习和歌，向高桥宗直学习典章制度，向持明院宗时学习书法，向久米订斋、后藤芝山、柴野栗山等著名儒者学习儒学，又向高芙蓉、韩天寿学习篆刻。[2]

藤原贞干对日本古代史有浓厚兴趣，他利用各种文献资料对日本古史加以考证，主张对古代史文献记载进行分析批判，并提出很多大胆的观点。例如，他认为不能无条件地相信《古事记》和《日本书纪》的记载，在天明元年（1781）出版的著作《衝口发》中，主张《古事记》中的三位主神之一素戋呜尊是新罗之主，又认为天武天皇是吴泰伯末裔、仲哀天皇与应神天皇之间没有血缘联系、神武纪元应当向后推迟六百年等等，这些观点对当时日本古代史的认知具有极大冲击力。由于他的结论极具颠覆性，而所据史料和论证方法也存在明显缺欠，所以遭到同时代国学家们的激烈批判。如著名国学家本居宣长就曾专门撰写《钳狂人》批判他的观点，认为其观点是“狂人之言”，他们

2 关于藤原贞干的主要研究有：吉泽义则《藤貞幹に就いて》（《芸文》第13年8—12号，1922，后收入《国語説鈴》，京都：立命馆出版部，1931）、清野谦次《藤貞幹「古瓦譜」》（收录于《日本人種変遷論史》，小山书店，1944）及《貞幹著「集古図」の研究》《藤貞幹のことども》（收录于《日本考古学・人類学史》上，岩波书店，1954）、神田喜一郎《日本金石学の沿革》（《神田喜一郎全集》第8卷，同朋舍出版，1987）、川濑一马《古代文化研究の先覚藤原貞幹の業蹟》（《続日本書誌学之研究》，东京：雄松堂书店，1980）、古相正美《藤貞幹と周囲の人々》（論集近世文学5《上田秋成とその時代》，勉诚社，1994）、一户涉《「偽証家」藤貞幹の成立》（《アナホリッシュ国文学》第3号，2013）、《『寛政元年東遊日録』について:附・慶應義塾図書館蔵本翻印」（《斯道文庫論集》第51辑，2016）等。

的争论也成为本居宣长与上田秋成等人之间“日神论争”或“唐心论争”的开端。

藤原贞干与江户时代中后期的贵族制度史研究者里松光世关系密切，曾协助里松光世编撰《大内里图考证》，收集大量文献与实物，记录考证京都天皇宫殿建筑。后来京都皇宫遭火灾烧毁，他们的记录和考证著作成为考察京都宫殿建筑的宝贵资料。宽政时期重新修建内里时，藤原贞干也做出了很大贡献。他还撰有《伊势两大神宫仪式帐考注》以及关于官制、年号的《百官》《逸号年表》[3]等著作，并参与了水户藩主德川光圀开启的《大日本史》编撰事业。他编撰的《国朝书目》（图2）则是考证日本古代著述的基本目录 。[4]

藤原贞干在历史研究中不仅重视文献资料的考证，而且非常重视调查传世和出土的各种文物资料，热心于到各地调查收集古文书、金石文、古器物、古书画，认为应该将文献与文物资料互相印证。日本国立国会图书馆藏藤原贞干未刊手稿《六种图考》序云：“干性愚，凡于世好一无所解，独好古之病沦于骨髓。凡可以徵古者，虽片楮半叶、废盆毁瓦，藏而不舍，摹而不遗，庶几得以补图书之阙也。”[5]这一自述的确可以视为他的自画像。在大多数学者偏重于文献资料的当时，藤原贞干重视古物发掘和实物调查，并且留心收集摹写古代书画、绘卷等资料，用以做为考证古代器物、服饰等形制的图像资料。这一研究方法具有开创性意义，对后世史学研究具有很大影响，甚至有人称其为日本最早的考古学家。

另一方面，由于藤原贞干的考古及文献调查、分析方法与学术识见存在不够严密、失于武断之处，甚至有伪造古物、古文献之嫌，所以也受到一些后世学者批评，如江户后期著名考据学家狩谷棭斋曾经在读书

---

3 藤原贞干《逸号年表》二册，京都鳩鶇（钱屋）惣四郎等书肆宽政九年（1797）刻。

4 藤原贞干《国朝書目》三册，横本，菱屋孙兵卫、西田荘兵卫等书肆宽政三年（1791）刻。

5 藤原贞干《六种图考序》，日本国立国会图书馆藏藤原贞干手稿《六種図考》三卷（請求番号：け-25）卷首。

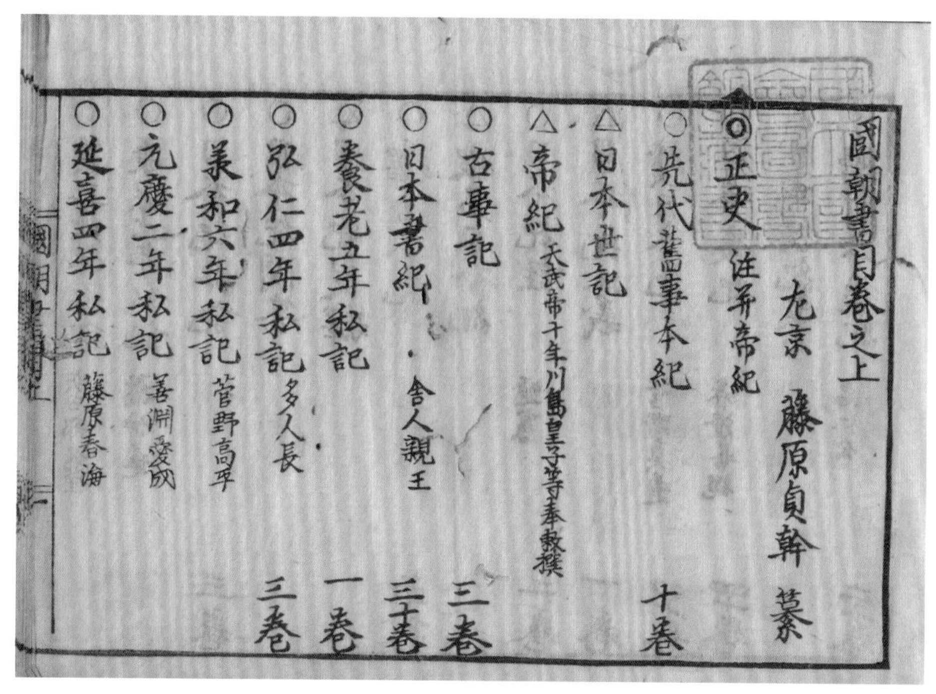

图2　藤原贞干《国朝书目》。日本国立国会图书馆藏

批语中谓其好赝作古书，[6]当代研究者有人称藤原贞干为“伪证家”。[7]但是实际上，即使狩谷棭斋及其老师屋代弘贤也都细读过藤原贞干的著作，这本身就说明藤原贞干的调查收集和研究工作对考据学家的影响。最近日本庆应义塾大学图书馆公布了该馆于2017年购藏的新出皇侃《论语疏》〔南北朝末隋〕写本，在考察其流传情况时发现藤原贞干的考古笔记《好古杂录》和《好古口录》曾经著录该本，[8]此外，还发现藤原

6　日本庆应义塾大学附属研究所斯道文庫藏滨野知三郎旧藏狩谷棭斋批校本《好古小录》“元明天皇御陵碑”条栏上批注云：“此老好赝作古书，然具眼人皆不受其欺（此老好テ古書ヲ贋作ス。然レドモ具眼ノ人ハ皆其欺ヲ受ザルナリ）。”1928年出版《日本艺林丛书》第3卷收录《好古小录》时以该本为底本，长泽规矩也编《影印日本随笔集成》第5辑（汲古书院，1978）也收录该批校本，狩谷棭斋这一批语遂广为读者所知。

7　日野龙夫《偽証と假託—古代学者の遊び—》，收入《江户人とユートピア》，朝日新闻社，1977。

8　佐藤道生《『論語疏』中国六世紀写本の出現》（《斯文》第136号，2021）、住吉朋彦《慶應義塾図書館蔵〔南北朝末隋〕写本〈论语疏〉卷六解題》（《慶應義塾図書館蔵 論語疏卷六 慶應義塾大学附属研究所斯道文庫蔵 論語義疏　影印と解題研究》，勉诚出版，2021）。

贞干好友桥本经亮编《远年纸谱》收有采自这部《论语疏》的纸片 。[9]这些发现为学界客观评价藤原贞干提供了新的事例。

藤原贞干留下众多调查记录和考古图谱，如《好古杂抄》《好古杂记》《古瓦谱》《集古图》《本朝印谱》等，[10]内容涉及古代文献以及古瓦、古印、古銭、古器物等各种古代文物，而比较著名且流传最广的当属刊刻出版的考证笔记《好古小录》《好古日录》。其中《好古小录》二卷共收录金石（22条）、书画（103条）、杂考（57条）三门共计182条考证笔记，卷末“附录”收录笔记中言及的民部省厨量烙印、铜斗、古研、古水滴、古墨等二十多种古物的图像。该书有宽政六年（1794）橘经亮（即桥本经亮）序，宽政七年（1795）由京都书肆林伊兵卫、小川多左卫門、西田庄兵卫、北村庄助和鷦鷯惣四郎（即藤原贞干的好友、竹苞楼主人佐佐木惣四郎）共同出版，此后曾多次刷印（图3，日本国文学研究资料馆藏，ナ5–75–1～2）。《好古日录》收录关于古代印章、古瓦、书籍、古文书、度量衡、语言等119条考证笔记，宽政九年（1797）亦由前述书肆刊刻出版（图4，早稻田大学图书馆藏，リ11–28–1～2）。该书刊刻虽晚于《好古小录》，不过《好古小录》中提到《好古日录》，说明《好古日录》撰于《好古小录》之前。

藤原贞干对日本印刷起源、古代造纸方法、书籍形制和装具等问题都曾予以关注。《好古小录》下卷《杂考》第19、20条分别叙述他对日

---

9 见一户涉《橋本経亮編『遠年紙譜』所収「皇侃義疏料紙」について》，《慶應義塾図書館蔵 論語疏卷六 慶應義塾大学附属研究所斯道文庫蔵 論語義疏 影印と解題研究》，勉诚出版，2021）

10 关于藤原贞干《古瓦谱》等考古图录的研究，可参看以下研究：清野谦次《藤貞幹「古瓦譜」》（收录于《日本人種変遷論史》，小山书店，1944）及《「六種図考」と「七種図考」》（收录于《日本考古学・人類学史》上，岩波书店，1954）、松尾芳树《藤原貞幹の〈六種図考〉と〈七種図考〉》（《京都市立芸術大学芸術資料館年報》第2号，1992）及《藤原貞幹の〈集古図〉》（《京都市立芸術大学美術学部研究紀要》第36号，1992）、时枝务《藤貞幹の古瓦譜——古瓦譜の基礎的研究（1）》（《東国史論》第9号，1994）、增尾富房《「古銭家」としての藤原貞幹》（《藤原貞幹［追悼号］》，藤原貞幹友の会，1996）、小仓慈司《藤貞幹〈古印譜〉と板屋公俊常〈公私古印譜〉》（《日本歴史》第605号，1998）及《日本古印譜の研究（序説）—藤貞幹以前について》（《国立歴史民俗博物館研究報告》第79集，1999）。

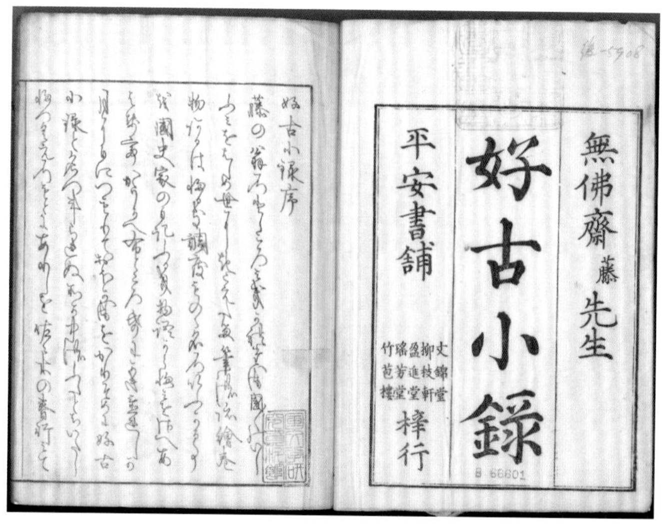

图3 《好古小录》。日本国文学研究资料馆藏

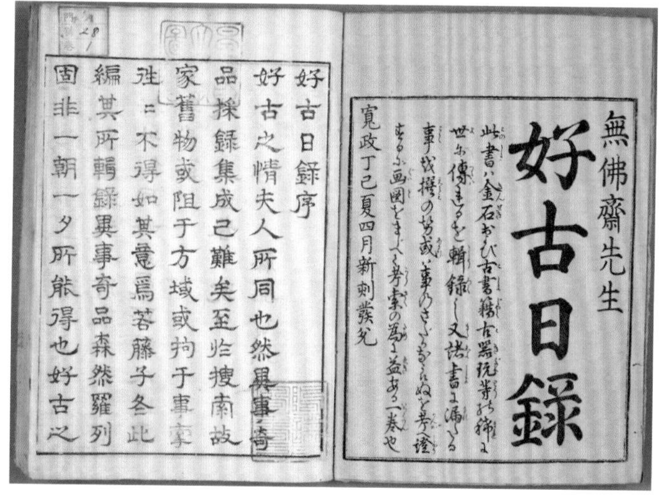

图4 《好古日录》。早稻田大学图书馆藏

本雕版印刷和印行历日情况的看法，《好古日录》第27、28条还介绍了活字印刷的《年中行事》和日语日历印本。

在书籍装帧方面，日本古籍的书衣（书皮）与中国、韩国颇有不同。藤原贞干较早关注日本书籍的外在形态，注意到日本不同时代书籍书衣的差异，《好古日录》第31条“书皮”云：

书皮之古制，佛经所用不一，难以为据。经传古本则八九百年来皆用柿漆纸。书贾所谓嘉点褾纸者近此，本以丁香煎汁染纸而成也。近古书皮多用莲花、唐草花纹者，乃模仿朝鲜书皮者也。[11]

藤原贞干认为，日本古代佛经书衣各不相同，不可一概而论，儒家经传的古本则多用涂布柿涩的深棕色书衣。江户时代书肆出版汉籍训点本时的书衣颜色与其相近，是用丁香煎汁染色而成。藤原贞干所说的这两种书衣用纸，后世日本书志学术语分别称之为“栗皮表纸”和“香色表纸”。此外，他指出江户中期以后常用空押莲花和唐草花纹书衣乃模仿朝鲜书籍书衣而来，做为历史现场的见证者，这一见解对我们今天分析日本江户时期书衣变化及其原因具有启发意义。

《好古小录》下卷第21、22和23条是关于古书装订形式的笔记。其中第21条详细引用钱曾《读书敏求记》“云烟过眼录”条关于吴彩鸾书《切韵》及其装订方式的记述云：

囊草子即旋风叶也。（中略）囊叶子之名见于古书，其存者，所谓“逐叶翻看，展转至末仍合为一卷”者也。又囊草子亦有用线及纸捻装订者。[12]

此条首先认为日本古籍中的“囊草子”一词是指像钱曾所说的旋风叶那种一叶一叶翻看到末叶合为一卷的旋风装的装订方式。但是，旋风装的特点是不用线或纸捻而是用浆糊粘固书叶，而此条最后却又补充说囊草子也有用线或纸捻装订者，显示出藤原贞干对将“囊草子”解释为旋风装也有些信心不足。关于这一点，狩谷棭斋在《好古小录》该条栏上引

---

11 “書皮ノ古製佛経ノ如キハ不一レハ証拠トナシカタシ。経伝ノ古本用ル所八九百年来ノ者皆柿漆紙ナリ、書賈ノ所謂嘉点褾紙ナルモノ此ニ近シ。是元丁子煎汁ヲ以染タル体也。近古書皮蓮花カラクサノ紋アル者多シ、朝鮮ノ書皮ヲ模スル者也。”

12 “嚢葉子ハ旋風葉ナリ。（中略）嚢葉子ノ名古書ニミエテ、其存スルモノ、所謂逐葉翻看、展轉至末、仍合為一巻者也。又嚢草子絲及紙縷ヲ以トヅルコトアリ。”

用自己的老师、比藤原贞干时代略晚的江户后期国学者屋代弘贤批注曰："轮池云：以丝及纸捻装订之说乃贞干自饰其非也。"[13]

第22条"粘叶"引用明人方以智《通雅》和张萱《疑曜》关于蝴蝶装的解释云：

粘叶者，蝴蝶装也。按《通雅》云：粘叶谓蝴蝶装。○王原叔云：书册粘叶为上，缝继（捷按：《通雅》原文作"缋"）岁久断绝。张子贤言宋宣献令家录作粘法。予旧见三馆□（捷按：《通雅》原文作"书"）黄本白本皆粘叶，上下栏界出于纸叶。孙莘老、钱穆父亦如此。孟奇言：秘阁宋版书如试录，谓之蝴蝶装。王古心《笔录》：有老僧永光言，藏经接缝用楮汁、飞面、白芨糊，则坚如胶漆。造澄心纸亦用芨糊。潢治者装潢也。（原注：下略）○《疑曜》云：今秘阁中所藏宋板诸书皆如今制。□（捷按：《疑曜》原文作"乡"）会进呈试录，谓之蝴蝶装。其糊经数百年不脱落，不知其糊法何似。偶阅王古心《笔录》，有老僧永光相逢，古心问僧："前代藏经接缝如线，日久不脱，何也？"光云："古法用楮树汁、飞面、白芨末三物调和如糊，以之粘纸，永不脱落，坚如胶漆。宋世装书岂即此法耶？"今古粘叶接缝如线者偶存，二三百年来者，缝继一分，广及二分许，加糊之法不佳，有鱼食之忧。[14]

《通雅》所言王原叔指宋人王洙，引文出自王洙之子王钦臣记录其父平日言论而成的《王原叔谈录》（一名《王公谈录》）。在江户时代学者中，藤原贞干较早关注中国和日本古代书籍形制，敏锐地注意到《通雅》（卷三十二・通用二）和《疑曜》中关于蝴蝶装、粘叶、缝缋等古

13　原文作："輪池云：絲及紙捻ヲ以テトヅルト云ハ貞幹自ラ非ヲカザル也。"

14　原文作："粘葉ハ胡蝶装也。（以下略）今古粘葉接縫線ノ如キ者希ニ存ス、二三百年来者縫継一分、広ハ二分許ニ及ビ。加ルニ糊法佳ナラズ、魚食之憂アリ。"

籍装订形式的描述。实际上他所引用的这些记录也是当代研究者考察古书形制的论著中经常会征引的。不过，藤原贞干的这条笔记似乎也有一点疏忽，因为《通雅》在引用《王原叔谈录》和王古心《笔录》说明粘叶即蝴蝶装之后，接着叙述古籍装潢问题，故下文云："潢治者装潢也。"并举出相关记载。藤原贞干此条是在谈论"粘叶"，却把"潢治者装潢也"也抄录在内，显然是未意识到这句话并非讨论"粘叶"而是另外一个关于装潢的话题。

藤原贞干对于古代书籍装具也有考证。《好古小录》下卷第42条"书囊"条云：

> 书囊虽见于《石山寺缘起》之绘，然图小，其制不可考。余所见古书囊凡六，其制虽略有异同，长皆一尺二寸许也。其一附有原样封结，当为古制。今人知封结之名者亦鲜矣。[15]

这段记录中《石山寺缘起》指的是《石山寺缘起绘卷》，即描述石山寺创建缘由及该寺本尊如意轮观音的种种灵验功德的寺社缘起绘卷。该绘卷共7卷33段，始绘于镰仓时代末期，完成于五百年之后的1805年左右，至今仍藏于石山寺，是日本国家级重要文化财。[16] 藤原贞干注意到该绘卷中绘有书囊图像，虽然因图画得太小无法辨识细节，但毕竟是重要线索。根据这条记载，藤原贞干曾见到六种形制略有不同的古代书囊。他还在"附录"中绘制了京都东寺所藏书囊实物的图像，并标出其尺寸（图5）。

---

15 原文作："書嚢《石山寺縁起》ノ絵ニ見タレトモ、図小ニシテ、其製考フベカラズ。余ミル所ノ古書嚢凡テ六ツ、其製小異同アレトモ、長ハ皆一尺二寸許也。内一ツ封結ノ昔ノママニ付タルアリ、古製ミルベシ。封結今ハ名ヲ知ル人モスクナシ。"

16 《石山寺缘起绘卷》七卷，其中第一、二、三、五卷为镰仓末期绘制，第四卷补作于日本明应六年（1497），第六、七卷据松平定信文化二年跋语可知是他受石山寺座主尊贤僧正之托，请当时著名画家谷文晁为原有飞鸟井雅章词书配图而成。

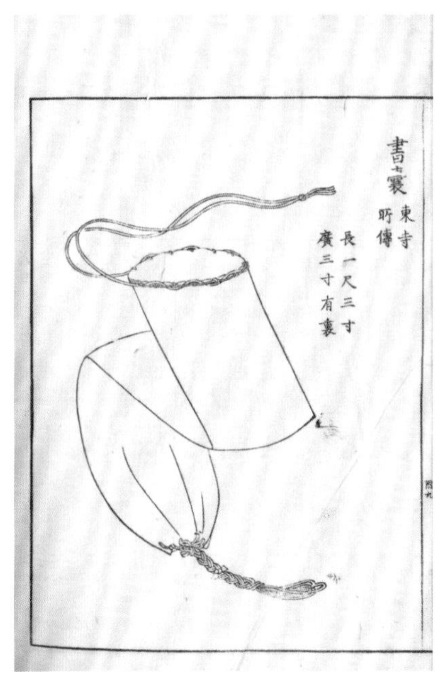

图5 《好古小录》据东寺藏实物绘制书囊图

《好古小录》中另一条关于古代装具的内容是下卷第46条：

《群碎录》云："书曰帙者，古人书卷外必有帙藏之，如今裹袱之类。白乐天尝以文集留庐山草堂，屡亡逸。宋真宗令崇文院写校，包以斑竹帙送寺。余尝于项子京家见王右丞书画一卷，外以斑竹帙裹之，云是宋物。帙如细簾，其内袭以薄缯，观帙字巾旁可想也。（按《香祖笔记》引之，'草堂'作'东林寺'，'项子京家'作'秀水项氏'。）"此间存有数百年外之竹帙，俗称帙箦。内袭或用锦绣，或用绞缬，美丽悦目。古昔尊佛经，即数千卷亦皆用竹帙收藏。又竹帙皆用牙籤，今存者少，东寺校仓中略有存者。[17]

此处所引《群碎录》乃明人陈继儒编著史料笔记，"此间"以下则记载

17 "此间"以下原文作："此間数百年外ノ竹帙存スル者アリ、俗ニ帙簀ト云。内襲或ハ錦繍、或絞纈ヲ用ユ、美麗眼ヲヨロコバシム。古昔佛経尊ヒ、数千巻トイヘトモ皆竹帙ヲ用テ此ヲ蔵ム。又竹帙皆牙簽ヲ用ユ、今存スル者少シ。東寺校倉中ニ希ニ存スル者アリ。"

了藤原贞干所了解的日本古寺所藏古代书帙情况。古代书籍形态从卷轴改变为册页之后，书帙一般是指现在收藏古籍时仍经常使用的函套。但是在卷轴时代，书帙曾经是用以包裹卷轴的装具。中国明清以后这种包裹卷轴的书帙实物已经鲜有传世，近代以后则更为罕见，现代研究者基本上是通过敦煌文献和考古发现印证古代文献记载。[18]在日本，隋唐时期遣隋使和遣唐使带回中国书籍的同时也带回了保护卷轴的书帙，而且为了收藏书籍的实际需要进行模仿制作。特别是古代寺院珍藏的佛经很多以这种书帙包卷，然后放置在经箱中保存。至今仍有不少奈良、平安时代以及镰仓时代等不同时期用以包卷佛经的书帙实物传存于世。这些书帙用彩线将细竹条或细竹篾编织为长方形的箦，用精美的织锦等做内衬或四周边缘，有些还在细竹篾下面的内衬上施以云母。在长方形的一端有将数卷卷轴卷起包裹时用的束带，有的书帙一端的两角和束带上有固定用的雕刻花纹的镀金铜扣。其中制作年代较早的有正仓院收藏的奉天皇诏命安置于東大寺塔中包裹《金字金光明最胜王经》的经帙（高30cm，长53cm，正仓院中仓57），用白、紫两种颜色的绢丝和细竹丝编织而成，除花纹之外，中央部分织出文字“天下诸国每塔安置金字金光明最胜王经”、“依天平十四年岁在壬午春二月十四日敕”（图6）。[19]此外，东寺所藏《大般若经》的经帙也比较著名。

在这类经帙中，目前已知传世数量最多的当为京都神护寺旧藏，据称该寺目前尚有二百零二件，江户时代以后流出的也有不少，在奈良国立博物馆、京都国立博物以及其他一些公私收藏单位均有收藏。图7为日本京都国立博物馆藏神护寺旧藏平安时代（12世纪）经帙，高30.9cm，长44.8cm，表面是用彩线编出花纹的细竹簾，簾下夹有贴着云

18　关于当代学者对卷轴时代竹帙的研究，可参看史树青《苏州虎丘云岩寺塔发现的“经袱”和“经帙”》（《文物》1958年第3期）、方广锠、许培玲《敦煌经帙》（《敦煌学辑刊》1995年第1期）、马怡《书帙丛考》（《文史》2015年第4辑）。

19　图版据宫内厅正仓院官网：https://shosoin.kunaicho.go.jp/treasures?id=0000011957&index=6

图6 《金字金光明最胜王经》经帙，日本天平时代。正仓院宝物

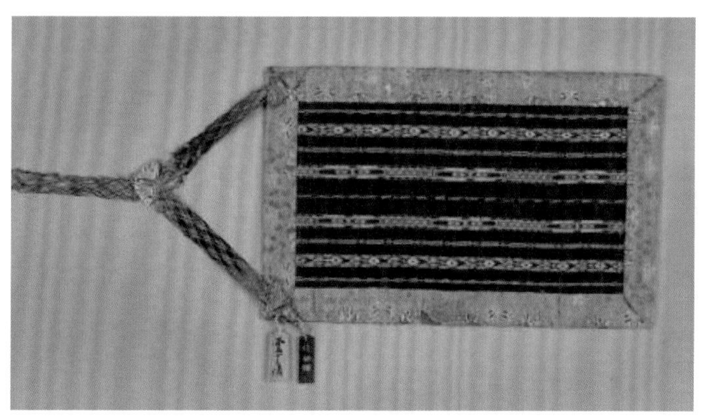

图7 日本神护寺旧藏经帙，12世纪。京都国立博物館藏

母片的芯纸，在竹篾缝隙中闪着淡淡的白光。竹簾四周是有花鸟图案的织锦，背面是萌葱色的绫子。竹簾一端两角分别用蝴蝶型镀金铜扣固定住一组束带，束带交叉处有一个相同的蝴蝶型镀金铜扣，用于在包裹卷轴之后固定卷起来的束带。经帙上悬挂正反面刻有经名的木牌，即下文所说的牙籤。[20] 神护寺实际使用时每一经帙包裹十卷经卷，每六帙一组放置在经柜之中。图8为日本东京国立博物馆藏法隆寺旧藏镰仓时代建久年间（1190～1199）经帙，高31.7cm，长42.0cm，用红褐、黄、白三

20 神护寺经指久安五年（1149）鸟羽法皇（1103～56）发愿命人抄写的绀纸金泥一切经，后白河法皇（1127—92）于文治元年（1185）施给京都高雄神护寺。神护寺现存写经2317卷、经帙202件、黑漆经柜45个，被日本政府指定为重要文化财。

图8 日本法隆寺旧藏镰倉時代经帙，建久年间（1190—1199）。东京国立博物馆藏

色彩线与细竹篾编制，因表面摩损严重，不能确定原来是否有神护寺经帙那种彩线编织出的图案。经帙四周为金丝线红地莲花唐草纹和轮宝云形纹织物，背面为萌黄色绢。[21]

以上所述古代经帙在江户时代已经有一些从寺院中流入私人之手，也引起了藤原贞干的关心。他注意到明人笔记关于宋代竹帙的记载，根据自己在古寺院以及一些收藏者处亲眼所见古代经帙实物加以验证。前引《好古小录》中“内袭或用锦绣，或用绞缬，美丽悦目”，指的是以织锦或扎染等做为竹帙内衬或四周边缘，华丽美观。“古昔尊佛经，即数千卷亦皆用竹帙收藏”，则指出了为何传世古代竹帙几乎均为经帙之原因。“竹帙皆用牙籤，今存者少，东寺校仓中略有存者”是对他在东寺所见竹帙上的牙籤所作的说明。《好古小录》卷末“附录”还收录了竹帙图和法隆寺、东寺传存的挂在卷轴或经帙上的牙籤以及收纳单卷卷轴的书筒图（图9、图10），显示出他对经帙这一文物多种角度的兴趣。

21 国立东京博物馆官网：https://webarchives.tnm.jp/imgsearch/show/C0057877

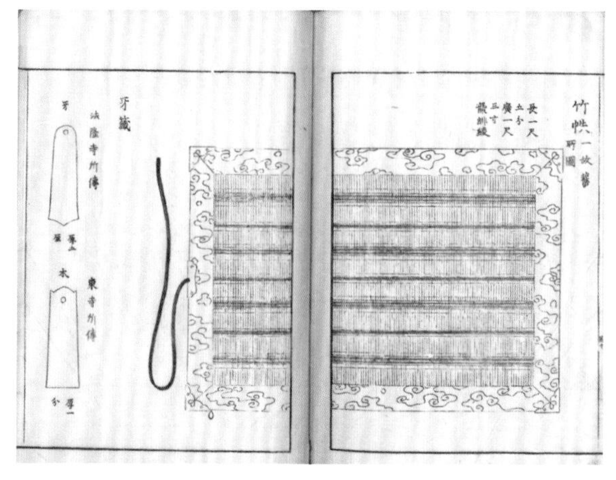

图9 《好古小录》所录竹帙及牙籤图

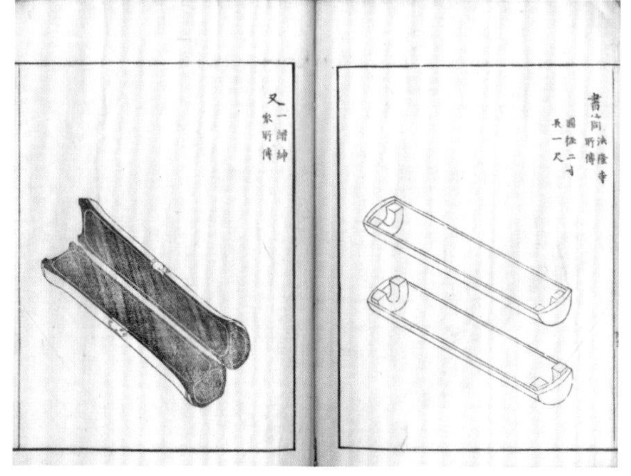

图10 《好古小录》所录法隆寺及某缙绅家传书筒

另一方面，藤原贞干花费多年心血汇集制作的考古图谱《集古图》卷七上《锦绫布帛 染采附》有“东寺所传帙簀袭”之图，描绘了东寺藏帙簀所用织物的图案，第十六卷《木器》有“帙簀简”之图，描绘了东寺藏帙簀用以标明佛经书名卷数的牙籤，可以与《好古小录》的记载相互印证（早稻田大学图书馆藏本，り11–1244）。此外，前述第33次庆应义塾图书馆善本书展示会曾展出宽政年间桥本经亮和藤原贞干一起到东寺进行调查时得到帙簀原件及残片，分别题为“左大寺所藏古物帙簀袭裂”“左大寺帙簀小片”“左大寺所传古帙簀小片”，均为东寺旧藏《大般若经》经帙（平安時代）的一部分，此外还有他们模仿这些竹帙制作的“东寺所传绞缬帙箦摸造”，这证明《好古小录》以及《集古图》中有关书帙的内容与对书囊的记载一样，也是基于实物调查的记录。[22] 而且由此可知，藤原贞干及其友人在考察、记录这些经帙的同时，还曾经尝试进行仿制。

由以上介绍和分析可以看出，藤原贞干对古代书籍装订装帧形式、古籍装具等方面的记录与研究的特色之一是不仅仅依赖文字文献，还注意到古代绘画中出现的各种物品，同时特别重视对古代文物实物的考察，在考察时对传世古物和出土品兼收并重。其研究的另一个特色则是不仅用文字，而且随时用图像记录所见古物的外观和内部结构，并用插图或绘制图谱的方式向读者展示、分享自己的见闻。

重视对图像资料和传世及出土文物的考察是对研究材料的开拓，用绘图方式记录研究对象的形制则往往比文字更加直观形象，令读者易于领会把握。同时，像《好古小录》、《好古日录》这样图文兼备的考证著作的出版，也得力于江户中期以后雕版印刷技术的发展、版画刻印技术的提高和印刷成本的降低。但是即使如此，出版这类带图的考证著作和图谱类书籍也并非轻而易举。《日本艺林丛书》第9卷所收《无佛斋手简》中录有一通藤原贞干致莳田喜兵卫信札，其中提到他与当时著名儒者柴野栗山商谈并在栗山帮助下筹划刊刻自己的著作《七种图考》，当时校勘工作已经进行到七八成。[23] 另一方面，大东急记念文库藏有藤原贞干为申请出版许可而编写的两册《集古图》样本的草稿，其中第二册题有“宽政八年辰九月五日 东御免 作者贞干 愿人林伊兵卫”。此处的“愿人”之意即申请人，据此可知藤原贞干宽政八年（1797）已经与参与出版《好古小录》的出版商林伊兵卫一起筹备出版《集古图》简编

22 庆应义塾图书馆善本书展示会「蒐（あつ）められた古（いにしえ）—江户の日本学—」展览图录，第65—68页，2021年。

23 池田四郎次郎、浜野知三郎、三村清三郎编《日本藝林叢書》第9卷，东京:凤出版，1972.11。根据编者三村清三郎《无佛斋手简附录》考证，该信札写于安永九年（1780）四月。

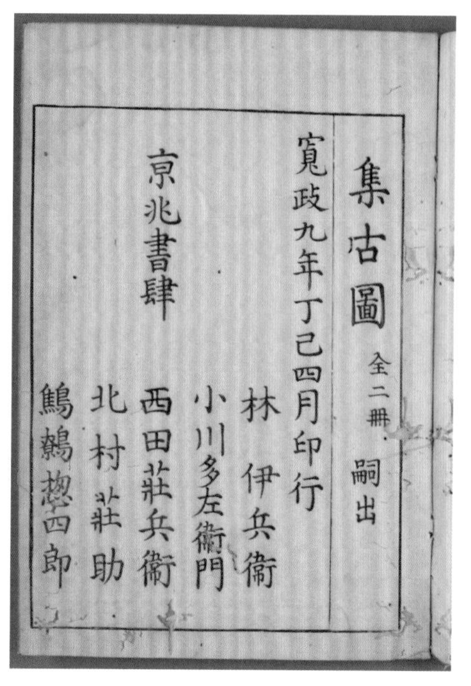
集古圖 全二冊 嗣出
寛政九年丁巳四月印行
京兆書肆
林伊兵衛
小川多左衛門
西田莊兵衛
北村莊助
鳥鶴惣四郎

图11　《集古图》出版预告，《好古日录》。早稻田大学图书馆藏

本。早稻田大学图书馆藏另一部《好古日录》（リ11–5340）印本版权页刻有“集古图全二册嗣出”的出版预告，说明相关书肆在刊刻《好古日录》时的确已经准备出版《集古图》（图11）。不过《七种图考》因为资金问题未能出版，藤原贞干在《好古日录》出版数月之后的宽政九年（1797）九月因病去世，《集古图》的出版计划最终也未能实现。

三　近藤重藏《牙籤考》

藤原贞干终其一生一直是爱好古物的民间学者，在其后系统考察过古籍装具的近藤重藏则有机会成为幕府重臣。近藤重藏（明和八年，1771～文政十二年，1829）名守重，号正斋、升天真人。他幼年被视为神童，八岁即熟读四书五经，十七岁创办私塾白山义学。宽政六年（1794）二十四岁时以中下级武士子弟身份通过了松平定信实施的汤岛圣堂学问考试并获得褒奖，由此步入幕府管理体制中的上升通道。他一生好学，著述多达六十余种。曾向幕府提交北方调查意见书，并五次奉命到虾夷地（今北海道）探险。文化五年（1808），近藤重藏担任江户城幕府红叶山文库书物奉行即该文库负责人，在担任这一职务期间编撰了《正斋书籍考》《右文故事》《好书故事》等与书籍史相关的著作。《正斋书籍考》三卷首一卷，是经史类汉籍解题目录，对相关书籍内容及在日本流传的具体情况一一加以解说。该书文政六年（1823）由江户须原屋茂兵卫、京都植村藤右卫门、大阪前川文荣堂和河内屋源七郎等书肆共同刊刻出版，是了解日本汉籍接受史的重要著作。《右文故事》包括《御本日记附注》《御本日记附注续录》《御写本谱》《御代代文事表》《御代代御诗歌》《庆长敕版考》六部分，考证红叶山文库藏书来历及宽延三年（1750）以前历代幕府将军的文化业绩，文化十四年（1817）完成后呈献给将军。《好书故事》是《右文故事》的姊妹篇，包括讲筵、学校、撰集、书籍、附录等篇，大约成书于文政九年（1826），原书包括本编八十五卷、附录二十卷、目录一卷、援引书目一卷，但现存本颇有残阙。就在《好书故事》成书的这一年，近藤重藏长子近藤富藏因为在与人纷争时杀人被流放到八丈岛，重藏自己也连坐被发配至近江国大沟藩（今滋贺县高岛市），三年后的文政十二年六月（1829）在当地死去，卒年59岁。或许因为这一原因，《右文故事》《好书故事》均未能刊刻，只是以写本形式传世，直至明治三十九年（1906）国书刊行会以铅字排版刊行《近藤正斋全集》才得以问世。

除了比较著名的《好书故事》《右文故事》之外，近藤重藏还撰有《牙籤考》，是系统研究“检”“题签”“牙籤”“书牌”等与书籍制度、书籍装具和文房用具等相关问题的专著。该书有正文、附录和附记三部分，下面对其内容略作考察。

《牙籤考》正文内容依次为：总名、检（斗检封图）、外题、签、牙籤、籤之形、籤之图、牌之图、燕尾之图、牙籤之式、悬籤图。所谓“总名”，是指古代文献中关于书帙上的牙籤的种种名称，如检、棑、燕尾、签、面佥、金题、押题、帙签、狭签子、签贴、册题、外题、巘头、滕头签、题条等。近藤重藏首先征引各种字书、韵书、古代经史子集各部文献及其注释中的用例，对相关词汇依次加以辨析考证。例如关于“牙籤”，他先指出伊藤东涯《名物六帖》将牙籤翻译为コハゼ即卷轴或书帙上用以固定的骨签是一种误译，再引《六书正讹》《康熙字典》《字汇》《和名类聚钞》等词典中的释义，又引用《西京杂记》《书言故事》、唐宋诗歌、《新唐书·艺文志》说明“牙籤”是挂在卷轴或书帙上的象牙小牌。接着他引用元好问《故物谱》和朱熹《答吕伯恭书》中“籤题”用例，指出“籤题”也有标题的意思。其次引用《辍耕录》谈及唐宋书画装潢变化中“籤”的变化，说明唐代多用象牙籤，而南唐以后则多用纸籤。此外还有以纸为籤书写官号姓名、在纸籤上记事以及读书时以朱红牙籤指示等用例。在“籤之形”条目中，他考察古代文献中对“籤”之形状的描述，归纳出“籤”的种种形式。接下来又参考中日两国文献，绘制出各种“籤”“牌”“燕尾”的图形。最后，在“牙籤之式”和“悬籤图”中，参照以上诸说，总结出用象牙或厚纸制作书名标签的具体形式以及插入书册书帙或悬挂于书帙的具体方法并以图示方法加以说明（图12）。

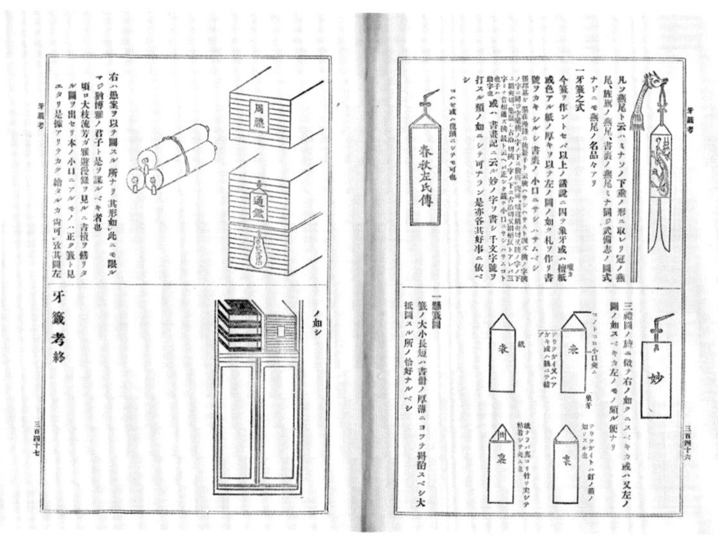

图12 “牙籤之式”和“悬籤图”（《牙籤考》）

《牙籤考》正文之后的“附录”部分主要根据文献和实物考察日本古代与书籍、文书相关的一些文房用具，内容包括籤、夹竿、斗算、栞、角笔（附经桡）、文夹，后五项均配有说明用的示意图。夹竿、斗算、栞是不同形制的书签，角笔是一种木制或竹制的带尖端的细棍，日本古代人阅读时用其在文字旁边标记假名及符号。文夹又称书杖，是一种能够将文件夹在一端的木杖，日本古代宫廷里处理公务时下吏用其将公文呈递给殿上的人。

“附录”卷末有近藤重藏宽政二年（1790）庚戌秋九月二十一日撰写的汉文题跋云：

> 右《牙籤考》一册，应西山翁之索而著之。稿成，正斋近藤守重题其后曰：昔纣作象箸，箕子叹曰：象箸不食於土硎。夫后世之藏书也，必用精绫锦褾、玉轴牙籤等诸物，是徒以圣贤之书为玩弄之观。谚曰：玩物者无成事。书之藏也，取于文字不灭，缉缀不败而足矣，何用无用之玩弄之为。使箕子复起，恸哭岂啻哉？因书以警后之学者。

据此可知《牙籤考》初稿撰成于宽政二年九月。跋语中的西山翁当指大久保忠寄，《牙籤考》附录谈到角笔时曾利用由其藏品摹写的资料。按大久保忠寄是旗本大久保忠员之子，继承家督之后改称市郎右卫门，晚号西山。他曾掌管幕府西丸御书院，自己也以藏书闻名于世。因家住江户爱宕山下，故命其藏书处为“爱岳麓文库”，又名“和文仓”。宽政五年（1793）幕府曾赏赐大久保忠寄养子大久保主税100两做为修缮文库费用，此事在近藤撰成《牙籤考》之后的第三年。与近藤重藏同为山本北山门生的著名文人大田南亩在其笔记《一话一言》中曾言及大久保忠寄。大久保忠寄卒于享和元年辛酉（1801）七月，大田南亩有《哭西山翁》诗云：“岁逢辛酉西山颓，二酉藏书空自堆。忆昨殊恩下台命，为修文库赐金催。”[24] 尾联所咏即幕府出资为其修缮藏书处之事。[25] 近藤撰写《牙籤考》时刚刚二十岁，因前辈藏书家垂询而遍检群籍，著书作答，最初似乎颇为自信。但有意思的是，写下上述题跋两个月之后，近藤看到朱舜水《朱氏谈绮》，颇受刺激，在上述题跋前又写下一段识语云：

> 稿脱之后偶见舜水《谈绮》释牙籤曰：“以象牙作小札，书以书名，悬插每部书上，以便查找。”于是牙籤之说始了然。既因己说与其相符而愉然自喜，且叹文字象形之妙，又因自己浅见薄识而茫然自失，恨见《谈绮》晚，徒费闲工夫，恐难免于牛刀之讥。欲取稿烧之，又觉可惜。因记其后，以证吾考之不妄。十一月四日记。[26]

读到《朱氏谈绮》对“牙籤”的解释后，近藤既因自己的考证结论与其暗合而惊喜，又懊悔自己见识不广，徒费时间精力，甚至担心被人讥笑为小题大做，曾想把书稿付之一炬，转念又觉可惜，还是保存下来并记录其事以证明自己分析的正确。短短几行文字，透露出作者的复杂心情。这两篇题识既能了解作者写作本书的动机，亦可从中窥见这位初出茅庐的青年人之勤奋向学与研究中的内心纠结。东京大学图书馆藏南葵文库旧藏写本《牙籤考》目录首页右下角有四周双边楷书“爱岳麓文库”长方形朱印，可知原为大久保忠寄旧藏。首行“牙籤

---

24 大田南亩《南畝集》卷十二。

25 关于大久保忠寄的研究有森润三郎《蔵書家大久保西山》（收入森润三郎《考証学論攷》，日本書誌学大系 9，青裳堂书店，1979.11）和朝仓治彦《近世の蔵書家たち(七)--大久保西山》（《日本古書通信》46(7)(624)，第1页）。大久保忠寄的藏书目录有《大久保西山翁文庫書目録》（写本一册，东京大学综合图书馆藏，A10:216）和《西山翁蔵書目録》（写本一册，日本国立公文书馆，219-0171），可参考朝仓治彦监修、长泽孝三编《板倉・朽木・大久保家蔵書目録 影印 第5巻 西山蔵書目録 分類編》，書誌書目シリーズ，ゆまに書房，2004.11。

26 按近藤所引朱舜水之说当指《朱氏谈绮》卷下《器用》对“牙籤”这一语词的解释：“牙籤：象牙ニテ小サキ札ヲ作リ、一部ゴトノ書名ヲカキテサゲヲキ、見ヤスキヤウニスルヲ云。”

考目次”下有朱笔批注云：“《牙籤考》次序他日誊清时当照此目录改书”，且“附录”后只有汉文题跋而没有十一月四日题识，当为书稿完成不久之后的写本。[27]

近藤重藏对牙籤的考证并未到此结束。《牙籤考》第三部分的《牙籤考附记》最初有以下一段说明：

> 予向著《牙籤考》，略证其形狀，又以东涯译之为コハゼ为非。一日访友人屋代（伯）〔弘〕贤，（伯）〔弘〕贤曰：顷之圣堂观曝书，见《靖节集》卷尾有牙籤图，又一书亦有相同之图，其上似画有线绳。然仓卒之间，忘其书名。且尝闻村井古岩有西土传来牙籤，据曾见其物者云，其形状亦如《靖节集》之图。又出方以智《通雅》以示，其中说籤之事颇详，直以籤为“小楔”。[28] 当时见闻未广，妄以先辈为非，一未见《谈绮》，二未见《通雅》，自愧自悔无逮。因举其全文书于左。宽政四年壬子秋九月十日　守重记。[29]

这段识语撰于上述题识两年之后。上文谈到藤原贞干时曾经提到屋代弘贤为近藤提供了有关牙籤的新线索，并告诉他方以智《通雅》亦将“籤”解释为固定用的骨签。按屋代弘贤（宝历八年1758～天保十二年1841）通称太郎，号轮池，是江户后期著名学者，天明元年（1781）出

27　原文作：“牙籤考ノ次第他日浄書ノ時、コノ目録ノ次第ニ書改ベシ。”

28　方以智《通雅》卷三十二《器用》：“以此观之，则自今手卷书套外之縢头签，徐铉所言书函之盖或同名耳。今避御讳以简字代之，或省画作检。大约古之检乃匣也，后借以指束卷带头之小楔。或曰蹮，或曰籤，即签也。而裁纸绢为书面题条，亦谓之籤。”

29　原文作：“予嚮キ牙籤考ヲ著シテ、略ソノ形狀ヲ證シ、又東涯ノコハゼト訳セラレシヲ非ナリトス。一日友人屋代（伯）〔弘〕賢ヲ訪シニ、（伯）〔弘〕賢曰：頃聖堂ニ之テ書ヲ曝シテ見ルニ、靖節集ノ巻尾ニ牙籤ノ図アリ、又一書ニ同ジ図アリテ、上ヲ絛ニテ掲ルヤウニ画キタリ。倉卒ニシテソノ書名ヲ忘タリト。又嘗聞村井古巌西土ヨリ渡リシ牙籤ヲ持テリ、ソノ物ヲ見シ人ノ話ニマタ靖節集ノ図ノゴトシト云フ。又方以智ガ通雅ヲ出シ示サル、ソノ中籤ノコトヲ説コト頗ル詳ナリ、直ニ籤ヲ以テコハゼノコトトセリ。当時見聞ノ広カラズシテ、妄リニ先輩ヲ非ナリトシ、一ニ談綺ヲ見ズ、二ニハ通雅ヲ見ズ、自ラ愧ヂ自ラ悔テ逮ブコトナシ。依テソノ全文ヲ挙テ左方ニ書ス。寛政四年壬子秋九月十日　守重記。”

仕西丸台所，翌年担任幕府表右笔，天明六年任本丸附书役，宽政五年（1793）升为奥右笔所诘支配勘定格，文化元年（1804）三月，又升为御目见以上。他曾经从塙保己一学习国学，参与编纂《群书类从》，又曾经担任和学讲谈所会头，去世时的职务为奥右笔所诘奥右笔格。他熟悉日本典章制度和书志学，其友人柴野栗山、成岛司直、小山田与清、大田南亩、谷文晁等也都是热心收集调查古代文物的同好。[30] 这位博学多识的友人提供的信息显然对近藤有很大触动，他再次反省自己所见未广却妄自批评前辈，于是查阅《通雅》抄录出相关原文，并到圣堂找出《靖节集》卷尾之图，确认其不是牙籤图而是刊刻牌记，并认为其为“检”之遗义。

又过了一年之后，屋代弘贤再次带来了新的资料。这一次，他受幕府之命到京都调查佛寺神社所藏古物，亲眼目睹了古寺收藏的佛经上悬挂的牙籤，于是马上摹写其形制，回来后送给近藤重藏。《牙籤考》的“附记”部分根据他提供的资料绘制了高雄山后白河院所赐绀纸金泥一切经帙簀牙籤之图（即上文所述京都神护寺所藏帙簀）、东寺一切经之籤图、东大寺藏籤图、京都三条梅檀王院美福门院御笔绀纸金银泥《诸经集（巘）〔懺〕仪》（即《集诸经礼忏仪》）的帙簀之图（图13）。[31]

通过对这些古寺所藏实物的考察，屋代弘贤和近藤重藏对《河海抄》等日本古籍中关于帙簀的描述豁然开朗，认识到这些经帙的设计和使用方法均传自唐代，而神护寺一切经以一帙包裹十卷卷子本的方法与《经典释文》《白氏文集》所述也是一致的。近藤又引用《延喜式》

---

30 屋代弘贤曾随柴野栗山到京都、奈良等地古代寺院神社调查古代文物，撰有调查记录《道の幸》，又奉幕府之命参与编纂《宽政重修诸家谱》、《古今要览稿》和《集古十种》等。其著作有《金石记》（《藝苑叢書》，風俗絵巻図画刊行会，1923）、《参考伊势物语》（岩波文库，1928）、《古今要览稿》六卷别卷一卷等。其“不忍文库”藏书五万馀册，有《不忍文库目录》（朝仓治彦编《屋代弘賢 不忍文庫蔵書目録》六卷，ゆまに書房，2001）。

31 按梅檀王院法林寺现藏同名绀纸金银字写经乃藤原清衡（天喜四年1056～大治三年1128）发愿抄写而非美福门院（即羽鸟天皇皇后藤原得子，永久五年1117～永历元年1160）御笔，帙簀存否不明。

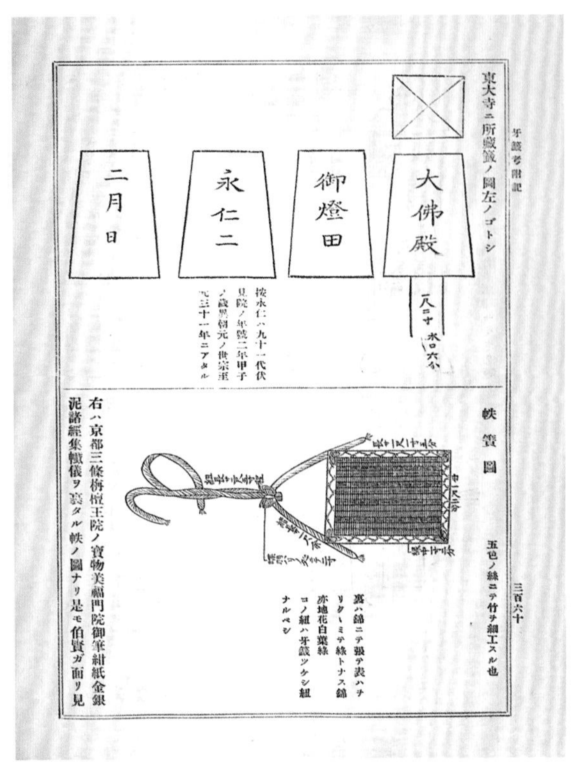

图13 《牙籤考附记》所录东大寺藏籤、栴檀王院帙簀图

“凡造竹绫判帙（中略）长二尺，阔一尺五分”“作竹样线成帙”等语，指出制造帙簀的方法可能在唐代既已传入，而宋代传入的经帙也有可能是按照古制制作的。虽然以上对牙籤及经帙的认识与藤原贞干《好古小录》基本相同，但是自己的分析终于得到西京古寺所藏古代实物的印证，这对于数年来一直关注这一问题的近藤重藏来说实在是一件快心之事。他在叙述从屋代弘贤得到摹写资料之事时云：“由是而牙籤之事始大明，与予所考若合符契。思之不通，鬼神通之。因文而考，则无不可明之物乎。”[32] 积年悬案终于破解的喜悦心情和由此而生的对学问研究的信心跃然纸上。

32 原文为：“是ニテ牙籤ノコト初テ大ニ明白ニシテ、予ガ考フルトコロト符契ヲ合ワセタルガゴトシ、思テ通ゼザルトキハ鬼神通ズトカヤ。文ニ因テ考ハ、物トシテ明カナラザルコトハアルマジクニヤ。”

四 其他“好古家”对古代书籍装具研究

藤原贞干和近藤重藏都是充满个性和十分执着的学者，但是在热心搜求古代文物相关信息并不断探索研究这一点上，应该说其道不孤。正如本文引言所云，江户中期以后，在京都、大坂、江户等地区有一批像他们这样爱好收集研究古代文献和文物的人，其中一些人还通过相互借阅文献、共同鉴赏文物以及摹写传抄古代文献和古物资料等方式建立起交换学术信息和共同讨论的知识传播网络。而重视图像资料和考察文物实物并以图像记录、展示古物形制样貌，则是他们研究方法的特征之一。十八世纪中叶以后，出现了一批考察古代文献和文物的研究著作，其中不少绘有文物图像，还有以图为主的考古图录。下面我们举出两种收录古代书籍装具的图录以为例证。

1. 高岛千春《古图类从　调度部　文书具类》

高岛千春（安永6年1777～安政6年11月12日1859）通称寿一郎，字寿王，号鼎湖、得天斋、融斋，大坂人，江户时代后期土佐派画家。他最初在京都大坂活动，后迁居江户深川。高岛千春熟悉典章制度和各种礼仪道具、装束，热心于临摹古画，研究其中用具、服装的形制。他绘制编撰的著作有《太秦牛祭画卷》（高岛千春缩图，岸本由豆流校，文化十四年[1817]跋）、《古图类从　调度部　文书具类》（文政五年[1822]刻本，以下简称《古图类从》）、《舞乐图》（题融斋源千春画，出云寺富五郎文政十一年[1828]刻本）、《求古图谱　织纹之

33　高田与清（1783-1847），号松屋，本姓小山田，后成为豪商高田家养子，在经营家业的同时搜求群书，热心于研究考证古代文献和典章制度。其藏书楼“拥书楼”藏书号称有5万卷，而且提供给研究者借阅。编有《群书搜索目录》，著作有《松屋笔记》、《拥书漫笔》、《十六夜日记残月钞》等。《拥书漫笔》四卷是以兼用汉字、平假名文体撰写的考证笔记，高岛千春绘制插图，其中有些摹自古画，有忠右卫门、松屋要助、角丸屋甚助文化十四年（1817）刻本及天保二年（1831）丁字屋平兵卫后印本。早稻田大学图书馆中村文库所藏《拥书漫笔》乃江户时代租书店出租用书，因经过众人翻阅已经相当疲软，书衣背面贴有租书店的价格表，说明这类书籍在当时享有不少读者。

部》（天保十一年[1840]序）等，还为其友人高田与清的考証笔记《拥书漫笔》（文化十四年[1817]刻本）、[33]桥本直香《歌仙部类抄　女房三十六人歌仙》二卷（嘉永七年[1854]序）等绘制插图。

高岛千春在文政五年（1822）出版了《古图类从》。该书橘红色书衣，书衣左上贴有白纸四周双边框印刷题签，印有“古图类从　调度部/文书具类”。卷前有成岛司直、源弘贤（即屋代弘贤）文政五年（1822）序和高岛千春撰“凡例”，“凡例”首页首行顶格题“调度部（空一格）文书具类”。其中成岛司直序云：

> 輓近考古之学盛兴，然廊庙之士身缚冠带，足尼城闉，耳目有所滞而不能徧焉。江湖之徒则有搜讨之余暇，但志屈家累，或惮其劳苦，于是神物奇货常与人不相值，是可惜也。（中略）千春覃思丹青，远遡古土佐氏流，其名籍甚。客岁游江都，绢素请画者屦满户外云。千春有四方之志，交游最广。凡缙绅旧家之秘藏，名山灵窟、废寺荒观之储蓄，名画古器，种种色色，莫不详摹而精写焉。近日更加选抉，分门类次，为三十余卷。盖我先王制度文物多资诸李唐，故图中所收，可观隋唐遗制者，往往有之。其大者关先王政理制度，细者足以徵本邦中古风尚沿革，抑亦稽古之一助也。向微千春以闲散纵游之身，兼博雅好古之志，其网罗周萃，何能如是哉。

由此序可知，高岛千春以知名画家身份广交各方，遍访名山古寺、缙绅旧家，详摹精写其收藏，并选择所集资料分类编辑为三十余卷，而《古图类从》实际上只是这部三十余卷巨著的一个门类。

《古图类从》收录高岛千春从古寺、神社、诸家收藏古物以及书画绘卷等资料中描摹的笔砚文具、书籍装具的图像，包括毛笔、角笔、字指、砚、砚箱、砚筥、笔砚台、墨、水滴、刀子、锥、笔轴、铗、纸、文书、书衣、轴、竹帙、籤、往来轴（悬挂于卷轴的竹木片或夹在卷轴

图14 《古图类从》所绘古代书籍装具

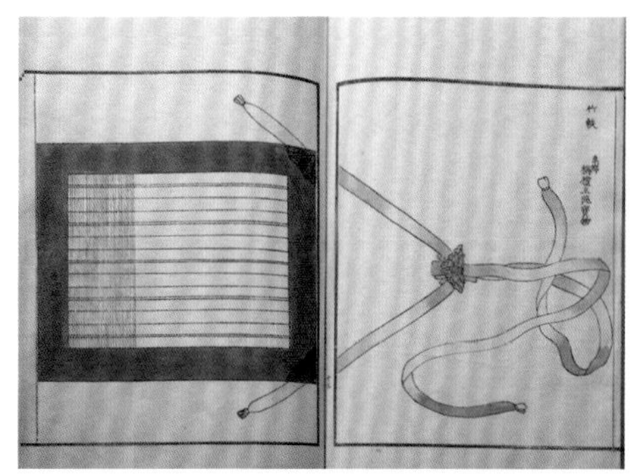

京都梅檀王院藏竹帙

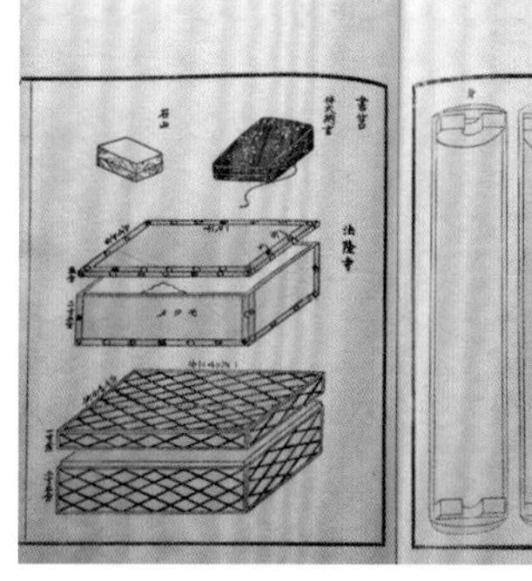

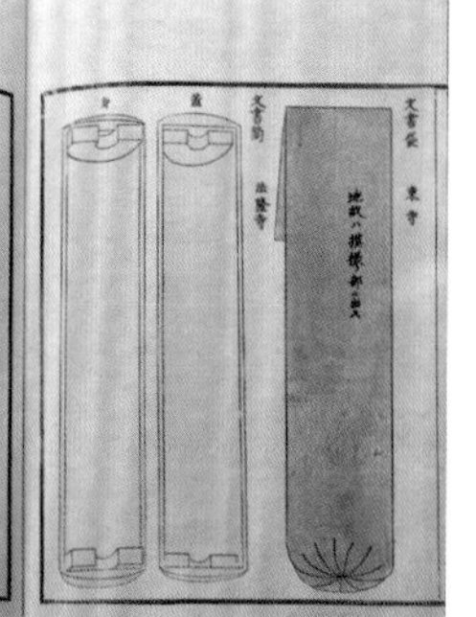

东寺藏文书袋（右）、法隆寺藏文书筒•書筥

中的纸片，写有书名卷数或日期等以便查检）、文书袋、文书筒、书筥、笈、柜、文机、文台、书棚（即书架）、文车、夹竿和印章等，其中一部分以彩色或淡墨印刷，大部分注有收藏者或书画绘卷出处，有些还注有尺寸和器物上的文字。与书籍装具相关者包括也见于《牙籤考》的京都梅檀王院竹帙，法隆寺藏文书筒、书筥、书籤，东寺、东大寺藏文书袋等（图14）。

《古图类从》的编撰目的在于按类编排撰者收集的古物图像资料，故用力于精确描绘古代文房器物和书籍装具等物品的形制，几乎没有考证性的文字。该书问世十八年之后的天保十一年（1840），高岛千春又出版了描摹古代纺织品图案的《求古图谱　织纹之部》。此书所有图版均为套版彩印，雕刻印刷比《古图类从》更为精美。卷前有德川幕府大学头、培斋主人林皝（柽宇，林述斋之子）“叙”云：“上世罗绫锦绣之美，异彩奇章，斐然满幅，多为人间罕遘之物。而旁搜曲取，积文成秩，自非其用心之邃且笃则不能为也。于是乎益知其画考证之晰，根柢之深，殆有前人所未到者矣。”由此可见高岛千春的追求与当时人的评价。不过，或许因为这种彩色图录刊印成本过高，成岛司直序中提到的三十余卷稿本实际上只刊刻了这两部分。

2. 野里梅园《梅园奇赏》《梅园奇赏二集》

野里梅园（天明五年1765～？），名嵩年，号梅园，通称四郎左卫門。野里家历代担任大坂南组惣年寄，野里梅园自己也长期担任此职。惣年寄的职务是在奉行所管辖之下处理当地各种行政、治安等事务，其中也包括“书物方”即负责审查书坊申请刊刻的书籍。野里梅园热心于各种文事活动，也是一位爱好古物和美术品的“好古家”。他天保十四年（1843）因事解职隐居于播州高砂，此后仍有拜访友人展观古物的记录，可知其晚年仍保持对收集研究古物的爱好。[34]

野里梅园著有《梅园奇赏》《梅园奇赏二集》《本朝画图品目》《如是我闻》《野里口传》《国朝绘卷考》《摽有梅》等，前三种于其生前刊刻出版，其余则以稿本或写本形式传世。其中《如是我闻》是代替日记的对日常见闻的记录，现存稿本二册。野里梅园文政六年（1823）至翌年曾因公事到长崎，《如是我闻》记载了当时他与清人江芸阁、陆品三等人书信往来和清人在其主办书画会上展出作品的情况。[35]《野里口传》是野里梅园关于大盐平八郎为救助饥馑中的民众而计划举兵袭击大坂奉行事件对江户幕府所做汇报的记录。[36]《摽有梅》内容为关于各种古物资料的杂记和剪贴薄，其中包括野里梅园自己的收藏品、亲自调查观摩古物及出土资料的记录，也有不少来自先人及同时代人有关古物记载的著述、摹写资料和拓片，如木内石亭《曲玉问答》、松平定信《集古十种》、为《本朝画图品目》作序的谷文晁《大和巡画日记》、参与《梅园奇赏》及《二集》刊刻的森川世黄《大

34 野里梅园事迹长期以来被混同于另一位号梅园的博物学家毛利元寿，直到多治比郁夫发表《野里梅園のこと》（最初刊载于森铣三等编《随笔百花苑》10，附录（月报）15，中央公论社，1984年，后收入多治比郁夫《京阪文艺史料》第3卷，第221-228页，日本書誌学大系，青裳堂书店，2005年9月）才予以澄清。关于野里梅园的家世可参考山路孝司《生駒山人「野里屋」養子時代と養子解消の真相》（日下古文书研究会会报《くさか史風》第3号，2019.5）。

35 大阪府立图书馆藏，甲和/627#。关于野里梅园与清人的交往，笔者拟另文介绍。

36 《野里口传》明治三十五年（1902）经整理收入《改订史籍集览》16，有临川书店1984年重印本。

和日记》以及藤原贞干《集古图》《历代外印铸造私考》等。[37]

野里梅园于文政十一年（1828）将一部分自己的收藏品和历年经眼、摹写的日本各地寺院神社等处所藏古代器物、古文书、书画资料加以选择，编辑为《梅园奇赏》及《梅园奇赏二集》（《二集》日本国立国会图书馆藏本题签作"梅园奇赏续集"），精雕细刻，以供同好之士欣赏。《梅园奇赏》及《二集》内容与《摽有梅》多有重合，说明二书基本是从《摽有梅》所收资料中选择编辑而成。《摽有梅》中也有《梅园奇赏》及《二集》出版后增加的内容，则是因为野里梅园的资料收集活动一直持续到其晚年。

《梅园奇赏》及《二集》开本较大（35.1cm×23.6cm），浅粉色书衣，朱红色题签上印"梅园奇赏"书名，采用"大和缀"装订方式，且用紫色线绳打结（亦有用红色线绳者），装帧十分讲究。[38]卷前有松轩主人即浜松藩藩主水野忠邦题字，书中印章部分用朱色印刷，且分为数色，墨印部分亦根据图像用浓淡不同的墨色刷印。卷末有本居宣长继承者本居大平跋语。《梅园奇赏》及《梅园奇赏二集》书后均有"文政十一年戊子嘉平月模勒/上梓森川世黄挍合/浪華　野梅园藏板"刊记，刊记左侧有朱长方印"宇米曾乃"（即"梅园"的日语发音）。左下角以小字雕刻工姓名"千种利兵卫刀"，背面有"东都书林（'書林青山堂章'朱文方印）/雁金屋//青山清吉（小石川传通院前大门町）/近江屋//吉川半七（京桥通南传马町一丁目）"的书坊信息。[39]参与校勘

---

37 《摽有梅》现存本包括稿本和传写本，已知者有十余册，分藏神宫文库、东京都立中央图书馆加贺文库、无穷会专门图书馆神习文库、早稻田大学中央图书馆、西尾市岩濑文库等数家公私藏书机关。其中早稻田大学藏本抄写于明治十六年（1883），第一册末有明治三十一年题识云："右摽有梅二册者，去明治十六年六月十二日就宫内厅御系谱掛官本起笔，至同月二十七日誊写了。/明治三十一年八月十日追记。"可见该书在明治时代尚有需求。关于《摽有梅》的传本及其内容，可参看小玉道明《野里梅園『標有梅』の世界》，《ふびと》第65号，第68—82页，2014年1月，三重大学历史研究会。

38 所谓"大和缀"即在对折书叶的右端用纸捻加固并在前后加上书皮之后，在上下各打两个眼，然后穿入装饰性的丝带或线绳，在上下各打一个结。

39 此处书志据日本国文学研究资料馆鹈饲文库藏本（96-523-1～2）。

的森川世黄（宝历十三年1763～文政十三年1830）号竹窗，是一位书法家和篆刻家，他也是古代文物特别是古法帖和古文书的热心搜求者，曾经编撰摹刻古代书法资料《集古浪华帖》（五册）和《浪华帖仮名卷》（二册），与高岛千春合作编刻《文华帖》，并曾为松平定信编辑《集古十种》提供帮助。他文化六年（1809）与高岛千春等人一起巡访奈良古寺，留下了记录各寺院文物的绘图日记《大和日记》（天理大学附属天理图书馆藏稿本），《摽有梅》及《梅园奇赏》都有出自《大和日记》的内容（如图15右图法隆寺经筒图即与《大和日记》所绘相同），说明森川世黄不仅参与校勘，而且也和野里梅园共享资料。

《梅园奇赏》中与古籍和书籍装具相关的内容包括近江甲贺郡甲贺寺藏经卷奥书、东寺文书袋、东寺大般若经籤、高野山经卷中夹筭、菅家所用象牙字指、法隆寺法花经牙籤（图15左图）、奥州中尊寺一切经藏所置唐柜（藤原基衡寄附，图15中图）、文囊、法隆寺经筒（图15右图）、善光院一切经印、东福寺中三圣寺藏经印、南都海龍王寺藏经印、东大寺八幡宫藏文书籤等。《梅园奇赏二集》则有宋板经卷（有镰仓五山之一圆觉寺藏印）、东大寺正仓院所纳黄热香象牙籤。所录图像均注有原件收藏者或书画绘卷出处，部分文物注有尺寸和质地，还有部分图像按原件大小绘制。如東寺文书袋注云："大小如图，质地麻布，茶色，纹样染为黄白两色。"古写经或古文书图像不仅摹写原书格式、字体，而且连纸张虫蛀、破损处亦尽可能照原样描绘出来，显示出摹写和编撰者努力为读者提供接近原件状态图像的用心。

五 结语

以上我们以藤原贞干、近藤重藏为主，考察了江户中后期活动于京都、大坂和江户的"好古家"对古代书籍装订形式和装具的研究活动，并以高岛千春《古图类从·调度部·文书具类》和野里梅园《梅园奇

图15 《梅园奇赏》

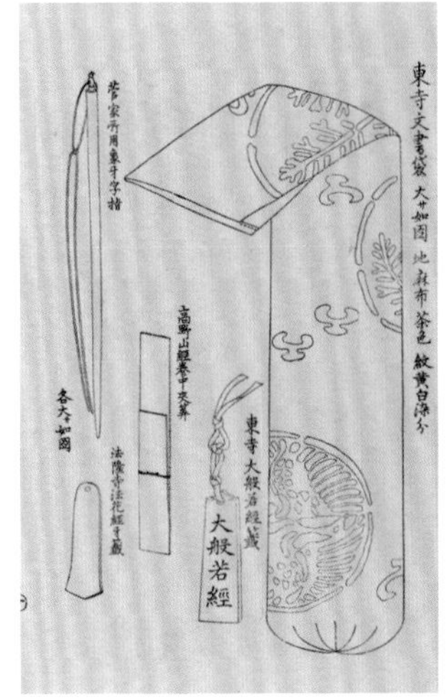

1 书袋、经籤、夹算、字指、牙籤

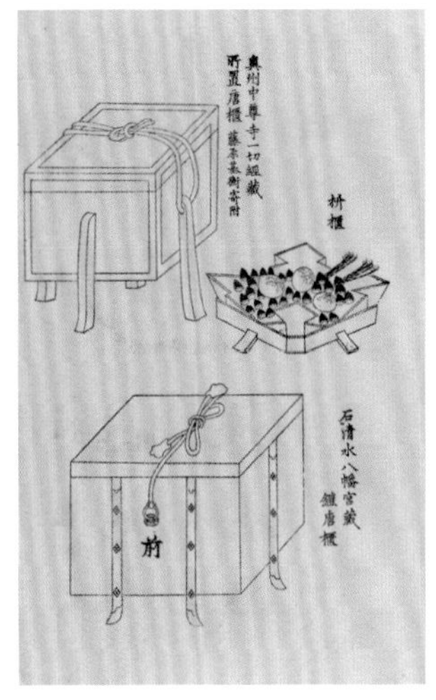

2 奥州中尊寺一切经藏所置唐柜

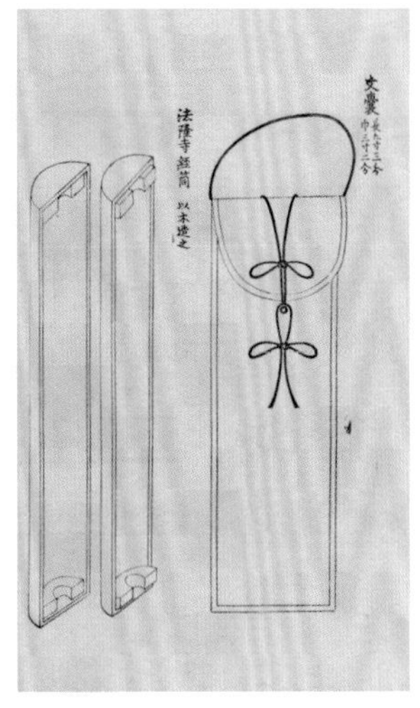

3 文囊、法隆寺经筒

赏》为例，介绍了这一时期的“好古家”编刻的考古图谱。这些“好古家”热心搜求研究古代文物文献，互相交换资料、沟通信息，形成了文献文物信息传播网络。在研究方法方面，重视文献与文物实物的调查，涉及范围包括古文书、古典籍、金石文、古器物、古书画等多种领域。他们注意收集图像资料，以绘图的方式记录古物，编撰并利用雕版印刷技术刊印图谱，将自己的收藏品和收集到的古物资料公之于当世同好，并传之后世。这些图谱是后世文物图录的先驱。在考察古代文献时，他们在阅读其内容的同时也注意观察古籍形制、装帧形式和装具等物质方面的特征，特别是对古籍装具的实际调查和图像记录，在书籍文化史上具有开创意义。好古家们对古代文献文物的理解认识尚有粗疏或缺乏系统之弊，但他们对古代文献、古物的收集研究活动促进了当时的知识传播，也为后世文献考据学发展和考古学的出现积累了资料和研究经验。

近代以后，这些“好古家”的著作继续以传抄、用旧版片刷印以及影印、整理出版等方式传播，同时，在新的历史文化与学术背景之下，对古代文物的研究以及文物图录的编撰出版也进入了一个新的时代。在石印、珂罗版印刷等西方技术陆续引入并不断发展的同时，横山由清编《尚古图录》（第一、二编，片冈德兵卫刻，横山由清尚古楼藏板，青山堂雁金屋青山清吉发行。初编明治四年1871，二编明治八年1875）、[40] 松浦武四郎编《拨云余兴》（第一、二集，河锅晓斋绘，木村嘉平刻，初集明治十年1877，二集明治十五年1882）、今泉雄作、谷口香嶠、碓井小三郎编《古制征证》（五卷，第一卷喜多川英二郎刻，第二至五卷木下犹之助刻，京都芸艸堂，村上勘兵卫、山田直三郎发行，明治三十五年1902～明治四十二年1909。图16）等木刻印刷图录也在雕版印刷技术的黄昏时刻展现出晚霞般的光彩。

另一方面，包括古代书籍装具在内的古物调查在明治政府发布“古器旧物保存方”和制定实施《古社寺保存法》（明治三十年公布）的背景下由政府主导进行，关于古代书籍装订形式和装具的研究则在近代学科分类的影响下分别由接受西方图书馆学影响的图书学和书志学、古代文史研究者继承并逐渐形成更为系统和深入的认识。

本文撰写过程中得到京都大学人文科学研究所梶浦晋先生和庆应义塾大学佐佐木孝浩先生指教和帮助，特此致谢。

---

40 《尚古图录》及《二编》书后刻有书坊信息云“制本发兑人东京小石川传通院前大门町//青山幸二良（“青山/堂记”朱方印）/东京专卖书林　仝京桥南传马町一丁目//吉川半七 / 仝下谷池の端仲町//斋藤兼藏 / 仝小石川传通院前大门町//青山堂”。

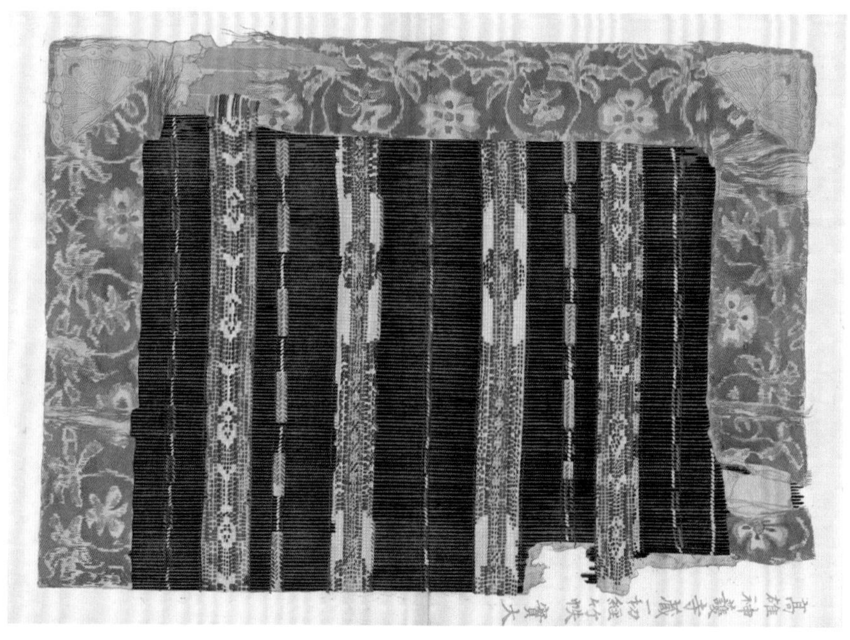

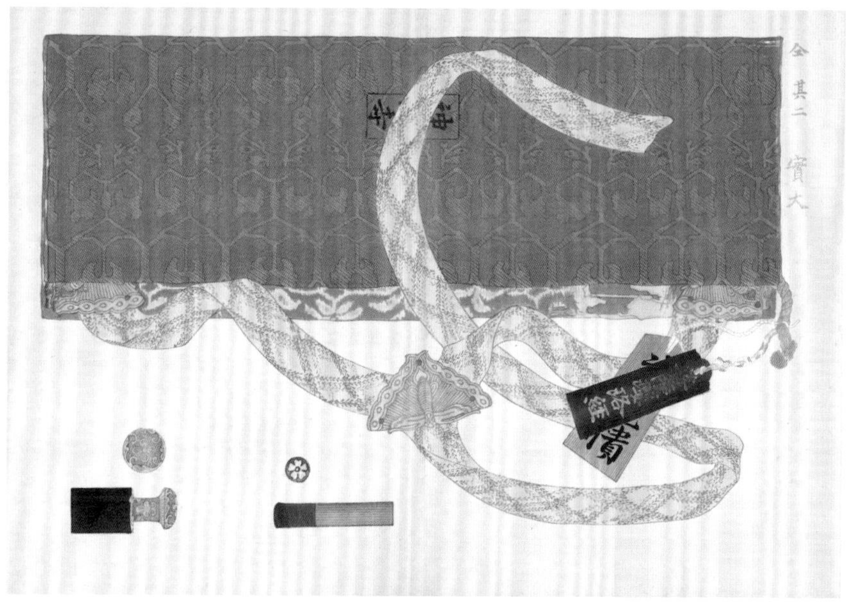

图16 《古制征证》收录山城国高雄神护寺藏一切经竹帙图（第2卷，1902）

韩国书籍的装帧

THE BOOK BINDING OF KOREAN OLD BOOK

宋日基
韩国中央大学文献情报学科

SONG IL-GIE
DEPTMENT OF LIBRARY & INFORMATION SCIENCE, CHUNG-ANG UINVERSITY

ABSTRACT

The development of printing technology had a decisive influence on the change of the binding form in Korea and China. As the distribution of books increased in a large amount due to the spread of printing, the form of roll binding (卷子装), a traditional long-standing method that had lasted for more than a thousand years, began to change rapidly. In Korean Buddhist literature, there are various forms of binding, such as roll binding, folded binding (折帖装), wrapped back binding (包背装), butterfly binding (蝴蝶装), stitched binding (线装). Roll binding format appeared mainly until around the 13th century, and gradually changed into folded binding style. Folded binding style was appeared in China in the middle of the 10th century, but it was starting to appear in the mid-11th century in Korea. During this period, Buddhist literature mainly used a roll binding and folded binding style, whereas other literature such as Confucian classics and History classics used butterfly binding (蝴蝶装) and stitched binding (线装) style. *Yonggam sugyeong* (龙龛手镜), which is currently in the possession of the Yukdang Collection (六堂文库) Korea University Library was reprinted edition of the Kitan edition in the 11th century. Although it was renovated in the form of stitched binding (线装) through the overall conservation process, but it is highly presumed that original form of binding was butterfly binding, common in China at the time. In this way, the process of change of book binding in Korea shows a pattern that roll binding, folded binding, butterfly binding, even stitched binding appeared at the same time in the 11th century.

一 绪论

书籍的装帧原本是为了保护书籍的内容而制成的，但如今反而被看作是一种鉴定刊刻年代的线索。在中国，书籍的装帧自卷轴装形态出现以后，直到纸本出现的一段时内仍没有发生变化。但到了唐朝中期以后，因雕版印刷而开始大量流通书籍，装册的方式也开始发生变化。

这样的装帧变迁按书籍的类型有不同方式的变化。譬如，唐朝繁盛的佛教文献受到了印度佛经经夹装的影响，从卷轴装到经折装发生了变化。与此相比，同一时期的经书、史书等类的世俗文献的形式也大致变化为蝴蝶装。

与中国相比，韩国彼时书籍的装帧方式还没出现积极改变的意图，却只是接受了中国的变化结果。因此，旋风装、蝴蝶装及包背装等的装册方式在韩国本中比较罕见。韩国本的装册方式在高丽初期发生了以上所有的装帧变化。尤其因为高丽是佛教国家，所以其变化以卷轴装和经折装为主。

此外，由于开始通行木版雕印，同样的木板可以多次进行刷印，此时产生了装订形态的不同变化。譬如，韩国的《高丽藏》（又称八万大藏经）是高丽高宗年间（1213—1259）雕版，至今在韩国陕川海印寺留下其经板。此《高丽藏》在最初刷印时为卷轴装，以后刷印的佛经都装为经折装，之后朝鲜时期印本的大都用线装形式装册。在中国，蝴蝶装流行到了北宋时期，但元明递修本的大多数装为线装，并且原本装为蝴蝶装的书籍现在大部分都已被改为线装。

因此，本论文参考中国书籍装帧变迁过程，以实物资料为中心来考察韩国本的装帧变化过程和历来流行的形式。

二 韩国本的装帧形态

1. 卷轴装

卷轴装是卷起收录文本后装入帙内收藏的装订形式。古代的简册还包括封面及书叶的形式，可看出现代的纸本书籍起源于此竹简。这样的简册在中国殷朝首次登场后，直到开始使用纸本的大约两千年内都是主要的记录媒体。在韩国虽然发掘出了中国汉朝的竹简《论语》，但至今尚未发现在朝鲜半岛制作的竹简本。

使用竹简的末期，登场了绢帛和纸张成，为了新的记录媒体。以后虽然已进入到纸本时期，但卷轴装的形式一直维持到宋朝初期。当时随着记录媒体的变化，其形式也有所变化，并没有出现根本性的改变。用绢帛和纸张制作的卷轴装，采用了在正文的尾部贴上细圆的轴棒，然后均匀地卷起卷轴的方式。这样的装帧方式在中国普遍使用到北宋初期，在韩国普遍使用到高丽中期。

2. 经折装

经折装指一定大小纸张连着粘贴后，折叠成适当的大小，然后在封面贴上厚的状纸制作的装订形式。该方式是为了弥补卷轴装的缺点所发生的，读书时能一叶一叶地翻，也能迅速检索参考某一部分的内容，全部看完后合上即可恢复原装，方便读书。但缺点是，如果反复进行折叠再展开的话，折叠的部分容易脱落。

在韩国经折装又称为卷子装、折帖装、帖册、摺册、经摺装等。尤其梵夹装、经折装的名称是佛教传入中国后，受到印度佛经贝叶装的影响而形成的装订方式名称。经折装在中国唐末五代时期的敦煌抄经中首次出现，在之后的北宋初期福州东禅寺刊刻的《崇宁万寿藏》正式开始使用。在朝鲜半岛主要出现于高丽中期。

3. 蝴蝶装

蝴蝶装是刷印或抄写的本文的每叶朝里对折，在纸张的背面涂上糨糊后贴在另一包背纸上为册的形式。蝴蝶装原本是为了防止经折装的折叠部分容易脱落的缺点而制作的新方式。因为单叶朝里对折后背面涂上糨糊贴在另一包背纸上，打开书籍时刷印面的形状像蝴蝶而得名。这样的装订形式在中国五代时期登场后，普遍流行到北宋初期。在韩国，庆州祇林寺佛腹里发现的高丽朝的《楞严经》是最早的。

4. 包背装

包背装是与蝴蝶装相反，抄写或刷印面朝外对折后整齐，用厚的状纸背成书的装订形式。在这样的过程中，笔写或刷印面尾部的两端用锥子分别凿两个孔，用纸捻穿订，纸捻的尾部涂上糨糊，然后用木棒打上。用纸捻穿孔后裁断除了版心部分的另外三面，最后用一张厚纸绕包整书。这样的图书装订形式从中国元朝开始，多用于《永乐大典》《四库全书》等大规模典籍类。在朝鲜半岛，高丽末朝鲜初期刊刻的佛经、韵书中有所发现。

5. 线装

线装是为了弥补包背装的书衣容易脱落的现象，采用了线缝上封面使之结实的方式来代替涂糨糊固定纸捻的方法。包背装在多次使用过程中，绕包整书的书衣会自然脱落。为了防止这种不便而产生的新方式，即线装。线装也像包背装一样文字面朝外对折，整齐裁断，在书背的两端穿纸钉定型后用木棒打上去压平，然后粘封面，打孔，穿线，钉书，顺序成书。

此时，韩国本的封面材料一般采用多层的废纸。然后用黄柏、栀子或槐子汁等的材料染黄，并加入多种多样的凌花纹及几何纹。这些都是考虑到书籍的防虫和艺术效果。完成封面后，把封面放在整齐的纸上后开始缝上书背部分。其绳是把麻纱、丝线及棉线等捻后染成红色的，一般打五个孔后用绳子缝上。此方式在韩国称为五针眼订法，又称五针眼法、五针缀装法等。

如此把封面染黄，押花纹，染红绳子后装册的方式在韩国称为装潢及粧潢，这些工作由被称为“装帧工”的工匠负责的。中国和日本的书籍根据书的大小，分别制定了四眼或六眼，以及罕见的八眼订法等，使用了偶数的拼法。这与黄纸红丝五眼装订法的韩国本有鲜明的对比。

这样线装的装帧形式，在中国主要于明朝开始，到清末引入西方装订法为止一直在使用。韩国在高丽中期以后一直广泛使用到旧韩末期（20世纪初）。流传至今的古籍大都以线装形式为装册。

三　韩国书籍的装帧变迁过程

1. 卷轴装的流行及经折装的登场

在韩国全罗北道益山市王宫里五层石塔里发现的《金纸金刚经》（图1），是以鸠摩罗什汉译的《金刚经》为底本在百济武王年间用角笔押写的写经。此《金纸金刚经》一共有十九张，每张押划四周边栏及界线后，押写出每张十七行，每行十七字的形式。卷端题“佛说金刚般

图1　益山王宫里五层石塔出土《金纸金刚经》，韩国国宝第123号，百济时期（7世纪）。一折十九张，17.4×14.8cm，银制镀金，角笔笔写，经折装

若波罗密经”，与别的《金刚经》相比多题了“佛说”两字。与《金纸金刚经》相似的写经有见于8世纪初以前的房山石经及敦煌写经。

此外，在日本京都青莲寺藏《观世音应验记》里记载了在百济武王即位初期《金刚经》供奉于帝释寺七层木塔里的记录。在此记录上又题“以铜作纸，写金刚波若经”的内容，这对考察王宫塔本《金纸金刚经》的制作方式及材料特征提供了有关线索。最近分析《金纸金刚经》的结果说明了其载体是用银铺成薄的纸型后在其表面镀金的事实。由于《金纸金刚经》以矿物作纸，所以无法装为当时流行的卷轴装，由此提出了“经折装”这种创新性的方案。用银铺成薄的纸型后，用金铁丝卷起折叠部分，然后用铰链连接每张，因此非常方便折叠和展开。

另外，从字的立体感和字形的均衡以及字的重叠现象来看，《金纸金刚经》应该是在金纸的背面用角笔按住写成的。这样的制作方式与《观世音应验记》的记录一致。字体是写经体，以中国六朝时期的写经为底本制作。综合这些特征，在益山王宫塔出土的《金纸金刚经》是以供奉为目的，用南朝的梁引入的写经来特别制作的写经。

在1966年10月，韩国庆州佛国寺的释迦塔修建过程中，发现了大量遗物。当时并发现了《无垢净光大陀罗尼经》（图2）卷轴装形式的木

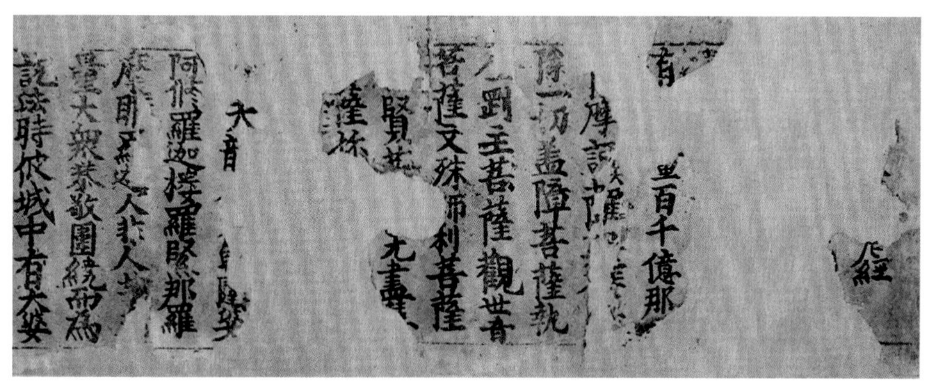

图2　庆州释迦塔三层石塔出土《无垢净光大陀罗尼经》，韩国国宝第126号，统一新罗时期（706—742）。一卷十二张，6.65×642.0cm，木刻本，卷轴装

刻佛经。当时已经在石塔里被供奉了一千三百多年，磨损得十分严重。之后进行了全面地保存处理时恢复了发掘当时的原本形态，全部十二张卷轴装都已进行了保存处理。

据庆州皇福寺出土的舍利函铭文，《无垢净光大陀罗尼经》是在704年弥陀山汉译后，在706年传到朝鲜半岛。此外，据最近做完修补工作的《释迦塔重修记》显示，供奉佛经的佛国寺释迦塔建于742年。因此《无垢净光大陀罗尼经》的刊刻时期推测为从庆州皇福寺的舍利函制作的706年至建成释迦塔的742年之间。因为8世纪上半叶在中国流行卷轴装形式，所以还能说《无垢净光大陀罗尼经》是在韩国最初期装为卷轴装的书籍。

这是以东晋的佛陀跋陀罗汉译的晋本《大方广佛华严经》六十卷为底本刊刻后，用卷轴装装订的木刻本佛经。虽然状纸和轴棒已消失，但是仍留下比较完整的经文部分。全十九张都连着贴在一起，大小为27.5×900cm。

卷端题“大方广佛华严经普贤菩萨行品第□一”，其下又题“□三”，无译者项。虽然无题译者项，但从卷端来看，此本相当于晋本

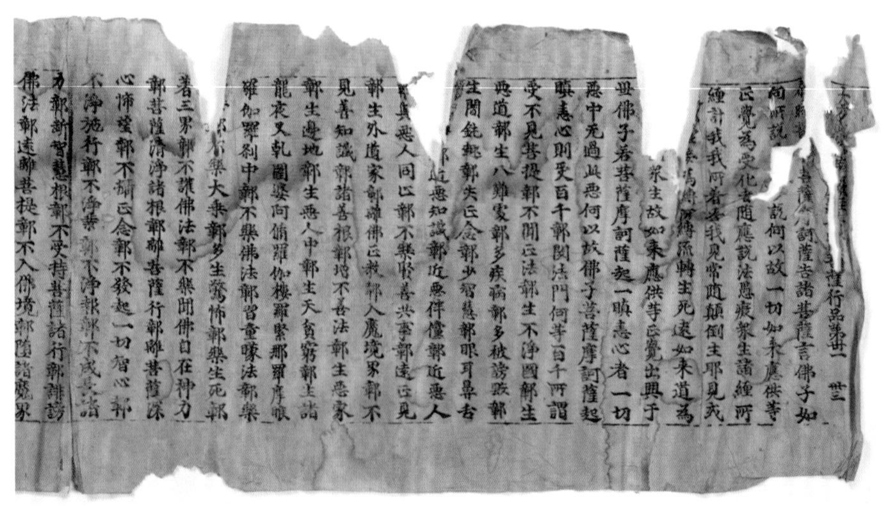

图3　首尔开运寺阿弥陀佛腹藏晋本《华严经》卷三十三，韩国宝物第1650号，统一新罗时期（9世纪）。一卷十九张，27.5×900cm，木刻本，卷轴装

《华严经》卷三十三的内容（图3）。卷端采用了“经题+品题+品次/卷次”的形式，与高丽时期的《华严经》及板经的卷端完全不同。这反而与中国隋朝及唐朝初期古写经的卷端形式相同。

从版式特征来看，边栏为上下单边，无界栏，每张二十六行，每行十七字。使用了染黄的楮纸。字体整体上像用毛笔写的写经体一样，尤其是与唐朝专门写经僧写的书体非常相似。因此，该《华严经》应该是用专业写经僧写的底本进行了木刻印刷的佛经，刊刻时期大概在新罗末期的9世纪左右。

此《金刚经》（图4）是在高丽时期（1042年）崔积良为了祈求靖宗病愈而刷印了一千部的佛经，现在只留下卷末的一部分。该本是在韩国现存经折装形式的书籍中最早的版本。更重要的是在卷末有“重熙十一年”的具体的刊刻记录，因此刊刻年代确定为1042年。从这一点来看，该版本能说明在朝鲜半岛经折装形式出现的时间点，因此具有重大意义。

在韩国光州紫云寺的阿弥陀佛像里发现了用板子装订的《法华经》小字本及《金刚经》注解本，都是以经折装形式装订的贵重资料。其中，《金刚经》注解本虽然已缺封面，且卷末的一部分上有虫蚀和松脂痕迹，但总体上是无缺张的完整状态。

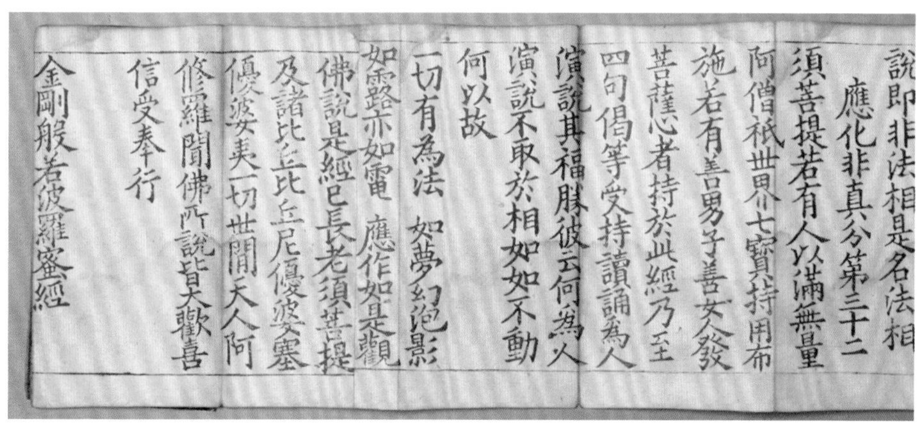
說即非法相是名法相
應化非真分第三十二
須菩提若有人以滿無量
阿僧祇世界七寶持用布
施若有善男子善女人發
菩薩心者持於此經乃至
四句偈等受持讀誦為人
演說其福勝彼云何為人
演說不取於相如如不動
何以故
一切有為法 如夢幻泡影
如露亦如電 應作如是觀
佛說是經已長老須菩提
及諸比丘比丘尼優婆塞
優婆夷一切世間天人阿
修羅聞佛所說皆大歡喜
信受奉行
金剛般若波羅蜜經

图4 重熙十一年刊刻的《金刚经》经折装本，高丽时期（1042年）。一折四张（缺本），7.8×14.5cm，木刻本，经折装

这本书的装帧形式就像屏风一样，是可折叠的折叠装。在经板的卷端有板首题，其下有“存者”“仁赫”等的人名，这些人名都是刻工名，为鉴定刊刻时期提供了有关的重要线索。卷末有刊刻年代相关记录，即在贞祐三年（1215）任清州牧司录兼掌书记的葛南成从松广寺大和尚慧谌得到他所藏的宋刻本后翻刻刷印的事实。虽然该书的封面并不完整，但仍然能看绸缎上用黄金丝刺绣的装潢。因此该版本是用织物装帧的书籍中比较早的资料，备受关注（图5）。

2. 蝴蝶装和包背装的实例

此本是以契丹引入的三本《华严经》小字本为底本翻刻，装为蝴蝶装的佛经。在11世纪，高丽朝从契丹三次大规模引进佛经，其中三本《华严经》传于12世纪前后。这三本《华严经》小字本的行款为每半叶十七行，每行三十四字，其行款与每行十七字的普通佛经有差异。

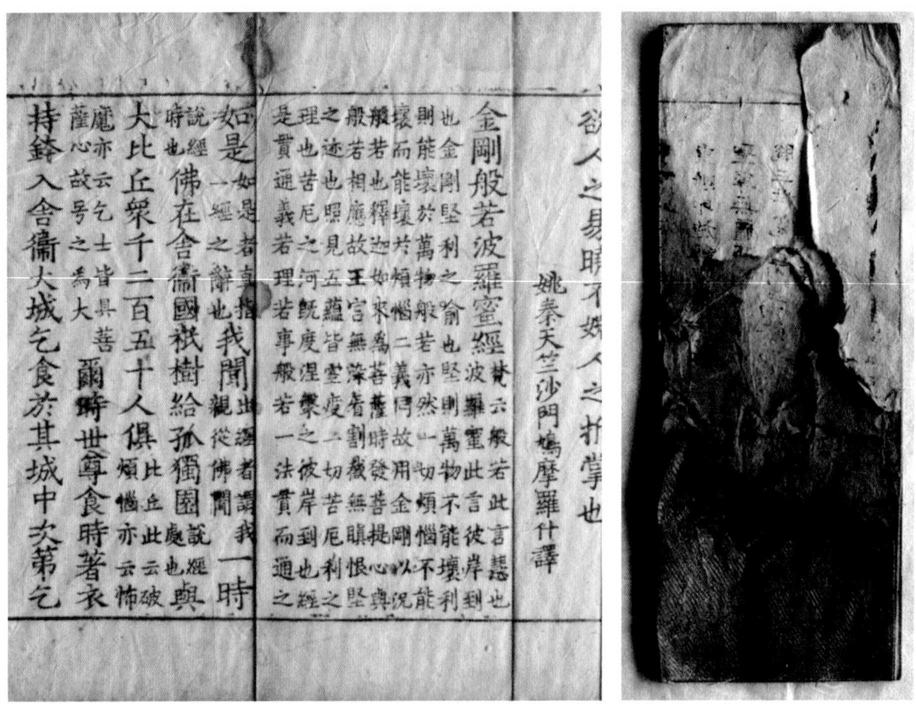
姚秦天竺沙門鳩摩羅什譯
金剛般若波羅蜜經
如是我聞一時佛在舍衛國祇樹給孤獨園與大比丘衆千二百五十人俱爾時世尊食時著衣持鉢入舍衛大城乞食於其城中次第乞

图5　清州牧官板的《金刚经》经折装本，韩国宝物第1507号，高丽时期（1215年）。一折十四张，23.4×62.0cm，木刻本，经折装

契丹的《华严经》小字本传到高丽后，有12世纪左右在永州浮石寺翻刻的记录，所以该本应该是此时刊刻的资料。此本发现于佛像的腹内，虽然装帧形式已不明确，但由于在韩国现存的契丹本装为蝴蝶装，所以可推测为此本也用同样的方式来装册（图6）。此外，在1974年中国大同应县木塔里出土了大量的契丹本，但是没有发现与该本相同的《华严经》小字本。

1087年宋朝净源大师送高丽大觉国师义天《华严经疏》的版片（图7），该本是用此版片进行刷印的蝴蝶装形式佛经。此木版传入高丽后多次进行刷印，每次刷印时按当时的要求装为蝴蝶装、经折装及线装等多样的方式。尚未发现全卷，即一百二十卷。此木版在朝鲜世宗间再传到日本，藏于京都相国寺，但没过多久因火灾而烧毁了。

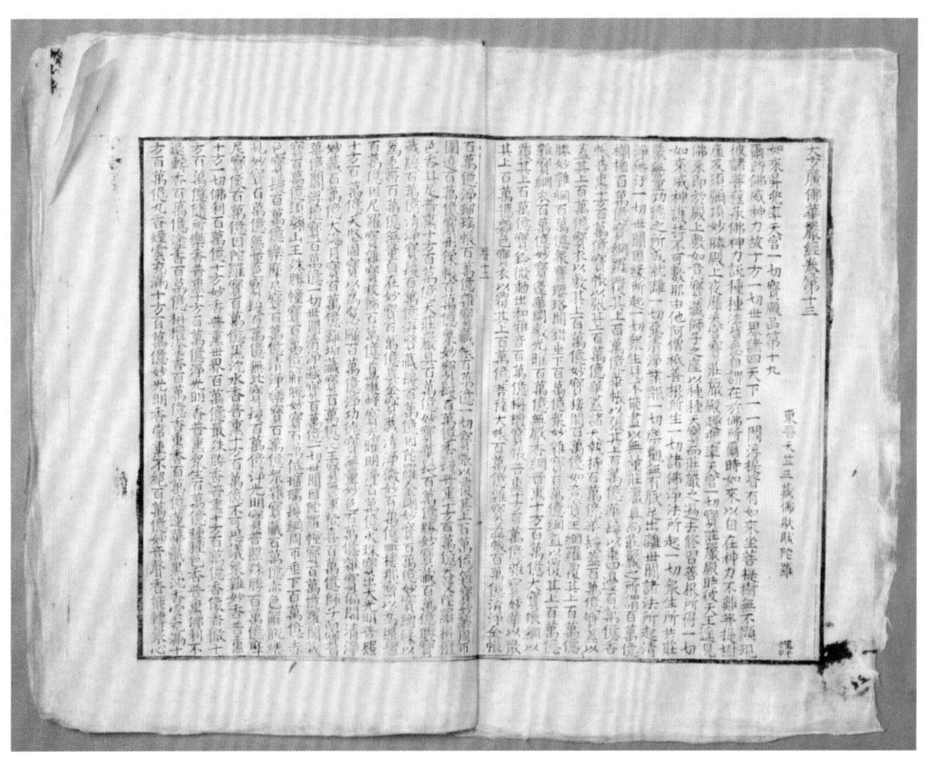

图6　翻刻辽刻本的三本《华严经》小字本，韩国宝物第1780号，高丽时期（12世纪）。晋本卷十一至十三、卷十六至二十、卷五十一至五十七，周本卷五十二至五十三，贞元本卷一至十（零本），20.0×30.8cm，木刻本，蝴蝶装

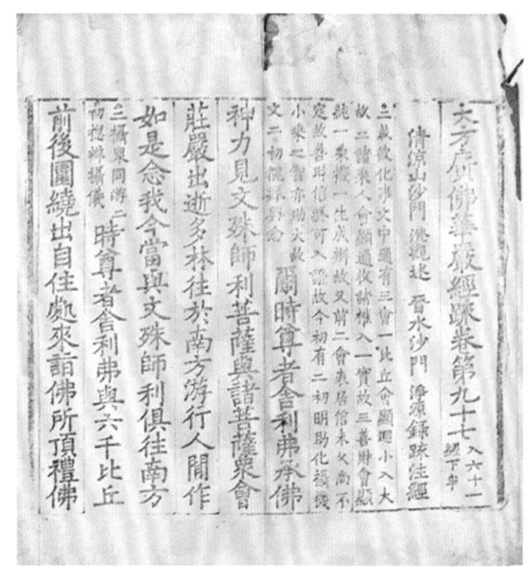

图7　庆州祇林寺藏《华严经疏》（卷九十七）蝴蝶装本，韩国宝物第959号，高丽时期（12世纪至14世纪）。一册零本，15.3×31.8cm，木刻本，蝴蝶装

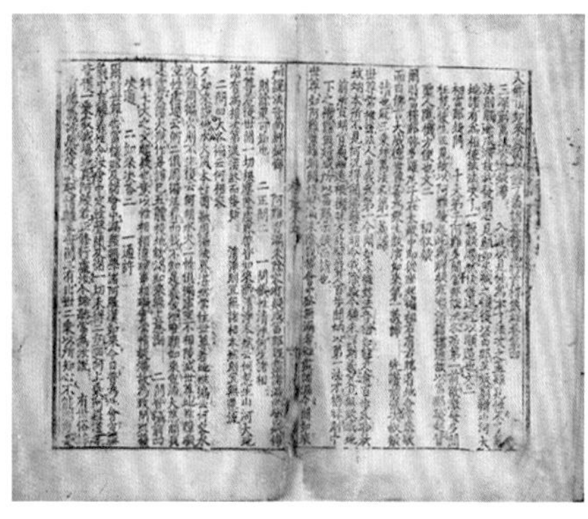

图8　庆州祇林寺藏《楞严经》包背装本，韩国宝物第959号，朝鲜时期（1401年）。三册零本（卷二至卷四），21.0×37.2cm，木刻本，包背装

此外，在祇林寺又藏有《楞严经》零本（存卷四至卷七、卷八至卷十）二册，此《楞严经》是用1309年雕版的版片刷印于1370年的后印本，也装为蝴蝶装（图8）。

此本是以朝鲜太祖使信聪大师笔写《楞严经》的写本为底本，在1401年刊印的佛经。全十册中现在只留下三册，藏于庆州祇林寺，都装为包背装。蓝的状纸为书衣，书衣的左上边用银泥划线后用金泥题经名。

在朝鲜世宗三十年（1448）世宗使申叔舟、崔恒、朴彭年等编撰韵书，之后用木活字大字及金属活字小字刷印了韩国最早的韵书《东国正韵》（图9）。编纂目的是纠正当时处于混乱状态的韩国所使用的汉字音，规定统一的标准音。

图9　建国大学所藏《东国正韵》包背装本，韩国国宝第142号，朝鲜时期（1448年）。六卷六册（完），19.9×31.9cm，活字本，包背装

该书的两种版本目前都被指定为国宝。其中装为线装形式的国宝第71号版本藏于涧松美术馆。另外，国宝第142号的建国大学所藏本是包背装形式，因此备受关注。在同一时期用同样木版刷印的装帧以不同方式出现，而且没有发现后代改装的痕迹，书衣的书签也保持原貌，这值得研究。据此可说这两种版本在1448年刊刻之后各个分别装为包背装和线装。尤其包背装本用蓝色绸缎作书衣，很可能是御览用版本，为了特殊目的而装册的。

3. 线装的出现与扩散

《龙龛手镜》原本是契丹和尚行均在统和十年（992）编纂的汉字字典。然后高丽和尚智光得到行均编纂的《龙龛手镜》，以此为底本再次进行翻刻。行均的本姓是于氏，他来到契丹后出家为僧人。他为了僧人背诵佛经时提供参考汉字字典而编纂了此书。

该书的卷端收录高丽和尚智光在1033年所写的序文，据此可推为行均编纂于992年契丹本《龙龛手镜》以后一度流传抄本，直到1033年首次进行木刻刷印，并收录了智光所写的序文。此后，宋朝傅钦入手此《龙龛手镜》，由当时任浙西官员的蒲传正进行刊印。此时刊刻的宋刻本重刊于1087年，因避讳宋翼祖的名字“赵敬”，而原书名的“镜”改为“鉴”。

现在原刻本，即契丹本《龙龛手镜》已不传于中国，只宋刻本《龙龛手鉴》广为流通。但是在高丽罗州牧权得龄覆刻的版本一册（卷三、四）留传于高丽大学六堂文库（图10），书名为“龙龛手镜”，据此可说该本是契丹本的覆刻本。该高丽大学六堂文库藏本被指定为国宝是因其刊刻时期被鉴定为11世纪，但由于该书装为线装，而且版心有鱼尾，所以很难得出这样的结论。如果该版本是11世纪刊刻的话，应该是装册为当时宋朝流行的蝴蝶装。而且仔细查看书背部分能看出线装的五眼装订的痕迹，也没有改装的痕迹，因此对该书的刊刻年代问题尚待深入研究。

《南明泉和尚颂证道歌》是在唐朝永喜大师玄觉（665－713）记录的《证道歌》加上宋朝南明法泉禅师偈颂的禅书。在朝鲜半岛，高丽时期把该书用金属活字进行了刷印，但已不传，之后在1239年以该版本为底本再次翻刻的木刻本现在被指定为韩国宝物第758号（图11）。

此书的卷末收录当时高丽朝的实权者崔怡（？－1249）在1239年所写的跋文，在跋文中记载了翻刻铸字本的事实。据此可说在1239年之前已刷印过《南明泉和尚颂证道歌》金属活字本。该书现在藏于三星博物馆。该版本装为线装，在高丽朝从这时期开始流行线装形式的装帧方式。

四　结论

以上便是根据时代和文献的类型来分析韩国本装帧变迁的过程。印刷术的发展对装册的变迁起到了重要的作用。随着印刷术的普及，书籍流通规模呈现出大量增加的趋势，随之持续了一千多年的传统装帧方式“卷轴装”开始急速改变。之后从印度传来的佛经形态，及经夹装对装帧的变迁产生了重大影响，促使了经折装的登场。

另外，一般文献的类型大致可分为宗教文献及世俗文献，其中宗教文献又可分为佛教文献及道教文献。在韩国，从现在被指定为国宝及宝物（由国家指定并编号、受法律保护的文物等级）的典籍类的比率来看，佛教文献几乎占了全体的百分之七十以上，占着巨大的比重。在朝

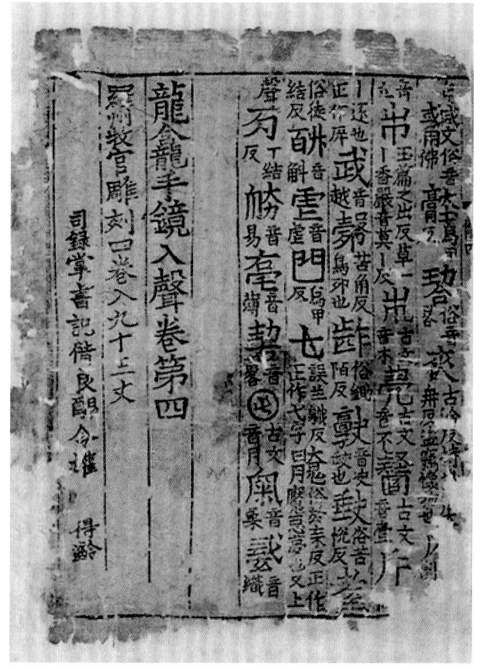
龍龕手鏡入聲卷第四
羅州牧官雕刻四卷入九十三丈
司錄掌書記借良醞令崔得齡

图10 罗州牧翻刻本《龙龛手镜》，韩国国宝第291号，高丽时期（11世纪）。二卷一册（卷三、四）零本，15.6×25.3cm，木刻本，线装

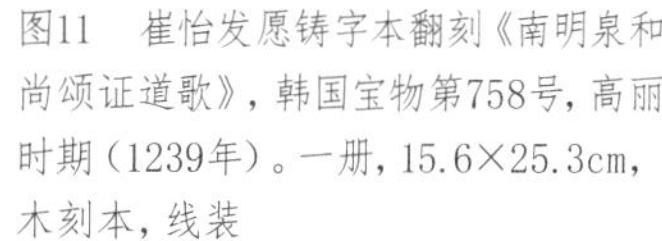

图11 崔怡发愿铸字本翻刻《南明泉和尚颂证道歌》，韩国宝物第758号，高丽时期（1239年）。一册，15.6×25.3cm，木刻本，线装

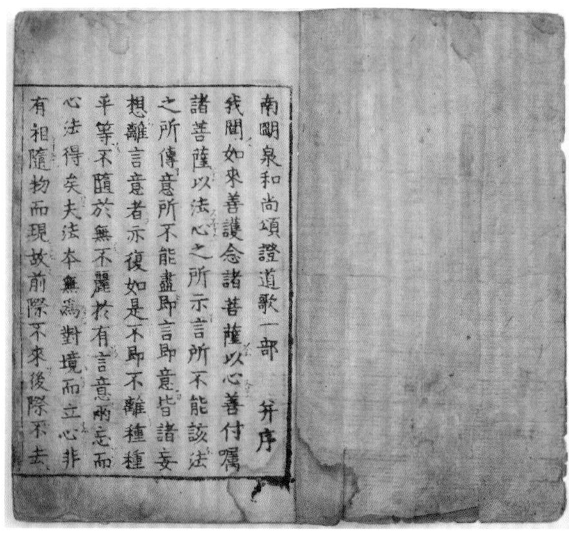
南明泉和尚頌證道歌一部 并序
我聞如來善護念諸菩薩以心善付囑
諸菩薩以法心之所示言所不能該法
之所傳意所不能盡即言即意皆諸妄
想離言意者亦復如是不即不離種種
平等不墮於無不麗於有言意兩忘而
心法得矣夫法本無爲對境而立心非
有相隨物而現故前際不來後際不去

鲜半岛刷印的文献中现存最早的刻本及金属活字本都是佛教文献的事实也证明了这一点。

如此在佛教文献中以卷轴装为首，也有经折装、蝴蝶装、包背装、线装等多样的装册方式。在朝鲜半岛最早出现的卷轴装形式的文献是

《无垢净光大陀罗尼经》，接着有《白纸墨书华严经》，两部都是在8世纪中叶刊写的佛教文献。这种卷轴装直到13世纪左右大量出现，后来逐渐变成经折装方式。经折装在中国10世纪中期已出现，而在韩国则从11世纪中期开始出现，重熙十一年（1042）刊刻的《金刚经》为经折装。

韩国木版雕印从8世纪（统一新罗时代）初开始出现，此后有了很大的发展。到了11世纪（高丽时代），刊刻《大藏经》《教藏》等众多佛教文献，随之流通了大量的书籍。另外，高丽朝中央及地方官厅的刊刻开始以儒家文献为首，之后也正式开始流通历史书、医书等的世俗文献。当时的佛教文献主要装为卷轴装及经折装，与此相比经书及史书等的世俗文献主要装为蝴蝶装及线装。遗憾的是当时刊印的世俗文献大多数已不传，并不能一概而论。现在被指定为国宝第291号的《龙龛手镜》藏于高丽大学六堂文库，该本是在11世纪翻刻契丹本的书籍。但此书在经过整体保存处理过程中以线装形式被改装，很难判断其原貌如何。如果发现此书是11世纪刊刻的更确切的证据，则很可能装为当时中国通用的蝴蝶装形式。

此外，还有当时韩国和中国文化交流的方面有受到关注的事例，即宋朝净源法师与高丽大觉国师义天的交流。他们的交流过程中，净源法师在1087年雕版刷印自己的著述《华严经疏》，然后送给高丽义天此版片。在抵达高丽后，直到朝鲜世宗为止，《华严经疏》版片历经数年多次刷印，现存本有蝴蝶装、经折装、线装等多样形态的装帧。这些版片在朝鲜世宗间送到日本，存于京都相国寺，因火灾而烧毁了。

总之韩国的装帧变迁从11世纪卷轴装形式开始，一百多年间从中国接受了新方式，同时出现了经折装、蝴蝶装及包背装，甚至是线装。遗憾的是，现在流传的各种形式的实物并不多，很难解决初刻本或后印本的鉴定问题。

（金东妍　译）

ON WESTERN-STYLE BINDING OF CHINESE ANCIENT BOOKS IN THE LIBRARY OF THE INSTITUTE OF ADVANCED CHINESE STUDIES, COLLÈGE DE FRANCE

法国法兰西学院高等汉学研究所图书馆汉文古籍的西式修缮

CHRISTINE KHALIL
THE INSTITUTE OF ADVANCED CHINESE STUDIES, COLLÈGE DE FRANCE

克莉丝蒂娜·卡里尔
法国法兰西学院汉学研究所

内容提要

法国法兰西学院汉学研究所成立于1927年，线装古籍庋藏逾十多万册，大部分来自汉学家伯希和于1932年间的搜购。汉学研究所对古籍的修缮开始于1995年，而初具规模的修缮工场于2001年始设立。我在《法国法兰西学院高等汉学研究所图书馆汉文古籍的西式修缮》这篇报告里，从亲手修缮与装帧的古籍中，挑选两三种作例子，简述有关工序，如将黏贴的部分每页分开并修补、修理书脊、分开卷册、钉孔及拉针线、制作函套等，并辅以图片，以期读者初步了解汉学研究所这所海外图书馆如何修缮古籍。

The Far Asian libraries of Collège de France: Institute of Advanced Chinese Studies

The Far Asian libraries of Collège de France hold a large collection catering to the needs of researchers and advanced graduate students working on ancient China, Japan, India, Tibet, and Korea. Among them, the Library of Institute of the Advanced Chinese Studies (Institut des Hautes Études Chinoises, IHEC) is the largest one.

This Institute was founded in 1927 by Paul Painlevé, a French mathematician and politician who had close relationships with many politicians and intellectuals of the young Chinese Republic and two renowned sinologists, Paul Pelliot and Marcel Granet. The institute was granted part of the Boxer indemnity paid by the Chinese government which was then used it to pay the professors and to purchase books in China. Pelliot and Granet and others professors gave lectures about Chinese civilization, epigraphy, philosophy, literature, art, etc.

Since it was incorporated into the Collège de France in 1972 along with the other Fast Asian Institutes (India, Japan, Korea and Tibet), the institute has re-centered its activities on the library and the publication of academic books. With a steady but recently steadily declining annual budget it still acquires a significant number of books and periodical mostly in Chinese, but also in Japanese and Western languages on a range of subjects dealing with China up to the Republican Era, and makes them available to the public.

The Institute of Advanced Chinese Studies houses one of Europe's largest sinological libraries, with a collection of over 150,000 volumes along with 1,600 different periodicals, 400 of which are still in current print. The library was significantly enriched in 1951, with holdings contributed by the Centre for Sinological Studies of the University of Paris, previously kept in Beijing. It specializes in research on classical sinology, dealing with pre-imperial and imperial China. It holds what is probably Europe's largest collection of ancient local gazetteers and collectanea. It also holds a fine collection of rare books, oracles bones, handscrolls and original exam papers from the Qing Dynasty.

Our conservation lab

At the end of 19 century, one of the Professors in Collège de France, Albert Remusat, took the initiative to have the Chinese style books rebound into occidental form. It was the beginning style of restored work.

The conservation workshop of the East Asian libraries, (China, Japan, India, Korea and Tibet) was founded in 2001, and restructured in 2012, about 250 books, maps, stampings, etc... have been restored since 2012 , and a large number of works are remain to be restored.

A few of restored items were most important: the library holds some rare Ming Dynasty print editions like the *Daming yitong zhi* 大明一统志 (Cohesive history of the Great Ming) dating back to 1461 (5th year of the Ming Tianshun era), or a polychrome edition dating back to the beginning of the 17th century of the *Nanhua jing* 南华经 or Nanhua classic, that is the text of the Zhuangzi.

It also holds more recent but rare editions like the *Baxun wanshou shengdian tushuo* 八旬万寿盛典图说, illustrated volume celebrating the 80th birthday of the Qianglong Emperor) published in 1789 using movable types.

I would like to give some examples of my restored works here, particular the *Imperial examination papers* 清代殿试策卷 (fig.1) : 33 original examination papers from the Palace Examination [殿试] dating to the Qing Dynasty (1644-1911) are held in the library and gathered in two traditional Chinese cases [函]. The format of the papers varies a bit in size, there are mainly two formats: a big one, 410 cm long for 48.5 cm high and a small one 259 cm long for 42 cm high. The paper, probably made of hemp, is ivory white color and ink is black. And other one is the *Local Monograph of Anyi county* 解州安邑县志, Chinese local gazetteer with 4 fascicules including 16 chapters gathered in one traditional Chinese case (fig.2). The format is 18.5 cm long for 5.8 cm high. That contains a series of sections on the land itself, on its inhabitants, and on its government. We can see inside some illustrated maps. This local gazetteer had been compiled in 1764 (Qianlong 29).

The procedure of the restored work

1. Separation and restoration of leaflets

Since the fascicles where exposed to the 2002 water damages in the Institute, the pages where stuck in blocks they have been separated with Teflon blades and the cut creases, loss and weaknesses where repaired.

Choosing papers (fig.3)

Various kinds, thickness and hues of Japanese papers, mainly Kozo, where used for repairing the torn pages.

Restoration of leaflets

Mending papers were glued with starch paste and some of the covers were consolidated by lining them with 4grs/m thin kozo paper and methyl cellulose.

2. Spine cleaning

Since these fascicles had been rebound in occidental style they had to be separated, after paper repair with a Teflon blade, in order to be re-sewn individually in booklets form, the spine were therefore cleaned from glue, mull, paper binding cords and other old linings and left to dry. (fig.4)

3. Separation of booklets

When completely dry, the fascicles where detached from each other and the remaining old glue was removed from the backs by gentle scraping with a scalpel.

4. Sewing

Previous holes, although still visible, where re-pierced and the fascicles sewn with linen thread and put under light weights to be flattened.

5. Case making

Traditional cases covered with blue linen were built to encase the fascicles.

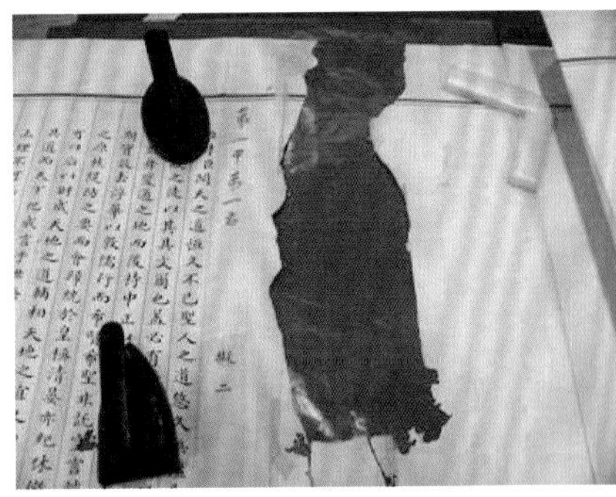

Fig. 1 Restoration of the imperial examination papers

Fig. 2 Restoration of the *Local Monograph of Anyi County*

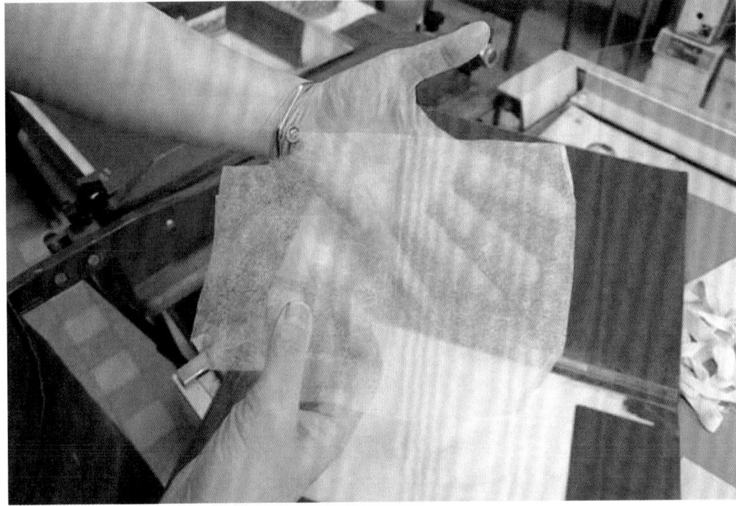

Fig. 3
Choosing papers

Fig. 4
Spine cleaning

版画篇

画须大雅又入时眸

东亚彩印版画的源流与在世界艺术史的价值

THE ELEGANT AND FASHIONABLE ART

A RESEARCH ON EAST ASIA COLORED WOOD-BLOCK PRINTINGS' ORIGIN AND DEVELOPMENT AS WELL AS ITS ART HISTORY VALUE OF THE WORLD

徐忆农

南京图书馆研究部

XU YINONG

DEPARTMENT OF LIBRARY RESEARCH, NANJING LIBRARY

ABSTRACT

Printing originated in China can be divided into three types in chronological order: carved printing, movable-type printing and polychrome printing. The polychrome printing of ancient China developed on the basis of carved printing and related technologies made a significant contribution to the progress of world's printing techniques. During late Ming and early Qing Dynasties, great pieces of art were born in Nanjing, including Calligraphy and Paintings of Shizhuzhai, Shizhu zhai Jianpu, Luoxuan Biangu Jianpu, Jieziyuan Huazhuan and so on. New Year wood-block prints were also born in Suzhou. These fine arts of colored paintings spread to Edo Era of Japan from China and enlightened the rise of ukiyoe. The Impressionism which was influenced by ukiyoe was one of the important sources of western Modernism. This paper introduces evolution courses and spreading process of colored wood-block printings, especially the books on the art of drawings of Nanjing and Suzhou's New Year wood-block prints' positive effects on world's art development from six aspects: the origin and development of color paintings, multicolor overprinting and embossing techniques, the intersection of Chinese and Western techniques, spread to Japan, influence the modern times and enlighten the future.

2013年初，《中国文化报》刊载了一篇专访靳尚谊先生的文章。作为中国油画的领头人，靳先生提出了一个学术命题——中国艺术要补现代主义这一课。靳先生认为，从视觉上简单讲，现代主义就是平面化，这是美国理论家格林伯格说的。西方的现代主义始于印象派，从印象派起，西方的艺术家开始关注东方艺术，吸收东方的装饰性元素，注重画面的形式感，日本的浮世绘对他们影响最深，由此逐渐形成了早期的现代主义风格。与浪漫主义、现实主义等风格相比，现代主义的平面化不太写实，画面明暗减弱了，有了一种装饰性效果，一种形式美感。就像我们中国的文人画一样，画家开始讲究笔墨的形式感，以手中之笔抒胸中逸气。文人画就好比是中国的现代主义，它比西方早了二百多年，这二者的发展路径是一样的。[1]

浮世绘是日本江户时代（亦称德川时代［1603—1867］）兴起的以描写市民生活为主的风俗画。从题材上可分为美人画、役者绘（戏剧人物画）、春画、花鸟画和名所绘（风景画）等种类，画面的着色带有浓厚装饰性。浮世，指当代现实生活。浮世绘最初是画家亲笔画，后来又以水印木版画的形式发行，19世纪传到西方的浮世绘，一般就是指日本的彩色版画。

英国艺术史大师贡布里希（1909—2001）在《艺术发展史》中说，日本艺术源出中国艺术，而且沿着那条路线又继续了将近一千年。可是到了18世纪，可能是在欧洲版画影响之下，日本艺术家抛弃了远东的传统母题，从下层社会生活中选择场面作为彩色版画的题材，把大胆的发明跟高度的技术完美地结合在一起。[2] 然而，日本版画大师黑崎彰等著《世界版画史》介绍，在中国17世纪饾版发明和普及以后，出现了大量的套色木版画和印刷物，其中含有木版画插图的书籍、年历、祭祀用品等作为贸易品出口而进入日本。这些印刷物对日本的出版业造成了很

1 高素娜、靳尚谊《艺术新旧不重要，好坏才是关键》，《中国文化报》2013年1月13日，第1、4版。

2 E.H.贡布里希《艺术发展史》，范景中译，天津人民美术出版社，1998年，第294—305页。

大的影响，日本也很快迎来了多色印刷的时代。在江户中期，中国的木版画和年画与以荷兰为主的欧洲铜版画等印刷物传到了日本，在中国的书画笺谱类里，也有很多吸收了西洋风格的作品（如苏州版画，很早就采用平行线的排列来表现阴影），日本在中国的作品中，了解到西洋风格，另外也直接受到了西洋的影响，像这样海外传来的新视觉感，给日本浮世绘又一次莫大的影响。[3]那么，日本浮世绘与中国绘画及木刻彩印版画到底有怎样的关联呢？

一 彩印源流

中国是印刷术的故乡，按照出现的先后顺序来看，中国发明的印刷术大致可分为三种：雕版印刷、活字印刷与套色印刷。印刷术是把图文转移到载体之上的复制技术。雕版印刷术是将图文雕刻在整块印版上，然后在印版上敷墨覆纸刷印，若是首次刷印，有时会选敷红色或蓝色，所印传本每叶仅用一种颜色，都属单版单色印本。雕版印刷术至迟在唐代已出现，它开创了人类复印技术的先河。版画本身与雕版印刷术是密不可分的。20世纪初敦煌发现的唐咸通九年（868）的《金刚般若波罗蜜经》（图1），是现知世界上最早的刻印有确切日期的雕版印刷品，它图文并茂，不仅是一卷首尾完整的正规书籍，而且其刊印精美的扉画也一件的不可多得的版画杰作。

套色印刷技术是在雕版印刷术及其相关技艺的基础上发展起来的，它也是中国古代在世界印刷进步史上的一项重要贡献。在雕版印刷诞生之前的六朝至隋唐间，盛行一种依次轮番捺印于纸上的佛教图像，敦煌遗书中有少量传本存世[4]（图2、图3）。捺印佛像技艺相传是由印度传

3 黑崎彰等《世界版画史》，人民美术出版社，2004年，第109—120页。

4 张志清《佛道教印像符咒对雕版印刷术起源的影响》，见韩琦、米盖拉编《中国和欧洲：印刷术与书籍史》，商务印书馆，2008年，第6—20页。

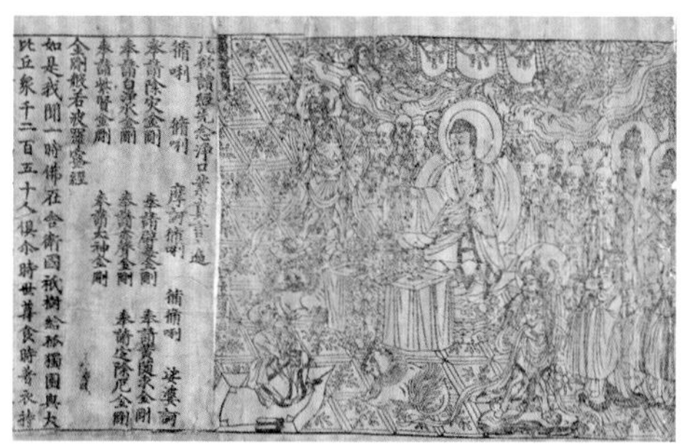

图1 《金刚般若波罗蜜经》，唐咸通九年（868）王玠刻本。英国大英博物馆藏

图2 佛像，朱色捺印，敦煌出土。法国国家图书馆藏（P.5526）

图3 一佛二菩萨，墨色捺印，敦煌出土。法国国家图书馆藏（P.3943）

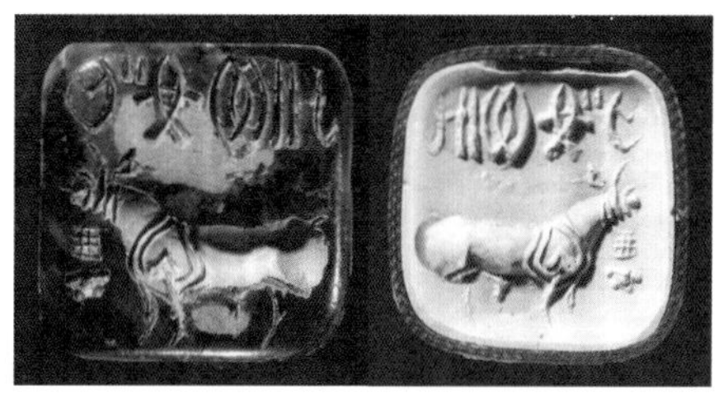

图4 哈拉巴铭文印章及印记，公元前2500年至公元前2000年。英国大英博物馆藏

入的。早在公元前2500年，古印度出现哈拉巴铭文印章（图4）。而唐义净（635—713）撰《南海寄归内法传》载："造泥制底及拓模泥像，或印绢纸，随处供养……西方法俗，莫不以此为业。"[5] 又据唐五代间冯贽《云仙散录》记载"玄奘以回锋纸印普贤像"。玄奘（602—664）于唐贞观年间西游印度取经，归国所印普贤像，当亦属捺印品。20世纪后期，在西安和阜阳唐墓出土的唐代印本方形《陀罗尼经咒》，带有明显的四版拼合特征，且墨色深浅不一，有学者认为这些经咒似由四块印版捺印而成。[6] 现存中国早期的雕版印刷传本为唐五代时期刻本，其中少量传本有手绘彩色插图，如西安市文管会原藏唐刻墨印本《佛说随求

5 义净《南海寄归内法传校注》，王邦维校注，中华书局，1995年，第173页。

6 宿白《唐宋时期的雕版印刷》，文物出版社，1999年，第1—11页。

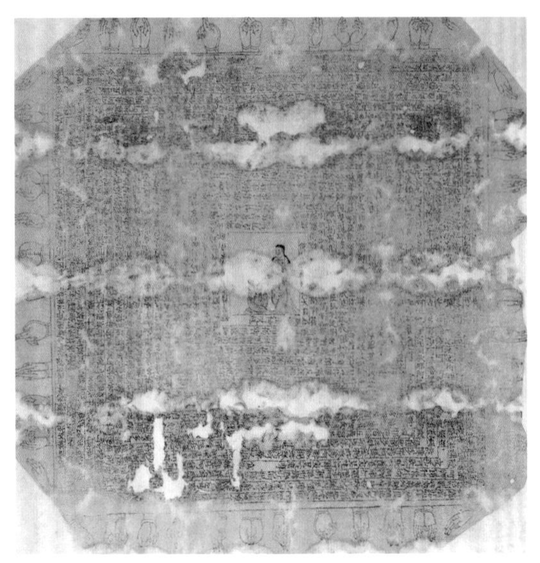

图5 《佛说随求即得大自在陀罗尼神咒经》，唐刻墨印彩绘本。西安市文管会原藏

图6 《圣观自在菩萨》，9世纪唐刻本。英国大英博物馆藏

即得大自在陀罗尼神咒经》，中心有淡墨勾描填以三色淡彩的手绘插图（图5）。[7] 而在敦煌所出佛教版画中，有部分以手工在墨印图上填绘色彩，如大英博物馆收藏有9世纪以手工着色敷彩的《圣观自在菩萨》版画[8]（图6、图7）。再如法国集美博物馆收藏有五代刻印《大慈大悲救苦观世音菩萨像》手工填色版画。[9] 1974年，在山西应县建于11世纪的木塔中，发现了三幅辽代绢本彩印《南无释迦牟尼佛像》（图8），画面左右人物、图案对称排列，而文字左正右反，当是采用盛行唐代的夹缬印花法印制的，[10] 这种印法是织物型版漏印的延伸，还不能算真正的套色印刷。捺印本、雕版印绘结合本、夹缬印本的佛像与经咒，对套色印刷术的产生和发展都具有非常重要的启发意义。另外，中国在10世纪末

7 马世长《大随求陀罗尼曼荼罗图像的初步考察》，《唐研究》第10卷，北京大学出版社，2004年，第527—579页。

8 史明理《大英博物馆里的中国版画史》，2019年8月14日引用：https://www.thepaper.cn/newsDetail_forward_1366289

9 邰惠莉《敦煌版画叙录》，《敦煌研究》2005年第2期，第7—18页。

10 赵丰《夹缬》，《丝绸》1991年第4—5期合刊，第98—100页。

图7 《圣观自在菩萨》，9世纪唐刻着色本。英国大英博物馆藏

图8 《南无释迦牟尼佛像》，辽绢本彩印

北宋时期出现“交子”，这是世界上最早的纸币雏形。交子印制相当复杂，宋人李攸在《宋朝事实》中记载北宋初蜀地富商联合印制私交子的细节称：“同用一色纸印造，印文用屋木人物，铺户押字，各自隐密题号，朱墨间错，以为私记。”这里的“朱墨间错”，有部分学者解读为双色套印，[11] 但学术界一般认为此语指以朱色印章捺印在印刷票面上，与墨笔题号交错配合，用于增加防伪功能。[12] 多色捺印术源自西汉织物印花。1983年，在广州汉南越王墓出土两件铜质印花凸版（图9），[13] 背面均有小钮用以穿绳，便于执握捺印，说明西汉已掌握了织物多色捺印花纹技术。北宋天圣元年（1023），宋廷将交子收归官办，其后宋朝政府陆续印刷发行了官交子、钱引、会子、关子等名称各异的纸币，但

11 潘吉星《中国古代四大发明——源流、外传与世界影响》，中国科学技术大学出版社，2002年，第149—154页。

12 艾俊川《文中象外》，浙江大学出版社，2012年，第119—129页。

13 方晓阳、韩琦《中国古代印刷工程技术史》，山西教育出版社，2013年，第21—22页。

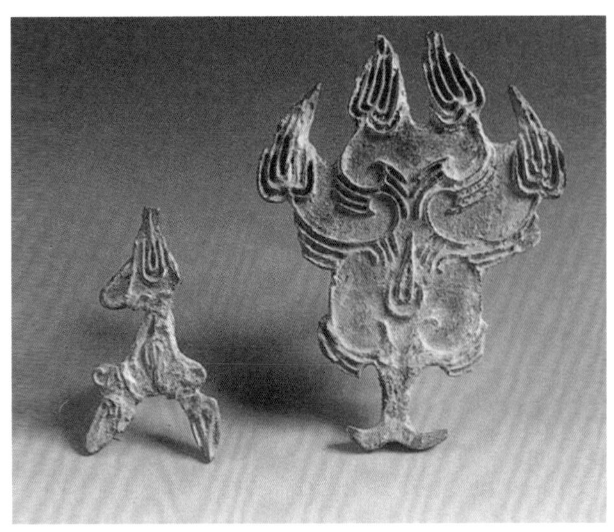

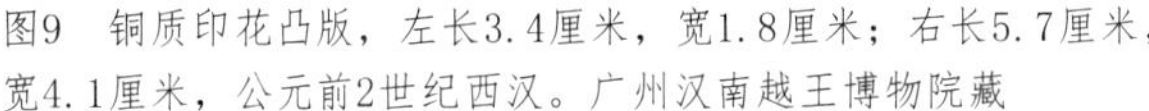

图9　铜质印花凸版，左长3.4厘米，宽1.8厘米；右长5.7厘米，宽4.1厘米，公元前2世纪西汉。广州汉南越王博物院藏

图10　《东方朔盗桃》，高100.8厘米，宽55.4厘米，约12世纪，金刻三色印本，1973年整修《石台孝经》时发现。西安碑林博物馆藏

无实物存世。[14] 1981年，在安徽东至县发现关子钞版，现存8块，厚度基本一致，4块尺寸与半叶书版相近，4块为无纽印章版，整套钞版被鉴定为13世纪"南宋末年私印关子铅版"。有学者认为，这套钞版当为采用多版分色套印工艺的印刷版，[15] 但也有学者认为，此钞版与当时记载的关子形制不符[16]。不过无论如何，宋代纸币的印制技艺，不仅推动了后代纸币印制工艺的继续发展，而且为版画、书籍多色套印技术的演进积累了丰富的经验。

那么，真正的套色印刷技术究竟是何时起源的？套色印刷是在一张纸上印出几种不同的颜色，或在一张纸上多次印出相同的颜色。起初，人们是在一块版上的不同部位分别涂上不同的颜色，一次印成，可称为单版复色印刷。1973年陕西博物馆在修复西安碑林《石台孝经》时发现

14　李埏《不自小斋文存》，云南人民出版社，2001年，第275—388页。

15　施继龙、李修松《东至关子钞版研究》，安徽大学出版社，2009年。

16　艾俊川《文中象外》，第119—129页。

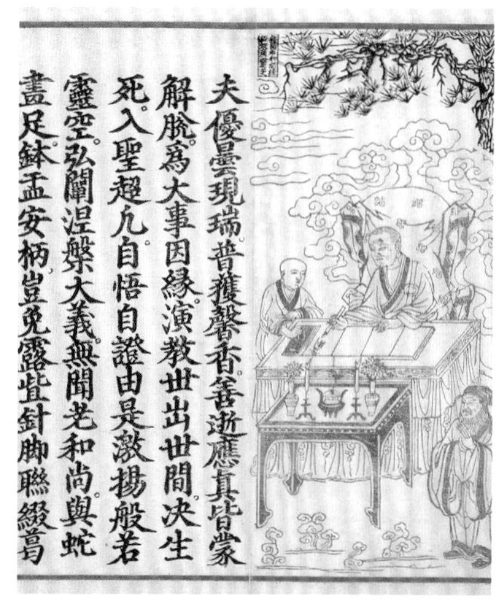

图11 《金刚般若波罗蜜经》，元至正元年（1341）中兴路资福寺刻朱墨套印本。台北汉学研究中心藏

了三色彩印版画《东方朔盗桃》（图10），画面浓墨、淡墨、浅绿色间错，潘吉星先生认为是单版复色印刷品，为12世纪初印于金平阳府（今山西临汾）。[17] 王树村主编《中国年画发展史》称其“可认做我国彩印年画之最早者”。[18] 20世纪40年代，在南京的中央图书馆发现一部元至正元年（1341）中兴路（今湖北江陵）资福寺刊朱墨套印本《金刚般若波罗蜜经》（图11），经文印红色，注文印黑色，部分插图也用朱墨两色相间印制，灿烂夺目，是现存最早的套色印本书籍。[19] 此经今藏台北，据收藏馆介绍，此经之朱墨两色，系刻在同一版上，而分刷两色，此从若干地方原该是墨色之注文，却误刷成朱色，以及页次或用朱或用墨，可推知为同版双印。至明代，单版复色印本的色彩更为丰富，在《中国古籍善本书目》中通常著录为“彩色印本”，该目著录最早一部是明正德元年（1506）刻彩色印本《圣迹图》（后据沈津先生细验，此本色彩似为手绘而非版印[20]），另有明万历程氏滋兰堂刻彩色印本《程氏墨苑》和明刻彩色印本《花史》。

17 潘吉星《中国古代四大发明——源流、外传与世界影响》，第149—154页。

18 王树村《中国年画发展史》，天津人民美术出版社，2005年，第118页。

19 钱存训《中国纸和印刷文化史》，郑如斯编订，广西师范大学出版社，2004年，第234—271页。

20 沈津《〈圣迹图〉版本初探》，《孔子研究》2003年第1期，第100—109页。

单版复色印刷技术进一步发展，后来又发明了将需要不同颜色的部分，分别刻版，逐色套印到一张纸上。这种多版套色印刷技术叫做套版复色印刷，简称套版印刷。由于套版印刷工序复杂，成本较高，不易推广，因而自发明后，除年画、笺纸等特殊印刷品外，长期未能成为书籍的主流印刷方式。在《中国古籍善本书目》中，收录从古至清末的图书达56787个编号，著录套版印刷的“套印本”370个左右编号。而在“全国古籍普查登记基本数据库”中，至2018年9月21日，此库累计发布169家单位古籍普查数据672467条，在版本字段输入“套印”“朱墨印”“彩印”，分别检索出5020条、810条、7条记录。[21]综合统计，套印本在中国古籍中所占比例不到1%。另外，日本、欧美的公私文博机构也珍藏少量套印本中国古籍。在套版印刷发明的初期，主要用朱、墨两种颜色印刷书籍，随着技术的进步，发展出用三色、四色、五色甚至更多色来套印书籍。从国内外学者的研究成果中可以看出，中国的套印本古籍90%以上是套印其文字部分，如评语、注释、句读等，从双色至六色皆有。套印图画的古籍只占很少比例。明代以前的套印图画的中国古籍，少量藏于中国，日本、欧美的公私文博机构则珍藏一部分。荷兰汉学家高罗佩（1910—1967）《秘戏图考》记载了八种原主要藏于日本的明代套色春宫画册，出版时间大致在明隆庆至崇祯之间。即《胜蓬莱》（约隆庆年间［1567—1572］用四色印制，东京涩井清收藏）、《风流绝畅》（1606年新安黄一明镌，用五色印成，上海某氏收藏，东京涩井清藏有三部残册）（图12）、《花营锦阵》（约1610年杭州养浩斋五色印成）、《风月机关》（四色印刷，九州毛利家族收藏）、《鸳鸯秘谱》（1624年牡丹轩以五色印刷，上海某氏收藏）、《青楼剟景》（明群玉斋以五色印成，东京涩井氏收藏）、《繁华丽锦》（约崇祯［1628—1644］前半期，用蓝色印刷，田边五兵卫收藏）、《江

21　全国古籍普查登记基本数据库，2019年8月15日引用：http：//202.96.31.78/xlsworkbench/publish/toAdvanced

图12 《风流绝畅》插图，重刊本。采自荷兰高罗佩《秘戏图考》

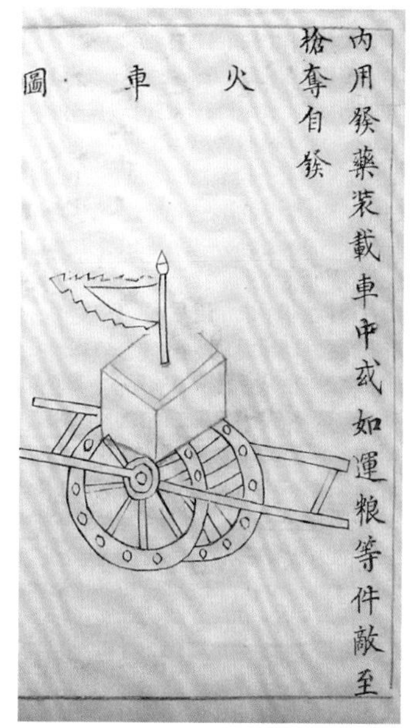

图13 《武备全书》插图，明天启元年（1621）茅氏刻朱墨蓝三色套印本。北京大学图书馆藏

南消夏》（约崇祯［1628—1644］后半期，印成暗红色，上海某氏收藏）。[22] 目前，日本涩井清藏明刻本春宫图已归欧洲木版基金会。据蒋文仙《明代套色印本研究》介绍，明万历至崇祯年间，大部分套印本出版于湖州地区，南京居其次，其他地区数量较少，不成气候。除专门的图谱类套色印本外，已知明代套印图画的古籍有：明天启元年（1621）茅氏刻《武备全书》之插图（图13），明天启二年（1622）苏之轼自刻三色套印本《奕薮》之棋谱，明天启间刻朱墨套印本《奇门履》之八卦图，明崇祯十六年（1643）刻朱墨套印本《今古舆地图》之地图，明末傅氏版筑居刻三色套印本《易经抉微》之大《易象数钩深图》、朱墨套印本《诗经金丹汇考》之《毛诗正变指南图》（论文作者认为版筑居

22 高罗佩《秘戏图考：附论汉代至清代的中国性生活（公元前206年—公元1644年）》，杨权译，广东人民出版社，2005年，第143—181页。

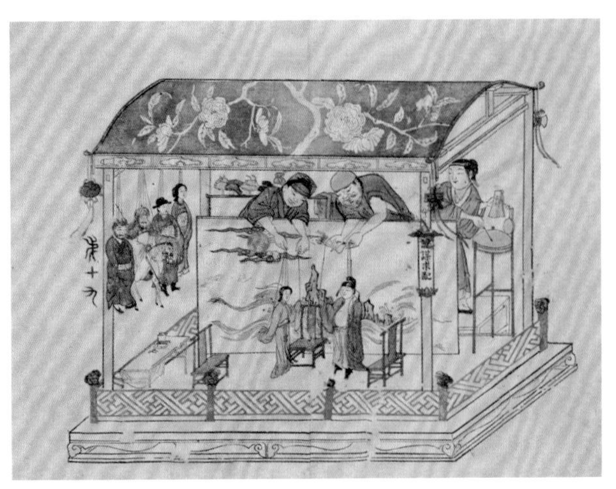

图14　《会真图》第十九图，明崇祯十三年（1640）闵齐伋刻彩色套印本。德国科隆东亚艺术博物馆藏

在浙江秀水，[23] 现据目验牌记知其为金陵书坊）。又据董捷《版画及其创造者》中介绍，在湖州闵氏、凌氏、茅氏套版复色所印书籍一百多种，明天启茅氏刻《武备全书》、明末凌瀛刻《千秋绝艳图》，二书中之图皆朱墨套印而成，而明崇祯十三年（1640）闵齐伋刻《会真六幻》之《会真图》（一作《西厢图》，今藏德国科隆东亚艺术博物馆）为彩色套印而成[24]（图14）。另李娜《〈湖山胜概〉与晚明文人艺术趣味研究》一书，[25] 详细介绍了现藏法国国家图书馆的明万历杭州陈昌锡刻彩色套印本《湖山胜概》之插图，并辨析了与中国国家图书馆所藏后刻同名书的关联。

二　饾版拱花

17世纪的明朝末期，在南京出现了更为复杂的据形分色分版“饾版”和有凸凹效果“拱花”套印技艺。“拱花”之名容易理解。“饾版”通常解释为：一种用木刻套版多色叠印的印刷方法。因其堆砌拼

23　蒋文仙《明代套色印本研究》，华东师范大学博士学位论文，2005年。

24　董捷《版画及其创造者：明末湖州刻书与版画创作》，中国美术学院出版社，2015年，第47—65页。

25　李娜《〈湖山胜概〉与晚明文人艺术趣味研究》，中国美术学院出版社，2013年。

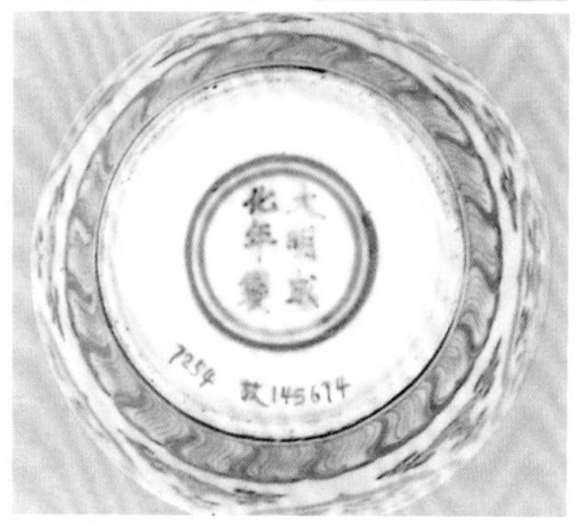

图15　莲花纹盖罐（左）、盖面与足底（右），明成化斗彩。清宫旧藏

凑，有如饾饤，故称。而王赛时《古代饮食中的饤饾》一文认为，古人饮食，喜欢在餐桌上摆设许多形色感人的食品，俗称饤饾，又称饤坐、饤食，意在显示饮食的精美和食品的丰盛，同时又能够刺激食欲。饤，古作钉，意思是将食品放置在食案上；饾，古作斗，表示层层累积。食家常用二字组词，于是写为饤饾，也有人写作饾饤。隋人《食经》有相关记载。[26]阅读此文，使人会联想到明清彩瓷中的“斗彩”（图15）。斗彩又称豆彩、逗彩，初创于明宣德，以明成化御窑厂器物最负盛名，因图案以釉下青花和釉上彩色拼斗完成并争奇斗艳而得名。从时间上看，“饾版”与“斗彩”是有可能相关联的。胡正言、吴发祥以饾版辅以拱花分别印制了《十竹斋书画谱》（未见拱花）（图16-1至图16-4）、

26　王赛时《古代饮食中的饤饾》，《文史知识》1994年第10期，第73—75页。

图16-1　明胡正言辑《十竹斋书画谱·书·画册》白莲，明胡正言刻彩色套印本。中国国家图书馆藏

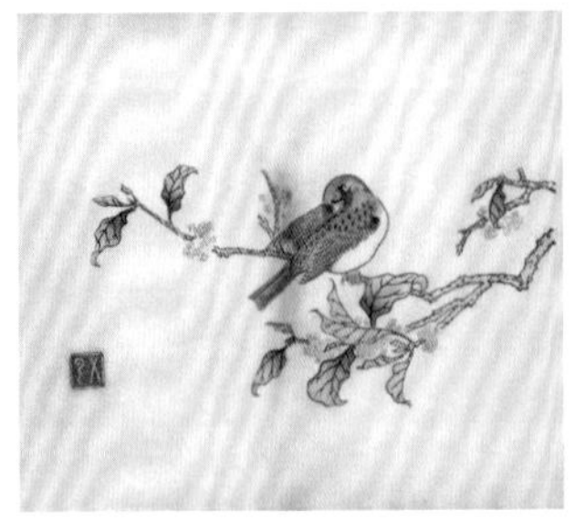

图16-2　明胡正言辑《十竹斋书画谱·翎毛谱》栖桂

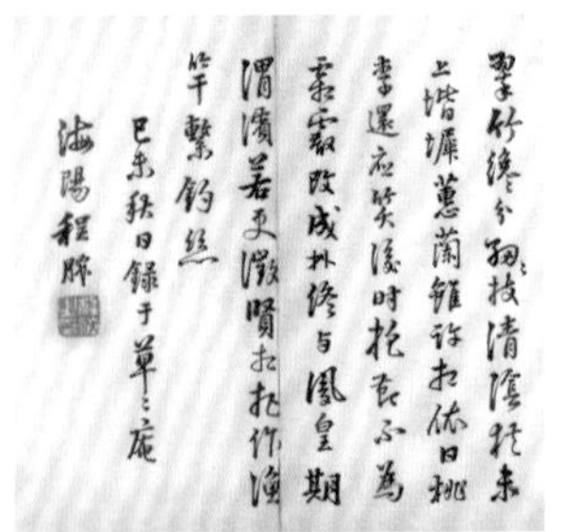

图16-3　明胡正言辑《十竹斋书画谱·书画册》墨竹题诗

图16-4　明胡正言辑《十竹斋书画谱·梅谱》飘飘欲仙

图17　明胡正言辑《十竹斋书画谱·翎毛谱》舒羽，明清间刻彩色套印本。美国哈佛大学美术馆藏本

图18　明胡正言辑《十竹斋书画谱·梅谱》君子之交（吴士冠画作），明清间刻彩色套印木。英国剑桥大学图书馆藏

图19　明胡正言辑《十竹斋书画谱·书画册》羊肚，明胡正言刻彩色套印本。英国大英博物馆藏

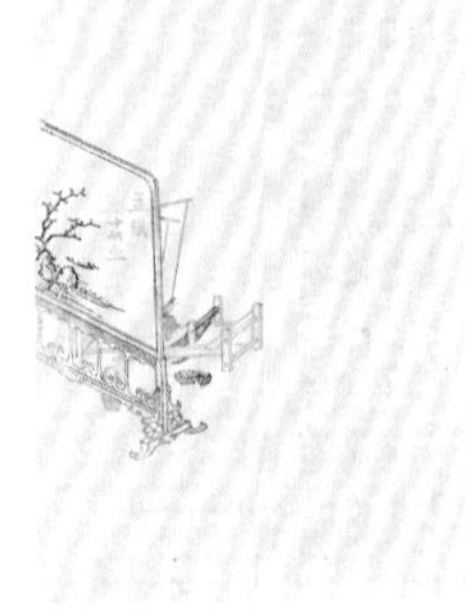

图20　明胡正言辑《十竹斋笺谱初集·闺则》孟机，明胡正言刻彩色套印本。中国国家图书馆藏

图21-1　明胡正言辑《十竹斋笺谱初集·折赠》。1934—1941年荣宝斋刻饾版拱花彩色套印本

图21-2　明胡正言辑《十竹斋笺谱初集·韵叟》题壁。

图21-3　明胡正言辑《十竹斋笺谱初集·韵叟》鸣琴

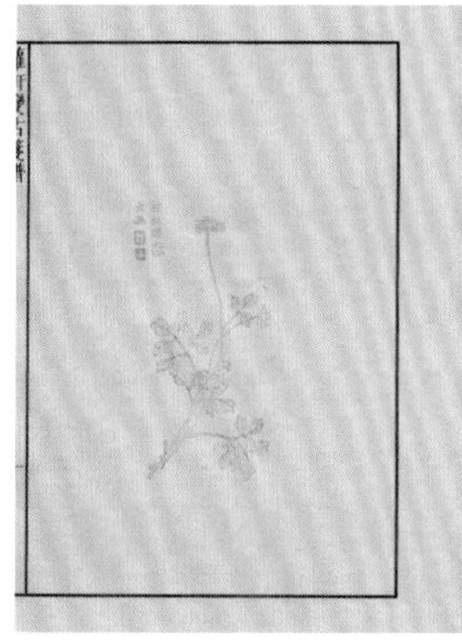

图22-1　明吴发祥辑《萝轩变古笺谱·折赠》。1981年上海朵云轩刻饾版拱花彩色套印本

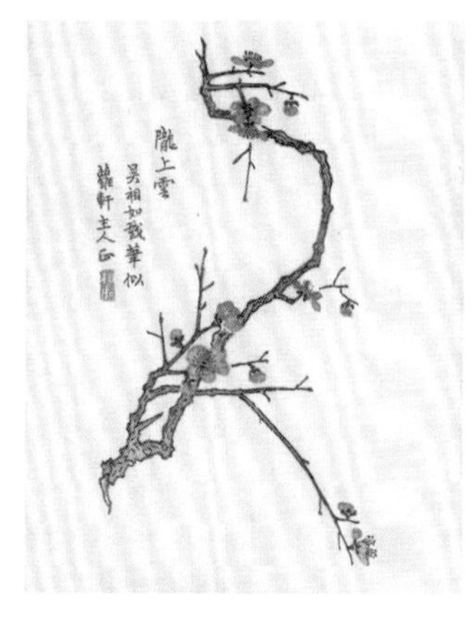

图22-2　明吴发祥辑《萝轩变古笺谱·杂稿》陇上云（吴士冠画作）

《十竹斋笺谱》（图20、图21–1）与《萝轩变古笺谱》（图22–1）等精美艺术品，标志着中国的套版复色印刷术已达到非常成熟的水平。时至今日，不少人认为《萝轩变古笺谱》早于《十竹斋书画谱》和《十竹斋笺谱》，甚至称十竹袭自萝轩（如黄苗子先生主此说[27]），实际上二者基

27　黄苗子《艺林一枝：古美术文编》，生活·读书·新知三联书店，2011年，第191—194页。

图23　明周履靖编《夷门广牍·天形道貌》题壁写意，明万历二十五年（1597）金陵荆山书林刻本。中国国家图书馆藏

图24-1　清王概等辑《芥子园画传》金丝荷叶，清刻彩色套印本。中国国家图书馆藏

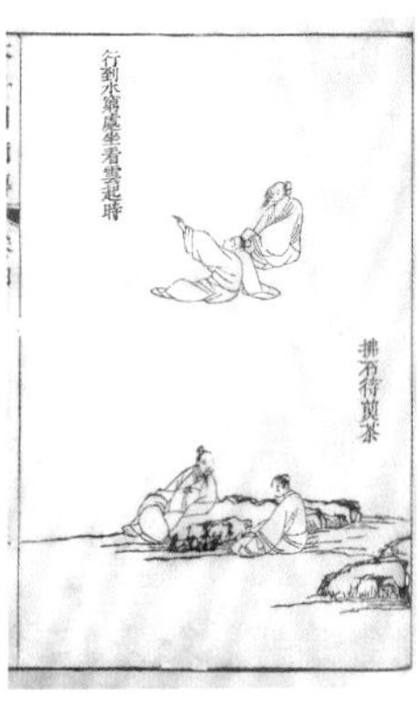

图24-2　清王概等辑《芥子园画传》拂石待煎茶

图24-3　清王概等辑《芥子园画传》看山诗就旋题壁

图24-4　清王概等辑《芥子园画传》棋声消永昼

图24-5　清王概等辑《芥子园画传·梅谱》老干抽条

图25　《姑苏阊门三百六十行图》，清雍正十二年（1734）浓淡墨版彩绘。日本海杜美术馆藏

本上同时出现，很难分出先后。胡正言（1584—1674），字曰从，原籍安徽休宁，在南京定居七十年左右。《十竹斋书画谱》属画册性质，兼有收录名画与讲授画法供人们鉴赏和临摹的功能。分为书画、墨华、果谱、翎毛、兰谱、竹谱、梅谱、石谱等八谱，基本一图一文，有胡正言与吴彬、倪瑛、米万钟、文震亨、吴士冠、魏之璜、魏之克、高友、高阳等数十位画家之原作，也有摹赵孟頫、唐寅、沈周、文征明、陈淳等前辈名家之仿作。其中《竹谱》附写竹要诀与起手式等，借鉴明万历天启间集雅斋刻《黄氏八种画谱》之《梅竹兰菊四谱》等；《兰谱》附起手执笔式等，借鉴明万历二十五年（1597）金陵荆山书林刻本《夷门广牍》之《九畹遗容》等。而《十竹斋笺谱》（图21–2）从《夷门广牍》之《天形道貌》（图23）中选用了图像，还有些图像与《方氏墨谱》《程氏墨苑》相似或一致。过去通行的观点（如《中国大百科全书》）认为《十竹斋书画谱》全谱天启七年（1627）成书，这是因为八谱中仅见《翎毛谱》杨文骢小引明确署“天启丁卯”，而其他七谱序文则均无署年。据潘天祯先生介绍，《十竹斋书画谱》中有崇祯癸酉（1633）醒天居士《题十竹斋画册小引》，此为全谱总序。[28] 又据台湾学者马孟晶梳理中国国家图书馆藏此谱中题咏纪年，依次有己未（1619）（图16–3）、壬戌（1622）、甲子（1624）、乙丑（1625），其中《石谱》谢三秀乙丑（翻刻本作己丑［1649］，但《石谱》前有米万钟［1570—1628］序，故己丑显误）的题字云“曰从丈石谱成”，因此可知《石谱》早于《翎毛谱》（图17）成书。[29] 从目前掌握的材料看，《十竹斋书画谱》万历四十七年（1619）开始编印，崇祯六年（1633）又汇集成册。《十竹斋笺谱》仅见初集共四卷。卷一为清供、华石、博古、画诗、奇石、隐逸、写生；卷二为龙种、胜览、入林、无华、凤子、折赠、墨友、雅

28　潘天祯《潘天祯文集》，上海科学技术文献出版社，2002年，第108—142页。

29　马孟晶《文人雅趣与商业书坊：十竹斋书画谱和笺谱的刊印与胡正言的出版事业》，见胡晓真、王鸿泰主编《日常生活的论述与实践》，允晨文化实业股份有限公司，2011年，第473—518页。

玩、如兰（如兰为后印本所加）；卷三为孺慕、棣华、应求、闺则、敏学、极修、尚志、伟度、高标；卷四为建义、寿征、灵瑞、香雪、韵叟、宝素、文佩、杂稿。全谱前有崇祯十七年（1644）李于坚、李克恭序文。李克恭序称，十竹斋“笺之流布，久且多矣，然未作谱也。……近始作全谱，谱成而问叙于予。”又称“十竹诸笺，汇古今之名迹，集艺苑之大成。化旧翻新，穷工极变。”并提及“拱花饾板之兴，五色缤纷。”由此可知，辑单笺成全谱要经历较长时间，在成谱前，十竹斋已用拱花、饾版等技术印制大量单笺售卖。吴发祥，江宁人，约生于明万历七年（1579），清顺治十五年（1658）尚在世。《萝轩变古笺谱》前有天启丙寅（1626）颜继祖撰小引，谱即成于此时，共上下两册。上册分画诗、筠蓝、飞白、博物、折赠、琱玉、斗草、杂稿等类，下册分选石、遗赠、仙灵、代步、搜奇、龙种、择栖、杂稿等类。其中画诗、折赠、龙种、杂稿等类名与《十竹斋笺谱》相同，而其他类名也有不少大同小异，二谱甚至有部分图像（如龙种）非常相似。特别是《萝轩变古笺谱》与《十竹斋书画谱》中都有吴士冠（字相如，明末苏州人）（图22-2、图18）的画作，而吴士冠又参与校正《十竹斋书画谱·兰谱》，说明三谱是同时代作品，互有借鉴，但并不能确认孰先孰后。

清代的套印事业继续有所发展。尤其是宫廷内府应用套版印制了不少质量较高的书籍。如五色套印本《古文渊鉴》《劝善金科》，四色套印本《御选唐宋文醇》《御选唐宋诗醇》，朱墨套印本《曲谱》《昭代萧韶》等，清丽醒目、刻印精美，均为内府套印的代表作品。在民间，套色印本书籍也在陆续刊行，道光时期涿州卢坤六色套印的《杜工部集》较为著名。另外，在宫廷内府，清乾隆时期金简（？—1794）主持刻制木活字25万余个，印成《武英殿聚珍版书》，其刷印工艺较有特色，是先用套格刷印格纸，再套刷活字版而成书，实可称为活字套印本，所印130余种书中大多为单一墨色套印本，也有朱墨套印本。在民间，多色活字套印本今也有传本存世，如咸丰时期谢氏活字四色套印本

《御选唐宋诗醇》较为著名。与此同时，清代木刻彩印版画又得到进一步发展，陆续涌现出不少带有木刻彩印版画的书籍，如传世的清初刻李笠翁评本《三国志演义》中就有彩色套印插图，又如康熙十八至四十年（1679—1701）芥子园甥馆刻彩色套印本《芥子园画传》（图24-1）与金陵王衙刻五色套印《西湖佳话古今遗迹》，还有雍正二年（1724）成书的四明樵石山房刻套印本《天下有山堂画艺》，以及道光二十八年（1848）句容景行书屋刻彩色套印本《金鱼图谱》等，都是带有大量木刻套印精美版画的书籍。其中最著名的是用饾版彩色套印的《芥子园画传》，此书共三集，是李渔（1610—1680）的女婿沈心友请画家王概兄弟三人和其他诸人编绘并加以解说的绘画技法彩印图谱。因李渔在南京的别墅名“芥子园”，故此书被命名为《芥子园画传》。第一集为山水图谱，第二集为梅兰竹菊谱，第三集为花卉草虫及花木禽鸟谱。另据康熙十年（1671）刊行的《闲情偶寄》载，李渔曾自制笺纸售之坊间，已经制就者有韵事笺八种，织锦笺十种。韵事者为题石、题轴、便面、书卷、剖竹、雪蕉、卷子、册子等类。锦纹十种，则尽仿回文织锦之义，满幅皆锦，止留彀纹缺处代人作书，书成之后，与织就之回文无异。售笺之地即售书之地，并标明金陵承恩寺中，有“芥子园名笺”五字署门者，即其售卖处，同时昭告天下不许他人翻梓。董桥《记得》载，在美国一位江浙老先生家里藏有一匣李笠翁所制笺纸。[30]上海图书馆现藏有明清尺牍逾十万通，其中不少为彩笺书信。据梁颖先生《说笺》介绍，上图现藏三通李渔书札，其所用笺纸正为笠翁制笺，有两种还是芥子园刻印拱花笺实物。[31]从分类与视觉效果看，芥子园所刊画传及笺纸，与十竹斋、萝轩在题材、技法上是一脉相承的。李渔与胡正言、吴发祥都活跃在明末清初的南京地区，他自制拱花笺从较早出版的笺谱借鉴相关技艺是极为自然的。与此同时，《芥子园画传》主要编者王概，字安

30　董桥《记得》，广西师范大学出版社，2011年，第248—250页。

31　梁颖《说笺》，上海科学技术文献出版社，2012年，第152页。

节，本秀水人，家于金陵。工山水，学龚半千（龚贤）笔法。好交达官，时人称“天下热客王安节”。而胡正言次子胡其毅（1625—？），字致果，号静夫。潘天祯先生《胡正言家世考》中说，康熙十三年（1674）胡正言卒后，胡其毅为十竹斋的继承人。宁波天一阁藏清康熙二十四年（1685）聚星楼刻本《杏花村志》扉页钤“金陵十竹斋发兑”长方印。[32]而清孔尚任《湖海集》（清康熙间介安堂刻本）卷七录有康熙二十八年（1689）两次同胡致果、王安节等多人集冶城道院分咏赋诗，说明胡其毅犹健在，十竹斋当不会停业，而胡其毅与王概显然相识，相互切磋技艺也不是没有可能的。另外，《芥子园画传》初集中的点景人物（图24–2），与《十竹斋笺谱》中图像非常相似（图21–3），《芥子园画传》二至三集与《十竹斋书画谱》部分图也较为相近，可视为借鉴之作（图24–1、图19）。

《十竹斋书画谱》与《芥子园画传》介绍中国画基本画法和传统流派较为系统，图文结合，浅显明了，便于初学者临摹参考，所以流传很广，对普及中国传统绘画技艺发挥了积极作用，同时也对推动中国木刻彩印版画发展做出了特殊贡献。“中国画”是近代为区别明末传入的西画而出现的名称。中国画历史悠久，仅从已知独幅的战国帛画算起，已有二千余年的历史，在世界美术领域中自成体系，是东方画系的重要组成部分。中国画广义上包括卷轴画、壁画、年画、版画等门类，狭义上指以中国独有的笔墨等工具材料按照长期形成的传统而创作的绘画品种。中国画现分为三大画科：人物画、山水画、花鸟画。中国画因功用之别形成宫廷画、民间画与文人画三大系统。宫廷画与民间画自中国画产生以来即并行于世，而“文人之画，自王右丞（王维）始”（明董其昌语），其后纵贯宋元明清各代，经历较长的发展历程。不少文人画家将具有象征意义的梅、兰、竹、菊（史称“四君子”）作为自己的表现

32　潘天祯《潘天祯文集》，第108—142页。

题材，《十竹斋书画谱》与《芥子园画传》在选择题材与所摹名家画作上与之非常相近，可以说基本上是在延续文人画的传统。中国画按工具材料的区别，可称为设色画与水墨画，有工笔与写意两大种画法，又有勾勒、没骨等多种表现技法。两部画谱为将各种风格的中国画逼真地复制出来，所运用的木刻套色印法也时而“化旧翻新，穷工极变”。多版套色印法大致分为主版法和分解法，基本以是否印有表现形象的轮廓线（即大样）相区别。高罗佩在《秘戏图考》中说，普通的中国套色木刻画含有一种用单色印出的大样，多为黑色，勾勒图案的四边和被表现物体的主线。这种单色的大样先印出，然后补以许多色块，即使这些色块不十分吻合，画面的整体性也不会被破坏。以色块比“骨”（即墨样）更重要的“没骨”法画出图案，制成套色版并不十分困难。有名《十竹斋书画谱》中的许多版画，就是以这种方式印成的。而明代套色春宫画册选择比普通套色版画更加困难的制作形式，版画中并无控制整个画面的单色大样，满实的色块也很少，图画是好几种颜色相异线条的复合结果，万一对版不准，图案就严重走样，画面也被破坏。[33]高罗佩介绍的第一种套印法即主版法，可称为有骨套色法，适宜于工笔画和设色山水画等。第二种套印法即分解法。我们通常所说狭义的饾版属分解法，此法是按色彩的形状取材分版，各版大小不一，依色套印，犹如拼凑饾饤，既可节省版材，又可表现没骨画法（指不用墨线为骨，直接以彩色或水墨描绘物象的中国画表现技法）效果。同时，当代版画家在复制古代木刻彩印版画时发现，主版法中，作为套印色块的辅版，因年存不长而伸缩不一，套印时会错位，若将部分色版分成若干小块，套色会更为准确。[34]因此，无论主版法还是分解法，只要以分色分版套印的木刻彩印版画，现在多被视作广义的饾版套印作品。第三种方法

33　高罗佩《秘戏图考：附论汉代至清代的中国性生活（公元前206年—公元1644年）》，第143—181页。

34　苏新平《版画技法》，北京大学出版社，2007年，第92页。

或可称彩线法，以明万历三十四年（1606）新安黄一明刻五色套印《风流绝畅》（图12）为代表。从视觉效果看，这种套印法或与文字套印法有关联。前文所述明天启六年（1626）吴发祥刻彩色套印本《萝轩变古笺谱》（图22–1）有不少图是彩线法套印的，《十竹斋笺谱》有部分图是彩线法套印的（图16–5），而明崇祯十三年（1640）闵齐伋刻《会真图》（图14）常以主版法、分解法与彩线法合用。高罗佩认为，由于政治动乱改变了安逸的生活方式，加之这种套印技术极端困难，1644年清朝统治后，这种艺术就销声匿迹了。[35]《萝轩变古笺谱》与《会真图》内容不像春宫画册那样特殊，但原本存世甚罕，在古代不仅没有翻刻本，而且也不见文献记载。看来高罗佩的观点是有一定道理的。而从总体上相比，从《十竹斋书画谱》《十竹斋笺谱》到《芥子园画传》，以饾版套印出平涂色块的技法，既用于没骨分解法（图16–1），也用于有骨主版法（图16–2），使各种风格的中国画视觉效果都呈现出来，同时套印方法又较为便捷，因此《十竹斋书画谱》刚问世就有效颦翻刻谋利者出现。而十竹斋笺纸也受人追捧，如吴江邹枢在清康熙间所编《十美词纪》云："卞赛，金陵乐部伎也。工诗，好画兰，寓虎邱山塘白公堤侧。……常以金陵十竹斋小花笺、阊门白面圆箑画兰。"卞赛（约1623—1665）即卞玉京，秦淮八艳之一。她居住在苏州，时常在南京十竹斋印制笺纸与苏州所产圆扇上作画，看来木刻饾版拱花彩印花笺已从金陵传至苏州，甚至更远的地方。在《十竹斋书画谱》直接影响下，清代又产生了更为完备的绘画专业著作《芥子园画传》。两部画谱不仅广为传播，而且在中国和日本（见下文）都有翻刻本出现，最终推动东方绘画与木刻彩印版画技法得到进一步发展。

35 高罗佩《秘戏图考：附论汉代至清代的中国性生活（公元前206年—公元1644年）》，第143—181页。

三　中西交汇

自彩色套版印刷发明后，除少量的套色印本书籍外，中国不少地区的民间年画采用木版套色印刷，数量难以统计，据专家学者们的研究成果估算，存藏于中外的年画应该数以万计。张贴年画的风俗形成于宋代，在明末清初已风靡朝野，清代的年画印刷作坊，遍及全国各地，尤其是苏州桃花坞、天津杨柳青、山东潍县杨家埠、河南朱仙镇、陕西凤翔、山西临汾、四川绵竹、广东佛山、河北武强等地的年画，最为著名。年画的题材，多为民间喜闻乐见的戏曲故事及表现吉祥、喜庆、丰收等内容，还有门神、灶君等，因而印刷发行量很大，遍及千家万户。

由于年画是年年更换的消费品，中国早期年画很少有保存下来的。据冯骥才先生《中国木版年画集成》总序介绍，首先将年画视为一种独特文化和艺术并进行收藏与研究的是外国画家和学者。在海外，以日本收集中国木版年画为最早，至今他们珍藏着不少康乾年间苏州年画的杰作，在今天的中国反而很难见到。[36]现在最早的姑苏木版年画，是日本出版的《中国古版画图录》中所收的"寿星图"，画面上刻有"万历念五年（1597）"的刊记。苏州地区，明代崛起的以沈周、文徵明、唐寅、仇英为代表的"吴门画派"，在中国绘画史上占有重要地位。与此同时，张秀民先生《中国印刷史》载，苏州在明代已是版刻中心之一，清代除首都以外，苏州的书坊是最多的。[37]苏州版书籍刊刻精良，插图美观，木版年画由此演变而来。

高福民先生在《中国木版年画集成·桃花坞卷》序文中介绍，桃花坞早期年画一般尺幅不大，绘、刻、印精美，文人画传统一目了然，不少可看作是尺寸放大的书籍插图。清代康、雍、乾三朝，是桃花坞木版年画历史上最为辉煌的时期。年画作坊最多时达五十余家。日本美术界

36　冯骥才《中国木版年画集成：日本藏品卷》，中华书局，2011年，第1—8页。

37　张秀民《中国印刷史（插图珍藏增订版）》，浙江古籍出版社，2006年，第390—395页。

所称道的影响浮士绘的“姑苏版”主要指的就是这一时期的作品。题材以描绘城市生活和市民风俗为主，尤以景物、仕女和文学、戏曲、历史故事最为典型，受文人画传统和西洋铜版画影响，风格清新雅致，注重透视和明暗技法运用。[38]在《中国木版年画集成》之《桃花坞卷》与《日本藏品卷》中，最为著名的是雍正十二年（1734）浓淡墨版彩绘《姑苏阊门三百六十行图》（图25）大对屏，薄松年先生认为，这对逾一米高的巨幅年画，是表现城乡现实生活的风俗画，吸收了欧洲铜版画以排线表现明暗的技巧和透视法。[39]此外，代表作还有《姑苏万年桥图》、《姑苏名园狮子林图》、《山塘普济桥中秋夜月图》（题“仿泰西笔法”）、《西湖胜景图》、《帘下佳人图》、《美人秋千图》、《琴棋书画图》、《五亭桥双美图》（图26）、《百子图》（题“法泰西画意”，乾隆八年［1743］刻）、《全本西厢记图》（题“仿泰西笔意”，乾隆十二年［1747］刻）等，又有丁亮先、丁应宗等署名的花卉吉祥图与《西湖十景图》，刻绘印皆精美细腻，令人叹为观止。

许多学者知道日本藏有较多苏州早期年画，欧美也藏有一些。薄松年先生在《中国年画艺术史》中介绍，大英博物馆藏有数十幅清代早期套色版画，绘刻颇精，题材有花鸟、仕女、小说戏曲、山水人物、门神、钟馗等类，具有鲜明的年节吉祥色彩，应是现今保存下来的最早的苏州年画。这批版画风格及技巧上明显地继承了明代书籍版画及画谱、笺谱的成就，又具有年画的特征，它们设色雅致，绘刻精美。其中花鸟类包括花鸟、花卉、草虫、果盘、花篮等，这些画套色典雅谐调，艳而不俗，一些画上有题诗及名款，花鸟形象生动活泼。如有一幅果盘版画，果盘的花纹装饰相当精美细腻，瓜果用没骨法，只以大片色彩印出而不勾轮廓。另有一幅花篮，花朵亦以没骨法表现。值得注意的是，有些花卉在套色以后还运用了拱花技术使之

38 冯骥才《中国木版年画集成：桃花坞卷》，中华书局，2011年，第8—21页。

39 薄松年《中国年画艺术史》，湖南美术出版社，2008年，第28—37页。

图26 《五亭桥双美图》，清中期苏州套版彩绘。日本私人藏

突出于纸面（图27-1、图27-2），与《萝轩变古笺谱》及《十竹斋笺谱》有一脉相承之处，不同的是笺谱图画占比重甚小，而苏州年画的饾版拱花所印花朵面积较大，堪称中国传统套印版画的杰作。薄松年先生又介绍此批版画系英国人卡姆培夫尔（另译凯普菲尔［1652—1716］，出生于德国）于1693年（清康熙三十二年）从日本江户搜集带回英国，其刻印时间最晚在清代康熙中期，是流传有绪的清代早期苏州年画的遗存。[40]在新近出版的《中国木版年画集成》中，中日学者所主编的《桃花坞卷》与《日本藏品卷》都认同这一观点。而在《日本藏品卷》中，我们能够看到不少署名与大英博物馆藏相同的作品，其中丁亮先和丁应宗各有不少幅。从字面看，丁氏二名明显有关联，张烨《“洋风姑苏版”研究》认为二者只是名和字的区别，当是同一人。[41]但目验二人题字，一方直，一圆软，也有可能二者是亲属关系。据张烨考证，丁亮先（约1684—1754在世）为天主教徒，乾隆十九年（1754）69岁，两次受苏州教案牵连，与欧洲传教士有来往，曾货卖

40 薄松年《中国年画艺术史》，第28—37页。
41 张烨《“洋风姑苏版”研究》，中央美术学院博士学位论文，2009年。

图27-1　清丁亮先《荆山王作团团影，映带桃夭灼灼花》，清乾隆苏州饾版拱花彩色套印版画。英国大英博物馆藏

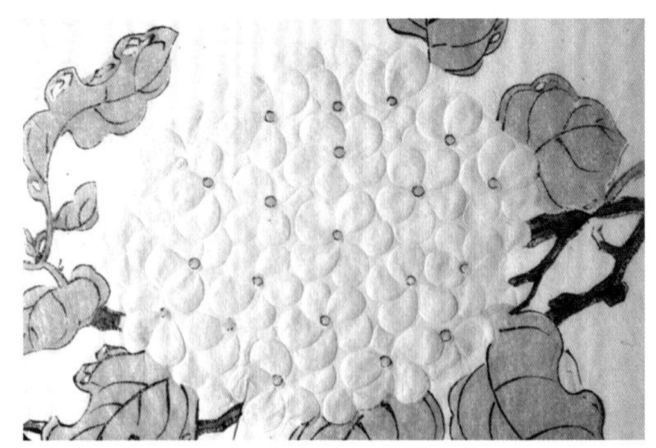

图27-2　清丁亮先《荆山王作团团影，映带桃夭灼灼花》局部

西洋画。因此，丁氏姑苏版画不大可能出现于康熙三十二年前，而应将其归为乾隆时期作品。此观点似与“西画东渐”的大背景更为吻合。

考古发现证明，早在史前时代，亚洲东部的民族与亚洲西部乃至欧洲的民族之间，就已经有了文化交流关系。日本宫崎市定《亚洲史概说》一书认为，中国文化曾以绘画为中心对西方世界产生影响。在波斯伊利汗时期，蒙古人开始将中国绘画大量应用于书籍插画，即所谓的“细密画”。细密画在狭小的纸张上收纳了广阔的空间，从而行成豪放的装饰效果。历史学家拉施特的《蒙古史》（为《史集》的组成部分）等作品中都插入了色彩丰富的细密画（图28）。伊利汗国的细密画兴盛起来后，欧洲开始展露出绘画方面的文艺复兴之光。可见，细密画与文艺复兴之间似乎是存在因果关系的。欧洲的文艺复兴或许可以从东方艺术的传播这一角度来解读。[42]而美国梅天穆著《世界历史上的蒙古征服》则更为明确表示，《史集》的画作中，不仅有传统的波斯主题，也结合了中国、中亚的佛教艺术和拜占庭圣像艺术，以及意大利锡耶纳的艺术。这些艺术风格不仅来自对实物的模仿，在蒙古治世之下，中国、意大利和希腊等地的艺术家来到大不里士，带来了各自的技艺。最显著

42　宫崎市定《亚洲史概说》，谢辰译，民主与建设出版社，2017年，第229—232页。

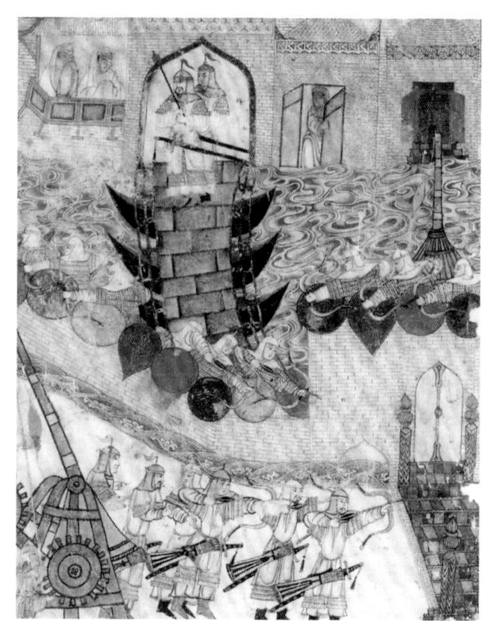

图28　波斯拉施特《史集》插图。14世纪初彩绘

的证据就是中国山水画技法的使用，作品以山岩为架构，包含了地势与其他自然景物（图29）。[43]

英国格拉博夫斯基等著《版画观念与技法大全》中说，雕版印刷起源于中国，继而通过伊斯兰世界的贸易路线（相当于目前通称的“丝绸之路”），传播到整个亚洲地区和欧洲。[44]现在公认欧洲存世最早的木版画是1898年在法国普洛塔家族中发现的一块胡桃木雕版的残片，刻制的时间大约是1380年。而最早的有明确年代木版画是在德国南部发现的刻于1423年的《圣克利斯道夫像》（图30）。从欧洲最初的木刻版画来看，画面由阳刻轮廓单线构成，与中国早期木刻版画相近。傅抱石先生说，线描是中国画的造型基础。[45]用轮廓单线造型可以说是中国版画的主要特点，因此，欧洲早期木版画受中国版画影响是十分明显的。古代东西方木刻版画一般属凸版印刷（当代有艺术家创作出凹版木刻水印版

43　梅天穆《世界历史上的蒙古征服》，马晓林、求芝蓉译，民主与建设出版社，2017年，第316页。

44　格拉博夫斯基、菲克《版画观念与技法大全》，于洪、张俊译，浙江人民美术出版社，2012年，第75页。

45　伍霖生记录整理《傅抱石谈艺录》，四川美术出版社，1987年，第13页。

图29 《萨莱图集》。14世纪彩绘

图30 《圣克利斯道夫像》。1423年刻木版画

画），其印版的印刷部分高于空白部分，印刷时，在凸起部分敷墨，因空白部分低于印刷部分，所以不能粘墨，当纸张等承印物与印版接触，并加以一定压力，印版上凸起部分的墨迹就转印到纸张上而得到印刷成品。中国隋唐之际出现的雕版印刷，标志着凸版印刷的诞生。后来出现的活字与木版套色印刷也属凸版印刷。1430年，德国出现了凹版雕刻铜版画，标志着凹版印刷的诞生。[46]1513年，瑞士格拉夫的铁蚀版画《一只脚伸在盆里的妇女》问世，这是最早签有年份的腐蚀式凹版画。[47]腐蚀法是在铜、锌、钢等可以被酸液腐蚀的材料版面上涂满防腐剂，然后用针在上面刻图像，针到之处，防腐剂被刮去，露出版面，最后把它浸在酸液里，露出的部分便被腐蚀。凹版印刷的印版，印刷部分低于空白部分，印刷时，全版面涂上墨后，擦去平面上（即空白部分）的墨，使

46 黑崎彰等《世界版画史》，人民美术出版社，2004年，第39页。
47 张奠宇《西方版画史》，中国美术学院出版社，2000年，第20—21页。

墨只保留在版面低凹的印刷部分上，再在版面上放置吸墨力强的承印物，施以较大压力（一般通过印刷机的压力），使版面上低凹部分的墨迹转移到承印物上，获得印刷品。由于木刻版与金属活字版均属凸版，二者可通过拼版同时完成图文印制，因而在铜版画诞生后，木刻版画仍以书籍插画形式不断涌现。如德国1461年出现最早的插图活字印本《珠玑集》，是用木刻图版与活字版拼版印制的（图31）。[48]目验插图中的人物以无阴影的简单线条表现，与中国古籍单色插图非常相近。德国画家丢勒（1471—1528）在美术史上以版画成就最为突出。他创作了大量的木刻版画和铜版画作品，而且他将铜版画刻制技巧运用于木刻版画创作上，如1510年木刻版画《逐出伊甸园》（图32），就是以类似铜版画的密集排线来加强形体的立体感和明暗光感，这和以前只有简单轮廓线木刻画在视觉上形成较大差异，但仍属凸版印刷。丢勒的特殊技能使木刻版画成为一种重要的艺术形式，西方木刻版画也逐渐形成了自己的技法风格。

欧洲最初的木版画多为单色，有色彩的版画是以手工填色来完成的，工艺与中国版画相近，但出现时间要比中国晚数百年。15世纪中期，德国谷登堡（约1394—1468）研制出铅合金活字与木制印刷机，排印《四十二行圣经》等书籍，开创了印刷机械化的先河。1457年与1459年，德国印行两版《美因茨诗篇》（又名《本笃会诗篇及颂歌和赞美诗》）（图33），除用黑色印刷正文外，又均采用红蓝双色首字母装饰，[49]每个首字母的不同元素都以版画制作，使其能够分开并单独上色，因此所有书页都可通过单一工序印刷，这是欧洲最早的活字拼版套色印刷书籍。16世纪早期，欧洲出现明暗套色木刻版画，使人们能够用版画来模仿油画效果。方法是将同一个画面的不同明暗分别刻在二至三块版上，分次叠加来印刷。存世意大利木版画《狄奥根尼》（图34）就

48　费夫贺、马尔坦《印刷书的诞生》，李鸿志译，广西师范大学出版社，2006年，第74—76页。
49　布鲁诺《满满的书页：书的历史》，余中先译，上海书店出版社 ，2002年，第41—68页。

图31 《珠玑集》(一作《宝石》)，1461年。活字插图拼版印本

是用这种明暗技法印制的，购买它的客户可以选择不同的套色组合，比如浅褐、深褐组合，或者灰、绿组合。[50]随着印刷技术的进步，西方先后出现的铜版、石版、珂罗版、胶版、丝网版等近现代印刷出版物中，都有套色印本。

无论东方还是西方，宣传画都是重要的宗教传教工具。中国的木刻版画就是从印制佛像开始起步的。在1450年德国谷登堡研制出铅合金活字前，欧洲的人口大概不满一亿，大多数人不识字，到了17世纪，欧洲在城市里也只有不超过三分之一的人能够阅读。英国麦格雷戈在《大英博物馆世界简史》中介绍一幅1617年德国木版印刷的《宗教改革百年纪念宣传画》（图35）时说，这一类兼有图像和少量关键词的木版印刷

50 大卫•霍克尼、马丁•盖福德《图画史：从洞穴石壁到电脑屏幕》，万木春、张俊、兰友利译，浙江人民美术出版社，2017年，第154—155页。

图32　德国丢勒《逐出伊甸园》，1510年，德国木版画。美国国会图书馆藏

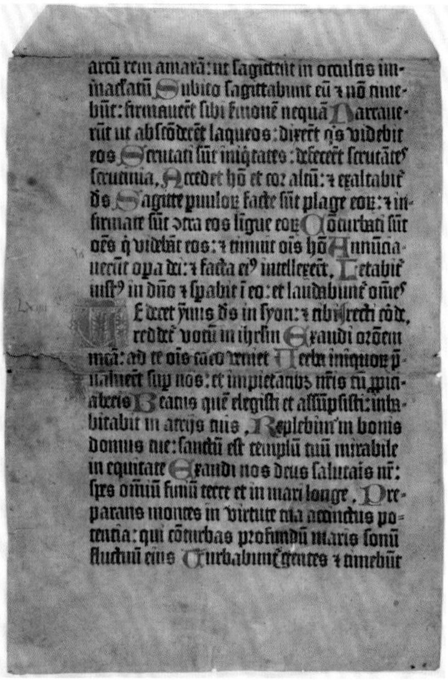

图33　《美因茨诗篇》，1459年，德国美因茨三色铅印本。美国希尔博物馆与手稿图书馆藏

品，一次可印数万张，价格低廉，是大众宣传中最有效的工具。[51]向达先生《明清之际中国美术所受西洋之影响》认为，明万历时，意大利耶稣会传教士利玛窦（1552—1610）入华传教，携来天主像等西洋宗教画，既为传教工具，也为最初传入中国之西洋美术品。《程氏墨苑》收有四幅西洋宗教画，就是利玛窦持赠程大约而刊入的。[52]不过，目前有学者（如林丽江、史正浩等）认为，利玛窦仅以中文和罗马拼音对照的形式，为《信而步海》《二徒闻实》《淫色秽气》三幅图像加了标题并进行了解释，只有一幅《天主图》是利玛窦赠送程大约的（图36）。[53]但无论如何，这些图像当是第一次出现在中国木版印刷品上的西洋天主教图像。至清初始有西洋传教士供奉画院，清宫绘画受到欧洲“西

51　麦格雷戈《大英博物馆世界简史》，余燕译，新星出版社，2014年，第543—549页。

52　向达《唐代长安与西域文明》，湖南教育出版社，2010年，第447—490页。

53　史正浩《明代墨谱〈程氏墨苑〉图像传播的过程与启示》，南京艺术学院硕士学位论文，2009年。

图34 《狄奥根尼》，16世纪20年代，意大利明暗套色木刻版画（帕尔米贾尼诺绘画原作，乌戈·达·卡尔皮版画复制）

图35 《宗教改革百年纪念宣传画》，1617年，德国木版印刷版画。英国大英博物馆藏

洋风”的影响，这种文化输入为中土开启了新视界。如比利时南怀仁（1623—1688）主编《新制灵台仪象志》有清康熙十三年（1674）内府刻本，书中《新制仪象图》117幅就是清宫最早西洋风格的木刻版画，其中观象台图（图37）虽似中国画远大近小鸟瞰式俯视构图，但画面有细密排线，体现明暗效果。南怀仁是旅居中国的耶稣会传教士，康熙前期在钦天监由监副擢监正，培养了不少学生，宫廷画家焦秉贞就是其中优秀的一员。清胡敬《国朝院画录》称焦氏“工人物、山水、楼观，参用海西法”[54]（图38）。焦秉贞绘制《耕织图》受到欧洲绘画的影响，运用焦点透视的方法，注重画面的深远效果，康熙三十五年（1696）雕版刊行。刻工朱圭为苏州人，当时入内府供职，是著名的雕刻高手。清宫铜版画的刊印始于康熙五十二年（1713）由意大利传教士马国贤（1692—1745）主持刊印的《御制避暑山庄三十六景诗图》，马国贤于康熙五十七至五十八年（1718—1719）又主持完成铜版《皇舆全览图》

54 胡敬《国朝院画录》，清嘉庆间刻本。

图36　明程大约《程氏墨苑·天主》。国立北平图书馆原藏

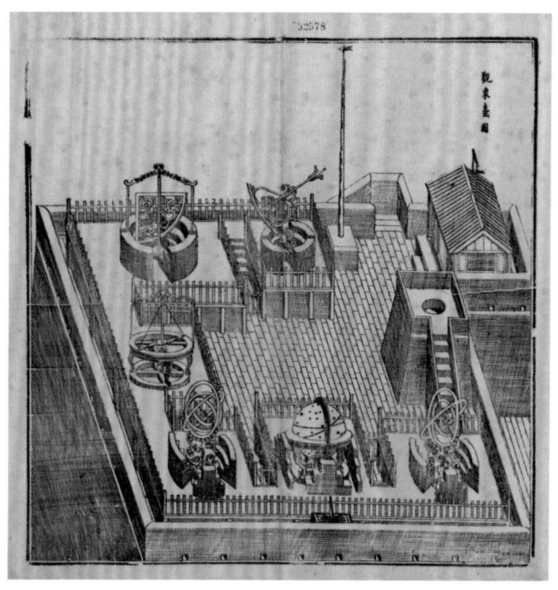

图37　比利时南怀仁《新制灵台仪象志·新制仪象图》，清康熙十三年（1674）内府刻本。辽宁省图书馆藏

刊印工作。众多西洋传教士画家当中，郎世宁是最为人知的一位。郎世宁（1688—1766），意大利人，康熙五十四年（1715）来华传教，以擅长绘画服务于康、雍、乾三朝，他作画往往于中国传统画法，加入西洋光影透视法，创立描绘精细逼真的新画风，善画人物、花鸟（图39、图40），尤善画马，是清代宫廷中，最重要的西洋人画家。如他画的《瓶花》轴（图39），不强调轮廓勾勒，有光影的处理，色彩秾艳，形象逼肖。早于郎世宁来华之前，西洋画风已存在清宫中，但是到了郎世宁，西洋透视、光影明暗等技法融入中国绘画，建立兼容西洋写实技巧与东方欣赏品味的画风。郎世宁曾参与《乾隆平定准部回部战图》草图的绘制工作，并将图稿送往法国制成铜版画，此画体现郎世宁"本西法而能以中法参之"（胡敬语）画风。郎世宁还向中国的宫廷画家传授欧洲绘画的技法，他帮助工部右侍郎年希尧撰写《视学》一书，此书为第一部介绍欧洲焦点透视画法的著作，对中西文化交流做出积极贡献。清乾

图38　清焦秉贞《山水》。纸本水墨。台北故宫博物院藏

图39　意大利郎世宁《瓶花》。绢本设色。台北故宫博物院藏

隆五十一年（1786）中国自己刊制的《圆明园长春园图》铜版画20幅刷印成功。据故宫博物院统计，清宫总计完成铜版画12种。康、雍、乾时期，宫殿里制作精致、色泽艳丽、中西合璧的作品，成为缔造清宫的一个辉煌盛世象征（图41、图42）。

中国宫廷画、民间画与文人画三大系统，相互虽有差异但又彼此渗透，如清胡敬《国朝院画录》载，许多清代宫廷画家有仿摹王维、黄公望、仇英等历代著名文人画家作品的画作存世。又如冉琰在《清前期宫廷绘画机构及画家》中说，[55]清前期宫廷画家成分复杂，有汉族画家、旗人画家、传教士画家等，其中汉族画家基本上都为江南人，在早期被称为"南匠"。从论文中所附"清前期宫廷画家略表"中可以看出，已知籍贯为苏州地区的画家就有12位，这些画家部分来自民间，年老体弱后会被送回本籍，因此宫廷画家和民间画家并不是两个孤立的没有任何

55　冉琰《清前期宫廷绘画机构及画家》，中央民族大学硕士学位论文，2006年。

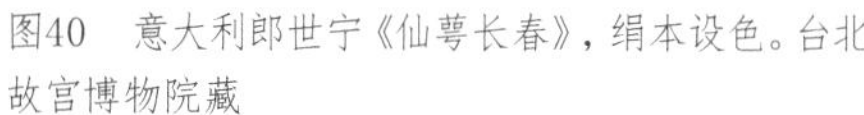

图40　意大利郎世宁《仙萼长春》，绢本设色。台北故宫博物院藏

图41　清冷枚《人物》月夜，仕女提灯游园（人物远小近大，建筑远阔近狭），绢本设色。台北故宫博物院藏

联系的社会群体。我们可以推测，在苏州，一方面是像丁亮先一样有天主教背景的民间画家，直接从传入中国的西洋画借鉴了艺术表现技巧（日本学者冈泰正认为，西洋画经由广东一带，传入苏州。[56]不知其依据何在。乾隆二十二年（1757），清政府撤销宁波、泉州、松江三港海关，只准外商在广州一口通商，而在此之前，西洋画似没必要经由广东一带传入苏州），另一方面，有些曾在宫廷服务的苏州画家将南怀仁的西方木版画技法、马国贤铜版画的视觉效果，以及焦秉贞、郎世宁等宫廷画家西洋画风等带回故里。与此同时，延续传统画风的《十竹斋书画谱》《十竹斋笺谱》《萝轩变古笺谱》等金陵饾版、拱花彩印版画，或有苏州人参与创作，或在苏州地区流通传播，而《芥子园画传》有乾隆苏州翻刻本存世。这些绘画与木版彩印新旧技艺交相辉映，最终形成苏州木版彩印版画中西兼融的特殊风格。

56　冯骥才《中国木版年画集成：日本藏品卷》，2011年，第392—393页。

图42　清画院《十二月令图·四月》，绢本设色。台北故宫博物院藏

四　传播东瀛

日本江户时代的浮世绘，包括画家亲笔画和水印木版画两种，而以后者最具代表性。浮世绘木版画最初以墨色印刷，那些有色彩的是用手绘上去的，称为“墨摺绘笔彩”，因而同一幅版画色彩搭配可不相同，被公认为浮世绘第一位画家的是“一枚绘”（单幅画）风俗画创始人菱川师宣（1618？—1694），他就有这样的作品传世（图43、图44）。1765年，铃木春信（1725—1770）成功研制出能分版套印多种色彩的“锦绘”，为浮世绘揭开了一个五彩斑斓的新世界。与此同时，他还采用特殊的“空摺”（即空刷法或压纹）技术，使画面产生出凸凹效果（图45）。[57]将铃木春信作品与中国套色版画相比，从套印视觉效果看，锦绘与饾版都有相近的平涂色块，空摺与拱花都有相近的凸凹花纹。但锦绘属主版法，不仅各色印版大小相同，而且印版大于纸张，为应付反覆印刷、多次上色的套印需要，每块印版在相同位置都刻有“见

57　潘力《浮世绘》，河北教育出版社，2007年，第232—239页。

当”（即对版标记，在日本浮世绘界其创意时间有两说，一为1744年，一为1765年[58]，不过在中国明代套印本古籍已曾出现对版标记）（图46、图48），这样既不会错位，又省工省力，套印速度明显加快（图47、图48）；而饾版有分解法，也有主版法，与锦绘最大的不同是纸张一般大于印版，套印时将纸张固定在印刷台上，经逐色换版、对版、固版，不断重复套印过程，直至全部套版印刷完毕（图49-1至图49-6）。空摺是将纸覆在一块不上色的版上施压而成；而拱花一般认为有两种方法，一是双夹法（用凸凹版制成），二是平压法（用纸铺凸版或凹版施压显现凸出的花纹）（图49-7、图49-8）。据郑振铎先生在《中国古代木刻画史略》介绍说，拱花是将凸板的木块衬托在纸下，用木椎来敲打，使之成为浮雕的样子[59]，这样与“空摺”就更相近了。

无论是菱川师宣墨摺绘笔彩，还是铃木春信的锦绘与空摺，都产生在中国的彩线法与饾版、拱花技法之后数十年甚至上百年，从浮世绘与中国版画的渊源关系看，墨摺绘笔彩、锦绘与空摺应是在中国印刷术影响下产生的技艺。据高罗佩在《秘戏图考》介绍，日本浮世绘方面的著名权威涩井清说，在德川时代早期，《风流绝畅》被用单色翻印于日本，其中每幅画都以日本风格重绘，并被分印于两页纸上。涩井清称改编者系菱川师宣。[60]另外，据相关文献记载，《青楼剟景》也有菱川师宣的仿刻本。高罗佩在《秘戏图考》英文自序中表示，这些木刻画清楚地证明了日本套色版画家对他们的中国先生的极端倚赖。早期的日本浮世绘画家不仅采纳中国的彩印技艺，而且紧紧袭用中国的绘画风格，有时甚至限于简单地把一种日本韵味移入中国画来创作他们的作品。近些年已为日本研究者所承认的这一点，打开了一条通向研究日本套色版画起源的途径。

---

58 高云龙《浮世绘艺术与明清版画的渊源研究》，人民出版社，2011年，第78—79页。

59 郑振铎《中国古代木刻画史略》，上海书店出版社，2006年，第155页。

60 高罗佩《秘戏图考：附论汉代至清代的中国性生活（公元前206年—公元1644年）》，第143—181页。

图43　日本菱川师宣《冲立之影》，1680年，墨摺绘笔彩浮世绘版画。美国国会图书馆藏

图44　日本菱川师宣《冲立之影》，1680年，墨摺绘笔彩浮世绘版画。美国波士顿艺术博物馆藏

图45　日本铃木春信《夜半时分》，18世纪锦绘空摺浮世绘版画。英国大英博物馆藏

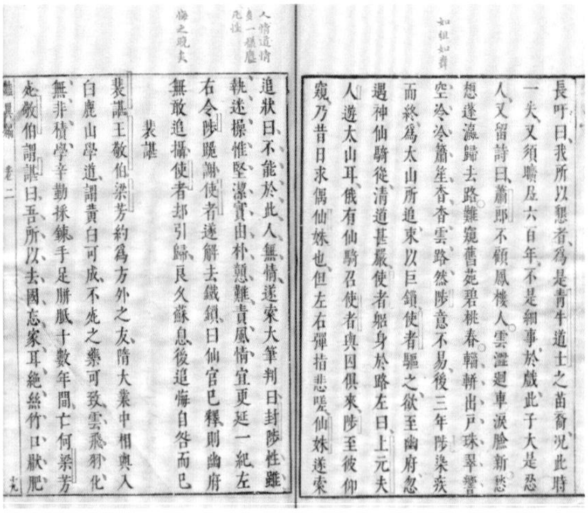

图46　《玉茗堂摘评王弇州先生艳异编》。明刻套印本，日本内阁文库藏（江户时代红叶山文库旧藏）

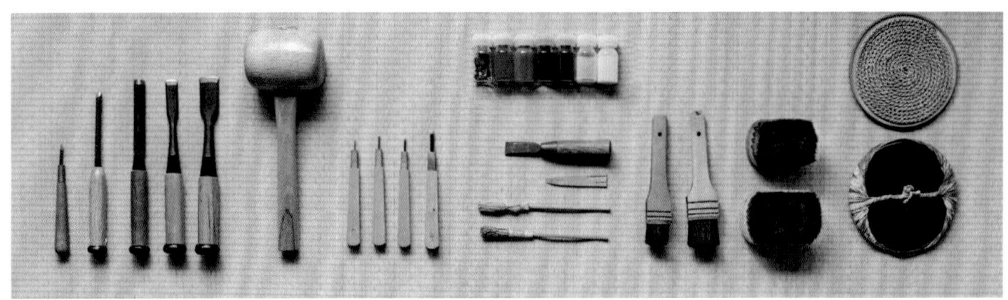

图47　浮世绘雕刻和刷印工具

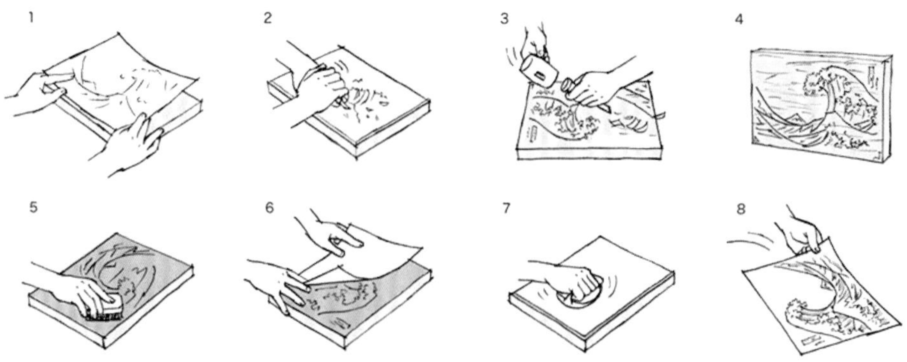

图48　浮世绘制作过程（1—4雕版过程；5—8刷印过程）

图49-1　南京十竹斋画院2019年己亥重刊《十竹斋笺谱》工作台

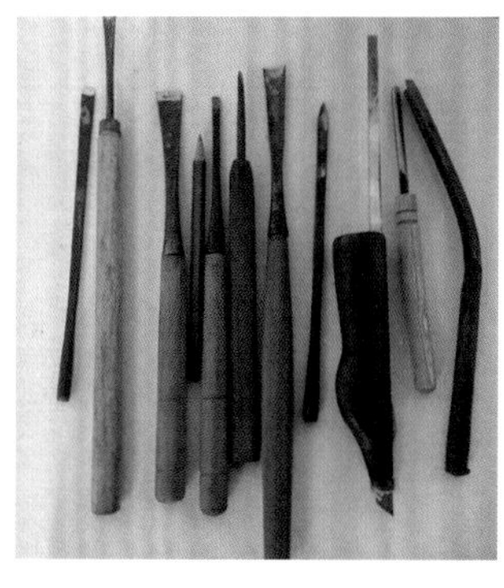

图49-2　南京十竹斋画院2019年己亥重刊《十竹斋笺谱》雕刻工具之一

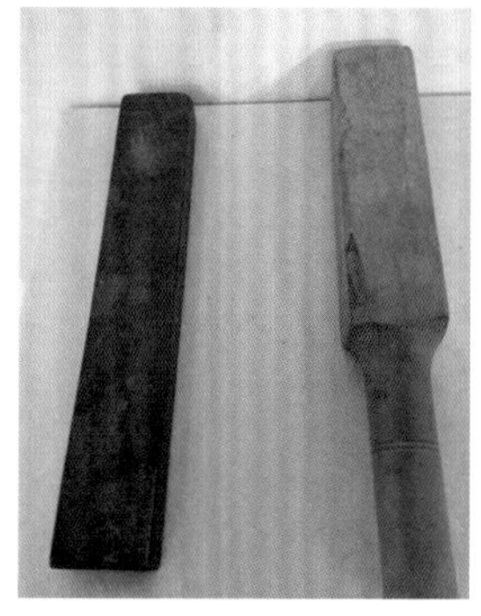

图49-3　南京十竹斋画院2019年己亥重刊《十竹斋笺谱》雕刻工具之二

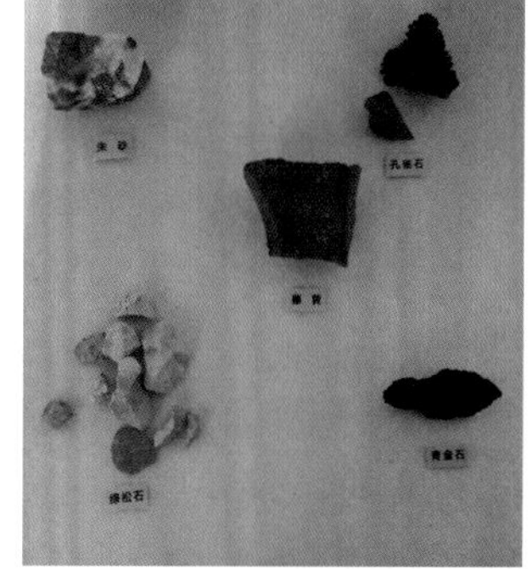

图49-4　南京十竹斋画院2019年己亥重刊《十竹斋笺谱》色彩原料

图49-5 南京十竹斋画院2019年己亥重刊《十竹斋笺谱》饾版

图49-6 南京十竹斋画院2019年己亥重刊《十竹斋笺谱》饾版印品

图49-7 南京十竹斋画院2019年己亥重刊《十竹斋笺谱》拱花版

图49-8 南京十竹斋画院2019年己亥重刊《十竹斋笺谱》拱花饾版印品

日本著名学者大庭修（1927—2002）著《江户时代中国典籍流播日本之研究》开篇说，中国文化传入日本的媒体是人和书籍。同时又介绍，在整个江户时代，日中贸易仅限于长崎一港。江户时代，称中国船为“唐船”，进入长崎的“唐船”，要根据各船的出发地，加上福州船、宁波船或南京船等称号。“唐船”带的货物，除生丝、纺织品、药材等商品外，还有纸张、书籍等物。其中南京船、宁波船带的书籍数量颇多，而福州船从未带过书籍。作者根据相关文献分析研究后认为，与江户时代同时的中国明清之际，南京、苏州、杭州刻书盛行，而蜀、闽之地出版业日趋衰落，赴日“唐船”是否持渡书籍与各地出版业兴衰有直接关系。虽然在江户时代之前，基督教已传入日本（如据法国伯希和［1878—1945］考证，利玛窦赠送程大约的《天主图》原版是1597年由修士尼阁老在日本长崎由耶稣会开设的画院刊刻出版的），但禁止基督教是江户幕府思想统治的政策之一，因此书籍输入手续比一般商品复杂，要通过验看内容、撰写“大意书”、记录备考等审查程序方可入境。不少当时审查记录留存至今，成为研究江户时代传日中国书籍重要资料。[61]据法国学者马尔凯的《17世纪中国画谱在日本被接受的经过》[62]与戚印平《日本江户时代中国画谱传入考》[63]研究，在江户时代，有不少于20种的中国画谱由商船携往日本，其中一些重要的画谱被重刻出版（通称和刻本），如明黄凤池辑《黄氏八种画谱》（又称《集雅斋画谱》，1573至1628年中国刊刻，1672年日本重刊）、明杨尔曾辑《图绘宗彝》（1607年中国刊刻，图50。1702年日本重刊）、明顾炳辑《历代名公画谱》（1603年中国刊刻，图51。1789年日本重刊）等。至于珍贵的套色画谱不仅传入数量相当可观，而且也被选刊或重刻。如《十竹斋书画谱》传入98套，《芥子园画传》初、二、三集传入总量不少于325套，《天下有山堂画艺》传入数量不少于31套。《十竹斋书画谱》于1760年前后在日本重刻，而王伯敏先生的《胡正言及

61 大庭修《江户时代中国典籍流播日本之研究》，戚印平等译，杭州大学出版社，1998年，第3—98页。

62 马尔凯《17世纪中国画谱在日本被接受的经过》，见韩琦、米盖拉编《中国和欧洲：印刷术与书籍史》，第82—113页。

63 戚印平《日本江户时代中国画谱传入考》，《新美术》2001年第2期，第68—88页。

图50　明杨尔曾辑《图绘宗彝》，明万历三十五年（1607）武林杨尔曾夷白堂刻本，左图“题壁”，右图“写意”。美国哈佛大学图书馆藏

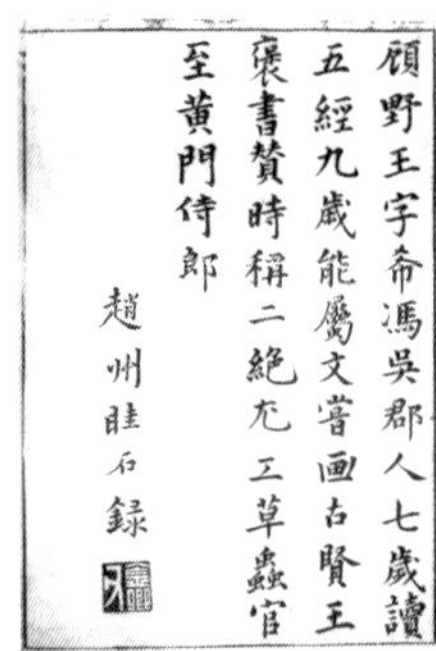
顧野王字希馮吳郡人七歲讀
五經九歲能屬文嘗畫古賢王
褒書贊時稱二絕尤工草蟲官
至黃門侍郎
趙州駐石錄

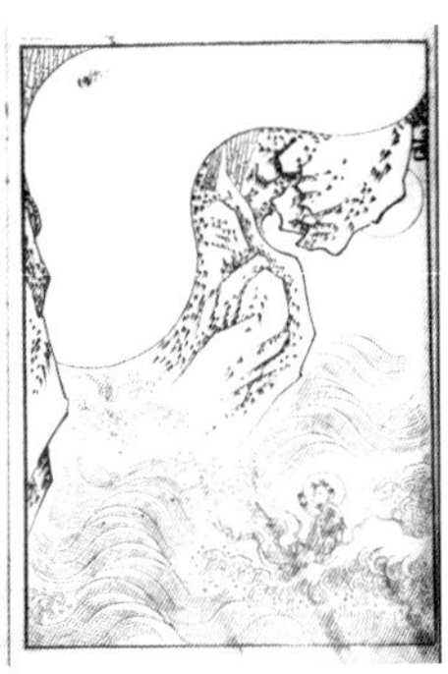

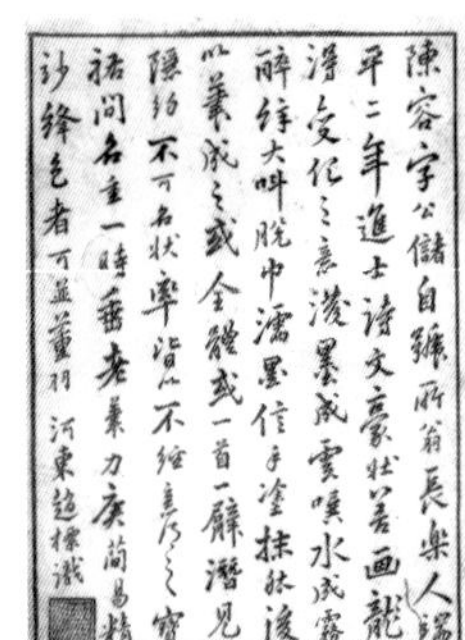
陳容字公儲自號所翁長樂人端
平二年進士詩文豪壯善畫龍
得變化之意潑墨成雲噀水成霧
醉餘大叫脫巾濡墨信手塗抹然後
以筆成之或全體或一首一臂潛見
隱約不可名狀率皆不經意乃之寶
諸閒名重一時垂老筆力愈簡易精
妙絳色者可益董羽　河東趙橡識

图51　明顾炳辑《历代名公画谱》，明万历三十一年（1603）顾三聘、顾三锡刻本，左图“顾野王”，右图“陈容”。中国国家图书馆藏

其十竹斋的水印木刻》一文介绍，清康熙年间上元（今南京）名医程家珏著有《门外偶录》一书，这是一部研究十竹斋木刻艺术的重要文献，该书有其门人陆定方的手抄本，可惜早已流入日本，现有影印本

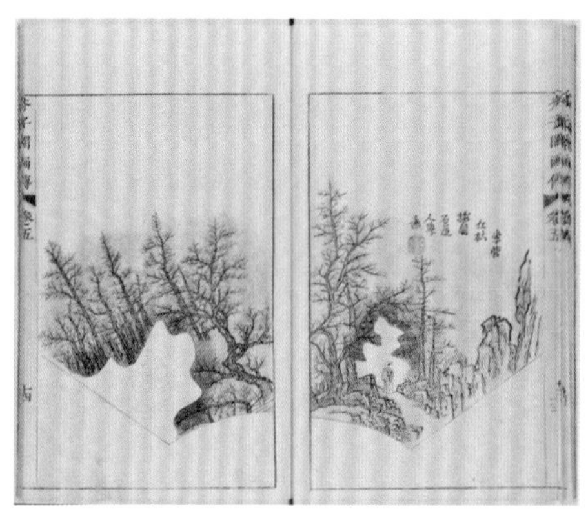

图52 清王概等辑《芥子园画传》李营丘枯树图（摺扇式），日本宽延元年（1748）河南楼刻彩色套印本。英国大英博物馆藏

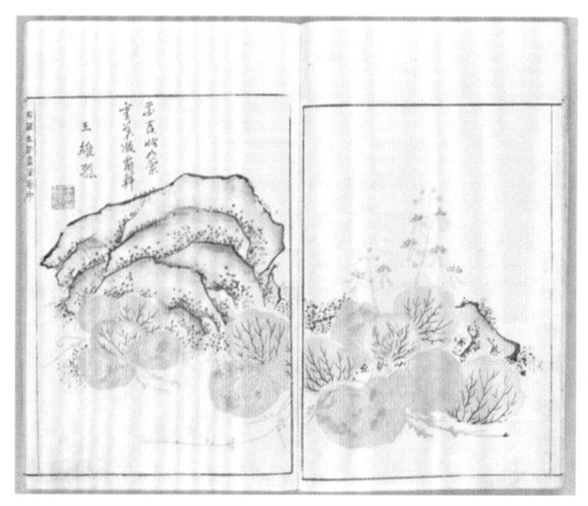

图53 日本大冈春卜《明朝紫砚》，日本延享三年（1746）刻彩色套印本。日本国立国会图书馆藏

传世。[64]另外，江户幕府将军是全国最高统治者，据大庭修介绍，第八代将军德川吉宗（1684—1751）对学问极有兴趣。在采集本国古书的同时，还积极购买和收集汉籍。大庭修引用日本相关文献记载称，享保九辰年（1724），荻生总七郎观（著名学者荻生徂徕［1666—1728］之弟）因绘画之事被召见，所携旧刻《芥子园画传》为将军所青睐，遂奉命献上，而将军回赐翻刻本《芥子园画传》。[65]《芥子园画传》清代有重刊本，故此翻刻本不一定是和刻本。现存最早的和刻本《芥子园画传》是宽延元年（1748）河南楼刊行的（图52），但日本画家大冈春卜（1680—1763）编《明朝紫砚》（又名《明朝生动画园》）（图53），延享三年（1746）刊印，是日本最早的彩色画谱，这套画集参考了中国的《芥子园画传》（图24-1）。文化十年（1813）京都菱屋孙兵卫购买了木刻板添加了部分内容，去除原版画上的印章，重新印刷发行（马尔凯先生认为此本是将原有雕版重刻之后印制的，但从前后印本书影看，断版相同，至少有部分是旧版）。另外，明吴发祥辑《萝轩变古笺谱》最初是在日本发现的，曾被大村西崖（1867—1927）景刊录入《图本丛

64 王伯敏《胡正言及其十竹斋的水印木刻》，《东南文化》1993年第5期，第202—209页。
65 大庭修《江户时代中国典籍流播日本之研究》，第244页。

图54 日本葛饰北斋《神奈川冲浪里》，1831年，浮世绘版画。美国大都会艺术博物馆藏

刊》（因只存下卷，未见明天启六年小引，旧题作清翁嵩年绘）。又据梁颖著《说笺》介绍，日本现藏有相当多的中国明清彩笺，从印刷技术来看，其中不少为饾版、拱花合并运用。[66] 正如马尔凯先生所说，是这些刻本所组成的有关绘画理论、技术和画谱的珍贵专集，对18世纪至19世纪上半叶的日本绘画（含浮世绘）产生决定性影响。[67] 在铃木春信《夜半时分》锦绘空摺版画上，我们能看到与《十竹斋书画谱》与《芥子园画传》中图像相似的老梅花枝，这一点已很能说明问题。

葛饰北斋（1760—1849）的《神奈川冲浪里》（图54）是最负盛名和最畅销的日本浮世绘。英国麦格雷戈在《大英博物馆世界简史》中介绍，此画1830年前后绘制，所用颜料是德国合成的普鲁士蓝（1704年德国人狄斯巴赫偶然发现普鲁士蓝，1724年制造方法才被公布出来，[68] 1829年日本锦绘使用此颜料，蓝摺绘开始流行），这种颜料可能是通过荷兰商人直接进口的，更有可能是从中国辗转到日本的，葛饰北斋不仅从西方借用了颜料，也借用了透视法，将富士山布于极远处，很明

66 梁颖《说笺》，第197—198页。

67 马尔凯《17世纪中国画谱在日本被接受的经过》，见韩琦、米盖拉编《中国和欧洲：印刷术与书籍史》，第82—113页。

68 别连基、利斯庚《颜料化学与工艺学》，张兆麟、闵观铭等译，高等教育出版社，1956年，第504页。

图55 明仇英《人物故事图册·吹箫引凤》，绢本设色。北京故宫博物院藏

图56 意大利马萨乔《圣三位一体》，约作于1425—1428年间，壁画。意大利佛罗伦萨新圣母玛利亚教堂

显，葛饰北斋一定研究过欧洲版画，它们由荷兰商人引入日本。[69] 但日本学者冈泰正《神户市立博物馆所藏苏州版画之特点》说，在考察16至19世纪的日本引进了怎样的西洋画时，不可忽视的不是西洋画的直接影响，而是西洋画法经由中国传入日本这一事实。中国人受到西洋画影响而创作木版画，苏州制作的有西洋烙印的木版画就此诞生，这些版画搭乘“唐船”被运到日本。[70] 透视法是在二维平面上再现三维物象的基本方法。西方文艺复兴以来逐步确立的绘画透视方法，已实现合乎科学规则地再现物体的实际三维空间位置。中国古代很早就提出过朴素的透视原理，但中国人多喜欢从高处俯瞰自然，这就形成中国山水画“以大观小”的特点。像明代仇英的《吹箫引凤图》（图55），瑶台上的人物比前厅的侍女反而更大，台阶也是上宽而下窄，而不是像西方画上的透视

69 麦格雷戈《大英博物馆世界简史》，第599—605页。
70 冯骥才《中国木版年画集成：日本藏品卷》，第392—393页。

是从欣赏者的立脚点向画内看去，如15世纪意大利画家马萨乔（1401—1428）借助透视法所绘《圣三位一体》壁画（图56），拱顶是近阔而远狭，在二维平面上创造出三维空间的假象。著名美学家宗白华（1897—1986）在《美学散步》中说，西洋人曾说中国画是反透视的，他们不知我们是从远向近看，从高向下看，另是一套构图。[71]同时，西方绘画的焦点透视只描绘固定一个方向所见的景物。而中国画有一种散点透视的观念，它的焦点不是一个而是多个，有高远法、平远法、深远法等，构图布局不拘于特定的时间与空间，而是把全部景色组织成一幅气韵生动的艺术画面。前文介绍日本现藏雍正十二年（1734）浓淡墨版彩绘《姑苏阊门三百六十行图》（图24）大对屏，吸收了欧洲铜版画以排线表现明暗的技巧和透视法，但从画面看，道路远宽近窄，透视效果不完全准确。另外，日本现藏《五亭桥双美图》（图26）为清中期套版彩绘姑苏版画，此画受西洋画影响，用斜线表现衣褶，所用蓝色为西洋发明化学颜料。近处描绘的两位女性所占画面很大，而通过圆窗看到的扬州五亭桥则比较小，再向远看到的船则更小，但书案却近狭而远阔，透视效果也不太准确。葛饰北斋是一位高寿的浮世绘天才，在漫长的艺术生涯中，他通过接触文学作品，学习了大量的中文。他也非常熟悉中国的绘画风格，曾采用中国水墨画风创作了《梅花树干图》（图57）。[72]而在他的《北斋漫画》（图58）锦绘版画15册里，可以看到与《图绘宗彝》（图50）《十竹斋笺谱》（图21-2）《芥子园画传》（图24-3、图24-4）相近题材和构图。据史料载，司马江汉（1747—1818）是擅长西洋画风的画师，葛饰北斋曾模仿过他的作品。司马江汉在1783年成功制成铜版画《三围景图》（图59），有着明显和准确的透视效果，在日本具有开创性。葛饰北斋《神奈川冲浪里》所见远处较小的富士山运用了西洋透

71 宗白华《美学散步》，上海人民出版社，2005年，第187页。

72 弗朗西斯科•莫雷纳《浮世绘三杰：喜多川歌麿、葛饰北斋、歌川广重》，袁斐译，北京美术摄影出版社，2017年，第115—175页。

图57　日本葛饰北斋《梅花树干图》，约1800年。绢本墨画淡彩（葛饰北斋采用了18世纪末在日本风靡一时的中国的绘画风格）

图58　日本葛饰北斋《北斋漫画》题壁。1814—1849年锦绘

视法，但显然不像《三国景图》那样准确，而与苏州版画的透视效果相近，特别是那汹涌澎湃的巨浪，会使人联想起《北斋漫画》（图60）中近于《历代名公画谱》（图51，左）中翻腾的波涛，而不会想到《三国景图》的微澜，因而，《神奈川冲浪里》中所用的蓝色颜料与不太准确的西洋透视法都很有可能是由中国传至日本的。

总之，中国明清时期的版画，尤其是彩色画谱、笺纸、年画等木刻套印版画，通过长崎传入日本，对江户时代的画师、雕师、摺师（印师）有很强的启发作用，直接影响了之后浮世绘艺术的产生和发展。与此同时，明清时期色彩华丽、内容丰富的画谱、年画，不仅销往日本，也出口至朝鲜、越南，以及东南亚地区，并随之对这些国家的文化产生了很大影响。

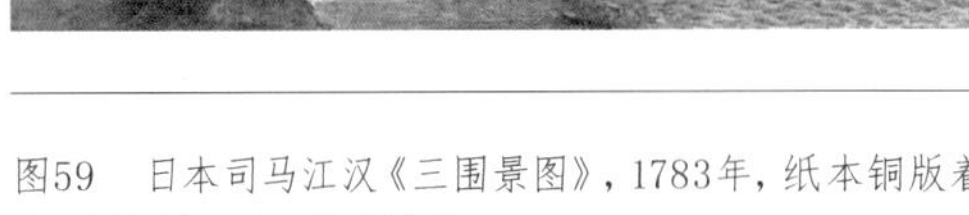

图59 日本司马江汉《三国景图》，1783年，纸本铜版着色。日本神户市立博物馆藏

图60 日本葛饰北斋《北斋漫画》波浪。1817年锦绘

五 影响现代

西方的现代主义始于印象派。印象派是指于1860年代法国开展的一种艺术运动或一种画风。马奈（1832—1883）被视为印象派画家的先驱，他抛弃柔和的传统明暗法而改用强烈、刺目的对比作画。1863年在“落选者沙龙”展上，马奈的《草地上的午餐》虽然遭到一部分人的攻击，但也得到一批青年画家和文学家赞赏。1874年，一些法国画家在巴黎举办无名艺术家展览会，参加展出的有莫奈（1840—1926）、雷诺阿（1841—1919）、毕沙罗（1830—1903）、德加（1834—1917）、塞尚（1839—1906）等人。在展品中有莫奈的油画《日出·印象》，其标题被一位艺术观点保守的记者借用，嘲讽地称这次画展是“印象主义画家的展览会”，故产生印象主义或印象派之名。印象主义以创新的姿态登上法国画坛，起初受到舆论界的猛烈批评，后来则成为有很大影响的艺术流派。

贡布里希在《艺术发展史》中说，印象主义者有两个帮手，一个帮手是19世纪发明的摄影术，照相机帮助人们发现了偶然的景象和意外的角度富有魅力，同时，摄影术即将接手绘画艺术记录物体面貌的实用功能，艺术家不得不去探索摄影术无法效仿的领域。第二个帮手是日本的彩色版画。最早欣赏这些版画之美并且急切收集它们的人就有马奈周围的艺术家。他们发现，日本人乐于从各种意外的和违反程式的角度来领略这个世界。如葛饰北斋会把富士山画成偶然从架子后面看见的景象（图61），喜多川歌麿（1753—1806）把一些人物画成被版画或帘幕的边缘切断的样子。正是这种大胆蔑视欧洲绘画基本规则的做法给予印象主义者深刻印象。为什么一幅画永远要把场面中的每一个形象的整体或者有关的部分都表现出来呢？[73]于是毕沙罗、德加、高更等都借鉴日本扇面的构图，绘制过扇形的作品，画面中的人物、风景被扇面的边缘似不经意间被切断（图62）。其实中国的《芥子园画传》中就录有专门的摺扇式版画，日本翻刻《芥子园画传》（图52），对这种构图自然非常熟悉。

美国著名艺术批评家格林伯格（1909—1994）在《现代派绘画》中认为，写实主义的视幻艺术掩饰了手段，以艺术隐匿艺术。现代派则利用艺术引起人们对艺术的注意。绘画手段的局限，如平面、形体支撑、颜料性能等，均被古典派大师视为不利因素，得不到直接明了的承认。现代派绘画则把这些局限视为应该公开承认的有利因素。马奈的绘画堪称是第一批现代派的作品，因为作品坦率反映了绘画的平坦表面。印象派画家，在马奈的影响下，断然弃绝了底色和上光，让画面的颜色显现与油漆灌或颜料管中真实颜料毫无二致的质感。塞尚为了使画面和构图更明确地适合画布的长方形形状，牺牲了逼真的形象和正确的透视。二维空间的平面是绘画艺术唯一不与其它艺术共享的条件。因此，平面是现代派绘画发展的唯一定向。原则上，现代派绘画摒弃的并非具象实体的表现，而是对具象三维实体所处的那种空间的表现。[74]通俗来说，二

73 E.H. 贡布里希《艺术发展史》，第294—305页。

74 格林伯格《现代派绘画》，见弗兰西斯•弗兰契娜、查尔斯•哈里森编《现代艺术和现代主义》，张坚、王晓文译，上海人民美术出版社，1988年，第3—13页。

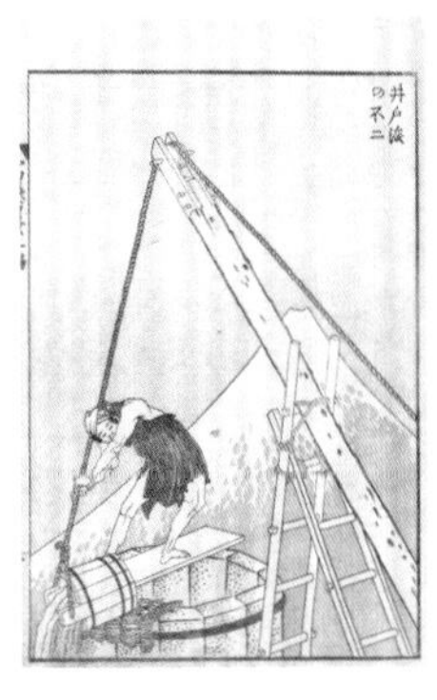

图61　日本葛饰北斋《富岳百景》水槽后的富士山。1835年锦绘（黑色和深浅灰色）

图62　法国毕沙罗《割菜者（扇形画）》。美国大都会艺术博物馆藏

维平面是和三维实体相对而言的，绘画就是把三维实体在二维画面上进行表现。意大利美学大师翁贝托·艾柯（1932—2016）在《美的历史》中说，文艺复兴艺术家认为，高明的透视再现不但正确、写实，而且美而悦目。其他文化或其他世纪的再现之作被视为不遵守透视规则的，原始的，不足以称之为艺术的，甚至根本就是丑陋的。[75]而现代派画家所倡导的平面化恰恰与之相反，他们在绘画时尽力摒弃准确的透视、比例、明暗、侧影等暗示逼真立体形象的写实表现手法，以便减弱人们对实体所在三维空间各种联相和幻觉，让欣赏者看到的首先是一幅画，而不是画的内容。靳尚谊先生认为，西方的艺术家是在日本的浮世绘影响下，逐渐形成了现代主义的平面化风格。如马奈开始注重笔触与色彩的堆积，马蒂斯追求色彩的装饰性，梵高摒弃了具有光影的画法，甚至包括毕加索在内，平面化成为一个潮流。

荷兰的文森特·梵高（1853—1890）是对日本浮世绘最为激赏的后印象派画家。1880年，27岁的梵高萌生以绘画为职业的严肃念头，他赴布鲁塞尔，自学透视学和解剖学，他说一个画家必须懂得比例、明

75　艾柯《美的历史》，彭淮栋译，中央编译出版社，2011年，第87页。

暗、透视的规律，缺乏这些知识，永远干不出什么名堂来。[76]然而，在接触到日本浮世绘作品后，他的艺术观发生了根本的变革。1887年他临摹了溪斋英泉（1791—1848）的《花魁》，又临摹了歌川广重（1797—1858）《大桥安宅之夕立》与《龟户梅屋铺》（图63、图64）。在观摩了日本的浮世绘和塞尚的风景画以后，他不再拘泥于客观世界的描绘，而转向在作品中表达自己的主观感受，这与中国的文人画有异曲同工之妙。我们把歌川广重《龟户梅屋铺》前影的梅树与《芥子园画传·梅谱》（图24–5）“老干抽条”相比较，可看出不仅构图相近，而且画法也如出一辙。在《梅谱》前载有《青在堂画梅浅说》云：“立干须曲如龙，劲如铁；发梢须长如箭，短如戟。”并明确提出“贵稀不贵繁”、“贵老不贵嫩”等赏梅标准。中日两幅画都不太写实，没有逼真的形象，如与树干相比花皆偏大，但却符合东方文人画的审美情趣。“本于立意”是中国画艺术表现的出发点。中国画在造型上提倡不拘于形似，以揭示事物的内在神韵作为最高的艺术追求。当然《龟户梅屋铺》借鉴了西洋的透视法，除前景的老梅树外，还有中景的梅林与远景的人群，但并不是正确的透视，与《芥子园画传》中的点景人物相近。然而，整幅画明亮的色彩与鲜活的气息，的确令人过目难忘。1888年，梵高在写给弟弟的信中表示认同毕沙罗的观点：正确的素描，正确的色彩，不是主要的东西，因为在镜子里实物的反映能够把色彩与一切都留下来，但必竟还不是画，而是与照片一样的东西。他还说自己的一切作品都是以日本艺术为根据的。[77]梵高非常欣赏葛饰北斋的《神奈川冲浪里》，而其旷世名作《星夜》（图65）中天空的涡状星云画风被认为参考并融入了这幅作品的元素。梵高自述所画《星夜》说，夜晚始终比白天更富有色彩，你可以看到一些柠檬黄色的星星，其他为红色、绿色、蓝色，以及明亮的勿忘我的颜色，很明显，在深蓝的背景下画一些白点，不足以

76　凡高《亲爱的提奥：凡高自传》，平野译，南海出版社，2010年，第47页。

77　凡高《亲爱的提奥：凡高自传》，第354—364页。

图63　荷兰梵高《开花的梅树》，1887年，布面油画。荷兰梵高博物馆藏

图64　日本歌川广重《龟户梅屋铺》，1857年，浮世绘版画。英国大英博物馆藏

画出一个星。[78]为了能更充分地表现内在的情感，梵高探索出一种表现主义的绘画语言，他“用颜色来寻求鲜活”。在他的画中，色彩对比往往达到极限。而他那富于激情的旋转、跃动的笔触，使画中的树木、星空等，有如火焰般升腾、颤动，震撼观者的心灵。梵高的作品让我们深刻领悟到，东方绘画与印象派作品相通之处在于，都尽力舍弃外物形体逼真，而致力于挖掘其内在精神和自身的主观感受。

六　启迪未来

靳尚谊先生说，现代主义是研究形式美的，它对于中国的美术界、美术教育和全民族审美素质的提高极其重要。我们现在所有设计的东

78　梵高《梵高艺术书简》，张恒、翟维纳译，金城出版社，2011年，302—304页。

图65 荷兰梵高《星夜》，1889年，布面油画。美国现代艺术博物馆藏

西，包括服装、家具、建筑……除了用途以外还有审美。为什么我们的设计赶不上西方？就是因为我们对现代主义没有研究，对形式美的研究不够。审美从哪里来？是从造型和色彩中提炼出来的。[79]

《十竹斋书画谱》与《芥子园画传》对中国传统绘画的传承与发展产生了极其重大而深远的影响。如齐白石（1863—1957）是从民间雕花艺匠成为中国画的大师的，他21岁得《芥子园画传》，在松油灯下勾影描摹，初悟画理画法。他将文人修养与民间传统融为一体，雅俗兼得，成为现代艺术史上的奇迹。西班牙著名画家毕加索（1881—1973）是20世纪现代艺术的主要代表人物之一。1956年，著名画家张仃（1917—2010）在法国与毕加索会面时，将一套荣宝斋木版水印的《齐白石画集》（图66）送给了毕加索。这套《齐白石画集》对毕加索产生了不小的震撼。据说就在张仃一行访问毕加索之后不久，张大千也去拜访了毕加索，毕加索对他说："我最不懂的，就是你们中国人为什么要跑到

79 高素娜、靳尚谊《艺术新旧不重要，好坏才是关键》，第1、4版。

巴黎来学艺术？”同时还拿出自己临摹齐白石作品的习作向张大千请教。[80] 然而，《十竹斋书画谱》与《芥子园画传》在引导初学者向公式化和摹古倾向方面也有一定的消极作用。法国艺术评论家福尔（1873—1937）在《法国人眼中的艺术史》中说，中国绘画在一种几乎令人窒息的模式化、规则化、比例化的氛围中自我发展，人们完成了数以万计的作品、样式、技艺汇编，画家剩下的劳动就是组合这些奇妙的元素，摆脱一切牵绊的精神迷醉被禁止，人们已经丧失了创新的能力，只能沿续着先辈们在休息状态中创作出的样式作画。[81]事实上，我们从《夷门广牍》（图23）、《图绘宗彝》（图50）、《十竹斋笺谱》（图21–2）、《芥子园画传》（图24–3、图24–4）中，的确可以看到从题材到构图都相近甚至相同的画面。

在古代中国人的心目中，木刻水印是一切复制技术中最接近原作的。《十竹斋书画谱》《十竹斋笺谱》《萝轩变古笺谱》《芥子园画传》把世界多版套色印刷术推进到一个新的高峰。饾版、拱花印刷一直到今天还作为一种传统工艺存在着。进入20世纪，北京荣宝斋、上海朵云轩继承传统木刻套印工艺，用饾版、拱花分别复制了《十竹斋笺谱》《萝轩变古笺谱》与《十竹斋书画谱》等书。特别是北京荣宝斋雕刻饾版达1667块，用8年时间印制《韩熙载夜宴图》，几可乱真，把我国传统套色印刷术推向了新的高度。江户时代，中国彩印画谱和姑苏西洋风版画传入日本，对浮世绘的产生和充分发展起到积极推动作用。19世纪浮世绘大量出口欧洲，很快得到莫奈、梵高等画家的青睐和赞赏，可以说曾深受西洋画法影响的日本画家，开始反过来影响欧洲。日本浮世绘为什么会产生这么大的影响呢？版画的一个最大的特点就是可以根据人们的需要而大量复制。作为一种大众传播的手段，是版画的重要使命。

80 李兆忠《乱花迷眼：毕加索与中国》，《书屋》2007年第8期，第26—42页。

81 福尔《法国人眼中的艺术史：中世纪艺术》，路曼译，吉林出版集团有限责任公司，2010年，第36—40页。

图66 《齐白石画集》，1952年，荣宝斋木板水印版画

浮世绘以“见当”对版，大大加快了套印速度，如《神奈川冲浪里》印刷了五千至八千幅，1842年单张定为16文，仅值两碗面。贡布里希《艺术发展史》中说，今天大多数人都知道梵高的一些画，他的《向日葵》《空椅子》（当然还有《星夜》）等用彩色版复制出来，到处流传，在许多简朴的房屋里都能见到。这正是梵高所希望的结果。他想让他的画具有他激赏的日本彩色版画那种直接而强烈的效果，他渴望创造一种淳真的艺术，不仅吸引富有的鉴赏家，还要给予所有的人快乐和安慰。[82]相比而言，据马孟晶与薄松年先生研究，十竹斋二谱与苏州早期的彩印年画，由于工艺复杂，其售价亦必然昂贵。另外，英国麦格雷戈在《大英博物馆世界简史》介绍《神奈川冲浪里》说，这幅画并不是纯粹的日本艺术，它是一种杂汇品，是西方材料和绘画手法与日式审美的融合。无怪乎它会在欧洲大受追捧，它带着异域风情，但又并不陌生。[83]这也可看作是日本浮世绘的整体特点之一。梵高说，日本人本能追求反差，大房间中只能挂非常小的图画，极小的房间中需要挂非常大的图画。因

82 E.H. 贡布里希《艺术发展史》，第294—305页。
83 麦格雷戈《大英博物馆世界简史》，第599—605页。

而，日本浮世绘以明亮色彩与散发着激情的活力给人留下深刻的印象。印象派的大趋势主要志在发明一种新的空间与物体的表现形式，浮世绘版画由于材料和技艺的限制，画面常意外被边缘切断，而以平涂的鲜艳色块套印出的图像，也无逼真的立体效果。格林伯格认为，视觉艺术的范围应完全局限于视觉效果，对其它一概不予考虑。[84] 正是彩印版画特有的平面化视觉效果，为正在探索新绘画技巧的印象派画家提供了一种实际可视的新式范本，因而直接站在了开启现代艺术之门的最前端，而在浮世绘身后中国木刻彩印版画贡献的题材、技艺等等支撑之力，就被许多艺术史家遗忘或忽略了。

美国著名学者房龙（1882—1944）在《人类的艺术》中表示，很难确定，到底是艺术家制造了民族情绪，还是民族情绪制造了艺术家。人们认为《卡门》和《波莱罗》的西班牙味道很浓，但这两种东西的作者比才和拉威尔都是法国人。[85]正如此书中译者在序文中归纳作者主要观点时所言，房龙认为世界上无所谓纯粹的民族主义的文化。各国艺术，总是处于永不间断的互相交流、互相渗透、互相影响、互相吸收的过程中，最后融为一体。在世界艺术史上，法国德彪西（1862—1918）的音乐具有划时代的意义，尤其是他那独特的“印象主义”风格，对20世纪现代音乐起到了直接影响作用。他受《神奈川冲浪里》的启发，创作了管弦乐作品《大海》，作品出版时还以此画作封面，[86]葛饰北斋的这幅杰作也成了永恒的日本的象征。《文森特》（又译《繁星点点》）是1971年美国民谣摇滚歌手唐·麦克林（1945—　）欣赏了梵高的《星夜》之后激情创作的，至今被全世界无数的人传唱着。西方科学家认为，创造力是人们的文化修养和一段时间努力的特色标记，事实上，所

84　格林伯格《现代派绘画》，见弗兰西斯•弗兰契娜、查尔斯•哈里森编《现代艺术和现代主义》，第3—13页。

85　房龙《人类的艺术》，衣成信译，中国和平出版社，1996年，第798—799页。

86　单琳《德彪西管弦乐曲〈大海〉中的东方因素》，上海音乐学院硕士学位论文，2008年。

有的创造都包括模仿和因袭的元素，没有哪个创造完全是一个全新的作品。近代是从分散到整体的世界，现代文明的实质，就是近代以来东西方文明融合的产物。明人李克恭在《十竹斋笺谱》序中指出，“画须大雅又入时眸”为饾版第一义。如果我们不局限于饾版而深入思考，所有的文学艺术作品，甚至各领域的创新产品，不都需要“大雅又入时眸”吗？企盼中国再出齐白石，当然最好还有梵高、毕加索、德彪西、乔布斯……

反哺：明清复制图像对卷轴画的影响

从几件中央美术学院藏画谈起

FEEDBACK: THE INFLUENCE OF REPRODUCTION
IMAGES ON SCROLL PAINTING IN MING AND QING DYNASTIES

STARTING WITH SOME PAINTINGS IN COLLECTION OF THE CENTRAL ACADEMY OF FINE ARTS

邵 彦
中央美术学院人文学院

SHAO YAN
SCHOOL OF LIBERAL ARTS, CENTRAL ACADEMY OF FINE ARTS

ABSTRACT

This article investigates into several pieces in the collection of the Central Academy of Fine Arts, namely "Portrait of Wang Ke (Weng) 王可(翁)" by an anonymous painter, "Magu Brings in the Wine" by Zhou Xun 周璕, "Portrait of A Female Immortal" by Yuan Jingrong 袁镜蓉, "the Peaks in Mt. Huang" and "Wind in the Ancient Cave and Pine Trees" by Yizhi 一智, and "Plum Blossom in Ink" by an anonymous painter; taking into account other materials, examines the sources of their styles, information of the painters, and the regions where they were produced. Moreover, it looks into how Ming and Qing reproductive images such as woodblock paintings exert influences on the scroll paintings. Most of the ancient paintings in the collection are by commercial or even anonymous painters, who lacked learning materials and had limited access to earlier masterpieces. Even the *Fenben* (reference catalogue in chalk powder) were scarce resources to them. Under such circumstances, the reproductive images which were readily available had become the basis upon which their works were built.

一 引子：李逵的变体

中央美术学院美术馆藏有一件清代佚名画家的《王可像》轴（图1），[1] 本幅和左右裱边写满题赞和跋语，很像明末清初开始流行的文人行乐图样式。这些文字也会很自然地将研究者导向对像主生平的考索，细读之下会发现题跋者称像主“王可翁”，[2] 在这个场景直呼其名是一种社交冒犯，“可”字是像主的号或字，而非名，为准确起见，这幅画应当改称《王可翁像》。虽然关于像主本人的进一步信息无法考证，但是题跋者中有一名县令、一名进士，[3]而且题跋者籍贯多样，提示像主应当是一名小文人，有一定的社会层次，交游较广，或者可以说，属于“中等阶级”。虽然最早对此画进行分析的文以诚表达了他的观感——“散发着一种中国肖像画中不常见的戎装豪气……类似这件作品中所显示的特点：有力度的人物姿态，强烈的面部表情刻画，细致刻画的武器装备和赞誉的题跋，都与乾隆在1760年间为纪念他的多次军事远征的胜利而定制的一系列作品相类似”，[4] 但是画上这些题跋书法却属于清初风格，或者更具体地说是康熙时期而非乾隆时期，小楷还不是严格定型的馆阁体，人像右侧的孙光易的隶书接近康熙时期的文人士大夫朱彝尊

---

1 此画首次发表于“明清绘画透析国际学术研讨会”特展图录《意趣与机杼》（上海书画出版社，1997年）为图100，目录标为“明人（？）作”，在2009年中央美术学院《历代名画记》展览改订为清代佚名作品，见薛永年《中央美术学院美术馆藏〈历代名画记〉展品讲析》（上），《美术研究》2010年第3期，第15—16页。

2 左侧裱边高镠琴题上款“可翁王大亲翁”并自称“姻晚”，右侧裱边高珮题上款“可翁老亲家”并自称“姻亲”，这意味着像主有一个女儿嫁给高家，作为姻亲，高珮是像主的平辈，而高镠琴是晚辈。本幅右上角张永熙和右上角裱边申旅图都称像主为可翁长兄（或老长兄）。

3 县令是人像右侧隶书的题写者孙光易，字丹扶，余姚（今浙江余姚县）人。顺治辛卯年（1651）副榜贡生，官藁城知县，康熙六年丁未（1667）他根据梁清标家藏稿件（由梁清标之父整理），为明代藁城人石王缶编辑别集《熊峰集》（十卷本，后收入《四库全书》）；右侧裱边题者“楚江弟张若衡”，据《明清进士题名碑录》张若衡系康熙四十五年（1706）丙戌科三甲进士，湖广武昌府江夏县人。右上题者张永熙，清同治十年（1871）辛未科二甲有广西灵川人名张永熙，显然是同名不同时。孙光易和张若衡的岁数显然要差将近五十年，据此可以把这幅肖像绘制和孙光易题字的时间定在康熙四十年（1701）左右，这时孙光易可能将近八十岁，而张若衡可能三十余岁。

4 《意趣与机杼》图100《王可像》说明，第132—133页。

图1 清佚名《王可翁像》轴。绢本设色，纵128厘米，横72.5厘米。中央美术学院美术馆藏

图2 清陈洪绶绘《水浒叶子》。木版墨印，框高18厘米，横约9.4厘米。中国国家图书馆藏

的风格：喜欢用异体字，而且用笔深受楷书影响，而不是清中期更为地道的汉隶风格，这加强了清初的年代感。实际上，可以查到一些线索的题跋者孙光易和张若衡获得功名要差半个世纪，因此这幅肖像绘制和孙光易题字的时间定在康熙四十年（1701）左右是比较合适的。[5]

在绘画造型和风格上，笔者发现《王可像》与明末陈洪绶版画《水浒叶子》中《黑旋风李逵》一幅（图2），人物姿态和衣纹都颇为肖似，只是相貌神情则大异。小说《水浒传》中的李逵应是三十多岁年

5　见本文注4。

纪，[6] 版画中很奇怪地表现成一个满脸皱纹的老头，衣服也明显质地较差，比起类似造型的卢俊义，略显邋遢。在小说中只有蛮力和激情的李逵，被陈洪绶描绘成类似犬儒主义者的沉思状态，也是一件奇怪的事情。卷轴画肖像则好像给一个瘪气球充满了气，造型更为饱满，连面部的皱纹都消失了，我们看到的是一张饱满光洁的面庞，年富力强而不失活力。更重要的改变是，像主的头部抬起，目光由下垂变成平视前方，眼神深邃而坚毅。他的武器（狼牙棒）和腰间坠挂的小物都依据版画原型，但是细节和质感更为精致，上衣也增加了细致的镶边和胸口团花纹饰。更重要的是，这幅肖像画很大，虽然不是真人等大的祖宗像，但是人像差不多有70厘米高，在流行手卷式行乐图的清初，这个尺寸是非常惊人的，而它饱满的造型风格、膨胀的外轮廓，造成的观感是它比实际尺寸更为巨大而有力；它高度写实而带有明暗晕染的技法特征，使得平面形象具有体积感和重量感，[7] 也使它拥有比实际更大的视觉效果。笔者的另一项研究表明，这种对细节的关注和对大号人像的表现，正是康熙中后期人物肖像画的一个特点（后来延续到乾隆时期）。[8]

笔者刚刚意识到这幅肖像据《黑旋风李逵》改画而成时，第一反应是这位佚名的民间画师以《水浒叶子》这样的印刷品作为自己的粉本，是因为社会层次不高，看不到卷轴画名作。因为无独有偶，中央美术学院还藏有一件清代佚名《水浒人物》卷（图3），系将陈洪绶《水浒叶子》四十人改画成四十幅纸本册页，纸色染旧，造型和线条都略嫌松散

6 《金圣叹批评水浒传》第三十七回下“黑旋风斗浪里白条”，张顺出场时“三十二三年纪”，二人打斗之后与宋江、戴宗坐席，“两个序齿坐了。李逵道自家年长，坐了第三位，张顺坐第四位”（刘一舟等校点，齐鲁书社1991年版，第713、718页），此时距梁山泊英雄排座次还有三年，距征方腊（约年底，宋江拉着李逵一起饮毒酒而死）六年，所以李逵死时不过四十左右。参看天空勇者《水浒时间表与好汉年龄》，http://www.360doc.com/content/14/0908/08/9232250_407771216.shtml，最后访问时间2021年8月18日。

7 首先指出这一点的是薛永年先生，见《中央美术学院美术馆藏〈历代名画记〉展品讲析》（上），《美术研究》2010年第3期，第16页。

8 《戴珍珠耳环的贵妇》，2019年11月在中央美术学院人文学院主办的“明清中国艺术”会议上的演讲，论文集待出。

软弱，是对《水浒叶子》印刷品的拙劣模仿。卷轴画水平的低劣，可能还不只是由于绘画者的技能局限，也由于他所依据的印刷品是辗转翻刻变形严重的普本。

明代版画兴起之初，往往将卷轴画当作图像资源和追摹对象，最典型的就是晚明画谱中收录的古代名画，[9] 虽然是以当时的技术手段复制卷轴画，实际上这些图像一旦制版，就必然会对版刻、印刷技术产生适应和推进，例如彩色套印技术的发展，就可以视为版画为了达到卷轴画效果而产生的技术飞跃。而晚明版画经历了爆炸式发展，又反过来对卷轴画的创作产生了影响，这可以比拟为后起的版画艺术对年事已高的卷轴画的“反哺”。

不过，为了完成这篇论文不得不对《王可翁像》做进一步的试探性研究，却使我认为它的作者很可能就是康熙到雍正时期的画家周璕，并非画史无名之辈。[10] 周璕的作品多次出现在市场上，博物馆藏不多。但是中央美院还藏有他的一件《麻姑进酒图》（图4），人物姿态富有动势，使得衣裙摆动，但仍能看出与王可翁的多褶裳颇为相似，密集的平行长线条和少量的晕染共同营造出厚重的体积感。

通常传称周璕生卒年约1649—1729，虽然不尽准确，但误差不大，《王可翁像》绘制时（1701年左右）他年纪在五十出头。从题赞看，至少张若衡明确指出这幅肖像来自“图形水浒”，那么像主的性格当中就

9　如《顾氏画谱》即以编绘者顾炳所见古今名画为蓝本模绘，前有万历三十一年（1603）朱之蕃序云“悉举唐宋、胜国及昭代名笔之卓尔不群者，极力模拟”，现代学者的研究还找到一些书中图版与存世原作的对比，如傅慧敏《晚明版画中的“粉本”——以万历年间〈顾氏画谱〉为例》，《美术学报》2012年第6期；杜松《画史、粉本与鉴藏——〈顾氏画谱〉之于明清中国美术的影响》，《美术》2021年第6期。沈歆《明末清初版刻与水墨画的关系研究》（东南大学博士学位论文，2015年）则以《图绘宗彝》《诗余画谱》利用出版不久的《顾氏画谱》改画的实例，呈现版画之间的模仿利用现象，第65—80页。

10　基于薛永年先生指出的此画使用的渲染技法造成一定立体感，受到外来影响，笔者曾在批注中提出猜测：“周璕风格，是其传派？18世纪？”《中央美术学院美术馆藏〈历代名画记〉展品讲析》（上），《美术研究》2010年第3期，第16页。现在看来，它确实鲜明地体现出周璕风格，将其年代定在康熙晚期（18世纪初）还是合理的，但不是周璕传派，而是他本人。

图3 清佚名《水浒人物图》卷。纸本淡设色，共40页，改装为长卷，每页纵23厘米，横13.5厘米。中央美术学院美术馆藏

图4 清周璕《麻姑进酒图》轴。绢本设色，纵117.8厘米，横53厘米。中央美术学院美术馆藏

不仅具有通过武力建功立业的军人气质，而且表现出桀骜不驯的叛逆色彩。张若衡可能看过陈洪绶《水浒叶子》，但像主性格有梁山好汉气概，更可能是画家、像主和题跋者的共识，因而这个评价在许多条题跋中都有体现。此外，“水浒”题材还有深层的宗教背景，与民间信仰密切相关。[11] 所以周璕选择《水浒叶子》作为卷轴肖像画的粉本，并非仅仅由于印刷品便于获得，而是基于画家对《水浒叶子》风格的欣赏，抑

11　笔者于2020年完成的2014年北京市社科基金项目成果《陈洪绶版画研究》中对《水浒叶子》的图像原型和题材性质的分析显示它们与民间信仰和娱乐活动密切相关，未刊稿。

或是秉承像主的授意。更深层原因还有可能是像主和周璕都从属于一个会道门团体，它与“水浒”题材以及泛道教性质的民间信仰关系密切。[12] 但是这个问题太大，只得在此打住，拟另撰专文论述。我在这里只是用《水浒叶子》影响《王可翁像》和《水浒人物》卷这两个例子，切入版画印刷品影响卷轴画的问题，可以反映出晚明勃兴的印刷文化对卷轴画图像生产起到的反哺作用，这种反哺可能是几乎即时同步的，因而在入清以后以更为复杂的面目呈现。

二　人物画：从陈洪绶到袁镜蓉

“反哺”的同步问题，我们可以用陈洪绶的例子略作反映。陈洪绶的早年创作确实深受石刻线画影响，包括杭州府学（其地为今杭州碑林）的《孔子七十二弟子像》和部分道教石刻。[13] 我前几年曾经做过关于陈洪绶的一项研究，表明印刷量发行量巨大的叶子版，也是陈洪绶早年绘画重要的图像来源。他早年不但根据摹绘或改绘过白描《水浒叶子》，而且他的版画名作《九歌图》实际上也是改绘自叶子牌（图5）。[14] 这就形成了一个饶有意味的影响链条：复制图像（版画、石刻等）—（陈洪绶的）卷轴画—陈洪绶的复制图像（版画）—更多的卷轴画……

12　周璕晚年卷入的“谋逆”案件大致情况，参见胡忠良《雍正中期“江南案”探析》，《清史研究》2001年第1期，第58—64页。此文最后指出“江南案”中遗民反清复明的色彩少，而以宗教迷信聚众的色彩多，是非常有见地的。笔者进一步认为，在雍正中期的社会条件下，这种迷信聚众的行为，经济意图远远多于政治意图。

13　见黄涌泉《陈洪绶年谱》，人民美术出版社，1960年，第9—10页。

14　2015—2016年在美国纽约大都会艺术博物馆所做的年度访问学者项目《陈洪绶早期风格研究》，先后在大都会艺术博物馆（2016年4月）、北京画院（2017年6月在“天工・开物：中国美术学院东方版画工作展”学术研讨会“版画的创造者”）、中国国家图书馆和中央美术学院研究生院（2019年11月和12月）做过演讲，论文《高下雅俗之间：陈洪绶〈九歌图〉版画探源》发表于董捷主编《风格与风尚：中国版画史研究的新面向》，中国美术学院出版社，2019年12月，第43—76页。关于陈洪绶卷轴画与版画关系的进一步研究，亦见于笔者2014年北京市社科基金项目成果《陈洪绶版画研究》。

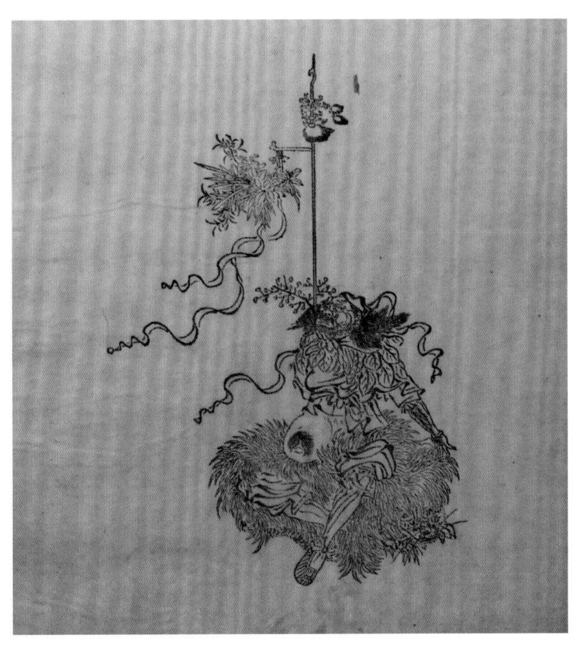

图5 明陈洪绶《九歌图》之《山鬼》。框高20厘米左右，宽13.2厘米左右。北京大隐堂藏明崇祯十一年（1638）来钦之刻《楚辞》

贡布里希的“图式—修正”理论早已成为艺术史家的共识：“没有一种媒介，没有一个能够加以塑造和矫正的图式，任何一个艺术家都不能模仿现实。”[15] 但是中国绘画传统过于强调“传统”即对古代大师经典作品的学习，这种学习更像是从书法的“临帖”衍生或借用过来的，并且将卷轴画的图像来源默认为卷轴画。近年已有越来越多的学者突破了这一陈见，笔者对陈洪绶的研究不过是其中的一个实例。

这方面最为典型的是柯律格，其《明代的图像与视觉性》就着重关注不同媒材艺术之间的图像影响，指出版画、卷轴画、石刻线画和拓本等分类，都只是今人（基于收藏体系）而做的分类，对于古人，尤其是处于艺术生产脉络中的人，图像资料的易得性，和物质材料的易得性、可驾驭性一样重要。中国古代版画是复制版画，像陈洪绶这样的名画家只需要提供手绘画稿，上版刻印则由黄子立等技师解决。因此，他在前述影响链条中只管接收来自版画的影响，至于他的图像再变成版画或其

15 贡布里希《艺术与错觉》，林夕、李本正、范景中译，浙江摄影出版社，1987年，第五章“公式和经验”，第177—178页。

他复制图像形式，就不需要由他考虑，因此也更可能具有他所无法控制的发散性（例如反复的翻刻）。这会在很大程度上打破欧洲学者所说的“图像环路”的闭环状。[16]

与陈洪绶同时代的版画还有一个出色的实例，即崇祯间刻本《新刻绣像批评金瓶梅》。该部插图的最完整的本子为民国藏书家王孝慈旧藏，现存于中国国家图书馆，共200幅（共100回，每回2图）。[17] 由于与明末苏州画师王文衡绘，湖州文人书商闵、凌二家刊印的版画插图风格一致，笔者判断它属于苏州版画系统（但有可能是在湖州刊行的），甚至有可能就是王文衡所绘。[18] 入清以后，这套插图被改绘成彩色手绘本，即著名的《清宫旧藏皕美图》，原有200幅，民国时期曾以珂罗版影印为四册装。手绘原作目前还有部分存世，零星出现于市场上，如美国纳尔逊博物馆所藏20幅，让我们得以直观原作的精致风格和精湛水平。在日本藏崇祯刻印插图被发现以前，《皕美图》所反映的这套手绘插图长期被误认为原创，但前者被发现后，经过对照可以判断，清宫旧藏手绘本正是根据崇祯年间的版画《金瓶梅》插图临摹、着色而成的，虽然改变较多（很多场景在各图之间移花接木），但仍然可以揭示它的图像也是受惠于版画（图6—图9）。高居翰的未刊稿《中国春宫画史》认为手绘《皕美图》的作者是江苏太仓人顾见龙（1606—1688年尚在），[19] 纳尔逊博物馆则将这20页藏品的年代都定为18世纪（乾隆时

16 意大利学者卡尔洛·金斯伯格在研究文艺复兴时提出了两种“图像环路”：公共的、普遍的，或者私人的、有限的，后者的社会层次高于前者，并认为日趋普及的印刷术会模糊两者的界限。柯律格将“图像环路”引入中国明代艺术史研究，并给出清晰定义：“这个概念意指一套具象艺术的体系，其中某类特定图像在涉及图绘的不同媒介之间流通。”柯律格《明代的图像与视觉性》（第二版），黄晓鹃译，北京大学出版社，2016年，第50页。

17 见邱华栋、张青松编著《金瓶梅版本图鉴》，北京大学出版社，2018年，第102页。

18 这个问题在笔者2014年北京市社科基金项目成果《陈洪绶版画研究》有专门讨论，此处不赘。

19 见于高居翰的个人网站https://jamescahill.info/illustrated-writings/chinese-erotic-painting，尤其是Chapter 5。高居翰可能是受到民国时期蒋谷孙收藏并于艺苑真赏社出版的出版物《顾云臣怀春图册》的影响，在https://jamescahill.info/photo-gallery/chinese-erotic-art有这套出版物的书影，它们的布景和氛围很像《清宫旧藏皕美图》，但是绘画风格与还是有所区别。

图6 清佚名《金瓶梅插图》之《潘金莲私仆受辱》。绢本设色，纵38.7厘米，横31.1厘米。美国纳尔逊-阿特金斯艺术博物馆藏

图7 明佚名《金瓶梅插图》之《潘金莲私仆受辱》。采自明崇祯间刻本《新刻绣像批评金瓶梅》，日本内阁文库藏

图8 清佚名《金瓶梅插图》之《李瓶儿许嫁蒋竹山》。绢本设色，纵38.7厘米，横31.1厘米。美国纳尔逊-阿特金斯艺术博物馆藏

图9 明佚名《金瓶梅插图》之《李瓶儿许嫁蒋竹山》。采自明崇祯间刻本《新刻绣像批评金瓶梅》，日本内阁文库藏

期），那么它们不可能是康熙时期一度担任宫廷画家的顾见龙所绘，但顾见龙很可能是崇祯版画插图到《皕美图》之间的一个桥梁人物。[20]

为了研究陈洪绶的早年创作，笔者前几年曾赴浙江博物馆观摩其所藏《龟蛇图》原作，据传为陈洪绶最早的作品，画上龟蛇相缠，昂头相望，周围云烟流动，气氛诡谲，但是风格与陈洪绶任何一个时期都没有关联，看不出根据陈洪绶的版画或者卷轴画改作模绘的痕迹，而且其纸张是质地较为疏松的生宣，为清代后期宣纸，背景涂染用笔粗大，为纯羊毫笔，从纸笔性质看并非陈洪绶时代所用，不可能是陈洪绶亲笔。此画被称为是陈洪绶最早作品的依据仅是诗塘上陈洪绶七世族孙陈遹声（1846—1920）于宣统元年（1908）的长跋：

> 此章侯先生所仿唐吴道玄乾坤交泰图也……此当时先生为其姻家楼氏画作，代端阳县（悬）钟葵（馗）以驱邪，不知何以为同邑杨村郭氏所得。道光戊戌，先光禄以六十金得之郭氏，余生三岁，于堂壁见之，惊吓啼奔……不书款，钤“莲子”白文、“洪绶”朱文二印，号称莲子，知为先生少年笔墨，当是过平阳水陆社，见吴道子真迹数十幅归时所作……

此画内容实为玄武，龟背壳、裙边上和腹部还画有大小共三套卦象，背上有星宿形象；[21]墨色浓重的风格近似碑拓，所以它很可能是根据某处道教碑刻玄武拓本摹绘的。明成祖自北平起兵夺取帝位，自称得到北方玄武（真武）大帝护佑，因此明代各地包括江南建有很多真武庙，如现在杭州碑林有一块脚踏玄武的真武大帝线刻画，系明代石碑，就是从杭州地区某处真武庙或道观移置的。这幅《龟蛇图》上无陈洪绶

20 笔者在2019年11月在中央美术学院人文学院主办的“明清中国艺术”会议上的演讲《戴珍珠耳环的贵妇》中讨论了顾见龙和《皕美图》之间的关系。

21 翁万戈《陈洪绶的艺术》附录一《关于陈洪绶〈龟蛇图〉》详细分析了龟身上的卦象和星图，认为画出的八个卦象能凑成一套八卦，不过实际上龟背上还能看到第九个卦象，只是不完整。上海书画出版社，2021年，第361页。

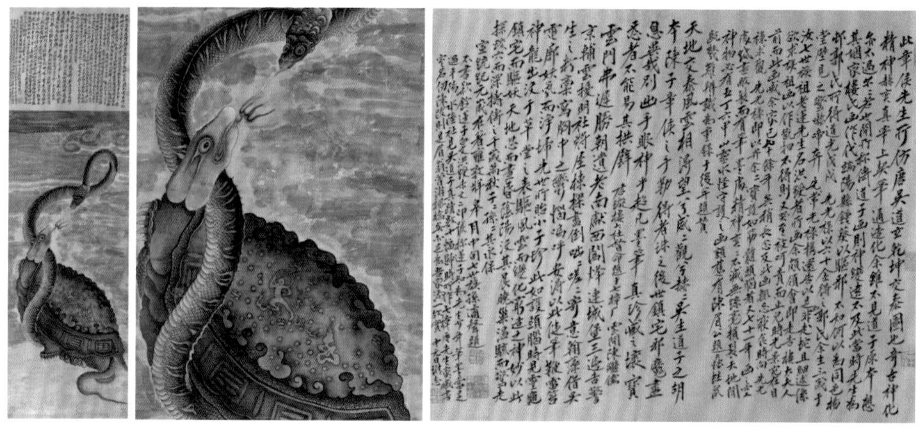

图10 （传）明陈洪绶《龟蛇图》轴及局部、诗塘。纸本水墨淡设色，画心纵112.4厘米，横45.9厘米。浙江省博物馆藏

款，有其印“莲子”（白文）“洪绶”（朱文）二方，盖在右侧贴边处，钤盖方式奇怪，紧紧贴在一起，构成阴阳连珠印形式。联珠印无论是固定式的（在一块印石上刻出两个分开的印文）还是组合式的（两方小型印章一起存放、一起使用），中间都会有适当的留空，无论陈洪绶还是其他人使用联珠印皆是如此。这两方（或一方？）印章即使是真的，也可能是真印保存在绍兴一带旧家，被人拿来胡乱钤盖而已。它们也仅见于此图，并被认为是陈洪绶现存最早的用印（图10—图12）。[22]

此图由陈遹声的父亲（去世于1898年）于道光戊戌（1838）购得，之前的递藏历史（楼氏—郭氏）可能已有三、五十年，在潮湿多雨的绍兴地区，纸本画经过数十年悬挂，已经足以使它显得陈旧古老；它的产生可以回溯到乾隆—嘉庆之交（18世纪末—19世纪初），正是碑学勃兴时期。实际上，羊毫大笔配生宣，正是碑学书法带动起来的新风尚，在之前无论是书法还是绘画，都未见有人使用。清代中晚期人根据拓本作画，托古以自高，也是碑学潮流中的新风气，不妨称之为“碑学的图像”。在这股潮流

22 见翁万戈《陈洪绶》上卷，《陈洪绶印鉴编年表》，编号为1，上海人民美术出版社，1997年，第231页。

图11 清六舟《剔灯图》轴全形拓及手绘。纸本水墨设色。浙江省博物馆藏

图12 唐《昭陵六骏图》之白蹄乌。青石质浮雕，宽205厘米左右，高170厘米，厚30厘米。西安碑林博物馆藏

中最引人注目的是以六舟（1791—1858）为代表的全形拓艺术（图11），他的活动时间和陈父购买《龟蛇图》的时间几乎同时；《龟蛇图》中带有立体感的逼真效果，也使人联想到清末的“八破画”，就是将全形拓与绘画结合、与其他杂多图像拼凑形成，[23]《龟蛇图》可能已经预示了这种追求三维效果的表现手法和视觉观念重新出现。如果要往上追溯，明末传教士带到江南的欧洲式视觉艺术品可能在江南有一定传播和模仿，出身苏州的徐玫[24]等人的逼真画风和“洋风姑苏版”版画皆是其例证；而清中期的传教士在宫廷艺术中传播的视幻趣味也可以归入这个脉络。因碑作画的传统甚至还可以回溯到金代画家赵霖的《昭陵六骏图》卷，它的风格略显刻板，图像与昭陵六骏浮雕高度相似，就是描摹石刻甚至拓本绘成的，可视为书法家临摹拓本活动的衍生（图12—图13）。无论是刻帖还是拓碑，都增大了底本的数量和传播范围。

再回来看中央美院藏品，我们发现一个有趣的卷轴画实例——《女

23 六舟正是以在全形拓上加绘人物、花卉等物而知名，不但是这种新的交叉绘画题材的开创者，也启示了稍晚出现的八破画。八破画以逼真著称，效果近乎20世纪现代艺术所使用的实物拼贴，但全部“实物”都是画出来或拓出来的，可以视为19世纪末—20世纪初的照相写实主义。见王屹峰《古砖花供——六舟与19世纪的学术和艺术》，浙江人民美术出版社，2018年，第219—220页，他引述了白铃安［Nancy Berliner］和陆易的成果，并将八破画的流行期精确到19世纪晚期到20世纪早期。

24 参见聂崇正《康熙朝宫廷画家徐玫及其作品》，《紫禁城》2010年第11期，第74—77页。

图13 金赵霖《昭陵六骏图》卷。绢本设色，全卷纵27.4厘米，横444.9厘米。故宫博物院藏

仙图》轴，画上无作者款印，但有晚清官员张度题，[25] 较为详细地介绍了作者的信息（图14）：

> 袁镜蓉字月渠，随园老人女孙，吴侍郎梅梁淑配也。能诗、善花鸟，画仕女尤长，艳而不冶，秀雅有唐人笔韵，洵为嘉道间闺秀之杰出者。与先祖母钟太夫人结姊妹行，此帧系其手绘，余幼时即见之，迄今几四十年矣，无款印题记。时光绪二年岁在丙子花朝，叔宪张度题。

由此可知画作者为袁镜蓉，系袁枚孙女。现查考得知，袁镜蓉（1774—1848），字月蕖，松江府华亭人，清后期女诗人，著有《月蕖轩诗草》《月蕖轩诗余》各一卷，并留下生平文献《月蕖轩传述略》一卷，这即使在清代闺秀中也是罕见的。其父为袁厚堂，弟袁克家，夫吴杰（1773—1836），字萃士，一字卓士，号梅梁，绍兴府会稽人，嘉庆十九年进士。吴袁夫妇和长兴（属湖州）籍的张度应当都主要住在杭

25 张度（1830—1895，卒年一说1904年），字吉人，号叔宪，又号辟非，浙江长兴人。官兵部主事、湖南候补知府、刑部郎中等职。家富收藏，精鉴别古今书画，又喜治小学，工书画，宗碑，与潘祖荫、陈介祺研究金石之学。年逾五旬，始作画，能绘山水、人物。见载于《寒松阁谈艺琐录》《泉园随笔》《韬养斋笔记》《长兴诗存》《箬溪艺人徵略》《海上墨林》《清画家诗史》。

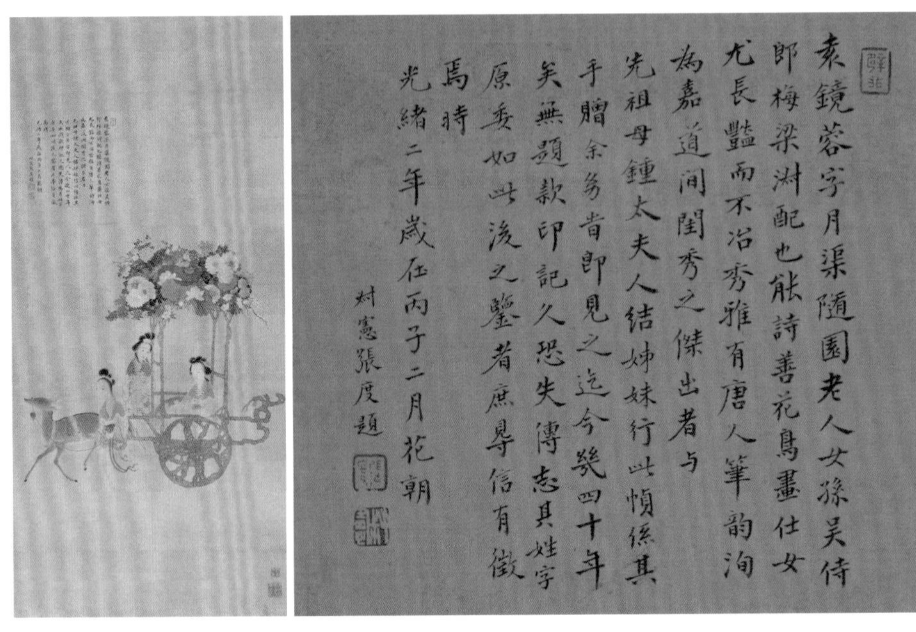

图14 清袁镜蓉《女仙图》轴及张度题。纸本设色，纵102厘米，横48厘米。中央美术学院美术馆藏

州。张度（1830—1895，卒年一说1904）可以算杭州士大夫和他们的才女眷属组成的圈子中的一名晚辈，[26] 虽未中过进士，但很可能有举人功名，曾担任兵部主事、湖南候补知府、刑部郎中等职。他家富收藏，精于鉴别，工书能画。他在《女仙图》上的题识提到袁镜蓉与其祖母钟氏为姐妹行，这位钟氏很可能也是一位女诗人。不过，张度把袁镜蓉的字“月蕖”误记为“月渠”，因芙蓉、芙蕖为同义词，镜与月高度相关，名镜蓉字月蕖最为贴切。

张度题中提到的画家身份信息——“随园老人女孙”，实际上是错误的。袁枚（1716—1798）的孙女应出于他的次子袁迟，出生于袁枚去世以后。袁枚年届六十仍无子，以弟袁树次子过继为嗣，名袁通，三年

26　高彦颐《闺塾师——明末清初江南的才女文化》（李志生译，江苏人民出版社，2005年）下卷“家门内外的妇女文化”展现了比袁镜蓉早一个世纪的杭州才女文化，曼素恩《缀珍录——十八世纪及其前后的中国妇女》（定宜庄、颜宜葳译，江苏人民出版社，2005年）的研究范围涵盖了袁镜蓉的时代，不过后者没有把才女文化单独拈出。

后方得亲子，名袁迟。[27] 袁通有子三人，无女；袁迟（1778—1828）有子三人，女四人，分别适崇、王、方、韩四家，名俱失载。[28] 袁镜蓉比袁枚长子袁通还大一岁，比袁迟大四岁，而比张度大五十六岁，与张度祖母钟氏年龄相仿；而袁枚的孙女，即袁迟的女儿，年龄最大的也只比张度大三十多岁，不可能与钟氏“结姊妹行”，因为闺秀交往面较窄，“姊妹行”基于娘家或夫家的社会关系，年龄差距一般不会太大。还有多种事实证明袁镜蓉不可能是“随园先生女孙”，一是她的父亲是袁厚堂与袁迟（字真来）并不像同一人，二是她所适吴氏与袁迟四女所适之家都不符合，三是她所属的袁家籍贯松江府华亭县（虽然她婚后很可能也长期居住在杭州），并非袁枚出生占籍和定居的杭州府钱塘县，或袁枚原籍宁波府慈溪县。

如果说“蕖—渠”之误是听音记字常有的差谬，那么将袁镜蓉误认为袁枚孙女，这个事情可以理解为张度只是小时候就看到家中有这样一幅无款无印的《女仙图》，但这幅画为祖母所有，他未必经常观看，祖母和女画家的关系，可能是直接听祖母述说，也可能是通过家人转述。毕竟袁枚正是以教育“随园女弟子”诗人群体而知名，女诗人袁镜蓉可以完美地代入这种认知。

这幅画的题材是较为罕见的闺秀画家画女仙，画中女仙乘鹿车，女仙与女侍二人皆围草叶缝制的云肩，扶车牵鹿的女侍还围着树叶裙，这是道教中仙女的常用装扮，但是最典型的是采药的毛女或麻姑——车旁随行的女侍正是捧着酒瓶，这是献寿的美酒，显然寓意着健康长寿。它有可能是给钟氏的贺寿礼物。曹星原就指出“这件作品又含有道教仙女采药的意味，或许这正是作者的目的所在”，[29] 另一位女学者曼素恩

---

27 见郑幸《袁枚年谱新编》，复旦大学博士学位论文，2009年，清乾隆四十年（1775），第294页；乾隆四十二年（1777），第302页；乾隆四十三年（1778），第309页。

28 见郑幸《袁枚年谱新编》，《传略》，第14页，所据《袁氏宗谱》为上海图书馆藏《〔民国〕慈溪竹江袁氏宗谱》共二十六卷。

29 《意趣与机杼》曹星原所撰图版说明，上海书画出版社，1994年，第79页。

图15 明宣德《青花三友仕女夜游图碗》外壁二视图。高7.4厘米，口径18.7厘米，足径7厘米。台北故宫博物院藏

则指出，麻姑图通常是画给女性五十大寿的礼物，以纪念由盛年（生育期）向老年转变的关键时间点，并且寓意老年生活将转向养生修行、追求长寿。[30]

实际上，女仙乘鹿车的图像还出现在明代官窑瓷碗上，如台北故宫博物院所藏明宣德《青花三友仕女夜游图碗》（图15）外壁一周满绘，女仙乘着鹿拉的、四柱有盖的车，车旁和前面有三位女侍，打头的一位提着凤首灯。她们按行进的方向，正从祥云缭绕的宫室出来，直向更为浓密的祥云遮掩的苑囿。[31]与之颇为相似的一件台湾私人藏品，2012年在市场上易手。上海博物馆也有一件明宣德青花人物碗（图16），苏州文物商店有一件明成化青花人物碗（图17），图像与台北碗都很相似，显示这一图像的摹绘生产延续了很长时期。像袁镜蓉这样行迹范围局限于家庭中的闺秀，瓷器上的绘画很可能也是她接触外界图像世界的重要窗口。不过，瓷碗上的图像，虽以祥云表达道教意味，却将仕女和侍女都画成人间女子打扮，环境也是庭院园林，体现了道教与世俗生活密不

30 见曼素恩《缀珍录》，第83—87页。

31 青花瓷上的道教女仙形象，也印证了笔者的另一个猜测：明代（尤其是官窑内销）青花瓷是一种带有浓厚道教色彩的瓷器，甚至正是元末明初的道教信众将充满西亚趣味的青花瓷接受和改造成了中国文化的新晋符号。

图16　明宣德青花人物纹碗。上海博物馆藏

图17　明成化青花人物纹大碗。高9.2厘米，口径22厘米。苏州文物商店藏

可分的特色。袁镜蓉画中的女仙形象，则去除了背景，更接近“苏州片”这类商品画改画的，女仙行列简化为两名，贴近车前（这也可能是为了适应立轴构图而做出的调整），并且在装扮和道具上突出祝寿的主题；和空无的背景相比，车顶的四季繁花更为引人注目，它的寓意很可能是对时光轮回和生命消长的感慨。瓷绘虽然很小，但是线条浓厚均匀、落笔清晰肯定，透过媒材和技术的转换，我们仍然可以读出男性的力量感。也可以说，这一资源被明代瓷都画工和清代江南闺秀分别创造出了趣味迥异的新图像。

女仙的造型，纤瘦的身体顶着大脑袋、瓜子脸，如同我们今天常说的“豆芽菜体型”，五官和露出的手都细小柔弱，令人联想起清代中期江南的仕女画。即使在清初，江南的仕女画造型也还要饱满一些，更不要说清中期北京宫廷绘画中健康的、甚至略带立体感的仕女画风。这种极致纤弱的画风，更像是来自明末清初的“苏州片”——我们通常用这个名称来指称明中期兴起于苏州作坊的商品画，但是随着时间的延续，此类商品画的产地可能从苏州外溢到相似的手工业中心，如杭州、扬州。中央美术学院收藏的仇英款《织锦回文图》卷（图18）[32] 和台北

32　现定为清代佚名作品，见范迪安主编《中央美术学院中国画精品收藏》，河北教育出版社，2001年，图版58及第323页邵彦撰写说明。

图18 清仇英款《织锦回文图》。绢本设色，共四段，纵29厘米，横90.5—132.3厘米。中央美术学院美术馆藏

故宫博物院、日本宫内厅等处收藏的同题材作品为“多胞胎”关系，显示晚明到清中期这类商品画产量之丰。它包含四段连环画式故事图，讲述了古代才女苏蕙用文字和女红挽回丈夫感情的故事，是典型的“内闱”题材，通过不切实际的想象抚慰深锁家中的女性，并帮助她们消磨时间。《女仙图》的风格显示出袁镜蓉并无机会看到明中期以前风格雄健厚重的“古迹”，她的视觉经验主要限于“苏州片”这类大量复制传播的商品画。曹星原还指出作品中的人物近似乾隆中叶时苏州木版美女画，例如“三美图”，但是（不同于民间版画的质朴有力），这幅卷轴画纤弱气质是在迎合男性审美趣味。[33] 中央美术学院图书馆藏苏州桃花坞木版年画《杨家女将（十二节妇）征西》（图19）中的人物虽然是武将，但瓜子脸和大额头约略有袁镜蓉《女仙图》的气质，这幅版画的时代应当在清代后期，更为接近袁镜蓉生活的时代。《女仙图》的“纤弱气质”应当还包括纤秀的用笔，更体现出女画家的特色。因为通常她们的书法能力仅限于小楷，缺乏大字形、重力量和长线条的训练，甚至手头没有较大的毛笔。另外，女仙的车以古藤制成，车顶满覆四季繁花，显然又是对明清流行的文人赏藤、赏花趣味的呼应。将四季花卉集中于一幅长卷或一套册页中，也是明中期苏州兴起的一种风气。我们可以将

33 见《意趣与机杼》，曹星原所撰图版说明，第79页。

图19　清佚名《杨家女将征西》。木版套色水印，纵39.5厘米，横54厘米。苏州桃花坞产，中央美术学院图书馆藏

之解读为：这些闺秀对男性趣味的迎合，不仅是将自身定义为从属性别，而且从属男性的物质文化审美趣味。

明代前期流行的瓷器图像、明代中后期开始流行的商品画、明代后期崛起的版画，三者之间存在互相影响的关系，而且这种影响是来回的、多重的，恐怕很难彻底理清，就像我们今天很难搞清楚北方草原游牧民族各个族属之间的关系一样。袁镜蓉的《女仙图》以一位处于社会中上层而拥有图像仍然贫乏的闺秀，显示出上述三种复制图像资源的混合，可能是清中期较为富裕的普通人的视觉经验日常。这已经把本文的论题牵引到一个更为复杂的层面。

三　山水画：黄山幻影

晚明版画兴盛时期，徽州人（包括移居外地的后代）以书商、刻工等方式活跃在多个版画生产中心，而移居外地的徽州人又与徽州宗族保持着密切的联系。清初徽州画坛崛起和以徽州人才为主力的版画生产之间也存在着深层联系。早在1981—1982年高居翰策展、于伯克利加州大学艺术博物馆等地巡展的《黄山之影：徽派绘画和版画》就对这种联系予以高度重视，并且敏锐地指出在徽派山水画和版画之间的桥梁是“地志山水”，也就是方志书当中的山水插图。在《黄山之影》图录中，小林宏光和萨曼莎·萨宾的《安徽版画的全盛时期》一文列举了晚明画家丁云鹏为《方氏墨谱》和《程氏墨苑》绘稿的山水画，以及清初萧云从所画的《太平山水图》，珍·德比沃伊斯和张珠玉的《地志与安徽画派》一文则提到了萧云从和弘仁、梅清乃至石涛等人的黄山题材作品，以及《天下名山图》中郑重（活动于约1565—1630）所绘的《黄山图》和《黄山志》中的《慈光寺》等版画，但重点讨论对象还是弘仁的六十开《黄山图》册。[34]

现在回看将近四十年前的《黄山之影》，一方面会感慨于高居翰那时就敏锐地发现了如此重要的问题，而且架构了宏观、完备的思路，但另一方面也会发现材料的搜集和应用还是比较粗浅的。近年随着更多材料的公布，我们对“地志山水”的认识得以细化、深化，[35] 对许多卷轴画作品也有了进一步认识的机会。如对弘仁名下的名作《黄山图》册，我的学生王思璐进行了研究，她发现弘仁的弟子江注曾经画过五十开《黄山图》册，与弘仁的《黄山图》册有多幅类同。后者中的《慈光寺》与《黄山志定本》（闵麟嗣撰，康熙十八年刊）中“慈光寺”一幅，以及《黄山导》（汪瑾辑，乾隆二十七年刊）中的“慈光寺”，都如出一辙，整体画法偏于概念化，与弘仁的风格面貌有差别，与其说是受版画影响，不如说是对版画刊刻做出了适应。所以她认为弘仁《黄山图》册并非真迹，可能是清代中晚期人吸收了江注《黄山图》册和清代黄山志书版画而绘制的伪本（也可能是为了进一步刊刻黄山版画而作的画稿）。[36]

---

34 Hiromitsu Kobayashi and Samantha Sabin, “The Great Age of Anhui Printing,” Jane DeBevoise and Scarlett Jang, “Topography and the Anhui School,” James Cahill ed., *Shadows of Mt. Huang: Chinese Painting and Printing of the Anhui School*, University Art Museum, Berkeley, 1981, pp. 25-33, 43-53.

35 如石光明、董光和、杨光辉主编《中华山水志丛刊》即分为“山岳志”与“河川湖泽志”两类，线装书局，2004年。前者20册，后者18册，全貌影印了中国国家图书馆所藏山水志书中的319种，其中不少带有山水图像。

36 王思璐《弘仁〈黄山图册〉的鉴定与研究》，待刊稿。

图20 清雪庄绘《黄山图》之《慈光寺》，清康熙十五年（1676）刊于汪士鋐辑《黄山志续集》。尺寸、藏处不详

通常认为"新安画派"线条疏朗的干笔风格来自"元四家"中的倪瓒，而对倪瓒的推崇是从苏州传播到徽州的。所以，到底是弘仁的干笔风格里包含着版画的影响，还是相反，弘仁从倪瓒画风中抽绎而得的线条性干笔风格进一步影响了安徽的版画，这也还是一个可以思考的问题。

存世黄山地志版画中，《黄山图》（释雪庄绘，康熙十五年刊于汪士鋐辑《黄山志续集》）兼具年代早、规模大的特点，因而影响巨大（图20）。雪庄即僧传悟（约1646—1719，字惺堂，号雪庄，又号通源），虽然是楚州（江苏淮阴）人，但长住黄山并圆寂于此。[37] 据蒋志琴研究，传世古本《黄山图经》四幅山志图（可能有宋代或元代底本，明人翻刻）对雪庄《黄山图》影响明显。[38] 雪庄将古本的地图示意效果改造成描绘实景的山水画，继承了古本的线性表现。如果要说有差别，那么古本的线性表现是版画拥有丰富刻刀工具和刀刻法之前的古拙面貌，而雪庄的线性表现则是主动追求的结果。

卷轴画中，山水画的笔墨语言最为复杂，版画如何表现山水画的

37 雪庄生年通行说法是约1646年，见汪世清《雪庄的五开本黄山图册》，《收藏家》2003年第2期，第27页；张一民《淮安籍诗画僧雪庄》，《徽学丛刊》第一辑（安徽省徽学会编印，2003年），第75—80页；张国标《雪庄禅师与〈黄山真景图〉考辨》，《江苏地方志》2008年第6期，第56—58页。蒋志琴《〈黄山图经〉对雪庄绘画的影响》则提出生于1652年，第19—20页。

38 蒋志琴《〈黄山图经〉对雪庄绘画的影响》，南京师范大学硕士学位论文，2005年。

笔墨特点，也是版画技法探索的一个难点，甚至可以作为版画技巧成熟的标尺。从晚明开始，出现了两种不同的取向，为了讲述方便，我姑且将它们分别称为“甲型”和“乙型”。甲型是用丰富的点、线组合来逼真模拟山水画的皴擦点染，或者在线条上尽量表现出手绘皴线的提按顿挫变化；乙型则是极力简化，使画面上只有均匀的线条，通过线条的长短疏密来约略表现卷轴画丰富的笔墨技巧所达到的效果。甲型实例包括《方氏墨谱》（1589）、《程氏墨苑》（1589或稍晚）、《环翠堂园景图》（1606前后）、《乐府先春》（1605）、《校注古本西厢记》（1614）、《青楼韵语》（1616）、《方瑞生墨海》（1618）、《彩笔情辞》（1624）、《东西天目山志》（1624或稍晚）等插图，乙型包括《西厢五剧》（天启间，1621—1627）、《名山图》（1633，即《天下名山胜概记》插图）等。入清以后，《太平山水图》是两种趋向都得以充分展现的集大成之作，但乙型逐渐成为清代山水版画的主流，包括《黄山图》（1676）、《黄山志定本》（1679）以及《黄山续志定本》（1700），还有《怀嵩堂赠言》（1685）、《天下名山图》（编绘者和刊刻年代皆不详，但应在清代康熙、雍正间）。这种面貌更像是从青绿山水中提炼出来的，将卷轴画上被厚重颜色所影响、所掩盖的线条提纯和强化而成。勾勒填彩的青绿山水本身就是明代苏州特产工艺品，它产量巨大、面目雷同（一定程度上的标准化），因而在很大程度上已经成了复制图像，它的广泛传播，甚至影响了苏州和徽州的版画。

中央美术学院藏有两件山水画，出于清初一位并不很有名的僧人画家一智之手，也为我们再度思考清初“地志山水”提供了更加具体的例证。[39]一智的《黄山峰顶图》（图21）虽然使用了很淡的浅绛设色（山石上淡施赭石，远峰使用花青），但是看上去更像黑白单色画，因为画面上满是细瘦而均匀的干墨线条，细腻地描画出山体的轮廓和肌理，虽

39 在《意趣与机杼》图录里，李佩华为一智《黄山峰顶图》轴所写的说明就指出，“如高居翰在《黄山之影》中所说，他们的山水画皆源自于黄山和徽州一带的地志山水”，第77页。

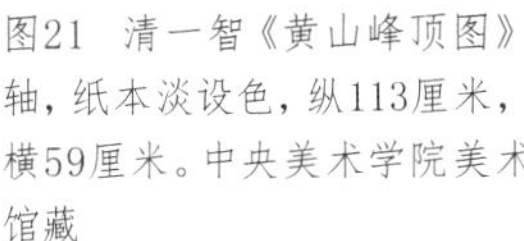

图21　清一智《黄山峰顶图》轴，纸本淡设色，纵113厘米，横59厘米。中央美术学院美术馆藏

图22　清一智《古洞松风图》轴，纸本设色，纵229厘米，横117厘米，清雍正十二年（1734年）作。中央美术学院美术馆藏

图23　清一智《黄海山色图》轴，纸本水墨，纵217.6厘米，横122.3厘米。广东省博物馆藏

然是卷轴画，却有着明显的版画效果。另一件《古洞松风图》（雍正十二年作，1734）（图22）使用的浅绛设色稍显浓重，干笔细线皴法的交织也显得更为繁密甚至凌乱，并且总是和其他的笔法交织使用——不是短小绵密的小草叶，就是密密麻麻的小圆点。这些笔法和设色都带有明显的王蒙特点，更具体地说是明代中期以后苏州画家们改造过的那种王蒙风格，线条纤细而极为繁密。一智还有另一件作品《黄海山色图》（广东省博物馆藏）（图23），面貌恰好居于中央美术学院的两件藏品之间，像是两者的融合，繁简适中。

一智是活动于康熙、雍正年间（18世纪前期）的僧人，徽州府休宁人，字廪峰，一作石峰，又称黄海云舫护迂客。画史称他善画山水，用笔疏爽。[40] 他的师承虽然不清楚，但是从“黄海云舫护迂客”这个别

40　张庚《国朝画徵录》卷下，《画史丛书》第三册，第70页；彭蕴燦《历代画史汇传》卷六十五“释氏门“引《耕砚田斋笔记》。

图24 清雪庄绘《黄山图》之《光明顶》，载汪士鋐辑《黄山志续集》，图页四十至四十一，《丛书集成续编》册220，影印自《安徽丛书》，新文丰出版公司，1989年，第489—490页。

号，却不难看出他与雪庄的关系，因为“云舫”就是“雪庄”，原称“皮篷（棚）”，原是前辈修行者使用的草庐，上覆树皮，僧传悟初来黄山，皮篷已颓，只得露宿卧雪。后获得信众资助，筑室定居，故以“雪庄”命名纪念，又以其若舟处黄山云海之中而称“云舫”。[41] 更重要的是，雪庄所绘《黄山图》版画中有多幅出现了外形近似椭圆的长条形山峰，上面用繁密的弧形线条来表现质感，如《光明顶》（图24）、《云舫道中》、《始信峰》、《五供峰》，将它们与一智的《黄山峰顶图》《黄海山色图》相比较，后者也具有外形和线条上的这两个特点，受到雪庄《黄山图》的影响明显可见，但是线条运用更为泼辣，体现出更高的提炼和组织水平，这就是我们接下来要分析的问题。

《黄山图》风格虽然是纯线性的，可以归入前述的“乙型”，但是与3年后出现的《黄山志定本》（扬州画家萧晨摹图，康熙十八年刊）（图25）那种清晰、修长的线条相比（更不要说与更晚的《黄山续志定本》相比）（图26），《黄山图》显得比较粗糙，线条短促细碎。《黄山图》绘者雪庄的立轴画《黄海云舫图》（常州市博物馆藏）（图27）[42] 大量使用近似《黄山图》的细碎短线条，令人想起文徵明的弟子

41 张一民《淮安籍诗画僧雪庄》，《江苏地方志》2008年第5期，第56页。
42 见朱蕴慧《雪庄的〈黄海云舫图〉》，《文物》1980年第12期，第82—83页。

图25　清萧晨绘《黄山志定本》卷首《山图》，清康熙十八年（1679）闵麟嗣刻本，框高19.1厘米，宽13.9厘米。美国哈佛大学燕京图书馆藏

图26　《黄山续志定本》，清康熙三十九年（1700）刻本，编绘者不详，尺寸、藏处不详

陆治、钱谷和侄子文伯仁的琐碎风格；更有甚者，造景也失去了文派的整体感，变得松碎散乱。再看一智的卷轴画，长线条更像学自文徵明本人的画风，由此给予我们的启示是，上述使用单纯而清晰线条的乙型版画风格来源可能还不止青绿山水的勾勒线条，还吸收借鉴了明代吴门画坛流行的那种纤弱的、样式化的王蒙风格。如果这个解释成立，或许可以打破弘仁风格和徽州版画之间孰为鸡、孰为蛋的怪圈，它们之间可能互相影响的成分很小，更多的是共源关系，即都从苏州画坛获取灵感。

比《黄山志定本》晚21年的《黄山续志定本》（康熙三十九年刊），编绘者不详，其文本是在汪士鋐辑《黄山志续集》基础上增补而成，但是它的图像既没有沿袭《黄山志续集》所附的雪庄绘《黄山图》，也不是移用《黄山志定本》所附的萧晨绘图，不过在风格上和《黄山志定本》的关系更为密切（图26）。要说区别的话，《黄山志定本》附图的线条还有明显的提按顿挫感，而《黄山续志定本》已经进一步简化成均匀流畅的线条，也与一智的卷轴画风更为接近。

比一智年长而比弘仁年轻的石涛（1631—1707）年轻时曾居宣城十多年（1666—1678），也喜画黄山，被画史看作“黄山画派”的一员，从他画黄山的某些作品可以看到卷轴画与版画关系中别有意味的一面。

图27 清雪庄《黄海云舫图》轴，纸本设色，纵181厘米，横93.5厘米。常州市博物馆藏

图28 清石涛《山水图》册（《黄山图》册之十一），纸本设色，纵20.7厘米，横15.1厘米。日本京都国立博物馆藏

故宫博物院所藏的石涛《黄山图》册（现存二十一开），景物描绘细腻，笔法上体现出宣城画家梅清（1623—1697）的影响，当是他的早年之作无疑。石涛名下还有一套《山水》册，包含山水十一开、书札一开，现由日本京都国立博物馆收藏并称之为《黄山图》册，末页有石涛自题“戊辰十二月围炉灯下，草成十二册于树下”（图28），戊辰十二月是康熙二十七年（十二月处于公元1688—1689年之交），“树下”被认为是石涛第一次扬州时期所居的大树堂，因而被认为是中年之作，风格也确实要比故宫本纯熟放逸许多。京博研究员西上实先生发现其中多幅的造型、构图与《芥子园画传》中的某些范图有相似之处，认为石涛可能参考了当时出版不久的《芥子园画传》初集（即山水树石集，康熙

图29 清石涛《山水图》册（《黄山图》册）上的两方收藏印："远遗堂印"（左图）、"郑孝之真赏"（右图）

十八年出版，距此不到十年）。[43] 这套《黄山图》册一直被视为京博馆藏的精品，真伪从未受到过公开的质疑，但笔者认为它过于纯熟复杂的造型、流利滑动的用笔、鲜亮刺目的设色，都提示它更可能是一件20世纪初期的伪作。[44]

此册是外交官须磨弥吉郎（1892—1970）转让给京博的收藏之一。1935年由任国民政府外交次长的唐有壬（1894—1935）装裱后赠与时任南京总领事的须磨弥吉郎，两个月后，须磨还未启程回国，唐有壬就被反日爱国人士暗杀。[45] 唐有壬之父是清末革命烈士唐才常（1867—1900），与谭嗣同（1865—1898）是生死之交。谭就义后，唐才常坚决反清，因谋划自立军起义失败而被斩首示众。这本《黄山图》册带有署款的一开上有收藏印"远遗堂印"，被认为属于谭嗣同，可能是根据谭与唐才常的关系推想出来的，缺乏实据。在时代的腥风血雨中，很难想象他们还有余暇逸兴从事收藏，哪怕艺术家是晚清声名鹊起的明遗民高僧石涛。另一开上的收藏印"郑孝之真赏"与"远遗堂印"线条风格相

43 西上实《石涛和芥子园画传》，《紫禁城》2014年第7期，第96—109页。

44 我可能是第一个对此册提出疑问的人，朱良志《传世石涛款作品真伪考》（北京大学出版社，2017年）剔取了很多疑伪和断伪的作品，但认为此册十一开山水和一页书法（原十二开，早年佚失一开，收藏者加入一开书翰）都是石涛的真迹，且为生平杰作，见该书第330页，及第1043页表格。

45 参见汪莹《关西至宝：京都国立博物馆的中国书画》，《紫禁城》2014年第12期，第144—145页。关于须磨弥吉郎，陈雅婧《须磨弥吉郎藏齐白石书画研究》有简单介绍（《美术观察》2019年第11期，第41页），但是略过了须磨在中国当外交官期间的另一身份——间谍，其最著名的"成绩"是将国民政府行政机要秘书黄濬收买成汉奸，后者在1937年9月被抓获、处决。1946年须磨在东京大审判中作为战犯受审，但侥幸漏网，1952年被褫夺公职处分撤销，1953年当选为众议院议员。他在华任职期间"肆力收藏"，虽有个人爱好成分，也是服务于当时"日中亲善"的政治布局。

似，印色相近，有可能两方印都属于郑孝之，该人虽尚待考，但活动时间应晚于谭嗣同（图29）。画册上并无唐家的收藏印或题跋，不排除是唐有壬临时购买、拼装后赠送给须磨，作为投其所好的赠别礼物。1935年也可以作为这套画册被生产出来的时间下限。

确定这个时间下限，是想说明《芥子园画传》影响这套《黄山图册》的事情发生的时间不是在初集刚刚出版9年的康熙二十七年（这当然是个伪造的时间点），而是发生在《芥子园画传》已经流行了二百多年以后的20世纪初，虽然对于本文来说结果似乎是一样的，即为“版画影响卷轴画”这一视角添一例证。不过，京博《黄山图册》对《芥子园画传》的纯熟运用、剪裁拼贴，反映的不是石涛对他纯熟的黄山自然灵感的遗忘，而是清末民初造假者在作坊提高生产效率的一种聪明，或许可以为前引王思璐对弘仁《黄山图》册的疑伪添一佐证。

西上实的论文提到的另一个例子是美国学者乔迅首先发现的，波士顿艺术博物馆所藏的《为刘石头作山水图》册（有一开款署1703年）中的第七开《笔底山香水香》借用了《芥子园画传》初集中的《画山田法》，实际上几乎就是镜像处理而成（图30—图31）。[46] 存世有石涛写刘石头（刘小山）上款的一批作品，朱良志就指出“数十年来，研究界虽偶有疑问，但并没有具体讨论”，[47] 未指出“偶有疑问”为何，或许有收藏家、鉴定家口头交流。他对这批作品逐幅仔细辨析后，认为波士顿美术博物馆和纳尔逊艺术博物馆的两本册页真伪掺杂，伪作大约占到一小半，另外香港北山堂、斯德哥尔摩远东博物馆所藏则全伪。波士顿这册页数多、影响大，朱良志认可的大约一半，这幅第七开很幸运地还

46　见西上实《石涛和芥子园画传》，汪莹译，《紫禁城》2014年第7期，第104—105页；乔迅《石涛：清初中国的绘画与现代性》，邱士华、刘宇珍等译，生活·读书·新知三联书店，2010年，第297—299页。

47　见《传世石涛款作品真伪考》，第838页。这一章的部分内容曾经作为文章发表，见朱良志《石涛款“赠刘石头山水图”诸问题考辨——存世石涛款作品真伪考系列之八》，《荣宝斋》2015年第12期。

图30 清石涛《山水十二帧》册（《为刘石头作山水》册）之七《笔底山香水香》纸本设色，纵47.5厘米，横 31.4厘米。美国波士顿艺术博物馆藏

图31 清王概等编绘《芥子园画传》初集，卷三，页三十五上。美国哈佛大学燕京图书馆藏

在他认可的范围内。[48] 这批作品值得进一步深入讨论，但就波士顿第七开《笔底山香水香》而言，我同意朱良志判断它为真迹的结论。那么石涛开始利用《芥子园画传》提供的素材，与画谱出版时间（1679年）间隔就不是十来年，而是二十多年。这个时间窗口看起来也更真实可信。

西上实并且进一步指出《为刘石头作》还有另一个图像来源是萧云从《太平山水图》（顺治五年刊行）中的《石人渡图》，甚至后者是更为直接和近似的来源，而《画山田法》则明显是根据《石人渡图》改画的，他形象地称《芥子园画传》初集“剽窃”了《太平山水图》，两者都是石涛的参考对象。[49]《笔底山香水香》上面虽然没有署年，但是和

48 见《传世石涛款作品真伪考》，第869页。

49 西上实《石涛和芥子园画传》，《紫禁城》2014年第7期，第107、104页。

《为刘石头作山水图》册整体都归属于1703年是合理的。《笔底山香水香》署“瞎尊者”，他的另一件名作《淮扬洁秋图》署“大涤子”，皆为晚年定居扬州以后所用别号，两画的风格也较为接近，使用非程式化的短线直皴，大量使用湿笔淡墨铺染和“浓破淡”的技法，因此波士顿《为刘石头作山水图》册页是晚年扬州时期作品。这时作为职业画师的石涛可能收集了不少山水版画，作为自己的资料。

四　花鸟画：从来不见梅花谱

央美藏品中还有一件清代佚名绢本《墨梅》轴（图32），尺幅巨大（纵219厘米，横66厘米），构图繁密，铺天盖地。老干虬曲凹凸，富有体积感；千花万蕊怒放，花朵呈现平面性，对比衬托，视觉效果强烈，令人印象深刻。其老干的“拟真”意思可以上追宋人之画，繁花画法应当是继承绍兴地区王冕“千花万蕊”传统。它的构图四边充满，显然并不完整，长度宽度差别太大，很可能原来是6至12条的成套屏风画，款识应当在其中（贴边的）一条上，现在存留的是残余的一条。

但此图尤可注意者，其虽为手绘卷轴画，却有着鲜明的版画效果：繁花基本上以线造型，黑白分明，墨法无甚变化，而枝干上则密布小点，也无墨法变化，只靠点子的疏密来表现质感和立体感。尽管传世画谱中有很多专门和零散的梅花图谱，这件作品却对应到画谱中的梅花图谱，它应当也是一件受惠于印刷文化的卷轴画，而且它的“版画语言”来自不同资源。

墨梅题材最著名的画家是元末绍兴人王冕，他传世作品中大多是“疏体”，甚至以“疏花个个团冰玉，羌笛吹它不下来”的题画诗著称于世；同时他也有“密体”梅花图传世，画史认为“千花万蕊”传统正是他的独创，如《江南十月图》（上海博物馆藏）和《墨梅图》（耶鲁大学美术馆藏）。入明以后，通过绍兴人陈录（活动于宣德前后）、陈英父子，

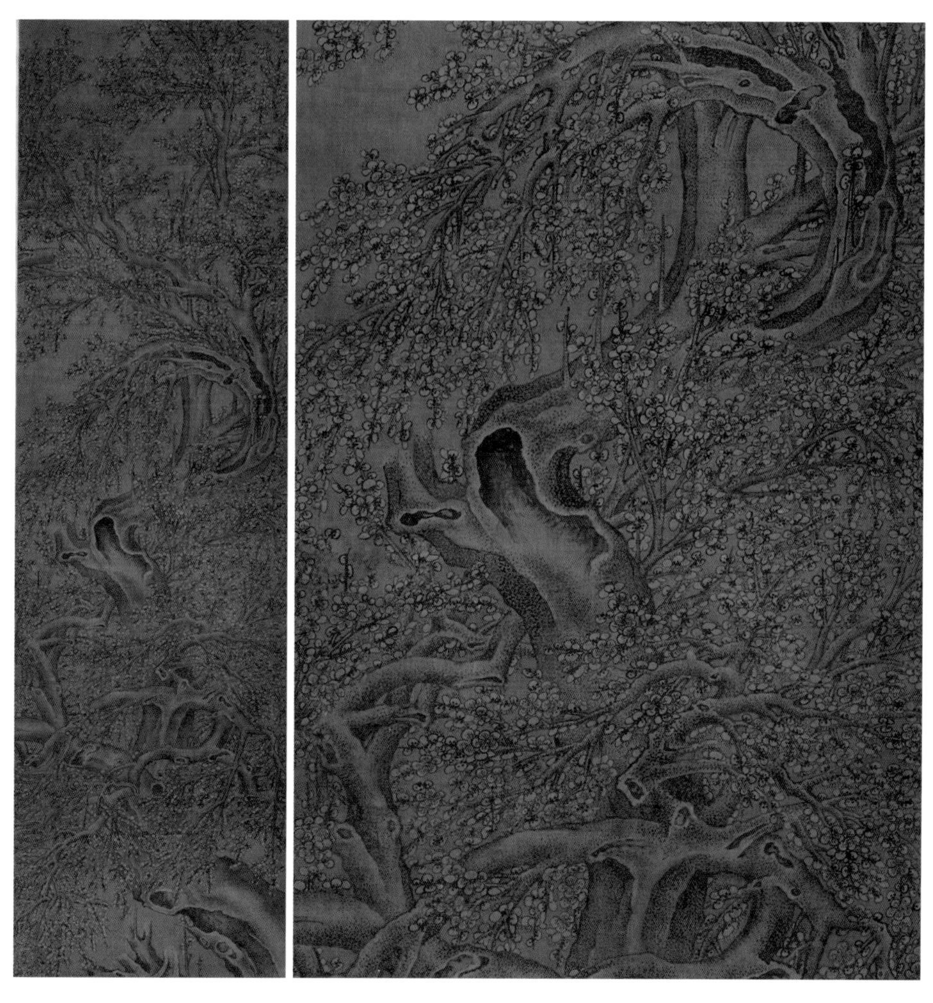

图32 清佚名《墨梅》轴及其局部，绢本水墨，纵219 厘米，横66厘米。中央美术学院美术馆藏

杭州人王谦（活动于正统、景泰前后）、绍兴人刘世儒（活动于嘉靖—万历年间）[50] 等人，在杭州—绍兴地区形成悠长的传统。他们的作品既有供书斋清玩的小型卷轴，也有一些尺幅较大，绝大多数是绢本，可能就是屏风画，如王冕《南枝春早图》（绢本水墨，纵151.4厘米，横52.2厘米，台北故宫博物院藏）、《月下梅花图》（绢本水墨，纵164.6厘米，横94.6厘

50 见安永欣《梅花写就世争看——明嘉靖、万历年间的画梅名家刘世儒》，毕建勋、赵力主编《学问与传承——薛永年教授70寿诞从学50载执教30年祝贺文集》，第77—78页。

米，美国克利夫兰艺术博物馆藏），陈录《梅花图》（纸本水墨，纵222.5厘米，横57.6厘米，天津博物馆藏）（图33），陈英《岁寒不替图》（绢本水墨，纵190厘米，横82厘米，青岛市博物馆藏），王谦《墨梅图》（绢本水墨，纵173.3厘米，横95厘米，故宫博物院藏）、《冰魂冷蕊图》（绢本水墨，纵186厘米，横111厘米，天津博物馆藏），到了刘世儒，更是多绘巨障大轴。据安永欣研究，刘世儒的20多件传世作品中，除了两件长卷、一件扇页外，其余都是巨幅大轴，如《万斛清香图》轴（南通博物苑藏），纸本墨笔，纵357厘米，横143厘米，《庾岭烟横图》轴（故宫博物院藏），纸本墨笔，纵300厘米，横100.5厘米，皆为巨幅屏障。一般的作品，纵在135—192厘米之间，横在53—100厘米之间（图34）。他还曾经直接在墙壁和屏风上作画。[51] 比刘世儒年长一辈的苏州画家谢时臣（1487—1567）也擅作大幅甚至丈二山水，[52] 这些巨幅画作和稍晚流行的连绵大草相呼应，反映了晚明的审美趣味趋向于张扬、重视觉冲击，但是同时也可以看出，由元末到明末，时间越晚，墨梅图尺幅越大，尤其是长度（高度）越大，离书斋小轴越远，屏风画的特点愈益明显，一些窄长条画面甚至可能是多幅组合成屏风的。

在刘世儒之前的画梅名家大多使用湿笔重墨，偶见飞白，还带有文人儒雅气息，刘世儒则选用极硬的兽毫笔，故意制造大量飞白，效果夸张而生硬，显然是有意继承元末道士邹复雷《春消息图》的枯笔硬毫传统。这里就不分析其原因了，只描述现象。刘世儒不但创作颇丰，而且编绘刊印《雪湖梅谱》传播了这种个性强烈的画风，中央美术学院图书馆藏有该书的一个早期印本。

---

51 安永欣《梅花写就世争看——明嘉靖、万历年间的画梅名家刘世儒》，第83—84页。

52 例如《林峦秋霁图》轴，绢本浅设色，纵231.2横118.3厘米，台北“故宫博物院藏”；《岳阳楼图》轴，纸本设色，纵248厘米，横102.3厘米，故宫博物院藏；《武当紫霄宫霁雪图》轴，绢本浅设色，纵198.9厘米，横98.8厘米，上海博物馆藏；《凌云乔翠图》轴，纸本设色，纵292厘米，横102厘米，故宫博物院藏；《太行晴雪图》轴，绢本浅设色，纵231厘米，横165.6厘米，青岛市博物馆藏。

（左）图33　明陈录《梅花图》轴，纸本水墨，纵222.5厘米，横57.6厘米。天津博物馆藏

（右）图34　明刘世儒《墨梅图》轴，绢本水墨，纵180.3厘米，横98.4厘米。美国哈佛大学艺术博物馆藏

我们回到中央美院所藏的这件《墨梅图》轴，从巨大的尺寸尤其是高度，可以窥见它与杭州、绍兴地区巨幛墨梅画传统的关系。但是它又采用平面化的手法来表现梅花，就显得很特别，王冕、王谦、陈录、刘雪湖的卷轴画中的梅花花朵，都使用略带提按的勾圈画法，与中央美院这幅不完全一样，后者是从这个卷轴画传统中发展出来的，但是发生了改变。至于是如何改变的，或者说要进一步追问这种平面化的风格从何而来，刘雪湖自己的作品和梅谱都不能提供答案。我倒是觉得它更像是瓷器上的绘画，轮廓明确，线条均匀，毫无变化。这种瓷绘风格可能通过景德镇的青花瓷产品传播到了江南东部（例如杭州—绍兴地区），也可能是景德镇的瓷绘画工去外省工作，改画卷轴画、版画。

另一个问题是《墨梅图》中枝干上的细密小点子，这种技法，无论在墨梅画中，还是树石画中，都未曾见过，它的来源可以追溯到山水

图35 明钱贡绘《环翠堂园景图》局部，木版墨印，全图高24厘米，长1486厘米，1606年前后新安汪廷讷环翠堂刻本

版画，具体来讲是本文前述山水版画技法取取向的“甲型”，其中有的集中于使用密集的点，如《环翠堂园景图》（1606前后）（图35）、《乐府先春》（1605）、《校注古本西厢记》（1614）、《彩笔情辞》（1624）、《东西天目山志》（1624年或稍晚）等。这些版画的刊刻地点除环翠堂在徽州，其余基本都在杭州。版画用什么样的技法去表现山水树石技法中的皴擦染造成的效果，不同时期和地区有不同的选择，总体上看，用密点来表现，是明末武林（杭州）版画的地方风格。既然这些印刷品的生产地（也是核心传播地区）就在杭州，这也加强了央美《墨梅图》与杭州—绍兴地区的联系。

综上所论，央美《墨梅图》综合采用了杭州—绍兴地方风格（包括元末画梅名家王冕的“千花万蕊”之“密体”，明代中后期名家的“巨幛”尺幅，武林版画的密点技法），以及景德镇瓷绘风格，它绘制的时间应该是在清初，地点很可能是在杭州或绍兴，或者徽州、南昌这样处于中间区域的城市，它们都是墨梅画、武林版画和手绘瓷器这三种艺术产品的行销地，可以同时接收到这三种影响。对复制图像的复合运用、融合无间，显示这种“反哺”卷轴画的资源利用已经发展到成熟、高级阶段。

五　结语：复制图像和公共图像，图像环路和网路

本文的主要观点形成于2017—2018年整理述评中央美术学院所藏古代卷轴画的过程中，曾在2018年上海图书馆举办的“书籍之为艺术”研讨会上报告，论述范围为“明清版画对卷轴画的影响”，但在后来的研究撰写过程中改为如今的题目。因为发现卷轴画与版画的交互影响模式也适用于其他复制图像，包括石刻拓本、版刻、陶瓷等，在这个混杂的传承网络里，还包含了陶瓷和苏州商品画，这两者都是不是通过印刷，而是通过手工大量复制的。从本质上讲，版画只是复制图像中最为常见的一种。古代木版印刷品尤其是版画的印刷量并不是无限的，木版很容易耗损，所以印刷品自身的翻刻传摹是普遍现象，姑且称之为自我雷同吧。从传播能力看，印刷品并不能覆盖或完胜其他复制图像——一件瓷器如果不损坏，可以流传使用很久，看到的人可能还更多。卷轴画受版画和其他复制图像影响的例子也很多，为研究方便，仍以中央美术学院美术馆藏画为基础，适当补充了其他材料，且限于篇幅和时间，也只是选择撰写了几个有代表性的个案。

因为这些图像公开传播、易于获取，价格相对低廉，笔者将这些拓本、石刻线画（大多也以拓本的形式流传）、印刷品和公共空间（如庙宇）中的造像、装饰图像，以及大量产销的商品画，统称为“公共图像”。公共图像具有易得性，迥异于卷轴画原作和粉本画稿的珍秘矜固、访求困难，实际上为绘画传承开辟了新的路径。传统上绘画传承或者靠家族传承（职业画工或文人家学）或者靠师徒传承，以《顾氏画谱》和《芥子园画传》为代表的明清画谱，打开了第三条道路，即脱离口传心授，只靠图像本身来传播和再生图像，同时也为作伪大开方便之门（如本文所揭示的京博石涛《黄山图》册）。

本文所使用的主要材料是一所院校在较短时间内的收藏积累，作者绝大多数为职业画家、无名画工或小文人，社会层次不高，师承条件也

比较差。连师徒之间的粉本也是稀缺资源，更无法依靠古代名家名作，普遍易得的复制图像和公共图像是他们心照不宣（或者秘而不宣）的资源宝库。但使用这一资源的画家也可能包括石涛这样的巨匠（如乔迅发现的波士顿《为刘石头作山水图册·笔底山香水香》）。唯其如此，方可以揭示出，在古已有之的手绘粉本画稿，和较系统的印刷文化画稿传播之间，存在着零散而大量、主动而多样的过渡状态，多种廉价易得的复制图像、公共图像，共同承担着卷轴画背后的图稿功能。

跨媒材之间的图像影响，可以是闭环，是单线影响的，如陈洪绶的手绘画稿《黑旋风李逵》被制作成复制版画，再通过印刷品影响后人的卷轴画；也可以是开放的、接收多线影响的，如袁镜蓉可能同时受到瓷绘、木版年画和“苏州片”的影响，央美《墨梅图》大轴可能受到王冕传统、瓷器绘画和山水版画的影响；可以是具象的特定图像，也可以只是一种画风，如一智的画风来自线性山水版画，而线性山水版画又是从卷轴画风格中挑选了一种风格并加以放大。这种混乱的图像传播和影响链条，与其称为“环路”，不如称为“网路”来得更弹性一些。本文涉及的一些作品还存在真伪问题，如陈洪绶《龟蛇图》、石涛《山水图》册（京博《黄山图》册），也许还包括弘仁《黄山图》册，鉴定意见或许会有争议，但已经足以提醒我们：既然要谈影响，就得分辨谁影响了谁。所以，无论有多少新的视角和方法，图像“网路”仍然需要美术史最传统的方法——真伪鉴定——来充当纵横轴线。

本项研究最早于2018年10月中国美术学院、上海图书馆举办的“书籍之为艺术”研讨会上报告，后做了较大修改，作为中央美术学院2019年度自主科研项目《中央美术学院古书画藏品研究（第一期）》成品之一。标题中的“中央美院”系“中央美术学院”简称，但收藏管理部门系中央美术学院美术馆，特此说明。注36待刊稿今刊《美术观察》2022年第1期，第50—55页。

刻印幻境

《环翠堂园景图》的媒材、观念与时空

PRINTING FAIRYLAND

EXPRESSION OF SPACE AND INTENTION IN *HUANCUI TANG YUANJING TU*

李啸非

北京印刷学院设计艺术学院

LI XIAOFEI

SCHOOL OF DESIGN ART, BEIJING INSTITUTE OF GRAPHIC COMMUNICATION

ABSTRACT

This paper focuses on several new discoveries in *Huancui tang yuanjing tu*, a special woodblock print published by Wang Tingne in Huizhou region during the late Ming period, which portrays the private garden of Wang. The particularity of this print lies in its entry into the elite culture, at the same time, it is a typical case of integration and interaction between various visual media in the late Ming era. Previous researchers mostly view it as a "garden painting" and thus presuppose the validity of the images. However, there are many noticeable issues regarding the structure and the layouts of this picture. By investigating the original site of the garden, we have found the special artistic technique and the functional definition hidden in the print. Moreover, this characteristic is skillfully embodied in the context of geographic terrains and social culture in Huizhou area. This article attempts to address these questions and provides an aspect to further the understanding of the visual culture of the late Ming.

一　导言

《环翠堂园景图》（以下简称《园景图》）是晚明徽州书坊环翠堂刻印的一幅版画，描绘的对象是书坊主人汪廷讷的私人园林坐隐园。此图原刻本为傅惜华（1907—1970）收藏，人民美术出版社于1981年根据原本，以经折装册页的形式影印500套。[1] 傅氏原本后来下落不明，人美社影印本（以下简称人美本）遂成为现今所见最接近原刻的版本。

晚明以来的画史文献没有留下《园景图》的记载。人美本出版以后，《园景图》逐渐为学界所注意，其中较有代表性的有白铃安[Nancy Berliner]、米盖拉[Michela Bussotti]、林丽江、毛茸茸的研究。白铃安对包括《园景图》在内的环翠堂印本作了开创性的讨论；米盖拉则将其置于徽州刻书的宏观视野中考察。[2] 与之相比，林丽江以长篇专文的形式深入检视《园景图》的图像内容和刊印过程，由此揭示出汪廷讷的出版意图。[3] 毛茸茸最新的研究在此基础上，着重探讨版画、园林与士人文化的关系。[4] 然而，上述研究似乎忽视了一点，即《园景图》不仅是一幅“园林画”，更是一件包含具体园林信息的功能性产品，于是产生了下列一直未得到充分关注的问题。

其一，《园景图》与坐隐园的关系。学者们似乎默认：图画中的园林，不一定要追求实景上的对应，由此，学者们往往“预设”图中景物的真实性，忽视了《园景图》在景物安排和空间布局上的疑点。对于这些疑点，不能简单地视为“艺术创作”的结果予以接受，而要结合园林的实地考察，得出最终的结论。

1　关于古代中国书籍的装订形式，参见Sören Edgren, *Chinese Rare Books in American Collections*, New York: China Institute in America, Inc., 1984, p. 24.

2　Nancy Berliner, “Wang Tingna and illustrated Book Publishing in Huizhou,” *Orientations* 1 (January 1994), pp. 67-75. Michela Bussotti, *Gravures de Hui: Étude du livre illustré chinois (de la fin du XVIe siècle à la première moitié du XVIIe siècle)*, Paris: École française d’Extrême-Orient, 2001.

3　林丽江《徽州版画〈环翠堂园景图〉之研究》，《区域与网络——近千年来中国美术史研究国际学术研讨会论文集》，台湾大学艺术史研究所，2001年，第299—328页。

4　毛茸茸《人间未可辞：〈环翠堂园景图〉新考》，中国美术学院出版社，2014年。

其二，如何定义《园景图》？现存的《园景图》是原刻的影印本；我们未能得见的原刻，根据相关的记载可以判断，应为一幅同名画作的复制。也就是说，《园景图》存在“画作”、“版刻”（画作的复制品）、“影印本”（版刻的复制品）三种物质形态。古代中国的视觉文化中，媒材的变化往往意味着功能上的转换，由此带来图像自身的变化。《园景图》在媒介上的多义性，将引发一系列有趣的问题：这部印本更多地是作为“画”[painting]还是作为“物”[thing]而存在？[5] 在刊印者的意图中是什么样的定位？使用者又是谁？这些问题，以往较少涉及，也是本文将要重点考察的内容。

二　版画中的园林

人美本《园景图》为四十五面连式，高24厘米，长约1485厘米。首页分为两部分，左半部为园图首段；右半部为南京名士李登（1524–1609）题写的“环翠堂园景图”六个篆字（图1A）。字左署“上元李登为昌朝汪大夫书”，下方钤白文八角印“如真”、白文方印“八十三翁”二枚，印左方有楷书小字“黄应组镌”。页面右上方有白文圈印“李士龙”，右下角钤阳文方印“惜华考藏版画图籍”。第二页至第四十四页均为整幅大图。末页与首页相似，右半页为园图末段，图尾落款“吴门钱贡为无如汪先生写”，下钤阳文方印“钱贡私印”；左半页空白，左下角有阳文方印“碧蕖馆藏”“满洲富察氏宝泉惜华”二枚（图1s）。

《园景图》依照描绘的内容可以分成六段。[6] 第一段为首页至第十一页，描绘坐隐园外的自然景色（图1A-1I）。画面以白岳的远景开

5　正如柯律格[Craig Clunas]所指出的，随着晚明社会私人空间的发展，“绘画”与“物品上的图画”之间的关系变得更加微妙，在书籍出版领域更是如此。见Craig Clunas, *Pictures and Visuality in Early Modern China*, London: Reaktion Books Ltd, 1997, pp. 18-41.

6　林丽江将《园景图》粗略划分为三段，分别相当于本文的第一段、第二至四段和第五至六段。林丽江《徽州版画〈环翠堂园景图〉之研究》，第304页。

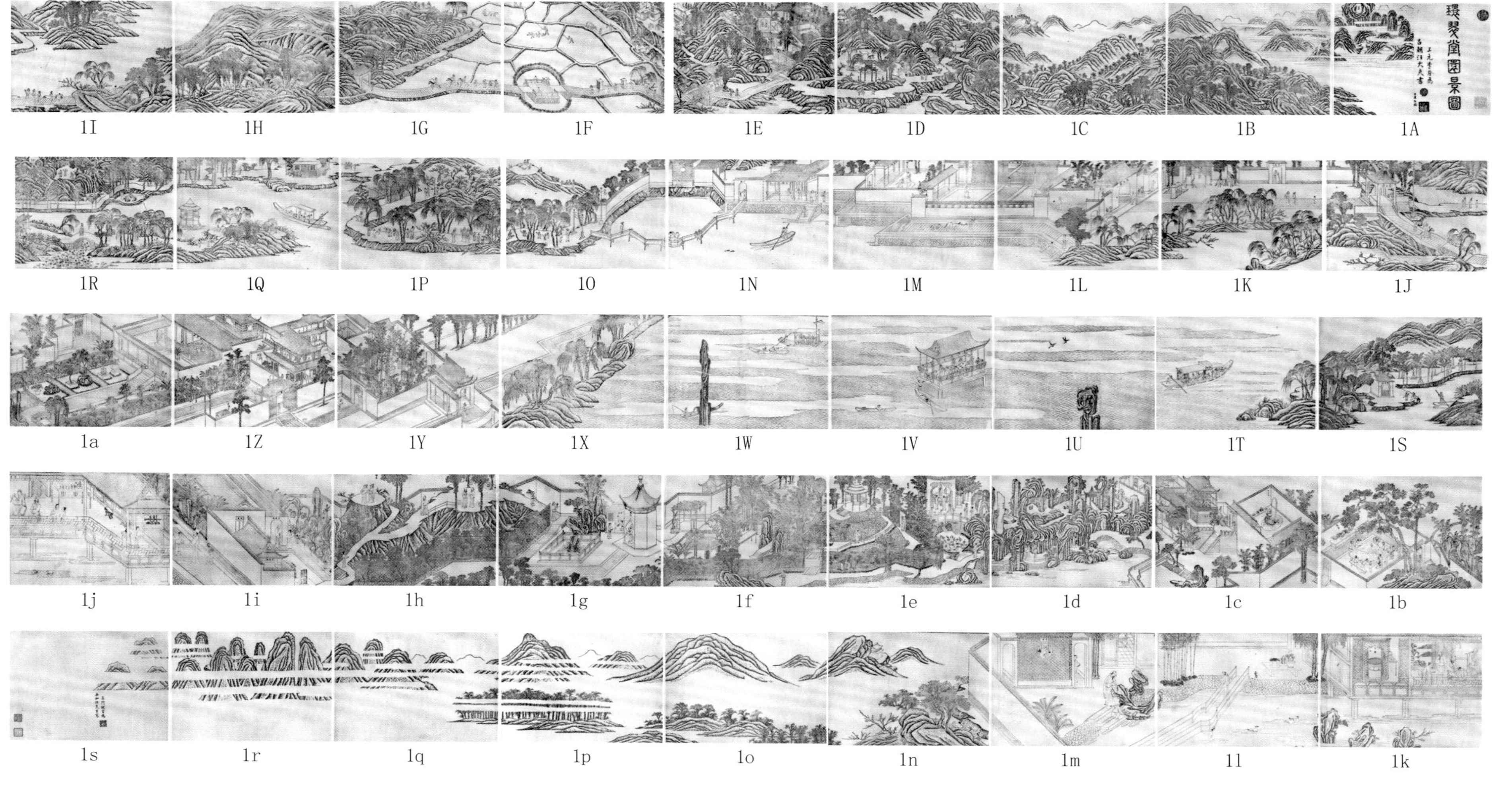

图1 《环翠堂园景图》，经折装，每页24×33厘米，总长1485厘米，1981年人民美术出版社影印本

始，依次是松萝山、古城岩和仁寿山，山脚下渐有人烟及建筑。走出山区，可看到开阔的农田；继续向前穿过一片较荒僻的山岭，开始出现水域，地势也变得平坦。一座题有“高士里”的攒尖顶路亭的出现，提示观者即将进入坐隐园范围（图1J）。[7]

第二段为第十二至十五页，这一部分通常被认为是坐隐园的外部园区，在此可称之为“外园”（图1J—图1O）。画面视点变得更近，一条石板直道由高士里路亭通向坐隐园正门。正门为单檐歇山式，气势宏伟，上题“大夫第”三字，侧门上题“坐隐园”（图1L）。园内布局严整，游人徜徉其中。园墙外是空旷的水面，显示园区似乎临水而建。随着画面的推进，水域逐渐扩大，至六桥附近，园林建筑消失，标志着“外园”的结束（图1N）。

第三段为第十六至十九页（图1P—图1S）。园景进入一片水面与陆地混合的区域，似乎回到自然环境中。游人在堤岸上闲步、交谈，或泛舟水上。远处岩壁耸立，河流和堤径沿着山脚盘曲环绕，至回澜矶，显露出大面积的水面（图1T）。

第四段为第二十至二十四页（图1T—图1X），表现昌公湖景色。此湖以汪廷讷之字“昌朝”命名。图中湖景占据了满幅页面，显得极为空旷。湖中可见亭台、游船、奇石，以及宴饮、垂钓的人们。湖面辽阔，布满细密的波纹，一派烟波浩渺之感。

第五段为第二十五至三十九页（图1Y—图1m），应为坐隐园的主体区域，为论述方便，暂且称之为“内园”。离湖登岸，一条石板路自画面右上方进入视线，沿石板路入园，穿过几道院门，可到达园林的主厅环翠堂（图1Z—图1a）。景物变得丰富华丽，亭台池榭交错，令人目不暇接。观看的视点亦随着园景的深入逐渐拉近，至无无居区域达到顶点。画中物象的比例变得前所未有的巨大，仿佛观者正在凑近窥看一

7 林景伦《坐隐先生纪年传》，汪廷讷《人镜阳秋》卷二十三，叶七a，明天启五年后增补本，台北“国家图书馆”藏（索书号02519）。

图2 吴彬（活动于1568—1626）《勺园祓禊图》卷，局部，1615年，纸本设色，30.6×288.1厘米。北京大学藏

图3 钱穀（1508—1578后）《求志园图》卷，1564年，纸本设色，29.8×190.2厘米。故宫博物院藏

般。园区至东壁，以一道略显突兀的院墙作为终结（图1m）。

第六段为第四十至四十五页（图1n—图1s），为坐隐园墙外的景色。与第一段形成呼应，依次出现金鸡峰、广莫山和飞布山，视点渐渐推远，结束在黄山的远景中。

不难发现，《园景图》存在几个异常之处。其一是尺幅惊人，在古代版画史上堪称独一无二。[8] 其二，虽然是一部出版物，《园景图》似乎离开文本解释也可以独立存在；在图像内容上，也相当接近手卷画的形制。园图首、尾的远景作为视觉过渡，烘托出中间部分的近景，是古代中国绘画常用的叙述方式。[9] 相似的构图、视角，亦可见于同时期的园林手卷中，例如《勺园祓禊图》（图2）和《求志园图》（图3）。[10]

8 周心慧《明代徽州出版家——汪廷讷》，《图书馆工作与研究》2002年增刊，第74页。

9 巫鸿《全球景观中的中国古代艺术》，生活·读书·新知三联书店，2017年，第143—203页。

10 林丽江《徽州版画〈环翠堂园景图〉之研究》，第308—309页。

其三，在主题内容上，《园景图》更接近文人绘画，与常见的书籍插图相去甚远。园林雅集是文人画家热衷的母题，商业刻书中较少出现，以如此体量的版画来表现一座私人园林，更是前所未有。

要解开这些疑团，需要探察《园景图》与园林绘画的关系，但在此之前，我们先回到《园景图》的物质层面，对此特异视觉形态背后的媒材因素作一考察。

三　从画作到版刻

作为刻本，《园景图》事实上有多位“作者”。

《园景图》的绘稿者钱贡，字禹方，号沧洲，吴县人，生卒年不详，活跃于十六世纪晚期至十七世纪早期。钱贡的师承不详，一般被看作吴派，[11]画史对其作品的评价是：

> 山水不甚高雅，而位置可观。善人物，间仿文、唐两家，却能逼真。[12]

从钱贡现存的《城南雅逸图》（图4）、《渔乐图》等画作来看，其笔路近于吴门，山水景物描写较为秀润，笔致纤细，与《园景图》呈现出的画风较为一致。

在《园景图》首页，我们看到署名刊刻者为黄应组（1563—?）。来自徽州府歙县虬村的黄氏一族（图5），是当时最著名的雕版刻印群体。[13]需要指出的是，晚明的印本中，只有很少一部分刻工有资格署上

11　关于明代吴派绘画的研究，参见James Cahill, *Parting at the Shore: Chinese Painting of the Early and Middle Ming Dynasty, 1368-1580,* New York, Tokyo: Weatherhill Inc., 1978.

12　朱谋垔《画史会要》，载卢辅圣主编《中国书画全书》，上海书画出版社，1992年，第四册，第574页上栏。

13　周芜《徽派版画史论集》，安徽人民出版社，1984年，第42页。关于明代刻工群体的探讨，参见Joseph P. McDermott, *A Social History of the Chinese Book: Books and Literati Culture in Late Imperial China*, Hong Kong: University of Hong Kong Press, 2006, pp. 35–36.

图4 钱贡（活动于16世纪晚期至17世纪早期）《城南雅逸图》卷，1588年，绢本设色，28.5×137.8厘米。天津博物馆藏

图5 安徽省歙县虬村。2009年，作者摄

图6 《人镜阳秋》"向长"，明万历二十八年环翠堂刻本。上海图书馆藏

自己的名字。[14] 凭借精湛的镌刻技术，虬村黄氏在刻书领域获得了巨大成功，成为高质量印本的象征。[15] 在将画稿"转化"为版刻的过程中，刊刻者并非被动扮演"复制"的角色，好的刻工能够较为充分地保留画稿的笔法意韵，甚至有所发挥。做到这一点，不仅需要雕镌功夫，亦需对文人绘画有一定程度的了解。黄应组与汪廷讷多次合作，[16] 从这一点来看，黄应组的能力应是得到汪廷讷的充分认可。

最后是汪廷讷，坐隐园的主人，《园景图》的出版者。由钱贡绘图、黄应组施刻，无疑是汪氏的有意选择。环翠堂所刊书籍中的插图一般为汪耕式的画风，例如《人镜阳秋》（图6）、《坐隐图》（图7A—

14 张秀民《中国印刷史》，上海人民出版社，1989年，第745页。Michela Bussotti, *Gravures de Hui*, pp. 284-290.

15 王伯敏《中国版画史》，上海人民美术出版社，1961年，第87—91页。

16 郑振铎《中国古代版画史略》，上海书店出版社，2006年，第103—104页。

7A 7B 7C

图7 《坐隐图》，单页25.7×27.3厘米，采自《坐隐先生全集》，明万历三十七年环翠堂刻本。中国国家图书馆藏

图7C）和《环翠堂乐府》，这透露出汪廷讷在版刻图像方面的某种追求。[17] 同样，《园景图》的绘制人选易为钱贡，应该也与钱氏的身份和刊印目的有关。

钱贡所绘的园图很可能是一件手卷，以利于随身携带。[18] 根据白铃安所述，《园景图》原刻为傅惜华在日本购得，为手卷装裱；林丽江沿用此说，二人均未提供相关信息来源。[19] 然而，从雕版印刷的特点看，在古代中国，使用整版刻印或分版拼接、装裱的方法制成一幅近十五米的版画长卷，无论从技术还是欣赏习惯上都很难想象。[20] 晚唐的佛像卷子和明代的《报功图》中虽然有捺印拼接的手法，[21] 但图形之间的连接相对简单，误差亦较多，与《园景图》画面结构的复杂性及精度不可同日而语。另外一个细节也证明《园景图》原刻本不太可能是手卷。人美本页面的上、下边缘，均存在明显的边框；在少数页面，也可以看到左、右两侧的界框（图8A、图8B），这表明人美本各页均为完整、封闭的画面单元，而且可能来自不同雕版。对于钱贡的原图，黄应组有可能按其长度等分为四十五块，再分别上版施刻。

17 关于环翠堂版画风格的讨论，参见拙文《隐藏的秩序：环翠堂刊戏曲印本版画考》，《美术观察》2015年第3期，第108－113页。关于《人镜阳秋》的探讨，参见Lin Li-chiang, "Wang Tingne Unveiled through the Study of the Late Ming Woodblock-printed Book *Renjing Yangqiu,*" *Bulletin de l'Ecole Françaised'Extrême-Orient* 95(2012), pp. 291-329.

18 林景伦《坐隐先生纪年传》，汪廷讷《人镜阳秋》卷二十三，叶九b至十a。

19 Nancy Berliner, "Wang Tingna and illustrated Book Publishing in Huizhou," p. 74. 林丽江，"徽州版画《环翠堂园景图》之研究"，第299页。

20 钱存训《中国纸和印刷文化史》，广西师范大学出版社，2004年，第177页。

21 王伯敏《〈石守信报功图〉的探讨》，《安徽史学通讯》1958年第4期，第40—45页。

图8A　《环翠堂园景图》中的界框。参见图1Y

图8B　《环翠堂园景图》中的界框。参见图1e

虽然基本可以排除《园景图》原刻本为手卷，但我们并不能确定其采取了何种装帧形式。人美本首、末页的文图混合形态，很容易使人联想到线装和蝴蝶装，其半文半图的效果，恰可对应线装书中的左右页。然而，如果原刻本是线装形态，则人美本的单页应来自线装本的一叶，即正背两页。这需要将线装书拆分，恢复单叶形状，再进行影印。相对来说，如果对应的是蝴蝶装的左右两页，则不会出现上述情况。[22] 但是，蝴蝶装书籍存在另外一个问题，在每两页画面之后，不可避免地会出现两页空白，这势必影响园图翻阅、观赏的连贯感。那么，是否存在这样的可能，即《园景图》原刻亦采用了经折装？经折装由于制作成本高昂，在晚明并非主流的装订方式，[23] 不过，就《园景图》而言，在保

22　Sören Edgren, *Chinese Rare Books in American Collections*, p. 24；钱存训《中国纸和印刷文化史》，第211－213页。

23　张秀民《中国印刷史》，第531页。

持图像完整、凸显其视觉性方面，经折装则是理想的选择，联系汪廷讷刻书“重直雕缕”的特点，[24] 这一选择完全有可能。因此，可以确定的是，无论采用上述三种形式的哪一种，《园景图》都显示出模仿或再现画作形态的努力。

四 园中隐士

显而易见，《园景图》是一幅宜于闲暇时慢读、反复品味的长卷式图像。画中景物的安排，也与明代描绘园林的手卷画作颇有相近之处。这一类绘画中，“园林图”和“雅集图”往往密不可分，并以园林的名称命名，例如《独乐园图》和《杏园雅集图》，然而《园景图》却未命名为《坐隐园图》或是《坐隐园雅集图》，而是由名士李登题首，定名为《环翠堂园景图》。

这一略显奇怪的选择，或许透露出园林图像的用途。根据汪氏叙述，“环翠堂”的名称来自故乡汪村的景观，而后成为他写作、刻书的堂号；[25]“坐隐园”的命名则源自汪氏的别号“坐隐先生”。环翠堂从虚拟的堂号变成一座真实存在的建筑，是在万历二十八年（1600），此年汪廷讷第三次参加乡试失利，开始修筑坐隐园。[26] 按照他自己的说法，此园是作为避俗养性的隐居之所。此后，汪廷讷请南京名士朱之蕃（？—1624）和顾起元（1565—1628）为园中景点分别题写110首和112首五言绝句，并将它们收入自己的文集《坐隐先生全集》（以下简称《全集》）。在二人的题赠中，“环翠堂”均被置于首位，这显然表明其在众多景点中，具有非同一般的地位。

---

24 参见拙文《书商的面具：〈人镜阳秋〉与汪廷讷的出版事业》，《美术研究》2016年第4期，第62—70页。

25 “余家松萝之麓，璜琅夹源，绕门如带。沿堤桃柳参差，雨过千峰，俨列画图，遂名其堂曰环翠，园曰坐隐。”汪廷讷《坐隐先生全集》木部，叶五二三a，明万历三十七年环翠堂刻本，中国国家图书馆藏本（索书号01758）。

26 林景伦《坐隐先生纪年传》，叶七b。

《园景图》中，环翠堂出现在景点最密集的第五段（图1Z—图1a），居于一座独立院落。院中广植花木，布局左右对称。院左倚墙掇山为五老峰，前凿方池，[27]经池上的羽化桥直行，便可到达园林的主厅环翠堂。环翠堂五间三进，相当气派；堂前廊庑相通，三位文士打扮的客人于堂中对坐交谈；堂后是一座二层歇山顶楼阁，上题“嘉树庭”，装饰华丽，两侧有走廊通向更深处，似是汪氏的内宅。

从画面来看，《园景图》的作者确实将环翠堂作为坐隐园中的一处重要景点进行描绘，整个区域的布局，也与晚明文人的造园理念颇为契合。然而，审视全图便不难发现，环翠堂并非《园景图》的核心部分。由堂中陈设看，此处似乎是汪廷讷会客、居住的场所。虽然画面刻画精细，但居室内景及人物并无太多细节，汪氏本人亦未出现在这里，使得此段给人的观感只是一座华丽气派的厅堂而已。

园主汪廷讷的出现，是在第五段最后的无无居区域（图1j—图1k）。依图所见，无无居是一座三面临水的水榭，室内布置雅致，案上摆放着书册古玩，应是主人闲居独乐的书房。左侧一壁之隔的全一龛是汪廷讷打坐入定的静室，[28]则表明此区域的私人性，能来到此处的客人，应该都是与汪氏关系较为亲近的人物。无无居所在的两开页面，也是整幅版画中人物体量最大的一段，可以判断，这里便是《园景图》的核心人物群。

居中而坐者有两人，由人物形象及位置不难看出，右侧身穿道服、头戴缁冠、右手执拂尘的正是汪廷讷本人。左侧的老僧很可能是汪廷讷的好友了悟。[29]围坐的三人姿态各异，显得相当放松；左侧一人拈须而立，似在沉思。四人均为文士形象，虽然具体的身份很难判断，但从服饰、动作来看，应该都具有一定的社会身份。这是一幕颇具戏剧性的场

---

27 顾凯《明代江南园林研究》，东南大学出版社，2010年，第116—117页。方池作为儒家观念的反映，多出现于徽州园林，由于晚明造园理念的变化，在江南园林中已不多见。计成《园冶》，明文书局，1982年，第197页。

28 汪廷讷《坐隐先生全集》金部，叶二十四a。

29 林景伦《坐隐先生纪年传》，叶六b至七a；汪廷讷《坐隐先生全集》金部，叶二十三b。

景：一群入世的儒士和一位出世的僧人，围绕著作道家高士打扮的坐隐园主人、园图的中心人物汪廷讷。他们在做什么呢？《全集》中收录有一首汪氏所作、题为《夏日无无居偕乐天、尧年谈玄》的回文诗，描述了类似的场景：

莲池坐客共谈玄，诀妙微机真得传。
蝉咽柳枝风细细，水流溪石响涓涓。
天长乐处耽棋局，事少闲时奏管弦。
筵舞飞花松院静，川前浴日爱鸥眠。[30]

抚琴、对弈、谈玄，是“雅集图”常见的表现内容。由此可知，无无居不仅是汪廷讷静修之处，也是与友人雅集的场所。汪氏多次在文集中表示自己诚心修道，为此特意建造供奉吕洞宾的百鹤楼。葫芦圈门在《园景图》中的频繁出现，也暗示出主人的信仰（图1E、图1d、图1g）。

但汪廷讷的园林不仅蕴含道家观念，更囊括了儒、释、道三教：

居有洗砚之坡以备笔札，有全一之龛以养性真，有东壁之图书以资清玩，而儒家之大观备是矣；有达生之台，有百鹤之楼，有鸿宝之关，而道门之大观统是矣；有面壁之岩，有大慈之室，有半偈之庵，而释氏之大观备是矣。[31]

汪氏的这一意图在《园景图》中得到了充分展现，例如“达生台”“奋翮池”等景点的命名显然来自道家典籍；“中行街”“钓鳌台”则带有典型的儒家色彩；坐隐园内，更有“洞灵庙”“半偈庵”等多座庙宇、庵堂。在昌公湖畔，汪廷讷甚至特意模仿天竺灵鹫峰筑了一座小岛（图1S）。[32]

---

30 汪廷讷《坐隐先生全集》，革部，叶四七一b。

31 袁黄《坐隐先生环翠堂记》，汪廷讷《坐隐先生全集》匏部，叶三四三b，明万历三十七年环翠堂刻本，中国国家图书馆藏本（索书号01758）。

32 袁黄《坐隐先生环翠堂记》，汪廷讷《坐隐先生全集》匏部，叶三四三b，明万历三十七年环翠堂刻本，中国国家图书馆藏本（索书号01758）。

毫无疑问，《园景图》中的景点是一种有意识的安排。钱贡在园图绘制上应居于主导地位，但作为定制之作，最终的完成亦需园主汪廷讷的认可，甚至不排除汪氏授意或参与画面安排的可能。在这个角度上，《园景图》也可以看作是汪氏意图的体现。

除了景点的命名，《园景图》中更引人注目的是大量关于“隐逸”和“世外桃源”的图像隐喻。例如在奋翮池中筑三岛以拟象蓬莱、方丈、瀛洲。钓矶（图1c）、洗砚坡、兰亭遗胜（图1b），则借用严光（前39—41）和王羲之（303—361）的典故。“桃坞”以及高士里至昌公湖堤岸遍植桃柳的图景（图1J—图1Q），暗示坐隐园不仅是避世的桃源，亦有如五柳先生陶渊明（约365—427）一般的高士在此隐居。

然而，在另一方面，《园景图》又处处流露出对于功名、身份的重视及热切展示。园中游人宾客大多作文士打扮，更有不少身着官员服饰；园外，亦有客人乘坐轿舆专程赶来拜访。环翠堂中端坐的三位文士，和无无居外刚刚到达、准备加入雅集的士人，都表明汪廷讷除了将自己塑造为一位隐居高士，亦想传达出自己的交游广泛和为士人精英看重。坐隐园正门区域“大夫第”“名重天下”的题额（图1L），以及高士里、昌公湖等处反复出现的功名旗杆（图1J、图1W），都明确无误地显示出作者对于这些细节是一种主动的、相当得意的标榜。

这种看似矛盾的现象实际上显露出园主汪廷讷真实的意图。汪氏生于徽州的商贾家庭，早年热心举业。由于屡试不中，汪氏在参加科考的同时，亦致力于通过积累文化资本的方式进入上流圈子。汪氏在这方面的表现相当活跃，交游名士，建造园林，写作并出版文集，虽无正式的仕籍，他的生活方式看起来已经是一位真正的士人。[33] 但汪廷讷的愿望不仅仅是自得其乐，而且希望自己的“士人生活”更能为人所知。请来吴门画家绘制园图，南京士人题写园名，再由徽州名工刻印并出版，无

33　关于汪廷讷所作戏曲，参见董康《曲海总目提要》，人民文学出版社，1959年，第361—385、447—448、1804—1806、1969—1970页。

不表明他打造一幅理想的“园林图”的意图。这部巨幅版画不仅要展现一座规模宏大的梦幻园林，还要让世人看到园中自己的风雅、好客和社会地位。

五 废墟与幻境

《园景图》传达的信息构成了汪廷讷这座奇幻园林的一个方面，我们仍需要考察的另一方面，是坐隐园的物质存在，这有助于我们反观《园景图》构建的图像世界，进一步了解汪廷讷的意图。

由于年代久远，《园景图》中涉及的部分地名如今已经遗失。借助清道光三年（1823）的《休宁县志》和嘉靖四十五年（1566）的《徽州府志》的记载，可发现汪村位于休宁城东、黄山以南、飞布山以东、金鸡峰以北的位置（图9A、图9B）。[34] Google Maps在比例上更为精确，但基本的方位关系没有变化。依照《园景图》中白岳—松萝山—古城—汪村—金鸡峰—黄山的排列顺序，可发现这是一条相当曲折的观看路线（图10）。如果汪廷讷的友人按此路线去坐隐园，需要绕上几个大圈子才能最终抵达。

如今的汪村位于安徽省休宁县万安镇，距离县城约7.5公里（图11）。由于兵燹的破坏和历代的拆除、改建，村中只剩下一些残损的柱础、条石（图12）。这些构件分布相当散乱，很难判断园林建筑的原始位置。2015年，村民在农田中发现一块长约120厘米、宽约50厘米、厚约6厘米的石板（图13），从形状上看，应为《园景图》中兰亭遗胜的曲水流觞部分（图1b）。石板的发现证明了园图与实景之间的某种客观性，但汪村的遗址现状，仍不足以使我们了解坐隐园的布局。

在和村民的走访中，得到了两个收获。第一个是《园景图》中万石

34 何应松撰《休宁县志》，清道光三年刻本，上海图书馆藏，索书号：线普415430。

图9A 《乡村图》，出自清道光三年刻本《休宁县志》。上海图书馆藏

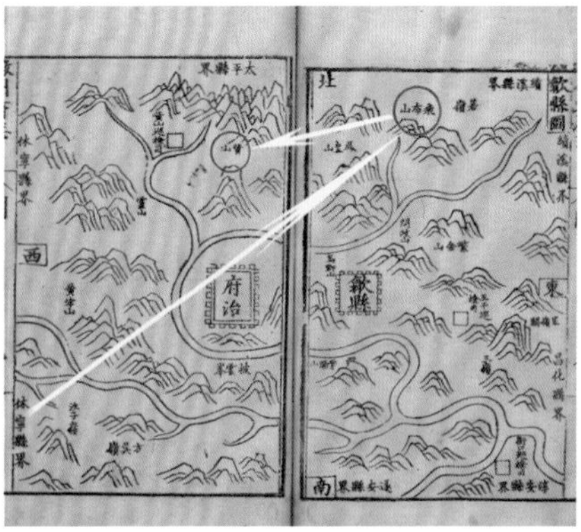

图9B 《歙县图》，出自明嘉靖三十五年刻本《徽州府志》。上海图书馆藏

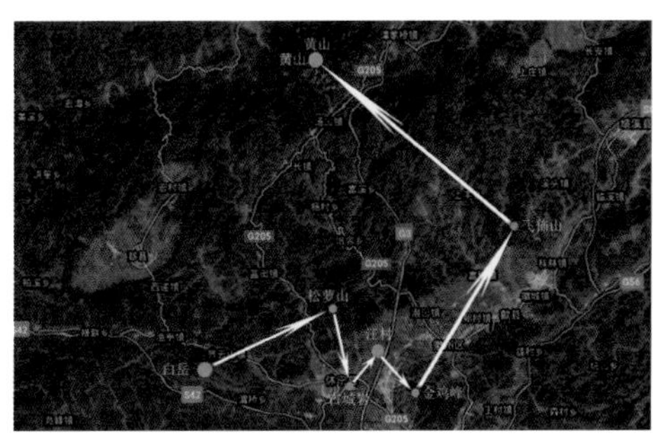

图10 依据《环翠堂园景图》复原的游览路线。图片来自Google Maps

图11 安徽省休宁县汪村。2015年，作者摄

山的存在（图1d）。这些假山一直存留至二十世纪前期，在“大跃进”期间（1958—1962）流失殆尽。大部分山石去向不明，只有少量保存在当地的卫生、教育机构。其中一块位于休宁县人民医院内，高2米左右（图14A）；另一块立于黄山学院旅游学院，高3.5米左右（图14B）。石头的类型既有太湖石，也有当地的青石，其外形、体量与《园景图》所绘相近。

第二个发现是昌公湖，由于作为水库使用，幸运地保存了下来。昌公湖位于村北，呈西北—东南走向，现存水域东西约150米，南北约500米。不过，水域存在明显的缩退痕迹，尤其在北半部有大片清晰的湖床，如按此长度，则南北总计有3公里之遥（图15）。以此计算，文献

图12 汪村中残存的坐隐园建筑构件。2015年，作者摄

图13 《环翠堂园景图》中兰亭遗胜的构件，长约120厘米，宽约50厘米，厚约6厘米。参见图1b。2015年，作者摄

图14A 万石山假山石，高200厘米左右。休宁县人民医院，2015年，作者摄

图14B 万石山假山石，高约350厘米。黄山旅游学院，2015年，作者摄

中记载的“广可数顷”当属实情。[35]

《园景图》中的昌公湖很难判断其具体形状。五幅页面的上下方均未出现湖岸，显得湖面浩渺无际（图1T—图1X）。事实上，这一段湖景的存在，将整座园林分成了两部分。如果图中所绘方位属实，则坐隐园是由“外园”和“内园”两处园区构成；二者可能隔湖相望，也有可能在园图中湖景上方，另有未绘出的园区，并与前面两块园区一起，形成

35 袁黄《坐隐先生环翠堂记》匏部，叶三四四a。

图15　昌公湖俯瞰。图片来自Google Maps

三面包围昌公湖的布局。但是，实地踏查的结果并不支持这两种推断。汪村北邻的儒塘村并无园林遗迹，而且此村落距昌公湖有相当远的距离。昌公湖的东、西两岸均为地势较高的山冈，此外便是大片的稻田。

面对这种情况，不能习惯性地归因为“艺术创作”的结果。以页面数和视觉效果而言，昌公湖可以说是《园景图》中最为醒目的景点。现场的观感亦令人难忘，自南岸望去，水面空旷，绿树围绕，远方松萝山耸立如屏，确实湖山如画（图16）。根据汪廷讷的记录，他常与友人泛舟湖上，或于湖心亭中宴饮赏景，这正是园图第四段描绘的场景（图1V）。[36] 因此，《园景图》对昌公湖的描绘并非虚构，对于图中园区的位置关系，需要从别的方面寻找答案。

六　移动的视线

园图布局与园址现场的不符，也代表了园林建筑史学者一个长期的困惑，那就是很难依据《园景图》绘制出坐隐园的平面图。除此以外，园图中还存在其它令人费解的现象。

36　汪廷讷《坐隐先生全集》匏部，叶三二八a至三三一b。

图16 汪村昌公湖南岸北望，远处最高峰为松萝山。2012年，作者摄

为方便论述，我们将六段园图依据内容分别命名，并附上所占页数，可得到这样的画面结构：园外（9）—外园（6）—自然景观（4）—湖景（5）—内园（15）—园外（6）。由此结构可以看出，首、尾两段“园外景”均为远景山林，作为过渡，衬托出近景的园林，是绘画长卷常见的手法。第二段“外园”和第五段“内园”显然是园林的主体，尤其是后者，占到了全图的三分之一，其作为园图中最重要的部分，殆无疑义。两段之间的第三、第四段虽然不在园墙内，但从视角和景点分布看，亦属于园林的一部分。因此，《园景图》的主体区域即为中间四段园景。

但《园景图》对于主、次园景的处理仍然令人困惑。首先是在第一段“园外”中出现了一处园景聚集区域（图1E），其中包括玄通院、嘤鸣馆、嘉福庵等景点。但从画面的空间关系看，此处距坐隐园大门所在的位置尚有很远的距离（图1L）。此外，第二段“外园”作为首先出现的园区，却被压缩在画面上方的狭长地带。园中景物稀少，给人的感觉是作者无意经营此处，因而匆匆带过。“外园”所占页面只有六页，甚至远少于第一段园外景色的十一页。

对于这些谜团，除了视觉层面上的分析，还需要借助文献材料的细读去寻找答案。袁黄（1533—1606）的《坐隐先生环翠堂记》（以下简称《环翠堂记》）是现存罕有的一篇涉及坐隐园各景点位置关系的文章，尽管所记并不详尽，但还是有不少关键的细节，为我们解开《园景图》布局的谜题提供了线索。

与园图的单线式推进不同，《环翠堂记》选择以环翠堂为中心的发散式视角展开叙述。首先，袁黄指出环翠堂后为嘉树庭，堂左为白云扉、凭萝阁，堂右为无如书舍，这些都与园图基本吻合。由无如书舍向右，经万石山、直至无无居的叙述，亦大体遵循园图的观看路线。

但其中亦有几点不符：首先是《环翠堂记》记述无如书舍紧邻漱玉馆，并可由无穷门至万石山，而《园景图》显示，无如书舍距这些景点有相当远的距离（图1a、图1d）。[37]

其次，《环翠堂记》指出由东壁可登达生台，但在园图中，二者亦相距甚远（图1m、图1c）。[38]

最后，令人意外、或许也最有启发意义的一处，是对于山庐区域的描述：

> （环翠）堂之外则为山庐。庐右有泉一泓，清而甘，题曰独立……又有水月廊。……庐之右曰云区，左曰烟道……由烟道宛转南行至大门，前有中行街。[39]

37 袁黄《坐隐先生环翠堂记》匏部，叶三四三b至三四四a。

38 袁黄《坐隐先生环翠堂记》匏部，叶三四三a。

39 袁黄《坐隐先生环翠堂记》匏部，叶三四三b至三四四a。

这一段描述非同小可，因为它有可能揭示了《园景图》视角的秘密，即表面看起来连续性的画面，实际上是一种“重组”之后的效果。《环翠堂记》明确交代，山庐邻近独立泉和水月廊，山庐之外即云区、烟道。但在《园景图》中，山庐和这四处景点分别位于第二段和第五段的开端，中间足足隔了十二页（图1Z，图1L—图1M）。这显然表明，我们由园图中得到的昌公湖将坐隐园分为两段的判断不一定可靠，所谓的“外园”和“内园”有可能是同一片园区。

袁黄的记述表明，沿烟道南行，可至坐隐园大门，门外为中行街。以《园景图》对应袁黄所记，中行街应是坐隐园正门与高士里路亭之间的那条石板路（图1J—图1L）。此时，如果将“内园”与“外园”的园门区域作一对比，则会惊奇地发现其中的诸多巧合点。

其一，两处园门的正门、侧门的数量及分布位置完全一致（图1L，图1Y）。

其二，紧邻“内园”入口的君子林四面围墙，墙上开有三道门，一门通向山庐，一门通静芬巷，一门通往园外。四名文士坐于竹林中宴饮，一童子在旁斟酒（图1Y）。无独有偶，坐隐园正门内亦有一翠竹摇曳的封闭院落，其形状及与园门的位置关系，均与君子林区域相符。正门右侧有一小门，门中一童子正在招手，似在催促髙阳馆外的两名童仆送上酒食，这恰与君子林中的宴饮呼应（图1K—图1L）。

其三，依园图所示，由坐隐园正门似乎不能直行入园，而需要左转，从题有“坐隐园”的侧门进入，再穿过题有“烟道”的牌楼（图1L）。有趣的是，与“内园”园门紧邻，也有一座不起眼的牌楼。一位士人正准备穿过牌楼，透过士人身后的侧门，可以看见随行的童子刚刚迈进正门（图1Y）。此处牌楼与园门的关系与坐隐园正门处一般无二，很显然，“内园”的这座牌楼，正是题写着“烟道”的牌楼，连上面的鳌鱼脊吻也一模一样。

其四，审视园图可以发现，中行街并不是笔直地通向坐隐园正门，而是有一处微小的转折（图1K），令人吃惊的是，通向“内园”的那条奇怪的石板直道也出现了同样的转折（图1X）。

上述众多“巧合”，充分表明《园景图》中运用的是一种移换视角、时空重迭的表现手法。这种手法尤其体现在进入近景之后，在有限的平面范围内，利用特定景物的暗示，来表现空间的转向。例如，《环翠堂记》中有这样一段文字：

> （全一龛）前临奋翮池……池旁有凝碧轩，由轩复转曲桥，则为悬榻斋。……又有东壁，图史、书籍藏焉。循此而登石台，名曰达生……[40]

按袁黄所述，这几处景点相互邻近。《园景图》中，凝碧轩紧邻达生台，同在第二十九页（图1c）。东壁则位于园图第五段末的第三十九页（图1m）。如果不明白园图的表现方法，必会大惑不解。与东壁相邻，第三十八页的曲桥悬架于奋翮池上，延伸出画外。而第三十页的水面上，一座外表极为相似的小桥自画面外进入，通向二十九页的凝碧轩（图1d）。不言而喻，这座桥正是曲桥，桥下的水域即为奋翮池。此时，我们才恍然明白，上述景点实际上均围绕奋翮池修建。由第二十九页的凝碧轩开始，依次经过万石山、白藏岗、无无居，直至东壁的观看过程，并非直向的路线，而是环状的结构（图17）。

参照这一表现手法，不难发现从园图第二段“外园”，经过“自然景观”“湖景”再回到第五段“内园”的观看路线，是一个更大的环线。图中高士里、回澜矶之间的连贯水域，正是“湖景”中的昌公湖（图1J—图1T）。根据这些方位关系，我们可以绘制出昌公湖周围的景点方位图（图18）；对于前文的种种疑问，也终于能够作出解答。事实上，《园景图》第四页视角推近（图1D），已意味着进入坐隐园景区。此时园图的呈现，亦如同游园过程中所见，而园图作者的目的，就

40 袁黄《坐隐先生环翠堂记》匏部，叶三四二a至三四三b。

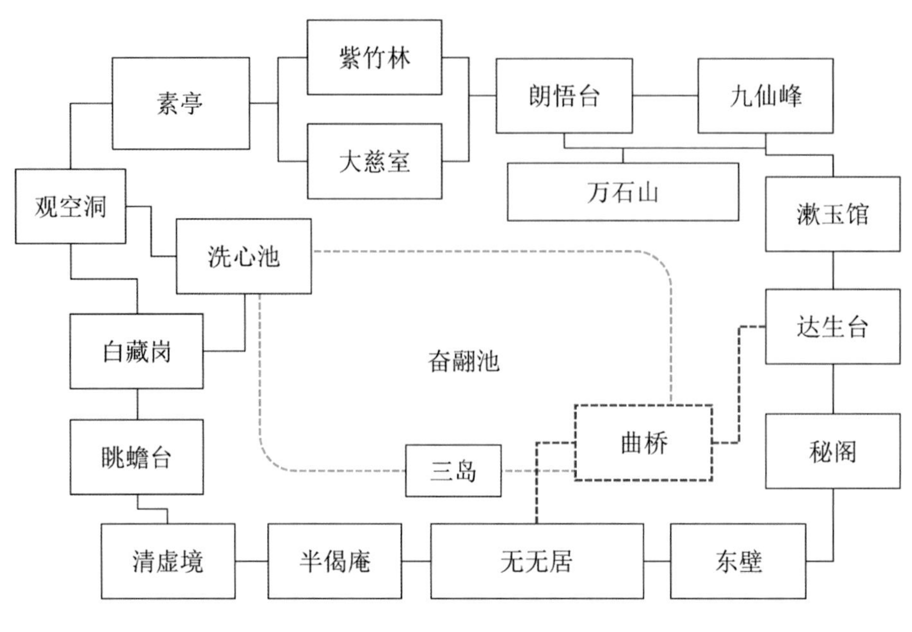

图17 奋翮池周围建筑分布图。王冉绘制

是尽可能让观者“游经”更多的景点。对比汪村现场地形，可以得到作者在《园景图》中设定的游线：

1. 由昌公湖西岸山岭西侧开始，向南至南岸。其间景点包括玄通院、嘤鸣馆、嘉福庵和仁寿山（图1D、图1E）；

2. 折而向东，至高士里（图1F—图1J）；

3. 沿昌公湖东岸北行（图1K—图1O）；

4. 由桃坞转西（图1P）；

5. 过竹篱茅舍后，沿湖西岸山岭东侧南行（图1Q—图1S）；

6. 至回澜矶转东（图1T）；

7. 到达中行街，向北进入坐隐园（图1U—图1X）。

根据这条游线，可以绘出坐隐园的建筑平面图（图19）。藉助此图，我们发现一处不显眼的细节，园图第三段的贵人石附近有一山顶平台，上设一桌四凳（图1s）；有趣的是，第一段山域也出现了同样的景

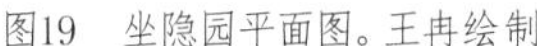
图19　坐隐园平面图。王冉绘制

1.嘤鸣馆　2.玄通院　3.嘉福庵　4.仁寿山　5.高士里　6.昌公湖　7.桃坞　8.竹篱茅舍
9.赤壁　10.飞虹岭　11.回澜矶　12.中行街　13.环翠堂　14.奋翮池　15.无无居

观（图1E）。不难推断，第五页的嘤鸣馆与第十八页的赤壁，实际上位于同一座山岭——飞虹岭的两侧（图20A、图20B）。所谓“外园”的被忽视，是为了先呈现沿湖景点，再展示园墙内的景观。

七　结论

十六世纪中期以后，私人园林逐渐从生产性财产的观念中脱离，更多地与视觉审美和文化消费联系在一起。[41] 园林象征着远离俗世的幻

41　Craig Clunas, *Fruitful Sites: Garden Culture in Ming Dynasty China,* London: Reaktion Books Ltd, 1996, p. 67.

图20A　由飞虹岭东侧看贵人石区域。参见图1S

图20B　由飞虹岭西侧看贵人石区域。参见图1E

境、理想的桃花源，这种观念深刻地影响了包括汪廷讷在内的南方士绅阶层。汪廷讷形塑自身理想形象的努力，亦通过“环翠堂”这一具有双重含义的符号体现出来——它既指一种文人式的写作，又以一座被士人视为精神归宿的园林，显现于生命历程之中。汪廷讷出版的书籍体现出明显的个人性：非实用性的主题、高昂的刊刻成本、优雅的视觉外观。[42] 不仅如此，汪氏常将这些精美的插图书籍作为礼物送给重要人物。或许在他看来，类似《园景图》这样的版画印本，不仅是一种商业宣传，也是社交的工具。[43]

相应地，书籍中的插图亦越来越看重视觉性，以引起人们的观赏欲望。在版刻图像中，亦可见到绘画传统的深刻影响。[44]类似视觉空间的营造技巧并非《园景图》所独创，在早期的手卷画中常有出现，例如《洛神赋图》和《韩熙载夜宴图》[45]（图21），均以特定的人或景物来分割、连接不同时空。这也是一种极其适应手卷形态的手法，在观者面

42　李啸非《隐藏的秩序：环翠堂刊戏曲印本版画考》，第108页。

43　余孟麟《人镜阳秋序》，沈懋孝《人镜阳秋录》，汪廷讷《人镜阳秋》，卷前序文，明天启五年后增补本，台北“国家图书馆”藏，索书号：02519。叶德辉《书林清话附书林余话》卷七，广陵书社，2007年，第128页。

44　Craig Clunas, *Pictures and Visuality in Early Modern China*, p. 38.

45　巫鸿《全球景观中的中国古代艺术》，第166—181页。

图21　顾闳中（910?-980?）《韩熙载夜宴图》卷，宋摹本，绢本设色，28.7×335.5厘米。故宫博物院藏

图22A　宋懋晋（?-1620后）《寄畅园五十景图》册，第二十三图"悬淙"，1599年，纸本设色，每页27.4×24.2厘米。华仲厚藏

图22B　宋懋晋（?-1620后）《寄畅园五十景图》册，第二十四图"曲涧"，1599年，纸本设色，每页27.4×24.2厘米。华仲厚藏

前缓缓展开的画面，并非由某一固定地点观看的集合，而是观者进入景中，随着其脚步的移动，不断变换所观之景。

不仅如此，《园景图》调移视角的方式，是古代文人艺术、尤其是园林绘画的一种典型视觉语言。比较有代表性的例子来自明代的园林册页，如分别为张复（1546—约1631）、张宏（1577—1652）、宋懋晋（?—1620后）所绘的《西林图》、《止园图》和《寄畅园图》。与《园景图》相似，这些册页均为园林主人的委托之作，绘制年代亦相当接近。尽管每页为独立的画面，但与惯常的处理方式不同，三部册页中的景物与园林实景存在可信的对应关系。[46] 正如《寄畅园图》所显示出的，同一景点通过不同的观看视角，被巧妙地描绘出来（图22A、图22B）。由此，各幅画面所描绘的园林景观，具备了互相证实的可能。[47] 受益于晚明浓郁的造园风气和视觉文化氛围，更多新的图像表达方式得以涌现。这一时期对于视觉行为的认识，不只是一种对于刺激的机械反应，同时也是创造性的行为。[48] 与册页的尝试不同的是，《园景图》将园林空间分解、共容于一幅图像之中，同时保持了图像的完整性。这种手法与它的尺幅一样令人印象深刻。

基于《园景图》在物质媒介和图像营造上的特殊性，我们很难认为它是晚明商业出版中的常见产品。尽管在制作周期和成本上并没有具体的记录，但必然极其昂贵。[49] 目前版画史的叙述中，并不排除部分环翠堂产品的商业属性，[50] 如果《园景图》用于售卖，负担得起的人群应该相当有限。在园图第二十六页靠近画面上方边缘的位置，有一座不起眼的院落（图1Z），门额上题有“印书局”。这处外观普通的刻书场所，在顾起元诗中被描述得充满书卷与文人气息，[51] 则从另一个角度暗示了汪廷讷出版目的的多重性。正如前文所提及的，汪廷讷常将类似《园景图》和《人镜阳秋》这样的精美印本作为礼物，赠送给重要人士，[52] 通过这样的方法求得序文，并建立密切的私人关系。[53]

---

46 高居翰［James Cahill］、黄晓、刘珊珊《不朽的林泉：中国古代园林绘画》，生活·读书·新知三联书店，2012年，第191页。

47 黄晓、刘珊珊《园林绘画对于复原研究的价值和应用探析——以明代〈寄畅园五十景图〉为例》，《风景园林》2017年第2期，第15页。

48 Craig Clunas, *Pictures and Visuality in Early Modern China*, p. 133.

49 Kai-wing Chow, *Publishing, Culture, and Power in Early Modern China*, Stanford, CA: Stanford University Press, 2004, pp. 38–56; Tobie Meyer-Fong, “The Printed World: Books, Publishing Culture, and Society in Late Imperial China,” *The Journal of Asian Studies* 66.3 (2007), pp. 787-817.

50 林景伦《坐隐先生纪年传》，叶三b。

51 汪廷讷《坐隐先生全集》匏部，叶又三三八b。

52 林景伦《坐隐先生纪年传》，叶九b。袁黄《人镜阳秋赞》，汪廷讷《人镜阳秋》，卷前序文，明万历三十七年环翠堂刻本，中国国家图书馆藏本（索书号：01275）。

53 例如余孟麟，《人镜阳秋序》。

在另一方面，晚明发达的物质文化与士商阶层之间的频繁互动构成了《园景图》出版的社会背景，约在同时期出版的《程氏墨苑》《湖山胜概》等版画书籍，亦可见雅文化因素的渗入，[54] 与《园景图》类似，这些印本包含文人画家的参与，很可能面对高端读者群，具有多重的功能性。稍晚的闵齐伋（1580—？）的《会真图》，亦深谙这一思想文本可视化和大众媒介雅化的风潮，在版画中设下重重玄机，供观者反复玩味。[55]

汪廷讷在书籍媒介中对优雅图像的追求，亦是在彰显自己的文人审美品位。附于《全集》之中的《坐隐图》，即以整版精雕细刻和六叶连续的形态，打造出精美雅致的手卷式画面（图7A—图7C）。[56] 木刻版画可复制和易于传播的特点，原本体现于制作简易的解释性图像，以适应普通受众需要。借助这一特性，汪廷讷请人将自己的园林绘刻出版，使得原本属于小范围赏读体系的"园林图"，获得了批量生产并流传至更大社会空间的可能。与僻处徽州山区的坐隐园相比，以"环翠堂"的堂号出版的文集、版画印本和前人经典，则具备更广泛的流动性和认知度。汪廷讷看重的是借助《园景图》中这座足以令江南士人惊叹的园林，来"定格"自己的高士形象，并利用可复制的版画图像来加固这一形象。以"环翠堂"命名园图，更符合他期望为更多人所知的心态。

本文英文版刊发于*Ars Orientalis* Vol. 48 (2018)，在此略有修改。

---

54 Lin Li-chiang, "The Proliferation of Images: The Ink-stick Designs and the Printing of the *Fang-shih mo-p'u and the Ch'eng-shih mo-yuan*," Ph.D. Dissertation, Princeton, University, 1998. 李娜《〈湖山胜概〉与晚明文人艺术趣味研究》，中国美术学院出版社，2013年。

55 近年来关于闵齐伋《会真图》的研究，参见范景中《套印本和闵刻本及其〈会真图〉》，《新美术》2005年第4期，第77—82页。Wu Hung, *The Double Screen: Medium and Representation in Chinese Painting*, London: Reaktion Books Ltd, 1996, pp. 246–259; Dawn Ho Delbanco, "The Romance of the Western Chamber: Min Qiji's Album in Cologne," *Orientations* 6（June 1983）, pp. 12-23.

56 林丽江《徽州版画〈环翠堂园景图〉之研究》，第310页。

鸟瞰、近视、围观
古代西湖图的三种模式

BIRD'S-EYE, CLOSE-UP, AND CIRCUMSCRIPTION
THREE KEY VISUAL FORMATS IN REPRESENTING WEST LAKE

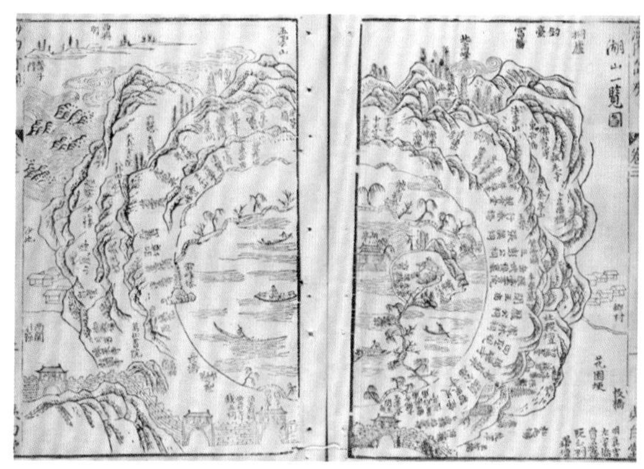

邵韵霏
美国芝加哥大学美术史系博士候选人

YUNFEI SHAO
PH.D. CANDIDATE
DEPARTMENT OF ART HISTORY, THE UNIVERSITY OF CHICAGO

ABSTRACT

The multifaceted characteristics of West Lake in pictorial representation entails the situation of the analysis in different contexts and lines of enquiry. I henceforth propose three basic visual formats, distinguished mainly by composition, style and viewing experience, as devices to investigate West Lake images within different genres and traditions. The three basic formats- "Bird's-Eye Panorama", "Individual-Scenes" and "Circumferential"-emerged during different periods and evolved over time. Artists adopted, utilized, altered, and sometimes integrated these prototypes for expressive, promotional, and propaganda purposes. The first two formats took their earliest forms in the Southern Song period whereas the last format came forth in the Ming dynasty. Each format corresponds to a certain trend in landscape and site-specific paintings, benefiting from, as well as contributing to, the larger artistic and social context. They also conformed to, and thus reflect, the standardized vision and experience of the lake set forth by poets, writers and tourists of various social strata. Furthermore, they can be inserted in the narrative of modern art history scholarship in areas like topographical (site-specific) paintings, map-painting relationship, and the relationship between landscape and political power.

描绘西湖的图像自古有之。北宋隐士林逋（967－1028）有诗云，“高僧好事仍多艺，已共孤山入画图”。[1] 据记载，曾有“部使者”进献《西湖图》供宋神宗御览。[2]《苕溪渔隐丛话后集》记载苏东坡轶事，云：“东坡守钱塘，刘巨济赴处州，道过钱塘。东坡留饮于中和堂，僧仲殊与焉。时堂之屏有西湖图。东坡遂索笺管，作减字木兰花，曰：凭谁妙笔，横扫素缣三百尺；天下应无，此是钱塘湖上图。”[3] 南宋时期，杭州成为“行所在”，即实际上的都城。在南宋一朝，西湖图的数量激增，并出现了新的主题和形式。《梦梁录》记载：“近者画家称湖山四时景色最奇者有十：曰苏堤春晓、曲院荷风、平湖秋月、断桥残雪、柳浪闻莺、花港观鱼、雷峰夕照、两峰插云、南屏晚钟、三潭映月。”[4] 明清时期，西湖图在数量和质量上都达到了巅峰，西湖成为中国艺术史上最重要的地景图主题之一。

现代学者关于西湖图的研究一般认为，南宋时期，毗邻都城的西湖成为游览胜地，引起了宫廷画家和皇室观众的兴趣。[5] 而南宋以降的西湖图数量众多，形式丰富，功能不一。一部分沿袭了地图的模式，一部分遵照山水图的风格，一部分则独辟蹊径、开创游览图和山水图结合的新模式。因此，对于西湖图的研究，如果仅仅按照时间顺序梳理，则会忽略不同受众、不同类型西湖图的演变与发展。笔者打破历史和地域之隔，提出描绘西湖的三个基本模式——“全景鸟瞰式”“分景式”和“周围式”，将两宋至民国时期的西湖图像放在三个简单的形式框架下

---

1 宋林逋《僧有示西湖墨本者，就孤山左侧林萝秘邃间，状出衡茅之所，且题云：林山人隐居，谨书二韵以承之》，《林和靖集》卷四，《四部丛刊》景明抄本，叶四十二。

2 宋周紫芝《太仓稊米集》卷三十三，清文渊阁《四库全书》本，叶十三。

3 宋胡仔《苕溪渔隐丛话后集》卷三十七，清乾隆刻本，爱如生中国基本古籍库。

4 宋吴自牧《梦梁录》卷十二，清嘉庆十年刻《学津讨原》本，叶七。

5 Hui-shu Lee. *The Domain of Empress Yang (1162-1233): Art, Gender and Politics at the Southern Song Court*, New Haven: Yale University Press, 1997. 李慧淑《南宋临安图脉与文化空间解读》，《区域与网络——近千年来中国美术史研究国际学术研讨会论文集》，台湾大学，2001年，第56—90页。宫埼法子《西湖をめぐる繪畫——南宋繪畫史初探》，梅原郁编《中国近世の都市と文化》，京都大学人文科学研究所，1984年，第199—245页。王双阳《状物之极致——古代西湖山水图研究》，中国美术学院博士学位论文，2010年。

讨论。这三个模式的提出，不仅仅可以区别不同媒介[medium]和语境[context]下，西湖的呈现方式，还可以将西湖图像置于不同的学术论题下讨论。

一 全景鸟瞰式

顾名思义，全景鸟瞰式以自上而下的角度呈现西湖全景。这一模式的西湖图展现湖山位置、形状和轮廓等基本地理要素。画者选择从自上而下俯瞰的角度，将湖山形态勾勒于纸上。这类西湖图的功能和形式与地图十分接近。

现存最早的西湖图，应为南宋《咸淳临安志》中所附《西湖图》（图1）。此图采用的就是全景鸟瞰式。图中，西湖位于正中间，三面环山，一面临城。图像采用自东向西的角度，从杭州城的方向看向西湖。因此，图像下部为杭州城西面城墙和钱塘、清波、涌金、凤山四门。此图一反传统地图的南北走向，而选择以东西走向规划全图。湖上，清晰可见苏堤六桥、孤山、白堤、断桥等主要景物。湖边，由小三角形和梯形构造的图标表示湖周寺庙道观等建筑。水面上有几条波浪线，表示水波轻涌的景象。而湖面下部却刻意留白，与旁边文字密集区域形成鲜明对比。湖边的景点以图标式的几何图形表示，同时配有文字榜题，以便辨认。由湖向外，群山绵延，如同屏障一样将西湖簇拥在图像中心。虽然这幅西湖图中含有一些山水画元素，如湖上的柳树、水波和绵延的山形等，此图仍然更接近地图，而非山水画。高居翰[James Cahill]在讨论地景图[topographical painting]的时候，提出了两个对立的趋势，即“概略式的”[schematic]和“描绘性的”[descriptive]。[6]程式化的地景图近似地图，按照比例呈现实地形态和结构。而描绘性的地景

6 James Cahill, “Huang Shan Painting as Pilgrimage Pictures,” In *Pilgrims and Sacred Sites in China*, Susan Naquin ed., Berkeley: University of California Press, 1992, pp. 246-292.

图则采用山水画的形式，塑造风景和氛围。他将此图归于“概略式”类别，并认为其与地图几无差别。

而另一幅与之构图和角度几乎完全相同的西湖图，则更趋近于“描绘性的“范畴。现藏上海博物馆，传李嵩所做的《西湖图》（图2）将

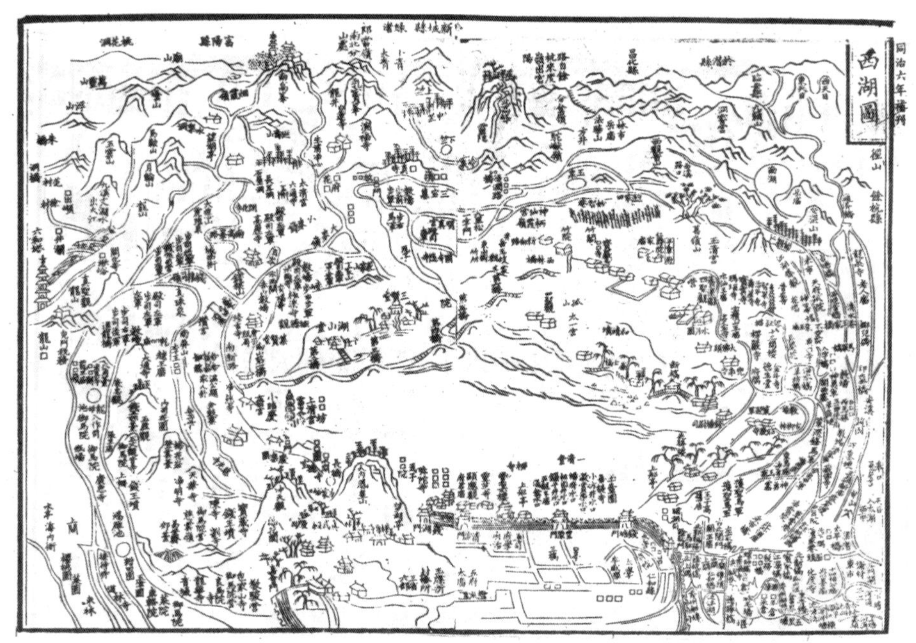

图1　南宋潜说友撰《咸淳临安志》“西湖图”，清同治六年钱塘汪氏振绮堂补刻本。浙江省博物馆藏

图2　（传）李嵩（1166—1243）《西湖图》卷，纵26.7厘米，横85厘米，纸本水墨。上海博物馆藏

图3 （传）李嵩《西湖图》局部，纸本水墨。上海博物馆藏

这一源于地图的模型运用到了水墨山水画上。[7] 这幅横卷与《咸淳临安志》西湖图相比，乍一看风格迥异，细看却如出一辙。在构图上，李嵩《西湖图》的侧重点在于西湖本身。画家将镜头集中在西湖和湖滨景点上，舍去了较远处群山的景象。西湖处于图像正中，空旷却不乏生气。在笔法上，李嵩《西湖图》中的建筑、树木、山石都采用了较为复杂的皴法，显得更写实。图3中，雷峰塔轮廓清晰浓重，与下方水墨渲染的岩石和植被形成鲜明对照，突出人造景观在烟雨山水中若隐若现的景象。以精细浓重的笔墨勾勒人造建筑，以淡薄晕染的笔法描绘自然风光，这种浓淡明暗对比在李嵩的《西湖图》中反复出现。在画家笔下，西湖置身于烟雨朦胧的风光中。与《咸淳临安志》西湖图不同之处在于，此图不光表现了西湖的地理特征，更注重呈现西湖的气韵。李嵩《西湖图》中，不再以文字标明景点名称，缺乏了具体性和地图功能，

7 根据宫崎法子的研究，此图应该是宋末元初李嵩传人所做。为方便讨论，下文仍将此画成为“李嵩《西湖图》”。见宫埼法子《西湖をめぐる絵画》，梅原郁编《中国近世の都市と文化》，第199—245页。

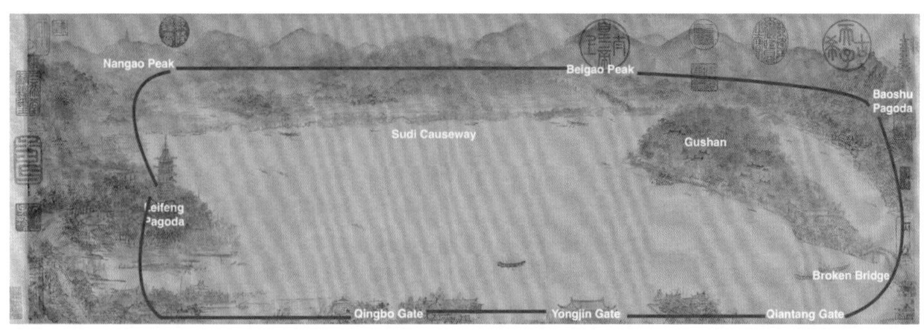

图4　(传) 李嵩《西湖图》中的六边形结构

但却加强了图像的写实性。观者有如置身于氤氲的西湖风光中，专注于湖景山色，而对于具体地点的名称和位置并不关注。

而细查《咸淳临安志》西湖图和李嵩《西湖图》，相似之处同样很多。首先，两幅图都采用了全景鸟瞰式，都自东向西、自上而下地观看湖山。这种方式将观者置于西湖东面（即城内或湖东岸）一个很高的视点。其二，两图都以几个标识方位的重要景点，即北面的保俶塔、南面的雷峰塔、西面的南高峰、北高峰，东面的城墙及城门勾勒出一个六边形结构，将西湖定位其中（图4）。这个六边形结构，在后世成为西湖图的重要模型，也是全景鸟瞰式的重要形式之一。这两图的对比说明，南宋时期，不论是在山水画，还是方志中，以全景鸟瞰的方式表现西湖都是常见的。高居翰对于地景图的“图、画”区分，并不适用于西湖图像。[8]

全景鸟瞰式在明清时期得到了新的发展，也产生了新的分支。首先，上述六边形模式被运用到各种新媒介。万历时期出版的《湖山胜概》有一幅“西湖全图”（图5），就采用了这一模式，并把地图和山水画元素都糅合在这一副版画当中。图中，两峰、两塔和三门共同塑造

8　Julia Orell在其博士论文中就提出过这个问题，认为地景图具有多样性，简单的“概略式”“描绘性”的分野并不能完全概括此多样性。Julia Orell, *Picturing the Yangzi River in Southern Song China (1127-1279)*, Ph.D. Dissertation, University of Chicago, 2011.

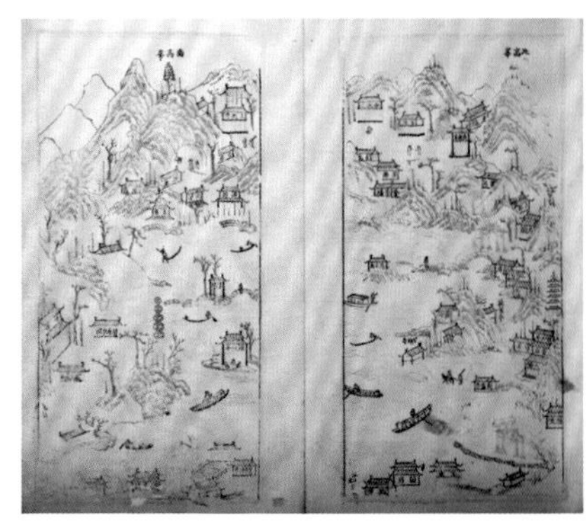

图5　《湖山胜概》“西湖全图”。中国国家图书馆藏

图6　《最新西湖全图》，1910年，纵54厘米，横77.5厘米。作者翻拍自杭州市档案馆编《杭州古旧地图集》，浙江古籍出版社，2006年，第212页

了一个六边形结构，置西湖于其中。依照《咸淳临安志》形式，自东向西，自上而下地俯瞰西湖。同时，在山石上采用典型的黄公望式披麻皴法，使得图像具有文人山水风格。此图继承了《咸淳临安志》以文字标地名的方式，但却把文字限制在房屋框架内，似乎没有打破图像空间，但又明确标注了地名。这些新的尝试，都说明这幅版画在采用传统模式的同时，想要将山水画和地图结合起来，创造名胜图的新模式。

清代和民国时期的几幅西湖全景图也继续采用传统的六边形、鸟瞰模式。1910年代的《最新西湖全图》（图6）将这一模式继续传承发展。其中，远山上仍见黄公望式披麻皴，建筑以朱红和淡蓝色描绘，与墨色山水形成对比，以色彩对比突出人造和自然之别。此图色彩明丽、周围也点缀了花纹式样，更具装饰性和美感。在地图的基础上，又加入了旅游路线规划，以联幅的形式绘于风景图两侧。

其次，在保持全景鸟瞰的基础上，明清时期的画家开发出新的角度，创造出新的构图。《〔万历〕杭州府志》中西湖图（图7）采用了上北下南的模式。城墙处于图像右侧，苏堤置于图像正中，纵向贯穿全湖。这种南北方位符合此志中所有地图的走向，也更符合现代地图学的规范。同时，西湖图上南下北的模式也诞生了。自杭州城方向俯瞰西湖

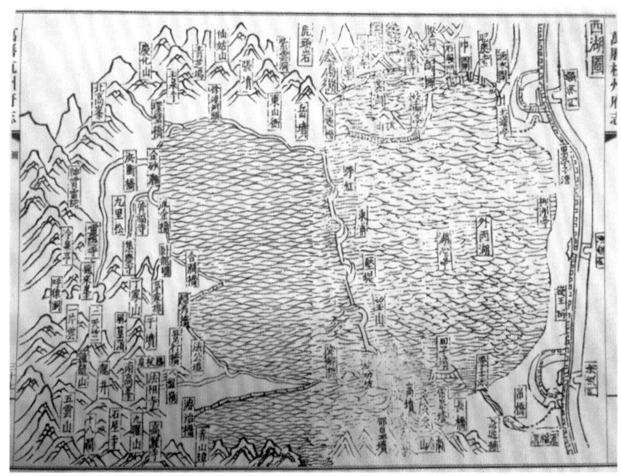

图7 《〔万历〕杭州府志》“西湖图”，1579年，纵26厘米，横34厘米。中华书局标点本，2005年

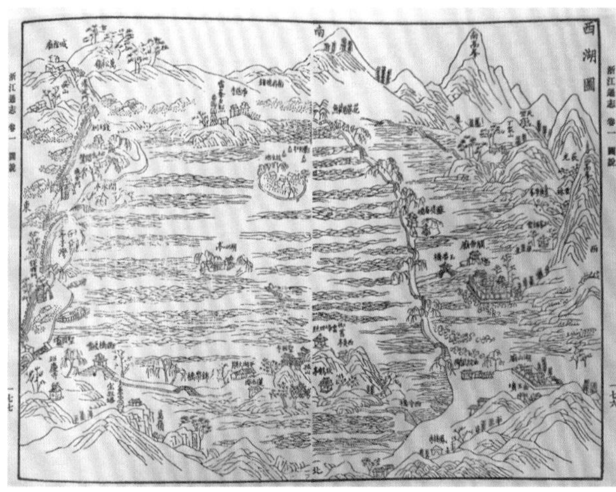

图8 《〔雍正〕浙江通志》“西湖图”，1735年，纵18.5厘米，横1326厘米。民国二十五年商务印书馆影印本

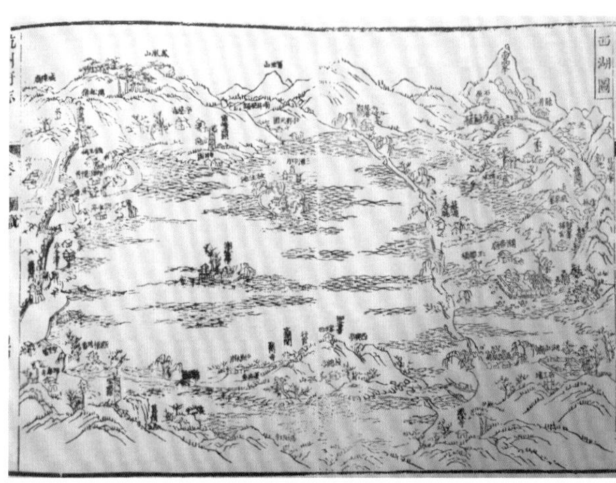

图9 《〔乾隆〕杭州府志》“西湖图”，1784年，纵26厘米，横29厘米。美国哈佛燕京图书馆藏

的角度并不是唯一鸟瞰西湖的视点，而湖北岸的宝石山在明代成为了观赏西湖的重要位置。[9] 因此，在明清时代的西湖图中，自宝石山上俯瞰西湖的图像层出不穷。比如，《〔雍正〕浙江通志》和《〔乾隆〕杭州府志》中的西湖图（图8、图9）都采用了上南下北的形式。另外，清代画家潘恭寿的《西湖揽胜图》“破天荒”地采用了自西向东俯瞰西湖的角度。自此，全景鸟瞰式发展到清代，已经有东南西北四个角度，呈现出四个方位下的西湖全景。

二　分景式

西湖图的第二个基本模式，分景式，与全景式相对，是以更近的角度呈现具体景点的图像模式。早在南宋时期，描绘西湖四时风景就成为了绘画主题。[10] 同时，在诗歌中，西湖十景诗也大受欢迎。明清时期，以西湖十景为主题的绘画、诗歌遍布各种艺术媒介，成为了中国艺术史上最受欢迎的主题之一。全国各地纷纷效仿，产生了无数“十景”，以至于被鲁迅诟病为“十景病”。[11]

如果说全景鸟瞰式呈现了居高临下的视角，那么分景式则体现了人类与自然风光的亲密结合。自唐宋以来，游西湖就是文人墨客、帝王贵族和普通市民所共同喜好的风俗活动。《都城纪胜》《西湖繁胜录》等都曾记载市民大规模游湖的胜景。在这些文字记载中，西湖四季皆有可游之处。冬季赏雪，春季踏春，夏季观荷，秋季赏月等等，皆是在不同时节下观赏西湖的方式。分景式西湖图也结合了自然时序和人类活动，体现游人在西湖景色中的体验与享受。

9　明人都穆（1458—1525）所撰《游宝石山记》就记载了他登高而观西湖的经历，有“俯瞰全湖，一碧万顷”之语。见明何镗辑《古今游名山记》卷十下，明嘉靖四十四年庐陵吴炳刻本。

10　见注4。

11　鲁迅《再论雷峰塔的倒掉》，最初发表于1925年2月23日《语丝》周刊第15期，见《鲁迅全集》第一卷《坟》《野草》《呐喊》，人民文学出版社，1973年，第176—181页。

图10　夏圭（约1180—约1230年前后）《西湖柳艇图》轴，纵107.2厘米，横59.3厘米，绢本设色。台北故宫博物院藏

夏圭的《西湖柳艇图》（图10）正呈现了西湖春日之景。全图分为上中下三个部分。远景描绘远山云雾缭绕，中景勾勒了湖畔柳枝，近景刻画船舟和游人。湖岸参差纵深，以Z字型延伸。近景处一只小舟和中景处一座小桥将湖岸连接起来，给图中的游人和画前的观者提供了路径。几支梨花从柳枝中冒头，几片荷叶在画面右角若隐若现，一幅仲春初夏的景象。游人或乘轿，或乘舟，或坐于画船中饮酒吃饭，都享用着湖光春色。《西湖繁胜录》记载春时游湖盛景云，“西湖内画船布满，头尾相接，有若浮桥……岸上游人，店舍盈满。路边搭盖浮棚，卖酒食，也无坐处。”又载，“荷花开，纳凉人多在湖船内，泊于柳荫下饮酒，或在荷花茂盛处园馆之侧。”[12] 夏圭此图精妙地捕捉到了春夏时节

12　见《西湖老人繁胜录》中的“食店”“端午节”两段，《永乐大典》卷七千六百三，商务印书馆影印本。

图11 刘松年（约1131-1218）《四景山水图》卷，纵40厘米，横69厘米，绢本设色。故宫博物院藏

的西湖胜景。西湖本身的景观已是次要，而游人在此季节对于西湖的体验才是此图最重要的主题。因此，在这幅图中，没有任何具有明显西湖地理特征的景点。山、水、舟、人皆是随处可见之像，不见断桥、苏堤、六桥、孤山、雷峰塔等地标性景点。因此，作者的目的并不在于真实呈现西湖地景，而在于表现西湖在春夏之际明媚繁华的景象，营造热闹的盛世都城景观。

刘松年的《四景山水图》（图11）也将西湖作为文人生活的背景，呈现了春、夏、秋、冬四季的湖上生活。在这四幅图中，明显地理特征也不可见。山水都以统一的李唐式斧劈皴法描绘，建筑都以界画技法勾勒，并不特别突出西湖的实地景观。图中，植被改变，人物穿着改变，气候氛围改变，而山水形式不变，屋宇结构不变。画家以此传达出四季轮换中的瞬间与永恒。而西湖的实地风景，则只是这种四季轮换的背景板，既配合四时变化而改变容貌，又维持了山水本色。

“西湖十景”这一诗画主题同样也是根据季节和时间来塑造西湖和游人的关系。下表展示了西湖十景分别所对应的季节、地点、时间和人体感官。

西湖十景	地点	季节	时间	感官
苏堤春晓	苏堤、六桥	春季	早上	视觉
平湖秋月	全湖	秋季	夜晚	视觉
断桥残雪	断桥、白堤	冬季	无	视觉、触觉
雷峰夕照	雷峰塔	无	傍晚	视觉
曲院风荷	曲院	夏季	无	嗅觉、味觉
南屏晚钟	南屏山	无	夜晚	听觉
花港观鱼	全湖	春、夏	无	视觉
柳浪闻莺	全湖	春、夏	无	听觉
三潭映月	三塔	无	夜晚	视觉
两峰插云	南高峰、北高峰	秋	白日	视觉

由表可见，“西湖十景”这一主题不仅涵盖一年四季所有季节，还囊括从早到晚所有时间段，并且涉及人体五种感官。可以说，“西湖十景”全面地体现了游人在不同时节下的多重体验。

现存最早的“西湖十景”图像应为传叶肖岩的《西湖十景图》。十幅山水册页分别配上乾隆的十幅题字，一一对应西湖十景。形式上，两两成对，互为镜像。内容上，镜像图像之间互相借景，构成统一。例如，“三潭映月”和“平湖秋月”互为镜像（图12-1、图12-2）。而“月”只出现在“三潭映月”图中，而并未见于“平湖秋月”一图。如果把这两幅图分开看，则“平湖秋月”却无月。同理，在“苏堤春晓”一图中，也没有晓日（图12-3）。十幅图中唯一有日的是“柳浪闻莺”一图。将“苏堤春晓”和“柳浪闻莺”并列观看，才能解释春晓为何（图12-3、图12-4）。纵观十幅图，日、月都仅出现一次，表明时间一致，并无重叠，“三潭映月”之月与“平湖秋月”之月并无区别。虽然季节轮转，景物变迁，但日月却永恒。这种一致性也体现了《西湖十景图》的完整性。

全景鸟瞰式和分景式分别从宏观和微观两个角度，展现了西湖风景。正如苏轼所言“雄观快新获，微景收昔遁”，西湖在不同角度下呈现的不同风光，都值得游人推崇。

图12 （传）叶肖岩（约13世纪）《西湖十景图册》，每开纵23.9厘米，横20.2厘米，绢本水墨。台北故宫博物院藏

1. 三潭印月

2. 平湖秋月

3. 苏堤春晓

4. 柳浪闻莺

三　周围式

上述两种模式都兴起于南宋时期，是描绘西湖最早、最常见的范式。而第三种模式，笔者称为“周围式”，得名于上海博物馆所藏《西湖周围图》。这种模式大概起源于明代中晚期，以环湖岸一圈的方式表现湖滨景色。周围式西湖图一般起于西湖东北面的钱塘门（今少年宫），终于钱塘门，以长卷方式，将椭圆形湖岸拉成一条直线，首尾相接，构成湖岸周长（图5）。在此，笔者将讨论两个案例，来简单介绍这一新模式。

其一为现存美国佛利尔美术馆的《西湖清趣图》（图13）。这幅长卷的主要部分描绘了西湖自钱塘门起，至钱塘门止，以逆时针方向绕湖一周的湖滨风光。画家将观者置于湖中心，以圆心的角度扫视湖岸，逆时针（自东北之西南）环视，直到回到起点，完成绕湖一周的视觉旅程。此图的风格技法显然是明中晚期以后的作品。而这种“周围式”的手法常见于明清时期作品中。万历时期徽州商人汪廷讷所刊《环翠堂园景图》中，作者用了同样的手法描绘昌公湖。李啸非的研究发现，卷中有一部分展示了昌公湖沿湖一周的风景，首尾描绘同一景点，以线性方式呈现弧形湖周。[13] 清代康熙年间杭州织造乌林达莫尔森所制《西湖周围图》也同样采用了《西湖清趣图》的手法。长卷从涌金门开始，自涌金门结束，整体呈现了西湖湖滨一周的风景。相较《西湖周围图》，《西湖清趣图》更长、更丰富、空间构造更复杂，但山水风格更为幼稚简单，重复性强。明代嘉靖时期出版的《江南经略》中有一副“太湖沿边设备之图”也是按照同样的方法，把沿湖周围一圈的防务依次画出，如同把一个圆弧拉成了一条直线。

其二为《新镌海内奇观》第三卷《西湖图说》中的《湖山一览图》

13　Xiaofei Li, “Printing Fairyland: Expression of space and intention in Huancui tang yuanjingtu,” *Ars Orientalis* 48(2018) pp. 180-209.

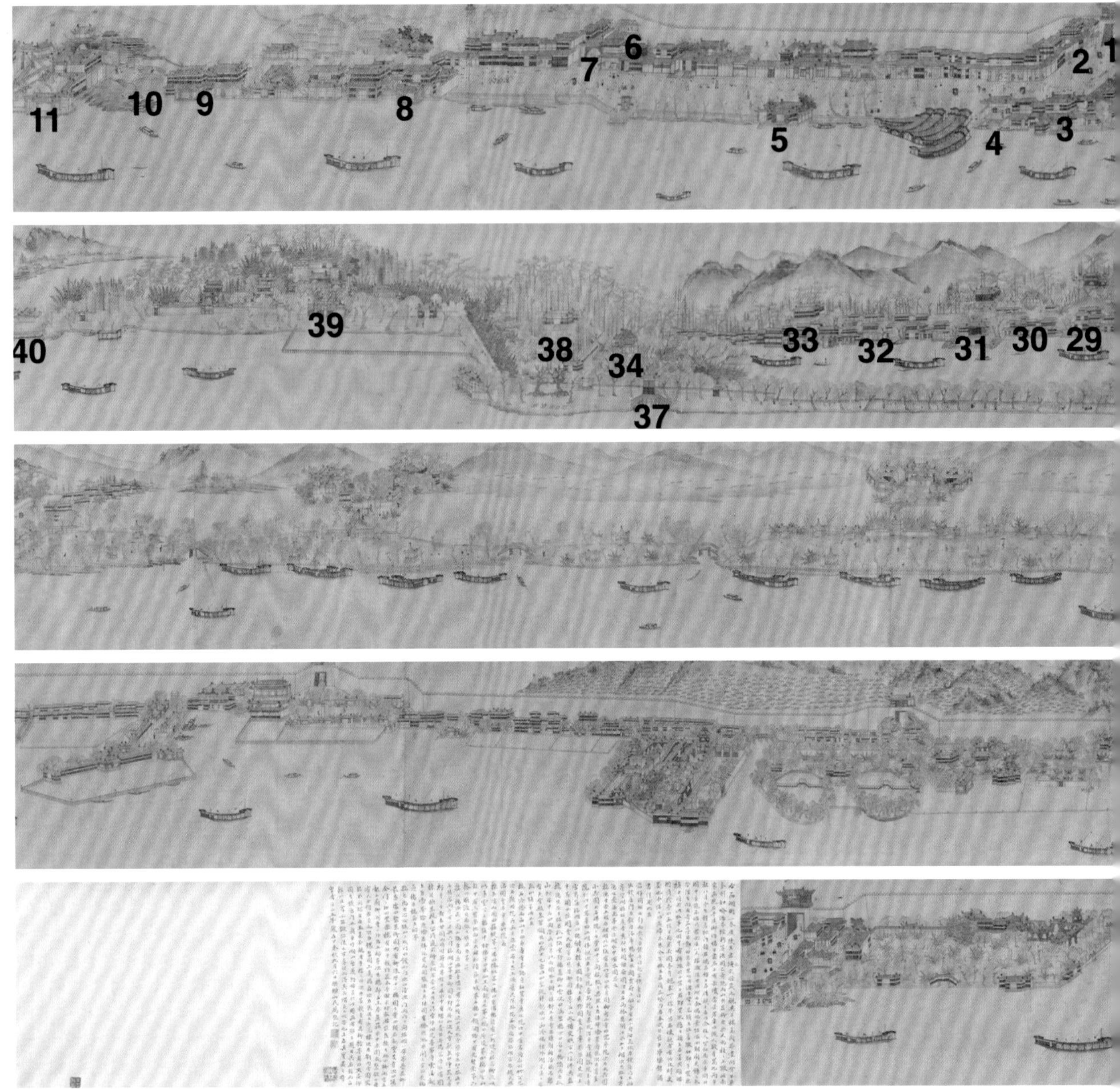

图13　（传）李嵩《西湖清趣图》

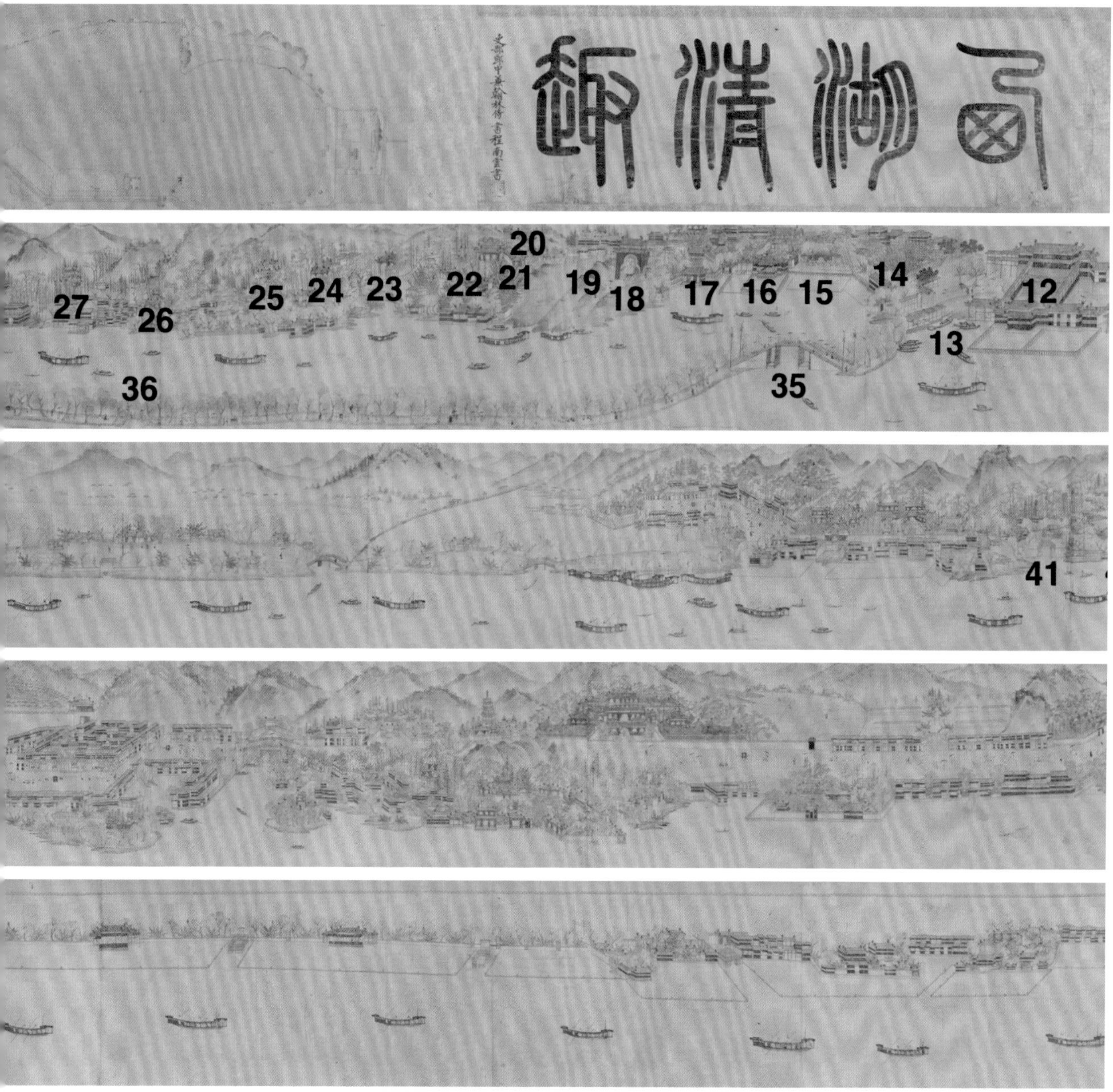

西湖清趣

吏部郎中兼翰林侍書程南雲書

20

27 26 25 24 23 22 21 19 18 17 16 15 14 12 13

36 35

41

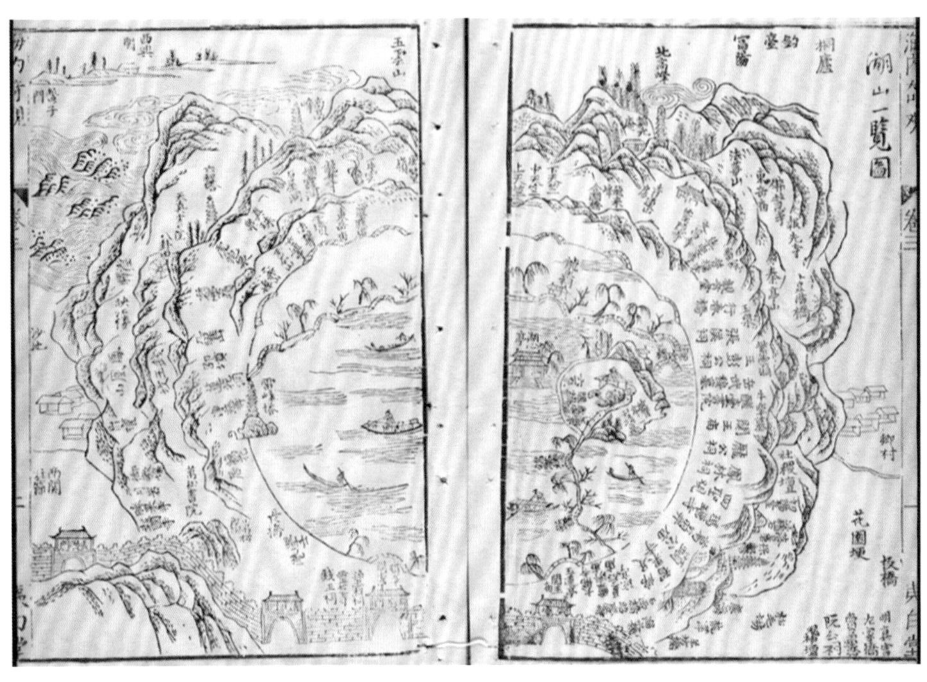

图14　《新镌海内奇观》“湖山一览图”，明万历三十七年杭州夷白堂刻本。美国哈佛燕京图书馆藏

（图14）。《湖山一览图》采用由东（杭州城内）向西（西湖）眺望的角度，将西湖描绘成一个近似圆形的结构。《一览图》中沿湖一圈的“湖滨景点”揭露了此图的“标准”阅读方式。图5显示，“玉莲亭”和“大佛寺”这两个景点虽然相邻，却以上下颠倒的方式书写。“湖滨景点”从北山路开始，沿西侧一路向南山路，均以湖心为圆心，呈放射状书写（图15）。按照中文文字自上而下、从右向左的阅读方式，读者应该将此图扭转180度。以“大佛寺”为出发点，逆时针、自右向左地“阅读”。在此过程中，观者需要不断的顺时针旋转此图（即书册），以此符合文字的上下朝向。始于“大佛寺”，终于“玉莲亭”，读者/观者恰好执书完成了一个360度的旋转；于此同时，读者/观者也刚好完成了“沿湖一周”的视觉旅程。如图6所示，放射状景点名的延长线交点集中在孤山，湖心亭和图中一艘小游船上，锁定了三个湖心视点。观者在阅读“湖滨景点”地名之时，如同置身于湖心某岛或游船中，旋转

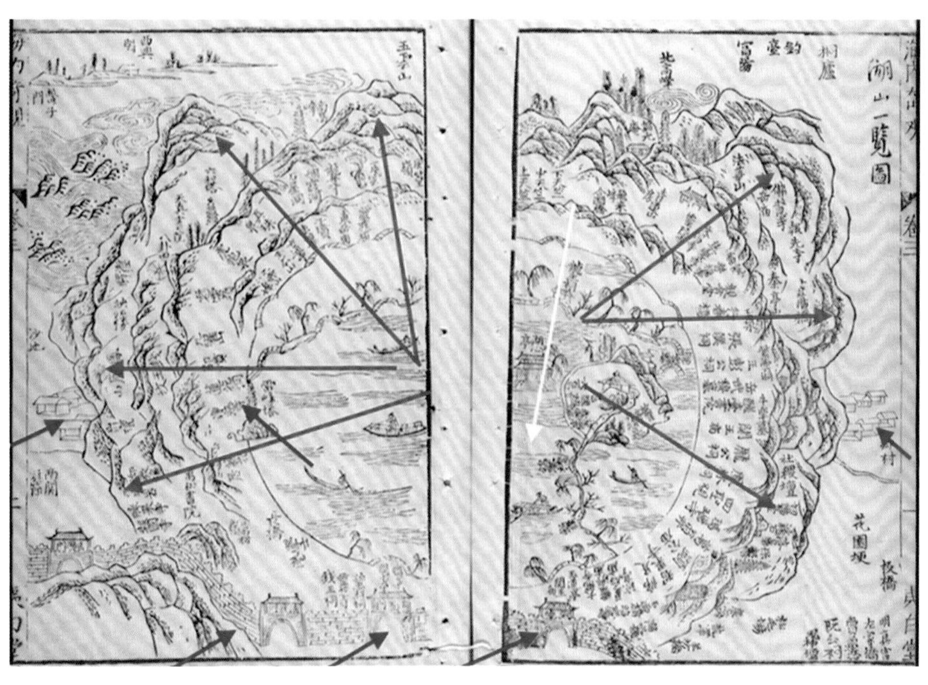

图15　《新镌海内奇观》“湖山一览图”示意图。作者标注

身体以浏览湖滨景观。阅读地名的过程，即是观看图中湖光山色的视觉旅程，也是幻想置身湖上的“卧游”体验。

事实上，图中所示的游览路线也符合大多数西湖游人的赏玩线路。出钱塘门，从昭庆寺（今杭州少年宫）开始，沿北山路游览，是当时最普遍的游湖顺序。李日华（1565—1635）曾记游西湖，云：“只东北半壁如沸，若湖南，寂寂一片日光，照踏歌数辈而已。”[14] 由此可见，明代中晚期，孤山和北山路一带游人最多。据张岱（1597—约1684）《西湖梦寻》记载，昭庆寺“临湖一带，则酒楼茶馆，轩爽面湖”。[15] 游人出钱塘门，即可在昭庆寺附近对酒饮茶赏湖。《西湖梦寻》载袁宏道《昭庆寺小记》云：

14　明李日华《味水轩日记》卷七，《民国丛书》本，第41页。

15　明张岱《西湖梦寻》，中华书局，2007年，第161页。

从武林门而西，望保俶塔，突兀层崖中，则已心飞湖上也。午刻入昭庆，茶毕，即掉小舟入湖。山色如娥，花光如颊，温风如酒，波纹如绫，才一举头，已不觉目酣神醉。此时欲下一语描写不得，大约如东阿王梦中初遇洛神时也。余游西湖始此，时万历丁酉二月十四日也。晚同子公渡净寺，觅小修旧住僧房。取道由六桥、岳坟归。草草领略，未极遍赏。[16]

袁宏道的游湖路线，从钱塘门出，西北而向，中午至昭庆寺饮茶；然后转而乘船，泛舟湖上；夜晚游南山路上的净慈寺，然后沿苏堤回到北山路，再返入钱塘门中。这条实际游览线路自钱塘门出，以昭庆寺为起点，先北后南，是符合《一览图》中所呈现的游览顺序的。

这两个案例中，体现西湖湖岸周围的方式虽然不同，但效果和观赏体验是一致的。受媒介所限，绘画长卷不得不将西湖湖岸拉成一条直线，而双面连式的版画则引导观者转动书籍获得同样的视觉体验。对这两个作品的研究可以帮助我们理解媒介与观者、媒介与图像的关系。

笔者提出这三种视觉模式，是希望建立一个较为简单的分析框架，来梳理数量庞大，风格不一的西湖图。这三种模式主要以结构、角度、呈现方式等风格元素[stylistic element]区分。然而，这三种模式并不是一个历史概念，而是笔者的建构。这三者的出现、发展也不是一个有明确时间顺序的历史进程。它们相互影响、互相融合。常常在一幅作品中，多种模式共同出现。比如董邦达的《西湖十景图》就采用了全景鸟瞰式和分景式两种基本模式。在艺术史上，西湖图视觉模式反映了画者把实地转化为图像的方式。更重要的是，不同模式下的西湖呈现出不同的景象，给观者造成不同的印象。画者和赞助者对于模式的选择，也一定程度上体现了他们对于西湖的理解和定义。

16 同上。

从“澄怀观道”到“按图索骥”

山水画与山水版画中的“卧游”之别

DIFFERENCE BETWEEN “WO-YOU”
(TRAVELLING BY READING PICTURES) IN LANDSCAPE
PAINTINGS AND LANDSCAPE PRINTS IN MING DYNASTY

李晓愚
南京大学新闻传播学院

LI XIAOYU
SCHOOL OF JOURNALISM AND COMMUNICATION, NANJING UNIVERSITY

ABSTRACT

"*Wo-you*" (卧游) is an important concept in the history of Chinese art, first proposed by the Southern Dynasty scholar Zong Bing. Zong Bing's "*wo-you*" focuses on "*Cheng Huai Guan Dao*" (澄怀观道), that is, he takes landscape painting as the means to realize the spiritual tranquility and freedom. In the Ming Dynasty, literati painters represented by Shen Zhou and Dong Qichang inherited and developed the concept of "*wo-you*". However, with the popularity of tourism, a new media for *wo-you*appeared at this time - illustrated travel guide. Although this kind of publication repeatedly advertises the use of illustrations as means of *wo-you*, it is more of a subversion than an inheritance of Zong Bing's *wo-you* tradition. This paper will investigate the reasons for the emergence of travel guides from the social and technical aspects, and analyze the differences between the *wo-you* map in travel guides and the traditional landscape painting from the perspectives of creation and use, so as to reveal the secularization of the concept of *wo-you* in the late Ming Dynasty.

明万历三十七年（1609），杭州书商杨尔曾编刻出版了一部旅游指南——《新镌海内奇观》。全书共十卷，依次介绍了五岳、孔林、黄山、西湖、天台山、武夷山、潇湘、峨眉山、广西、云南等地的风景名胜。这是一部视觉特色鲜明的书籍，其引人瞩目之处有二：一是图画数量很大，全书共一百三十余幅风景画，并以单面、双面、合页成图等多种方式呈现；二是图画质量精美，全书绘制工整，镌刻精妙，笔笔传神，刀刀得法。那么是什么原因促使杨尔曾在旅游指南中大量使用图画呢？[1]陈邦瞻在《海内奇观引》中提到了个中缘由：

> 昔宗少文自叹足迹未遍名山，遂图四壁以供卧游，每为之援琴动操，欲令众山皆响。杨子之意实仿古人，然彼仅豁之己目，此以传之同好。趣尚虽均，广狭迥矣。[2]

宗少文，即南朝画家宗炳，是“卧游”这一独特旅行方式的开创者。据《宋书·隐逸传》记载，宗炳才华出众，朝廷数次征召他做官，他却坚辞不就，死心塌地成为一名旅行家，足迹踏遍名山大川。后来他因病回到老家江陵，感叹自己因为筋力衰惫，不能再像青年时代那样四处游历，于是就将游历过的山水绘在墙壁之上，每日坐卧向之，对其抚琴，希望得到画中山水的回应。对于此举，宗炳自己的解释是：“老疾俱至，名山恐难遍睹，唯当澄怀观道，卧以游之。”[3]

宗炳的这句话道出了“卧游”观念的两层内涵：一，“卧游”的现

1　郑振铎先生曾购藏此书，对书中丰富精丽的版画插图评价赞不绝口，并称：“名山记之有图，盖自尔曾此书始。”见郑振铎《西谛书话》，生活·读书·新知三联书店，1983年，第250页。郑振铎的论断并不确切，给旅游书籍配插图不是杨尔曾所创。在明嘉靖二十六年（1547）初刻的田汝成《西湖游览志》中便收入了若干幅“西湖图”，不过全然是舆图的风貌。还有在明万历二十九年（1601）刻印的高应科《西湖志摘粹补遗奚囊便览》中，也有“浙江省城图”“孤山六桥图”等十余幅版画。

2　杨尔曾《新镌海内奇观》，《续修四库全书》史部地理类第721册，上海古籍出版社，2002年，第341—342页。

3　《宋书》卷九十三《宗炳传》，中华书局，2007年，第2279页。

实功用：可以突破物理空间的局限，当旅行的目的地遥远而跋涉艰难，身体和现实的状况（年老、疾病）难以如愿，图画可以作为一种弥补，给观看者带去慰藉。二，“卧游”的精神功用，即“澄怀观道”，在山水画中寻找到心灵和精神的安顿。徐复观在《中国艺术精神》中指出宗炳的“澄怀”即庄子的虚静之心。“以虚静之心观物，即成为由实用与知识中摆脱出来的美的观照。”在卧游的过程中，卧游者自己的精神会融入美的对象中，获得自由解放。卧游可以使人忘却尘世间的功名利禄，“这是他能‘澄怀’的原因，也是他能‘澄怀’的结果。”[4] 简而言之，这种“逍遥游”既是一种自由的精神选择，同时也显示出选择者的精神境界：倘若没有一个超脱的灵魂和一颗审美的心灵，是无法踏上“卧游”之旅的。

陈邦瞻指出杨尔曾刊刻《新镌海内奇观》这部有图有文的旅行指南，就是对宗炳卧游的一种模仿。其实在晚明时涌现的各种旅游绘本中，“卧游”是编纂者使用频率最高的文学修辞之一。除了《新镌海内奇观》，晚明畅销的旅游绘本，如《金陵图咏》《名山记》等无不标榜“卧游”之用。

然而，稍稍琢磨一下晚明旅游绘本中出现的“卧游”二字会发现，这一概念的内涵与宗炳提倡的“卧游”已大不相同，甚至彼此矛盾。首先是卧游者的身份改变。一直到晚明以前，乐意于实践“卧游”的都是具有高度文化修养的士人，他们能够在山水画中体验精神的趣味。而《新镌海内奇观》的编纂者杨尔曾是追求经济利益的书商，该书是一部通俗读物，借助书中插图实现“卧游”的读者教育背景可能相当庞杂，文化水平也参差不齐。其次是卧游方式的改变。宗炳的“卧游”是一种个性化的私人实践，是一种孤独的审美体验。而旅游绘本则是为了满足大众对热门旅游景点的向往与好奇，众多的读者面对的是完全相同的插

4 徐复观《中国艺术精神》，广西师范大学出版社，2007年，第179页。

图，画中的山水是复制的，并非为某个个体而描绘。最后就是卧游性质的改变。宗炳的卧游是一种心灵活动，其目的是“万趣融其神思”，达到景致与精神之融合，“畅神而已”[5]。而诸如《新镌海内奇观》之类旅行指南中标榜的“卧游”，是在晚明旅游风气的盛行中兴起的概念。作为卧游凭借的书籍，不过是刺激大众旅游的文化消费品。

“卧游”是中国传统美学中的一个重要观念。在晚明大量涌现的旅游书籍中，“卧游”强调的与其说是“澄怀观道”的精神探索，不如说是大众旅游的消费活动。此种转变为何会在晚明发生，又是如何发生的？这正是本文试图回答的问题。

一　山水画与明代文人的“卧游”

当老病来袭，宗炳借绘制于墙壁上的山水画实现了卧游之旅。他或许不曾想到此举既扩展了山水画的功能，也开启了一种全新的旅游方式。“卧游”之“游”并非身体之游，而是精神之游。“卧游”不在意用双足丈量大地山河，只要内心足够丰富，就可突破物理空间的障碍，在精神的世界里畅游无阻。宗炳之“卧游”强调精神层次的内在修养，因而受到后世文人的追捧。南朝之后，“卧游”的审美理念被各代文人承袭。

到了明代，卧游更是成为文人士大夫普遍自觉的选择。选择“卧游”的原因各有不同。有与宗炳一样，希望年老体衰时借山水画饱览美景的。比如何良俊就说自己喜爱搜藏山水画，因为一般的名山游记只是文字，远不如山水画引人入胜，“正恐筋力衰惫，不能遍历名山，日悬一幅于堂中，择溪山深邃之处，神往其间，亦宗少文卧游之意也。”[6]

有人因为仕途羁绊，不能随时踏上一场“说走就走”的旅程，便借山水画神游千里，比如王锡爵。他在京师做官，常对西湖山水魂牵梦

5　宗炳《画山水序》，俞剑华编《历代画论大观》第1编，江苏美术出版社，2015年，第45页。

6　何良俊《四友斋丛说》卷二八“画一”，中华书局，1959年，第257页。

萦。有一天中午休息，一位朋友送来陈淳的西湖山水画。他兴奋地展开画卷，一幅幅熟悉的图景再现于眼前，油然产生了一种幻觉：自己仿佛蹀步于六桥之上，走过苏公堤，湖山胜景令他应接不暇。忽然间，他又似乎感到钱塘潮水正自远渐近向他涌来，涛头隐隐动地。直到门外车马骈阗之声将他拉回现实，他才意识到还坐在自个儿北京的家里，而西湖则远在千里之外。[7]

除了自然山水之外，描绘园林绘画也是文人雅士"卧游"的凭借。董其昌在《兔柴记》一文中提出了"余家之画可园"的思想：

> 余林居二纪，不能买山乞湖，幸有《草堂》《辋川》诸粉本着置几案。日夕游于枕烟廷、涤烦矶、竹里馆、茱萸沜中。盖公之园可画，而余家之画可园，大忘人世之家具，略相埒矣。独世方急公，而余能使世忘我，是为异耳。[8]

被董其昌放在案头，日夕把玩的两幅绘画一是唐代画家卢鸿的《草堂十志图》，另一幅是王维的《辋川图》。这两幅画的真迹当时已经无存，董其昌观看的应该是摹本。这两件作品有一些共同点：一，画作的两位原作者都是唐代著名的隐士，他们淡泊红尘的精神受到后世文人的推崇；二，两幅画作描绘的都是隐士自己构筑的私家园林，枕烟廷、涤烦矶是位于嵩山的卢鸿草堂中的地名，竹里馆、茱萸沜则是终南山王维辋川别墅中的景点。两处园林早已荡然无存，但董其昌却可以通过绘画，穿越时光隧道，在隐士的别业里自在徜徉。这种"卧游"本身就体现了一种飘然世外的风度。如果说宗炳的卧游是借山水画突破了空间对身体的局限，董其昌的卧游则同时征服了空间与时间。

董其昌为何要强调自己财力不足，"不能买山乞湖"呢？原来，

7　陈淳《陈白阳集》，《四库全书存目丛书》集部第146册，齐鲁书社，1997年，第358页。

8　董其昌《董其昌全集》第1册，上海书画出版社，2013年，第123页。

当时江南造园的风尚十分兴盛，士大夫致仕家居，多购置楼房、营造别墅，消遣余生。此种风气在三吴地区尤盛，据何良俊记载：“凡家累千金，垣屋稍治,必欲营治一园。若士大夫之家，其力稍赢，尤以此相胜。大略三吴城中，园苑棋置，侵市肆民居大半。然不过近聚土壤，远延木石，聊以矜炫一时耳。”[9] 许多文人士大夫都被卷入了这场规模浩大的造园竞赛，有的以豪奢争先，有的以奇巧夺目。董其昌未必无钱修筑园林，他在自己收藏的古画中卧游，完全一种自觉的文化选择，是对当时江南造园之风的一种反叛。当他声称“公之园可画，余家之画可园”的时候，内心必是骄傲的：精神上的富足，甚于物质上的占有；艺术的创造可以弥补现实的不足。我没有财力像你们一样营建私家园林，却可以凭借古画在唐代隐士的园林中遨游？这难道不是“精神之园”对“物质之园”的胜利么？

何良俊、王锡爵、董其昌借观赏他人的画作而卧游，而沈周的卧游却是通过自己的创作而达成的。北京故宫博物院收藏有他绘制的一套《卧游图册》。该图册现存十九开，其中含引首和跋尾各一开，山水七开，花果七开，禽、畜、虫各一开。在跋尾中，沈周道出了绘制册页的动因：

> 宗少文四壁揭山水图，自谓卧游其间。此册方或尺许，可以仰眠匡床，一手执之，一手徐徐翻阅，殊得少文之趣。倦则掩之，不亦便乎，手揭亦为劳矣！真愚闻其言，大发笑。

沈周明确表示绘制此套册页是对南朝山水画家宗炳“卧游”之举的追摹，但也得意地指出自己做出了一个重要革新：宗炳的卧游图是绘于墙壁的大幅山水，而沈周却将之改为尺许小幅。小则便于携带，可以随时随地展开卧游。其实，除了形制之外，还有一项重要的革新沈周没有道明：他的卧游图不再拘于山水园林，而是将题材扩展至花果、禽畜和昆

9　何良俊《何翰林集》卷十二，《四库全书存目丛书》集部第142册，齐鲁书社，1997年，第109页。

图1 明沈周，《石榴图》，纵27.8厘米，横37.3厘米，纸本设色。故宫博物院藏

虫。比如册页中有一帧《石榴图》（图1），沈周以没骨法绘出一折枝石榴，还在石榴旁题了一首诗：“石榴谁擘破，群琲露人看。不是无藏韫，平生想怕瞒。” 石榴子晶莹澄澈，象征君子的才华。沈周说君子之才本当如玉韫珠藏，不可使人易知。之所以像裂开的石榴般展露出来，是因为胸襟光明磊落，不愿遮藏。[10] 既然“卧游”之“游”重在精神，那么“一花一世界，一沙一天堂”，何必一定要画山水呢！尽管沈周的这套《卧游图册》在形制和内容上与宗炳的卧游图有别，但其根本意趣却是一致的：画家的目的并不是要一丝不苟地再现现实世界，而是为了“澄怀观道”，即借助描绘的山水、花果、禽畜、昆虫抒发自己的精神情趣，体悟生命的大道。

10 关于这幅画的详细讨论，见李晓愚《化俗为雅：论文人画家对花果题材的处理》，《文艺研究》2017年第3期，第144—153页。

由上述的例子可见，晚明的文人雅士承继了宗炳“澄怀观道”式的“卧游”，并将之发扬创新。通过“卧游”，他们不仅获得了精神的享受，同时也向世人展示出精英阶层的高雅趣味和开阔胸襟。

二　晚明旅游的兴盛与图文并茂旅游指南

“卧游”最初的意思是以欣赏山水画替代游览，“卧”是身体的静止，“游”是精神的活跃。绘画，特别是山水画，是“卧游”最常见的媒介之一。[11]然而自晚明开始，一种新的“卧游”媒介诞生了，那就是旅游指南中的版画插图。此时，以介绍名胜古迹为主题的绘本大量出现，而“卧游”正是这类畅销书中使用频率极高的广告语。比如明万历三十七年（1609）钱塘夷白堂刊刻出版的《新镌海内奇观》以一百三十多幅精心绘制的风景名胜图为主轴，并配以文字说明。为了提升此书的影响力，书坊主人杨尔曾请来三位文化名人陈邦瞻、葛寅亮、方庆来为书作序。三人的推荐语皆紧扣“卧游”二字。陈邦瞻重提宗炳卧游的典故，并点明“杨子之意实仿古人”[12]。葛寅亮说：“观其书将足不遍层峦叠嶂间，而身在丹崖翠壁内矣。”[13]虽不明言“卧游”，其意相当。方庆来说：“彼卧游者，谩劳车马，睹胜景于掌握之中；不出户庭，畅幽情于画图之外。”[14]杨尔曾编撰过小说、画谱、宗教读本等多种类型的书籍，是一位经验丰富的出版人。那么，他为什么要编一部图文并茂的旅游指南呢？

在为《新镌海内奇观》撰写的序言中，杨尔曾把编书的动机归之于自幼对山水的一往情深：

11　除了绘画之外，自宋代以来，诗文也是文人“卧游”的重要媒介之一。南宋理学家吕祖谦编写了《卧游录》一书，收录了古人游历山水的文字。

12　《新镌海内奇观》，第341—342页。

13　《新镌海内奇观》，第343页。

14　《新镌海内奇观》，第344页。

余幼爱山水，髫年从先大父游于筠楚间，每经行名胜，辄低回不忍去。先大父顾余曰：“会心处政不在远”。[15]

杨尔曾从小即有山水之志，可是受制于各种条件，不可能走遍万水千山，“有近在眉睫，或远在日边，谁能以有尽之天年，穷无涯之胜地”，[16] 所以“性喜探奇”的杨尔曾，“尝宏搜天下山川图说，汇为一帙”，[17] 要将山川胜景与热爱旅游的人分享。杨尔曾给出的理由很有些浪漫主义色彩，不过还有个相当现实的原因他没说出口：随着旅游风气在大明帝国的盛行，像《新镌海内奇观》这样的旅游指南能投合消费者的需求，必然会有光明的市场前景。

其实一直到明代中叶，旅游还不被当成正经的活动，知名理学家湛若水就对士大夫的山水旅游抱持轻蔑的态度。[18] 然而，这种将旅游贬斥为一种在道德意义上可疑的享乐的观念很快就消失了。在嘉靖、万历以后，旅游兴盛繁荣起来，成为士大夫中普遍流行的风气。[19] 巫仁恕指出在晚明消费社会形成的环境下，许多消费活动逐渐从精英阶层普及到社会下层，旅游活动也不例外，从官员的“宦游”、士大夫的“士游”，普及到大众旅游。许多大城市如北京、苏州、杭州、南京等地附近的名

15 《新镌海内奇观》，第345—346页。

16 《新镌海内奇观》，第347页。

17 《新镌海内奇观》，第344页。

18 参见巫仁恕《晚明的旅游风气与士大夫心态——以江南为讨论中心》，“生活、知识与中国现代性”国际学术研讨会，“中央研究院”近代史研究所，2002年11月。

19 针对明人旅游生活兴起的“缘起因由”，曹淑娟有一段简洁明了的解释与说明：“晚明文人亲近自然山水，有其时代背景因素，如不满意于政治，许多人颓放其用世之心，往寻山林之乐；如工商起步，城镇市民逐渐形成旅游风气；如良知之学的传播，教人体认鸢飞鱼跃、鸟鸣花落的景象亦是天理流行的境界；这些都缩短了人与山水之间的距离。”见曹淑娟《晚明性灵小品研究》，文津出版社，1988年，第206页。高彦颐详细分析了晚明旅游风气的兴盛与商品经济的发达和市镇的蓬勃发展之间的密切关系：“明代的旅游，至嘉靖、万历而大盛。商品经济的发达，助长手工业之兴旺及农贸市场之专业化。米粮的贩卖运送、棉织品及其他生活必需品的流通、丝茶瓷器的长途贸易及从美洲经福建或西域进口之白银，在促进城镇的发展和各省水陆交通的频繁。明末书商大量印制的《商旅路程》等刊物，说明了商贾之往来，是促进旅游的经济因素。并因而造就了客舍、酒楼、茶馆、挑夫、船户等相关行业之发展。”见高彦颐著《近代中国妇女史研究》，“中央研究院”近代史研究所近代中国妇女史编辑委员会，1995年，第21页。

胜，都出现了“都人士女”聚游与“举国若狂”的景象。[20]

旅游既然成为从士大夫和平民大众都可以参与并热衷的活动，也就刺激了旅游相关书籍的出版，这是出版行业对市场需求的积极回应。16世纪的中国，白银的涌入和接踵而至的商品化，宣告了一个大规模出版时代的来临，随着城市商业的繁荣和印刷技术的进步，私人刻书业呈现出前所未有的发达景象。以大众市场为目标的书籍大量涌现，如启蒙读物、德育课本、法律条文汇编、小说、戏剧、色情文学、幽默故事、导游手册、外国风物介绍、各类知识摘抄和各类书籍的廉价改写本，只要有读者、有销路就行。[21] 无论从数量上，还是种类上讲，这在中国历史上都是前所未有的。当意大利耶稣会传教士利玛窦从印刷术刚刚传入不久的一个文化世界来到中国时，他对眼前的图书世界赞叹不已：“这里发行那么大量的书籍，而售价又那么出奇地低廉。没有亲身目睹的人是很难相信这类事实的。”[22]

此时的杭州，与北京、南京、苏州一起，构成了全国四大出版中心。杭州的书肆数量很大：

多在镇海楼之外，及涌金门之内，及弼教坊，及清河坊，皆四达衢也。省试则间徙于贡院前；花朝后数日，则徙于天竺，大士诞辰也；上巳后月余，则徙于岳坟，游人渐众也。梵书多鬻于昭庆寺，书贾皆僧也。自余委巷之中，奇书秘简，往往遇之，然不常有也。[23]

这种随着人流而迁徙的书市，经营品种以举业帖括之本、生活日用之书、通俗话本小说为主，同时由于杭州是旅游胜地，吸引着来自大明帝国四面八方各个阶层的游客，因此与旅游相关的书籍如游记汇编、地

20　巫仁恕《品味奢华：晚明的消费社会与士大夫》，中华书局，2008年，第179页。

21　卜正民《纵乐的困惑：明代的商业与文化》，方骏等译，广西师范大学出版社，2016年，第187—189页。

22　利玛窦《利玛窦中国札记》，何高济等译，中华书局，2005年，第21—22页。

23　胡应麟《少室山房笔丛》卷四“经籍会通”，中华书局，1958年，第55页。

方志、旅游图册、路程书等皆十分畅销。杨尔曾的《新镌海内奇观》就是在这一背景下产生的。这一融合了文字与图像的媒介既可以作为实地旅游的指南，也可以作为精神式游历的向导，因而大受欢迎。

图文并茂的旅游指南是一种文化创新产品。世界上有许多有趣的地方，并非谁都能轻易地亲自前往。如此一来，不得不先为风景名胜作宣传，扩大知名度。这就和现在的观光海报上刊载新奇有趣的风景图片以吸引游客的道理一样。像杨尔曾这样的晚明出版人或许已经深谙一个秘密：读者非常容易被书中那些生动的诗文所打动，为那些印刻精美的插画所俘虏，从而不假思索地踏上一场或是臆想、或是真实的西湖寻梦之旅。毕竟在诗歌、绘画这些艺术作品中找寻有价值的因素远比从现实生活中来得容易。通过省略、压缩、甚至切割掉生活无聊的时段，艺术作品将观者的注意力直接导向生活中最精彩的场景。一次开销巨大的旅行的起因可能仅仅是因为偶然瞥见了一张动人的图片。尽管这类的书籍反复宣称“卧游”的概念，但是当卧游的主体从文人士大夫扩展到普通大众，当卧游的凭借从绘制于墙壁绢帛纸张上的山水画转变为书籍中大量复制的版画，“卧游”理念的内涵不可能不发生改变。

三　“卧游”观念在旅游绘本中的世俗化转向

在为《新镌海内奇观》撰写的序言中，陈邦瞻肯定了杨尔曾出版此书是对宗炳“卧游”之举的模仿，但同时也指出了杨尔曾此举与宗炳的不同之处：“然彼仅豁之己目，此以传之同好。趣尚虽均，广狭迥矣。”[24]从使用者的角度来看，宗炳的山水画仅仅供自己“澄怀观道”，而杨尔曾的旅游指南却不为着私人观赏，而是要“传之同好”的。那么，他的“同好”又是谁呢？当然就是这部书的读者。

24　《新镌海内奇观》，第341—342页。

马兰安[Anne E. Mclaren]在《在晚明的中国塑造新的阅读大众》[Constructing New Reading Publics in Late Ming China]一文中描述了16世纪中叶出现的一个新的阅读群体：

> 16世纪中叶，通俗出版物的作者与出版商意识到他们的读者已不再局限于知识阶层，在中国印刷文化史上这种情况大概是第一次出现。从那个时代留下来的文集序言和评论中可以看出当时的人们逐渐意识到通俗读物的潜在读者群庞大复杂，包括官员、文人、新富阶层中的收藏家、形形色色的门外汉、普通百姓、学识浅薄之人，甚至广大的“帝国公民”或称“四民”。这种意识在17世纪得到了进一步的扩展与加强。[25]

马兰安所描绘的这一新兴的阅读群体中也包括了以《新镌海内奇观》为代表的旅游绘本的目标读者。随着旅游风气在大众文化中的蔓延，越来越多的人渴望着饱览湖山风光，他们之中不仅有文人雅士，也有商人、底层文人、妓女、普通百姓等形形色色的游客。后者的认知水平和审美品位虽不能和文人士大夫相比，但内心里恐怕也渴望接近这种趣味，毕竟附庸风雅也是一种时尚，如果能花不多的钱买到一部图文结合的旅游读物，像何良俊、沈周、董其昌等文人那样体验“卧游”之旅，又何乐而不为呢?

除了使用者之外，旅游绘本中的“卧游图”与文人卧游画的使用方式也有很大区别。方庆来在《新镌海内奇观》的序言中指出了这本书有两大用途：

> 彼卧游者，谩劳车马，睹胜景于掌握之中，不出户庭，畅幽情于画图之外。即身游者，可按图穷致山川之奇，不至于湮没于当局矣！[26]

25 Anne E. Mclaren, “Constructing New Reading Publics in Late Ming China,” Cynthia J. Brokaw, Kai-wing Chow, eds., *Printing and Book Culture in Late Imperial China,* University of California Press, 2005, p. 152.

26 《新镌海内奇观》，第344页。

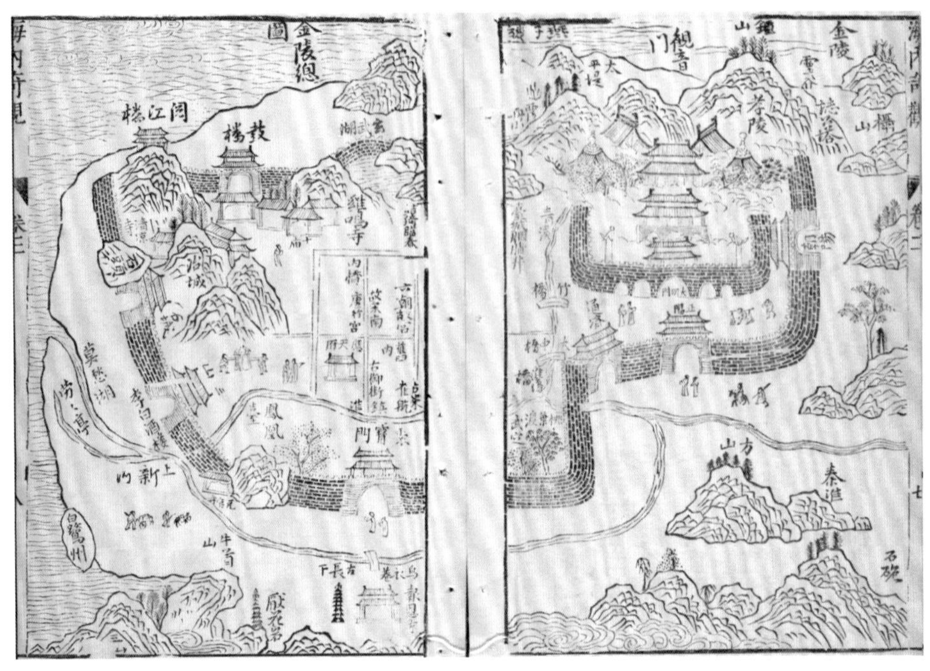

图2 明杨尔曾《新镌海内奇观》之“金陵总图”，明万历三十七年夷白堂刻本

旅游绘本的第一项功能与文人山水画相似——当身不能往的时候，可以在图像中“卧游”。可是第二项功能却是旅游绘本所独有的——当亲身前往的时候，可以“按图穷致山川之奇”，也就是将书中的插画当作旅行导览图使用。

使用者和使用方式的改变，使旅游绘本中“卧游图”的风格与传统的文人卧游画迥然不同。首先，既然读者在实际旅游中要将绘本中的插图当成导览图式，那么图像必然要侧重对实景的刻画。在《新镌海内奇观》有一幅描绘金陵古城的版画（图2）。画家为了力求详尽且使人易于理解，采用了鸟瞰的视角，使得每一处重要的景点在画面上都无一遗漏，而且连地名也不厌其烦地一一标注了出来，与今天“按图索骥”式的游览地图无甚区别——记录的意义超过了审美价值。与绘本插图不同，文人卧游的山水画不会亦步亦趋地对真实的风景进行机械的描摹，他们对于“导览式”的图画根本不屑一顾。嘉定文人画家李流芳曾创作过一套《西湖卧游图》，图中几乎找不到可以与西湖实景相对应的因素。他坦然承认将图画与现实景物一一对应只是一种勉强之举：

> 然余画无本，大都得之西湖山水为多，笔墨气韵间或有肖之，但不能名之为某山、某寺、某溪、某洞耳。……大都常游之境，恍惚在目，执笔追之，则已逝矣。强而名之曰某山、某寺、某溪、某洞，亦取其意可尔，似与不似，当置之勿论也。[27]

当时文人画坛领袖董其昌也对这种“强而名之”的行为加以了批判，他说：“画家率然任兴，不必有所合，正是天真烂漫。若每作一幅辄名曰是某诗某景，乃大俗也。”[28]在这些强调笔墨趣味的文人画家们看来亦步亦趋地再现自然不仅是不必要的，而且根本就是庸俗的。他们“卧游”的是理想化的风景，是想象中的山水。甚至像沈周那样，卧游的对象不必是山水，只要精神足够丰富，一只小鸡、一颗石榴、一串枇杷皆可当作卧游的凭借。

文人的卧游是为心灵寻得安息之所，使精神获得解放，因此画中的描绘的多为峰岫峣嶷、云林森眇的自然山水，如南宋的《潇湘卧游图》（图3），或深具历史内涵的文化地标，如王维的《辋川图》。然而既是要面对大众市场，旅游绘本中的插图就不仅拘于自然风景，同样涵盖了世俗都市中的热门景点。《新镌海内奇观》中有一幅描绘杭州“北关夜市”的版画（图4）。夜市设在城关附近，热闹非凡：小吃店里灯火通明，挂着鱼肉招揽生意；茶坊里的客人海阔天空地闲聊，有个大人背着小孩正趴在窗口倾听；街上还有卖饼、卖糖的小贩，各种装扮的行人在其间穿梭。画家以丰富的细节描绘了一幅生动的钱塘商业经贸风俗画。还有明末天启三年（1623）出版的《金陵图咏》。这是一本介绍南

27　李流芳《檀园集》卷十二，《文渊阁四库全书》集部第1295册，上海古籍出版社，2003年，第407页。

28　董其昌《山水图》册，款署“戊午（1618）三月花朝”，北京故宫博物院藏。

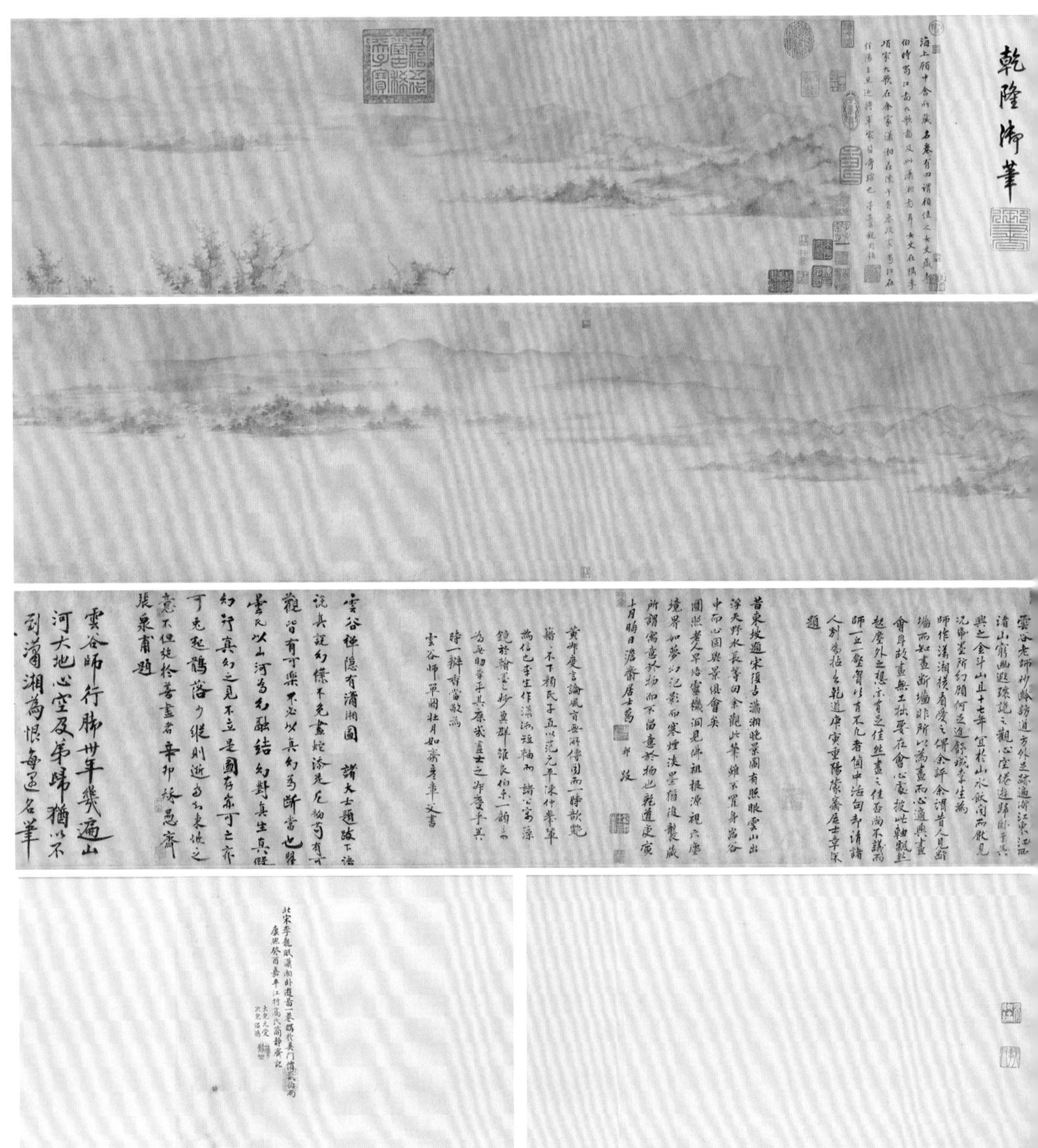

图3　南宋李生《潇湘卧游图》，纵30.2厘米，横399.4厘米，纸本墨笔。日本东京国立博物馆藏

氣吞雲

图4 明杨尔曾《新镌海内奇观》之“北关夜市”，明万历三十七年夷白堂刻本

图5 明朱之蕃《金陵图咏》之“清溪游舫”，明天启四年刻本

京著名景点的书，编辑朱之蕃是万历年间的状元，他在序言中称编书的目的是“聊足寄卧游之思”。[29] 该书介绍了南京的40个景点，每个景点都有图有文，其中有一幅“青溪游舫”图描绘了秦淮河一带的贡院、青楼、餐馆、花街。图中画舫如梭、游人似潮，一派都市景象（图5）。北关夜市和夫子庙是普通大众行进旅游消费的场所，但我们很难想象沈周、董其昌、李流芳等文人会选择到这些烟柳繁华之地去进行“澄怀观道”的“卧游”。

文人卧游的山水画通常是由文人画家创作的，而旅游绘本中的插图则多由职业画师完成。比如《新镌海内奇观》的主要绘图者陈一贯就是一位

29 朱之蕃《金陵图咏》，明天启三年序朱氏金陵刊本，第1—2页。

职业画匠，负责镌刻的新安人汪中信是一位职业刻工。如果从创作过程的角度来比较旅游绘本与文人卧游山水画，会发现一些明显的不同。朱之蕃在《金陵图咏》的序言中说他自己在查阅各种文献后在金陵城内圈定了40处名胜，接着，“属陆生寿柏，策蹇游舠，躬历其境，图写逼真。”[30]

陆寿柏是金陵城里的一位年轻画家，受朱之蕃委托绘制《金陵图咏》中的插图。他的创作并非闭门造车，而是在实地勘测考察的基础上完成的，图画具有高度的写实性。再来看看画家李流芳是怎样创作《西湖卧游图》的。

> 己酉三月，偕闲孟、无际、子薪、舍弟无垢、从子缁仲登乌石峰，寻紫云洞。洞石甚奇，而惜少南山秀润之色。然境特幽绝，游人所罕至也。后三年，在小筑灯下，酒酣弄笔，作水墨山水，觉旧游历历都在目前，遂题云“紫云洞图”，竟不知洞果如是画否？当以问尝游者。余画大都如此，亦可笑也。[31]

《紫云洞图》是《西湖卧游图》册页中的一帧。与友人游玩了紫云洞之后，李流芳并没有立刻根据实地风景绘制画稿。三年后，他在南山小筑酒酣弄笔，作水墨山水，忽然回想起了紫云洞之游，干脆就把这幅画题名为《紫云洞图》。这是一种有趣的创作经历：李流芳不是根据实际的风景作画，而是先作画再从画面中解读出久蓄心中的特定风景。正因为如此，真实风景与画中山水是否一致，连画家本人也不知道，他甚至强调说“余画大都如此”。显然，他的《西湖卧游图》绝不是《金陵图咏》那种“图写逼真”的视觉报告。

综上所述，晚明时的旅游绘本虽然纷纷标榜“卧游”之用，但与宗炳所开创的“卧游”传统已经南辕北辙。德布雷[RégisDebray]说：

---

30 《金陵图咏》，第1—2页。

31 《檀园集》卷十一，第394页。

"作品是唯一的，在其为实物时纯属独一无二，但倍增之后，便成了符号。"[32] 绘于纸张绢帛上的山水是唯一的，但旅游绘本中的风景是被大量复制的，倍增之后，也就成了被大众使用的符号。

四 雅与俗的竞争

"卧游"媒介的变化影响了山水画的风格，改变了人们"使用"山水画的方式。更重要的是，对传统的"卧游"观念带来了巨大冲击。在晚明的旅游绘本中，"卧游"一词的概念发生了世俗化的转向：从士大夫们"澄怀观道"的精神追求变为招揽社会各阶层民众进行旅游或其它文化消费的广告语。

我们不妨揣摩一下杨尔曾等书商们热衷使用"卧游"一词的原因。过去，"卧游"是士大夫阶层专有的精神享受。文人式"卧游"摆脱了"与自己身体的工具式关系"[33]，强调精神层次的内在修养。"卧游"的实现有赖三个前提：一，有能力绘制或委托他人绘制一幅山水画；二，有欣赏山水画的艺术修养；三，有从实用主义中摆脱出来的一颗"虚静"之心。"卧游"，与其说是文化精英阶层的一种休闲方式，不如说是这一阶层文化优势的体现——告诉世人他们具有超越凡俗的艺术品位和道德情操。普通人或许会艳羡士大夫的卧游，但只是艳羡而已。且不论有没有文化修养的积累，单单是拥有一幅山水画，也不是普通人所能梦见的。

这一情形在晚明时发生了变化。巫仁恕指出晚明士大夫所面对的世界，是个商品经济兴盛、消费活动蓬勃发展的社会：

> 前代的奢侈行为大多只局限于上层社会的极少数人，如高官贵族或少数的大富豪；然而，晚明的奢侈风气却是普及到社会的中下层，而且

32 雷吉斯·德布雷《图像的生与死：西方观图史》，黄迅余等译，华东师范大学出版社，2014年，第37页。

33 皮埃尔·布尔迪厄《区分：判断力的社会批判》，刘晖译，商务印书馆，2015年，第329页。

图6 一位福建的插图作者为没有门径进入士绅阶层的读者描绘了文人士大夫的日常生活：收藏书籍（左上）；演奏古琴（右上）；鉴赏古画（左下）；闲敲棋子（右下）。采自《三台万用正宗》

这股风潮从城市蔓延到乡村。晚明的奢侈消费已经脱离了维生消费的层次，人们不只固定于喜好某类消费形式，而且还不断地追求变化，于是形成了流行时尚。因为有许多下层社会的人们模仿上层阶级的消费行为与品味，逐渐使得政府规定的身份等级，以及配合特许消费的制度，走向瓦解。[34]

晚明是中国第一个“消费社会”的形成时期。在这个社会中，越来越多的物品，甚至是奢侈品，被投入市场；同时，也有越来越多的人能买得起它们。于是便出现了一场时尚追逐的精彩大戏，商人和庶民争先恐后地仿效上层社会的消费行为和消费品味，形成一种社会竞争：士大夫们创新了衣帽服饰，平民争相效尤；士大夫们收藏文玩古董，富商们纷纷抢购附庸风雅；还有士大夫们的餐饮膳食、书房家具、交通工具都时时刻刻被商人平民们所模仿（图6）。就连“卧游”这种具有高度文化性的活动也不例外。现代数码相机普及，人人都可以成为摄影师；晚明印刷术和出版业繁荣，人人都可以在山水画中卧游。复制技术使得人

34 《品味奢华：晚明的消费社会与士大夫》，第289—290页。

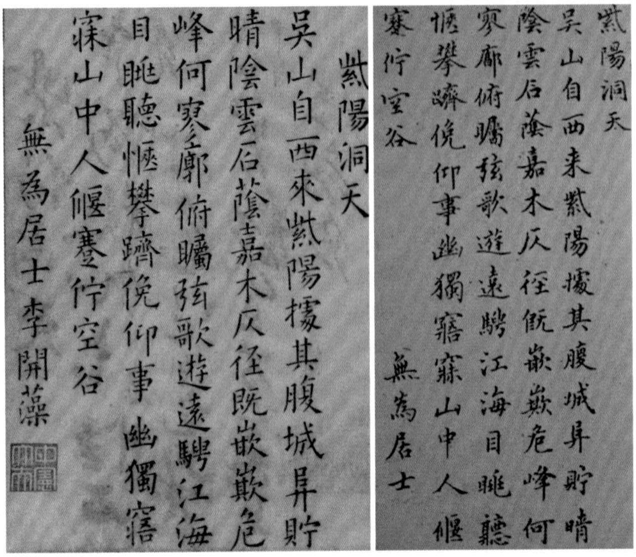

图7　巴黎本《湖山胜概》（左）与北京本《湖山胜概》（右）中书法的对比

们无需花费太多就可以拥有包含大量的山水图像（尽管是雷同的）的旅游书籍。普通人无论有没有超脱的灵魂或审美的眼光，都可以模仿沈周那样“仰眠匡床，一手执之，一手徐徐翻阅”，体会宗炳的“卧游”之乐，哪怕这种模仿只是邯郸学步，东施效颦。以杨尔曾为代表的书商费尽心力地将旅游指南与“卧游”相联系，不过是想借宗炳的典故提升该书的文化档次，为商业化的行为披上一件高雅的外衣。而这一策略之所以获得成功，恰恰在于它迎合了普通消费者的心理：我们要追随并仿效精英阶层的生活方式。

士大夫塑造品味，庶民竭力仿效——这一竞争模式不仅体现在旅游活动本身，甚至扩展到与旅游相关的文化产品上。万历年间出版的两部旅行书籍为我们提供了一个雅俗之间竞争的绝佳案例。巧的是，这两部书有着相同的名字：《湖山胜概》。[35] 十年前，我曾往巴黎的法国国家图书馆寻访《湖山胜概》，这是一部由文人陈昌锡出版的“宣传”杭州风景的书籍，形式美妙绝伦：它包括12面四色套印插图和33面以手书体

35　关于两部《湖山胜概》的详尽研究，请参阅拙作《〈湖山胜概〉与晚明文人艺术趣味研究》，中国美术学院出版社，2013年。

图8 巴黎本《湖山胜概》（左）与北京本《湖山胜概》（右）中插图的对比

上版刻印的题咏诗歌。插图的套印完全采用点、线、面的平涂着色，不加刻意渲染，单纯质朴，富有装饰感。书中的诗词用楷、行、草三种不同书体写成，刻印精美。书中所有印信都是真印钤盖，或朱或白，雅致可爱。整部书堪称诗、书、画、印、刻五绝，本身就是一件珍贵的艺术品（图7，左、图8，左）。陈昌锡之所以花费巨大成本，精心设计刊刻这部书，因为他心中所设定的读者并非普通的市民，而是有教养的士大夫们。对于他们来说，占有能够带来视觉愉悦感的书籍，与占有书画、古玩等“雅物”一样，是一种身份和品位的象征。陈昌锡采用各种精致化的手段“打造”此书，目的不仅在于追求灿烂焕然的视觉效果，更是为了脱离普通旅游出版物粗鄙庸俗的趋向——以“雅”胜“俗”。然而，“俗”文化很快就包围了过来，士大夫阶层创造的最新艺术时尚，马上就被庶民阶层挪用和模仿。北京中国国家图书馆收藏的《湖山胜概》就是一部“仿效与挪用”的代表作（图7，右、图8，右）。如果将两部《湖山胜概》细细对比就会发现：北京本《湖山胜概》中收录的吴山十景诗作皆出自巴黎本《湖山胜概》，只不过北京本的诗后不署真名，没有钤盖印章，而且书法摹刻得十分粗劣（图7，左、图7，右）。

如果再将两书中吴山十景的图画加以比照，可以清楚地看出北京本的图片构图破碎，绘制简陋，大多是从巴黎本的图片中截取片角而成（图8，左、图8，右）。显然，北京本《湖山胜概》是一部盗版伪作，刊刻此书的商人以巴黎本《湖山胜概》为底本，从原书中图截片角，诗取孤篇，凑合成书。将两部《湖山胜概》并置而观，我们可以清楚看到晚明时候两种针对不同受众、功能完全不同的书籍：陈昌锡刊刻的《湖山胜概》是文人雅士置于案头赏玩的艺术品，只在一个非常小的文人朋友圈中流传收藏；北京本《湖山胜概》是书商以赢利为目的的商品，出版商深谙普通民众"附庸风雅"的需要，剽窃利用了文人设计刊刻的精品之作，"炮制"出这部盗版书籍。购买此书的读者既无法想见原本《湖山胜概》的雅致绝伦，更不可能体味其间精微的文玩功用。

从两部《湖山胜概》中我们也得以窥见"卧游"观念在明代的两条演变路径：一是像董其昌、沈周那样，承继了传统的"卧游"之道，把图画作为心灵探索和精神放逐的途径。在巴黎本《湖山胜概》的跋语中，陈昌锡也以"卧游"二字点明出版此书的宗旨："庶阅兹编而结想湖山者，不出户庭，湖光山色在几席间矣，岂不当古之卧游乎？"[36] 陈昌锡刊刻的《湖山胜概》虽然是印刷品，但依然承继了宗炳"卧游"的精神，它的使用者是具有高度文化修养、追求精神自由的士大夫。《新镌海内奇观》、北京本《湖山胜概》等以庶民阶层为目标读者的旅游绘本则代表了"卧游"观念另一条演变路径。书商们在旅游文化产品中竭力标榜"卧游"，为的是迎合大众仿效士大夫生活方式的需求。对于普通人来说，"卧游"可以是一种真实的、物质化、大众化的消费行为。[37]

本文为国家社科基金冷门"绝学"项目"海外藏中国古版画的整理与研究"（项目号：19VJX171）阶段成果。

36　陈昌锡《湖山胜概》，法国巴黎国家图书馆藏明万历刊本，叶三。

37　南京大学思想家研究主中心主任夏维中教授审读了本文的初稿，给出了诸多细致、中肯而富于洞察力的建议。篇幅有限，无法一一列举。我从中深受启发，特此致谢！

花落了多少
唐诗诗意相关版画的几点检讨

HOW MANY BLOSSOMS FALLEN IN SIGHT
REVIEWS OF THE WOODCUT ILLUSTRATIONS RELATED TO TANG POETRY

韩 进
华东师范大学图书馆

HAN JIN
EAST CHINA NORMAL UNIVERSITY LIBRARY

ABSTRACT

There is a certain kind of schemata in traditional poetic paintings. Generally, images of one poem are showed in the painting as much as possible. This is a double-edged sword. In addition, there is a second kind of schemata in Japan, which is called Ukiyoe style. Ukiyoe style supplies the other effective way in representing the idyllic characteristics of Tang poems.

传统诗意图中常见一种意象毕备的全景图式。[1]明人陆治画王维的"明月松间照，清泉石上流"，圆月一轮，松林一片，山石间再刻划几条水纹。黄凤池编选《唐诗画谱》，亦往往通过排布、再现一首诗中出现的全部或尽可能多的意象来构成相对应的全景式诗意图。

书中王昌龄《西宫秋怨》（"芙蓉不及美人妆，水殿风来珠翠香。却恨含情掩秋扇，空悬明月待君王"）一图（图1），芙蓉倚着湖石开放，池水兴波，有盛妆丽服的美人立于池畔，娉婷有致。[2]这里有一个发挥的地方，水殿空悬于右上方云端，代替了明月的位置。"水殿风来"，美人衣裙往左摆动。她纨扇半掩，含情脉脉地望向水殿的方向。诗中美人、秋扇、明月、水殿、芙蓉等意象，俱现画中。[3]

日本人编刻《唐诗选画本》同篇诗意图中园林叠石、水池兴波和美人持扇的画面均摹自黄氏画谱（图2）。[4]芙蓉则由木本植物改为水生荷花，映着水波，摇曳生姿，画面和谐。它还原了明月的形象，水边添加的曲栏可以理解为是水殿建筑的外延部分，代表着左边画面未到的地方实有一座宫殿主体。曲栏边头戴珠翠的盛妆美人背水而立，相对位置变了，衣裙便改向右摆。这是画家用心的地方。

一　全景诗意图式检讨

王维素号诗画合一，中国画又擅山水冲淡景致，陆治的笔触典雅、抒情，但前面的《山居秋暝》诗意图只能说差强人意。诗是开放的、想

1　这里的"全景图式"，不是指北宋顶天立地的全景山水画构图方式。

2　"却恨含情"，一作"谁分含啼"，此用华东师范大学图书馆藏明刻黄凤池《唐诗画谱》本，下引《唐诗画谱》版本同此。

3　关于画中的这些形象有不同的解读方式，郑文惠《身体、欲望与空间疆界——晚明〈唐诗画谱〉女性意象版图的文化展演》（《政大中文学报》2004年第2期）和杨婉瑜《晚明〈唐诗画谱〉的女性图像》（《议艺份子》2009年第12期）从两性关系的角度解读其隐喻意义。

4　『唐詩選畫本』，日本宽正、文化、天保间刻本。该书版本情况见大庭卓也「補説・唐詩選画本成立の背景」，『久留米大学文学部紀要. 国際文化学科編』(32—33)，2016年，第41—60页，有学者亦论及二图相似性，见張小鋼「唐詩選畫本考：詩題と画題について」，『金城学院大学論集. 人文科学編』11(1)，2014年，第81—94页。

图1 《西宫秋怨》,《唐诗画谱》七言,叶三十a

图2 《西宫秋怨》,《唐诗选画本》七绝三,叶十二b至十三a

象的艺术，一经画笔转为具体形象，便闭合起来。诗中意象与画里景物精心对应，如同设计巧妙的游戏，吸引读者逐一按覆。但也正是在这个过程中，想象遭到禁锢，画面被一一拆解。

读诗—看图—读诗的阅读过程，对于读者成为一种重复劳动。直白、全备的画面，有时反倒不如隔一层更具阅读趣味。恽向画过一页杜诗诗意，采用常见的一水两岸构图，近景枯树两株，一高一矮，下再衬介字点叶小树。沙渚逶迤，水边芦苇几丛。隔岸亦写芦苇以作呼应，远山四五，尽头处有一队野雁鼓动翅膀，将起未起。整个画面平远推进，营造出云天枯寂的气氛。图右上题诗“君从何处看，得此无人态”，与画中形象隔了一层。诗实出自杜甫《高邮陈直躬处士画雁》二首的第一首：

野雁见人时，未起意先改。
君从何处看，得此无人态?
无乃槁木形，人禽两自在。
北风振枯苇，微雪落璀璀。
惨澹云水昏，晶荧沙砾碎。
弋人怅何慕，一举渺江海。

读罢全诗，重温画面，只见雁队点题，芦苇、沙滩皆为诗中意象，惨淡昏暗的色调亦贴合诗意，却须从直书画上的两句再往前一步才能明了。有这一步之隔，反而让人觉得意味隽永。

学者顾随认为诗人作诗有一个收视返听的过程，即如老杜的赋鹰赋马，也是一种内心的东西。[5] 若直将马和鹰的形体落于纸上，则刻划越细，离诗意越远。诗的语言与画的语言是不对等的。以《西宫秋怨》图而言，入秋捐弃的扇子和《长门赋》里阿娇自照的明月，由用典引起情感共鸣，不必实有其物。人比花娇，也不一定非得二者并置而观。橘守国画《四时》诗（图3），“春水满四泽，夏云多奇峰。秋月扬明晖，冬岭秀孤松。”[6] 地上是春，河湖交错，空中是秋，明月高悬，右起夏山，林木葱郁，白云缭绕，左边以光秃秃的冬山收束。桥梁、山路相通，再加上行旅、雅集的三组人物活动点景，成为一幅优美的全景山水画。但四时景物以这样的方式萃于一画之中是不合理的。诗画对照，画面越连贯，则越显怪异。

把诗中物像安置进文人画图式中，便受其构图规则和审美标准的制约。《唐诗选画本》借用《唐诗画谱》中的《军中登城楼》图来给王昌龄《从军行》配图（图4）。一军士站在孤城城楼之上，极目远眺。由

5　顾随《驼庵诗话》，生活·读书·新知三联书店，2018年，第60页。

6　『画苑』，日本天明二年序刻本。“孤”，一作“寒”，见袁行霈《陶渊明集笺注》卷三，中华书局，2003年，第218页。

图3 《四时》，天明二年序刻本《画苑》卷一，叶二十一

近及远依次是广阔的青海水面，绵亘起伏的祁连山脉。青海湖烟波浩淼，上方云气弥漫。云气的形状长而卷曲，是专为诗中“长云”一词设计的。由孤城而望青海、雪山是关于“青海长云暗雪山，孤城遥望玉门关”诗意的一种理解，学者已指出其误。[7] 即使按照这种理解，图中孤城与青海、雪山的相对位置也不对，雪山当在中间。这是一幅似是而非的图，究其原因，不能不说是受到山水画一水两岸经典构图的影响。插画家迁就这个构图常规，以水面作中景，高山作远景，却传播了错误的信息。

山水画在动势表现上的短板，以及南宗画风格选择上的“洁癖”也成为全景诗意图的限制。清朝画评家方薰说杜甫在诗画相通方面的造诣

7 刘学锴《唐诗选注评鉴》，中州古籍出版社，2013年，第424—425页。

图4 《从军行》，《唐诗选画本》七绝三，叶三b至四a

图5 王时敏《杜诗诗意图》。故宫博物院藏

直超王维，入峡诸诗更是绝妙的蜀中山水图。[8]王时敏画杜诗诗意图，中有一幅“石出倒听枫叶下，橹摇背指菊花开”（图5）。语出《送李八秘书赴杜相公幕》。李八秘书一大早出发，唯恐失期。此颔联极言巫峡水流之急，舟行之快，素称奇险，理解上也有歧义。王时敏取较通行释义，丹枫突出水面，下承巨石，舟人伸手指向背后岸上盛放的丛菊。遗憾的是，诗中所突出表现的迅疾之意在画里消失殆尽。水面无波，平稳如镜，红衣士人端坐船中。船与水、岸的位置安排不当，不像是从上方水流驶下，而更像刚刚解维离岸。

大诗人张问陶亦作“橹摇背指菊花开”诗意图（图6），承袭王时敏成图。因为画中融入了求画人吴篪的经历，所以舟中人改为正面，有

8 方薰著，郑拙庐标点《山静居画论》，人民美术出版社，2016年，第22页。

图6　张问陶《橹摇背指菊花开诗意图》，采自《中国古代书画图目》，文物出版社，1987—1988年，第213页

图7　朱鹤年《橹摇背指菊花开诗意图》，采自《中国古代书画图目》

点儿肖像图的意思。摇橹人不作回身手指状，应该是有意修正了王时敏关于“背指”的理解。在表现原诗迅疾之意方面，则没有任何改进。

吴篪曾亲身入蜀，他念念不忘“橹摇背指菊花开”一句，想是对于江行奇险之境深有体会。恬静的“橹摇背指菊花开”诗意图，大概不是他心里想要的。在他的请求下，一个月后，另一位画家朱鹤年的同题画完成了。岩壑峰峙，林木错杂。湿润而有序的线条勾勒出水波从高处弯道奔突而下，激荡横肆的画面，水中礁石密布，好一派浩荡动感的蜀山水图（图7）。

钱锺书指出在中国传统文艺理论中，用杜甫诗风作画，只能达到品味低于王维的吴道子（《中国诗与中国画》）。[9] 诗中意象与画里景物精心对应，如同设计巧妙的游戏，吸引读者逐一按覆。但也正是在这个过程中，想象遭到禁锢，画面被一一拆解。以月华、山泉入画，若处理不当，本就容易露出刻划习气。图文对照中，它们更沦为诗句的图解，感染力大减，一腔柔情，反遭削弱。再经写刻刷版，浓淡干湿的分寸失去一半，景物细碎，反觉琐屑无味，妨害整体画意。这也是王时敏和张问陶宁可背

9　钱锺书《中国诗与中国画》，载《旧文四篇》，上海古籍出版社，1979年，第1—25页。

离诗文原意，也不放弃南宗画萧散静美审美追求的原因。对意象全备的追求，可谓一把双刃剑。我们对这类诗意图又爱又恨，很大一部分原因即在于此。

二　通达诗情画意之境的另一种可能性

橘守国、北尾重政等日本画家奉黄氏画谱全景图式为圭臬，调度位置，是忠实而又勤奋的阐释者。[10]他们在风格上规摹南画，刻意掩掉本家面貌，这里称之为南画风。其书流传到中国，因多少仍露出本色手法，是看起来有点奇怪的诗意版画。在这类汉籍中，唐诗作为来自中国的文化典范，其语义语境、阐释方式都遵循一定之规。《唐诗选画本》对于意象全备这一构图理念的贯彻，看起来较黄氏画谱还要彻底。

黄氏画谱中孟浩然《春晓》（一作“春晚”）图（图8），画一只山胡站立樱花枝头，叶片舒展，花蕊簇簇，确是清晨景象，一派盎然。唯有下方一朵，花瓣离开了花朵，翩然下坠。旁边带落两枚花片。鸟儿瞪视着落花，微微张着嘴，似有三分惋惜，三分惊讶。图右下方有“仿林良笔意”五字。林良是明初宫廷画家，擅长花鸟，风格刻厉。画工想是借用林良的典型图式，也可能直接参照他名下的某张成画，做出这种突出啼鸟的构图。山胡，学名黑喉噪鹛，靠近颈部的地方有明显的白斑，善鸣，可以看出是画家用心挑选的。它是中型鸟，画里形体也处理得比较大，几乎通体黑色，线条又刻划得硬。《春晓》诗中氤氲着的那一股淡淡愁绪消失了。

《春晓》是一首耳熟能详的古诗，观者在看到这幅版画之前，想来都有一个心理预期。它不符合预期的另一个点是落花太少。急风骤雨的晚春，“花落知多少”，我们知道是很多。图中落花，却只有一个整

10　大庭卓也指出《唐诗选画本》各编参照黄氏画谱程度有别，见「補説・『唐詩選画本』成立の背景」。

图8 《春晓》,《唐诗画谱》五言,叶三十六a

图9 《春晓》,《唐诗选画本》五绝二,叶十b至十一a

朵，外加俩散片，没能再现乱红成阵的场面。因为刻意地要向林良风格靠拢，《春晓》采用了相对简略的花鸟图样式。《唐诗选画本》对这幅画也不满意，仍改以全景图式（图9）。轩窗四面洞开，一士人在卧榻上醒来，听室外鸟声啁啾，正有两只小鸟盘旋飞舞于花树之间。又有一只站立屋顶，婉转啁啾，招引同伴。地上不规则地散布着近百花片。春睡刚醒，声声鸟啼，落花一地。这幅静美春景并非《唐诗选画本》的原创。更早梓行的橘守国《扶桑画谱》中《春怨》一幅与之相似，图说是仿自蔡冲寰。[11] 蔡冲寰绘制的《唐诗画谱》和《图绘宗彝》都在江户时

11 朱淑真著，郑元佐注《朱淑真集注》前集卷九题作“旧愁”，浙江古籍出版社，1985年，第106页。《扶桑画谱》一书，笔者未曾寓目，转引自山本ゆかり「美人画制作と漢詩——月岡雪鼎筆唐詩選を出典とする着讃作品から」，『浮世絵芸術』（155），2008年，第54—62页。

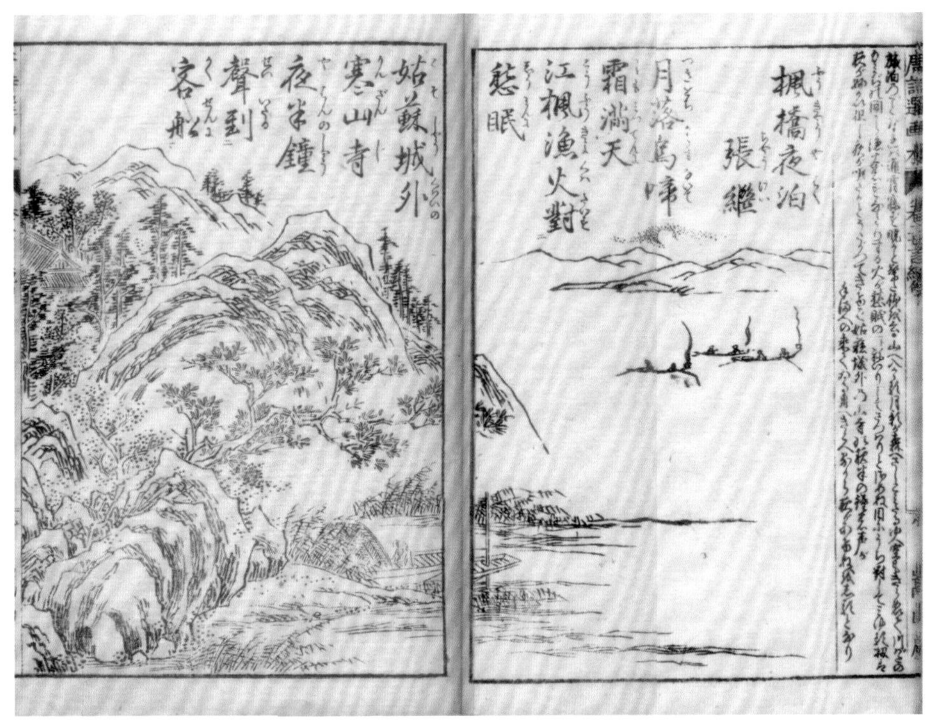

图10 《枫桥夜泊》，《唐诗选画本》七绝续二，叶八b至九a

期传入日本。经画师移花接木后，画意更贴合诗情。[12]

日本的唐诗入都都逸图文读本中亦有表现唐诗诗意的插图，其意旨和表现方式均与南画风有别。《唐诗选画本》中《枫桥夜泊》一图（图10），江上渔火数点，月亮落处满天霜起，石上枫树一株，江边泊着诗人的客船，山坳间露出寒山寺一角。

“月落乌啼”两句缀入一首都都逸谣曲（图11）：

いろの品川、ふとめをさまし（声色品川，俄然梦觉）

月落乌啼霜满天

12 张小钢比较两幅《春晓》图，认为后图更符合诗题，见「『唐詩選畫本』考：詩題と画題について」。

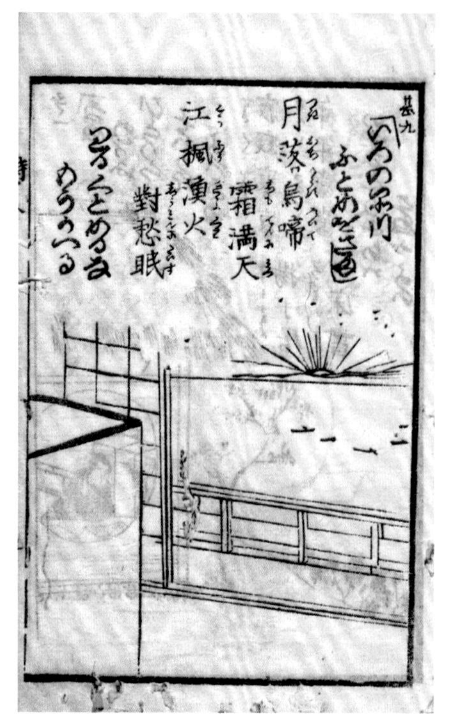

图11 “月落乌啼”篇，《五色染诗入纹句》初编，明治三年松延堂刻本，叶九a

江枫渔火对愁眠

わるくとめるな、もうかへる（且勿拦阻，吾欲返家）（『五色染詩入紋句』）[13]

这位旅人滞留路途有了具体的原因（“声色”云云），但行旅思归的主题不变。画面主体部分水面渔船、月沉下山的画面从《唐诗选画本》中截出。原图月亮四周布满黑点，用以表达月辉或满天霜。这里换成放射性的斜线，一如橘守国的夕阳，是浮世绘的手法。这个画面被巧妙地设计成从一间和室望出去的景象。和风室景加上辐射状光线、透视角度，使这幅借来的画面一下子具有了异域风情。从图释谨严的《唐诗选画本》中寻求蓝本，获取灵感，显示画家对此类全景图式是熟知并接

13 飜蝶閑人作『五色染詩入紋句初編』，明治三年伊勢屋庄之助刻本。

图12 《长安古意》,《唐诗选画本》七古三，叶九

受的，他们在试图贴近唐诗诗意。这是本文讨论的一个基础。截取局部以就简，再加上若干和风化处理，是都都逸插画仿南画风的惯见手法。“寂寂寥寥扬子居，年年岁岁一床书”（卢照邻《长安古意》）篇亦略去近景大树、坡石、篱笆，以及远山、云纹，只保留已更换和装的主体人物（图12）。在不尽如人意的唐诗全景画谱和众多文人诗意图之外，都都逸浮世绘提供了通达诗情画意之境的另一种可能性（图13）。

浮世绘插画师不限于画面景致、人物形象的本土化，他们乐于运用自己稔熟的题材和风格来渲染诗意氛围。浮世绘刻划红尘浮影，都都逸以浅白流畅为旨，两种文艺形式本身都不避讳平白、外露的表达方式，乐于表现俗世的爱恨纠葛。浮世绘画家对于美人画的稔熟和依赖，一旦发挥过度，就容易滑向误区。文士情怀纷纷翻作和风美人的闲愁春恨，一眼看去，不免违和。

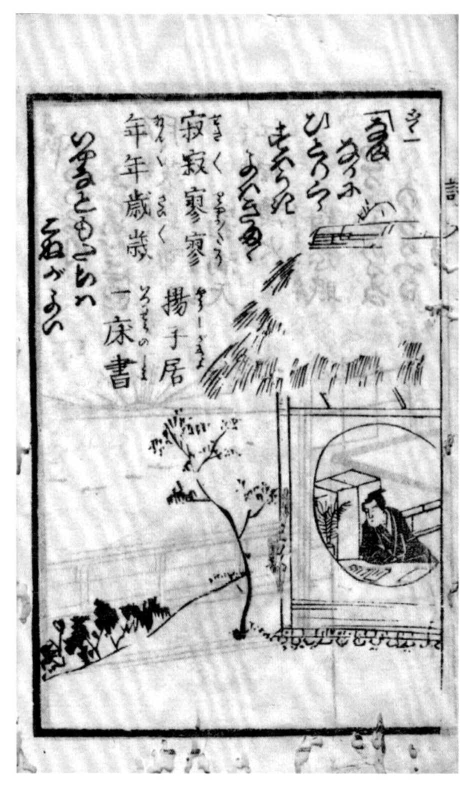

图13 "寂寂寥寥"篇，《五色染诗入纹句》初编，叶九b

王维《送别》诗云："下马饮君酒，问君何所之？君言不得意，归卧南山陲。但去莫复问，白云无尽时。"《唐诗选画本》给这首诗配了一幅整齐完满的全景图（图14），从拴马画起，画饮酒，画朋友相谈，画酒家林木，溪流远山，白云蓊郁。故事情节，布景人物，一个不落，独独诗中的主角面目不清。他化身为二楼酒座上一个小小的略影，形容模糊，更无处见其情绪。传统山水画中的点景人物大抵如此。都都逸浮世绘的代表作《五色染诗入纹句》一书的处理方式与之相反。其"君言不得意，归卧南山陲"篇（图15），布景尽量简化，而突出刻划主角情态。孤单的旅者神色凄然，眉间微蹙。他似行似止，微微侧着头，姿态中带有一种特别的亲切感，与这首诗给人的感觉相符合，叫人过目难忘。

《五色染诗入纹句》类图文读本在明治初的二三十年间蔚成风

图14　《送别》，《唐诗选画本》五古二，叶二b至叶三a

气。[14]每篇首末各一句日文曲词，中间插入整首唐诗，或者一两句摘句，以两句最为常见。既是民间流行的风俗谣曲，又是得到承认的文学形式。[15]读本多为手书上版，汉诗部分行间标注片假名，书皮、内封和序言页常见活泼生动的版式设计，每篇配以浮世绘插画，装订成薄薄的小册子，开本又小，极便日常把玩翻阅。所选唐诗篇目以日本流传甚广的《和汉朗咏集》和题李攀龙《唐诗选》为重要来源，与我们普遍接受者不尽相同。

一首都都逸之中，日文谣曲、汉诗之间的关系有时处理得比较自

14　山崎金男「漢詩入都々逸の研究」，『東京新誌』（第一巻第六号），昭和二年六月。

15　伊藤発子「森鴎外『舞姫』と唐代伝奇一霍小玉伝との関連」，『中村学園研究紀要』（11），1978年，第11—18页。

图15 “君言”篇，《五色染诗入纹句》三编，叶十二a

由，如类似文字教科书的《支那西洋国字都都逸》。像山山亭有人这样的文学家在创作时则注意保持和汉文字的句意连贯性。读本中的插画亦并非全以表现唐诗诗句为目标，但仍不乏诗画契合之作。讨论都都逸画本中图像如何表现唐诗，固然要对这种若即若离的关系保持警惕，但也不应就此忽视插画家在表现诗意上的努力。[16]

三　和风美人的胜利

有美人画和武者绘的成熟发展作为技术基础，浮世绘画家在模

16　有木大輔提出日本画本中的文字注释者有时亦会向画家给出配图提示和要求，见有木大輔「唐詩選画本について一葛飾北斎と高井蘭山の起用」，『アジア遊学』(116)，2008年，第110—119页。

图16 《秋闺思》,《唐诗选画本》七绝续四,叶十一a

图17 “梦里分明”篇,《五色染诗入纹句》初编,叶十五b

写人物情态以传达诗中意绪方面，表现得得心应手。比较《唐诗选画本》和《五色染诗入纹句》中关于张仲素笔下思妇一角（《秋闺思》：“碧窗斜月霭深晖，愁听寒螀泪湿衣。梦里分明见关塞，不知何路向金微。”）的形象，可以看出都都逸插画师的优长之处。前书中，她是初识愁滋味的娉婷少妇，身姿婀娜，衣饰得体，脸上一抹天真的神色（图16）。她在陈设雅致的屋子里，托腮坐于绣墩之上，透过窗户望向屋檐上斜挂的一钩弯月。后书“梦里分明”篇则抓住诗中午夜梦回的场景，妇人独坐帐中，迷茫无助（图17）。即使是在刚刚的梦境里，她也无法找到通往丈夫的道路。主角只以轮廓剪影来表现，那一团深夜孤灯边的暗影，微低着头，肩头内缩，思念之重，似已无法承受，亦无处躲避，越发衬出夜的幽深无望。虽然蚊帐、梦醒的场景设置更应归功于日文谣

图18 “愿作轻罗”篇，明治二年序金松堂刻本《唐诗作加那》，叶三a

曲的创作者，但思妇情态的刻画仍与唐诗诗意不谋而合。

美人的缠绵与哀怨，武士的果敢与牢骚，浮世绘的艺术特质和闺怨、边塞主题唐诗相契合，易于碰撞出奇佳的视觉效果。图像简略却不单薄，寥寥数笔就传达出丰富的意境，与画家构思的巧妙、笔致的蕴藉有关。“愿作轻罗”篇（图18），只有一袭装饰着牡丹图案的华美和服，一面镶了落地架的镜子，思慕的对象并不出场，却更觉得这空间里有脉脉情意在流淌。画家自由地做加法、减法，时而借喻，时而比兴，把诗中意象转化为自己擅长的图像语言。三分巧思，五分画技，也有两分惰性，营造出言有尽而意无穷的画境。

《唐诗选画本》的《夜雨寄北》篇（图19）和都都逸“君问归期”

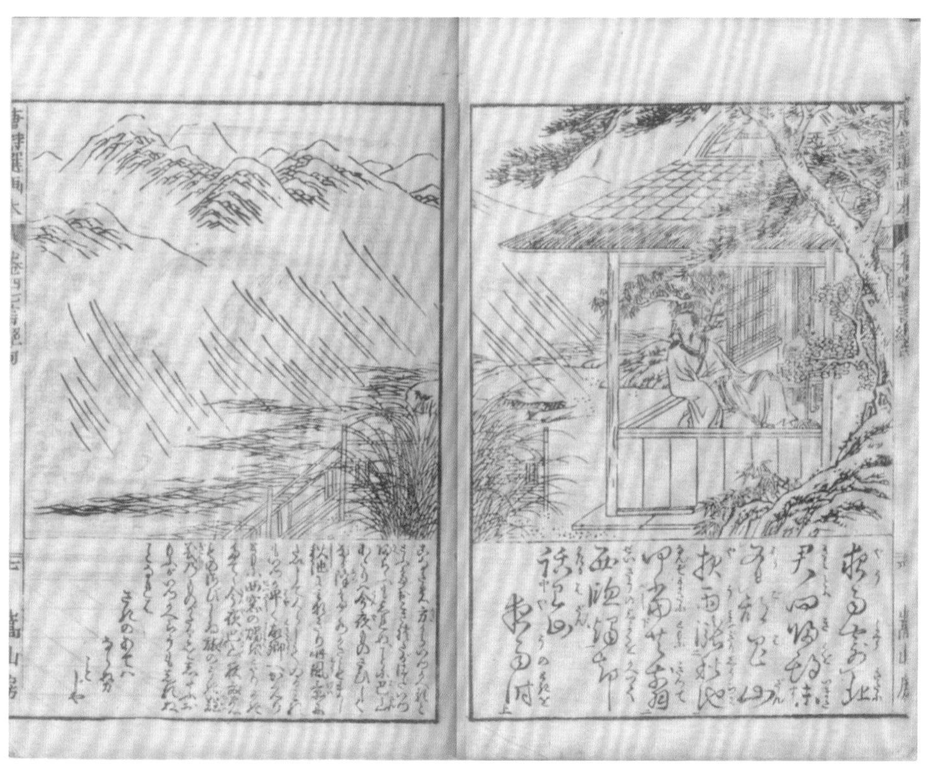

图19 《夜雨寄北》，《唐诗选画本》七绝续四，叶六b至七a

篇（图20）两幅版画有相通的地方。它们都在室内与室外两个空间中建立起一种联通关系。既阻隔又通透，互相角力，又互相成就。不同之处在于，《唐诗选画本》偏于外，外部自然环境占了大部分画面。近中远三景层层递出，草树、水面、群山平稳过渡，制造出一个外向、开阔的空间。轩亭四开，一士人临轩而坐，侧身外望，密匝的雨点砸进相邻的一池秋水中。池水在他眼前涨起，波纹涌动。远山蒙茸，数峰起伏，紧扣诗中的巴山。都都逸浮世绘则偏于内。典型的和室内景中，一架屏风遮住了大半空间，不动声色地把观者的目光导引到对面的窗户上。窗口黑浓一片，雨丝重重划下，隔断了外面可能存在的一切风景，也堵住了向外探询的目光。室内空间亦因屏风的引入被进一步压缩。双重的挤压

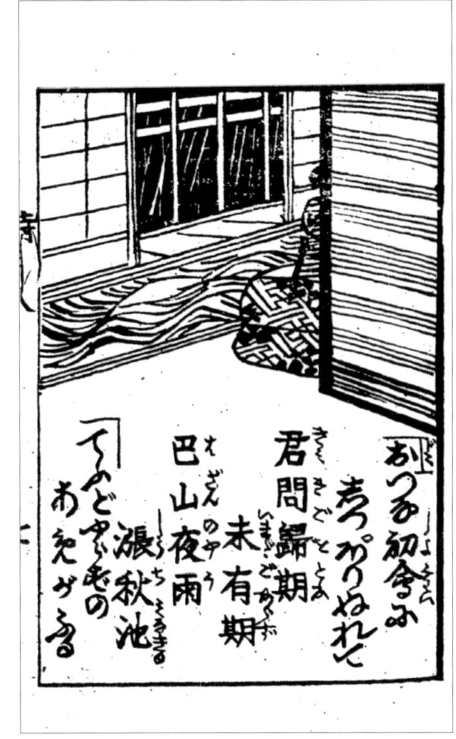

图20 “君问归期”篇，明治十九年堤吉兵卫刻本《唐诗作仮名》，叶七a

图21 《戏赠赵使君美人》，《唐诗选画本》七绝一，叶四b至五a

造成了一种内向的、封闭的空间。顾随先生说“巴山夜雨涨秋池”不是欣赏外物，而是克制地欣赏、玩味自己，涨波亦全在心中，并非眼见的实景。这首都都逸首末是异常浮艳的谣曲，虽不容易判断画家绘图的本意是针对唐诗，还是为谣曲而作，但图画与唐诗意境确乎表现出意外的契合度。顾随先生还为“巴山夜雨涨秋池”想了一句不高明的替换——“情怀惆怅泪如丝”。[17] 若原诗如此，依着浮世绘画家惯使的手段，大约只须驾轻就熟地画位美人儿就足可应付了。

浮世绘刻画红尘浮影，都都逸以浅白流畅为旨，两种文艺形式本

17 顾随《驼庵诗话》，第140—141页。

身都不避讳平白、外露的表达方式，乐于表现俗世的爱恨纠葛。浮世绘画家对于美人画的稔熟和依赖，一旦发挥过度，就容易滑向误区。文士情怀纷纷翻作和风美人的闲愁春恨，一眼看去，不免违和。一些富有历史感的诗句也被简单地处理成红粉佳人式的感情纠缠。秩序感和距离感遭消解，代之以更能抓人眼球的、热烈的情感纠葛，滑稽的情节也被引入。有些插画因被赋予莫名的故事性而显得辞不达意，甚至让人啼笑皆非。

经典性的消解是从联缀的都都逸曲词开始的。张谓《戏赠赵使君美人》（“红粉青蛾映楚云，桃花马上石榴裙。罗敷独向东方去，漫学他家作使君。”）的诗题、诗意向有难解的地方（图21）。[18] 美人既然骑马向东，“使君自有妇，罗敷自有夫，东方千余骑，夫婿居上头”（《陌上桑》），自与使君拉开距离。《唐诗选画本》处理成一女子骑马左行，转头回顾站在马匹后面的男子。男子挥动右手，似是与她作别。都都逸取前两句：

大坂をたちのいて、わたしのすがたが目にたてバ、たれかごに身をしのび、ならのはたごや三わのちや屋（男：离开大阪，如果我的身影浮现你的眼中，且坐上垂帘小轿，来奈良旅馆，三轮茶屋。）

红粉青蛾映楚云

桃花马上石榴裙

五日三日ひをおくり、廿日あまりに四十両つかひはたして弐分のこり、金より大事の忠兵へさん、とがにんにいたし升たもわたしゆへ、おはらも立ましよが、いんぐわづくぢやとあきらめさんせ（女：日子三天五天地过去，二十来天，已用尽黄金四十两，如今只剩二分。比金钱更重要的忠兵卫哥哥，是我让你成为罪人，你或许气恼，而这都

18 张谓撰，陈文华注《张谓诗注》，上海古籍出版社，1997年，第51—52页。

图22 “红粉青娥”篇，《五色染诗入纹句》初编，叶五b

图23 “白发”篇，《唐诗作加那》，叶十三a

是因果报应，且死了这个心吧。）（『五色染詩入紋句』）

女子与人私奔，却不顺利。插画里的东瀛佳人撑伞席地而坐，被摹画得云鬓赛鸦，意态妩媚，越发见出诗句中的美来。男女的位置关系、美女的形象都与《唐诗选画本》有近似的地方，但含情欲诉者绝非罗敷式的美人，距离感一旦消失，这一出戏便与罗敷、使君的故事南辕北辙了（图22）。

摘句的形式赋予诗句释义上的自由度。在男女幽会的谣曲里放入赞颂女性姿容的诗句，文意尚算连贯。李白《秋浦歌》也被青春已逝的妇人借去。男子高举拳头，女子匍匐脚下，苦苦哀求（图23）。后来的翻刻者还嫌这画面过于克制，修改得更加生动（图24）。女人黑白间杂的

图24 “白发”篇，《唐诗作仮名》，叶十一b

图25 “黄沙百战”篇，《唐诗作加那》，叶二b

头发长长地散落下来，梳子摔碎在地上。她一手掩面，一手徒劳地抵挡着男人马上要落下来的铁拳。男人面容凶恶，昔日恩情荡然无存。画面动势十足，太白先生的千古愁绪俱化作一出艳情纠葛。韦应物《幽居》诗中“自当安蹇劣，谁谓薄世荣”二句本是超然物外的人生体悟，却被放置在男女幽会的图文情境中。[19]画屋内一位盛装美女席地而坐，面带愠意。她正伸出一根手指，不客气地指向门外佝偻而立、姿态狼狈的男子。不知道是怕他发现约会的秘密，还是不满他“蹇劣”的处境。这一幅活泼泼的世俗图景，大约会让每一位熟悉《幽居》的读者大跌眼镜。

唐诗入都都逸图文读本的盛行，正值日本明治维新新旧交替的变革

19 酒気亭香織『中国西洋国字度々逸初編』，明治四年序本。

图26 《牛店来客之写真》。日本早稻田大学图书馆藏

时期。西学开始大行其道的同时，中国传统文化在这里也有一个短暂的繁荣期。中国与西洋两种特质的文化缠夹在一起，在都都逸的图文中都有反映。王昌龄《从军行》七首其四（“青海长云暗雪山，孤城遥望玉门关。黄沙百战穿金甲，不破楼兰终不还。”）描写冷兵器时代的战争场面。都都逸“青海”篇以日本传统武士形象作图解，而“黄沙百战”篇则不画边塞战场、金戈战马，而是就着日文谣曲首句中出现的“铁张船”，配上了被视为开化象征的蒸汽船。这艘蒸汽船在外形上和1865年佐贺藩制造成功的凌风丸近似，是日本国产的第一艘实用蒸汽动力船（图25）。

前面“白发三千丈”两图中的男子，一是传统发型，一为文明式

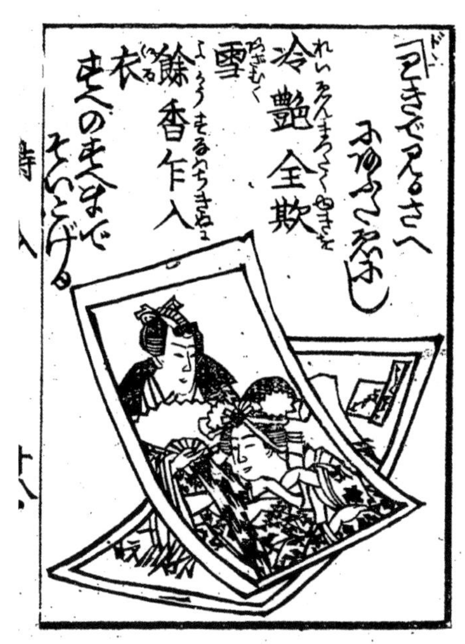

图27 “冷艳”篇，《唐诗作仮名》，叶十八a

图28 “月落乌啼”篇，《唐诗作仮名》，叶二a

短发。《唐诗作加那》前有作者明治二年（1869）自序。[20]《唐诗作假名》出版于十七年后。[21]后书曲词基本出自前书，插画亦多据原图翻出，但有若干修改。其中之一是男子的服饰一律从和服变成维新洋装，发型由传统的月代头改为西式短发或礼帽（图26）。这与明治政府关于男性剪短发、穿洋服的诏令有关。人们形象的改变是当时饶有趣味的社会话题。《唐诗作假名》中只有“冷艳全欺雪”一篇的男子仍保持旧式装束（图27），却巧妙地把整个画面处理为照片上的留影，引入了照相技术这一新潮事物。“月落乌啼”篇原作日本旧式轿子、双桅船等传统风物，新图索性就用一列喷着气行进的火车占满整个画面（图28）。烟囱是流行的凹槽石柱式样。为照顾诗的本意，在远处地平线上小小地点

20 山々亭有人『唐詩作加那』，明治二年序金松堂刻本。

21 堤吉兵衛編『唐詩作仮名』，明治十九年堤吉兵卫刻本。

了几处帆影。由旧时的客船而与时俱进地改为火车，不出行旅诗的范畴，想来也为读者所喜闻乐见。谣曲末句亦作相应修改，引入“汽车（火车）”这一新式交通工具。“汉王未息战”篇图文中的旧式轿子也用同样的方法换成了人力车。图文作者同时修改日文谣曲意象和画中景物，引入时新物品，视觉效果让人耳目一新。

与都都逸浮世绘的时新求变不同的是，南画风诗意版画直到明治十四年（1881）的铜版印本《（画入译解）唐诗选》仍在致敬传统。缀入都都逸之后，唐诗嫁接进异域文学形式，也就随之跨入新的文本领域。都都逸和浮世绘二者结合而成的绘本书籍，自我定位是市井普及读物。从经典文本到娱乐读物，唐诗被灵活地放置进各种图文情境。作为诗文阐释者的插画师不复拘谨，他们会规规矩矩地画梅花枝上一鸟鸣叫来表现“已见寒梅发，复闻啼鸟声”，也可能随性发挥，甚至是宕开一笔，邀一位诗外不相关的美人来装点页面。[22]其图像出品于唐诗本意而言，不乏溢出规矩外的草率之作，但亦常见奇巧的妙思，与感发人心的诗学特质相契合，表现出创新性、趣味性和时效性的一面。在贴近诗意与宕开一笔的交锋中，包含着两种文化审美的同异、维新开化的进程以及唐诗在不同文本环境下的变异和接受等课题。

复旦大学邹波教授、山本幸正教授和京都大学早川太基博士承担并指导本研究中的日语翻译工作，深表谢忱。

---

22 三木光斎編『蟹字混交漢語詩入都々逸初編』，日本刻本。

利玛窦对《程氏墨苑》“宝像图”的释读

MATTEO RICCI'S NOTES OF PRINTS ABOUT ROMAN CATHOLICS FROM *CHENG SHI MO YÜAN*

梅娜芳

宁波大学潘天寿建筑与艺术设计学院

MEI NAFANG

PAN TIANSHOU COLLEGE OF ARCHITECTURE, ART AND DESIGN, NINGBO UNIVERSITY

ABSTRACT

The paper covers the subjects of four prints depicting about Roman Catholics from *Cheng shi Mo Yüan* of Cheng Jünfang. The Jesuit Missionary Matteo Ricci wrote notes about three of them, but he changed the commendations of them. He also called the last print about Modonna as "tianzhu". This paper wants to explain why he did this intentionally for his missionary work.

一　郑振铎与《程氏墨苑》

晚明制墨家程君房（1541—1610之后）滋兰堂刊刻的墨谱巨制《程氏墨苑》是中国印刷史、版画史、制墨史上的重要里程碑。此书是程君房的制墨图绘，共录墨样图五百余式，每图附文人的序跋题赞，先后经过多次增订重修。存世墨印本《程氏墨苑》并不稀见，但彩印本却是难得一见。中国国家图书馆藏彩印本是国内存世孤本，由郑振铎（1898—1958）先生捐赠，是民国藏书家、刻书家陶湘（1871—1940）的旧藏。

郑振铎先生曾举毕生之力收藏图书近万部，因为对小说、戏曲的研究而关注版画，尤其是"徽派版画"。版画的收集，至郑振铎的年代，仅五六十年的历史，他本人在南北各地的所得亦"不过一千余种"。[1]彩印本《程氏墨苑》便是其中佼佼者。郑振铎曾感叹："余收集版画书二十年，于梦寐中所不能忘者惟彩色本程君房《墨苑》、胡曰从《十竹斋笺谱》及初印本《十竹斋画谱》等三伟著耳。"[2]也正因此，在意外获得此书时会发出"此'国宝'也！人间恐无第二本。余慕之十余年，未敢做购藏想。不意于劫中竟归余有，诚奇缘也"[3]的慨叹。甚至在书至之日，"集同好数人展玩至夕"。[4]

郑振铎与《程氏墨苑》的这一段因缘际会，在《劫中得书记》中有详细记载，辑录于下：

初，徐森玉先生告余，陶兰泉先生处，有彩色印《程氏墨苑》。余将信将疑……时正从事版画史，欲一决此疑。乃以森玉之介，访兰泉先生于天津。细阅此书竟日，录目而归。曾语兰泉先生：他书皆可售，此书于版刻史上，美术史上大有关系，不宜售。后兰泉迁居沪上，藏书几

1　郑振铎《〈中国古代版画丛刊〉总序》，《郑振铎全集》第14卷，花山文艺出版社，1998年，第276页。

2　郑振铎《劫中得书续记》，《郑振铎全集》第7卷，花山文艺出版社，1998年，第531页。

3　郑振铎《劫中得书记》，上海古籍出版社，2007年，第35页。

4　同上。

尽散出。余意此书亦必他售矣。秋间，至友某君来沪，遇兰泉，余恳其询及此书。竟尚在。时余方归“曲”于国库，囊有余金，乃以某君之介，收得此书。[5]

陶兰泉，即陶湘，号涉园，江苏武进人，藏书多达三十万卷。陶湘在藏书之余还致力于校勘、整理、刻印古籍，加之不善理财，晚年妻子去世后竟至入不敷出，靠陆续出售藏书维持生计，尤其是在日本侵华之后。在“藏书几尽散出”的境况下，《程氏墨苑》能得以保存，除了自身的价值外，或许亦与郑振铎当年的嘱托有关。

郑振铎对此书的盛赞，主要是因为那些彩图有助于梳理彩色套印技术的源头：

施彩色者近五十幅。多半为四色、五色印者。今所知之彩色木版画，当以此为嚆矢……此书各彩图，皆以颜色涂渍于刻版上，然后印出；虽一版而具数色。后来诸彩色套印本，盖即从此变化而出……我人谈及彩色套版，每不知其起源于何时。得此书，则此疑可决矣。[6]

当然，《程氏墨苑》在版画史的影响远不止此。图样之多，刻工之精，均属墨谱上乘，而四幅西洋“宝像图”——《信而步海，疑而即沉》《二徒闻实，即舍虚空》《淫色秽器，自速天火》《天主》——更是当时罕见之物，是中国木刻版画与欧洲铜版画的第一次相遇。

二　利玛窦的注音

“宝像图”早在二十世纪初就受到了版画研究者和中西文化交流研究者的关注，正如陈垣先生所言，“明季之有西洋画不足为奇，西洋

5　同上。

6　郑振铎《劫中得书记》第42条“《程氏墨苑》”，第35、36页。

画而见采于中国美术界，施之于文房用品，刊之于中国载籍，则实为仅见。其说明用罗马字注音，亦前此所无。”[7]

本文所要探讨的便是利玛窦[Matteo Ricci，1551—1610]的罗马字注音。四幅“宝像图”，前三幅均有利玛窦的注解，后一图仅有标题《天主》。按照法国图像学家埃米尔·马勒[Emile Male，1862—1954]的原则，解读基督教图像，最可靠的做法就是找到图像所依据的经文原典。前三幅“宝像图”均出自福音书，但奇怪的是，利玛窦的解读与原典并不一致，每图都有不同程度的出入。

关于这点，美国著名的中国史研究专家史景迁[Jonathan Spence]先生在《利玛窦的记忆之宫》[*The Memory Palace of Matteo Ricci*，1986]中指出，这是利玛窦为传教之需故意而为。下面我们就来具体看看他对这三幅“宝像图”的注解。

第一幅《信而步海，疑而即沉》（图1）。从作品下方的题词可知，原铜版画由德·沃斯[Martin de Vos]绘图，安东尼·威尔克斯[Anthony Wierix]雕刻。画面中，耶稣抗着十字架站在岸边，众门徒正在拉网，圣彼得跳下船向耶稣靠拢。从这些要素可以判断，此图主题是《约翰福音》中的“耶稣在提比哩亚海边显现”，为了更清楚地说明注解与原典的不同，将福音书的记载抄录如下：

> 这些事以后，耶稣在提比哩亚海边，又向门徒显现。他怎样显现记在下面。有西门彼得、和称为低土马的多马、并加利利的迦拿人拿但业、还有西庇太的两个儿子、又有两个门徒、都在一处。西门彼得对他们说：我打渔去。他们说：我们也和你同去。他们就出去，上了船，那一夜并没有打着什么。天将亮的时候，耶稣站在岸上。门徒却不知道是耶稣。耶稣就对他们说：小子，你们有吃的没有。他们回答说：没有。

7　陈垣《明季之欧化美术及罗马字注音》，《陈垣史学论著集》。转引自向达《明清之际中国美术所受西洋之影响》，《新美术》1987年第4期，第13页。

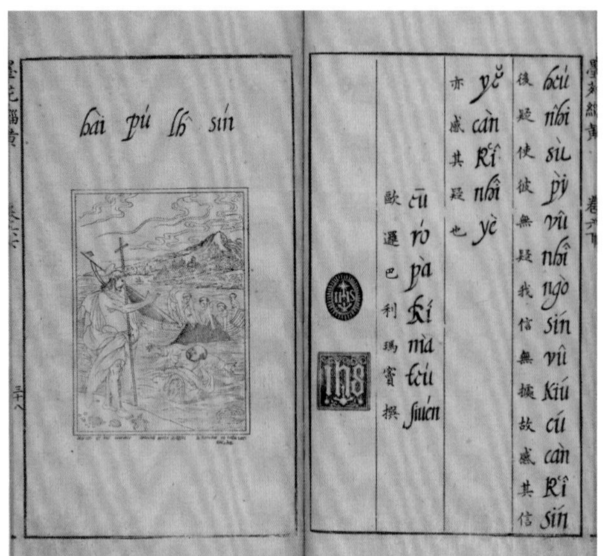

图1 《信而步海，疑而即沉》，采自《程氏墨苑》，明万历间滋兰堂刻本。日本东京艺术大学附属图书馆藏

耶稣说：你们把网撒在船的右边，就必得着。他们便撒下网去，竟拉不上来了，因为鱼甚多。耶稣所爱的那门徒对彼得说：是主。那时西门彼得赤着身子，一听见是主，就束上一件外衣，跳在海里。其余的门徒（离岸边不远、约有二百肘，古时以肘为尺，一肘约有今时尺半）就在小船上把那网鱼拉过来……[8]

这是耶稣复活后在门徒面前显身的奇迹。耶稣出现在岸边，整夜都没有捕到鱼的门徒听从耶稣的吩咐下网，果真拉起满满一网鱼，有门徒认出耶稣，圣彼得激动地跳下船来。虽然这里提到除彼得外还有六个门徒，而画面中只出现了四个，略有出入，但主要的细节都相吻合。再来看一看利玛窦的注释，就会发现两者间的差距有多大：

天主已降生，托人形以行教于世。先诲十二圣徒，其元徒名曰伯多落。伯多落一日在船，恍惚见天主立海涯，则曰："倘是天主，使我步

8 "耶稣在提比哩亚海边显现"，《约翰福音》第二十一章。

海不沉。"天主使之，行时望猛风发波浪，其心便疑而渐沉。天主援其手曰："少信者何以疑乎？笃信道之人，踵弱水如坚石，其复疑，水复本性焉。"勇君子行天命，火莫燃，刃莫刺，水莫溺，风浪何惧乎！然元徒疑也，以我信矣。则一人瞬之疑，足以竟解兆众之后疑。使彼无疑，我信无据。故感其信，亦感其疑也。[9]

此处元徒伯多落即圣彼得，利玛窦采用了中国化的人名，中国化的表述。但整段注解只字未提耶稣复活后的显身，通篇都在强调信仰天主即可风浪无惧，在海面如履平地。看到这篇文字，熟悉福音书的读者会立马想到《马太福音》中的一章：

……耶稣随即催门徒上船，先渡到那边去，等他叫众人散开。散了众人以后，他就独自上山去祷告。到了晚上，只有他一人在那里。那时船在海中，因风不顺，被浪摇撼。夜里四更天，耶稣在海面上走，往门徒那里去。门徒看见他在海面上走，就惊慌了，说：是个鬼怪。便害怕、喊叫起来。耶稣连忙对他们说：你们放心，是我，不要怕。彼得说：主，如果是你，请叫我从水面上走到你那里去。耶稣说：你来罢。彼得就从船上下去，在水面上走，要到耶稣那里去。只因见风甚大，就害怕。将要沉下去，便喊着说：主阿，救我。耶稣赶紧伸手拉住他，说：你这小信的人哪，为什么疑惑呢。他们上了船，风就住了。在船上的人都拜他说，你真是神的儿子了。[10]

这是"耶稣履海"的故事，强调信仰耶稣就能在海面行走自如，与利玛窦的注释异曲同工。故事发生在"五饼二鱼"的奇迹之后，属于耶稣的早期生活，而不是耶稣复活后的场景。

---

9 利玛窦，"信而步海，疑而即沉，"《程氏墨苑》第六册卷六下"缁黄"，中国书店出版社，1996年。

10 "耶稣履海"，《马太福音》第十四章。

“耶稣在提比哩亚海边显现”与“耶稣履海”是两个如此不同的神迹，但故事中却出现了很多相同的要素。首先，故事的主人公都是耶稣、圣彼得和门徒；其次，场景中都出现了大海与船只；第三，圣彼得都有下船之举。利玛窦要用“耶稣履海”代替“耶稣在提比哩亚海边显现”来解释图1，确实不难，他只要将“耶稣在海面上走”的细节改成“耶稣站在岸上”，释文和图样就基本对应了。

据史景迁先生所言，利玛窦有一套威尔克斯表现耶稣受难的作品，共21幅，其中一图即表现“耶稣在提比哩亚海边显现”，与所见《信而步海，疑而即沉》极为相似，[11]当是其底本。但威尔克斯的版画中，耶稣的手、脚均有钉痕，身体右侧也有长矛的刺痕。这点差异在史景迁先生看来并不是什么问题，因为利玛窦身边有一位中国画家，我们相信他所说的这位中国画家就是倪雅古，凭借其绘画技能，完全有能力在复制威尔克斯的作品时，去掉耶稣受难的种种伤痕。据此，史景迁先生推测，如果当时利玛窦手头有一套杰罗尼姆·纳达尔[Jeronimo Nadal]的《福音肖像》[*Images from the Gospel*]，就不需要如此偷梁换柱了。按史景迁先生的这种假设，利玛窦为了向程君房赠送“宝像图”，临时让倪雅古复制了几幅，因为只有这样才会考虑在复制时去掉耶稣身上的伤痕。若果真如此，利玛窦为何不让倪雅古做更大的修改，让耶稣出现在海面上，让船上的使徒不是在拉网，而是像《福音肖像》中的“耶稣履海”那样，有的正紧抱船桨，有的正奋力拉拽船帆，有的则吓的高举双手，甚至惊哭出来。

实际上，史景迁先生这些看似合情合理的推测都建立在一个错误的前提之上，那就是四幅“宝像图”都是由利玛窦赠送给程君房的。早期学者，比如美籍德裔藏学家罗佛[B. Laufer]（1874—1934）、法国汉学家伯希和[P. Pellito]（1878—1945）、戎克、向达，均因利玛窦的

---

11 参见Jonathan D. Spence, *The Memory Palace of Matteo Ricci*, Penguin Books Ltd., 1986, p. 63.

注音而持此说。然而，林丽江女士结合利玛窦撰写的《述文赠幼博程子》和对二十余部不同版本《程氏墨苑》的比较，推翻了这一假说，力证只有《天主》图为利玛窦所赠，其余三幅则是程君房陆续获得的。[12] 且不论这些细节上的出入，史景迁先生关于利玛窦故意篡改经文的说法却是很有意义。"耶稣在提比哩亚海边显现"和"耶稣履海"都是耶稣所施行的奇迹，利玛窦为什么会认为后者在传教中可以发挥更大的作用?

事实上，在民间流传着不少与"耶稣履海"相似的传说。比如持诵《金刚经》的感应中，有一条就是救人于水火险难，《金刚经感应录》第八篇记载了三十四则此类故事，有些就发生在明代，最著名的就是青果商沈济寰的故事。

相传，沈济寰居住在嘉兴兆丽桥，每天清晨必持诵《金刚经》，即便外出也要将经卷藏于绢袋，挂于胸前，以便得空持诵。1593年冬，沈济寰载着满满一船水果航行在太湖上。不料，强风突起，霎那间天昏地暗，巨浪滔天，随时都有船毁人亡之险。就在全船人哀号呼救时，有一股神奇的力量将船送至岸边。围观者都说看到两位金甲神人把船托起，乘风破浪，送到了岸边。大家都觉得这是沈济寰每日持诵《金刚经》的功德。

沈济寰的故事发生在1593年，而利玛窦的释文写于1605年，时隔仅十余年，这个故事在当时应该是被人熟知的，相信类似的故事必然还有，因为在佛教观世音的变相中，洒水观音正是专门庇佑人躲避水灾的。这肯定和当时水灾泛滥的民情有极大的关联，利玛窦初到中国就深切地感受到了这点。他曾在描述黄河时提到黄河给沿途流域带来的巨大灾难，还发现官员们常用各种迷信活动来祭祀黄河，奉其为神灵。[13]

---

12 关于"宝像图"的传入问题，参阅笔者《墨的艺术：〈方氏墨谱〉和〈程氏墨苑〉》，中国美术学院博士论文，2011年，第104—108页。

13 利玛窦曾这样描述黄河：This river brings much harm to the parts of China through which it passes, both because of its floods and its frequent changes of course. For these reasons the mandarins sacrifice to it, as if to a living spirit, with many superstitious rites. 见Jonathan D. Spence, *The Memory Palace of Matteo Ricci,* Penguin Books Ltd., 1986, p. 85.

图2 《二徒闻实，即舍空虚》，采自《程氏墨苑》，明万历间滋兰堂刻本。日本东京艺术大学附属图书馆藏

此情此景，让利玛窦深知老百姓对于躲避水灾的渴望，“耶稣履海”的神迹远比“耶稣在提比哩亚海边显现”的神迹更能抓住中国人的心。

第二幅《二徒闻实，即舍空虚》（图2），原图雕刻者也是威尔克斯，绘图者不详。此图以耶稣在以玛忤斯显身的故事为主题，出自《路加福音》第二十四章。据经文原典记载，当耶稣在耶路撒冷被钉上十字架后，有些门徒选择了回乡。图中表现的正是两个正准备返回以玛忤斯的门徒，一路上，他们谈论着耶稣在耶路撒冷的一切，包括他的复活。耶稣显身与他们同行，但门徒没有认出他来。一路上，耶稣给他们讲解了从摩西和众先知以来，经文上所有指向自己的话，告诉他们这一切在经文中早有预言。日落时分，两门徒邀请耶稣与他们一同来到以玛忤斯。晚餐时，耶稣将饼掰开递与门徒，门徒才将他认出来，知道主已复活，就在这时，耶稣突然消失了。

耶稣在以玛忤斯显身，同门徒的对话是为了解释《圣经》中所有指向自己的征兆，以坚定他们的信念。但基督徒在理解这段记载时有不少疑惑，比如，以玛忤斯是一个小村庄吗？为什么以玛忤斯距离耶路撒冷二十五公里远？这两个门徒为什么要离开耶路撒冷？为什么两个门徒只有一个有名有姓？为什么他们一开始没有认出耶稣？为什么在他们到达以玛忤斯后，耶稣还要继续前行？在用餐时，耶稣将饼掰成了几份？每份代表什么？面对如此复杂的事件，不熟悉《圣经》故事、不了解基督教教义的中国读者，要理解这个故事，必然困难重重。

或许是意识到了这些，利玛窦在撰写注解时，修改了耶稣与门徒的对话。他的注释强调的是“天主必以苦难救世”的教义，告诫信徒要“勿从世乐，勿辞世苦”，因为“世苦之中，蓄有大乐，世乐之际，藏有大苦”[14]，故只有长期接受磨难，才能进入天堂。这与佛教的清修持戒又是何等相似。

第三幅《淫色秽气，自速天火》（图3），原作绘图者克里斯宾·德帕斯[Crispin de Pas]，雕刻者不详，以《创世纪》第十九章所多玛城和罗得的故事为主题。德帕斯曾用一组四幅作品来展现罗得的故事。第一幅描绘上帝在听到所多玛城的罪恶后，宣布毁城；第二幅描绘天使寄宿罗得家，索多玛城的男女老少包围其家，意欲攻击天使，天使施法昏迷了他们的双眼；第三幅描绘罗得在天使的保护下带领家人在索多玛城毁灭前夕逃离出城，他的妻子在逃亡中因回头观望而变为盐柱；第四幅描绘罗得的两个女儿为了延续子嗣而将父亲灌醉，与其同睡。

图3的底本显然就是其中的第二幅。画面左边，台阶上的天使伸出手臂，使众人昏迷了眼，紧握着双手的罗得在恳请众人停止罪行。画面右边则是一片混乱，被昏迷了眼的所多玛人，有的因为看不清楚而摔倒在地，有的依然在试图抓住天使。而利玛窦的注释则把重点放在上帝的惩罚上，将读者的注意力吸引到所多玛人的罪行和即将面临的灾难——“人及兽、虫焚燎无遗，乃及数木、山石，俱化灰烬，沉陷于地，地潴为湖，代发臭水。”[15] 在毁城的惩治中，只有洁净的罗得及其家人蒙受天主的庇佑，这与佛家的惩恶扬善是一致的。

---

14 利玛窦，“二徒闻实，即舍空虚”，《程氏墨苑》第六册卷六下“缁黄”，中国书店出版社，1996年。

15 利玛窦，“淫色秽气，自速天火”，《程氏墨苑》第六册卷六下“缁黄”。

图3 《淫色秽气，自速天火》，采自《程氏墨苑》，明万历间滋兰堂刻本。日本东京艺术大学附属图书馆藏

利玛窦于1582年来到中国传播基督教教义，关于其传教策略，普遍认为有一个先佛后儒的转变过程。[16] 利玛窦在传教初期，便是做僧人打扮，早期建造的教堂也被称为寺庙，比如肇庆知府王泮赐名的“仙花寺”。但利玛窦慢慢意识到，被误当成番僧，与佛教相混淆，带给传教的种种弊端，逐渐“弃佛近儒”。到1599年居留南京期间，与佛僧三淮的三次辩论，已然是公开反对佛教。从《述文赠幼博程子》落款的纪年可知，利玛窦撰写注音是在万历三十三年（1605），此时，他的传教策略已然是“补儒易佛”，甚至是“以儒抑佛”。

从传教初期对佛教的利用，到后来对佛教的批判，足以证明他对佛教是相对了解的，而他对基督教经文原典的篡改，或许能在一定程度上证明，利玛窦的传教策略是相当灵活的，只要有利于传教，便可根据实际需要，做出适应性调整。明代是儒释道三教合一的时代，上至士人的儒家文化，下至普通老百姓的日常生活，都夹杂着佛教思想。无论是第一份注释的偷梁换柱，还是第二、三两份注释的细微差别，利玛窦宣扬的教义都与佛家思想相吻合，更能引起中国民众的共鸣。

16 过去一百年，对利玛窦的各项研究已取得一定成就，各领域的研究成果可参阅张西平《百年利玛窦研究》，《世界宗教研究》2010年第3期，第69—76页。

三 从圣母子图到天主图

除了这三份注释，仅有标题的《天主》图（图4），同样体现了与佛教之间的关联。此图没有相关释文，或许是因为圣母子像没有故事情节需要说明，也或许是圣母像在当时的传播让利玛窦深感没有注解的必要。

圣母马利亚的形象对于天主教在中国的传播，发挥了独特的作用。万历二十八年（1600），利玛窦在上神宗表文中称：“谨以天主像一幅，天主母像二幅，天主经一本，珍珠镶嵌十字架一座，报时钟二架，万国图志一册，雅琴一张，奉献于御前。物虽不腆，然从极西贡来，差足异耳。”[17] 关于利玛窦进呈给万历皇帝的三幅画像，并无详细记载。后来，刘侗与于奕正在崇祯年间合撰《帝京景物略》，提到了宣武门教堂供奉的天主像，称天主是个三十岁左右、手持浑天仪喃喃自语的男子，利玛窦进呈给万历皇帝的天主像或许与此相似。

晚明文人的笔记也数次提到天主像，但这些描述明显不同于《帝京景物略》的记载。姜绍书《无声诗史》说：“利玛窦携西域天主像，乃女人抱一婴儿，眉目衣纹，如明镜涵影，蝺蝺欲动。其端严娟秀，中国画工，无由措手。”[18] 对于姜绍书的描述，向达先生指出：“姜氏所云天主像，实即圣母像，姜氏不识，混而为一。”[19]姜绍书描述的形象显然是圣母而非耶稣，但他真的是因为不识而混而为一吗？因为误以为天主是一女性形象的不止姜绍书一人。谢肇淛也是这般认为的：“其天主像乃一女身，形状甚异，若古所称人首龙身者。”[20]人首龙身的形象更为奇特，到底如何，尚待进一步考证。但搞不清楚天主形象，恐怕并不仅仅是因为晚明文人对基督教的陌生。

17 转引自向达《明清之际中国美术所受西洋之影响》，《新美术》1987年第4期，第12页。

18 姜绍书《无声诗史》第七卷“西域画”，于玉安编《中国历代画史汇编》第2册，天津古籍出版社，1997年，第811页。

19 向达《明清之际中国美术所受西洋之影响》，第12页。

20 谢肇淛《五杂组》地部二，上海书店出版社，2009年，第82页。

图4 《天主》，采自《程氏墨苑》，明万历间滋兰堂刻本。日本东京艺术大学附属图书馆藏

顾起元《客座赘语》对天主像的描述略微详实。顾氏是这样写的："天主者，制匠天地万物者也。所画天主，乃一小儿，一妇人抱之，曰'天母'。"[21] 虽然顾氏分清了"天主"与"天母"的区别，但描述的画像实则与姜绍书所见一样，是圣母怀抱圣婴的图像，属圣母像一类。结合《程氏墨苑》中的《天主》图，或许可以大胆假设，让中国人混淆天主像与圣母像，正是利玛窦等早期耶稣会士的意图，因为《程氏墨苑》中的《天主》图，呈现的正是圣母子像，利玛窦不可能像刚接触基督教的晚明文人一样，分不清其间的差异，误题为"天主"。

史景迁先生推测，圣母肖像通常采用写实主义手法，中国人在一定程度上是因为肖像的逼真才接受圣母的。万历皇帝在见到圣母像时，确

21 顾起元《客座赘语》卷六"利玛窦"条，中华书局，2007年，第193—194页。

曾惊叹见到了“活菩萨”。这或许是原因之一，但在更大程度上，恐怕是因为圣母与观音之间的相似性，尤其是圣母怀抱圣婴的形象与送子观音之间的相似性。早前供奉在肇庆“仙花寺”教堂中的圣母像，就被来客称呼为“天主圣母娘娘”，而耶稣会士在初次见到观音像时，也曾将其与圣母像混淆。[22]

虽然在佛教的“六观音”“七观音”“三十三观音”和“三十三应身观音”中都没有送子观音的图像，但观音信仰传入中国后，自西晋时就出现了求子于观音的说法。[23] 事实上，两者的混淆不仅是因为圣母子与送子观音在形象上的相似性，更因为马利亚也像送子观音一样具有赐子和助产妇“易产”之效，这在经文中是早有预示的[24]。欧洲中古时期的马利亚奇迹集中更是有不少此类记载，关于圣母送子的传说沸沸扬扬。十二世纪，圣母崇拜的中心之一，法国的罗卡马铎[Rocamadour]就流传着这样的故事：

> 某加里西亚[Galicia]偕妻长途跋涉，最后来到罗卡马铎，面见教堂中的玛利亚圣像。这对夫妻颇有年纪，但膝下犹虚，于是恳求圣母赐子，而且果然一举得男。[25]

利玛窦的继任龙华民在韶州的一则故事，正是耶稣会士试图用圣母取代观音的直接证明。龙华民在韶州布道时，有信徒告诉他，家中偶像已全都丢弃，唯独留了一尊观音像，因为妻子怀孕，希望观音能保佑她

22 Jonathan D. Spence, *The Memory Palace of Matteo Ricci*, Penguin Books Ltd., 1986, p. 250.

23 参见李奭学《三面玛利亚——论高一志〈圣母行实〉里的圣母奇迹故事的跨国流变及其意义》，《中国文哲研究》第34期，2009年3月，第53—110页。

24 《路加福音》第一章“马利亚往看伊莱沙伯”记载，“伊莱沙伯一听马利亚问安，所怀的胎就在腹里跳动”。高一志《圣母行实》据此称，“天主降世后，所施首恩，即托圣母施于孕育者……是后乏嗣及难产者，但望圣母恩佑，鲜不获焉”。

25 故事出自马库斯·布尔《罗卡马铎的圣母奇迹集》[Marcus Bull, *The miracles of Our Lady of Rocamadour: Analysis and translation,* Rochester: The Boydell Press, 1999]，第97页、115—117页，转引自李奭学《三面玛利亚——论高一志〈圣母行实〉里的圣母奇迹故事的跨国流变及其意义》，第86页。

顺利生产。龙华民闻此，就告诉他马利亚曾无痛分娩，可用其图像代替观音像。据传，信徒遵照而行，其妻果然毫无痛苦地产下一子。[26]

鉴于两者在形象与神力上的相似性，耶稣会士很容易借助观音菩萨在广受佛家思想影响的中国人心中的地位，来宣扬圣母马利亚的伟大。

此外，还有一点需要注意，在耶稣受难像在中国难以流传开来的情况下，马利亚的形象在传教中显得尤为重要。1585年10月，利玛窦写信给阿夸维瓦[Acquaviva]，要求他寄一些宗教画来，但他明确表示这些画像的主题不应该是耶稣受难，因为这种画在当时还不能为中国人理解。事实上，耶稣受难像不但不为国人理解，还被认为与巫术有关。在利玛窦向万历皇帝进呈贡品前，太监马堂检查了利玛窦的行囊，在看到耶稣被钉十字架的小型木雕时，马堂认为这是利玛窦试图加害皇帝的巫蛊行为，从而对利玛窦及其同伴进行了彻底搜查。利玛窦很无奈，他发现所有见到这个雕像的人都憎恨他，认为是他对雕像中的人物施加了残酷的刑罚，就连他的中国朋友也认为将一个人弄成这个样子确实不怎么好，甚至有人建议他们碾碎所有此类雕像。

出于这个原因，耶稣受难像的流传是极其有限的，虽然有时会被做成黄铜小纪念章，挂在信徒的脖子上，有时会被印刷成小型图片，送给皈依的信徒，但更多时候是被刻意藏起来的，有些教堂也只是用普通的十字架来装饰教堂顶。不仅在利玛窦传教之初有这样的障碍，即便到了汤若望的时代，耶稣受难像仍然没有得到中国人的普遍认可，有杨光先《临汤若望进呈图像说》为证：

上许先生书后，追悔著《辟邪论》时，未将汤若望刻印国人拥戴耶稣及国法钉死耶稣之图像刊附论首，俾天下人尽见耶稣之死于典刑，不但士大夫不肯为其作序，即小人亦不屑归其教矣。若望之进呈画像共书

26 参见李奭学《三面玛利亚——论高一志〈圣母行实〉里的圣母奇迹故事的跨国流变及其意义》，第89页。

图5 《第五十三现》，采自《观世音菩萨慈容五十三现》，清康熙间山阴戴王瀛滋德堂刊本。法国法兰西学院藏

六十四张，为图四十有八，一图系一说于左方。兹弗克具载，止摹拥戴耶稣及钉架立架三图三说，与天下共见耶稣乃谋反正法之贼首，非安分守法之良民也。[27]

汤若望进呈图像是在崇祯十三年（1640），距利玛窦入华已过去半个多世纪。虽然杨光先不再斥责这是巫蛊行为，但仍视耶稣为被处极刑的贼首。出于这个原因，耶稣会士在传教初期根本无法利用耶稣受难像的感化力，不得不在圣母像上寄托更大的期望。

由此可见，不管耶稣会士有意还是迫于无奈，圣母形象不可避免地会和观音形象相混淆。十六世纪末，接触过基督教的中国人普遍认为基督教的上帝是一位怀抱婴儿的女子。晚明《观音菩萨慈容五十三现》[28]中的西洋观音像（图6）正是观音、圣母、耶稣三者混淆的产物。

27　向达《明清之际中国美术所受西洋之影响》，第13页。

28　目前所知最早的刻本藏于上海图书馆，由刘洁敖先生捐赠，但未注明刊刻时间。通常都认为此套观音画谱刻于晚明，高睿哲《清初观音画谱慈容五十三现版画研究》（台湾师范大学硕士学位论文，2006年）一文认为其刊刻时间当在清初。

四　结语

显然，利玛窦是有意改写经义原典，并将圣母子像题为“天主”的，其目的当然是为了便于宣传教义。但当这些图像和释文被收录到《程氏墨苑》中以后，是否真如利玛窦期望的那样，有助于耶稣会的传教事业？

我们知道，《程氏墨苑》作为墨样图集，所收录的图样是为了在墨上使用的，虽然我们不知道是不是所有墨样图都被做成了墨锭实物，但其最初的意图肯定如此。所以，这些图像和释文一旦进入《程氏墨苑》，其功能便发生了转化。至于程君房为何要收录这些图像，尤其是在最初并不清楚图像含义的情况下，他本人并没有直接的文字说明。对此，陈垣先生是这么看的：

> 《墨苑》分天地人物儒释道六集，今书口题曰缁黄者即释道合为一集，而以天主教殿其后也。时利玛窦至京师不过五六年，而学者视之，竟与缁黄并，其得社会之信仰可想也。[29]

从陈垣先生的跋文来看，在天地人物儒释道外添加“宝像图”，《程氏墨苑》的体系就显得更完整了。这或许是程君房的考虑，因为他曾宣称《程氏墨苑》要做到包罗万象。但陈先生据此断言学者将天主教与释道并重，似有不当，因为并没有多少人理解这些“宝像图”的含义，利玛窦不辞劳苦的修改经文亦可印证这点。

白谦慎先生则认为：“程君房在其所刻墨谱《程氏墨苑》中，收入了由利玛窦传入的《圣经》插图。他还将传教士发明的罗马拼音刻到自己的墨谱中，以增加‘奇’的意趣，使之具有更广泛的公众诉求力。”[30]虽然关于图像由利玛窦传入的说法有误，但关于满足读者好奇

29　向达《明清之际中国美术所受西洋之影响》，第13页。

30　白谦慎《傅山的世界：十七世纪中国书法的嬗变》，生活·读书·新知三联书店，2009年，第21页。

心的说法则从另一个角度剖析了程君房的心态。晚明文人确实常用“海外诸奇”一词来描述西洋事物，这样的做法也确实符合晚明文人的“尚奇”风尚。

同样出自万历年间的方瑞生《墨海》中有一锭《婆罗髓墨》（图6），是目前仅见以西洋图像入墨的实例。此墨所描绘的主体建筑与“二徒闻实，即舍空虚”中的背景非常相似，建筑物都强调立体感，讲究透视，明显带有西方铜版画的特点，而周围的云气则采用中国的传统手法，以至有学者认为前者是后者的“翻版”。而这锭墨是被归属在“摹奇”部分的。

由此可见，程君房收录“宝像图”，在迎合晚明文人“尚奇”趣味的同时，也让《程氏墨苑》的体系更加完整，而图样的宗教宣传功能则最大限度的退化了。

本文在博士论文《墨的艺术：〈方氏墨谱〉和〈程氏墨苑〉相关章节的基础上修订而成。

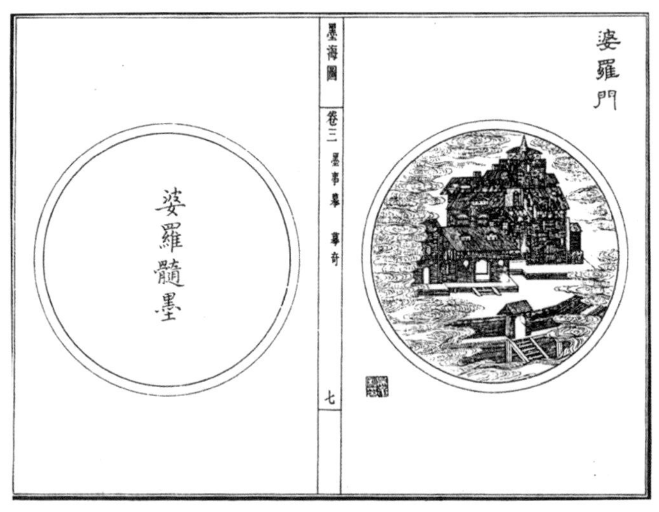

图6 《婆罗髓墨》，采自方瑞生《墨海》，明万历间刻本

书籍史与艺术史中的《素园石谱》

AN INTERSECTION OF BOOK HISTORY & ART HISTORY: *STONE CATALOGUE OF THE AUSTERE GARDEN*

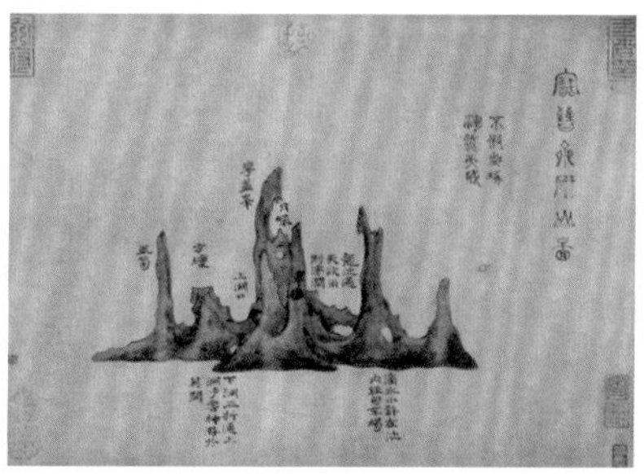

孙 田
独立学者

SUN TIAN
INDEPENDENT SCHOLAR

ABSTRACT

Stone Compendium of the Austere Garden, published in 1613 by its author-editor Lin Youlin (1578-1647) in Songjiang, is regarded as a significant treatise of connoisseurship of scholars' stones. Bibliographers tend to put it either as a compendium of records, or as a collection of paintings. Though the author-editor says the images in the book can be traced to their originals, most researchers do not agree with such. Lin Youlin and his father were well connected with book collectors, publishers, calligraphers and painters from Songjiang of their period. The name of the engraver of the stone compendium frequently shows up in the books Wang Qi (1530-1615) compiled, and this brings a new perspective to understand this book. Inspired by Ooki Yasushi's studies on late Ming publishing culture, this book could be seen as an epitome of a revolution of book compilation in late Wanli period Songjiang with both emphasis on texts and images. The studies of the image repertoire of the author-editor's reveal a panorama of stone connoisseurs and painters since Yuan Dynasty with a focus around Sun Kehong (1532-1611), a prominent painter and stone collector. Besides its double emphasis on images and texts, this book shows the transition from paintings to prints as well. *Stone Compendium of the Austere Garden* started from real stones, sometimes various kinds of representations of stones, and ended up as a book, this whole unevenly complicated editing process is the author-editor's 'creation', featuring 'remediation', a term coined by Jay David Bolter, yet in this case a visual modernity belongs to Late Wanli period.

一　书籍史中的《素园石谱》

《素园石谱》四卷[1]，明林有麟撰，万历四十一年自刻本，八行十八字，白口，四周单边。黄经序，作者自序，落款万历四十一年（1613）。广东中山图书馆藏本钤有白文方印“仇时古印”等印记。检王弘撰《山志》初集卷一“仇紫巘”条：

仇紫巘名时古，字叔尚。曲沃进士，为松江太守，与董宗伯思白、陈徵君仲醇善。……仇氏书画之富，甲於山右，其所藏概千有余种。在松江时，凡有所得，辄求董宗伯、陈徵君为鉴定，故往往有二公题字。予及见者，三百五十六种。[2]

此条为我们勾勒了一位晚明官员收藏家的形象。仇时古为万历二十六年（1598）进士[3]，任刑部主事、长芦盐政判官，擢江南松江知州，升陕西西安知府、广西兵备副使，后罢归。著有《睡心编》[4]。考之《上海通志》，仇于天启五年（1625）至崇祯元年（1628）任松江知府[5]，去《素园石谱》成书之万历四十一年（1613）未远。时林有麟身在“九载郎官，两年郡守”[6]宦途，此本或为投赠父母之作。

中国国家图书馆藏本有郑振铎跋：

《素园石谱》，明万历刊本，颇罕见。故宫博物院藏有一部，曾影印行世，惟系托陶湘描绘上石者，故原本之面目仅存虎贲中郎之似。日本大村西厓所辑《图本丛刊》亦尝收入此书，乃以木刻翻雕，刻工亦不

1　关于《素园石谱》的研究，参见Kemin Hu（胡可敏），*Scholars' rocks in Ancient China: the Suyuan Stone catalogue,* Trumbull, Conn.: Weatherhill, 2002。

2　清王弘撰撰，何本方点校《山志》，中华书局，1999年，第19—20页。

3　朱保炯、谢沛霖编《明清进士题名碑录索引》，上海古籍出版社，1979年，第2578页。

4　邬汉章修，仇汝功纂《新修曲沃县志》，民国十七年铅印本。

5　上海通志编委会《上海通志》，上海人民出版社，2005年，第807页。

6　林有麟《感时触事疏》，载冯梦龙《甲申纪事》第九卷，上海古籍出版社，1993年，第165页。

甚精，且原书是后印本，遂多模糊影响之处。予十五、六年前尝于北平获此书明刊残本二卷（第三及第四卷），为不远复斋藏书，南下时，携以相随，久乃置之橱中，不复念及。顷过忠厚书庄，见架上有书二册，标白《素园石谱》，及取阅之，乃明刊之第一及第二卷，且亦有不远复斋藏印。遂假之归，取旧藏之二卷相勘，恰是一书，正足配全无缺。此书久裂为二，乃相隔十五、六载之久，相距千余里之远，终得复合为一，诚奇缘也。固可为此书贺，亦自欣喜无已也。间有阙叶，拟以故宫印本配入。又《图本丛刊》本有后来增入之页，亦拟并以附入焉。至是，此书始复旧观。装成有日，书以志遇合之奇，亦以见一书之得，其苦辛乃非他人所深悉也。

不远复斋为清吴县潘世璜室名。世璜撰有《须静斋云烟过眼录》，家藏书画甚多。故亦收此石谱。予所藏画谱每有从画家及书画收藏家散出者。此类书本不为藏书家所重，赖有此，乃得种子不绝耳。[7]

跋中有几条信息值得注意：

一、明刊本罕见，翻本至少有两种，故宫博物院藏本影印本和日人辑《图本丛刊》本[8]，但二种印本皆不精。

二、《图本丛刊》本所据底本为后印本，后印本的缺点是字口、图版模糊，优点是有所增补，故《图本丛刊》有校刊价值，不可偏废。

三、石谱之类的书，传统藏书家不看重，因为他们最重经史，所

7 郑振铎《西谛书跋》，文物出版社，1998年，第138—139页。

8 按：《图本丛刊》辑书十一种，《素园石谱》列第七种。《列仙酒牌》《列女传》《素园石谱》《刘向古列女传》四种由上海美术工艺制版社负责刊印，未列刻工、印工名氏，余皆于东京刊印，列刻工、印工名氏。据杨铸研究，分刻两地的原因，除大正十二年九月一日大地震外，或另有缘由，尚待探讨。“《图本丛刊》部分成于东京，部分成于上海，究竟应定位‘和本’，还是应定位‘唐本’？这在日本的古书行业中，至今仍存有分歧。”另，此本《素园石谱》由海上书画家唐熊题签。唐为大村西崖辑选印行《图本丛刊》的举措所感，提供己藏《列仙酒牌》作为复刻底本，并就此撰跋。除《素园石谱》外，唐还为丛刊中的《列女传》《刘向古列女传》题签。见杨铸《大村西崖与〈图本丛刊〉》，《文史知识》2012年第11期，第109—115页。

以此类书往往借书画收藏家流传——中山图书馆藏仇时古旧藏本亦为一例。乾隆的学者编纂四库全书也只把《素园石谱》放在存目，没有收进正书。但《四库全书总目》有提要，其云：

《素园石谱》四卷 浙江汪启淑家藏本

明林有麟撰。有麟有《青莲舫琴雅》，已著录。是编乃有麟于所居素园辟玄池馆以聚奇石。因采宣和以后石之见于往籍者凡百种，具绘为图，缀以前人题咏。始蜀中永宁石，终于松江普照寺达摩石。大抵以意摹写，未必能一一肖其真也。[9]

所谓的“採宣和以后之石见于往籍者凡百种”，即黄经《小引》中的“古贤吟讽单词小篇”，《凡例》中的“是编检阅古今图籍奇峰怪石有会于心者”。所谓的“以意摹写，未必能一一肖其真也”，按照林有麟的说法则是：

石有形有神，今所图止于形耳，至其神妙处，大有飞舞变幻之态，令人神游其间，是在玄赏者自得之。

图绘止得一面，或三面四面，俱属奇观，不能殚述，则有名公之咏歌在。

石中奇形怪状，不一而足，似涉传疑，然必确然有据，方命剞劂。若谓忆度揣摹，逞奇艺苑，则我岂敢。[10]

作者在《凡例》中作的这些说明，说得比较明确。图乃止形，所以诗文是帮助我们遥想的羽翼。图也只能画出一面，名公题咏在此仍继续发挥作用。但说这些图都是想当然而为，作者则不承认，《总目提要》强调

9 《钦定四库全书总目》，中华书局，1997年。

10 林有麟《素园石谱》卷一，明万历四十一年刊本，叶一至二。

"未必能一一当其真"，他则强调"然必确然有据"。乾嘉学者周中孚《郑堂读书记》又云：

四库全书存目。仁甫虽生长朱门，而赋性整洁，家有素园，辟元池馆，供礼石丈，而三吴之残崖断壁堑崿窿坳者稍具焉。因检阅古今图籍，奇峰怪石有会于心者，辄写其形，题咏缀后，凡百有二种。皆取小巧，足供娱玩，至于叠嶂层峦，穿云参斗，非尺幅可摹者，则姑置之。然所录奇形怪状，不一而足，究属臆度揣摩，未必确然有据也。前有万历癸丑自序、凡例，及其友黄今则经序。[11]

但是，古人的所有石谱中，《素园石谱》是传世首部图文互补之作，我们后人遥想古人的品石，也只能依赖于此书，实际上，这些图版成了我们通向古代品石文明的重要阶梯。我们品读《宣和石谱》[12]所记载的石头，既枯燥又无法记忆。可此书画出的"宣和六十五石"，形态各异，的确殊非易易，下了一番苦功，它既丰富了我们的想象，又让这部书引人入胜。遗憾的是，今人还很少有人对它进行研究，尤其是它的版画很少有人研究，在郑振铎先生的《中国古代木刻画史略》中也只是简单的一句话：

《李孝美墨谱》和《素园石谱》也都是杭州所刻的，均极精工，颇疑为徽派名手寓杭者之作。[13]

即使这样的简单几个字"均极精工"，林有麟可能也足以自豪了。不过，说到的刻工可能误记。就在作者自序第一页的书口下，刊有六字：

---

11 周中孚《郑堂读书记》，上海书店出版社，2009年，第826—827页。

12 《宣和石谱》一书，题蜀僧祖考撰。研究《云林石谱》的薛爱华与研究《说郛》丛书的昌彼得都认为此"祖考"，实为撰《华阳公记事》的祖秀。四库总目地理类存目著录云："祖秀蜀人，靖康元年闰十一月汴京陷时，随都人避兵艮岳"。里籍与时代均与此书合。"祖秀"作"祖考"，盖因形近而讹。

13 郑振铎《中国古代木刻画史略》，上海书店出版社，2006年，第77页。

“云间周有光刻。”检周有光所刻书，除了此书，还有次年林有麟辑刻的《法教佩珠》（1614）及林刻冯琦《北海集》（1616），还参与稍早王圻的巨制《稗史汇编》（1608），名署写刻序叶一十四书口之下，其技术精能于此可见。王圻也是云间人，嘉庆《松江府志》列其为“万历松郡四家”之一，何三畏《云间志略》言其居乡“时与同侪林太仆、陆运长诸老结诗酒盟”。[14] 林太仆即为林有麟父林景旸，林有麟亦为《稗史汇编》七位校人之一，即参与出资刊刻，可见王氏、林氏至少为两代知交。刊刻《稗史汇编》时在万历三十六年，林有麟年三十一，此或为林、周合作之始。这也就阻止了我们一见版画精美的作品就向徽派靠拢的可能。

由“云间周有光刻”揭示出的林有麟与王圻的遇合，对理解《素园石谱》的编辑观念提供了一种视角，既是万历后期[15]松江刻书的视角，也是图文并举的视角。万历三十七年（1609）前后，王圻父子《三才图会》刊成。有明一代类书众多，然图文并茂者，仅《三才图会》及章潢之《图书编》二书。[16] 大木康的研究进一步指出，“《三才图会》之所以会被视为革命性的作品，就在于它是首部以绘画为中心编集而成的事典，换言之，绘画并非辅助性的手段”。[17] 王氏父子的编集实践，[18] 当对林有麟有所启发。林有麟本人亦有画名，《日涉园图》[19] 首开绘全

14 明何三畏《云间志略》卷十八，明天启四年刊本，上海图书馆藏。

15 郑振铎先生《中国古代木刻画史略》第六章名“光芒万丈的万历时代”，以万历为木刻画的黄金时代。此说影响极大。而钱存训在《中国纸和印刷文化史》中以“17世纪初年起至明朝结束的1644年”表述“极盛时期”，比郑论延后了近三十年。介于两者之间，王伯敏《中国版画史》取万历、天启两朝为最。董捷的《版画及其创造者》于此有详细考辩，以钱论为是，并就版画风格研究，提出“万历中后期”的分期术语。详见董捷《版画及其创造者：明末湖州刻书与版画创作》，中国美术学院出版社，2015年，第5—13页

16 《三才图会》出版说明，载明王圻、王思义编集《三才图会》，上海古籍出版社，1985年

17 大木康所言“绘画”，更准确的表述，或为版画，甚至是图像。大木康《明末江南的出版文化》，周保雄译，上海古籍出版社，2004年。

18 详见大木康《明末江南的出版文化》，第152页。

19 此图今存十景，曾藏上海博物馆，据上海博物馆库房著录，此图已于1993年划拨“地史馆”，或即今之上海历史博物馆。尚无缘提件细观。关于此图，最详细的研究，见杨嘉佑《〈日涉园图〉与明代上海日涉园》，载《上海博物馆集刊》第4期，上海古籍出版社，1987年，第390—396页。

园胜概，即为林氏手笔，图卷前为李绍文万历四十四年（1616）撰并书序，整套三十六景俱有园主陈所蕴题咏和李绍文和诗。

李绍文，字节之，李豫亨子。他是林有麟的同里同时代人，为林氏《青莲舫琴雅》序作者李绍箕三弟，为林刻《玉恩堂集》十八校阅名公之一，自言"性耽著述"[20]，何三畏言"终以著述隐"[21]。著有《云间人物志》、《九峰志》、《云间杂识》、《明世说新语》、《艺林累百》等。《南吴旧话录》卷二三"名社·林太仆"条言林景旸"延文士与子有麟为同学"[22]，其中即有李绍文；卷二四"闺彦·李节之母"[23]记林有麟"雅谑"李绍文故事，两人亲密，可见一斑。《素园石谱》卷四"青锦屏"末云"见李节之《云间杂记》。"按，李节之《云间杂识》为万历四十三年（1615）序刊本，万历四十一年刊《素园石谱》尚称其为"《云间杂记》"，书题在刊刻时或有改易。此条之外，林氏《青莲舫琴雅》中也有与《云间杂识》所录相似的故事数则。《云间杂识》万历刊本为八卷本，流传极罕[24]而节钞本颇多，上海图书馆藏海丰吴氏旧藏抄本，题"明郡人李绍文节之撰"，四卷所录大致即为八卷本前四卷；《四库全书存目》录浙江巡抚采进本题为《云间杂记》三卷；乾隆平湖陆氏奇晋斋丛书第十五种作《云间杂志》，"明华亭撰人阙"，三卷；1928年奉贤褚氏铅印本题为《云间杂志》，袭陆氏订本，亦阙撰人名氏，也是三卷。附记于此。

20 明李绍文著，刘永翔校点《云间人物志》，载刘永翔等整理《明清上海稀见文献五种》，人民文学出版社，2006年，第262页。

21 明何三畏《云间志略》卷十八"李典客中条"。

22 转引自刘永翔等整理《明清上海稀见文献五种》，第269页。另，刘氏所引《南吴旧话录》为上海图书馆藏二十四卷刊本，不同于"瓜蒂庵藏明清掌故丛刊"所收谢国桢藏海丰吴氏旧藏李汉徵注两卷本。

23 转引自刘永翔等整理《明清上海稀见文献五种》，第269页。

24 上海图书馆藏万历刊本。今人杜泽逊《四库存目标注》亦未明撰人名氏，未及万历刊本。杜泽逊《四库存目标注》，上海古籍出版社，2007年，第2324页。

二 《素园石谱》与《云林石谱》

从文献来源上讲，《素园石谱》因袭《云林石谱》甚多。迄今所见《云林石谱》最早的刻本为1597年前后的夷门广牍本[25]，早期刻本中程氏丛刻本（1615）[26]与汲古阁单卷本（1629前后）[27]俱晚于《素园石谱》（1613）。《夷门广牍》辑刻者周履靖的交游圈，与半日舟楫往还的松江有密切的关系，林氏有获观可能。除此，我们可以说，在林有麟刊刻《素园石谱》之前的时代，《云林石谱》主要以抄本形式流传，或为《说郛》抄本[28]，或为单抄本。陶宗仪所辑《说郛》成书于林氏世居

25 今天，《夷门广牍》最盛行、易得的本子为民国二十九年（1940）上海商务印书馆据涵芬楼藏万历刊本影印本，一百四十八卷一百零四种，收入该馆所刊《景印元明善本丛书十种》，此本恰不载《云林石谱》。检之各馆所藏《夷门广牍》异本，仅台北国家图书馆藏一百六十五卷一百零六种本、北京图书馆藏九十一卷五十五种本、浙江图书馆藏六十五卷四十一种本（善005823），天一阁博物馆藏本（善5002）含《云林石谱》。台北国家图书馆藏《夷门广牍》，为嘉业堂旧藏。首叶钤“刘承幹字贞一号翰怡”白文方印，和“吴兴刘氏嘉业堂藏书记”朱文方印对章。白口，单鱼尾，四周单边。半叶九行，行十八字。

26 书目文献中所见“程氏丛刻本”提法，一见于《藏园订补郘亭知见传本书目》“云林石谱”条，云：（补）明万历四十三年程百二等刊程氏丛刻本，十一行二十二字，白口，四周单阑。莫友芝撰，傅增湘订补，傅熹年整理《藏园订补郘亭知见传本书目》，中华书局，2009年，第649—650页。又，1948年，王重民于《图书季刊》发表《跋程氏丛刻》，所用北平图书馆藏程氏丛刻五种十卷，卷耑有后人题“程氏丛刻”，王氏故袭用此名。王重民《跋程氏丛刻》，《图书季刊》新第九卷第一、二合刊，第25—26页。另，山阴祁理孙《奕庆藏书楼书目》录“新安程与辑”《说隽》四本，含《画鉴》《石谱》《茶录》《酒经》，与王重民所录仅差《品茶要录》，当为此丛书另一题名，附记于此。

27 汲古阁《群芳清玩》与《山居小玩》两种丛书有紧邻因袭关系，俱收《云林石谱》，以单卷而非三卷形式刊行。《群芳清玩》总序撰于崇祯二年（1629）。

28 今天，《云林石谱》见载于海内《说郛》明抄八种。一为吴宽丛书堂抄本，此本存于双鉴楼旧藏明抄三种配补本[28]中，后曾归武林王氏九峰旧庐，今藏上海图书馆。吴宽为成化八年（1472）进士，故此本于诸明抄本中或为较早本。上下单边，左右双边，无鱼尾。半叶十行，行二十字。墨格，版心有“丛书堂”三字。二为钮氏世学楼抄本，并不见载于《会稽钮氏世学楼珍藏图书目》。今藏中国国家图书馆。白口，无鱼尾，四周单边。半叶十行，满行二十四字上下。三为阮氏文选楼旧藏明抄本，今藏中国国家图书馆（03907）。黑口，双鱼尾，四周单边。半叶十行，满行行十九字。卷二十四末叶有题记：“弘治庚申依本录”，是为弘治十三年（1500）抄本。四为涵芬楼旧藏明抄本，张宗祥谓“似系万历抄本”，今藏中国国家图书馆（07557）。白口，单鱼尾，四周双边。半叶十行，行二十四字上下。张宗祥校理本《说郛》即自此本写定目录。五为滹南书舍抄本，今藏中国国家图书馆（00485）。此本尚未得缘寓目。六为吴江沈瀚抄本，经卢氏抱经庐、刘氏嘉业堂旧藏，今藏香港大学冯平山图书馆（善837/77—11）。白棉纸，半叶十四行，行二十二字。乌丝栏，白口三鱼尾，下象鼻处署“沈”字。是本为《四明卢氏藏书目录》所载。叶昌炽谓此本“尚是嘉靖以前写本”。见叶昌炽《缘督庐日记抄》卷十六，民国上海蟫隐庐石印本。七为毛氏汲古阁旧藏明抄本，今藏临海市博物馆。王舟瑶跋言明此本“卷数不同，即编次亦异”。此本《云林石谱》不同于主要明抄本载卷十六，而载“第二十二卷·谱”。“谱”，王舟瑶谓“大题”，而具体书名，则称“小目”。无界格，半叶九行，满行十八字。八为玉海楼旧藏明抄本，今藏瑞安市博物馆。黑口，双鱼尾，四周双边。半叶十行，行二十字，行首均空一格。卷十六卷耑钤“瑞安张氏宋廎藏书印”白文方印。

的松江府，虽与林有麟的年代有两百年之隔，获观钞本仍有地利之便。林本人亦于万历年间刻过与乡邦文学相关的元人杨维桢等撰《西湖竹枝词》[29]、元人袁凯《海叟集》[30]。冯梦祯《快雪堂日记》卷九万历丁酉（1597）十二月二十四，录“太平邓倅施节推买《说郛》，缺二册”，时在南京，可见《说郛》当时已有买卖[31]。

林有麟（1578—1647）三妹（抑或为三姊）嫁莫廷韩（1537—1587）九弟莫是彦字廷俊、号重庵者[32]。莫中江“与先君称莫逆”[33]云云，友朋之外更兼姻亲之谊。斯时姻亲晚辈自称“眷晚生”，林有麟即为莫中江“眷晚生”。另，莫廷韩外祖为常熟杨仪（1488—1564）[34]，嘉靖五年（1526）进士。《铁琴铜剑楼藏书题跋集录》录万历甲戌（1574）梦觉子过录杨仪旧藏杨慎题跋《云林石谱》[35]，清代藏家毛寿

29 《中国古籍总目》录上海图书馆藏本（线善789423）。明万历写刻本，竹纸，未详刊刻年月。一卷，一册。每半叶八行，行十六字。白口，四周单边。匡高20.3厘米，广12.6厘米。卷后有“竹枝词小跋”，未署撰人名氏，于书迹观之，当出林有麟笔。版心下方时署“滕鉴亭刻”。姑录小跋末段于此：“……当时峰泖名士多从之游，袁公海叟其一也。袁公以诗擅场，为士大夫前茅，不知其源实出于此。则铁老因吾松诗派……”“小跋”涉及袁海叟，可作刻《海叟集》缘起观。末句未完，则此亦为残本？

30 《中国古籍总目》不载此本。近人施蛰存曾以《袁海叟诗》为题专文讨论《海叟集》，“所知者凡七刻”，依时序列出。林刻于此七刻中居五：“明万历十七年，林有麟重订陆氏（深）本，即所谓《瓦缶集》也”。见施蛰存《云间语小录》，文汇出版社，2000年，第150—154页。按，万历十七年，林有麟年方十二，“十七”云云，误。范传贤、范喆《袁海叟诗版本考略》录“华亭林有麟校订重刻本”，“惜其撰序不载年月”。康熙壬寅曹炳曾上海城书室刊刻本载录以往《海叟集》诸刊本序跋，林序因得以保存。周国林主编《历史文献研究》总第19辑，华中师范大学出版社，2000年，第323、326页。

31 明冯梦祯撰，丁小明点校《快雪堂日记》卷九，凤凰出版社，2010年，第109页。

32 综合林氏墓志与莫如忠世系研究成果。莫如忠世系，见王安莉《莫是龙〈小雅堂集〉的几个问题》，《文艺研究》2012年第2期，第125页。

33 林有麟《青莲舫琴雅》卷三，云南大学图书馆藏本。

34 何三畏《云间志略》卷十九“莫太学廷韩公传”云：“莫是龙，……少育于常熟外翁杨公五川家。稍长，始归于莫方伯。”

35 “云林石谱三卷　旧钞本
宋山阴杜绾季阳著，明杨慎升庵题跋。万历甲戌五岭山人又号梦觉子手钞。……
右石谱三卷，从蔡君石岩借录成帙。此书故五川杨翁家物，翁故后，其书散失于市井间，为月溪转假惠我，盖所从得之难若此。谱中所载石颇详，而石墨、石钟，其传最久，乃固不载。又如闵之将乐，滇之大理，咸石中之英，亦所不录，岂闻见有所不逮耶？因知著书实难，非博古通今不可。甲戌夏五下澣日，梦觉子识。”见瞿良士辑《铁琴铜剑楼藏书题跋集录》卷三，上海古籍出版社，1985年，第164—165页。

君言："隐湖初刻'山居小玩'本，比此钞本不如远甚"[36]，可见其在明抄本中的价值。此本今在中国国家图书馆。以地缘、亲缘之便，林氏或有机缘获观此过录本，乃至杨仪旧藏原本。

当然，取资《云林石谱》是一方面，换一个角度，《素园石谱》与《云林石谱》仍有很大的不同。《云林石谱》的特色，用孔传小序中的话说："采其瑰异,第其流品,载郡邑之所出,而润燥者有别,秀质者有辩,书于编简。"因此，其所记的石头有许多可利用其优美的质色制作各种器物，例如宝华石、辰州石、浮光石、阶州石、吉州石、莱石、墨石、南剑石、汝州石、上犹石、石州石、泗州石、桃花石、修口石、相州石、西蜀石、鹦鹉石、兖州石等等。即使记典故也不忘交待石头形色的地质特点，以今天的眼光看，科学之光熠熠。相比之下，《素园石谱》的文化典故知识浓郁，地质特色则被大大削减。我们不妨对比一条，例如卞山石：

湖州西门外十五里有卞山，在群山中最为峭崒，顷朱先生居之。产石奇巧，罗布山间，巉岩磊瑰，色类灵壁，而清润尤胜。叶少蕴得其地，盖堂以就其景，因号石林。石上皆有李唐游人题字，自颜鲁公而下，悉署焉。又州之西北凤凰山后，地名前山，于乱筱间有石生土中，下多流泉，石质嵌空险怪，往往穿眼，青翠如湖石，悉高大，鲜有小者。宣和间，尝使土人取之，重不可致，今有数块留道傍。[37]

出浙江湖州府卞山，一名弁石，莹然如玉，旁有别峰号西陵。赵孟坚当得五字不损本《兰亭》于霅州，乘夜至弁山得小石一座，俨如山势，把玩不已，时大风作，孟坚立浅水中，向人曰：石、帖在此，无忧也。武康石亦出浙江湖州府，亦可作砚山。[38]

36　瞿良士辑《铁琴铜剑楼藏书题跋集录》卷三，上海古籍出版社，1985年，第164页。

37　《云林石谱》"卞山石"条。

38　《素园石谱》卷四，叶八。

《云林石谱》弁山条，开篇娓娓道来弁山方位，次言产石环境，石材形、色性状，复写叶梦得之石林。《素园石谱》弁山条全然不言产石环境，仅有一句性状描述："莹然如玉"，主要篇幅录赵孟坚《兰亭》、弁石并举无忧事。

为了强调出文化特色，《素园石谱》还尽量刊刻名家题咏。兴致高时，林有麟也把自己的吟咏附之于后。此处抄录一首，以见一斑：

太湖嵌空藏洞宫，槎牙石角生沦中。
波涛投隙漱且啮，岁久缺罅深重重。
水空发声夜镗鎝，中有晴江烟障叠。
谁欤断取来何时，山客自言藏奕叶。
江上愁心惟画图，苏仙作诗画不如。
当年此石若并世，雪浪仇池何足书。
我无俊语对巨丽，欲定等差谁与议。
直须具眼老香山，来为平章作新记。[39]

三　艺术史中的《素园石谱》

前文所录郑振铎先生藏跋将《素园石谱》视作一种画谱。王伯敏先生成稿于1957年、出版于1961年的《中国版画史》视其为画谱之中"专题性质的版画集"[40]。郭味蕖1962年初版的《中国版画史略》亦列其为"明代版画画谱"[41]。傅惜华先生1957年发表的《中国版画研究重要书

39　《素园石谱》卷二"方氏庄太湖石麟次重复，巧出天然，王晋卿曾画《烟江叠嶂图》，东坡作诗咏之，今借以名之。"叶二十五。

40　王伯敏《中国版画史》第五章第五节"顾氏画谱""程氏墨苑"及其他，上海人民美术出版社，1961年，第107页。

41　郭氏《中国版画史略》1962年12月由朝花美术出版社出版。关于《素园石谱》，郭氏表述为"万历间江苏松江出刊的林有麟撰的《素园石谱》"，因未识序刊年份，或未见原书，但刊刻地不误。郭味蕖著，张烨导读《中国版画史略》第四章第二节"明代的版画画谱"，上海书画出版社，2016年，第133页。

目》将书目分作画谱、谱录、传记、故事、地理、文学、小说、戏曲、其他、铜版画十类，《素园石谱》入谱录类，录万历四十一年（1613）云间林氏刻本、民国十三年（1924）日本大村西崖辑图本丛刊所收覆刻本和民国年故宫博物院影印本[42]，所录未出前述西谛书跋。谢巍先生《中国画学著作考录》亦录《素园石谱》，版本著录不出傅目，提要云："此书虽属谱录类观赏之属，然其所绘诸石，大抵以意摹写之，并非皆酷肖其真状，故亦可作绘石图谱参考。"[43]小林宏光《中国的版画》录《素园石谱》为"单独画题的画谱"[44]。

黄裳先生1952年（壬辰）冬得万历四十一年本《素园石谱》，跋云："近人喜言明刻版画，多重新安诸黄，不知晚明处处都有名公。此册所刻，能传画笔之妙，粗犷纤丽，兼而有之。以视武林项南洲等所刻之纯以工丽胜者，转多姿媚。"[45]他在《晚明的版画》一文中复以《素园石谱》为例，介绍新安派之外的版画：

> 这书值得注意的地方在于画家企图表现石块的形与神，它的玲珑透漏与种种不同形态。在一百多幅图版中，运用了笔墨的各种功能，尽力传达出石块千变万化的形貌。刻工则用刀完美地再现了画家的意图，这与新安派用细腻的刀法制造的工丽风格是完全不同的。刻工不只再现了实物的形态，同时还表现了浓重的笔情墨趣，没有一整套精湛的刀法，是做不到的。[46]

两段文字，一言"能传画笔之妙"，一言"表现了浓重的笔情墨

42 傅惜华《中国版画研究重要书目》，载丁福保、周云青编《四部总录艺术编·补遗》，商务印书馆，1957年，叶182—201，《素园石谱》见于叶184b。案，故宫本扉页题"民国二十二年五月故宫博物院图书馆重印"，时在1933年。

43 谢巍《中国画学著作考录》第五卷明代，上海书画出版社，1998年，第371页。

44 小林宏光《中国の版画：唐代から清代まで》，东京，东信堂，1995年，第98页。此书蒙上海图书馆陈先行老师惠示，谨申谢忱。

45 黄裳《来燕榭藏书簿记》，《藏书家》第15辑，齐鲁书社，2009年，第11页。

46 黄裳《晚明的版画》，载氏著《榆下说书》，生活·读书·新知三联书店，1982年，第184页。

趣”，黄先生的目光，可谓“透过刀锋看笔锋”[47]。换一种反向的目光，我们看到的则是带着淡淡“木板气”[48]的累累笔墨。

翻阅《素园石谱》，我们自然会想到，明代绘画中的画石手卷和册页，例如故宫博物院收藏的孙克弘的《七石图》、《文窗清供图卷》、蓝瑛的《拳石折枝花卉》，神州国光集外名品所刊《宋明之[49]画石谱》、《孙雪居画石谱》以及上海博物馆藏孙克弘《云林石谱图卷》等，这些是否构成《凡例》所称的“古今图籍奇峰怪石有会于心者”，是否可以部分地回答我们对“然必确然有据”的疑问？经图像比堪，可知《素园石谱》与孙克弘《文窗清供画卷》、《云林石谱图卷》有明确的承袭关系，图像与题名、录句或有错综、改易。《宋明之画石谱》、《孙雪居画石谱》为珂罗版印本，原本今不知所在。《宋明之画石谱》款字不类传世宋懋晋传世名作《寄畅园图》[50]；《孙雪居画石谱》后陈继儒跋，王连起先生评“字不着纸”[51]，故此两本先以参考本看待。若此两本绘画部分俱真或是皆有所本，它们也参与构成林有麟的图像资料库；若非，则可见《素园石谱》流传中画谱粉本之用。

孙克弘与林有麟父林景旸年纪相仿，长有麟四十余岁，《玉恩堂集》卷六载林景旸诗作《夏日访孙汉阳留酌次节之韵》，见证交谊。故孙氏为林有麟同邑父执辈长者。孙氏工书能诗善画，素为美术史研究所重。《画禅室随笔》卷二“题孙汉阳画石卷”辄见引用。孙氏爱石、藏石、访石、赏石、题石、画石，于画卷、题刻、遗石、郡人著作等俱可得见，兹举数例。

---

47 启功《论书绝句》，启功著、赵仁珪注释《论书绝句（注释本）》，生活·读书·新知三联书店，2013年，第64页。

48 “木板气”之说受启发于自薛龙春对王宠书法《阁帖》痕迹的讨论，此处在物质形态感受的层面使用此语汇。木刻再现的笔墨，终逊水墨原作一筹。参见薛龙春《雅宜山色：王宠的人生与书法》，上海书画出版社，2013年，第164—171页。

49 宋懋晋，生卒俟考。

50 同门毛茸茸惠示《寄畅园图》高清扫描件，谨此鸣谢。

51 时在2015年末。

杭州水乐洞有“清响”隶书题刻，单字31× 25厘米，署“华亭雪居书”，惜未识岁月。杭州灵隐龙泓洞有“抟云”篆题，署“华亭孙克弘书”，52 × 23厘米，近旁又有孙氏隶书题名三行：“万历丁酉仲春四日/汉阳守华亭雪居孙/克弘游此漫书”，53 × 110厘米，则此为孙氏万历二十五年（1597）访古赏石之题，孙氏时年六十六。[52]“抟云”之题又见于孙氏万历壬寅（1602）所作《七石图》之“抟云屏”，典出《宣和石谱》旧名。《七石图》今藏故宫，画卷中“独秀”“藏燕谷”“舞仙”“衔日峰”“素星”五石，亦出同典。“藏燕谷”左有同里晚辈孙孟芳[53]跋：

顾恺之云，零陵郡有石燕，得风雨则飞，状如真燕。故汉阳公以“藏燕谷”名石，且亦《宣和石谱》旧名也。汉阳公有石癖，不啻米颠朝笏下拜，而胸中又具十万丘壑，濡笔染墨，云雾变幻，兹直模其形似耳。传之世玩，余谓岩石有销，此图不灭矣。

同在孙氏绘《七石图》的万历壬寅，《穰梨馆过眼录》卷二六载青浦陆应阳访孙克弘于薜萝轩，为题所作《海岳庵图》，此图实为今藏故宫米友仁《潇湘奇观图》之摹本，于所录跋文可见孙氏于“米家云山”心慕手追[54]。《云间志略》载孙氏归乡修葺先父东郊故居为精舍，“辇奇石寘庭除中，日婆娑其下，所摽甲乙丙丁之品，不啻奇章；而时偕友人执笏拜之，又不啻米襄阳也。”[55]此条亦可与《七石图·藏燕谷》孙孟芳跋互参。

孙克弘故园遗址在松江东门外果子弄底，遗石俗称“美女峰”，为湖石立峰，高逾四米，亭亭玉立，有揽顾之姿。考之故宫藏《七石图》，即为画中“舞仙石”。三十六字楷书铭曰：“巉而泽，卷而璧，郁林碛谷城

52 “清响”“抟云”二题，蒙许力兄见示。

53 孙孟芳为孙得原孙，未满四十而歿。见何三畏《云间志略》卷二十一“孙山人雁洲公传”。虽生卒俟考，由行文中“汉阳公”“谨跋”云云，亦可见孙孟芳晚辈身份。

54 陆心源《穰梨馆过眼录》卷二十六，清光绪十八年刊《潜园丛书》本，叶二b。

55 何三畏《云间志略》卷二十一“孙汉阳雪居公传”。

脉。非寻源之支机，乃隐云之越石。”其下小篆长题，详述石缘：

> 舞仙石如美人，高髻亸肩，左袖下垂，其质态俨然有翩跹之舞，故名。石得之青城一田家地间。相传有作圹者，因取土，乃得之。第不知埋没在何年。予以八金获归，竖于雪堂前大梧之旁。每夏时碧藓苍翠，绿阴清适，良快人意。新秋雨窗志。

孙氏题识首句即言“舞仙石如美人”，与习称“美女峰”相合。是石1975年移于松江方塔园[56]，今立于兰瑞堂墙门前。立峰中部有六行双刀刻就的四言三十六字大篆石铭，惜字迹漫漶，不得遍识，左下刻“汉阳太守章”方印[57]。石铭中“蜀流”云云，与《七石图·舞仙石》题识所言石出青城恰合。蜀中往事、松江遗石、故宫藏画——本事、实物、再现，历史的三种面貌由此通会。

林有麟《素园石谱》卷四“梦石”条：

> 孙汉阳平生好石，闻蓄石名家，靡不发藏索观，随观随绘，数年来不知凡几。时一展玩，未始不神游其间也。万历己亥秋夕，梦一冠盖士延汉阳上堂，揖让殊谨，久之别去。遣人追送三石，一白色如玉，长二尺余，高一尺；一深碧色纹理如核桃，长二尺；一如将乐，中涵碧色，两傍沿如红袖，喜而受之。乃觉，疾书诸纸。尝出示予，予笑曰：“梦非梦石幻而为梦矣，石非石梦化而为石矣？梦耶，石耶，其在膏肓耶？”一座抚掌。[58]

---

56 上海市松江县地方史志编纂委员会编著，何惠明等主编《松江县志》，上海人民出版社，1991年，第839页。

57 松江文史工作者亦曾考察此石铭与印，于石铭仅泛称“诗词”，于印称“汉阳太守之章”，“之”字衍。此石一称“太守峰”，即据其上所镌“汉阳太守章”。惠明、兰森、春麟《太守峰上的诗词》，载何惠明编《茸城史录》，汉语大词典出版社，2004年，第411页。谨此鸣谢松江博物馆委托传拓石铭.

58 林有麟《素园石谱》卷四，叶三十九a。

此条言万历二十七年（1599）孙克弘梦石事，林氏年方廿二，石、梦之辩，俨然孙氏忘年知音。林氏言“随观随绘”，李绍文《云间杂识》言孙氏辑《雪堂日抄》，“遇花卉……怪石，即图其形”[59]。比林有麟年幼十岁的同邑吴履震[60]于《五茸志逸》评述孙氏画石成就：“孙汉阳嗜石不减米癫，生平画石甚多，大都推其意为之，若使米公见之，堪仆仆下拜矣。”[61]将此条与林氏、李氏表述对读，“随观随绘”，“即图其形”，则所绘皆有所本，而吴氏言“大都推其意为之”，则重写意——孙孟芳《七石图·藏燕谷》跋所述恰兼而有之，以典起兴，以胸中丘壑化出，“兹直模其形似耳”。寓目孙氏绘石，在在皆题，即是现实与想象交融之证，“梦石”之例，堪称极则，上文所述“抟云”与“抟云屏”，亦在此中。

回到与《素园石谱》图像来源关系密切的《文窗清供图卷》（图1）[62]，纸本，墨笔设色，纵21厘米，横579.8厘米，著录于《石渠宝笈初编》，今藏故宫博物院。本幅题识：“癸巳夏中朔，漫图于远俗楼”，癸巳为明万历二十一年（1593），孙克弘时年六十岁。此图分段绘奇石、朱竹、兰草、梅花、松化石、古松、云山纨扇等十种，设色不出朱墨青绛，皴染精到，笔墨俊逸，抒写高士崇古悠游清思。所绘奇石有四：其一为卷首敦复堂“山玄肤”，朱笔题识书于石上，仿佛朱饰石铭；其二为紧随其后的木座将乐供石，题“敦复堂所蓄”；其三为居画幅第七段的“松化石”，题识节录《云林石谱》松化石条；其四为末段朱题卧行小篆“宝晋斋”的研山。敦复堂为孙氏“旦夕栖息”[63]之书

59 明李绍文《云间杂识》卷四，明万历四十三年序刊本，叶三十九a。

60 吴履震生卒考订，朱福生以万历三十四年（1606）“时未弱冠”，定其时年十九，推算吴氏生于万历十六年（1588）。见朱福生《吴履震及其家族考——读〈五茸志逸〉序札记》，《松江报》2016年2月4日，第6版。

61 明吴履震《五茸志逸随笔》卷之六，清道光醉沤居抄本，叶十九b。

62 萧燕翼主编《松江绘画》，上海科学技术出版社、商务印书馆（香港），2007年，第76—79页。

63 “孙雪居宅在东郊，最称雅洁。其敦复堂，则旦夕栖息者。中陈古玩彝鼎，真一尘不到处。”见李绍文《云间杂识》卷一，叶二十一ab。

斋，建筑即在东郊精舍中[64]。

《云林石谱图卷》[65]，纸本，墨笔设色，纵21.5厘米，今藏上海博物馆。引首隶书“云林石谱”，署“雪居弘”，钤“汉阳太守”朱文圆印。隔水裱绫上书“映雪斋传玩”，下钤“华亭东皋汉阳允执雪居珍藏”朱文大方印。“雪居”之号与“映雪斋”之署，据何三畏《云间志略》卷廿一，“因公之先世，有筑映雪斋于西湖之上者，而遂以自号也”[66]——而晋朝孙康映雪读书，本为孙氏佳话——故此为孙克弘自藏宝爱之物。全图录研山拳石十品，间以诗文，首“苍雪堂研山图”，次“宝晋斋”研山，后录《洞天清禄》灵璧石条，次“犀□小有”，后录鲜于伯机题小钓台灵璧石与杨廉夫和诗，次“山玄肤”，次“山高月小水落石”，次左首题“万壑飞云”研山，上下分绘立面与底面，次左下题“底有卧砂”研山，后录米元章拜石事，次题“阴雨龙文动，风霜鸟迹深”研山，次“漏月岩”，后录赵文敏公赋张秋泉真人所藏研山，末，题“春云出岫”“海岳”研山。全图皴染清逸，题识或分，或行，或篆，朱墨纷批，“其奇文异形、峰峦凹凸处以朱笔标记于旁”（吴修跋尾）。此卷虽题曰“云林石谱”，与杜绾文本关联有限。之前所述故宫藏《七石图》，除“灵璧石”，余六石题名俱出《宣和石谱》，从题识可之，仅以之“名石”。《云林石谱》于此卷，勉为“名卷”之用。或可认为，孙氏以《云林石谱》起兴落笔，图写拳石、笺注会心之处，杂录诗文，成就的是个人色彩浓郁的又一部石谱，一部写形石谱。非踵步前贤，盖取创格矣。杨仁恺观画笔记云“戊子（万历十六年，1588）仲秋望写”[67]，不知在画卷何处。如是，则此为孙克弘五十五岁作品。海盐吴修（1764—1827）跋尾末言：

64　又见于“所居有听雨轩、敦复堂、东皋雪堂、赤霞阁。”明何三畏《云间志略》卷二十一“孙汉阳雪居公传”。

65　谨此鸣谢上海博物馆惠允提件观画。

66　明何三畏《云间志略》卷二十一。

67　杨仁恺《中国古代书画鉴定笔记》第3册，辽宁人民出版社，2015年，第997页。

图1　孙克弘《文窗清供图卷》(1539)。纸本，墨笔设色，纵21厘米，横579.8厘米

嘉庆丁丑（1817）四月邢大守澍购以赠孙渊如通奉。余见而叹赏，通奉遂转以贻余。今己卯（1819）四月，余适来汉阳访郡治遗迹，徘徊两久，因检此卷题记，时通奉墓有宿草。先友之赠，当益加珍重。

吴修此卷得自孙星衍，而孙星衍得自邢澍。孙氏于嘉庆戊寅（1818）离世，故两年之别，汉阳遗墨仍在而故友天人两隔，石虽不能言，纸上诸石亦能言。

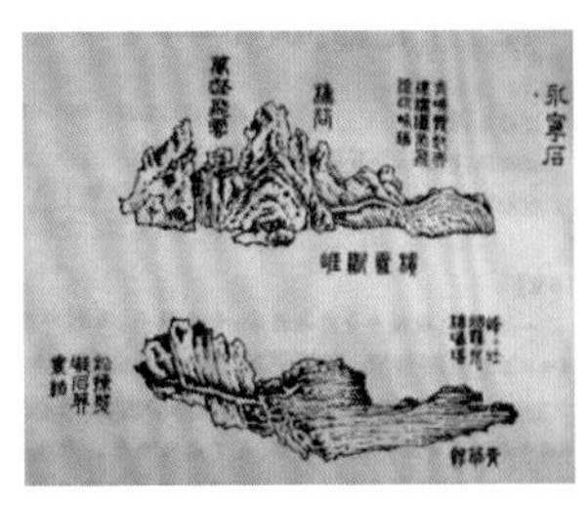
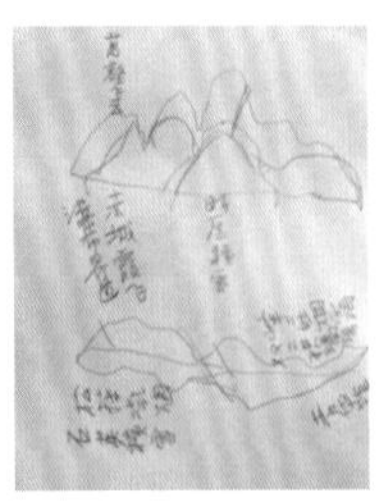

图2 《素园石谱》永宁石与孙氏《云林石谱图卷》第六石比较

简单介绍完孙克弘的这两张卷子，让我们再回到《素园石谱》。

开卷"永宁石"，即本于孙氏《云林石谱图卷》第六石"万壑飞云"研山（图2）。此石独绘两面，淡墨渲染，纹路留白，既有案头清供所见平常视角，亦有上手把玩翻转所见底面，立面、底面分占上下画幅，石脉筋络，息息相通。《南田画跋》名句"董宗伯云画石之法……即以玩石法画石乃得之"[68]于此可以为注。此段移至《素园石谱》，上下对位稍偏，遂失两面观提示，随石势欹侧的注文也全部改易为横平竖直的样貌，加之单色刷印，朱墨对比亦失。

永宁石，在宋代杜绾《云林石谱》的记载中，产自道州永宁县。[69]杜绾本人曾任道州通判，绍兴己未（1139）在邻县江华阳华岩留下摩崖题名，迄今犹在。[70]林有麟以永宁石开卷，林氏宦历虽见诸夫妇墓志，惜游踪史料有限，意图尚无从猜度，或类高宗重"定武"亦未可知[71]；作为孙克弘的忘年同里小友，他以孙氏所绘开卷，或为石名石种之故，也当有推重乡贤之意；以双面图绘开卷，借董其昌万历甲寅腊月为吴彬、米万钟展现一石十面的《岩壑奇姿》卷跋语所言，则有"灵光腾越"的美术史意义，展现了四分之一世纪前松江绘画在赏石再现上的新

68 恽寿平《南田画跋》卷一，《翠琅玕馆丛书》第五十四册，叶六a。又，恽寿平《南田画跋》卷一，载黄宾虹、邓实编《美术丛书》四集第六辑，浙江人民美术出版社，2013年，第51页。

69 宋杜绾《云林石谱》，上海图书馆藏双鉴楼旧藏丛书堂抄本《说郛》，无叶码。

70 孙田《阳华岩杜季杨题名考略》，永州摩崖碑刻研讨会，2019。

71 见于晋府装游相兰亭甲之一御府本高宗绍兴元年秋八月十四日刻跋。对此跋的研究，见王连起《游相兰亭及其百种第一件〈甲之一御府本〉简述》，《中国书法》2015年第6期，第127、131-132页。

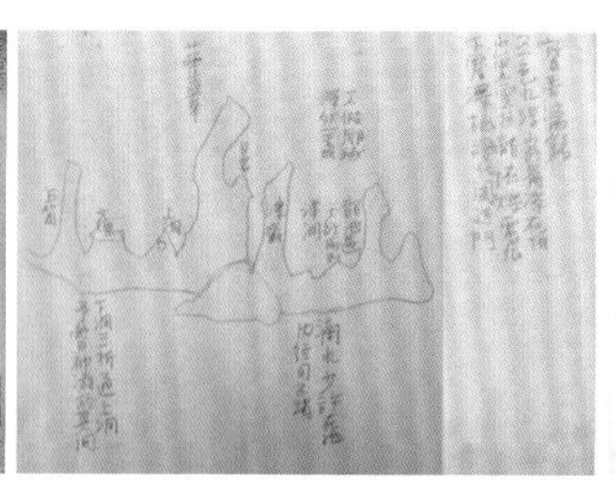

图3 宝晋斋研山原图、孙克弘《云林石谱图卷》临本与《素园石谱》同题图像比较

实验。在《素园石谱·凡例》中，林有麟写道“图绘止得一面，或三面四面俱属奇观，不能殚述，则有名公之咏歌在”[72]，以此观之，林有麟本人又似乎遗漏了他本该熟悉《素园石谱》开卷双面奇观。

卷一叶九，宝晋斋研山（图3），可称藏石史“重器”，此叶也是其图像传播的重要文献。先于《素园石谱》，陶宗仪《南村辍耕录》与范明泰《米襄阳志林》（万历三十二年刻本，1604）亦皆刊载。而范明泰，又是孙克弘《七石图》的题跋者。故宫藏本与孙氏临作题识俱作“龙池遇天欲雨则津润”，到了《素园石谱》分为小篆“龙湫”与正书“遇天雨则津润”，“龙池”“龙湫”之易，当为鲁鱼亥豕。题于石峰上的“翠峦”，移向石峰上空，这多是为避免干扰峰上皴擦——从可以自由渲染的绘画，到印色、板数、人工多有限制的版刻书籍，这是可以理解的因媒介转换引发的画面调整。

《味水轩日记》卷二载李日华所见之《研山图》，时在万历三十八年十二月五日（1611年1月18日），先《素园石谱》成书不过三年：

又《研山图》，用黛笔描成，有天池、翠峦、玉笋、方坛、月岩、上洞、下洞等目。铭曰：“五色水，浮昆仑，潭在顶，出黑龙，挂龙怪，烁电痕，下震泽，极变化，阖道门。宝晋斋前轩书。[73]

72 明林有麟《素园石谱》卷一，明万历癸丑序刊本，叶二a，中山图书馆藏。

73 李日华著，屠友祥校注《味水轩日记校注》，上海远东出版社，2011年，第164页。标点稍经改易。

图4　《素园石谱》海岳庵研山与孙克弘《云林石谱图卷》第十石（笔者临）比较

以时、地近便之故，林氏不但可能见过孙氏临作，甚至可能见过李日华见过的那一卷，惜林氏于其后的叶十未言图像来源。李日华此条著录，以今故宫藏本衡之，“龙池”作“天池”，“下震霆，厚泽坤”作“下震泽”，是缘于李氏误记、刻工/抄手手民之误还是所观确为另本，俟考。林氏本“不假雕琢，浑然天成”题识位置不从孙氏本，而更近于故宫藏本，于此也可存一线索。

卷一叶十一，海岳庵研山（图4），藏石史又一“重器”。或本于孙氏《云林石谱图卷》第十石，孙氏多“春云出岫”与“海岳”两条题识。此石文献记载见于蔡絛《铁围山丛谈》卷五。关于此研山的流传，陶宗仪《辍耕录》：嘉兴吴仲圭曾画研山图，钱唐吴孟思书文，后携图至吴兴，毁于兵。王士禛《香祖笔记》：“不知更易几姓而至新安许文穆家，已而归嘉禾朱文恪。予戊辰春从文恪曾孙检讨彝尊京邸见之，真奇物也。”孙克弘的年代，恰在陶宗仪、王士禛之间，孙氏所绘，是吴仲圭本之临本，还是亲眼所见嘉兴朱氏所藏，或是自《铁围山丛谈》“推其意为之”？

卷一叶十二，苍雪堂研山（图5），本于孙氏《图卷》同名首石，题识有减省、改易之处，上方增添横行小篆题识“青厓白谷”。

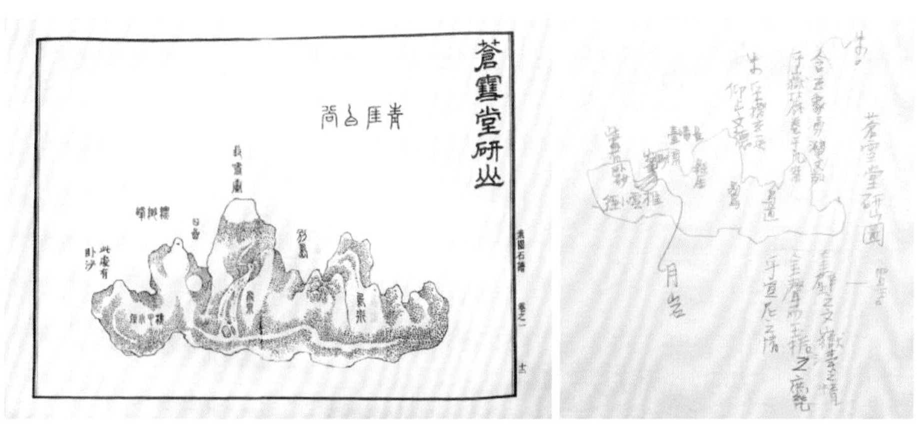

图5　《素园石谱》苍雪堂研山与孙克弘《云林石谱图卷》第一石（笔者临）比较

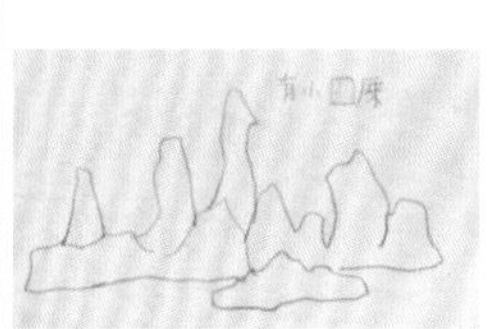

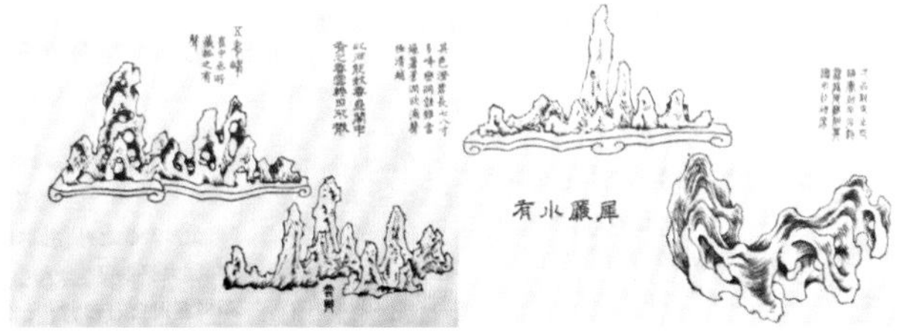

图6　《素园石谱》“犀□小有”与孙克弘《云林石谱图卷》第三石（笔者临本）比较

卷二叶二、叶三，分属两个筒子叶。叶三下方研山，本于孙氏《图卷》第三石（图6），只是原附题识“犀□小有”出现于对叶，仿佛成了叶二上方研山的题识。卷二叶三下方研山，下部题竖行小篆“云卿”。吴履震《五茸志逸》云：“莫廷韩有米海岳石，远望之其色元（玄），近视之其色澄碧。高约七八寸，长径尺多。峰峦洞壑，扣之声清越。虽天燥，苍润欲滴。下刻‘云卿’二字”[74]。那么，孙克弘《云林石谱图卷》第三

74　吴履震《五茸志逸》卷之四，叶八。

图7-1　《素园石谱》山玄肤与孙克弘《云林石谱图卷》第四石（笔者临本）比较

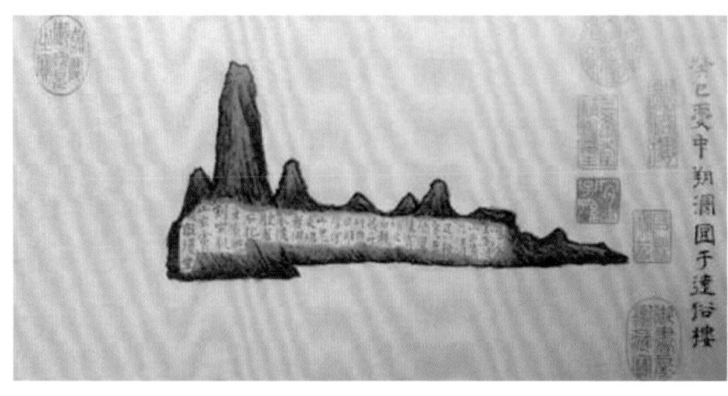

图7-2　《文窗清供图卷》所绘另一块“山玄肤”

石，是否也即莫廷韩藏米海岳石呢？此石是否亦为孙氏旧藏呢？

卷二叶十七，“山玄肤”，此石题识款署“雪居”，本于孙氏《图卷》第四石（图7-1）。“月轮全揭孤峰色，岩岫遥临万壑云”双行题识位置移向左上方，易为三行，另添右首竖行小篆“千岩竞秀”。另，在《文窗清供图卷》卷首，孙氏还画过另一“山玄肤”研山（图7-2），题识于研山上左起右行，朱笔录宋濂《三奇石后铭》“山玄肤”节。同题异石，或亦即吴履震所谓“推其意为之”。

叶十七的“山玄肤”，与叶十八的“玉芝朵”“断云角”，据宋濂《三奇石后铭》，都曾出现在王蒙笔下，叶十九亦述此本事。那么，传世孙克弘所绘两种“山玄肤”，是否有其一本于王蒙之作？

卷二叶四十五，“雪窦石”下题识“苍藤”者，逼似《宋明之画石谱》第十石（图8），另加题名。

卷三叶四，似从《宋明之画石谱》第四石出，另加题识（图9）。

卷三叶十，几同《宋明之画石谱》第九石，另加题名（图10）。

卷三叶十二与叶十三，木座足部不同。《孙雪居画石谱》中所绘“将乐石”（第九石）底座足部与叶十二情况同，《文窗清供图卷》第二石所绘则近于叶十三（图11）。或为木座时风的两条旁证。叶十三所

图8　“雪窦石”下题识苍藤者与《宋明之画石谱》第十石比较

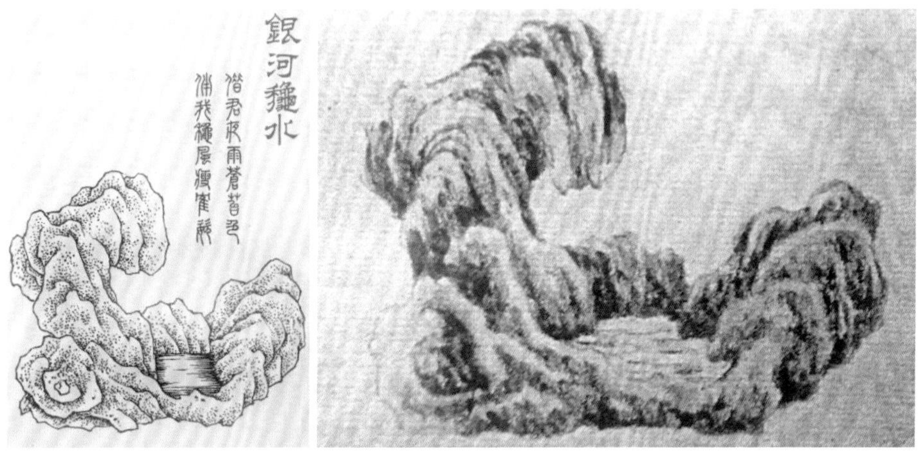

图9　《素园石谱》银河秋水与《宋明之画石谱》第四石比较

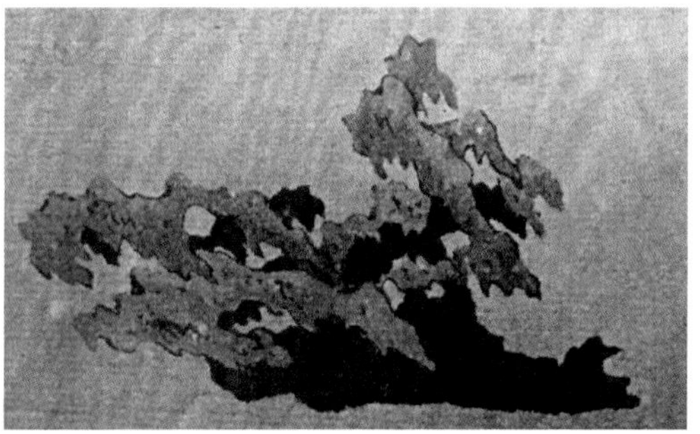

图10　《素园石谱》翠玉与《宋明之画石谱》第九石比较

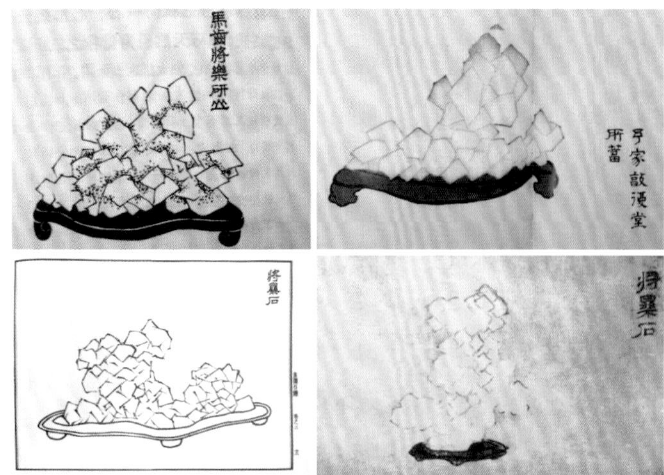

图11 《素园石谱》将乐石（左上：叶十三；左下：叶十二）与《文窗清供图》第二石、《孙雪居画石谱》第九石

绘或即孙氏敦复堂物。

卷四叶十五至十八，为吴子野“北海十二石”绘形，于文学故实又添想象的羽翼。其中叶十五“灵菌”石，近《宋明之画石谱》第三石（图12）；叶十六“仙掌”，近《宋明之画石谱》第七石（图13）。

邑人绘石，孙克弘之外，《素园石谱》还录董其昌绘所藏两研山，并录其题识一则，见卷四“多子石”“绿玉石”条：

> 董玄宰得此二石，尝图其形，题云：“米元章得南唐李氏研山，与薛绍彭；易京口苏之才名园广宅，以为米公非能好石者。绍彭得研山，米公虽仅古不出。米为诗曰：‘惟有玉蟾蜍，向余频泪滴。’此如汉庭遣明妃，既入虏庭而懊恨不已。余书此欲使米公下拜，因写石二种及之。”[75]

此图或有所本，可用于辑佚董氏题跋。此条题识言及米芾两南唐研山，一与薛绍彭易，一易苏氏宅地，后者即海岳庵研山。董其昌自矜其所得二石，“书此欲使米公下拜”。此跋中出现的“苏之才”，与《铁围山丛谈》“苏仲恭学士之弟者、才翁孙也”表述不同，不知所据者何。考之苏轼代韩持国作《刘夫人墓志铭》，苏舜元孙男十三人：之

75 《素园石谱》卷四，叶四十一。

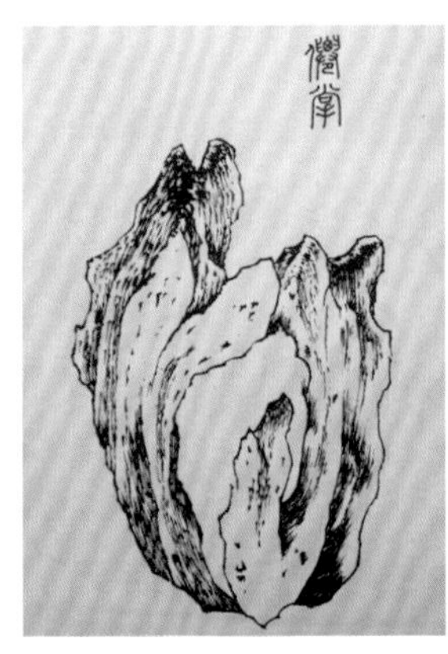
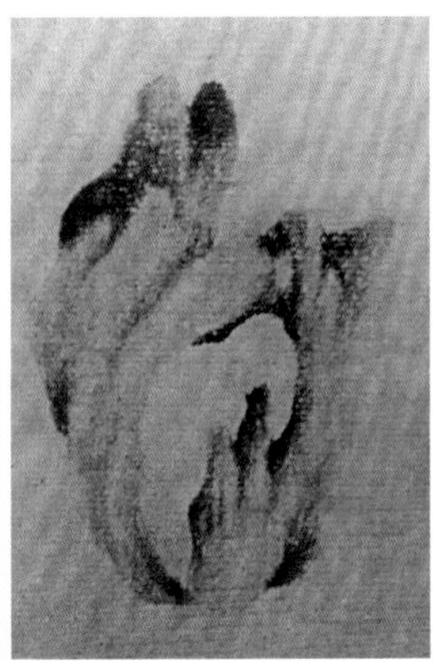

图13 《素园石谱》北海十二石中仙掌与《宋明之画石谱》第七石比较

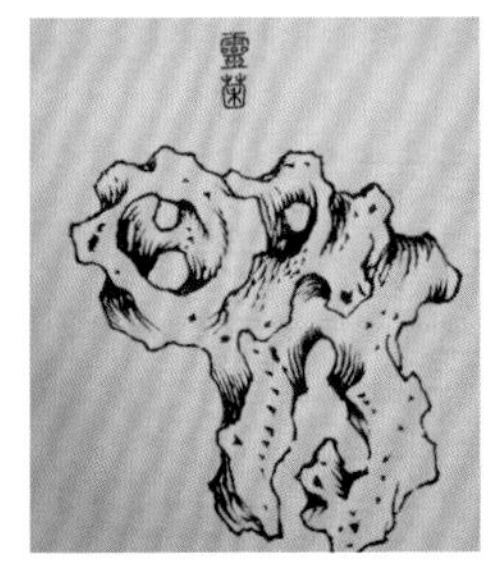
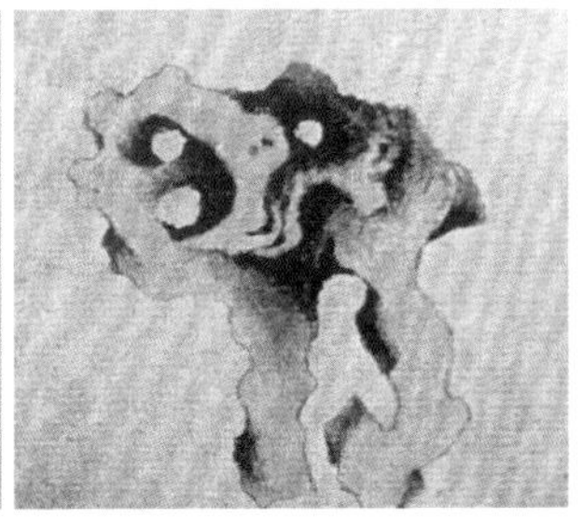

图12 《素园石谱》北海十二石中灵菌与《宋明之画石谱》第三石比较

颜、之闵（早卒）、之冉、之孟、之偃、之友、之恂、之悌、之邵、之杨、之南、之烈、之点[76]。故“苏之才”非才翁孙。他曾于米芾《书史》出现，“苏之才收碧笺《文殊》一幅，鲁公妙迹。”[77]千唐志斋博物馆藏苏澄墓志、苏澄妻李氏墓志、苏之才墓志、苏之才妻韩氏墓志，由志文可知，苏之才为苏舜宾孙，苏澄次子——同样出现于《书史》、《画史》的苏之纯为苏澄长子[78]。此节“虽仅古不出”云云，殊难理解。孙承泽孙孙絅《研山斋杂记》：“老米研山易薛绍彭甘露庄，既易，复请见，靳固不出。米老诗云：‘虽有玉蟾蜍，向予频泪滴。’绍彭真忍人哉。”则“虽仅古不出”，或当为“虽请，靳固不出”。

76 宋苏轼撰，明茅维编，孔凡礼点校《苏轼文集》卷十五“墓志铭”，中华书局，1986年，第471页。

77 宋米芾《书史》，宋嘉泰元年筠阳郡斋刻《宝晋山林集拾遗》本。

78 笔者于2016年11月参观千唐志斋时，见此四墓志。苏之才、苏之纯世系身份，豁然得解。此前，穆棣综合米芾《书史》《画史》著录，考出苏之纯为苏舜宾孙，曾任歙州判官。见穆棣《怀素〈自叙帖〉中的“武□之记”考》，载穆棣《名帖考》卷上，天津人民美术出版社，2006年，第72页。

谢巍认为《素园石谱》“亦可作绘石图谱参考”，有了如上考述，我们可以认为，《素园石谱》至少传移模写了孙克弘部分绘石作品，可能还涉及孙氏临作，可能还有董其昌的双石，可能还如实记录了莫廷韩藏米海岳石——是否还有更多或更直接图像来源，尚俟考察。林有麟是莫中江的眷晚生，与莫廷韩同辈，顾正谊是他友人李绍箕的岳父，而陈继儒则为林刻《玉恩堂集》十八“校阅名公”之一，凡此种种，都说明了林氏有充分的机会接触到这些晚明松江绘画大家的作品，其中是否有绘石之作现于《素园石谱》？《素园石谱》版画呈现的“笔情墨趣”，是否在一定意义上也是明代松江绘画的笔情墨趣？林氏参与绘制的《日涉园图》原为三十六景，就存本十景看，涉及李绍箕（两景）、徐元暟、时芳、沈士充、顾林、庄严、金自洋、周裕度[79]八位松江画家，他们自然也是林有麟交游圈的一部分。此图绘制虽可能晚于《素园石谱》刊刻，我们仍可一问：这些《日涉园图》的共同作者，是否也有画石作品呈现于《素园石谱》？如果说上述疑问均围绕“古今图籍奇峰怪石有会于心者”中的“今图籍”，那么“古图籍”又是哪些？透过孙克弘笔墨的吴镇《海岳庵研山图》、王蒙《山玄肤、玉芝朵、断云角三奇石图》？囿于眼界、阅历，要回答以上疑问与猜测，尚待努力与机缘。大木康用“以绘画为中心编集”表达《三才图会》的革命性成就，考虑到绘画—版画媒介转换的呈现，我们或可稍易大木康的表述，用“以绘画—版画为中心编集”，或“以图像为中心编辑”的眼光重新看待《素园石谱》的美术史意义。

至于《素园石谱》中“宣和六十五石”的图像来源，让我们再试着探索一下。说郛本《宣和石谱》位于《云林石谱》之后，摘录石名六十余品[80] 及文二条，《夷门广牍》本附刻《宣和石谱》于《云林石谱》之

79 周裕度曾为林刻《玉恩堂集》书王锡爵序，亦为林刻《青莲舫琴雅》撰序并书。

80 昌彼得认为摘录石名六十七品。核诸诸本，均不及此数。参见昌彼得《说郛考》，文史哲出版社，1979年，第185页。

后，即本自《说郛》[81]，唯不提撰人——此种《宣和石谱》，并无图像。林氏“六十五石”，实际题名六十三石，“六十五石”之謂，或以说郛本“乡云万态奇峰置萼绿华堂”断为二石。林氏所录题识，校之《说郛》诸本，“金鳌”易作“舞鳌”，“玉窦”易作“玉台”，“锐云”易作“镵云”，“拔秀”易作“拔翠”，阙“藏燕谷”而多“吐日”。林氏宣和石中“独秀”“抟云屏”“舞仙”“衔日”“素星”诸石，与孙克弘《七石图》所绘同名石毫不相类。那么，除去孙氏画作，还可能有什么线索?

李日华《味水轩日记》卷六万历四十二年九月十三日：

徽人黄坤宇携卷轴来……又徽宗《宣和石谱》，文徵仲临笔。凡十二种：蹲螭，月窟，排玉，玉玲珑，怒猊，雪门，曳烟，冰碧，日窟，立玉，停云，溜玉。“嘉靖甲寅初夏，偶过师道竹斋。煮新茗，谈艺之余，适友人持徽庙所制《石谱》，奇怪古雅，种种秀丽，虽鬼工亦不能过。师道喜之不胜，嘱余临之，乃捉笔挥洒，不觉盈卷，遽尔塞责。后之览者，毋以邯郸之步诮之。长洲文璧[82]文徵明记。”[83]

题跋所述，嘉靖甲寅，文徵明在陆师道家，看到友人带来的徽宗《宣和石谱》，遵陆嘱临摹。万历四十二年，徽州人黄坤宇将文徵明临十二石本带至李日华面前。以包括吴宽丛书堂抄本在内的诸明抄本

81 昌彼得《说郛考》，第185页。

82 中国国家图书馆藏清抄本影印本见《北京图书馆古籍珍本丛刊》第20册《味水轩日记》卷六，书目文献出版社，2000年，第209页。据吴雪杉研究，此本为李日华曾孙李含滘校录本之抄本，为现存最早本。整理本见李日华著、屠友祥校注《味水轩日记校注》卷六，上海远东出版社，2011年，第449页。吴雪杉的研究，吴雪杉《〈味水轩日记〉卷次及内容检讨》，《故宫博物院院刊》2004年第5期，第147—153页。另，万木春计《味水轩日记》中录文徵明作品61件，并引《礼白岳记》中所见肆中文画，说明吴门画作传播之广——此件文画，亦署“文璧”。万木春《味水轩里的闲居者：万历末年嘉兴的书画世界》，中国美术学院出版社，2008年，第101页。万氏所引《礼白岳记》：李日华《礼白岳记》，《四库全书存目丛书·史部》第128册，第109页。《味水轩日记》万历三十七年十月十四日亦录“文璧”。中国国家图书馆藏影印本见《北京图书馆古籍珍本丛刊》第20册《味水轩日记》卷一，第43页。整理本见李日华著、屠友祥校注《味水轩日记校注》卷一，第51页。

83 中国国家图书馆藏清抄本影印本见《北京图书馆古籍珍本丛刊》第20册《味水轩日记》卷六，第208—209页。整理本见李日华著、屠友祥校注《味水轩日记校注》卷六，第449页。

《说郛》之《宣和石谱》与《素园石谱》六十三石题名校之，十二石题名异名者四，月窟[84]、玉玲珑[85]、冰碧[86]与停云[87]；所录题跋，《味水轩日记》存世公藏最早抄本即作“文璧”——文氏初名壁，取义星宿，四十四岁后款题多作“徵明”，“但在郑重的场合文徵明是仍署‘文璧’款的”[88]。嘉靖甲寅，文氏已为八十五岁的老翁，此作题跋虽涉前代帝王，行文洋溢友朋高谊，难言“郑重的场合”，如为真本，款题当作“徵明”。换言之，哪怕不涉迭经抄录带来的壁、璧形近之讹，所谓文徵明临本，当为传文徵明临本，更进一步，所谓徽宗本，既可能确然存在，也可能是作伪者的无中生有。嘉靖甲寅（1554）至万历四十二年（1614），正是一甲子，犹能引人遐思。传文徵明临本，就在这个时段流传于包括苏州、嘉兴在内的太湖流域，林有麟所在的松江也在此地域中。以林氏的社会阶层与交游，或有可能看到徽宗绘画的《宣和石谱》和/或传文徵明临本。惜今日徽宗本已不存，传文徵明临本也不知在天壤何方，无法与林氏演绎进一步比勘了。

四 《素园石谱》中的林氏藏石

林有麟本人的奇石收藏反映在《素园石谱》中，这也许是此书别有兴味之处。在卷四的尾声部分，我们读到并看到了青莲舫绮石，在稍前还看到了青莲舫研山。

“青莲舫”之名，也出现在林氏另一本自辑著作《青莲舫琴雅》中。此书成于万历癸丑（1613）作者游西泖时的青莲舫舟中，刻于万历四十二年甲寅（1614），凡例末则云：“余先梓《石谱》，满卷烟露，

84 有“日窟”而无“月窟”。

85 有“玉麒麟”而无“玉玲珑”。

86 有“凝碧”而无“冰碧”。

87 有“排云”“瑞云”“庆云”“留云”，而无“停云”。文徵明别署停云、停云生、停云馆，俱有相应印文印鉴。

88 鲁力《扇面书画》，山东科学技术出版社，1998年，第90页。

一洗尘俗。《琴雅》继出，庶几哉称竞爽乎。”

换一个角度，“青莲舫”之名，于美术史亦不陌生，董其昌《容台别集》载：

顾光禄公清宇，于前己卯岁造青莲舫。余时与莫廷韩、徐孟孺、宋安之辈常为泛宅之游，距今五十年矣。原之思其所处，重为修饰。山阳闻笛，人物渺然，独百穀词翰依依。当日情踪，宛然在眼，题此志慨。[89]

“顾光禄公清宇”即顾正心，“甲第之侈、田畴之盈、僮仆之多、园林之胜，不惟冠于吾郡，而且甲于江南”[90]，但他又是一个乐善好施、心存大仁之士，于朝于野都享有盛誉。董其昌记他于己卯岁（1579）造青莲舫，且有多人同游[91]，可供多人优游宴乐，可见不是一艘小船。“原之”，即顾正心次子顾懿德。既然是顾正心次子“重为修饰”，则五十年后的崇祯二年己巳（1629），此船仍在顾家。

故宫博物院藏莫是龙山水图轴，款题“丁丑春仲写于青莲舫中”，丁丑为万历五年（1577），早于己卯两年，则董氏所忆不确?

顾氏青莲舫之外，尚未改字廷韩的莫是龙与同郡林氏亦有自用船名“青莲舫”，似可能有限。这五十或五十二年中，青莲舫是否易手林氏，复归顾氏，俟考；抑或林氏仅于万历癸丑（1613）长夏“偶櫂”？[92]

至于青莲舫绮石与研山，其实物与图像关系，当不是一一臆造，我们看一看作者的描述：

---

89 明董其昌《容台别集》卷四“杂记”，叶七至八，上海图书馆藏。

90 明何三畏《云间志略》卷二十三。

91 提及者，包括主人与董氏自己在内，已有五人，加上僮仆，可近十人。

92 青莲舫琴雅序。

绮石，诸溪涧中皆有之，出六合水最佳。文理可玩，多奇形怪状。自苏端明作颂以遗佛印、参寥，后之好事者转相博采，以资耳目。奇状愈多，不可胜纪。余有米生之癖，何士抑先生贻余若干枚，各有品骘併识佳名，时携青莲舫中，把玩竟日，欣然会心。有客谓余，不以供僧如端明何？余谓，石趣颇淡，不足嗜好，若以供僧，臭味远矣。客笑而退，遂绘而图之。[93]

维石神秀，吴下名家罕睹。倴匹以其广狭，高卑仅足盈握，出入怀袖者是也。而峰峦崇矗，洞壑窅冥，曲磴回岩，环丘复道，云窝月窦，削壁阴厓，钓址平台，坡陀沙屿，展转有情，顾盼生色。下有二穴，一穴中含线纹，萦带如缕，造化钟灵若是，其巧虽米颠倪迂必能刮目。古之牛奇章好石，不知几许，大者贮之库藏，小者秘之缇巾革匮。惜乎不加品题，千载之下，泯然无迹。斯石余甚爱之，尝置之青莲舫中，以娱晨夕，差胜夫宋人之宝燕石矣。[94]

青莲舫绮石共三十五种，种种都有好听或象形的名目。而青莲舫砚山还有底座，虽然以四库馆臣眼光看，《素园石谱》绘图或有臆度，但各种底座则肯定是明代制作的型制，譬如之前曾比较的两种足部不同的将乐石木座。此卷还记录了一座砚山，也弥足珍贵，它是玉恩堂砚山，又是元人张雨旧藏。图版右黑左白，显示了高超的构图与刊刻趣味，黑底的部分与《李卓吾先生批评忠义水浒传》万历容与堂本开卷“洪太尉误走妖魔”所绘“一道黑气”尚有同工之趣。林有麟这样写道：

余上祖直斋公，宝爱一石，作八分书镌之座底，题云：此石出自句曲外史，高可径寸，广不盈握，以其峰峦起伏，岩壑晦明，窈窕窊隆，盘曲秀微，东山之麓，白云叆叇，浑浊无凿，凝结是天。有君子含德之

93 《素园石谱》卷四，叶四十六。
94 《素园石谱》卷四，叶三十八。

容，当留几席，谓之介友云。余复为之铭曰：奇云润壁，是石非石，蓄自我祖，宝兹世泽。[95]

直斋公，即林有麟六世祖林济，可见林氏爱石源远流长，五世不斩。这段引文中的四言铭，也可用作辑佚林有麟的文字作品。

上述《素园石谱》中林氏藏石的部分，刊刻底本画稿当为林氏自绘之作，亦当为“确然有据”之作。以董捷《版画及其创造者》提出的看法，林氏藏石也是刻书家直接参与版画创作的一例。[96] 综合之前对摹写孙克弘绘石作品的考察，我们至少可以说，《素园石谱》画稿兼及临作与自作，至于临作是否为杂临各家，画稿所临原本是否涉及自藏与借观之别，尚待进一步研究。

自家藏石是一种媒介，他人藏石是一种媒介，想象的石头也是一种媒介。他人藏绘画是一种媒介，自藏绘画是一种媒介；他人绘画是一种媒介，自绘作品又是一种媒介。原本是一种媒介，临本是一种媒介。石头是一种媒介，绘画是一种媒介，版画是一种媒介，而书籍又是一种媒介。在《素园石谱》的例子中，这数种媒介，或者说数重媒介，有迭代的参差再现关系。一种媒介中包含另一种媒介，一种媒介通过另一种媒介再现出来，一种媒介媒介了另一种媒介，以美国媒体理论家杰·伯特的话说，是现代视觉文化的重要特点“再媒介”[remediation][97]。如换以汉语脉络，或近于苏轼“系风捕影”[98] 与吴宽“影上捕影”[99] 的参

95 《素园石谱》卷四，叶三十五。

96 参见董捷《版画及其创造者：明末湖州刻书与版画创作》，第90页。

97 Jay David Bolter and Richard Grusin, *Remediation: Understanding New Media, Cambridge*: MIT Press, 1999, p. 45. 对《素园石谱》呈现的“再媒介”现象的认识，得益于唐宏峰教授于2016年6月23日巫鸿研讨班第三期宣读的《照相“点石斋”——〈点石斋画报〉中的再媒介问题》，芝加哥大学北京中心。

98 “求物之妙，如系风捕影，能使是物了然于心者，盖千万人而不一遇也，而况能使了然于口与手者乎？”苏轼《与谢民师书》，上海博物馆藏。

99 吴宽跋赵文敏公摹兰亭叙言：“《兰亭》自褚河南双钩以还，未有能传其神者，即《阁帖》间有所摹，复是影上捕影。”见汪珂玉《珊瑚网》“法书题跋卷八”。

差混合。前文中，由大木康的晚明江南书史考察，我们认识到《素园石谱》艺术史意义在于“以绘画—版画为中心编集”，依循伯特的“再媒介”概念，我们可以推进对《素园石谱》视觉特点的认识。《素园石谱》由石成书的完整编集过程，借董捷所言，可称为刻书家林有麟的“创作”[100]，而其所具有鲜明再媒介特点，则表达出一种万历后期的视觉现代性[101]——如果说晚明出现的杂书卷册以异体并置为特点，《素园石谱》再媒介式创作则涉及收藏、写/绘、临仿、编集，既有视觉意义的异源、异量、异体的并置，更是参差再现同卷同书的奇观。

100 董捷以“刻书家的‘创作’”更新传统的刻工中心论，具体参见董捷《版画及其创造者：明末湖州刻书与版画创作》，第47—98页。

101 对这种现代性的讨论，参见白谦慎《杂书卷册和晚明文化生活》，《书法丛刊》2000年第3期。

武英殿本版画艺术研究

以《古今图书集成·山川典》山水版画为例

RESEARCH ON WOODCUT ILLUSTRATIONS OF
LANDSCAPES OF *GUJIN TUSHU JICHENG* ON MOUNTAINS AND RIVERS

林天人
台北故宫博物院

吕季如
醒吾科技大学

TIAN-JEN LIN
NATIONAL PALACE MUSEUM

CHI-JU LU
XINGWU UNIVERSITY OF
SCIENCE AND TECHNOLOGY

ABSTRACT

Before the Wuying Hall became the site for engraving books in the Qing Dynasty, the style of engraving books in the early Qing Dynasty was still after the Ming Dynasty; until the establishment of the Wuying Hall Engraving Office, it became a Chinese book edition due to its exquisite style. The best structure among *Wuyingdian Juzhen Edition Series*（武英殿聚珍版丛书）and *Gujin tushu jicheng*（古今图书集成）are regarded as the best version in the history of printing engineering.

Gujin tushu jicheng is widely quoted and contains about 25,000 volumes of various ancient books, which is the largest existing book in China. The original engraving was published in copper movable type, with exquisite fonts; the book is also a must in the engraving drawings, or most of it is made by famous artists.

前言：从经厂本到殿本的发展

在武英殿成为清代内府刻书之处前，清初刻书的风格仍为明代余韵；清宫刻书所属的机构与刻印工匠，俱为前明所留。直至武英殿刻书处成立后，因其所刻之书精美、风格讲究而成为中国图书版本上的佳构。陶湘曰："清代殿版书实权舆于明代经厂本。惟明以司礼监专司，清则选词臣从事耳。顺治一朝，纂刻书籍，均经厂原有工匠承办，故其格式，与经厂本小异而大同。"[1]

明代内府刻书原由宫内一些机构负责，司礼监成立后，其下辖经厂，主"经书印版及印成书籍，佛、道、藩藏皆佐理之"[2]；司礼监为明初设置十二监之一，其地位为十二监之首。下设汉经厂、番经厂、道经厂等；分别刊刻本国四部、佛经、道藏。因以刻经为主，"经藏本"之名遂掩"内府本"。经藏本多为黑口、白纸、赵体字，极易辨识。书籍装帧虽美观，但校雠不精，后人并不重视。清顾广圻在《广弘明集跋》中，谓："明中叶以后刻书无不臆改，刻成又不复细勘，致令讹谬百出。"讹谬情况严重的，甚且整段、整页脱落。

康熙十二年（1673），上命廷臣补刊经厂本《文献通考》及《性理大全》的脱简；书成，卷前冠以圣祖御序。因为两书补版工作是在武英殿进行的，后世亦将此年，订为武英殿刻书始年；但其实正式颁旨在武英殿成立刻书处，系在康熙十九年（1680）。根据咸丰二年（1852）的内府抄本《钦定总管内务府现行则例·武英殿修书处》载："康熙十九年（1680）十一月，奉旨设立修书处，期监造库掌笔帖式柏唐阿等俱无定额；自乾隆四十三年至嘉庆十二年，节次奏准兼摄行走内务司官二员，额设正监造员外郎一员，副监造副内管领一员，委署主事一员六品，职衔库掌一员，掌稿笔帖式一员，笔帖式三员七品，职衔库掌三

1　陶湘《清代殿版书始末记》，民国二十二年（1933）铅印《武进陶氏书目丛刊》本。

2　明吕毖《明宫史》卷二，收于《景印文渊阁四库全书》史部第0651册，台湾商务印书馆，1986年。

员，委署库掌六员，柏唐阿十九名，委署司匠二名，委署领催六名，听差苏拉二名，校对书籍处乌拉八名。……”设书作、刷印作。书作司界划、托裱等职；刷印作管理写样、刊刻、刷印折配、装订等职。员额与《光绪会典》所载略有出入。[3]此后，大凡钦定、御制、敕撰诸书及正经、正史群籍，均由武英殿校定版行。

武英殿刻书在风格上别于前明，特别是表现在刊刻书籍的字体上；这大概与康熙对此一问题的重视有关。在补明经藏本《文献通考》的御制序中，康熙对刻书字体发表过个人看法，他说："此后刻书，凡方体字均称宋字，楷书均称软字，虽杂出众手，必斠若划一。"康熙所好的字体，世称"馆阁体"；是一种非颜非柳亦非赵的字体。《清朝野史大观》谓其字体：

软而圆、匀而细、松烟墨、笔豪紫，个个簪化妆，行行红格子；上下兼四旁，而无不方矣！其名伊何欤，则曰馆阁体。[4]

康熙之所好，流风所及不仅影响了千万学子学书的风气，无形中也决定了清初雍正、乾隆两朝刻书的风格。清洪亮吉《北江诗话》，云：

今楷书之匀圆丰满者，谓之"馆阁体"，类皆千手雷同。乾隆中叶后，四库馆开而其风益盛。[5]

字型、字体的统一，促使清内府的刻书朝向规范化、标准化发展。

乾隆一朝，清代武功、文治都臻巅峰状态。内府刻书也在原有的

3 《光绪会典》卷九十八："武英殿修书处初为武英殿造办处，康熙十九年设。雍正七年（1729）改为武英殿修书处，设管理王大臣，无定额。下面设有监管官司员二人，正监造员外郎一员，副监造、副内管领二人，委署主事一人。库掌三人、委署库掌六人、笔帖式四人，分别掌印书籍各项事务。"文海出版社，1967年。

4 《清朝野史大观》卷十一"清代述异"，上海书店，1981年。

5 清洪亮吉《北江诗话》卷四，收于《洪吉亮集》，中华书局，2001年，第2283页。

基础下蓬勃发展。除了校刻了《十三经注疏》外，又以明国子监刊本《二十一史》为底本，再增刻《旧唐书》《明史》及从《永乐大典》辑出《旧五代史》，合编为武英殿版《二十四史》。陶湘于《清代殿版书始末记》载：

> 乾隆一朝，四年（1739）诏刻《十三经》《二十一史》于武英殿刻书处，特简王、大臣总裁其事，殿板之名遂大着。十二年（1747）刻《明史》《大清一统志》，次刻三通，再次刻《旧唐书》。凡十二年前刊印者，其写刻之工致，纸张之遴选，印刷之色泽，装订帧之大雅，莫不尽善尽美，斯为极盛时代。[6]

乾隆一朝，内府共刻书153种，17695卷。

乾隆时期，武英殿刻书另一项值得称述的，是以木活字诏刻的《武英殿聚珍版丛书》；这是史上最大的一次木活字印刷工程。乾隆三十八年（1773），开“四库全书馆”，校辑《永乐大典》之残卷零篇，并搜访天下佚书；最后汇辑成《四库全书》。《四库全书》成，上以“人所罕觏，有裨世道人心及足资考镜者”为由，另汇编成书。乾隆采金简之议，以木活字铸刻，此即《武英殿聚珍版丛书》之由来。[7]金简所刻这批木活字，刻书后存放武英殿，未再印行其他书籍；后被殿内值勤卫兵用来烤火取暖。

《武英殿聚珍版丛书》共图书138种，2400卷。其数量、种类在规模上或不如《古今图书集成》，但其刻工精良，在刻版印刷史上仍属精品。后世亦将《聚珍版丛书》与《古今图书集成》（以下称《集成》）视为印刷工程史上的双璧。

6　陶湘《清代殿版书始末记》。

7　金简《武英殿珍聚版程序》，清高宗题《武英殿聚珍版十韵》（1744）。

一 《古今图书集成》的编纂

武英殿成为清代内府正式的校刻书处后，刻书的数量逐年增加；康熙一朝内府刻书约有五十余种，五千余卷，门类齐全，凡经、史、诗文集子、天文、历算……等。特别是与儒家相关的著述与儒家经典的注释，刊刻更不遗余力。从刻书的方向来展现康熙“稽古右文”的企图，以儒家的治术为治世的基础，其目的当然与倡导维护君统与驾驭臣民攸关。

到了雍正朝，内府刻书的量更以倍数增加；雍正临朝13年，内府刻书达11582卷。其中特别值得称述，是雍正时期以铜活字刻印了康熙四十五年（1706）缮写成书的《集成》。《集成》凡六编三十二典、六千一百零九部、一万卷、目录四十卷，是现存最大的类书。卷首冠以雍正御制序文，称：“圣祖命广罗群籍，分门别类，统为一书，成为册府之巨观，极图书之大备，而卷帙豪富，……特命蒋廷锡等董司其事，督率在馆诸臣重加编校。”[8]蒋廷锡衔命之前系陈梦雷奉命主持。

清初学者陈梦雷衔康熙之命，主持编辑《集成》，[9]《集成》初稿称为《汇编》，据陈梦雷“进汇编启”讲述编写《汇编》一事，节录如下：

> （陈梦雷）不揣蚊力负山，遂以一人独肩斯任。谨于康熙四十年（1701）十月为始，领银雇人缮写。蒙我王爷殿下，颁发协一堂所藏鸿编，合之雷家经、史、子、集，约计一万五千余卷。至此四十五年（1706）四月内书得告成。分为汇编者六，为志三十有二，为部六千有零。……谨先誊目录、凡例为一册上呈。[10]

8 清蒋廷锡，字扬孙，号西君，又号西谷，江苏常州人，初由举人供奉内廷，康熙四十二年（1703）进士，入翰林。其生平可参清李桓《国朝耆献类征初编》卷十六，明文出版社，1985年。

9 陈梦雷，字震则，福建侯官人，康熙九年（1669）进士，十一年（1671）授翰林院编修。其生平行事，见张玉兴《陈梦雷》，载清史编委会编《清代人物传稿》，上编第7卷，中华书局，1995年，第353—362页。

10 清陈梦雷《松鹤山房文集》卷二，收于《续修四库全书》第1416册，上海古籍出版社，2002年，第38—39页。

陈梦雷于康熙四十五年（1706）时，将《集成》的组织结构与卷帙规模粗定，其后十余年的时间勤力编修。[11]《集成》的内容画分为六个"汇编"，关于地理类的资料收于"方舆汇编"，凡例第一则：

书为编有六，一曰历象汇编、二曰方舆汇编、三曰明伦汇编、四曰博物汇编、五曰理学汇编、六曰经济汇编。

其下又分成四个典，"山川典"即列于其中，"凡例"第三则："方舆汇编，其典四：一曰坤舆，二曰职方，三曰山川，四曰边裔。"

雍正帝继位后，转由蒋廷锡等人校订，据雍正元年（1723）十二月十二日上谕：

陈梦雷处所存《古今图书集成》一书，皆皇考指示训诲，钦定条例费数十年，圣心故能贯穿今古，汇合经史，天文地理皆有图记，下至山川草木、百工制造，海西秘法靡不备具，洵为典籍之大观。此书工犹未竣，着九卿公举一二学问渊通之人，令其编辑竣事，原稿内有讹错未当者，即加润色增删……[12]

可知《集成》于康熙时期（1662—1722），文字内容与插图的绘刻已完成；雍正时期（1723—1735）的蒋廷锡等人，仅针对部分不妥的文字加以删修，应无大幅度的更动与增补。《集成》卷首雍正四年（1726）之雍正序云：

朕绍登大宝，思继先志，特命尚书蒋廷锡等董司其事，督率在馆诸臣重加编校。穷朝夕之力，阅三载之勤，凡厘定三千余卷，增删数十万言，图绘精审，考定详悉。

11　关于《集成》编纂过程之研究，见裴芹《古今图书集成研究》一书之"古今图书集成编纂考"，北京图书馆出版社，2001年，第29—42页。

12　清允禄等《世宗宪皇帝上谕内阁》卷二，收于《景印文渊阁四库全书》史部第172册，台湾商务印书馆，1986年，第31页。

雍正序中强调全书“图绘精审，考定详悉”，为现存规模最大，体例最完备，图版最丰富的一部类书。

《集成》在“职方典”“山川典”“边裔典”“禽虫典”“草木典”“考工典”等各分类中，附图资料丰厚，[13]图像版刻精细。据凡例第11则：

古人左图右史，如疆域山川，图不可缺也。即禽兽、草木、器用之形体，往籍所有，亦可存以备览观。或一物而诸家之图所存互异，亦并列之，以备参考。

但因其插图制作并无署名相关绘刻者姓氏，历来研究《集成》之学者亦无法追述。而《集成》之重新编校者蒋廷锡，除了具有大学士的身分外，亦为供奉内廷的画家，据《国朝画征录》云：

（蒋廷锡）以逸笔写生，或奇或正，或率或工，或赋色，或晕墨，一幅之中横间出之，而自然洽和，风神生动，意度堂堂，点缀波石水口无不超脱，拟其所至，直夺元人之席矣，雅尚笔墨者，多奉为楷模焉。[14]

从史料上看，蒋氏主持《集成》最后的校订，是雍正帝因其“学问渊通”外，亦考虑其画作与当时画坛的地位，故作如此安排；或甚至雍正特别看重此书的版画内容。

二　《集成·山水典》版画特色

《集成·山川典》之山水插图最为精当，其特色在于写绘严谨、版

13　裴芹《古今图书集成研究》，第45页。“《古今图书集成》结构经目、纬目一览表”，统计全书有1472幅图，附图较多的典部有“职方典”201幅、“山川典”201幅、“边裔典”52幅、“禽虫典”244幅、“草木典”568幅、“考工典”72幅等。

14　清张庚《国朝画征录》卷下，新兴出版社，1956年，第4页。

刻线条细致、内容包罗多样。两百余图中，收有五岳、五镇及宗教名山图、或蕴含该山传说故事中的人物、情节之插图、或具有导览性质之图版。“山川典”分山部、川部及海部；仅山部附有插图，据凡例第24则：

山川典，山川已载职方典中。然职方以各府分部，一二名山大川连跨数十郡邑，非通志一二语可，故别立一典。山则有图以志其形，并考其跨连地界，与他郡邑名同而实殊者。一山之中，水泉物产之多寡，寺观古迹之废兴皆志之，可当卧游。一水之中，源流曲折，灌溉之利，险阻之资，所关尤巨，非图可悉，必合山经、地志、史传、稗官小说、杂记，备书其详。皆经世务者所必知，非徒博涉而已。

说明山川横跨地界之广，难详尽于单一地域的方志中，故别立此典。“职方典”所附插图为各省暨各府疆域图，局限于某府某邑，难以反映自然地理风貌；“山川典”则专绘刻山岳形势图。而川部与海部未收图版之因，乃河川、湖海源流曲折，实难以一图明之，故仅山部有附插图。《集成·山川典》山部之下，析分279部，其中附图凡199部；虽非每部皆有附图，其收图比例亦占七成之多。总计213幅插图；附图之部，多数为一部一图。

山水版画因为受到版面的局限，于大处能揽群山片海，小则取一岩半峰，常利用以少概多的构图方式，令观图者全景的视觉感受。《集成·山川典》之山水图版，除了有以方隅之景来统括全景外，另有易于参考及实用之便。能广泛收录不同说法的考证又能取画面之重点，并以写实手法将中国多样的地理风貌尽绘其中，如地形独特的岛屿、水势涛涌的河谷江岸、幽岩深谷中的仙道洞穴等，均不失其艺术性，同时亦集结了多种特色。

（一）《集成·山川典》版画的写实与艺术

《集成·山川典》山水版画，主要是呈现山的地势形貌，故表现多样的地质型态与地理特色。且除了呈现地理形势又能不失图版的艺术欣赏价值，便有赖绘图者精湛的观察力以及镌刻者灵巧的刀工。《集成·山川典》的插图，能够将多样的地形如海中岛屿、河谷水势、山岩洞穴等景观，从写实出发，进一步创作出新颖富有变化的画面。

《集成·山川典》插图中，刻画写实与艺术美感兼采，其表现的要点。

1．对于山形的描述

形体状貌是人们理解物体最基本的认识；因此，对一座山最初的认知便是先从山形观察，对山体形貌印象而得其名。《三才图会》对于“莲峰山”的描述：“下妥上锐，望若莲花然，故名。”[15] 其山形若一朵绽开的莲花，立于群峰之间，描述颇为生动。

《集成·山川典》“雪山部·汇考”云“山巅积雪，四时不消，故名”，来描述常年积雪而得此名。此外，《集成·山川典》插图，还有像动物之形体或事物之形状者，亦能如实地将山名之特色呈现，兼具了写实性与艺术性。

《集成·山川典》卷二十六“凫山部·汇考”之“凫山图”云：“凫山，以形如飞凫故名。”

图中最高峰耸立，状若凫鸟浑圆的头部与尖长的喙子（凫鸟俗名野鸭，又可称水鸭。形状如鸭而略大，喙宽而扁平且短），左右峰石则像其展翅欲飞之貌（图1）。卷五十四“熊耳山部·汇考”之“熊耳山图”，云：“形如熊耳，故名”，图右上方突起两座圆锥状的峰石，形状如张开的熊耳（图2）。再观察卷八十二“牛首山部·汇考”之“牛首山图”，称：“牛首山……旧名牛头山”，图中山巅十数株树木，以聚集的仰叶点画法呈现密如牛毛的树林，两座峰头东西相峙，形状若刚发出之牛角，整体形似牛头上长着一对牛角。该图版山峦的表现，皆以较粗长的线条勾勒土坡的起伏，再以细而短的牛毛皴笔法表现坡的走势与阴影。并以各种点叶法如：菊花点、松叶点、密竹点等，呈现山间繁茂

15　明王圻《三才图会》地理卷十一“莲峰山”，上海古籍出版社，1993年影印本。

图1 《集成·山川典》凫山图

图2 《集成·山川典》熊耳山图

的树林，在山林掩映间还有众多的寺观建筑（图3）。与《三才图会》之“牛首山图”之比较，《图会》云：“初名牛头，以双峰并峙若牛角然，佛书所谓江表牛头是也。”[16]

然观其图版，无图考所指形似并立牛角的双峰。仅以长线描刻表现山石之形状，峰石边缘略刻点几笔以呈现阴影。对山林植物的写绘种类亦有多种，于寺观部分则相当简化。再以《名山图》中的“牛头山图”对比，图版中央有两座较明显的峰峦，右侧山势较高者，以大斧劈皴表现，左侧则以圆滑的线条呈现低缓的山形，同样无法与突出牛角的峰形相互联想。其庙宇的绘刻更为粗略，屋顶甚至没有雕绘砖瓦纹路。而《南巡盛典》之“牛首山图”[17]，图版右侧山峰浑圆而高耸，左侧则山势平缓。此幅对于山峦线条刻画相当细腻，除了有长披麻皴、小斧劈皴、盘头劈等方式外，还有栈道、聚石、庙宇、宝塔的写绘；然树木生长的太过于笔直，且对于建筑物与植物皆刻意讲求观其全貌，整体略显刻板。或许因构图角度的差异而看不出顶如牛首的峰峦（图4、图5）。

《集成》对于山势的线条表现虽不如《南巡盛典》的丰富，但植物的生态及庙宇的写绘，相对表现较《南巡盛典》自然。另有像鸡之足趾

16 明王圻《三才图会》地理卷六“牛首山”。

17 清高晋等《南巡盛典》卷一〇一“江南名胜”之“牛首山图”，文海出版社，1971年影印本。

图3 《集成·山川典》牛首山图

图4 《名山图》牛头山图

图5 《南巡盛典》牛首山图

图6-1 《集成·山川典》鸡足山图

者，如《集成·山川典》卷一九六“鸡足山部·汇考”之“鸡足山图”（图6–1）云：

一顶三支，宛如鸡距，故名；又名九曲岩。相传佛大弟子迦叶波守佛衣于此，以待弥勒云。

图中山形前端近排列三组山岩，后方伸立出一座高岭，形似鸡足前方三爪岔出，后伸一爪之四趾形貌。全幅峰峦攒簇，林木以夹叶点、鼠足点、胡椒点与藻草点等丰富的勾勒方式，呈现茂密感；又佛塔、庙寺与楼阁坐落于山岗之间，恰巧呼应此处佛教名山之盛名。参照《海内奇

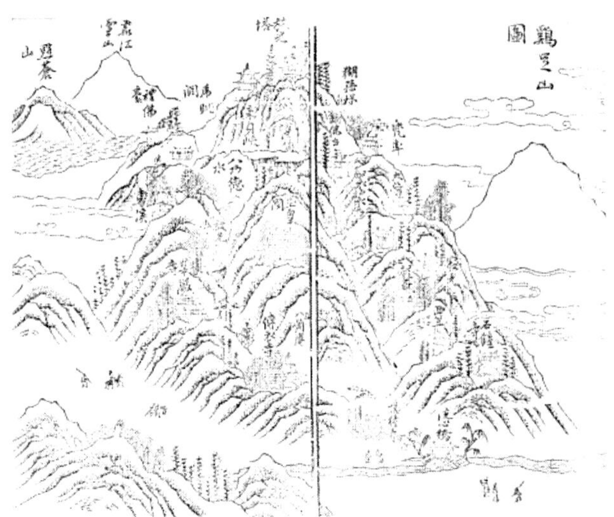

图6-2 《海内奇观》鸡足山图

观》之“鸡足山图”（图6–2）前面三组山峦的排列与《集成》相比，较为平行，各组峰峦的大小与形体平均，较少参差感。[18]而林木的表现则颇为丰富，另外还点缀了不少策杖、担囊与骑驴之游人。而对于寺庙建筑则多以正面形式描绘整体，感觉较为呆板。再观察《三才图会》的“鸡足山图”（图6–3），[19]其山峦走势基本上与《集成》相同，但洞穴与山径仅以一至两条长线及圆弧线表示，且寺庙线条亦较显单调，树木的种类则仅有山峦间排列的杉树以及山脚桥亭边的柳树。而《图书编》所附之“鸡足山图”，其图考云：“前纾三距，后伸一支，若鸡足。”[20]然观图版，仅着重于寺庵的标示，全幅峰峦铺列，看不出鸡足之形（图6–4）。

综论此四幅图，《图书编》的图版，若无一并参阅图考，则不知此以山形似鸡足之特色著称；而《海内奇观》与《三才图会》虽皆能具体呈现鸡之足爪立于地之形貌，然前者峰峦的走势失于讲求平均，后者则

18 明杨尔曾《海内奇观》卷十“鸡足山”，浙江人民美术出版社，2015年。

19 明王圻《三才图会》地理卷十二“鸡足山”。

20 明章潢《图书编》卷六十七“南各郡诸名山图”，《景印文渊阁四库全书》子部第11册，台湾商务印书馆，1986年。

图6 3 《三才图会·地理卷》鸡足山图

图6-4 《图书编》鸡足山图

对树石刻画太过简略。《集成》所写绘层峰盘错、林木树丛之景，较能近似实际山体之样貌。

《集成·山川典》中，对于像动物形体的图版，除上述诸图外，卷二十五的“龟山图”，图中山侧之巨石突出·形似乌龟上爬貌；卷九十四之“狼山图”，其山形似狼。《集成·山川典》对于山体的绘刻，皆能妥切而又不过于呆板的表现。

2．物体形态的描述

《集成·山川典》卷四十五之“析城山图”，其山形《山西通志·山川》形容，曰：“析城山……山峰四面如城，高大而峻，回出诸山。”[21] 此图山势高峭，山巅处地势平坦，不生草木，四周环崖则林木茂兴。山形奇特之处乃环绕着山顶的岩石形状方矩，堆栈有秩，似城墙包围着山（图7）。而卷八十二之“天印山图”，据《读史方舆纪要》引《志》云：“形如方印，一名天印山”，[22] 图中央山顶乃一巨大山石，四方平整，有如一块方印压上（图8）。又卷一七一之

21 转引《集成·析城山部·考》所录《山西通志·山川》。

22 清顾祖禹《读史方舆纪要》卷二十“江南二”，新兴出版社，1967年，第82页。

图7 《集成·山川典》析城山图

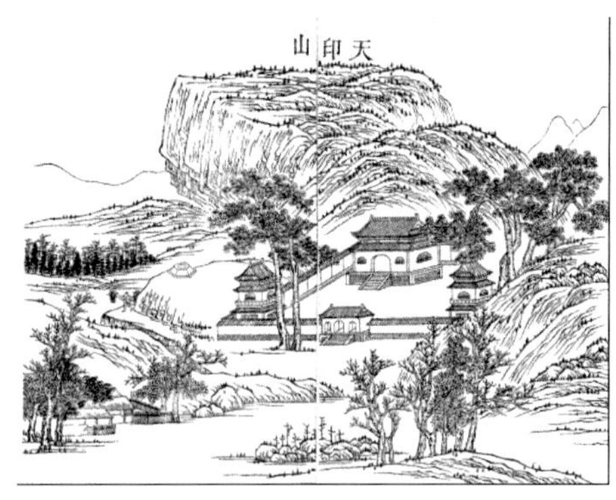

图8 《集成·山川典》天印山图

“月岩图”，图左上岩壁开出一洞，仰望似圆月当空，即如“月岩部·汇考”所云：

形如圆廪，下有洞，洞上有穴，旁有东西二门，入门仰望如见月，然相传周子画太极图即拟此岩也。

另外还有瑰异的桂林七星岩景观，像是七块岩石陨坠于湖面，列岫如北斗星状。据“七星岩部·汇考”云：“其山七区，连属曲折，列峙如北斗状。”此图山峰岩块巧布于湖面上，岸上构亭数楹，又有湖心一亭，岩洞石室间似引石为梯，相互通达。其湖面坐山，山腰有洞，洞内穿河，景观甚为奇特。细察其亭台、寺观，座落方向不一，有的则仅露出屋檐一角。为突显其洞穴深度，故将穴中三分之一的屋宇以洞口之岩石遮掩。对于树木花草的绘刻亦相当的细腻，有岩缝间的鹿角树枝、水岸边的垂柳、山径边各种芦草、夹叶，等等（图9–1）。

比较《三才图会》之“七星岩图”（图9–2），[23]《集成·图考》于此处景观有精当的描述：

23 明王圻《三才图会》地理卷十二“七星岩”。

图9-1 《集成·山川典》七星岩图

图9-2 《三才图会》地理十二卷七星岩图

其峰嶙峋，森列碁布，如陨星丽地，错落凡七。其中一峰宏开岩壑，虚明昭旷，可容数百人。嘉石穹窿，清泉映带，诚一方之奇观也。

图版中矶台边缘以几近涂黑的方式，表现浮出水面的高度阴影，而洞穴、山石的线条则无特殊之处，皆以单线勾勒其形，并用牛毛皴法凿于边缘。再观察《海内奇观》之“七星岩图”（图9–3）[24] 其山形与《集成》相似，以雨点皴法表现岩石表面，同样布置多处亭阁、寺宇，但仍以正面四方的角度呈现，林木的表现多用对称平均的方式绘刻。细察各图，《三才图会》在山棱起伏处的线条镌刻简略，石块的表现亦较为平面，缺乏线条粗细变化，而且林木的布置细碎，石室、洞穴则看不出其深邃感。

《海内奇观》一图于建筑物与树木的呈现太过平均；而《集成》于此图，则山石线条细致连贯，树木花草密集且变化多样，又将石穴中的景物以若隐若现的方式着笔，展现其幽邃之感。《集成·山川典》对于掌握山形特色的表现，尚有卷一五三的“赤壁山图”，有江岸边大片的石壁；卷一五四的“赤山图”，其岩壁挺出如一鼻形及卷一八六像莲花绽开的“莲峰山图”亦同，一样能令观图即了解其山形之特点。

24 明杨尔曾《海内奇观》卷十“七星岩”。

图9-3 《海内奇观》七星岩图

上述各椠之插图中，同一座山虽有画面构图相似者，但论线刻细腻程度，都以《集成》为佳。《三才图会》在线条的表现不甚讲究，其他如山势地形、岩石、建筑以至林木等的线刻都较为粗糙简略。相较之下《海内奇观》的图版则能有较为繁复的粗、细线刻表现；而《南巡盛典》之插图则显得精细有余，生动不足了。

3. 水浪波纹的描述

《集成·山川典》仅在个别山部绘刻图版，对于江海河水之流域因为源流曲折，涵盖地区极广，无法尽收一图。[25] 然许多山脉座落于临海之际或河流间的峡谷段，水激山险之特色，《集成》亦有收录。书中所附之213幅插图中，对于水流波浪有所描写者约八十幅，[26] 亦即超过三分之一的图版皆能将山势与川流的水势结合，是书"水部"虽不收图版，然针对这些绘刻山水相接的插图，阅图者亦能对该处水势之特性有所了解。

（二）海岸浪涛的刻画

中国的东南方临海，东南沿岸多座山面海而起，衔接海洋边缘的陆地，有的奔水啮石，有的岩岸陡险，其地势奇诡与水波强弱缓急的冲击力，构成一幅震慑人心的画面。参照《集成·职方典》卷一八三"山

25 《集成·凡例》第24则："一水之中，源流曲折，灌溉之利，阻险之资，所关尤巨，非图可悉。"
26 此处所指之水流波浪，系为该图中有水浪、湖泊、河流、溪涧等水流线条者。

图10 《集成·职方典》山东疆域全图（局部）

东总部”所附之“山东疆域全图”（图10），其右侧沿岸分别有蓬莱阁（即蓬莱山）、之罘岛（即之罘山）、成山、劳山与琅琊台（即琅琊山）。《集成·山川典》对于山东沿海此五幅插图，有相当大面积水波纹的刻画，如卷二十八“成山图”，据“成山部·汇考”云：

其山斗入海，因始皇鞭石造桥，后人又呼为神山，池志亦作盛山，山旁多礁岛，为海道极险处。

此处又称为成山角，图中三面环海，山边一岬角伸入黄海，海面上礁石林立，水流湍急连绵至天际处（图11）。又卷二十九“之罘山图”，据“之罘山部·汇考”云：“四面环海，峭峰堆青，劈海而座，有径通顶。”图中有松卉隐翳于山谷间，山背峭壁若斧削而成，下方紧临汪洋。其中卷二十八“琅琊山图”，据“琅琊山·汇考”云：“冈背坦平，三面临海，峰峦环峙。”右侧山势嶕峣特起，筑有一高台即琅琊台也。其台边墙垣线条笔直平行，台上栏杆、楼梯及石碑的镌刻亦相当细腻。图左侧辽阔的海湾为龙湾，离海湾较远处的水面，刻工利用平直的线条，使水面看来具有阳光照射后波光粼粼的样貌。距离峡岸较近

图11 《集成·山川典》成山图

图12 《集成·山川典》之罘山图

处，则使用密度较高的弧线堆栈表示海波急速回旋（图12）。比较《三才图会》之“琅琊山图”[27]其山海方位之配置恰与《集成》相反，左侧山边有一座亭台，应即指琅琊台一处，然构图简略，屋顶下仅有四根脚柱支撑（图13）。右侧海波浪的表现亦无远近之分，皆是像竹编貌，每组波浪以左右交错的线条表示浪之起图中山岳造型丰富，群峰盘薄相互连亘，峰岩利用马牙皴、乱柴皴与小斧劈 皴等方式呈现。树石夹道，森嶂周回，植物以丁香枝、杉树点、梧桐点等各 种夹叶画法。又有多处巨石如席，错落布列。图左入海处峭然一峰即为劳顶，其岩壁尖突，呈现海水侵蚀的样貌。海水的绘刻以抖动的弧线层层堆栈而上，遇拍击险滩的水流，则用回勾的“之”字刻法表现（图14）。

比较《三才图会》之“劳山图”[28]图版（图15-1）中的海与山以对角方式构图，左下角山地的亭台，与右上角海水的表现，与同帙之“琅琊山图”几乎无异，仅是画面角度配置之差别而已。推测《三才图会》或为坊刻本，为将出书时间缩短、工价压低，致使部分插图构图重复，章法雷同；甚至也可能是将局部雕版拼凑续用，版刻质量因此不若官刻之书细致（图15-2）。[29] 再观察群峰旋绕屹如千尺楼台的蓬莱山（卷

27 明王圻《三才图会》地理卷八“琅琊山”。

28 明王圻《三才图会》地理卷八“劳山”。

29 王伯敏《中国古代版画概观》，收于中国美术全集编辑委员会编《中国美术五千年》第二卷“绘画编”下，人民美术出版社，1991年，第598页。

图13 《集成·山川典》琅琊山图

图14 《三才图会》地理卷八琅琊山图

图15-1 《三才图会》地理卷八劳山图

图15-2 《集成·山川典》劳山图

三十之“蓬莱山图”。图16-1），山麓有一座规模宏大的宫室建筑，建筑群中寺观、大殿、阁楼层层堆砌极为讲究；《三才图会》“蓬莱山”一篇即云：“上有金台玉阙，乃神仙之都，上帝游息之地。”细察盘亘于危崖边的坪台边缘，还缀以密布的块状栏杆，山谷间坐落着许多钟楼、宫观，另有巉岩、潮水环绕其间。以富有转折的粗厚线条凸显山石

图16-1 《集成•山川典》蓬莱山图

图16-2 《三才图会》地理卷八蓬莱山图

峻挺，再合并使用短促的线条表现石块面的分割角度。水波纹的表现又与前述图版略有不同，图版上缘留白，以突显天际之高远，远处的水纹以类似瓦片般层迭覆盖，接近岛屿的海浪翻搅加剧，以像虎爪般的图形作为潮头，将海潮做了细密精致的刻画。比较《三才图会》之“蓬莱山图”，[30]图版明显是为了呼应其图考所云“神仙之都”，在下方一团海浪处，如手举火炬般，架立着蓬莱山，山底部悬挂着数十个若钟乳貌的岩石，其轮廓线与山岩块面分割线条并不明确。山之四周则布满星宿，是一幅想象中的海上仙山（图16–2）。

上述诸图，各山之地理位置虽皆座落于山东沿海处，惟《集成》对于水势的刻画能利用各种水波纹线条，表现海浪冲击岩壁后的姿态，加上各图之水流方位与水势之差别，皆能悉心的构图，刻工根据地理特性做线条粗细、曲直的呈现，呈现一图一景的新颖画面。相较于《三才图会》的图版，对于海水和岩岸的处理，则类似與图中海域与陆地的刻画，仅用一条长曲线画分两者，针对海水涛涌的形象，亦略以规律的左右平形线表达，甚为刻板。

30 明王圻《三才图会》地理卷八“蓬莱山”。

图17 《集成·山川典》壶口山图

图18 《集成·山川典》孟门山图

（三）河谷地形的刻画

中国山川地势中，最著名的峡谷河段即属黄河流域，其势如破竹劈开万仞高山。最为人知晓者，即以风吼马啸的壶口瀑布（卷三十六之“壶口山图”），据“壶口山部·汇考”云：“其山西崖之脚，受黄河之水倾泻奔放，自上而下势如投壶，故名壶口。”此说将壶口瀑布之形象跃然纸上。图中央水域上宽中窄，上方河流段水波平缓，而紧接着洪流骤然被两岸所束缚，加上高度落差极大，河水翻腾倾涌，漩涡四起，如同壶中之水倾泻而出。而左上空白处有几笔像微风抚过的仰头线云气，极似一壶热茶注入杯中所腾起之烟雾，随之即散（图17）。

又卷三十八之“孟门山图”，图中河床上有两块梭形石宛若岛屿，巍然屹立在巨流中，两石迎着汹涌滔天的泥流，依旧昂首笔挺。被巨石分泄的水流，以较粗密的弧形线条表示其力道。而图版上方如灵芝形状的勾云，将整幅图版呈现如由天际奔来之水直泄而下（图18）。再观察卷四十五之“吕梁山图”，据“吕梁山部·汇考”云：“其山巨石崇竦，壁立千仞，河流激荡，震动天地。”全幅山径曲回、岩壁凛然，以粗笔勾勒山石之形，再辅以细线描绘岩块角度，例用大量的马牙皴表现苍劲的山势，再用短直线的雨点皴呈现岩壁的粗糙。瀑布如阶梯般堆栈而下，其间遇石块而激起水花，则以上勾的爪形表现，过了瀑布段之水，其波流则以平行铺排的线条显示水势渐趋平缓（图19）。

图19　《集成·山川典》吕梁山图

图20　《集成·山川典》龙门山图

又有激流拼搏的龙门山（卷三十八之“龙门山图”），据“龙门山部·汇考”云：其山两峰壁立，上合下开，河水径流其间，形如门阙，其峰东西相去不过百步，而巨浪奔涛，旦夕冲激岩鸣谷。瀑布源头之两侧山石壁立，形如一道巨门，河水由此急奔而下，图中山顶标示着此处之别称“禹门”二字，往下之山麓座落着寺庙、祠宇和楼台，颇为详细。刻工不厌其烦地利用细密的长短线条勾勒山石，瀑布两侧的岩壁用“乀”字型 表现陡峭之貌，而山麓旁前后重迭的山坡，则用较为平缓的折带皴表现松软的质感。树林的表现亦是丰富且茂盛的，有单株植物，也有连成带状树丛。图版中央的各建筑物皆可看到其全貌，此构图方式，让观图者采取一种俯视的角度欣赏，[31]与先前的图版多以平视的角度观察水势有所区别。而飞奔而下的瀑布，每层线条的弧度皆有差异，第一段水口处被石块遮掩，第二段短小，第三段略为开展，第四段较上层倾斜，第五段即注入河道并激起鹰爪般的水花。河道之水流利用抖动且聚散的线条呈现繁密的水纹（图20）。比较《三才图会》之“禹门图”，[32] 山峦线条松软而无力，对于山石层次的表现仅以几刀带过，建筑物的地点亦不如《集成》明确。图版中间一道河水斜流而下，水波纹以

31　关于这类俯视角度的图版，《集成·山川典》卷二十五之“尼山图”及卷一二一“天台山图”等，皆采用此法。

32　明王圻《三才图会》地理卷八“禹门”。

图21 《三才图会·地理卷》禹门图

图22-1 《集成·山川典》底柱山图

仰躺的“S”型和“L”型表现，不若《集成》之层次分明（图21）。

再观察卷三十九之“底柱山图”，据“底柱山部·汇考”云：“特立大河中，其形如柱故名。西北有三门，三流并涌，乃禹凿之以通河者。”图中最明显者为一石挺立与水中若擎天之柱，河水如三束玉练于巨石缝间泄出，在石柱前汇流（图22–1）。山石以粗黑且方矩的马牙皴表现，云气呈水平分布，飘于图版上方边缘处，并有舒缓起伏。水波纹的表现有三种层次，石柱上方的水域以细密平直的线条表示流淌的河水；三处水口泄出之瀑布注入河水处，以及冲激石柱之处，以密集勾勒的虎爪型表现水流激阻下的样貌。而瀑布至石柱之间的水势，则以密布的鱼鳞状表现湍急而下的水流。利用不同层次的水波纹暗示空间及力道。

比较《三才图会》之“砥柱图”[33]，构图模式基本上与前幅“禹门图”相同，皆是水由左上方流动至右下方（图22–2）。图中水流像是过山洞般行经三道石门，与《集成》图版中，自石缝泄出的三道水流表现方式截然不同。细查其水波纹，以分布平均的鱼鳞表现其波折，极为制式化。黄河中游河段因前段河水湍急，绕过河弯迅速流向河南平缓地形，水势骤缓泥沙渐淤积河底，因此中游河段长久易泛滥成灾。呈现在图绘上，从中游以上到中游河段皆有独特变化的风貌。《集成》在表现

33 明王圻《三才图会》地理卷八“砥柱图”。

图22-2　《三才图会》地理卷八砥柱图

河水流经各山时，针对各处河口宽窄的变化以及峡谷的转折，皆有工致的表现。不同地势所流经的河水，刻工运用迅捷的刀法诠释，观图者无不被惊湍的水势所震摄。而《三才图会》的图版，虽有滚滚河水川流而下的形象，但对于该处的地理特色及水势的表现皆差强人意。[34]

前述《集成》各幅山形水势诸图，虽皆为分散的单景，但诸图浑然成趣，看不出重复性；遍览各图，能从其中体会出绘刻者的巧思创意及笔触的生动与灵巧。绘者根据实际的环境，针对不同的地区选择不同的特点，采取各种角度描绘，创新写景。从现实中观察到的具体景物，加以剪裁，让图版具有强烈的记录性，却又不似地图那样追求地理上的准确而失去生动活泼；因此，在构图方面是比较自由及新颖的。刻工除忠实呈现画稿原貌外，在操刀方面，又可以任意勾划，达到木刻版画的特殊效果，具有很高的艺术价值。准确无误地描写，未必是山水版画的要求，然而跃于纸上者，的确是真实存在的地势风貌，《集成》在这一方面表现高度的技巧，它让览图者彷佛亲临山边水岸，饱览山水之自然风貌。

34　此处所探讨水势之插图，因《海内奇观》《图书编》《名山图》《南巡盛典》皆无收录相关图版，仅以《三才图会》之图版做一分析比较。推敲前三帙不收图版之原因，或许《海内奇观》以旅游导览为主题，着重的是五岳、西湖、钱塘、普陀山等历来著名的旅游与宗教朝拜胜地。山东沿岸与黄河河套地区因地势险隘，水势惊骇，以当时的交通便利性而言，较不适宜旅游。《图书编》在山东、陕西两篇仅收泰山、尼山与华山等较知名的山图。而《名山图》以名胜之迹为主，上述地点亦非列名迹之处，故亦不收。《南巡盛典》以乾隆南游路径所经之名胜为主，上述水势诸图亦无收录。

《集成·山川典》所绘刻的山水插图，是目前所知汇集各地山水插图内容最完整，数量最丰富之古籍类书。[35] 其成书年代较晚，又作为钦定类书，故所能参资的图书数据范围，必定比民间书籍之编纂更为广博。[36]是帙不论版面构图上的取材参考；图版内容上的多元主题，以及图版形式上的整齐统一等，皆能有相当完备的表现。

三 《集成·山川典》版画的成就及殿版书的价值

《集成·山川典》共有279个山部，计收录213山水插图，大约接近八成的山部附有图版。在类书插图数量上的表现，比《三才图会》（209幅）及《图书编》（30幅）更多；[37] 与周游山川水景的导览书相较，亦胜于《海内奇观》的158幅，以及《名山图》的55幅。另图文相映的帝王巡游记录《南巡盛典》一书，则有155幅山水版画。《集成·山川典》的山水版画，在与类书地理门类与游记书籍中，有冠绝古今的山水插图数量。就各幅图版布局的赏析，《集成·山川典》的插图，提升山水版画艺术价值的层次，若将图版脱离文字独立欣赏，其图像的审美旨趣比图解的功能更形突出。在形象表现上，绘图者多能选择精要之处着笔，予人醒目、强烈的视觉效果，表现构图的简洁。各幅之山形水势，虽皆为分散的单景，但采取各种角度描绘，又有山水画平瞰、景深

35 《三才图会》地理卷一至五所收为各省舆图及各府境图。自卷六至十二开始收各地之山水形貌图，经统计有220幅图，然其中有8幅图内容明显是舆图的路线图或城市图等形式，如卷六的“顺天京城图”、“京都众水图”，卷八的“阙里形胜总图”以及卷九的“会稽图”，等等。

36 《集成》初稿为陈梦雷于皇三子允祉处侍读时期，利用亲王府协一堂藏书及自己的家藏书籍约一万五千多卷所纂。约于康熙四十年（1701）开始，至康熙四十五年（1706）初稿完成，其后再经长时间补充修订，于康熙五十五年（1716）进呈，钦定改名为《古今图书集成》，同年立馆加工。裴芹认为此时朝廷肯定提供一些修订补充用的文献。可参陈梦雷《松鹤山房文集》所收之“进汇编启”，以及前引裴芹《古今图书集成研究》，第36页。

37 《三才图会》地理卷六至十二，每一地点皆收有一幅相对应的图版，但有部分为城市图、水域图等非山水景观的图版，笔者统计属山水插图约209幅。《图书编》卷五十九至六十七，每卷之名山总图后，收录之山水插图，亦有部分为地理形胜图与宫阙图，笔者统计属山水版画者约三十幅。

的概念。创新写景的手法，欣赏时能领略写绘者的巧思及创意。在线条表现上，刻工的操刀，以多变的刀法勾划，不论是线条挺拔的雄伟形象；形同斧劈的奇险之势；起伏缓和的柔秀之美；隐闭曲折的幽奥之景，还是视野开阔的平旷之地，皆能表现其态势。甚至细微曲折的烟云、树石、水势亦能描绘如生，充分显现刀刻之灵活。在画家与刻工巧妙完美的合作下，为《集成·山川典》山水版画增添趣味性和审美性，具有很高的艺术价值。

又《集成·山川典》在地点的考据上，出现因为收录不同说法的地点考证，而附有多图者。书中文字与图版的相互诠释，此种图文参照方式，提供更多层面的研究参考。如李约瑟即在《中国之科学与文明》一书大量征引关乎科学技术之文献或图表，他认为就地质学之观察与记载，《集成·山川典》的插图，能察看出许多地质上的奇景，例如：河流冲刷作用、海蚀台拱、玄武断崖与石灰岩区等。[38]可知，《集成·山川典》的图版为后世研究考察地质型态者，提供具体而微的线索。再者，从游记而言，中国地域之辽阔，名迹胜景之多，借助《集成·山川典》的插图，使我们得以窥见昔日各处山岳的风光。同时这些版画数据，也为了庭园百工等技艺工作者，提供了设计的模板，使之有更多观念传承的依据。因此，《集成·山川典》亦富有文献征引及科技教育之功能。

《集成·山川典》的插图，除具有上述之价值与成就外，更具有突破殿本版画制式风格的特色。《集成》是帝王“钦定”的图书，图版盖出自宫廷一流画家和能工巧匠之手；[39] 然而，清宫殿本版画常有画面规整、铺陈拘谨、平稳构图等制式化之弊病。仔细观察《集成·山川典》

38　李约瑟《中国之科学与文明》第6册，台湾商务印书馆，1985年，第220—221页。

39　翁连溪《清内府武英殿刊刻版画》，《收藏家》2001年第8期，第38页。翁文指出清代宫廷版画的刊刻，具体表现有：云集一批学识优长、善于词文、书法高超的儒臣及画坛上较有名的画家，同时网罗众多在写版雕刻、刷印、装潢方面技艺优良的工匠。

于此一扫前弊，以构图灵活、风格多样见长，殊少出现清殿本版画模式化的情形。一方面，部分图版之构图参仿其他古籍中的插图，就现存数据所知，至少有取自《三才图会》与《名山图》二帙之部分图版。其次，《集成·山川典》213幅图版，涵盖中国北至南15个省的山川形貌，地理范围极为广阔；不若《避暑山庄三十六景诗》《圆明园四十景诗》《南巡盛典》等各帙中的山水版画，属特定的皇家园林，或者曾是皇帝亲历之景点，于画面的构图上，多讲求一丝不苟的写实。宫廷画家在对《集成·山川典》图版布局时，因为多数地点不可能亲赴考证，故多透过文献史料去构画山岳之风貌。也因为如此，画家在写绘图版时，可纳入诸多素材，例如有山水画法的构图方式以及融入舆图绘制的元素等等，甚至有可能加入自我创意。

《集成》以收录丰富的文献史料以及严谨的编排形式所著称，而"山川典"插图的功能，主要让读者能具体了解各山岳的形象。其图像在留影存真之外，还可以提供读者视觉上的享受，吸引阅读的兴趣，甚至提供一个驰骋想象的空间。这些图版的绘图与镌刻过程，是现今照相机随时可拍的便利生活中，所难想象的难度。

嘉庆以后，内府刻书由盛转衰；刻书内容也较为平淡。其中较值得称述的，是嘉庆十九年（1814）编纂的《全唐文》；此书系由扬州诗局所刻印。其后道光、咸丰以降，国事蜩螗，武英殿刻书日益式微。陶湘云："道光、咸丰两朝，天下多故，稽古右文，万机无暇。同治一朝，大乱甫定，天子冲龄，此事遂废。八年（1869）夏，武英殿灾，凡康熙二百年来之藏书储版，一炬荡然。……终同治一朝，阒寂无闻，此为极衰时代矣。"[40] 开创一代风雨名山之业的武英殿，最终落得"阒寂无闻"的下场！

武英殿的刻书事业，最后虽悄悄落幕，但它对于清代印刷出版史或

---

40 陶湘《清代殿版书始末记》。

文化史上，至少有几项重大的意义。

1. 武英殿为皇室的印刷机构，其所刊刻的图书当然与皇朝的典章制度有关；其次是清初的统治，既以“稽古右文”为号召，来箝制或笼络当时的知识界，因此御纂、敕修、钦定经史文集等图书，自然成为印刷量最多的出版品。但从另一个角度看，通过整理、辑校、汇编种种方式，保留大量宫中深藏的古籍；对中国古代图书的保存、流传与古代学术的发展，有非常正面而积极的作用。

2. 武英殿的刻书，相当程度地保存了古籍，根据统计有清一代内府刻书总量633种，54026卷（吴哲夫先生曾以陶湘《故宫殿本书库现存目》为底本，核对目前台湾所藏殿版图书情况，595种，其中经部115种、史部234种、子部107种、集部135种、丛书4种）；[41] 这数量远超过历代官刻图书之数。另清代以满族入主中原，统治期间除翻译经史文集为满文外，也编印了满、汉合璧的图书。

3. 武英殿既是皇室开馆，刊刻之书自然讲究版型、行款、色泽、装潢，乃至于纸张、墨色、字体、图绘套色都属出版印刷的上上之选。因此，目前传世的殿版图书，都成为收藏单位以珍贵文物来保存。

4. 殿版书的刊印与书中所绘版画，充分表现清代刻书与印刷套绘的水平。如套印的技术源自明代，却发皇于清代。明代的套印一般是两、三色，四色则少见，五色只用于笺谱、画谱等。但殿版书中多色套印寻常见，康熙年间的《御选古文渊鉴》，即用红、黄、绿、墨、篮五色套印，其套色的形式与技巧也较明代成熟。

目前殿木图书被各界视为珍藏的文物，亦有多处收藏殿本。不过以质和量而言，收藏最佳仍属台北故宫博物院。目前台北故宫博物院馆藏殿本书有53198册；铜活字版《古今图书集成》及木活字版《武英殿聚珍丛书》138种、《古香斋袖珍十种》俱藏于台北故宫博物院。[42] 1983

41 吴哲夫《清代殿版书》，《故宫文物月刊》第3卷第4期，1985年。

42 同上注。

年，台北故宫博物院辑院藏善本书目；书成，蒋复璁在序中说："本院收藏普通本线装图书，系包括殿本、史馆、观海堂各库所贮。殿本库藏者，皆缮写进呈及武英殿所刻印，逊清历朝御制或敕撰之书。殿本图书，今传世虽尚不乏，然藏者咸无本院之丰。"[43] 洵非虚言。

43 蒋复璁《"国立故宫博物院"善本旧籍总目》序，台北故宫博物院，1983年。

书法篇

《历代名公画谱》中的书法名家浅析

FAMOUS CALLIGRAPHERS IN *LIDAI MINGGONG HUAPU*
(PAINTINGS OF CELEBRITIES IN PAST DYNASTIES)

赵 前
中国国家图书馆古籍馆（善本特藏部）

ZHAO QIAN
ANCIENT BOOKS LIBRARY, NATIONAL LIBRARY OF CHINA

ABSTRACT

This paper briefly introduces the basic information of *Lidai minggong huapu (Paintings of Celebrities in Past Dynasties)* compiled by Gu Bing in the Ming Dynasty. Gu Bing referred to the style of *Tuhui baojian (Pictures and Paintings)* by Xia Wenyan in the Yuan Dynasty, compiled biographies of painters and sorted them in a chronological order. Following each painting, there were inscriptions and postscripts by celebrities. He also adopted the method of *Xuanhe bogu tu* to explain that the original copies of the prints were the authentic ones from famous genuine paintings. As for the engravings in the *Lidai minggong huapu*, some of them use the form shrunk from the original works, while others are simplified ones to highlight the main point in the pictures. The purpose of Gu Bing's creating this book is to make it a model for people to learn painting.

This paper starts with the content of the postscript and calligraphy of *Lidai minggong huapu*, a collection of different calligraphic styles of different masters, like a calligraphy series of Wanli period in the Ming Dynasty. The calligraphies, signatures and seals of Ming people included in the book are also helpful to the identification and appreciation of calligraphy and painting today. This paper also discusses the time when the book was completed and the book aesthetic trend combining multiple art forms such as calligraphy, painting, and seal etc.

《历代名公画谱》（图1），又名《顾氏画谱》，为明人顾炳所辑历代名画图册。全书四册，不分卷。

顾炳，字黯然，号怀泉，武林（今杭州人）。善画山水、花鸟，宗周之冕。曾结茅吴山，技日益进。传摹晋唐，存其梗概。因其精通绘事，故万历二十七年（1599）应选入宫为宫廷画师，“已亥岁（万历二十七年，1599）应选供事，武英流辈咸推服之”（见朱之蕃《顾氏画谱序》）。

《历代名公画谱》卷首有全天叙和朱之蕃序以及顾炳所撰《谱例六则》。《谱例六则》的第一则已经阐明顾炳辑录《历代名公画谱》的编辑体例：

前贤论画，定品格者，有神逸能雅之悬；拔气韵者，有轩冕岩穴之辨。斯惟名流法眼，乃足鉴古仪今。炳也何人?敢与于此,窃师邓公寿不立褒贬之意。兹编诠次多循《图绘宝鉴》，壹以世代为序。

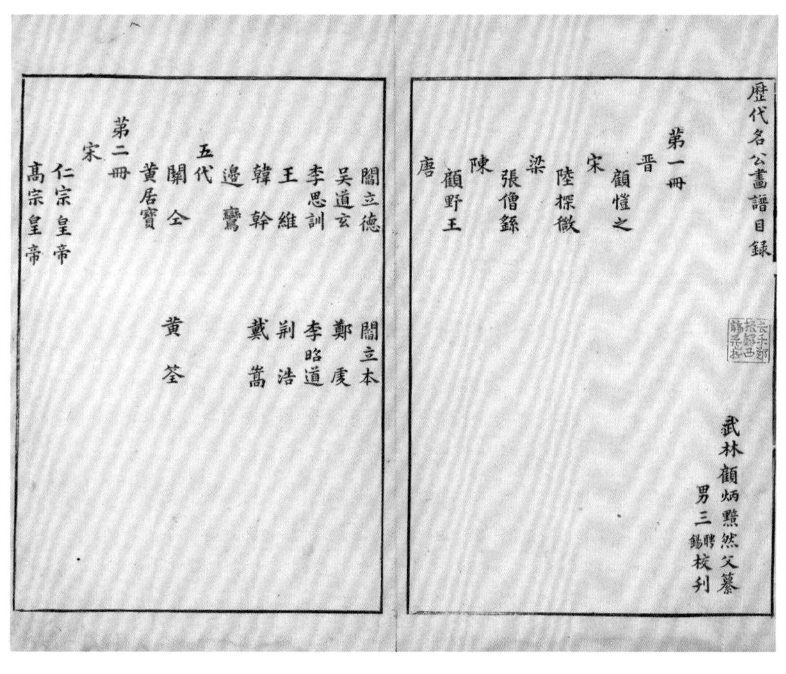
歷代名公畫譜目録
第一冊
晋 顧愷之
宋 陸探微
梁 張僧繇
陳 顧野王
唐
武林顧炳黯然父纂
男三聘 三錫 校刊

閻立德 閻立本
吴道玄 鄭虔
李思訓 李昭道
王維 荊浩
韓幹 戴嵩
邊鸞
五代
關仝 黄筌
黄居寶
第二冊
宋
仁宗皇帝
高宗皇帝

图1　《历代名公画谱》目录叶。中国国家图书馆藏明万历三十一年顾三聘、顾三锡刻本

由此可知，顾炳编辑《历代名公画谱》的想法是“兹编诠次多循《图绘宝鉴》，壹以世代为序”。顾炳辑录《历代名公画谱》是参考元人夏文彦的《图绘宝鉴》体例，画作先后和画家小传皆按年代排序。

关于《历代名公画谱》所选名画并改为版画，顾炳在《谱例六则》的第三则是这样解释的：

是编采摩名画，略仿《宣和博古图》制，减小元样，窃附古人所谓“铺舒大轴非有余，消缩短幅非不足”也。虽于焕发神采，未便脱壁，如其仿佛笔意，颇殚苦心。语详全玄洲先生序中。

也就是说，顾炳《历代名公画谱》采用的《宣和博古图》的方法，“减小元样”。顾炳认为这样做符合“……古人所谓‘铺舒大轴非有余，消缩短幅非不足’也”的理念。同时，顾炳还说明了版画的底本都是临摹名画真迹。至于《历代名公画谱》中的版画，一部分是将原作进行了缩小；另外一些则是删繁就简，突出主要画面。

顾炳编辑《历代名公画谱》的最终目的，在《谱例六则》的第六则有所表露，称：

炳，江南贫士，景薄桑榆，向往徒勤博综。未远所愿，赏鉴巨公、艺林国手，尽发什袭之藏，弗閟一厨之宝，旋添众美，大备全书，使贱名得备前驱，则兹刻不妨粉本云。

顾炳编辑《历代名公画谱》的最终目的是：“未远所愿，赏鉴巨公、艺林国手，尽发什袭之藏，弗閟一厨之宝，旋添众美，大备全书，使贱名得备前驱，则兹刻不妨粉本云。”其关键在于“使贱名得备前驱，则兹刻不妨粉本云”。也就是说，希望《历代名公画谱》能够成为人们学画的范本。

中国国家图书馆所藏《历代名公画谱》，为明万历年间顾三聘、顾三锡刻本。收录六朝至明万历年间106位著名画家的作品，每幅作品配有画家小传，并由当时的文人雅士题写。

第一册

晋：顾恺之；

宋：陆探微；

梁：张僧繇；

陈：顾野王；

唐：阎立德、阎立本、吴道玄、郑虔、李思训、李昭道、王维、荆浩、韩幹、戴嵩、边鸾；

五代：关仝、黄筌、黄居宝。

第二册

宋：仁宗皇帝、高宗皇帝、李公麟、顾德谦、郭忠恕、董源、范宽、李成、郭熙、赵昌、苏轼、米芾、赵令穰、赵伯驹、僧巨然、赵孟坚、米友仁、杨补之、马和之、李唐、陈容、杨士贤、李迪、苏汉臣、萧照、刘松年、李嵩、夏珪、马远、马麟、陈居中。

第三册

元：赵孟頫、管夫人、鲁宗贵、柯九思、赵雍、王渊、黄公望、钱选、吴镇、倪瓒、王蒙、高克恭、吴瓘、盛懋、方方壶；

国朝：商喜、边景昭、王绂、李在、戴进、夏昶、孙龙、陈喜、林良、杜堇、沈周、陶成、吴伟、吕纪、钟钦礼、周臣。

第四册

唐寅、文征明、姜隐、谢时臣、王穀祥、陈淳、文伯仁、仇英、朱贞孚、蒋三嵩、朱端、张路、陆治、鲁治、王一清、钱穀、张珍、沈仕、文嘉、莫云卿、陈栝、周之冕、董其昌、范叔成、孙克弘、王廷策。

在《历代名公画谱》中，既有人物山水，也有花鸟禽兽、亭台楼阁。画作形态生动，自然传神，线条流利，委婉工致，堪称版画中的精品。《历代名公画谱》还是一部探究历代著名画家作品风格的重要文献，同时也如顾炳所言，是人们学习绘画的“粉本”。

特别值得关注的是《历代名公画谱》中为画作题跋的书法名家。

《历代名公画谱》楮墨精良，是一件珍贵的艺术品，代表了明代万历时期书籍印刷出版的杰出成就。《历代名公画谱》中的画作题跋使用了楷书、行书、草书、篆书和行草等五种不同书体，刊刻精美，不逊画作。《历代名公画谱》每幅画后都附有一篇画跋，不仅可以引导人们领会画作，而且还可以帮助人们了解画家。顾炳在《谱例六则》的第五则谈到画跋之事，称：“每幅题跋，俱荷交游诸公，乐成雅事。任取掺觚，先后无次。其或直录《宝鉴》本文；或独摅赏识藻思。匪炳陋劣，敢赞一辞。”《历代名公画谱》共有106幅画作，所以也有106篇画跋。但这些画跋决非顾炳本人所题，而是与之交往的文人雅士所为。遗憾的是，这方面的内容，研究者似乎论及不多。笔者拟根据书写者的履历及其作品进行初步梳理。

一　顾炳的朋友圈

顾炳的朋友圈有二个人是必须提到的，他们是为《历代名公画谱》作序者全天叙和朱之蕃。

全天叙（1561—1613），字伯英，号平淡居士，鄞县人。万历十四年（1586）丙戌科进士。官至侍读学士，追赠礼部右侍郎。全天叙是全祖望的六世祖，徐光启的座师。著有《铁庵焚余集》《禹贡略》。

朱之蕃（1546—1624），字元升，一作元介，号兰隅、定觉主人。原籍山东聊城茌平县，后附籍南直锦衣卫（今属江苏南京）。万历二十三年（1595）乙未科状元，官至礼部右侍郎，卒赠礼部尚书。朱之蕃工书善画，其书法得赵孟頫、颜真卿、文徵明笔意。著有《使朝鲜稿》《纪胜诗》《落花诗》《南还杂著》等。朱之蕃为什么要给顾炳的《历代名公画谱》撰写序文，我们可以从序文本身找到答案，朱之蕃在序中称："先大夫从黯然游最久，于黯然所自为绘事，亟为称许，恨未见此谱之成帙，而焕然为宇内之一大观也。"此段文字，说明了朱、顾两家的关系。朱之蕃的父亲朱衣与顾炳交往已久，尤其对顾炳绘《历代名公画谱》非常赞赏。朱之蕃惋惜其父没有看到《历代名公画谱》成书。我以为朱之蕃为《历代名公画谱》撰序之举，当是完成其父遗愿。乙未科不仅有前三甲撰写《历代名公画谱》序和画跋，而且同榜的不少进士也参与其中，应该也与朱之蕃有直接的关系。

除为《历代名公画谱》作序的全天叙是万历十四年（1586）丙戌科进士、朱之蕃是万历二十三年（1595）乙未科第一甲第一名（状元）外，画跋的书写者共有93人，也就是顾炳所言"交游诸公"，其中有58人是进士出身，堪称人才济济。

五十八名进士主要集中在万历二年（1574）甲戌科至万历三十二年（1604）甲辰科。

万历二年（1574）甲戌科殿试金榜题名：张振先。

万历五年（1577）丁丑科殿试金榜题名：傅光宅。

万历八年（1580）庚辰科殿试金榜题名：钱士完。

万历十一年（1583）癸未科殿试金榜题名：申用懋、钱梦得。

万历十四年(1586)丙戌科殿试金榜题名:崔邦彦、萧云举、赵标识。

万历十七年（1589）已丑科殿试金榜题名：第一甲第三名陶望龄。同科还有薛凤翔、张铨、鲍际明、沈朝烨、张邦纪。

万历二十年（1592）壬辰科殿试金榜题名：吴默、沈朝焕、陈民志、高克正、江盈科、蒋之秀、丁鸿阳、董复亨、施浚明。

万历二十三年（1595）乙未科殿试金榜题名：一甲第二名（榜眼）汤宾尹，同榜第三名（探花）孙慎行。同科还有何宗彦、顾秉谦、陈之龙、费兆元、张其廉、孙如游、杨廷槐、米万钟、刘一燝、张汝霖、柴大履。

万历二十六年（1598）戊戌科殿试金榜题名：第一甲第三名顾起元。同科还有王舜鼎、温体仁、仇时古、黄汝亨、祁光宗。

万历二十九年（1601）辛丑科殿试金榜题名：第一甲第一名是张以成。同科还有许獬、吴澄时、李胤昌、眭石、薛三省、雷思霈、张国维、王三才。

万历三十二年（1604）甲辰科殿试金榜题名：第一甲第一名杨守勤。同科还有鲁史、沈珣、朱邦桢、魏广微、祁承㸁、来宗道。

为《历代名公画谱》题写画跋的知名者有：

申用懋，字敬中，号元渚。南直隶长洲（今江苏苏州）人。申时行长子。万历十一年（1583）癸未科进士，官至兵部尚书。

陶望龄（1562—1609），字周望，号石篑，晚号歇庵居士，会稽陶堰（今属绍兴）人。明万历十七年（1589）已丑科第一甲第三名，授翰林院编修，诏为国子监祭酒，因母老辞归未任。著有《议国计疏》《议处京操班军疏》《因旱修省陈言时政疏》《正纪纲厚风俗疏》等。

施浚明，吴兴（今湖州）人。明万历二十年（1592）壬辰科进士。官布政使右参政。著有兵书《古今纾筹》十二卷。个人为《历代名公画谱》撰写画跋最多的是施浚明，共撰写了六篇画跋。

沈朝焕（1558—1616），字伯含，别号太玄，自称黄鹤山农，又称绿笠翁，钱塘（今杭州）人。万历二十年（1592）壬辰科进士，曾官工部主事、兵部员外郎、南京刑部郎中，官至福建参政。明万历四十四年（1616），沈朝焕去世，董其昌为其撰写墓表，称他“少而称诗，垂老不倦”。沈朝焕才华横溢、博学多才，对书画有自己独到见解，在他为《历代名公画谱》撰写的画跋中有所体现。著有《泊如斋全集》《沈伯含集》。明万历三十四年（1606），沈朝焕、区大相等刊刻张萱撰《汇雅前集》二十卷。沈朝焕为《历代名公画谱》撰写画跋四篇，位居个人撰写画跋第二。

吴默（1554—1640），字言箴，一字因之，吴江人。万历二十年（1592）壬辰科进士。官至太仆寺卿。

高克正，字朝宪。海澄县人。万历二十年（1592）壬辰科进士，选为翰林院庶吉士。每遇庶常馆考试，又是成绩最优者，授职翰林院检讨，纂修国史。著有《玉堂初稿》《木天署稿》。

董复亨，字见心，直隶元城（今河北大名县人），明万历二十年（1592）壬辰科进士。官至吏部郎中。著作有《繁露园集》，纂修《内黄县志》《章丘县志》。

米万钟（1570—1628）字仲诏，号友石，关中（今陕西）人居燕京（今北京）。另一说，其先为陕西安化（今甘肃省庆阳县）人。米芾后人。万历二十三年（1595）乙未科进士，仕至太仆少卿。行草得芾家法，与董其昌齐名，时有“南董北米”之称，为明末四大书法家之一。

何宗彦，字君美，万历二十三年（1595）乙未科进士。官至吏部尚书，兼东阁大学士。

顾起元（1565—1628），字太初，一作璘初、瞒初，号遁园居士。应天府江宁（今南京）人。明万历二十六年（1598）戊戌科一甲第三名进士。官至吏部左侍郎，兼翰林院侍读学。卒谥文庄。著有《金陵古金石考》《客座赘语》《说略》等。

祁光宗（生卒待考），后更名伯裕，河南滑县人。万历二十六年（1598）戊戌科进士，曾督学陕西，官至兵部尚书。著有《关中陵墓志》。

温体仁（1573—1639），字长卿，号园峤，浙江乌程（今湖州）人。明万历二十六年（1598）戊戌科进士。改任庶吉士，授予编修官，累任到礼部侍郎。崇祯初年升为尚书，协理詹事府事务。崇祯三年（1630）以礼部尚书兼东阁大学士，入阁辅政，居内阁首辅八年。卒，追赠太傅，谥文忠。详《大明熹宗哲皇帝实录》。

张以成（1568—1615），字君一，华亭（今上海松江县人。明万历二十九年（1601）辛丑科一甲第一名进士。状元及第后初授修撰，曾任左中允、右谕德。其举止安雅，敦尚气节，为士论所推崇。善文、工书法。著《至诗微言》《酌春堂集》《须有堂集》《国史类江》等传世。

雷思霈，字何思。夷陵（今湖北宜昌）人。万历二十九年（1601）

辛丑科进士，官至翰林院检讨。《〔民国〕宜昌县志初稿》曾称："博极群书，为文不涉草，丽丽数千言，操纸笔立就。性好仙，心地纯洁，不沾纤毫尘俗气；行书亦入神品，《百衲阁文集》行世。"雷思霈与袁宏道、袁中道交好。有诗记之。袁宏道与雷思霈在文学主张与思想非常一致，主张求真、求新，反对拟古，反对"文必秦汉、诗必盛唐"说法。从而为晚明文坛树起了一面鲜艳的旗帜。著有《百衲阁文集》《荆州方舆书》《雷检讨文集》《雷检讨诗集》《岁星堂集》。

徐光启（1562—1633），字子先，号玄扈，上海县法华汇（今上海市）人。万历三十二年（1604）甲辰科进士。官至朝礼部尚书兼文渊阁大学士、内阁次辅。卒，赠太子太保、少保，谥文定。译有《几何原本》《泰西水法》，撰《农政全书》等书。

祁承㸁（1563—1628）字尔光，号夷度，又号旷翁，晚号密园老人。浙江山阴（今绍兴）人。万历三十二年（1604）甲辰科进士。官至江西布政使右参使。著作有《名存录》《苦购录》《广梓录》《澹生堂集》《澹生堂外集》《宋贤杂佩》《藏书训约》《牧津集》《两浙著述考》等。

另外，一些书写者虽然不是进士出身，但也非等闲之辈。

譬如，赵士桢的书法"骨腾肉飞，声施当世"，得到万历皇帝的赏识，以布衣招入宫中，任鸿胪寺主簿十八年，迁武英殿中书舍人。自称"他途入仕"之名士。赵士桢还试制兵器抗击倭寇。著有《神器谱》《续神器谱》《神器谱或问》等。

又如，王昺（生卒不详），高阳县城东街人。万历十五年（1587），尚隆庆皇帝六女儿延庆公主，尊为驸马。官至太子太师，掌宗人府事。擅诗词创作及绘画，名闻朝廷。与董其昌、陶望龄交往密切。著有《白洋诗草》《谏草》等。

《历代名公画谱》人物小传题跋者的落款、印章及书体列表如下。

第一册

晋

顾恺之，落款：五凤山山人高克正。印文：朝完，阴文；五凤山房，阴文。行书。

宋

陆探微，落款：郢人雷思霈。印文：雷何思；青谿居士，阴文。行书。

梁

张僧繇，落款：乌程温体仁。印文：长卿，阳文。行书。

陈

顾野王，落款：赵州畦石录。印文：金卿父，阴文。楷书。

唐

阎立德，落款：宝林顾起元。印文：顾起元印，阴文；太史之章，阴文。行草。

阎立本，落款：四明陈之龙。印文：士夔父，阴文；太史龙，阴文。行草。

吴道玄，落款：陶望龄。印文：石篑山人，阴文。草书。

郑虔，落款：米万钟。印文：米印万钟，阴文；中诏氏。草书。

李思训，落款：松陵吴默。印文：吴默之印，阴文。行草。

李昭道，落款：勾余鲁史。印文：史印，阳文；甲辰进士，阴文。行书。

王维，落款：山阴张汝霖。印文：肃之父，阴文；琴石轩，阴文。行书。

荆浩，落款：西吴费兆元。印文：台简道人，阴文；费兆元印，阴文。行书。

韩幹，落款：兆阳钟岳居士蒋之秀识。行书。

戴嵩，落款：桐乡钱梦得。印文：澹澹道人，阳文。楷书。

边鸾，落款：莆阳林玑品。印文：光仲，阴文。楷书。

五代

关仝，落款：钱士完。印文：钱印士完，阴文；继修钱季，阴文。行草。

黄筌，落款：吴兴施浚明。印文：施印浚明，阳文。行草。

黄居宝，落款：延陵丁鸿阳书。印文：泰来父，阴文；半偈生，阴文。行草。

第二册

宋

仁宗皇帝，落款：晋兴萧云举识。印文：史印云举，阴文；大史氏，阴文。草书。

高宗皇帝，落款：东明崔邦彦识。印文：德严父。草书。

李公麟，落款：严澂书。印文：严澂，阴文。草书。

顾德谦，落款：延陵吴大山书。印文：吴印大山，阴文；字仁中，阴文。行草。

郭忠恕，落款：南乐魏广微书。印文：道冲，阴文；显伯，阴文。楷书。

董源，落款：洺州张懋忠。印文：张印楙忠，阴文；古期朋氏，阴文。草书。

范宽，落款：梁溪鲍际明。印文：鲍印际明，阴文。草书。

李成：祁光宗书。印文：伯裕父。行书。

郭熙，落款：严澂书。印文：严澂，阴文。草书。

赵昌，落款：张邦纪。印文：古太史氏，阴文；张印邦纪，阴文。行草。

苏轼，落款：於越王舜鼎。印文：舜鼎，阴文。楷书。

米芾，落款：吴兴施浚明。印文：施印浚明，阳文。楷书。

赵令穰，落款：黄汝亨书。印文：贞父氏，阴文。行草。

赵伯驹，落款：吴兴施浚明。印文：采真子，阴文。隶书。

僧巨然，落款：同安许獬。印文：许獬，阳文；太史之章，阴文。

行书。

赵孟坚，落款：张以成。印文：君、一，阳文连珠印。行书。

米友仁，落款：五鹿董復亨。印文：繁露，阴文；赵国公玄孙，阴文。楷书。

杨补之，落款：河东仇池钓客仇时古识。印文：紫颾，阴文；惟谷父，阴文。行书。

马和之，落款：吴兴施浚明。楷书。

李唐，落款：山东刘綵书。印文：子白父，阴文；奉直大夫，阴文。行书。

陈容，落款：河东赵标识。印文：标，阴文。行草。

杨士贤，落款：濠梁汝修朱宗吉。印文：汝修，阴文。草书。

李迪，落款：宣城汤宾尹书。印文：睡菴，阴文。行草。

苏汉臣，落款：会稽章允恭题。印文：玉衡，阳文；青山生，阴文。行草。

萧照：山阴祁承㸁。印文：祁印承㸁，阴文；密士，阴文。行草。

刘松年，落款：昆山李胤昌识。印文：李印胤昌，阴文；文长，阳文。楷书。

李嵩，落款：淮浦吴来庭。印文：吴印来庭，阴文。楷书。

夏珪，落款：大名黄玄极。印文：锡印子，阴阳文；中五，阳文。行草。

马远，落款：严澂书。印文：严澂，阴文。行草。

马麟，落款：晋陵孙慎行。印文：闻斯氏，阴文；太史之章，阴文。行草。

陈居中，落款：茅闻诗书。印文：茅印闻诗，阴文；时官大夫，阴文。草书。

第三册

元

赵孟頫，落款：杨守勤书。印文：昆阜，阳文。草书。

管夫人，落款：虎林沈朝烨季彪父书。印文：沈印朝烨，阴文。行草。

鲁宗贵，落款：太原王三才书。印文：三才，阴文。行草。

柯九思，落款：孙如游识。印文：孙印如游，阴文；宗文氏，阴文。行草。

赵雍，落款：山阴王先铉志。印文：王印先铉，阳文；季声，阴文。行草。

王渊，落款：汉东何宗彦君美。印文：何印宗彦，阴文；君美父，阴文；绣谷五桥世家，阴文。草书。

黄公望，落款：仁和顾钤。印文：顾钤，阴文；柱史，阴文。隶书。

钱选，落款：高阳王昺。印文：驸马都尉，阴文；王明先氏，阴文。行草。

吴镇，落款：傅光宅。印文：伯俊父。行草。

倪瓒，落款：吴门张国维。印文：国维，阴文；辛年科第，阳文。楷书。

王蒙，落款：宣城汤宾尹书。印文：睡庵，阴文。行草。

高克恭，落款：梁溪吴澄时。印文：吴印澄时，阴文；字天仲，阴文。行书。

吴瓘，落款：汝南袁大鹤。印文：袁印大隺，阴文；卧雪斋，阴文。行书。

盛懋，落款：温陵庄明镇。印文：庄明镇印，阴文；庄静父，阴文。草书。

方方壶，落款：义乌吴海。印文：大司寇家子弟，阴文；吴海，阴文。楷书。

国朝

商喜，落款：吴兴施浚明。印文：采真子，阴文。行草。

边景昭，落款：武林沈朝焕。印文：沈印朝焕，阴文。行草。

王绂，落款：渤海陈之龙。印文：渤海，阴文；陈印之龙，阴文。楷书。

李在，落款：吴兴施浚明。印文：宴如斋，阴文。行草。

戴进，落款：沈朝焕。印文：沈印朝焕，阴文。行草。

夏昶，落款：武林黄克谦识。印文：克谦之印，阴文；别字含光，阴文；烟霞懒癖，阴文。行草。

孙龙，落款：吴淞徐光启。印文：光启之印，阴文；字先父，阴文。行草。

陈喜，落款：亳郡薛凤翔书。印文：公仪父，阴文。行草。

林良，落款：武进钱藩书。印文：钱藩之印，阴文。楷书。

明

杜堇，落款：鹿城顾秉谦题。印文：吴郡六吉父，阴文；玉堂两敕词臣，阳文。行草。

沈周，落款：钱唐张振先。印文：张印振先，阳文。楷书。

陶成，落款：昆山柴大履书。印文：柴印大履，阴文；行素主人，阴文。楷书。

吴伟，落款：东嘉赵士桢。印文：常贞，阴文。草书。

吕纪，落款：沈朝焕。印文：沈印朝焕，阴文。行草。

钟钦礼，落款：河北张铨平仲父。印文：张铨之印，阴文；张氏平仲，阴文。草书。

周臣，落款：吴郡陈之彦识。印文：君美父，阴文。行书。

第四册

唐寅，落款：陈民志书。印文：陈印民志，阴文。行书。

文征明，落款：武林沈朝焕。印文：沈印朝焕，阴文。行书。

姜隐，落款：豫章刘一爆。印文：季晦氏，阴文。行草。

谢时臣，落款：薛三省题。印文：鲁叔，阴文。行草。

王毂祥，落款：甬东布衣薛冈题。字岐峰。阳文；一字千仞，阴文。楷书。

陈淳，落款：来宗道。印文：来宗道，阳文。行草。

文伯仁，落款：楚人江盈科。印文：江氏逡之，阴文；江印盈科，阴文。行草。

仇英，落款：虎林杨廷槐祖植父题。印文：杨印廷槐，阴文；祖植氏，阴文。行书。

朱贞孚，落款：邑人申用懋识。印文：敬中氏，阴文；申印用楙，阴文；无印道人，阴文。行草

蒋三嵩，落款：钱唐周大穀，印文：周大穀印，阳文。行草。

朱端，落款：甲辰（万历三十二年，1604）季夏南郡刘戡之书。印文：刘印戡之，阴文；元定氏，阴文。楷书。

张路，落款：仁和宋朴识。印文：宋朴之印，阴文。行草。

陆治，落款：兰风陶允嘉。印文：纫美，阴文。行草。

鲁治，落款：李时中。印文：时中，阳文；风池客，阴文。草书。

王一清，落款：维扬夏应芳书。印文：应芳，阴文。行草。

钱榖，落款：漆园穆光胤。印文：穆氏仲裕，阴文。行草。

张珍，落款：山阴张爋芳识。印文：尔菒，阴文；张印爋芳，阴文。行草。

沈仕，落款：邹鼎元。印文：仁甫，阴文；居易子，阴文。行草。

文嘉，落款：后学松陵沈珣。印文：沈珣之印，阴文；沈幼玉，阳文。隶书。

莫云卿，落款：瞹城张其廉。印文：张印其廉，阴文；别字无隅，阴文。草书。

陈栝，落款：古吴彭城识。印文：兴祖氏，阴文。行书。

周之冕，谢伯美。印文：伯美，阴文；谢氏开美，阴文。草书。

董其昌，落款：山阴祁承㸁。印文：祁印承㸁，阴文；字尔光一字伊度，阴文。行书。

范叔成，落款：会稽罗光鼎题。印文：光鼎，阳文；罗实卯父，阴文。行书。

孙克弘，落款：周绍祚。印文：绍祚，阴文。行草。

王廷策，落款：朱邦桢。印文：邦桢，阳文；杏花深处，阳文。行草。

二 画跋的价值

（一）关于画跋内容

顾炳在《谱例六则》的第五则谈到画跋："每幅题跋，俱荷交游诸公，乐成雅事。……其或直录《宝鉴》本文；或独摅赏识藻思。"也就是说画跋分为两类：其一是抄《图绘宝鉴》原文，其二是书写画跋者自己本人对画作的理解和品评。直录《图绘宝鉴》者，不多评论，但是"独摅赏识藻思"者，应该予以重视。如《历代名公画谱》中有一则沈朝焕题戴进的画跋："吴中以诗字装点画品，务以清丽媚人，而不臻古妙，至姗笑戴文进诸君为浙气……其手笔高于吴人远甚，品题者无以耳食可也。"表达了沈朝焕对戴进的画作独有认识。另外，《历代名公画谱》中祁承㸁在为萧照画作题写的画跋后有一方"密士"印章，此印很少见，为我们研究祁承㸁提供了新的资料。

（二）关于画跋书法

从书法角度来看，应该说都是书写者的精心之作。初步统计，106幅书法作品中，楷书18幅、行书21幅、草书18幅、行草46幅、隶书3幅。106幅书法中楷书、行书、草书、行草、隶书兼有，应该说是非常难得的。另外，《历代名公画谱》中，施浚明撰写了6篇画跋，但是他不仅仅局限于一种书体，除用行草书题写画跋外，还运用了楷书、隶书题写画跋，使观者耳目一新，也使《历代名公画谱》看起来更加活泼不呆板。不由使我想起历代的丛帖，我以为《历代名公画谱》中画跋部分与书法丛帖有异曲同工之妙。《历代名公画谱》由不同名家的不同书体汇集起来，就像一部明代万历时期书法丛帖。只是丛帖是拓本，视觉效果是字白纸黑；而《历代名公画谱》的画跋是雕版印刷，视觉效果是纸白字黑。其共同点都是可以供人们鉴赏也可以供习字者临摹。一部好的丛帖，由撰书者的文章书艺，摹勒者的镌刻水平，传拓者技艺高低以及拓本所用的纸墨精良等因素组成。一部好书的产生和一部好的丛帖产生有很多相同点。而《历代名公画谱》具备上述的条件，或者说，也可以把《历代名公画谱》当成一部好的书法名帖，供学习书法者临摹。当然，《历代名公画谱》中明人的书法、落款和印鉴也有助于我们今天的书画鉴定工作。

三　关于《历代名公画谱》的成书时间

中国国家图书馆所藏顾三聘、顾三锡刊刻的《历代名公画谱》，以前一直按朱之蕃《顾氏画谱序》题写时间为准，定为明万历三十一年（1603），这次细阅此书时发现，在第四册刘戡之为朱端题写的画跋落款中有“甲辰季夏”字样，甲辰年是明万历三十二年。另外，第一册中为李昭道撰写画跋的是鲁史，其落款后的印文为“甲辰进士”，鲁史确实为明万历三十二年甲辰科进士，那么只有他中进士以后才会刻“甲辰进士”印章。综上所述，故可以推测，《历代名公画谱》成书时间，当在万历三十二年（1604）以后。《历代名公画谱》有三种以上的不同版本，分别为明万历顾三聘、顾三锡刻本，明万历双桂堂刻本和明刻本。那么这三种不同的版本谁为最早刻本，依据是什么一直有不同的说法。今检顾三聘、顾三锡刊刻的《历代名公画谱》，发现第三册中为陈喜题写画跋的人是亳郡薛凤翔。其落款后的印文为“公仪父”，但是此印盖倒了（图2），而雕版的刻工也没有改正，而明万历双桂堂刻本和明刻本两种版本都改为正印。因此可以肯定，顾三聘、顾三锡刊刻的《历代名公画谱》当为最早刻本。

无独有偶，明万历年间，程大约编辑刊印了《程氏墨苑·附录人文爵里》。此书由丁云鹏、吴廷羽等绘，黄鏻、黄应泰、黄应道、黄一彬等雕版。《程氏墨苑》收有程大约根据1606年利玛窦送给他的从欧洲雕刻品中复制的西方文字和圣像，摹绘和雕刻成四幅西方天主教宗教图画。如果以1606年（万历三十四年）为《程氏墨苑》成书时间，

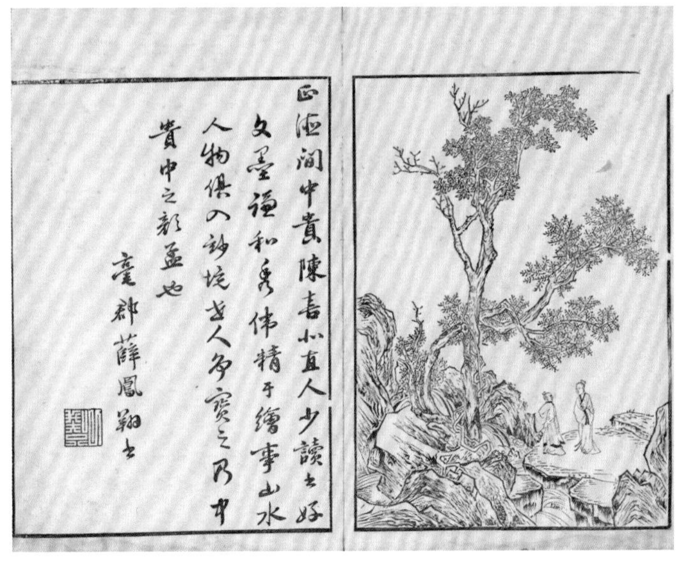

图2 《历代名公画谱》薛凤翔画跋。中国国家图书馆藏明万历三十一年顾三聘、顾三锡刻本

那么应该与《历代名公画谱》成书时间基本相同或略晚一些。《程氏墨苑·附录人文爵里》也有不少序跋和题赞。撰写序跋和题赞者，其中一些是参加过《历代名公画谱》题写画跋的文人雅士，如萧云举、陶望龄、董复亨、赵士桢、朱之蕃、陈之龙，顾秉谦，汤宾尹、孙如游、许獬、米万钟、刘彩、茅闻诗等。

《历代名公画谱》《程氏墨苑》《湖山胜概》《诗余画谱》等，都是明代万历时期雕版书籍中的精品，其特点是将书、画、印等多种艺术形式结合起来，萃见一书，这也是当时文人雅士对书籍追求的审美趋向。而现代研究者更多的关注书中画作部分，而忽略或者很少关注书中书法部分。但是个性化的书法摹写，正是精品书籍不可或缺的。因此，只研究书中画作部分的方法，往往会造成研究方向偏颇。

综上所述，93位书写者为《历代名公画谱》题写的106幅画跋，笔者以为有必要进行更深入的探讨和考证。本文只是抛砖引玉，希望有更多的学者关注和研究。

古籍里的风景

藏书家的藏书印记

THE SCENERY IN THE RARE BOOKS

COLLECTOR'S SEAL OF THE NATIONAL CENTRAL LIBRARY

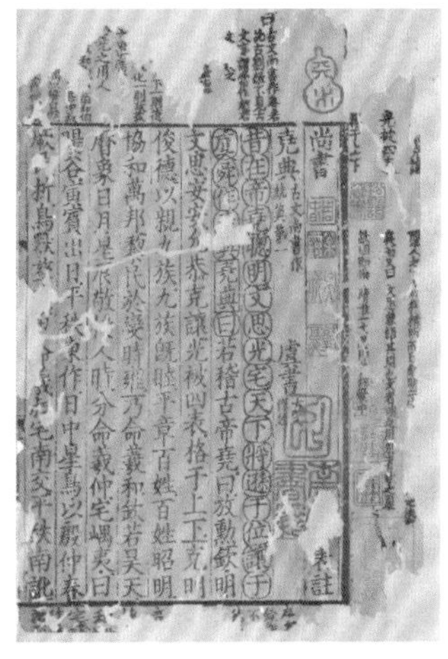

张围东

"国家图书馆"汉学研究中心

CHANG WEI-TUNG

CENTER FOR CHINESE STUDIES, NATIONAL CENTRAL LIBRARY

ABSTRACT

The collector's seal was commonly found in many Chinese rare books. Seal was one of the characteristics of the rare books and helped the spreading of book knowledge and culture. The types and styles of seal are varied and have no specific rules of designing. The collector's seal was found in Tang dynasty and widely found in Ming and Qing dynasties which attracted book collectors' attention. The seal was not only for appreciation and also to bear many interesting stories. This paper focuses on the study of the origin, history, and design of the books seal found in the rare books of the National Central Library. It is anticipated that the study could contribute to building a book loving society.

一　绪论

藏书印又称藏书章，从广义上来说，是出于不同目的，钤盖在文献上的各种标记。从受印者来说，包括图书、书法及绘画作品、信件、公文等纸质文献资料；从施印者来说，包括文献的收藏者、观赏者及校勘题跋等整理者。从狭义上来说，藏书印是藏书人用以表明图书所有权和表达其个性情趣的一种印章。[1]

从古至今，有数万藏书家在保存文化、传承文明方面做出了贡献。先秦两汉之际，出现了“图书馆”，当时称之为“藏史”“柱下史”等，著名哲学家老子曾出任过“柱下史”。战国时的惠施因藏书较多，史书上称之为“惠施多方，其书五车”。[2]秦汉之时，著名的藏书家伏胜为了躲避秦始皇焚书之厄，乃将《尚书》等典籍藏于旧宅墙壁之中，汉定，再求其书，已损失数十篇。[3]纸张和印刷术发明后，书籍不再是奢侈品，而逐步走向了民间。唐宋元明清各朝，藏书家更是层出不穷，代不乏人。

古代的藏书家，都怀有了不起的理想及抱负。他们对于经眼阅读或收藏的善本典籍，有留下印记引以证的习惯，这也构成中国古代典籍常见有藏书印记的一大特色。他们不但延续了历史的生命，也对知识文化的推展，作了伟大的贡献。他们多为贵族、官员、学者等具有社会地位之人，对典籍有一定的修养和鉴赏。透过不懈的收藏，努力搜求版本质量高、流传年代久的精善之本，或稀世罕见的孤本，并且对藏书精于校勘、考证、辨伪，以至于诸多藏书家精通目录、版本、校雠之学，且对某些学科领域有一定的研究成果。

我国的刻印术，大约起源于商周，不过，将它钤在字画或书籍上，

1　吴芹芳、谢泉《中国古代的藏书印》，武汉大学出版社，2005年，第19页。

2　《庄子郭注》卷十“天下”，明万历乙巳（三十三年，1605）邹之峄等校刊本，国家图书馆藏本（索书号09107）。

3　梁战、郭群一编《历代藏书家辞典》，陕西人民出版社，1991年，第88页。

大约是在唐代。印记的主要用途，是做为征信或识别；用它钤在字画和书籍上，最初也是为了识别收藏品。所以钤在古书上的图章，最常见的是写“某某人珍藏”或“某某斋秘藏”等字样。前者写的是收藏家的姓名或字号，后者写的是收藏家的书斋。

书斋，有时候称做轩，或叫做阁、楼、居、山房、堂、庐、室、馆、精舍、庵、园、屋、廛等，所以我们要刻藏书章，应该先为书房取个名。前人为书斋取名，饶有深意。如清代的大史学家徐乾学，他在屋后盖了一栋大藏书楼，共有七楹，贮书数万卷，将藏书楼取名“传是楼”。又如周春，也是清代著名的藏书家，他曾经得到一部宋刻的礼书，接着又得到一部宋刊的陶诗，两书并存一室，所以书斋取名为“礼陶室”；后来礼书卖了，遂将室名改为“宝陶室”；接着陶诗又售去，于是怅然地将室名改为“梦陶斋”。[4]到了后来，珍藏书章的目的，不在于识别收藏而已，每将自己得书的经过，或告诫子孙的话，也借着藏书章的铭文表达。

本文以善本古籍里的藏书印记为主要探讨的对象，并藉由藏书印记来说明藏书家对书籍的保护，以及藏书家爱书的心境，希望藉助本文能找回读书、爱书、藏书的原意，进而建立溢满书香的社会。

二 旧藏纪略

本中心历时85年藏书，承续千年累积的文化遗产，并以保管历代珍贵图书文献为其主要职责之一，馆藏善本古籍相当丰富，尤具特色，深获国内外学术界重视。从1933年成立至今，不断搜集古本旧椠。初是教育部拨给图书四万余册中，有《徐皇后劝善书》一部，乃内阁大库之物，及一批清顺治治光绪年间，历代殿试策千余本。当时筹备处也购置

4 刘兆佑《钤章累累溢书香——藏书家印记谈趣》，《联合报》1983年5月17日，第8版。

了天津孟氏（志青）所藏的旧拓金石拓片1500种。继后奉命接收南京国学书局，内有顾亭林《肇城志》抄本，随又购到《龙江船厂志》、太平天国官刊《英杰归真》、沈炳巽撰《续唐诗话》稿本数种。[5]抗战西迁四川，在这几年间，最重要的工作，是对沦陷区善本书的多方洽购。尤其以1940至1941年间所搜购江南著名藏书家的古籍最为珍贵，归纳可知书主及数量为：

1. 吴兴张氏适园：善本一千二百余种，精品约五六百种，黄跋输近百种左右。

2. 刘氏嘉业堂：宋元本三十余种，明刊本一千二百余种，抄校本三十余种，稿本四百余种。史、集二部多佳本。出自天一阁、抱经楼旧藏不少。

3. 江宁邓氏群碧楼：善本约三百数十种，以抄校本有名于时（大多为寒瘦目所著录），又有汲古阁所刊书十六种。

4. 番禺沈氏风雨楼：藏书七百五十种，明刊善本及抄校本近二百种，丛书一百十余种。沈氏以流布民族文献见长，其重点在清初诸家著作，多为罕见。

5. 常熟瞿氏铁琴铜剑楼：元明刊本及抄校本六十余种。

6. 费氏念慈：善本二百余种，宋元明精刻本近百种，抄校本在百种以上。抄本皆佳，每足补正四库本。清儒中，乾嘉诸大师之著作，已得其所藏的十分之三四。

7. 刘晦之远碧楼：所藏宋刊等，全部在此。

8. 嘉兴沈氏海日楼：藏书八十种，天一阁旧藏不少，多佳品。[6]

此外，尚有聊城杨氏海源阁（杨以增）、吴县潘氏滂喜斋（潘祖荫）、江安傅氏双鉴楼（傅增湘）等，这些精善本大多钤盖上“希古右

---

5 封思毅《“国立中央图书馆”特藏今昔（一）》，《“国立中央图书馆”馆讯》10卷4期，1988年11月，第30页。

6 封思毅《“国立中央图书馆”特藏今昔（五）》，《“国立中央图书馆”馆讯》14卷2期，1992年5月，第13页。

文”、“不薄今人爱古人”朱文牙章。后又接收陈群[7]“泽存书库”的藏书。迁台后，先后购得张溥泉遗书，又受赠于王氏观复斋与湘潭袁氏玄冰室二家藏书，自此奠定台湾在国际古籍典藏与汉学研究之地位。

从典藏古籍文献而言，馆藏敦煌古写本151卷，除3卷道藏、3卷西藏文佛经以外，其余皆为汉文佛经写本。时代约上起六朝，下迄五代。[8]其字体多正楷，偶亦有草书，许多本纸质、墨色，尚能保持千年前风貌，为研究我国中古时期经济、社会、政治和文化的重要史料。

再以馆藏宋版书而言，最早为北宋末，绍圣年间，福州东禅寺刊行的四种佛经残卷。经史诸书，遗留下来的，都为南宋时所刻。因其年月既久，传世有限，价值至高。如绍兴四年孙佑苏州刊《吴郡图经续记》（黄跋）、景定间刊《新定续志》（黄跋），久被视为志书中的国宝。建阳崇化书坊陈八郎宅刊本《五臣注文选》，宋刻宋印宋读，校刊精慎不苟，藏书家少见提及，亦经称喻为稀世秘籍。《于湖居士文集》，向罕足本，即明刊且不易得（崇祯时仅有八卷本），馆藏却为四十卷本，宋嘉泰元年刊，从未见于著录。再即宋绍熙间刊郎晔注《经进新注唐陆宣公奏议》，以海源杨氏、罟里瞿氏，富有藏书盛名，均未得寓目。类似这样难得一遇的南宋本尚不少，如南宋初期刊的《魏书》（蜀大字本，参校完善），南宋绍熙间建安刊《礼记》（天一阁故物，向未见于著录），南宋建刊十行本的《唐宋白孔六帖》（宋刻宋印，精妙绝伦），南宋绍熙眉山程舍人宅刊的《东都事略》（初印精美，以绛云楼藏书之富，独缺此书），以及南宋末年建刊本《东南进取舆地通舰》（宋刻祖本，仅传是楼著录及之），南宋末年刊的《小学史断》（传本

---

7 陈群（1890—1945）为汪伪组织内政部长，他在上海、南京两地各建造书库，苏州亦有一些藏书。大部分藏书是战时私人与公家机构来不及疏运，由各地方伪组织接收后转送内政部，他一概照收。所接收藏书中，如赵烈文于清咸丰八年（1858）至光绪十五年（1889）《能静居日记》手稿、宋乾道淳熙间建安王朋甫刊本《尚书》等，都相当珍贵。又如清杨德亨《尚志居集》，具备了著者第一、二、三次删改底稿本及清光绪九年原刊校样本，可视为一书从撰稿到出版的最完整呈现，亦属难得。

8 “国立中央图书馆”编《“国立中央图书馆”特藏选录》，编者，1985年，第56—59页。

绝少，曾藏曝书亭、士礼居），[9]一一由名家题跋，给予高度的评价。

除了上述所论的善本古籍之外，金石拓片也是馆藏的特色之一。金文部分，时代自上古、殷商，下迄汉世，以礼乐器度量衡为主，且出自三十位名家珍藏，以刘善斋居多，罗雪堂、陈氏澄秋馆亦不在少数。许多铜器全角拓片，拓印极精，半数出自金溪周希丁的作品。石刻部分，以碑志为多，两汉刻石文字，有篆有隶、碑碣、摩崖、题记、残石，不一而足，于此不惟可窥两京的丰碑巨制，并能藉以察见篆隶嬗变的轨迹；再则唐人传记已超过千种，有些宜于用来补《全唐文》所未备，其中，如“唐仪凤三年，江苏镇江，张德言书，润州仁静观魏法师碑”、“唐永昌元年，佛顶尊胜陀罗尼经幢”，[10]尤为珍贵。

这批身价不凡的古籍，除了具有史料价值外，如单从版本特色、艺术鉴赏的角度观察，也有可取之处。这批涵括宋元明刊本、写本、抄本在内的古籍，从版式到行款、从文字到图像、从字体到墨色、从钤印到题款、从纸张到装帧，都从一个侧面反映出当时的时空，折射出当时的历史，让人惊讶于古人对版本、印刷、装帧等工艺美学的追求与坚持。举例言之，本中心所搜藏这批善本，有纸白如玉、墨若点漆的宋刊本，有字体妩媚、雕镂精丽的元刊本，有古朴可爱、史集称雄的明刊本，还有经乾隆禁毁和洪杨之乱，成了流传绝罕的古籍，而万历、天启、崇祯、清初及嘉庆、道光等刊本，尤具明清初史料价值。

从表层来看，图书馆收藏的是文献，但如从深层来看，图书馆收藏的其实是文明的历史和文明的记忆。近年，对于台湾旧籍文献的搜购，尤为积极，其他旧籍，包括线装、石印、铅印、拓片、版画、古文书、图像文献等，更为国内外学术界所重视，近年来持续进行诠释数据之建构与影像数字化，已着手进行编印各种馆藏主题目录，其丰富内容已广为海内外学术研究者所引用与重视，咸认为是研究中华古文化的重要资产。

9 “国立中央图书馆”编《“国立中央图书馆”特藏选录》，第76—85页。

10 “国立中央图书馆”编，《“国立中央图书馆”特藏选录》，第44—53页。

三 藏书家的钤印

钤印，中国古代官方档案或书画、书籍上面的印章符号，是书籍在流传过程中由藏书者钤盖的印记、印章，用以表明书籍的所有权及表达收藏者个性情趣的一种印记。清末著名学者、藏书家叶德辉在《藏书十约·印记》中是这样描述藏书钤印的："藏书必有印记。"[11] 藏书印记是研究我国历史文献发展变化的重要依据。

就印文内容而言，古籍钤印可归纳为名章印和闲章印两大类。本文所探讨的主题为闲章印；闲章印是指镌刻姓名、斋室、职官、藏书印等以外的印章，用以表达其藏书观、惜书情、旨趣欲求、处世态度等。其印文常以某某家藏、秘籍、鉴藏、珍藏、藏真、鉴赏等出现，以反映藏书家意愿 。[12] 藏书家之闲印，虽不如姓名印、斋室印之常用，而是偶一钤盖于书册，然其多为藏书家之志趣、心境之写照，不可不注意。闲章印包括以下三种。

其一，箴言印，以格言、警句作为印章的内容。从不同角度表达藏书者的治学态度或者是对书籍的情感，以规劝、告诫后人为目的。

其二，鉴赏印，表示藏书者鉴赏过的。多含有"珍藏""曾藏""阅过""过眼""过目""经眼""眼福"等字眼，表达了藏书者对图书的珍爱之情。

其三，记事印，用与藏书有关的事作为印章的内容。[13]

古代的读书人，爱书是天性，如果能够得到善本佳刻，无不视为拱璧。藏书家为求善本图书，有的不惜变卖田产，甚至还有以身殉书的事。而对于书本的爱护与态度，从藏书家的藏书印中，不难看出其端倪。

收藏印自唐有之，到后代更为普遍，藏书家得一善本，每喜在上面

---

11 叶德辉撰《藏书十约》"印记十"，成文出版社，1978年。

12 熊焰《试论藏书印的源流、类型及功能》，《东南文化》2003年第8期，第36—39页。

13 蔡云峰《古籍钤印的类型与意蕴》，《韶关学院学报·社会科学》2017年1期，第71—73页。

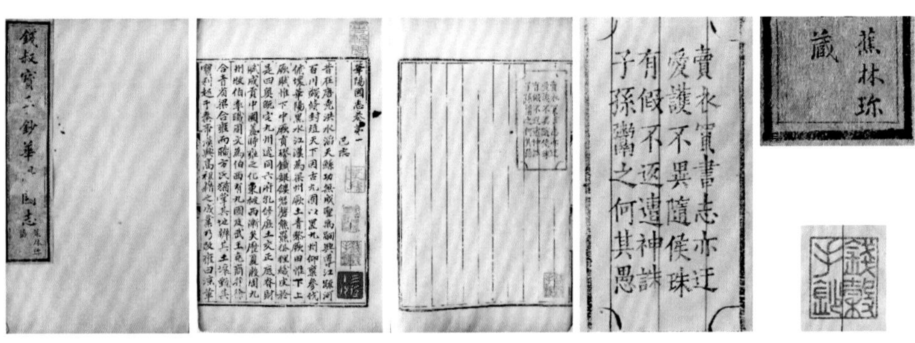

图1　《华阳国志》旧书签题书名下并书“蕉林珍藏”四小字，卷一首叶钤有“钱穀手钞”朱文长方印及钱穀藏书印

钤盖印章，以示证明，这就代表此书归我所有。藏书印朱色灿然，若属名家篆刻，兼具艺术价值，此外，在鉴定版本、明了递藏经过诸方面，也有相当重要的功能。而印文内容，或仅记姓名字号，或表明为圣贤之后，或载籍贯、官职、书斋名等，范围颇广，尤以示意后代子孙善加珍惜，最让我们感到好奇，也深觉古人迷恋善本，简直似痴还狂。如明钱穀藏书印刻着“有假不返遭神诛”等语句，这种诅咒借书不还者，真是太狠心了吧。

再依据馆藏《华阳国志》，[14] 此书系明吴县钱穀手钞本，在其首册护叶黏一旧书签，上以墨笔书“钱叔宝手钞华阳国志”，书名下并书“蕉林珍藏”四小字，知清初大学士梁清标曾藏。书中钤有“钱穀手钞”朱文长方印（图1）、“卖衣买书志亦迂，爱护不异隋侯珠，有假不返遭神诛，子孙鬻之何其愚”墨文长方印可证。

又如清沈廷芳藏书印“购此书甚不易”[15]（图2）、清吕葆中藏书印

14　晋常璩撰《华阳国志》十二卷，四册，明吴县钱穀手钞本，“国家图书馆”藏本（索书号01973）。版匡20.5×14.5厘米。四周双边。每半叶十一行，行二十字；注文小字双行，行约二十七字。版心大黑口，双黑鱼尾（顺向）。

15　明宋濂撰《宋学士续文粹》十卷附录一卷，四册，明建文辛巳（三年，1401）蒲阳郑氏义门书塾刊本。版匡高19.3厘米，宽12.3厘米。四周双边。每半叶十二行，行二十五字，版心黑口，单鱼尾。

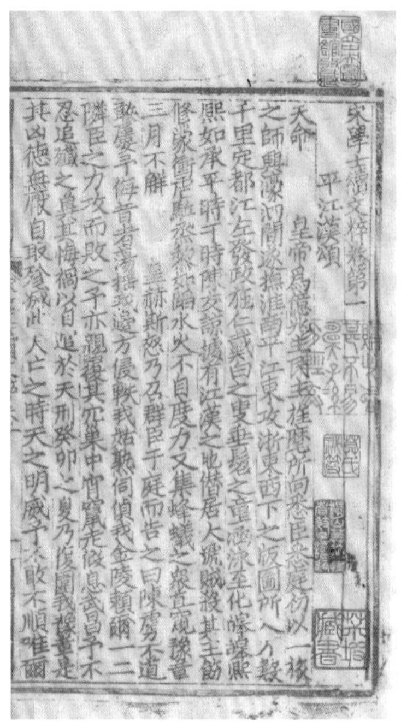

图2 《宋学士续文粹》钤有清沈廷芳“购此书甚不易”藏书印

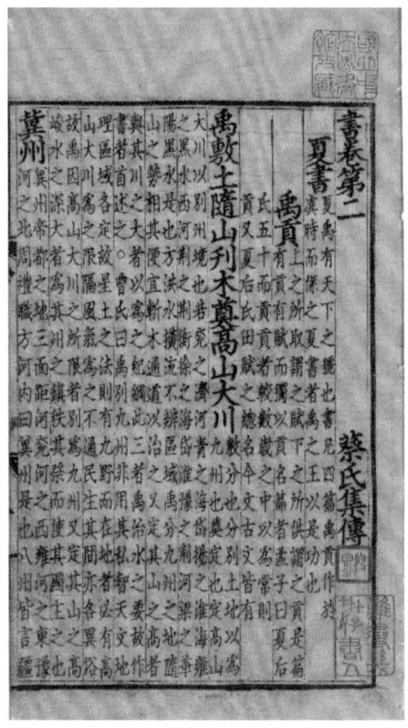

图3 《书集传》钤有清吕葆中“难寻几世好书人”藏书印

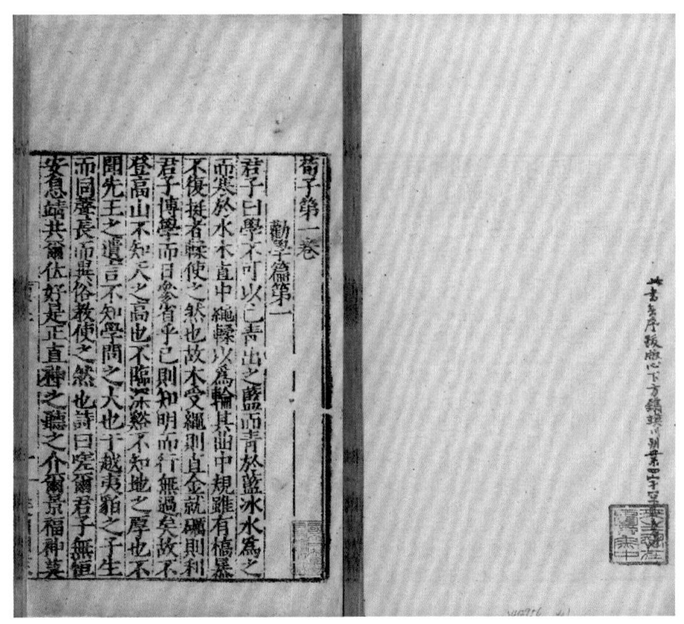

图4　《荀子》钤有陈群“来生恐在蠹鱼中”藏书印

“难寻几世好书人”[16]（图3）、陈群藏书印“来生恐在蠹鱼中”[17]（图4），其意多为收藏书籍不易。

清张燮有一藏书印，文记：“平生减产为收书，三十年来万卷余，寄语儿孙勤雒诵，莫令弃掷饷蟫鱼。”[18]（图5）其中隐喻了藏书家嗜书如命、患得患失心境。另一藏书印为“成此书费辛苦，后之人其鉴诸”[19]（图6）朱文方印，堪称收藏书籍的辛劳。

到了后来，珍藏书章的目的，不在止于识别收藏而已，每将自己得书的经过，或告诫子孙的话，也借着藏书章的铭文表达。譬如明代的祁承㸁，是万历年间的大藏书家，也是著名的学者，他不仅喜欢藏书，也精于

16　宋蔡沈撰《书集传》，六册，元建阳刊初印本，“国家图书馆”藏本（索书号00172）。版匡高19.9厘米，宽12.8厘米。四周双边。左上栏外有耳题记篇名，每半叶十一行，注文小字双行，行均三十一字。版心小黑口，双鱼尾（鱼尾相随）。

17　周荀况撰《荀子》二十卷，六册，明樊川别业刊本，“国家图书馆”藏本（索书号05334）。版匡高18厘米，宽13.1厘米。左右双边，每半叶十行，行二十字，版心白口。

18　明梁辰鱼撰《鹿城诗集》二十八卷，四册，明抄本，“国家图书馆”藏本（索书号15556）。全幅高24厘米，宽16.1厘米，每半叶十行，行十八字。

19　宋邵雍撰《伊川击壤集》二十卷集外诗一卷，六册，南宋末期刊本配补明初仿宋刊及抄本，国家图书馆藏本（索书号10080）。版匡高19.6厘米，宽13.1厘米，四周双边。每半叶十行，行二十字。

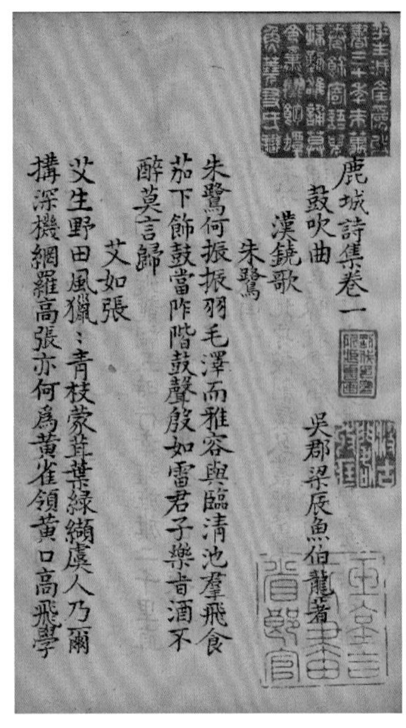
鹿城詩集卷一
鼓吹曲
漢鐃歌
朱鷺
吳郡梁辰魚伯龍著
朱鷺何振振羽毛澤而雅容與臨清池羣飛食
茄下飾鼓當作階鼓聲殷如雷君子樂音酒不
醉莫言歸
艾如張
艾生野田風獵獵青枝蒙茸葉綠縭虞人乃爾
搆深機網羅高張亦何為黃雀領黃口高飛學

图5 《鹿城诗集》钤有清张燮的藏书印记

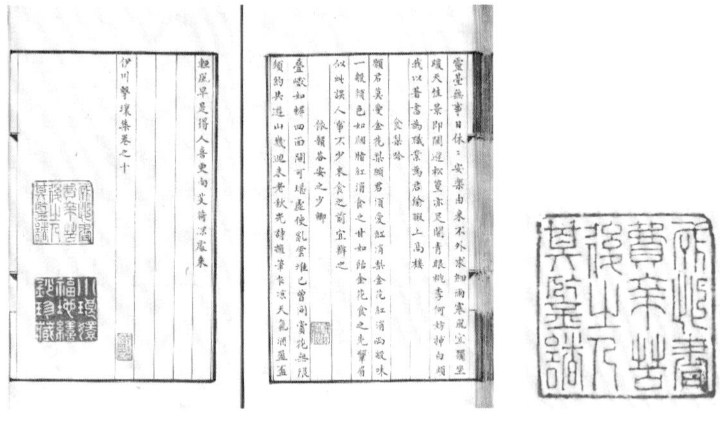

图6 《伊川击壤集》钤有清张燮“成此书费辛苦，后之人其鉴诸”藏书印记

校勘。他除了撰写“藏书训约”外，还告诉后世子孙对藏书的珍视，也期盼子孙永远珍爱祁家的门风，并且还留下来这样的藏书印铭：“澹生堂中储经籍，主人手校无朝夕，读之欣然忘饮食。典衣市书恒不给，后人但念

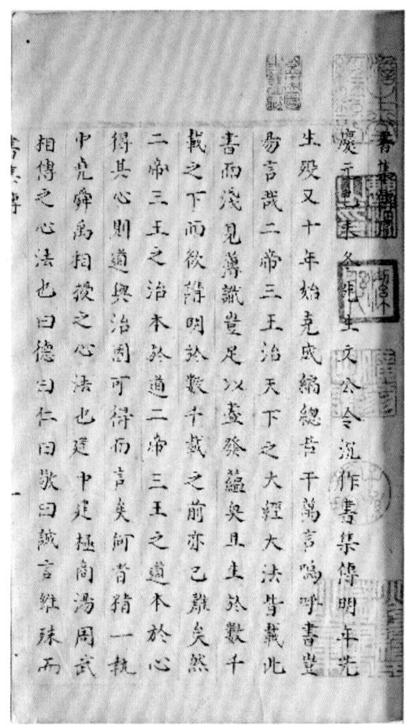

慶元己未冬先生文公令沈作書集傳明年先
生殁又十年始克成編總若干萬言嗚呼書豈
易言哉二帝三王治天下之大經大法皆載此
書而淺見薄識豈足以盡發蘊奥且生於數千
載之下而欲講明於數千載之前亦已難矣然
二帝三王之治本於道二帝三王之道本於心
得其心則道與治固可得而言矣何者精一執
中堯舜禹相授之心法也建中建極商湯周武
相傳之心法也曰德曰仁曰敬曰誠言雖殊而

图7 《书蔡氏传纂疏》钤有祁承㸁藏书印

阿翁癖，子孙益之守弗失。”[20]（图7）又如清代的王昶藏书印记，刻了一枚长达五十余字的藏书章，铭文是：“二万卷，书可贵，一千通，金石备。购且藏，剧劳勚，愿后人，勤讲肄，敷文章，明义理，习典故，兼游艺，时整齐，勿废置！如不材，敢卖弃，是非人，犬豕类，屏出族，加鞭棰！述庵传诫。”[21]（图8）其内容丰富极了，从聚藏不易到勖勉及告诫子孙，应有尽有。由上述诸例中，不难想见藏书的功用，已不止于识别而已，常饶富深意，带给看书的人，不少情趣。

沈君谅有一方藏书印，铭文：“君咏三十后所收古刻善本”朱文方印；“辛勤收书积岁年，购求不惜清俸钱，巧偷豪夺无取焉，子孙能读

20 宋蔡沈集传《书蔡氏传纂疏》六卷卷首一卷，七册，明山阴祁氏澹生堂传抄元泰定间梅溪书院刊本，“国家图书馆”藏本（索书号00180）。版匡高21.8厘米，宽16厘米。四周单边。每半叶十行，行二十字，注文小字双行，行亦二十字。版心花口。

21 元黄公绍撰《古今韵会举要》三十卷，十六册，明覆元刊本，“国家图书馆”藏本（索书号01111）。版匡高19厘米，宽12.7厘米。

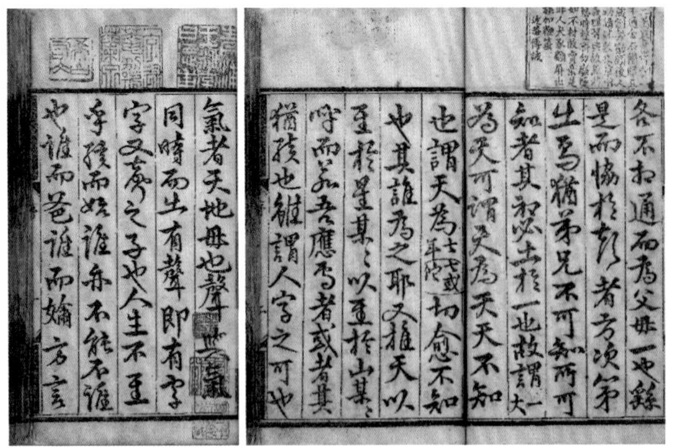

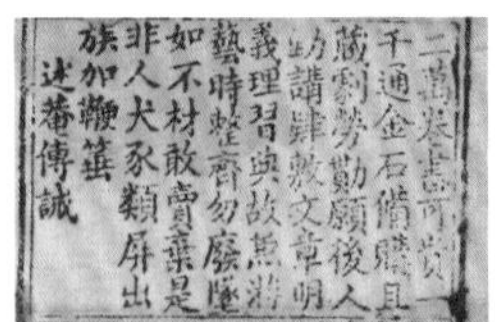
二萬卷書可貴
千通金石備購且
藏劇勞勩願後人
勤講肄敷文章明
義理習典故兼遊
藝時整齊勿廢墜
如不材敢賣棄是
非人犬豕類屏出
族加鞭箠
述菴傳誡

图8 《古今韵会举要》钤有清代王昶藏书印记

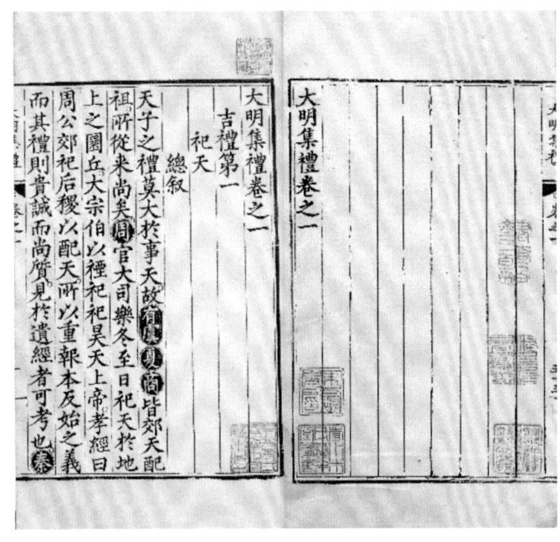
大明集禮卷之一

大明集禮卷之一
吉禮第一
祀天
總敘
天子之禮莫大於事天故有虞夏商皆郊天配
祖所從來尚矣周官大司樂冬至日祀天於地
上之圜丘大宗伯以禋祀祀昊天上帝孝經曰
周公郊祀后稷以配天所以重報本反始之義
而其禮則貴誠而尚質見於遺經者可考也秦

图9 《大明集礼》钤有唐开元时藏书家杜暹藏书印

信云贤，不然留为晓者传，勿以故纸轻弃捐”朱文长方印[22]，他的注意点，在于“勿以故纸轻弃捐”，是为书着想，而不是为子孙打算。

唐开元时藏书家杜暹，藏书印铭文“清俸写来手自校，子孙读止知圣教，鬻及借人为不孝，唐杜暹句”朱文方印[23]（图9），是他为了教育子孙保护典籍而立的家训，他藏书万卷，在每一部藏书上都题有家训，说明书

22 宋苏轼撰《东坡先生奏议》十五卷，四册，宋乾道淳熙间（1165—1189）刊本，“国家图书馆”藏（索书号04706）。版匡高20.2厘米，宽13.6厘米，每半叶十行，行十八字，小字双行字数同。左右双边，版心白口，单鱼尾。

23 明徐一夔撰《大明集礼》五十三卷，40册，明嘉靖九年（1530）内府刊本，“国家图书馆”藏（索书号04548）。版匡高24.4厘米，宽16.8厘米，每半叶九行，行十八字，双边，版心白口，单黑鱼尾。

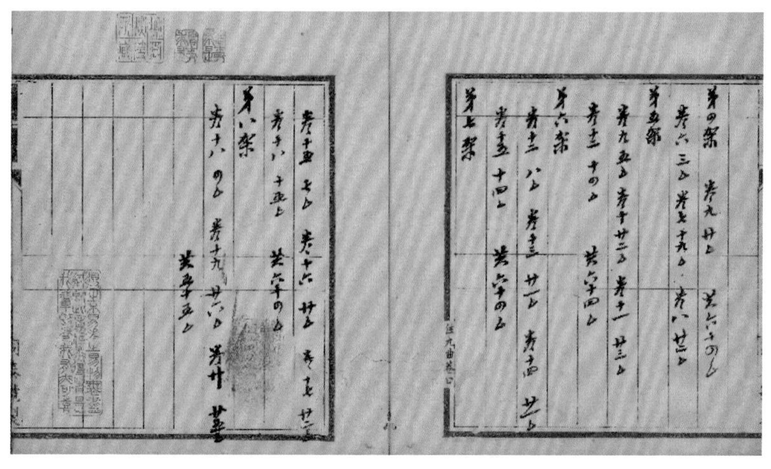

图10 《榆园杂俎》钤有清许益斋的藏书印章

的来之不易，希望子孙后代从中受益，卖掉或者借予别人则视为不孝。

清末刻有《榆园丛书》的许益斋，有一方多字的藏书印章“得之不易失之易，物无尽藏亦此理。但愿得者如我辈，即非我有亦可喜”[24]（图10），告诫后人好书来之不易，保藏更加困难，不要丢失图书。

因此，有的人就表示要“以身守之，罔敢失坠”，特别是寄希望于子孙后代。如向山阁陈鳣在他最心爱的书上，都盖上刻有自己长髯古笠的肖像印“仲鱼图象”和“得此书，费辛苦，后之人，其鉴我”[25]（图11）这两方藏书印。

可是，要保藏这些善本古籍，也真是谈何容易，那时，除了水火兵虫盗贼之外，最危险的还是出在自己子孙身上。如陆心源的十万卷楼全部藏书，陈鳣向山阁的那么多宋刻元椠，到儿子手里就都卖光散尽了，所以有些人的慨叹也反映到藏书印上来：“难寻几世好书人！”有的藏

24 清许增撰《榆园杂俎》不分卷，一册，手稿本，“国家图书馆”藏（索书号07530）。版匡高18.3厘米，宽16.8厘米，每半叶十行，行十八至二十字不等，双边。单鱼尾，下方记“同泰号制”。

25 金张天锡原编《草书集韵》五卷，五册，明成化十年（1474）蜀藩刊本，“国家图书馆”藏（索书号00996）。版匡高18.7厘米，宽11.2厘米，每半叶八行，每行草书七字，双边。版心黑口，双鱼尾。中间记书名卷目，下方记叶次，再下署刻工。

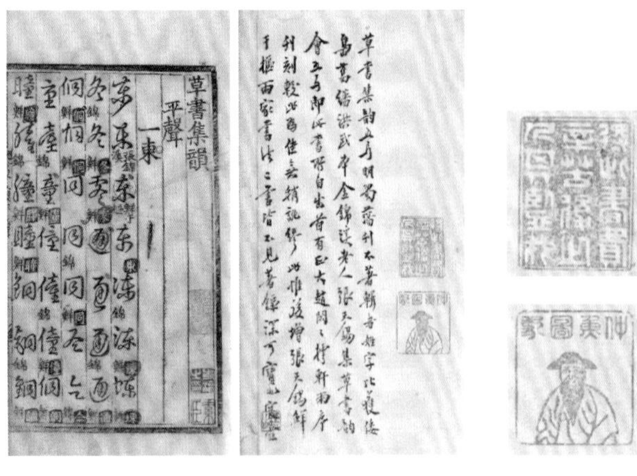

图11 《草书集韵》钤有陈鳣的肖像印和藏书印

图12 《伊川击壤集》钤有张蓉镜“在处有神物护持”藏书印

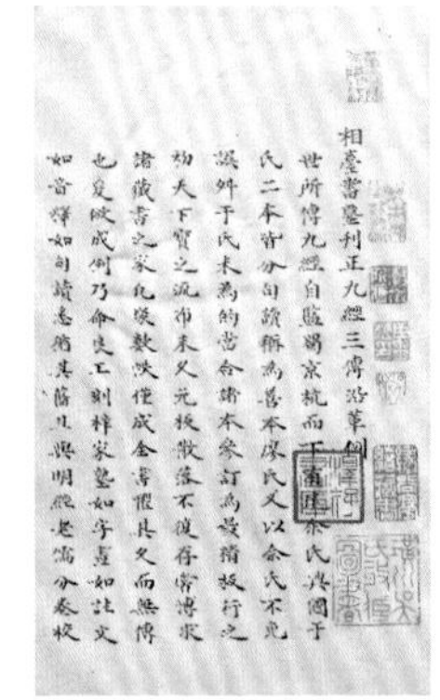

图13 《相台书塾刊正九经三传沿革例》钤有吴焯“愿流传，勿损污”藏书印

书家对借书非常谨慎，唯恐有失，如张蓉镜在书上钤盖有“在处有神物护持”[26]藏书印（图12）。古代，有的人主张书要借给人看，只希望不要损坏丢失，“愿流传，勿污损”[27]（图13），这是完全正确的。

清代藏书家顾锡麒的箴言印曰：“昔司马温公藏书甚富，所读之书，终身如新。今人读书，恒随手抛置，甚非古人遗意也。夫佳书难得，

26 宋邵雍撰《伊川击壤集》二十卷集外诗一卷，六册，南宋末期刊本配补明初仿宋刊及抄本，“国家图书馆”藏（索书号10080）。版匡高19.6厘米，宽13.1厘米。

27 元岳浚撰《相台书塾刊正九经三传沿革例》一卷，一册，旧抄本，“国家图书馆”藏（索书号01222）。全幅高26.9厘米，宽17.7厘米，每半叶八行，行十九字，注文小字双行，字数同。

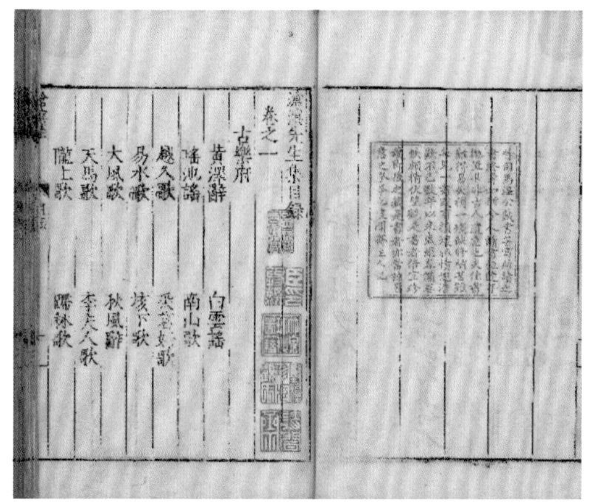

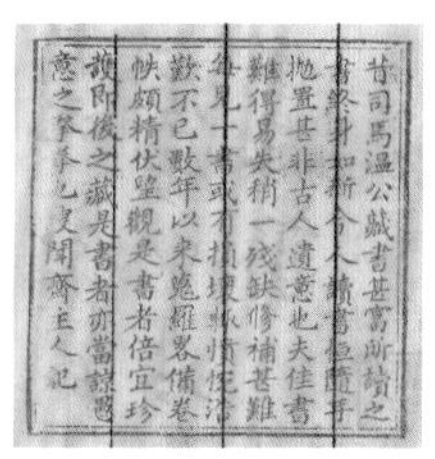

昔司馬溫公藏書甚富所讀之
書終身如新今人讀書恒隨手
拋置甚非古人遺意也夫佳書
難得易失稍一殘缺修補甚難
每見一書或有損壞輒憤惋浩
歎不已數年以來搜羅略備卷
帙頗精伏望觀是書者倍宜珍
護即後之藏是書者亦當諒愚
意之拳拳也聞齋主人記

图14 《沧溟先生集》钤有清代藏书家顾锡麒的箴言印

易失消，一残缺，修补甚难。每见一书或有损坏，辄愤惋浩叹不已。数年以来，搜罗略备，卷帙颇精，伏望观是书者，倍宜珍护，即后之藏是书者，亦当谅愚意之拳拳也。闻斋主人记。”（图14）[28] 娓娓说来，胜过千言万语。

在众多的馆藏善本图书中，其中令人印象最深刻的是，有许多珍贵古籍，首页都钤盖“希古右文”朱文方印，末页则钤有“不薄今人爱古人”白文长方印，就在这两个藏书印记后隐藏着一段抢救国家重要文献的丰功伟业，其意义非凡。“希古右文”、“不薄今人爱古人”[29]既作为密记之用，也表示收书不先自设限的态度。

古籍钤印是古籍的重要组成部分之一，是藏书家（出版）收藏书籍的标记。透过整理这些钤印，有助于人们了解古籍的递藏流传历程、版本鉴别以及藏书者的思想情感，明确古籍的文物价值、史料价值。归类、辑录古籍钤印不仅是古籍整理的一个重要环节，更是弘扬传统文化的基础工作。

28 明李攀龙撰《沧溟先生集》三十卷附录一卷，八册，明隆庆壬申（六年，1572）吴郡王世贞刊本，“国家图书馆”藏（索书号12228）。版匡高19.4厘米，宽14.6厘米，每半叶十行，行二十字。左右双边。版心白口，单鱼尾。

29 唐姚思廉撰《陈书》三十六卷，十二册，南宋初期刊宋元明嘉靖递修本，“国家图书馆”藏（索书号01485）。版匡高22.1厘米，宽18.3厘米，每半叶九行，行十八字，左右双边。版心白口，单鱼尾，明修刻工。

四 藏书印的价值

藏书印是一种人工雕琢而成、用于在书页上钤盖的印章。书是藏书印的唯一载体，离开了书，藏书印便失去了区别于其他印章的独有特色。同时，书也是藏书印与人发生联系的最重要纽带，正是由于随着书籍一起辗转众家，世代留传，藏书印才得到了越来越多人的认同与青睐。因此，与藏书印有联系的人，无一不与书有着或多或少的联系。而书籍作为一种物品，和人之间的关系无非是拥有与被拥有。换句话说，对于书而言，任何人的身分都只有两种可能：是书的主人，也就是藏书人；或者不是书的主人，则可以相对应的称作看书人。二者并非截然对立，而是经常可能相互转化，甚至可以相互影响。所以，古代藏书家将印章用作珍玩永保的印信，矜重之情、闲逸之心均展示于方寸之间。而今人面对一枚枚钤于书卷的朱记，在赞赏古人风流文雅、欣赏精妙篆刻艺术的同时，还应该意识到藏书印是具有重要学术价值的古物遗存。

阅读古籍，欣赏前人的藏书印，因为喜爱精美的刻印和寓有深意的文字，除了这个之外，但从学术研究观点来说，藏书章也有很丰富的文献价值。

（一）从藏书印了解每一本书的递藏经过

藏书印的钤盖是有一定规律的。一书若是经过多人所藏，通常是最先藏书者钤印于首卷卷端最下方，后藏者则依次往上钤盖，以至于天头、栏外。据此便可知晓这一图书的递藏、流传过程。然而藏书家用不同的印记见证自己的收藏，因此，愈是精椠古书，其累累藏书印不仅是迭经珍藏的身份证明，亦可藉以考知典籍流传的轨迹，更能察及经历岁月的长久。如翁方纲“宝苏斋”所藏南宋嘉定六年（1213）淮东仓司刊本《注东坡先生诗》（图15），除钤有“国立中央图书馆收藏”朱文长方印外，尚有“大明锡山/桂坡安/国民太氏/书画印”白文方印（安国）、“汲古/阁”朱文方印（毛晋）、“商丘宋荦/收藏善本”朱文长方印（宋

图15 南宋嘉定六年（1213）淮东仓司刊本《注东坡先生诗》

荦）、“谦牧/堂藏/书记”白文方印（揆叙）、“覃溪/珍赏”白文方印、“宝苏/室”白文方印、“苏斋”朱文长方印（翁方纲）、“小西涯/居士”白文方印（法式善）、“筠清/馆印”朱文方印、“南海吴/荣光书/画之印”朱文方印（吴荣光）、“小蓬/莱阁”朱文方印（黄易）、“志诜”白文长方印、“叶/志诜”朱白文方印（叶志诜）、“张埙/审定”白文方印（张埙）、“董/洵”白文方印、“小/池”白文方印（董洵）、“藏之/海山/仙馆”朱文方印、“子韶/审定”朱文方印、“潘氏/德隅/珍赏”白文方印（潘仕成）、“刚伐/邑斋”朱文方印（袁荣法）、“袁/思亮”白文方印、“伯/夔”朱文方印（袁思亮）、“吴兴张氏/图书之记”朱文长方印、“韫辉/斋”白文方印、“葱/玉”朱文方印、“张珩/私印”白文方印（张珩）等藏书章[30]（图15）。诸多的藏书章，可征知此书收藏始末，最先藏有此书的是明朝嘉靖年间无锡的安

30 “国家图书馆”特藏组编《“国家图书馆”善本书志初稿·集部》（一），“国家图书馆”，1999年，第264—265页。

国，其后历经毛晋、宋荦、揆叙、翁方纲、法式善、吴荣光、黄易、叶志诜、张埙、董洵、潘仕成、袁荣法、袁思亮、张珩等人，也成为鉴赏古书的风景之一。

这部珍贵古籍的价值在其宋注中保留许多宋代史料，解读了东坡意在言外的深义；宋刊宋印则展现其欧体宋版书端楷明净的特色；翁氏宝苏斋的年年祭书，加上历代递藏印记、观款、题跋，赋予此书另一层的艺术价值；而浴火重生的焦尾本，更增添其传奇性。此珍籍背后蕴涵的故事，篇篇动人而精彩，古代文人对书籍的珍视分享、应对酬作的生活美学与逸趣，亦跃然典籍之上。

又如一部宋代所刊印《尚书表注》（图16），书中钤有“南楼书籍”朱文方印、“天水”朱文葫芦形印、“董印其昌”朱白文方印、“古杭瑞南高士深藏书记”朱文长方印、“骞”朱文长方印、“择是居”朱文椭圆印、“吴城”朱文方印、“敦”“复”朱文连珠方印、“汪士钟曾读”朱文长方印、“广伯”白文长方印、“张印/钧衡”白文方印、“吴兴张氏适园收藏图书”朱文长方印、“石铭收藏”朱文方印、“莛圃收藏”朱文长方印、“愿流传勿污损”朱文长方印、“内乐村农”朱文方印、“青萝”朱文长方印、“周春”朱文方印、“周春”白文方印、“松霭”朱文方印、“松霭”白文方印、“松霭藏书”朱文方印、“泰谷周春”朱白文方印、“周春字芚兮号松霭”白文方印、“周字芚兮印”白文方印[31]（图16），则可知这部书历经明董其昌旧藏，入清经顾湄、吴氏绣谷亭、丁氏持静斋、马思赞、周春、张金吾、汪士钟、张钧衡适园、张乃熊莛圃诸家递藏，后由本馆沪购入藏，为传世仅存之孤本。

此外，还有好多印文相同的藏书印，单靠文字说明，不看原印，往往不能最终确定，故熟识各藏书印，对研究我国藏书史无疑有极大帮

31 “国家图书馆”特藏组编《“国家图书馆”善本书志初稿·经部》，“国家图书馆”，1996年，第52—53页。

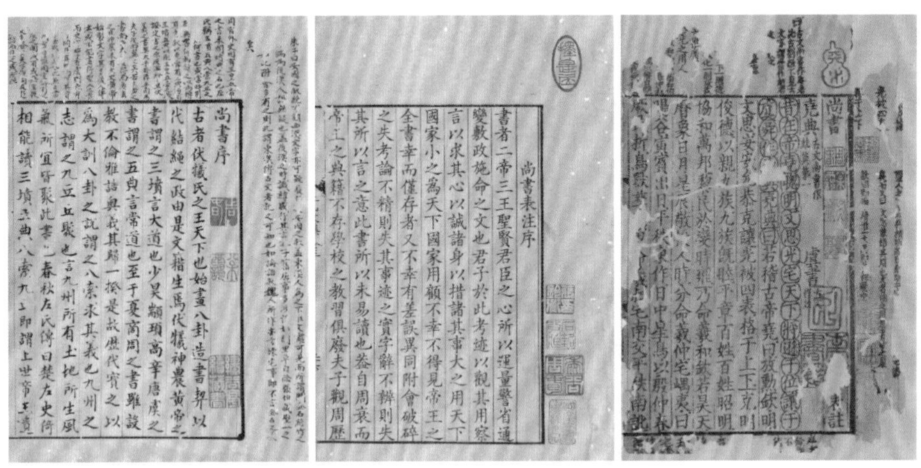

图16　南宋末年建安刊本《尚书表注》

助。从昔到今，这些累累藏书印章，纪录了对千万卷图籍精华护持授受的经过。一印一书缘，隐约也可察觉出传统文化的脉动。

（二）依据藏书印及书斋的命名，了解藏书家收藏的特色及藏书的聚散情形

藏书家都有自己的藏书斋、室、堂、阁、楼台，并镌成印章，钤于书上。藏书家的藏书处所名入印，古制原无，始于唐宋，用以书画。[32]有的藏书家有室名堂号印十数种之多。如文徵明有不同堂号印十种，项子京有六种室名印，毛晋、黄丕烈各七种，造成这种情况的原因有三。

1. 因藏书的不断增加，尤其是比较珍贵的古籍，印主喜欢再取一个书室名以示纪念或者珍重。如近代袁克文就先后使用过“后百宋一廛”、“百宋书藏”、“八经阁”（图17）、“云合楼”诸室名印[33]。

2. 因藏书乃几世累积，相传而成，故连上代的藏书室名和藏书印也继承，于书籍不同位置钤用。如清代张蓉镜姚畹真夫妇的藏书室名印

32　吴芹芳、谢泉《中国古代的藏书印》，第76页。

33　唐李贺撰《李贺歌诗编》四卷集外诗一卷，二册，北宋末南宋初间（1119—1130）公牍纸印本，“国家图书馆”藏（索书号09805）。版匡高19.8厘米，宽14.4厘米。左右双边。每半叶九行，行十八至二十一字不等，版心白口，单黑鱼尾。

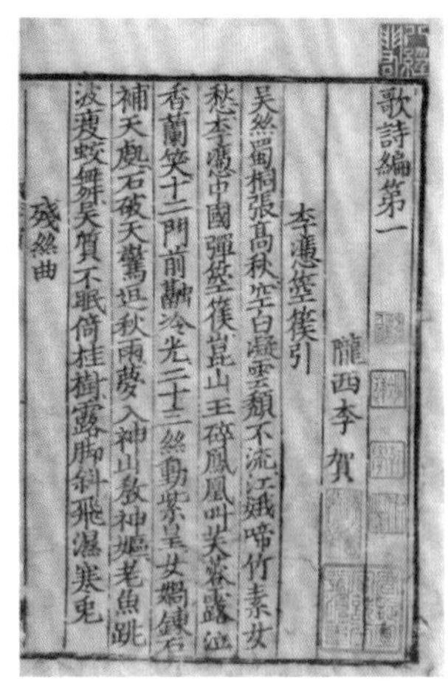

歌詩編第一

隴西李賀

李憑箜篌引

吳絲蜀桐張高秋空白凝雲頹不流江娥啼竹素女愁李憑中國彈箜篌崑山玉碎鳳凰叫芙蓉泣露香蘭笑十二門前融冷光二十三絲動紫皇女媧鍊石補天處石破天驚逗秋雨夢入神山教神嫗老魚跳波瘦蛟舞吳質不眠倚桂樹露脚斜飛濕寒兎

殘絲曲

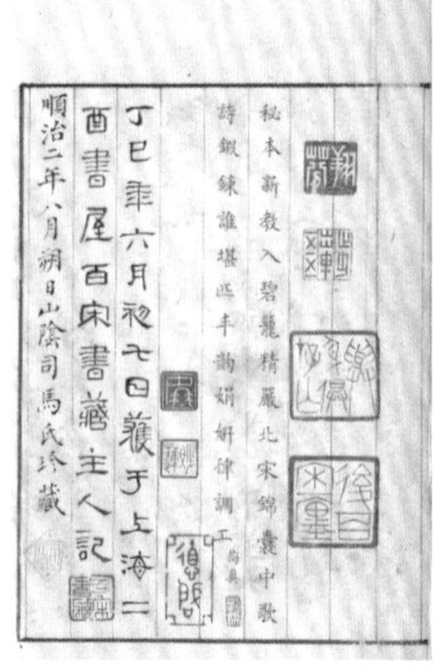

秘本新教入碧籠精嚴北宋錦囊中歌詩鈔錄誰堪匹手勘研妍律調工

丁巳年六月初七日獲于上海二酉書屋百宋書藏主人記

順治二年八月朔日山陰司馬氏珍藏

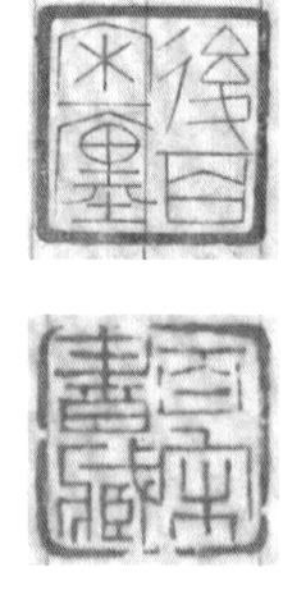

图17　《李贺歌诗编》钤有近代袁克文诸室名藏书印

也较多，见于记载的有“双芙阁”[34]（图18）、“小琅嬛福地”[35]（图19）、“味经书屋”[36]（图20）、“倚青阁”[37]（图21）等，“味经书屋”即为长辈所用室名。

3. 中国古代藏书家不单单收藏古籍文献，往往是书法绘画作品与金石笔砚同聚一室，各取不同的室名用以收藏不同类型的藏品。如阮元的藏书处为“琅嬛仙馆”及“文选楼”[38]（图22），藏金石处为“积古斋”，藏砚处为“谱砚斋”。又如叶德辉的藏书处曰“丽楼”，藏金石

34　元王广谋撰《标题句解孔子家语》三卷，三册，元刊本，“国家图书馆”藏（索书号05321）。版匡高17.2厘米（上栏高1.1厘米），宽10.8厘米。四周双边，每半叶十一行，行二十字。小字双行，字数同。版心小黑口，双鱼尾。

35　宋邵雍撰《伊川击壤集》二十卷集外诗一卷，六册，南宋末期刊本配补明初仿宋刊及抄本，“国家图书馆”藏（索书号10080）。版匡高19.6厘米，宽13.1厘米。左右双边，每半叶十行，行三十一字。注文小字双行，字数同正文。版心小黑口，双黑鱼尾，鱼尾相随。

36　宋范仲淹撰《范文正公政府奏议》二卷，二册，元元统二年（1334）范氏岁寒堂刊本，“国家图书馆”藏（索书号04699）。版匡高23.3厘米，宽15.2厘米。左右双边，每半叶十二行，行二十二字。版心白口，双鱼尾，鱼尾相对。

37　元詹友谅撰《新编事文类聚翰墨全书》存一百二十五卷，四十册，元泰定元年（1324）麻沙吴氏友于堂刊配补明刊本，“国家图书馆”藏（索书号07932）。版匡高15.2厘米，宽10.5厘米。左右双边。每半叶有界十四行，行二十四字，亦有十二行、行二十二字者，或十五行、行二十四字者。版心细黑口，双黑鱼尾（鱼尾相随）。

38　元曹本撰《续复古编》四卷，八册，清初抄本，“国家图书馆”藏（索书号01011）。全幅高27.2厘米，宽17.1厘米，原纸高24.4厘米。每半叶五行，小字双行，行二十字，白口。

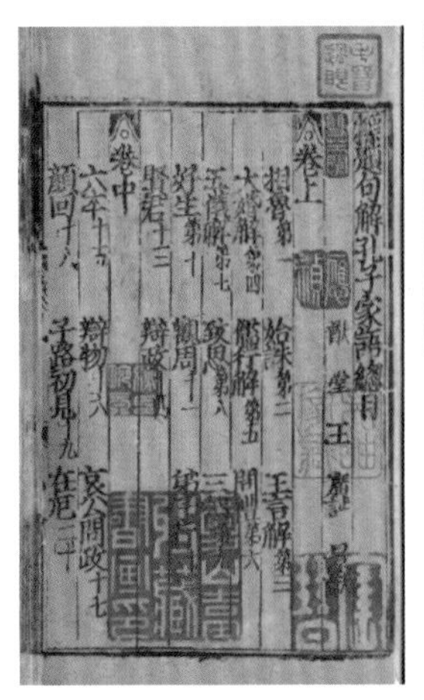

图18　《标题句解孔子家语》钤有张蓉镜、姚畹真夫妇“双芙阁”

图19　《伊川击壤集》钤有张蓉镜、姚畹真夫妇“小琅嬛福地”藏书印

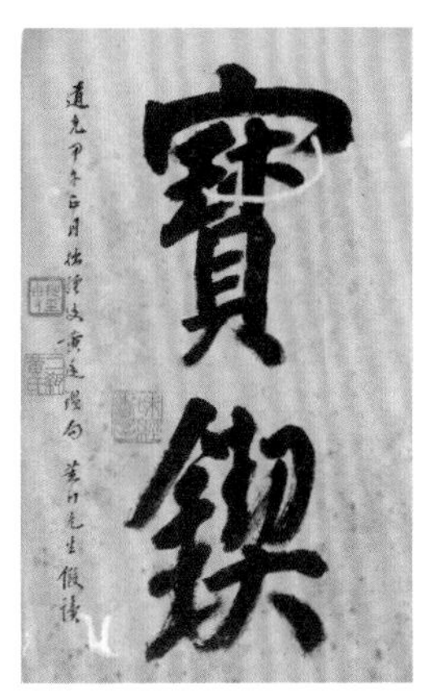

图20　《范文正公政府奏议》钤有张燮“味经书屋”藏书印

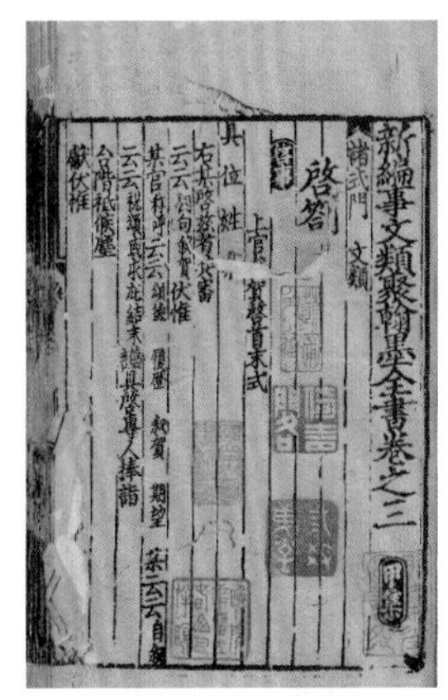

图21　《新编事文类聚翰墨全书》钤有张蓉镜、姚畹真夫妇“倚青阁”藏书印

处为“周情孔思室”，著书处为“观古堂”[39]（图23）。

因此，黄丕烈的“百宋一廛”，知其藏有百部宋版书；陆心源的“皕宋楼”，知其藏有两百部宋版书，瞿镛的书斋为“铁琴铜剑楼”，足见他的收藏，除了书籍外，也收藏了不少金石；从这些也大致看出其

39　晋杜预注《春秋左传注疏》六十卷，四十八册，明李元阳刊《十三经注疏》本，“国家图书馆”藏（索书号00602）。版匡高20厘米，宽12.9厘米。每半叶八行，行二十字，小字双行字数同，单边，版心白口，下方记刻工。

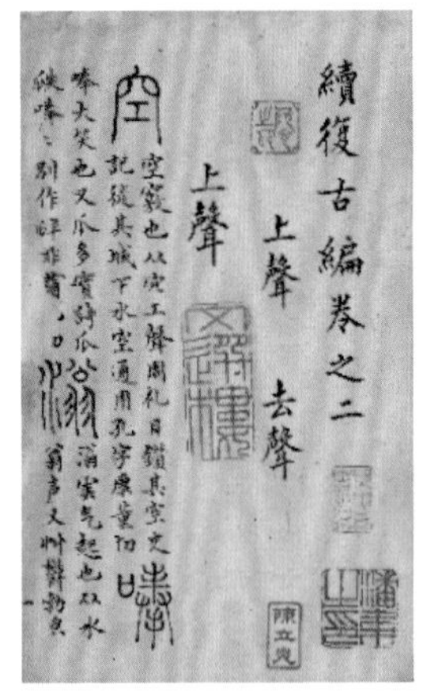

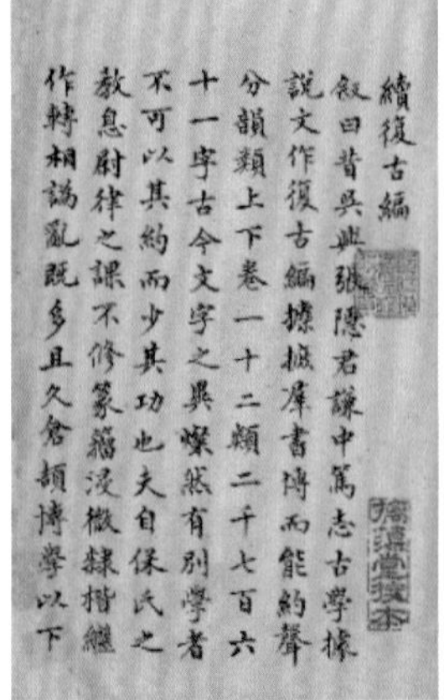

图22 阮元的藏书处“琅嬛仙馆”及“文选楼”藏书印

图23 叶德辉的著书处“观古堂”藏书印

收藏特色及藏书聚散的情形。

（三）揭示了古籍印记蕴含的史料价值

史料价值就是历史材料（一般地说，以文字材料为主，也包括实物史料）对于历史研究的价值。小藏书钤印，字数不多，但方寸之间却凝聚了十分丰富的信息资源。藏书钤印一般包括藏主的姓氏字号、生年行第、乡里籍贯、官职履历、书斋雅号、鉴赏品记、志趣爱好、警语箴言等，从中既可以看出各藏书家的癖好志趣，更有助于判断一书的收藏

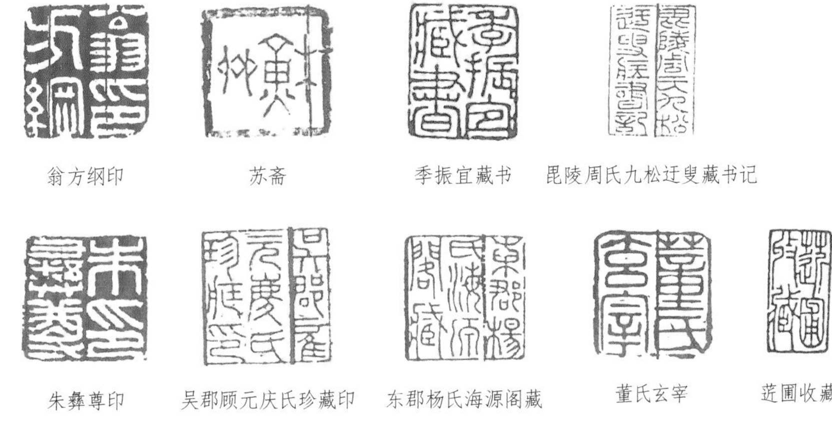

图24　琳琅满目的收藏印章纪录了对千万卷图籍护持授受的经过

和流传（图24）。[40] 透过藏书钤印，可以考查藏书家的姓名、别号、藏书楼乃至籍贯、官职里居、年龄甚至形迹、交往，窥见藏书家的个人修养、处世态度及藏书观念，是研究我国历史文献发展变化的重要依据。

（四）藏书印还能为古籍版本鉴定提供较可靠的依据

古籍版本鉴定是一项复杂的综合性的知识判断，主要是根据原书的内容、序跋、字体、纸张、刻工、装帧等，而作为书籍流传过程中附加上去的藏书印，对于版本的鉴定也起到辅助作用。大多数藏书家对于宋元善本都有专门的收藏印，如明毛晋“甲”[41]、“元本”[42]（图25、图26），王世贞“伯雅”[43]（图27）。杨以增“宋存书室”[44]（图28）及丁

40　“国立中央图书馆”特藏组《善本藏书印章选粹》，“国立中央图书馆”，1988年。

41　元周南瑞编《天下同文前甲集》存四十三卷，二册，明常熟毛氏汲古阁影抄元大德刊本，“国家图书馆”藏（索书号14246）。版匡高19.8厘米，宽15.6厘米，每半叶十四行，行二十四字。注文小字双行，字数同。左右双边。版心白口，双黑鱼尾。

42　唐魏徵撰《隋书》八十五卷，四十八册，元大德间（1297—1307）饶州路儒学刊明印本，“国家图书馆”藏（索书号01524）。版匡高22厘米，宽16.3厘米，每半叶十行，行二十二字，双边。版心小黑口，三鱼尾，刻工。

43　宋赵善璙撰《自警编》存四卷，八册，宋刊本，“国家图书馆”藏（索书号07570）。版匡高21.5厘米，宽16.5厘米，每半叶十行，行二十字。注文小字单行，字数同。唯亦有双行小注，字较紧排，行约三十字，左右双边。版心白口，双黑鱼尾，下方记刻工。

44　宋陈骙撰《文则》一卷，二册，元至正十一年（1351）刘贞金陵刊本，“国家图书馆”藏（索书号14700）。版匡高22.4厘米，宽15.5厘米，每半叶九行，行十八字。注文小字双行，双边。版心白口，双黑鱼尾。

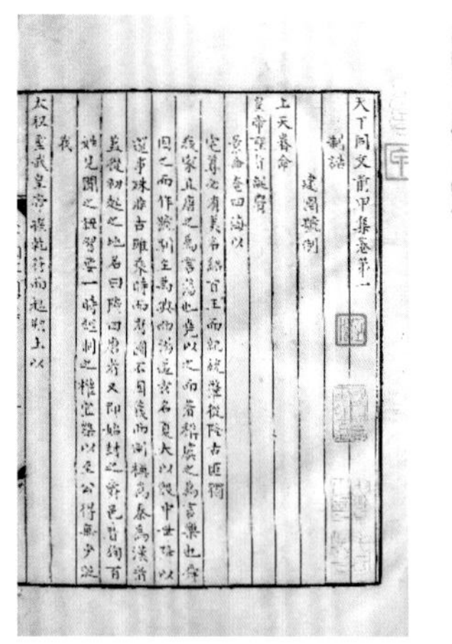

图25 《天下同文前甲集》钤有毛晋藏书印“甲”

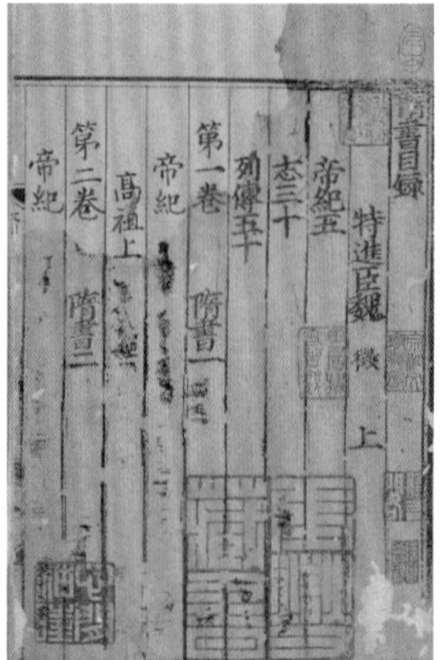
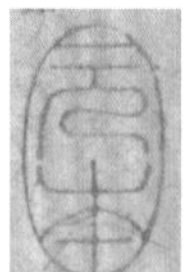

图26 《隋书》钤有毛晋藏书印“元本”

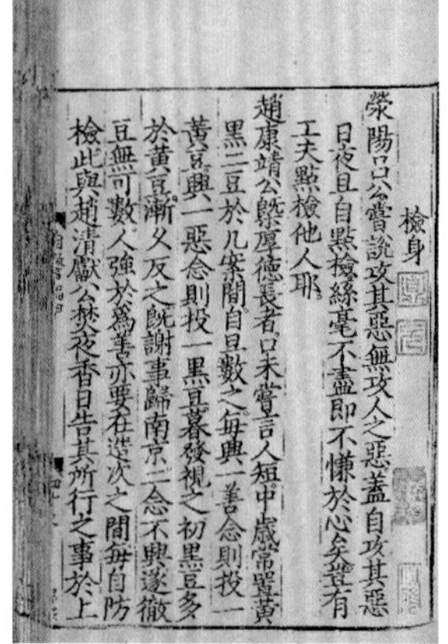
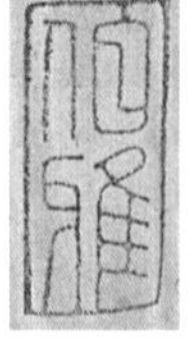

图27 《自警编》钤有王世贞藏书印“伯雅”

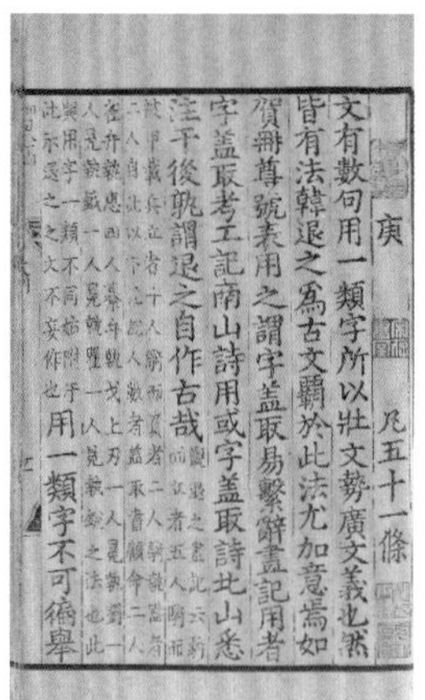

图28 《文则》钤有杨以增藏书印“宋存书室”

丙的“善本书室”[45]（图29），乃至乾隆的“天禄琳琅”[46]（图30）等。另外，还可以依据藏书印，寻其藏主的藏书目录，以便了解该书版本原

45 清王引之撰《尚书训诂》一卷，一册，清嘉庆间钞本，“国家图书馆”藏（索书号15425）。全幅高25.2厘米，宽17.4厘米，每半叶十行，行二十一字，注文小字双行，字数同。

46 南北朝陶潜撰《笺注陶渊明集》十卷，三册，南宋末年建刊巾箱本，“国家图书馆”藏（索书号09394）。版匡高15.8厘米，宽11.3厘米，每半叶九行，行十六字，注小字双行，左右双边。版心小黑口，双鱼尾。

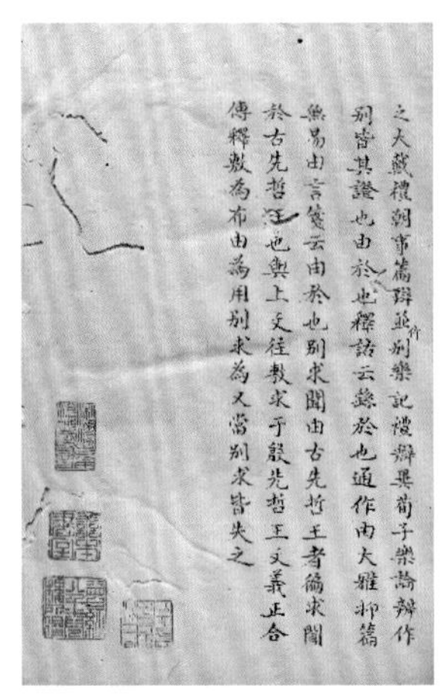
之大戴禮朝事篇辭並別樂記禮辯異荀子樂論辨作
別皆其證也由於也釋詁云繇於也通作內大雅抑篇
無易由言箋云由於也別求聞由古先哲王者徧求聞
於古先哲王也與上文往敷求于殷先哲王文義正合
傳釋敷為布由為用別求為又當別求皆失之

图29 《尚书训诂》钤有丁丙藏书印“善本书室”

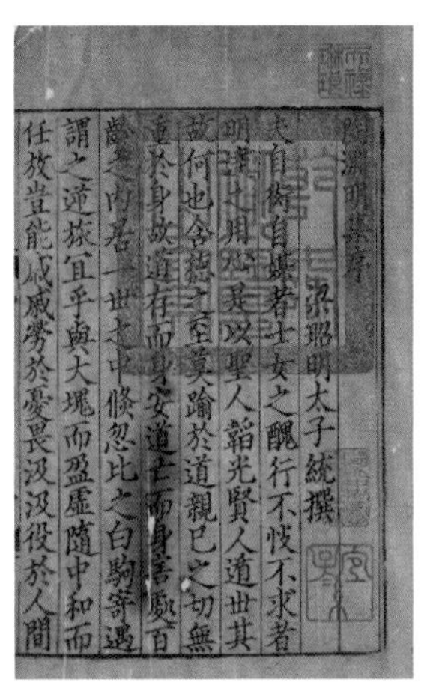
陶淵明集序
梁昭明太子統撰
夫自衒自媒者士女之醜行不忮不求者
明達之用心是以聖人韜光賢人遁世其
故何也含德之至莫踰於道親己之切無
重於身故道存而身安道亡而身害處百
齡之內居一世之中倏忽比之白駒寄遇
謂之逆旅宜乎與大塊而盈虛隨中和而
任放豈能戚戚勞於憂畏汲汲役於人間

图30 《笺注陶渊明集》钤有乾隆藏书印“天禄琳琅”

委，如有钱谦益书印的可以查《绛云楼书目》。因此，藏书印具有识别和标识的作用，被认为是鉴别版本的重要依据之一。

（五）依据收藏者推断大体版刻年代

一般透过藏书印就能确定收藏者。收藏者可能是宫廷、可能是书院、可能是个人，但不论是谁，只有成书后才能在上面钤印，故依据收藏者的印章可推断一下大体版刻年代。例如，一书若钤有“翰林国史院”长方形朱印[47]（图31），此书版刻就不会晚于元代，因为翰林国史院是元代公藏之地。如果一书有多人藏印，要找出最早的收藏印来确定大体时间。如书中钤有“晋府书画之印”朱文方印[48]（图32），可推断此书不晚于明初。“晋府书画之印”是明太祖朱元璋第三个儿子晋王朱棡的藏书印，朱棡死于洪武三十一年（1398）。赵颐光虽是明朝人，但时间晚于朱棡。以藏书印推断版刻年代的前提必须印记是真的，如果是

47 唐权德舆撰《权载之文集》存八卷，一册，南宋蜀刊本，“国家图书馆”藏（索书号09679）。版匡高19.6厘米，宽14.5厘米。每半叶十二行，行二十一字，左右双边。版心白口，单鱼尾。

48 金韩道昭撰《泰和五音新改并类聚四声篇》存三卷，一册，金崇庆间刊元代修补本，“国家图书馆”藏（索书号01088）。版匡高21厘米，宽14.5厘米。每半叶十三行，大字单行，注文小字双行，行三十八字内外不等，大字一当小字四，左右双边（有混入四周单边），白口，双鱼尾，上鱼尾上方偶记字数，下方记卷次，下鱼尾下方记字数，再下方记刻工。

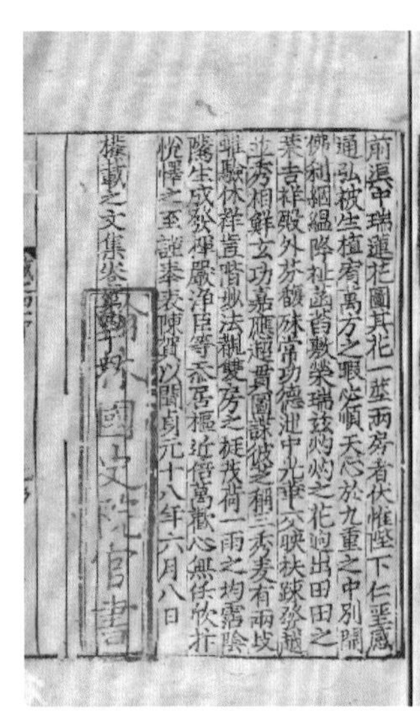
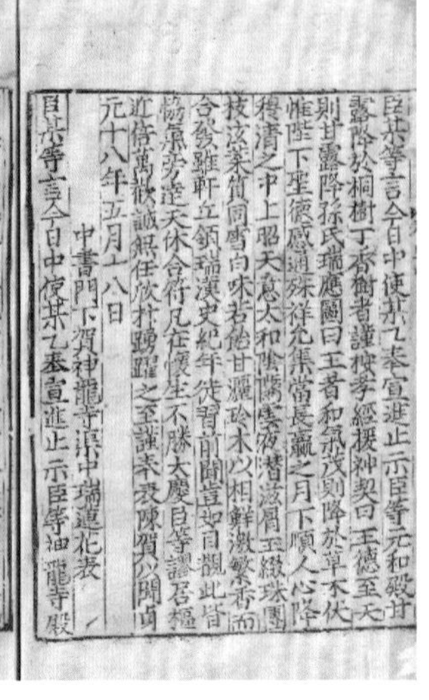

图31 《权载之文集》钤有藏书印“翰林国史院”

图32 《泰和五音新改并类聚四声篇》钤有藏书印“晋府书画之印”

伪印，那就不足为凭了。

（六）教育功能

许多藏书印从不同的角度表达藏书家的治学态度或读书、藏书的方法及爱书、惜书之情，谆嘱子孙后人保存好藏书。诚如许增的“得之不易失之易，物无尽藏亦此理。但愿得者如我辈，即非我有亦可喜”印，还有“子孙永宝”“得者宝之”等印。其言近旨远，意蕴深刻，耐人寻味，无不表达了爱书之笃，读书之乐，寄子之望。其藏书观、惜书情，实属可贵，具有十分重要的教育功能。

（七）藏书印具有独特的艺术风格与极高的艺术价值

印章是中国优秀传统艺术之一，它和中国的书法、绘画、雕刻等一样，具有独特的艺术风格。藏书印的印文，有秦篆、缪篆、钟鼎文字、汉隶、楷书等不同形式的刻法，颜色多种，雕刻精美，印泥讲究，有的历经数百年，依然清晰醒目，为阅读者留下了充分欣赏、想象的空间，具有很高的艺术鉴赏价值。

藏书印鉴作为篆刻艺术，本身具有极高的艺术价值。一是很多藏书家本身即是篆刻艺术家，如元代赵孟頫工书画、篆刻，一洗唐宋人陋习，发展成独特艺术。明代的文彭，号三桥，系文徵明之子，他继承其父收藏事业，又是当时的一流篆刻家，他以六书为原则，师汉印传统，成为浙派篆刻艺术之祖，虽无印谱传世，然而至少有十二枚藏印可供鉴赏。

二是很多藏书家虽然本身不擅篆刻，然而他们珍爱图书，对藏书印鉴是十分讲究的，往往延请篆刻高手镌刻印鉴，如明代董其昌、沈率祖、王时敏、毛晋、文震孟、钱谦益等印鉴，多出篆刻家汪关、汪泓父子。清代徐乾学的藏印为葛潜所刻，潘祖荫的印鉴为赵之谦所刻，陈介琪、盛昱的藏印为王石经所刻，缪荃孙的藏印为黄牧甫所刻等。这些印鉴，其形制、款式、篆法、章法刀法，或古朴凝重，或婉约秀逸，成为篆刻艺术中的精美绝伦之作。

在篆刻艺术空前繁荣的背景下，藏书印不仅在篆法、章法、刀法上日趋多样化，而且在印文内容上呈现出多姿多彩的局面，从艺术上更直接地反映出各时期、各流派篆刻艺术的整体成就，具有极高的审美价值。藏书印发展到近现代，已经成为一种独特的欣赏品类，跻身于印章艺术之林，并使人们在欣赏印文的同时还能够增加一点与藏书相关的知识。

五　结语

藏书印是文献的官、私收藏者出于不同目的，在文献上以钤印的方式所作的各种标记，表示对书具有拥有权的简便、文雅而有效的方式。

自唐宋以降，雕版印刷术兴盛，文化艺术日益昌盛，书籍增加，藏书家越来越多。当时书画、典籍之收藏与鉴赏，乃士大夫之时尚，促使书籍与印章更有缘结合。文人雅士用印形制各异，不拘一格，鉴藏印、斋馆印、字号印、闲章印等随之而生。

我国历史悠久，名家私印之多不可指数。自明中叶至清初，诸印家相互切磋，争奇斗艳，以不同风格、不同师承、不同流派应运而生。故而明清两代流派凸显，名家辈出。其后丹青墨客多崇尚书法、绘画、篆刻三位一体，殊难分离，实融会贯通者也。

随着时代的推移，藏书家得到一部珍藏书，往往视如拱璧，在书中精心钤盖自己的印章，有时还会邀集同道友好，共同欣赏，题诗题词。依据一部书中的藏书印，可以大致勾勒出这部书流传递藏的过程，即所谓的“流传有绪”。因而可知，印章与藏书者、藏书处密切相关，这对研究书的版本、流传、价值等大有裨益。

古代私家藏书印鉴作为一枝瑰丽的奇葩，不仅是藏书文化的重要组成部分，也是留给我们后人的一份珍贵遗产，这一优良的民族文化传统，我们无疑应当继承发扬。我国许多藏书家如徐乃昌、董康、邓邦述、陶湘、刘世珩、蒋汝藻、刘承幹、吴梅、袁克文、周叔弢等，都很好地继承了这一传统，古代私家藏书印鉴的种类在古籍中都能有迹可寻，而且于藏印之重视、讲究丝毫不亚于古人，甚而有或过之。

藏书印章具有学术性、资料性、艺术性三美兼备的特性。藏书印反映着读书人的生活情趣，精神追求，思想境界，甚至读书治学体会。藏书印在措辞上往往多样而有变化，林林总总，别出心裁，加上印章精美考究，不但给后人留下溯宗考源的线索，也可为书籍增辉。总之，藏书印是藏书家爱书的产物，是藏书文化的一个重要组成部分。一枚小小的藏书印章，折射出的却是一个大千世界。方寸之地的藏书印，不仅是藏书家们的个人标记，也是他们的精神寄托，同时其深刻的文化意蕴也为今之学人带来艺术上的享受，更是可从中探索明清藏书家藏书思想，古籍文献的继承流传，藏书事业的发展与变化的重要依据。藏书印反映了藏书家搜集、保管、流通图书的经过与体会。古今藏书，在书上施以印章，勾勒了一部书的流传轨迹，印章上通常刻有姓名、字、号、乡里、祖籍、藏书处所、官职、鉴别、授受、告诫、记事、言志等内容，是我们鉴定一书的价值，特别是其文物价值的最佳依据。这对于后人了解文献的收藏和流传以及鉴别古籍版本等都具有重要价值。因此，探析藏书印有利于古籍及藏书印诸方面的研究和利用，具有现实意义，也是启迪今人追求知识的精神食粮。

参考资料

一、图书

1. 林申清编：《中国藏书家印鉴》，上海书店出版社，1997年。
2. 林申清编著：《明清著名藏书家•藏书印》，北京图书馆出版社，2000年。
3. “国立中央图书馆”编：《善本藏书印章选粹》，1988年。
4. “国家图书馆”编：《“国家图书馆”善本书志初稿》，2000年。
5. 刘兆佑：《认识古籍版刻与藏书家》，学生书局，2007年。
6. 苏精：《近代藏书三十家》（增订本），中华书局，2009年。

二、期刊

1. 封思毅：《“国立中央图书馆”特藏今昔》（1－5），《“国立中央图书馆”馆讯》40－52期，1989年2月至1992年5月。
2. 《馆史史料选辑——古籍搜购与集藏》，《“国立中央图书馆”馆刊》新16卷第1期，1983年，第73－100页。
3. 刘兆佑：《藏书章的故事》，《国文天地》第2卷10期，1987年3月，第52－55页
4. 苏精《藏书之乡・藏书之家》，《“国立中央图书馆”馆刊》第14卷1期，1981年6月，第25－33页。
5. 苏精：《抗战时秘密搜购沦陷区古籍始末》，《传记文学》第35卷5期，1979年11月，第109－114页。

附 录

会议议程表

主办单位：中国美术学院、上海图书馆（上海科学技术情报研究所）

时　间：2018年11月1日—2日

地　点：上海图书馆4F多功能厅

11月1日

一、全体代表出席上海图书馆2018年度展“缥缃流彩——中国古代书籍装潢艺术”开幕式

时 间：上午9:30

地 点：上海图书馆西门底楼展览大厅

二、午餐后13:00至展厅主会标前合影

三、学术研讨会

开幕式

主持人：周德明

上海图书馆馆长陈超致辞

中国美术学院院长助理吴小华教授致辞

第一场学术研讨会（下午13:30—17:30）

主　题：中国古代书籍装潢艺术

主持人：陈先行、陈正宏

1. 漫谈中国古籍的内封面（提要）/ 艾思仁

2. 中国藏书家与装帧文化（提要）/ 韦　力

3. 佛经的板片号——实用与装饰的结合 / 李际宁

4. 线装书的起源时间 / 陈　腾

5. 策府缥缃 益昭美备——清内府写刻书的装潢与装具 / 翁连溪
6. On Western-Style Binding of Chinese Ancient Books in the Library of The Institute of Advanced Chinese Studies, Collège de France（关于法兰西学院藏中国古籍的西式装帧） / Christine Khalil
7. Beyond Paper: the Art of the Book in the Chinese Collections of the British Library（纸襟之巅——大英图书馆中文馆藏之艺术）/ Sara Chiesura
8. 韩国书籍的装帧 / 宋日基
9. 十四世纪东瀛的书籍演变——以五山版的装潢为中心 / 住吉朋彦
10. 日本的袋缀与中国的线装 / 佐佐木孝浩

18:00 晚餐

11月2日
第二场学术研讨会（上午9:00—11:30）
主 题：中国古代书籍装潢艺术与雕版艺术
主持人：毕斐、刘蔷
1. 日本江户时代对古籍装订形式和装具的研究——从藤贞干《好日小录》谈起 / 陈 捷
2.《制书雅意》的装帧艺术 / 陈 谊
3. 具体而微——从明刻巾箱本《杨升庵辑要三种》说起 / 李 军
4. 浙图藏隆庆本《大方广佛华严经》装帧述略 / 汪 帆
5. 方寸存真——善本古籍里的藏书印记 / 张围东
6. 从装帧看版画插图形式的变化与发展 / 程有庆
7. 从《畿辅义仓图》和《水利营田图说》看蝴蝶装版刻与装帧形式的演变 / 宋文娟
8. 古代书籍文化的断桥 / 姜 寻
9. 清内府书版购制考 / 刘甲良
10. 宋本之艺术鉴藏与明中期刻书新风格 / 李开升

12:00　午餐

第三场学术研讨会（下午13:30—17:30）

主　题：中国古代书籍版画艺术

主持人：郭立暄、董捷

1. 画须大雅又入时眸——东亚彩印版画的源流与在世界史上的价值 / 徐忆农
2. 反哺：从中央美院藏画看明清版画对卷轴画的影响 / 邵　彦
3. 利玛窦对《程氏墨苑》“宝像图”的释读 / 梅娜芳
4. 花落了多少——《唐诗画谱》全景图式检讨及其异域接受 / 韩　进
5. 《会真图》与晚明艺术书籍中的蝴蝶装 / 陈　研
6. 一幅园林版画媒材、图像与视觉空间 / 李啸非
7. 武英殿本版画艺术研究——以《古今图书集成·山川典》山水版画为例 / 林天人
8. 从“澄怀观道”到“按图索骥”——山水画与山水版画中的“卧游”之别 / 李晓愚
9. 明清西湖版画的三种模式及其视觉性 / 邵韵霏
10. 书籍史与美术史中的《素园石谱》/ 孙　田

18:00　闭会（致闭幕辞）

18:30　晚餐

11月3日　代表离会

跋

中国早期书籍所呈现的物质形态的各方面，绢帛纸张、用墨、书写、装潢，乃至书籍制度中的栏框行格等无不与艺术息息相关。书画卷轴、手卷的形成与早期书籍的影响同样密不可分。以上种种在南朝宋虞龢所撰《论书表》大都有所体现，这份中国美术史基本文献也极有裨于讨论书籍制度等话题。

中国现存有纪年的最早印刷品，当属英国大英博物馆藏唐咸通九年（868）刻本《金刚般若波罗蜜经》，此书不仅是印刷术、佛教文献等研究领域的标本，也是中国美术史研究的标准件。南宋雕版印刷余泽流芳，因唐代名家书法的介入，临安、眉山、建阳刻风鲜明，三足鼎立；书籍装潢艺术推陈出新，蝶装、包背装的出现，使卷轴时代进入册页时代。元代书本刻风如法炮制，深受赵孟頫书法的恩惠。明代书籍与艺术可谓唇齿相依，套色刷印、书籍插图，已臻炉火纯青，还出现一批新型的“艺术书籍”，融书籍于艺术之中，供文人墨客案头把玩摩挲，诸如《萝轩变古笺谱》《十竹斋书画谱》《西厢记》，五颜六色，巧夺天工，趣味无尽。明代以后佳制名品，不再胪列（请参见本书收录翁连溪先生《策府缥缃，益昭美备——清内府书籍的装潢与装具》、韦力先生《中国藏书家与装帧文化——以芷兰斋藏书为例》等）。

概而言之，在书籍史每个重要时期，艺术极少缺席。不过，在中国艺术史研究中，书籍与艺术之关系的探索在近二三十年才逐渐受到关注。

二十世纪后半叶，西方美术史研究出现新动向，尤其是所谓“新艺术史”，中国美术史的研究也受此风尚波及，走到“十字路口”。有的学者从视觉文化的角度研究中国古代美术史，拓展了包含书籍在内的材料范围，而书籍之美不在其“凝视”之中。

2007年10月，中国美术学院艺术人文学院成立之际举办“视觉人文”学术周系列讲座，范景中老师为此发表演讲《十字路口的艺术史》，反思国内外美术史研究现状，就此对新学院寄予期望，殷忧之心尽在言外。2009年，恩斯特·贡布里希教授（1909.3.30—2001.11.3）诞辰一百周年之日，范老师以“书籍之为艺术：赵孟頫的藏书与《汲黯传》”为题发表纪念讲座，集中讨论“书籍之为艺术”这一观念。在此之前，范老师先后于1998年和2004年应邀在海德堡大学讲授“书籍艺术”。范老师在2002年举办博士生研讨班，安排的学习内容之一即虞龢《论书表》，讲授部分内容即本文伊始所述。范老师关于“书籍之为艺术”的基本看法，可详见《新美术》2009年第4期刊登纪念恩斯特·贡布里希教授百年诞辰讲座的同名文章，以及计划写作的*THE BOOK OF BOOK*一书“论纲”，即本书所收《从艺术的观念看书籍史》，此不赘。

2018年，我和同事董捷老师受范景中老师委托，筹办有关书籍艺术的学术研讨会，范师确定会议名称为“书籍之为艺术——中国古代书籍中的艺术元素”，明确会议讨论主题为与古籍相关的“装潢”“版画”“书法”三个板块。

研讨会由中国美术学院与上海图书馆（上海科学技术情报研究所）联合主办。在筹备过程中，上海图书馆梁颖先生和复旦大学陈正宏教授出力至多，从与研讨会同期举办的“缥湘流彩——上海图书馆藏中国古代书籍装潢艺术”特展遴选展品，到邀约国内外与会代表，处理繁杂会务，无不尽心尽力，以求完美。主办双方在经费和人力方面给予支持，我的研究生和上海图书馆员工勠力参与，为研讨会顺利召开提供了有力的保障。

会议筹备工作历时近一年，于2018年11月1日至2日在上海图书馆如期举办，国内外嘉宾四十多人与会，其中三十位作会议发言。与会者来自大江南北，以及海外的美、英、法、日、韩各国，既有长期从事古籍保护与研究的资深学者，也有美术史研究的新生力量，文献学与美术史这两个研究领域的从业者由此汇聚上图，相与析疑，聚焦于“书籍艺术”，讨论“书籍”这一开放性话题。在此之前，由中国国家图书馆古籍馆、中国国家古籍保护中心办公室、北京大学国际汉学家研修基地和日本国文学研究资料馆于2010年12月联合主办“古籍形制·图像·文本——中日书籍史比较研究学术研讨会”（此会详情参见《文献》2011年第1期赵大莹、史睿撰文），中日两国学者讨论古籍装帧等问题，期待会议论文集早日出版。

“书籍之为艺术”研讨会结束之后，会议论文集的编撰工作也随之展开。发言者大多完善发言稿，并将稿件汇集我处，用于编辑研讨会论文集。有的作者精益求精，数易其稿。来稿收齐之后，本书由编者发凡起例，按照事先确定的会议主题，分为装潢篇、版画篇和书法篇等三组。编者统一格式、规范用字、校订文字脱讹，并经作者核对认可变动之处，另外，遵从每位作者的表述习惯，未经作者许可，不擅改内容，所有来稿文责自负。

范景中老师为本论文集撰写了由序言扩展为专论的《从艺术的观念看书籍史》，并另供序文，令本书大为增色。这篇专论凝聚了范老师对书籍艺术的长期思考，并寄望更多同好投身于此。去年我院博士生招生目录新增“书籍艺术史研究”这一研究方向。“书籍艺术”进入大学课堂至少在中国史无前例，其意义非凡。

研讨会论文集圆满出版，仰仗《新美术》编辑部巨若星老师，从版式设计、字体择用到装帧材料，无不倾力。论文集较之出版计划耽延三年，总算是勉力完成了我们老师委托的重任。感谢所有与会嘉宾、好友，以及诸位撰稿人！我们对于书籍满怀热爱与感恩，这次研讨会不啻对书籍的一次礼赞，期待再次欢聚，讨论书籍艺术。

二〇二二年十月，毕斐识于中国美术学院

责任编辑　章腊梅
装帧设计　巨若星
责任校对　杨轩飞
责任印制　张荣胜

本文集出版获中国美术学院艺术人文学院、
中国美术学院艺术哲学与文化创新研究院资助

图书在版编目（CIP）数据

书籍之为艺术 ： 中国古代书籍中的艺术元素学术研讨会论文集 / 中国美术学院美术史论研究中心编. -- 杭州 ： 中国美术学院出版社, 2023.3
ISBN 978-7-5503-2915-7

Ⅰ. ①书… Ⅱ. ①中… Ⅲ. ①书籍装帧－设计－中国－古代－文集 Ⅳ. ①TS881-53

中国版本图书馆CIP数据核字(2022)第193415号

书籍之为艺术：
中国古代书籍中的艺术元素学术研讨会论文集
中国美术学院美术史论研究中心　编

出 品 人：祝平凡
出版发行：中国美术学院出版社
地　　址：中国·杭州市南山路218号 / 邮政编码：310002
网　　址：http：//www.caapress.com
经　　销：全国新华书店
印　　刷：浙江省邮电印刷股份有限公司
版　　次：2023年3月第1版
印　　次：2023年3月第1次印刷
印　　张：50
开　　本：787mm×1092mm　1/16
字　　数：700千
印　　数：0001—2000
书　　号：ISBN 978-7-5503-2915-7
定　　价：328.00元